煤化工废水处理和零排放技术

Wastewater Treatment and Zero Liquid Discharge Technology in Coal Chemical Industry

汪寿建　编著

化学工业出版社

·北京·

内容简介

《煤化工废水处理和零排放技术》是一部系统阐述煤化工废水处理及零排放技术的实用专著，以国内外先进理念为基础，聚焦煤化工废水的全流程治理。全书共十五章，涵盖煤化工废水的来源与特征、预处理、生化处理、深度处理、回用水处理、含盐废水浓缩及蒸发结晶分盐等关键环节，详细介绍了各环节采用的工艺原理、技术特征、方案选择、参数比较、关键设备、工艺流程和典型处理方案等情况，还简述了相关技术在国内外的发展、应用及运营概况，同时分析了煤化工产业政策、水平衡及耗水优化，具有较强的实用性。

本书适合环境工程、煤化工、石油化工、医药电力、市政工程等领域的生产企业、装备制造单位及环境科研院所的技术人员参考，也可作为大专院校环境及水务管理类专业的学习资料。

图书在版编目（CIP）数据

煤化工废水处理和零排放技术 / 汪寿建编著.
北京 : 化学工业出版社, 2025. 11. -- ISBN 978-7-122-49021-6

Ⅰ. X784.031

中国国家版本馆 CIP 数据核字第 2025KP8877 号

责任编辑：傅聪智　仇志刚
文字编辑：丁海蓉　师明远
责任校对：刘曦阳
装帧设计：王晓宇

出版发行：化学工业出版社
(北京市东城区青年湖南街 13 号　邮政编码 100011)
印　　装：北京建宏印刷有限公司
787mm×1092mm　1/16　印张 27½　字数 699 千字
2025 年 10 月北京第 1 版第 1 次印刷

购书咨询：010-64518888　　售后服务：010-64518899
网　　址：http://www.cip.com.cn
凡购买本书，如有缺损质量问题，本社销售中心负责调换。

定　　价：199.00 元　

前言

PREFACE

煤化工可持续发展需要采取以环境和资源可承载能力为基础的高效率、低能耗、低污染、低排放的经济发展模式。资源和环境承载能力是煤化工发展的制约因素，要解决煤化工环保问题，首先是要解决煤化工生产过程中难生物降解废水处理及全过程零排放治理的难题，做到煤化工废水零排放是煤化工追求的终极目标。深入研究煤化工废水的先进治理技术，不断提高现有煤化工废水污染的处理能力、增强新技术应用的可行性及可操作性，将各种煤化工废水治理方法有机结合，达到煤化工废水真正意义上的零排放，是本书编写的初衷和目标。

煤化工生产过程形成的废水主要来源于煤气化、净化、焦化、热解、液化、深加工及下游产业链过程，其中煤气化、煤液化、煤焦化产生的难生物降解处理的废水及高浓度含盐废水是煤化工废水处理的瓶颈，也是煤化工废水“零排放”必须解决的一个问题。煤化工废水“零排放”的关键是要把握好难降解废水的生物处理及高浓盐水脱盐处理的技术经济可行性及长周期运行的稳定性。由于煤化工高浓盐水的主要特征是：含盐质量浓度可高达10000～50000mg/L，主要含Na^+、K^+、Ca^{2+}、Mg^{2+}等阳离子，及SO_4^{2-}、Cl^-等阴离子；部分工况下可能检出微量Al^{3+}、Mn^{2+}、NO_3^-、NO_2^-，非普遍主要离子。其中Na^+的质量浓度可达40000mg/L左右。Cl^-质量浓度可达到20000mg/L左右，SO_4^{2-}质量浓度可达20000mg/L左右。此外，COD含量也较高，其质量浓度可达500～2000mg/L。煤化工高含盐废水若以液体的形式外排，必将严重恶化生态环境，目前的国家环保政策也是不允许的。在此前提下，煤化工难生物降解废水处理技术及高浓盐水脱盐处理技术的集成应用就显得非常必要和刻不容缓。

煤化工废水经生化前置预处理、生化处理、深度处理及回用水（再生水）处理、含盐废水浓缩及高倍浓缩处理、高浓盐水浓缩蒸发结晶分盐等一系列技术集成已经逐步形成了典型的煤化工废水治理路径：酚氨回收＋【有机物废水预处理＋生化处理＋深度处理】＋【含盐废水软化预处理＋双膜反渗透一级脱盐（回用水处理）＋离子交换组合二级脱盐（脱盐水站补水）】＋【浓盐水软化脱硬预处理＋高效双膜高倍浓缩处理】＋【高盐水蒸发结晶处理＋分盐综合利用】。由此可知，煤化工用水从洁净水到污染水（含油、悬浮物、COD/BOD_5、氨氮、含盐杂质等）再经水处理成为洁净水的全过程，可谓是环环相扣，步步关联，每一环节上都可能出现问题，上一环节出问题会影响下一环节，下一环节出问题又反过来影响上一环节。由此集成出一批煤化工废水处理全过程新工艺、新流程，使得煤化工废水零排放取得了重点突破，从而为煤化工全过程废水真正意义上的零排放奠定了坚实的基础。

本书共分十五章，系统介绍了煤化工产业发展现状，从煤化工废水预处理、生化处理到含盐废水浓缩蒸发结晶及分盐过程所采用的废水治理技术的基本概念、工艺原理、技术特征、选择比较、设计参数、关键设备及工艺流程和运行数据，并对这些废水处理工艺技术零排放集成进行了论述。

全书力求做到深入浅出、简明扼要，确保概念准确、表述清晰且图文并茂，以通俗易懂的语言对废水治理零排放全过程控制技术进行系统的梳理与归纳，具有较高的实用性和应用价值。

本书在编制过程中，得到了天津得威建环保科技有限公司、哈密广汇环保科技有限公司等单位的大力支持，得到了天津得威建环保科技有限公司张海平、马世虎、毕经国，哈密广汇环保科技有限公司闫军、宋景涛、刘志丹、张全普、校文超，以及北京泛地能源咨询中心申联星、贾艳、陈海纳等给予的帮助，在此致以诚挚的谢意！

由于作者水平有限，书中难免存在不足之处，恳请广大读者不吝指正。

作者

2025 年 6 月

目录

CONTENTS

第一章　绪论

第二章　煤化工水平衡及耗水优化

第三章　废水处理技术集成综述

第四章　废水预处理工艺

第五章　生物活性污泥法工艺

第六章　生物氧化沟法工艺

第七章　生物序批式活性污泥法工艺

第八章　生物膜法工艺

第九章　膜生物反应器工艺

第十章 厌氧生物处理工艺

第十一章 废水深度处理工艺

第十二章 含盐废水预处理及回用水处理工艺

第十三章 反渗透膜分离除盐工艺

第十四章　浓缩-蒸发结晶处理工艺

第十五章　煤化工废水零排放集成

第一章 绪论

第一节 概述

一、能源结构形式

中国的能源结构以煤炭为主，目前在煤炭、油气、非化石能源的消费中，煤炭在中国一次能源生产和消费结构中长期占比达 70%左右。煤炭是我国的主体能源和化工原料之一，这种能源结构在短期内将不会发生根本性的改变。

据国家统计局数据，我国原煤产量持续增长，2024 年达 47.8 亿 t（同比增长 2.6%）。煤炭进口量大幅攀升，2023 年升至 4.74 亿 t（同比增长 61.8%）。2024 年其他能源产量稳步提升：原油 2.13 亿 t（同比增长 1.8%）；天然气 2464.5 亿 m^3（增 6.0%）；电力 10.09 万亿 kWh（同比增长 6.7%），其中火电占比 63.1%，风光发电占比 18.2%。能源消费方面，2024 年能源消费总量 59.7 亿 tce（ce 为标准煤）（同比增长 4.3%），其中煤炭消费占比下降至 53.2%，清洁能源占比提升至 28.6%。

中国“富煤、贫油、少气”的资源格局为煤炭深加工产业发展奠定了基础，煤炭能源实现低碳清洁转型的核心和首要任务应是推动煤炭清洁高效转化利用，这是保障我国能源安全的有效途径之一。

二、全球能源结构占比

根据国际能源署（IEA）《2025 电力报告》及英国能源智库“未烧尽的煤”发布的《2025 年全球电力评论》等资料：2024 年全球发电量持续攀升，达到约 30.1 万亿 kWh，较之前呈现出显著的增长态势。在发电结构方面，煤电发电量为 8.8 万亿 kWh，占全球发电量的 29.2%，其占比持续下降，反映出煤炭发电在全球能源格局中的地位逐渐弱化；燃气发电 7.1 万亿 kWh，占比 23.6%，保持相对稳定；燃油发电 0.65 万亿 kWh，占比 2.2%，占比较小且呈下降趋势；水力发电 4.7 万亿 kWh，占全球发电量的 15.6%，水电作为清洁能源的重要组成部分，持续稳定供应；核能发电 3.0 万亿 kWh，占比 10.0%；可再生能源发电 5.9 万亿 kWh，占比 19.6%，其中太阳能已成为推动全球能源转型的关键力量，2024 年全球太阳能发电量新增 474TWh，总量占全球的 6.9%，在过去三年内实现了翻倍增长，可再生能源的快速发展表明全球能源转型正在加速推进；其他发电 0.35 万亿 kWh，占比

1.2%。2024年全球能源发电清洁化程度大幅提升至40.9%，清洁能源（包括可再生能源和核能）发电量占比首次突破40%，而化石能源发电量占比降至59.1%。尽管如此，化石能源发电占比仍然较高，能源结构优化任务依然艰巨。

三、化石能源主导结构

中国能源资源禀赋是缺油、少气、煤炭资源相对丰富，煤炭在中国一次能源生产和消费结构中长期占比分别为70%和55%左右。

随着中国经济水平的不断提升和煤炭开采技术的提高，中国煤炭消费量不断增加。2023年能源消费总量为57.2亿tce，煤炭消费量达31.6亿tce，占能源消费总量的55.3%，较2022年下降0.9个百分点。从2023年的情况来看，经济的持续恢复带动了能源需求的增长，钢铁、化工等部分高耗能产业稳定运行，支撑煤炭消费量保持在一定规模。但在多重因素共同作用下，煤炭消费占比延续了下降趋势，能源结构转型稳步推进。

第二节　煤炭的清洁转化实践

现代煤化工是中国进行煤炭清洁高效转化探索的结果和产物，一路走来历经艰难险阻。在“十四五”期间，中国现代煤化工产业规模稳中有增，能耗、水耗和“三废”排放强度继续降低，产品差异化、高质化水平进一步提高，对于实现煤炭清洁高效利用、保障国家能源和石化产业安全、促进油气和化工原料来源多元化方面打下了坚实的基础。截至2024年底，中国现代煤化工四大示范工程（煤制油、煤制气、煤制烯烃、煤制乙二醇）持续发展，主产品总产量约3200万t，年转化煤炭1.25亿tce，累计投资约8500亿元，年营收合计约2100亿元，产业高端化、绿色化转型成效显著。

一、煤炭转化为清洁油气能源

1. 煤制油

2024年，煤制油总产能931万t/a，较2021年新增产能108万t/a,；全年产量810万t，较2021年增长19.2%，产能利用率87.0%（较2021年提高4.4%）。2024年转化煤炭3000万tce，单位产品平均耗煤3.7tce/t（最先进值为3.4tce/t），综合能耗2.15tce/t（最先进值2.05tce/t），水耗7.30t/t（最先进值为5.60t/t），煤耗及水耗较2021年分别下降2.6%、3.9%。

2. 煤制天然气

2024年，煤制天然气总产能74.55亿m^3/a，较2021年新增产能13.3亿m^3/a；全年产量52亿m^3，较2021年增长16.8%，产能利用率69.7%。2024年转化煤炭1350万tce，单位产品平均耗煤2.4tce/千标方（最先进值为2.0tce/千标方），综合能耗1.20tce/千标方（最先进值为0.90tce/千标方），水耗6.90t/千标方（最先进值为5.20t/千标方）。

二、煤炭转化为替代化学品

1. 煤（甲醇）制烯烃

2024年，煤（甲醇）制烯烃总产能1972万t/a，较2021年新增产能300万t/a，全年产量 1850 万 t，较 2021 年增长 17.4%，产能利用率 93.8%。其中煤制烯烃产能 1350 万 t/a，产量 1330 万 t（增长 17.2%），煤基聚乙烯 590 万 t、煤基聚丙烯 740 万 t，产能利用率 98.5%。2024 年转化煤炭 6500 万 tce，单位产品平均耗煤 4.7tce/t（最先进值为 4.3tce/t），综合能耗 2.6tce/t（最先进值为 2.25tce/t），水耗 16.8t/t（最先进值为 10.5t/t）。

2. 煤（合成气）制乙二醇

2024 年，煤（合成气）制乙二醇总产能 1143 万 t/a，较 2021 年新增产能 235 万 t/a（增幅 29.3%）；全年产量 450 万 t，较 2021 年增长 39.4%，产能利用率 39.4%。2024 年转化煤炭 850 万 tce，单位产品平均耗煤 2.3tce/t（最先进值为 1.7tce/t），综合能耗 0.95tce/t（最先进值为 0.85tce/t），水耗 15.5t/t（最先进值为 6.2t/t）。

三、煤化工转型发展战略

化石能源在转型过程中给煤化工的发展提供了巨大的平台。无论是早期的煤化工，还是现代煤化工，都为化石能源在二次能源转型过程中提供了机遇，促进了煤化工行业的发展壮大和技术进步。尤其在中国，煤化工以煤炭能源清洁转型替代互补与化学品高效高值化作为煤炭深加工的重要途径。建立煤炭清洁转型、高效利用、耦合替代、多能互补、规模应用的发展战略应是以化石能源为主的国家在能源利用方面的一个基本国策。

第三节 煤化工现状及产业政策

一、概况

1. 简述

煤化工是以煤炭为基本原料，经过化学和物理加工的一系列过程，使煤炭洁净转化为气体、液体和固体燃料及化学品的过程；煤化工的主要生产过程包括煤的洁净气化、气体净化、合成以及煤的液化、焦化以及中间产品加工及下游产品链拓展等。

煤化工产业是以生产洁净能源和可替代石油化工产品为主的新兴产业，其产品涵盖了天然气、油品（柴油、汽油、航空煤油、液化石油气）、替代燃料（甲醇、二甲醚）、化工原料（甲醇、乙二醇、乙烯、丙烯、芳烃、合成氨等）、电力、热力等。

煤化工分为现代煤化工与传统煤化工两大类，现代煤化工与传统煤化工划分见图 1-1。

现代煤化工按产品划分为煤制油、煤制天然气、煤制烯烃（含甲醇制烯烃）、煤制乙二醇、煤制芳烃和低阶煤分质利用。从产业结构分析，煤制油、煤制天然气项目数量较少，但单个项目规模大，煤炭转化量大，对区域环境和地方经济影响大。煤制烯烃、甲醇制烯烃项目数量较多，单个项目规模有大有小，对区域环境和地方经济具有较大影响。煤制乙二醇项目数量多，单个项目规模小，煤炭转化量小，对区域环境和地方经济影响程度小。

从区域分布看，煤制油、煤制天然气、煤制烯烃项目大多分布在煤炭资源地，甲醇制烯烃、煤制乙二醇分布较广，东部地区占有较高比例。

从生产负荷和经济性看，煤制油受油价低迷的影响较大，工厂生产负荷徘徊在 50%～80%之间；煤制天然气工厂受气价走低、天然气管网接收限制的影响大，大唐克旗、庆华伊犁、浙能伊犁新天负荷仅 50%～60%，汇能液化天然气项目满负荷生产，但规模较小。

从产业成熟度看，煤制烯烃和煤制乙二醇的产业成熟度最高，煤制油和煤制天然气的产

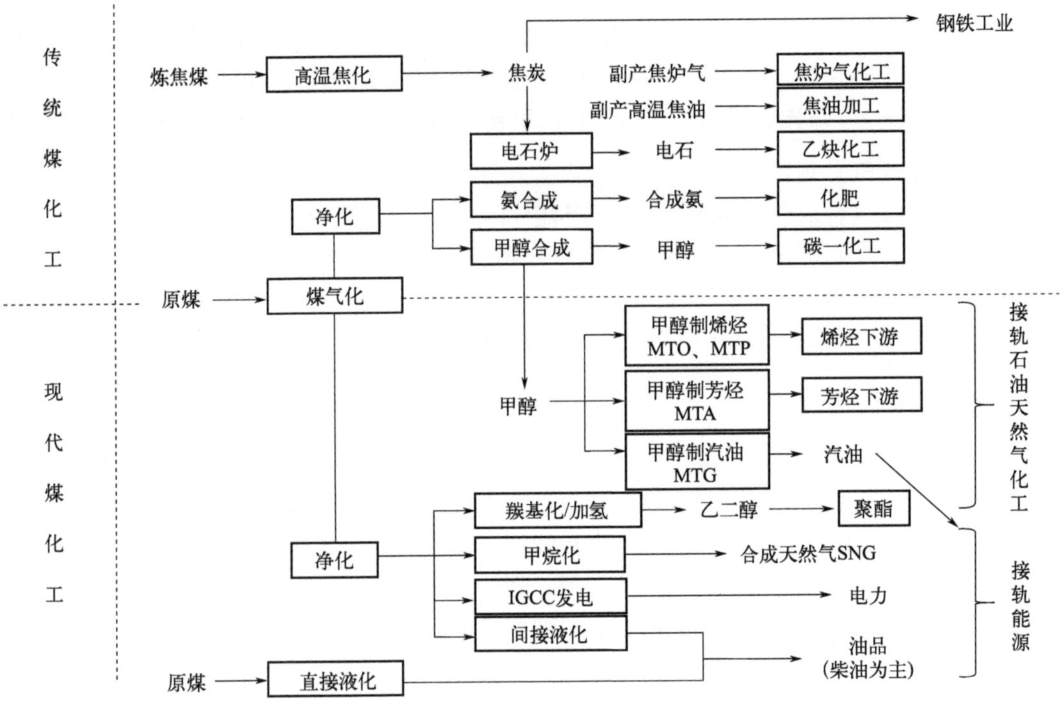

图 1-1 现代煤化工与传统煤化工划分示意图

业化基本完成，煤制芳烃技术还有待工程放大和产业化验证，煤油共炼技术虽已通过万吨级示范装置验收，处于产业化前期。

中国现代煤化工已经建成了几十个大型能源基地，有上百个大型煤化工项目示范工程已经基本形成，其中有部分煤炭转化核心技术已经处于国际先进或领先水平，有部分煤炭转化产业规模处于国际领先地位。工业示范装置或商业生产装置的生产运行水平也在不断提高过程中。煤炭能源清洁转化部分替代石油、天然气和以油气为原料生产的化学品部分替代成效已经初显成效，为保障中国能源安全做出了较大的贡献。

煤化工示范项目建设和运行与煤炭转化技术创新和研发是密不可分的，通过“973”计划、“863”计划、科技支撑计划、国家重点研发计划和国家自然科学基金等各类国家科技计划（基金），支持相关煤炭转化科研开发工作。通过国家科技计划的有力支持，中国煤炭清洁高效利用领域的技术水平大幅提升，创新能力显著增强，取得了一系列重要阶段性成果。

2. 产业规模

随着煤化工示范项目和技术创新的持续推进建设，煤化工产业已具规模。截至 2021 年底，煤制油、煤制天然气、煤制烯烃（包括甲醇制烯烃）及煤制乙二醇等煤化工产业在产能和产量方面基本情况如下。

煤制油：2021 年总产能保持在 823 万 t/a；年总产量 679.5 万 t，较上年度增加了 157.6 万 t，增幅 30.20%，产能利用率 82.6%。

煤制天然气：2021 年总产能保持在 61.25 亿 m^3/a；年总产量 44.53 亿 m^3，较上年度减少 2.32 亿 m^3，降幅 4.95%，产能利用率 72.7%。

煤（甲醇）制烯烃：2021 年总产能保持在 1672 万 t/a，其中煤制烯烃产能约 1122 万 t/a；年总产量 1575.2 万 t，其中煤制烯烃产量 1135.2 万 t，较上年度增加 54.2 万 t，增幅

5.01%，总产能利用率94.2%，其中煤制烯烃产能利用率101.2%。

煤（合成气）制乙二醇：2021年总产能达到803万t/a，年总产量322.8万t/a，较上年度增加22.6万t，增幅7.53%，产能利用率40.2%。

由此可知，一大批现代煤化工示范项目持续推进建设和商业化生产运行，推动中国现代煤化工的快速发展，使得煤化工产业已具有一定的规模效应。表1-1汇总了2015—2021年中国现代煤化工四大示范工程项目的主要产能及产量发展情况。

3. 发展速度

在2015—2021年，中国煤化工油品、天然气、烯烃和乙二醇的产能及产量的发展速度非常迅速，其中煤制油产能2015—2021年的增长率分别为：190%、11.5%、未增长、未增长、未增长、未增长；产量2015—2021年的增长率分别为：72.17%、62.98%、91.35%、1.7%、－16.97%、30.19%。煤制气产能2015—2021年的增长率分别为：未增长、64.3%、未增长、未增长、未增长、19.86%；产量2015—2021年的增长率分别为14.89%、21.76%、14.45%、43.52%、8.45%、－4.95%。煤制烯烃产能2015—2021年的增长率分别为108.70%、15.11%、18.52%、7.47%、5.69%、未增长；产量2015—2021年的增长率分别为36.01%、20.88%、70.97%、17.60%、18.57%、未增长。煤制乙二醇产能2015—2021年的增长率分别为8.7%、14.00%、54.39%、9.77%、23.60%、34.51%；产量2015—2021年的增长率分别为66.67%、54.00%、58.12%、29.86%、－5.06%、7.53%。2015—2021年煤化工（油品、天然气、烯烃和乙二醇）产能及产量基本概况见表1-1。

表1-1 2015—2021年煤化工产能及产量基本概况 单位：万t/a

名称	项目	2015年	2016年	2017年	2018年	2019年	2020年	2021年
煤制油	产能	254.0	738.0	823	823	823	823	823
	产量	115.0	198.0	322.7	617.5	628.6	521.9	679.5
	产能利用率/%	45.3	58.6	39.2	75.0	76.3	63.4	82.6
	煤炭转化量	609.5	1049.4	1698.9	2960	3574.1	2926	3540.6
煤制天然气	产能/亿Nm^3/a	31.1	31.1	51.1	51.1	51.1	51.1	61.25
	产量/亿Nm^3/a	18.8	21.6	26.3	30.1	43.2	46.85	44.53
	产能利用率/%	60.6	69.6	51.5	59.0	84.6	91.7	72.7
	煤炭转化量	507.6	583.2	710.1	990.0	1420.9	1638	1548.4
煤制烯烃	产能	517.0	1079/818.0	1242.0/872	1472/872	1582/1032	1672/1122	1672/1122
	产量	386	525.0	634.6	1085.0/762.5	1276/908	1513/1081	1575.2/1135.2
	产能利用率/%	75.2	74.0	76.0	83.3/87.4	80.7/85.5	90.5/96.3	94.2/101.2
	煤炭转化量	2588.3	3520.8	4251.8	4730.0	5632.6	7560	7630
煤制乙二醇	产能	230.0	250.0	285.0	440.0	483.0	597	803
	产量	60.0	100.0	154.0	243.5	316.2	300.2	322.8
	产能利用率/%	27.0	40.0	56.9	55.6	65.2	50.3	40.2
	煤炭转化量	299.2	498.7	768	880.0	1142.7	1008	989.8
总转化煤炭量		4004.6	5153.4	7428.8	9560	11770.3	13132	13708.8

二、煤化工产业政策

1. 产业政策要求

当前全球产业发展进入深度调整和变革的周期，绿色发展对煤炭行业提出了转型升级的新要求，“能源消费革命”提出优化能源结构、逐步降低煤炭在能源结构中的占比。发展煤炭安全绿色开发和清洁高效利用，是煤炭转型发展的必由之路。

中国有煤炭资源的地区缺少水资源，而有水资源的地区又缺少煤炭资源，导致煤炭资源和水资源分布极不匹配，但煤炭在中国能源体系中担任重要的保障性角色，其能源消费主体地位长期难以改变。因此将煤炭进行深加工是一个非常紧迫的问题，采用先进、清洁、高效转化技术将煤炭转化为洁净能源及煤化工产品就成为当务之急。随着煤化工各项核心技术的不断创新和应用，煤炭深加工生产和转化已经取得了长足进步，将部分替代和减少石油和天然气的消费量，部分弥补石油和天然气资源的短缺，有效保障中国的能源安全。

国家《能源发展战略行动计划（2014—2020年）》明确提出到2020年煤炭消费比重控制在62%以内；同时《关于促进煤炭安全绿色开发和清洁高效利用的意见》及《煤炭清洁高效利用行动计划（2015—2020年）》提出要加快发展煤炭安全绿色开发和清洁高效利用。煤炭深加工产业是促进煤炭清洁高效利用和煤炭产业转型升级的有效途径。由于中国煤炭利用方式主要还是以燃煤电站发电为主，在利用热能发电的过程中难免会产生部分污染物，增加了治理的难度和成本。

煤制油可以将组成复杂且“不清洁”的原料煤转化为优质、清洁的油品；煤制天然气和煤制化学品是以煤炭、水、氧等为原料经过气化转化成合成气（$CO+H_2$），然后将合成气制备成洁净的天然气和化学品。这一过程可以对煤炭的主要化学元素（如碳、氢、硫、氧等）予以充分利用，从而实现煤炭向清洁化转化。

中国主要的煤炭产地和布局的煤化工基地多分布在水资源相对匮乏、环境相对脆弱的地区。煤化工消耗大量的水资源，若不采取切实可行的节水措施和废水排放治理，煤化工的耗水量就降不下来。煤化工节水技术和废水处理又与煤化工整体工艺有密切关联，应重视工艺过程中热量的综合利用，优化全厂蒸汽平衡、全厂水平衡，充分利用水夹点技术、高效节水消雾技术、智能空气冷却器、密闭式循环冷却系统、闭式循环水技术、高效空冷技术等先进技术，才能减少煤化工耗水量，降低煤化工产品单位水耗和废水排放量。

2. 部分产业政策汇总

近十年来，国家针对煤化工产业发展过程中存在的问题以及煤化工产业的机制体制问题，出台了一系列关于煤化工的产业政策、管理规定和标准规范。产业政策出台，尤其是关于环境保护及三废排放治理愈加严苛的政策给煤化工行业带来巨大压力，但同时也是动力，促进煤化工行业加大对环境保护的力度和健康发展，可以讲是风险与机遇并存。煤炭能源相关领域产业政策主要文件见表1-2。

表1-2 煤炭能源相关领域产业政策主要文件

序号	名称	备注
1	《中华人民共和国环境保护税法》(2016年通过)	2018年实施
2	《水污染防治行动计划》	2017年实施核发
3	《煤炭深加工产业示范“十三五”规划》	2017年国家能源局

续表

序号	名称	备注
4	《现代煤化工产业创新发展布局方案》	2017年发展改革委、工信部
5	《煤炭深加工升级示范“十三五”规划重大项目评估工作细则》	2017年国家能源局
6	《石油发展“十三五”规划》	2017年国家发展改革委
7	《天然气发展“十三五”规划》	2017年国家发展改革委
8	《可再生能源发展“十三五”规划》	2017年国家能源局
9	《大气污染防治行动计划》2013年国务院	2017年实施核发
10	《关于深化能源行业投融资体制改革的实施意见》	2017年国家能源局
11	《控制污染物排放许可制实施方案》	2016年国务院办公厅
12	《石化和化学工业发展规划(2016—2020年)》	2016年工信部
13	《中华人民共和国环境影响评价法》(2016年修正版)	2016年实施
14	《政府核准的投资项目目录(2016年本)》	2016年国务院
15	《关于石化产业调结构促转型增效益的指导意见》	2016年国务院办公厅
16	《能源技术革命重点创新行动路线图》	2016年国家发展改革委
17	《能源技术革命创新行动计划(2016—2030年)》	2016年国家发展改革委
18	《能源技术创新“十三五”规划》	2016年国家能源局
19	《能源发展“十三五”规划》	2016年国家发展改革委
20	《中国制造2025—能源装备实施方案》	2016年国家发展改革委等
21	《国家危险废物名录》(2016年修正版)	2016年实施
22	《水污染防治法》	2015年修订
23	《现代煤化工建设项目环境准入条件(试行)》	2015年环保部
24	《煤化工示范工程标定管理办法(试行)》	2015年国家能源局
25	《煤炭清洁高效利用行动计划(2015—2020年)》	2015年国家能源局
26	《工业领域煤炭清洁高效利用行动计划》	2015年工信财政
27	《建设项目环境影响后评价管理办法(试行)》	2015年环保部
28	《石化产业规划布局方案》	2015年国家发展改革委
29	《环境保护部审批环境影响评价文件的建设项目目录(2015年本)》	2015年环保部
30	《关于促进煤炭安全绿色开发和清洁高效利用的意见》	2014年国家能源局、工信部、环保部
31	《2014年能源工作指导意见》	2014年国家能源局
32	《关于规范煤制油、煤制天然气产业科学有序发展的通知》	2014年国家能源局
33	《关于国家鼓励发展的重大环保技术装备目录(2014版)的通告》	2014年工信部、科技部、环保部
34	《能源发展战略行动计划(2014—2020年)》	2014年国务院办公厅
35	《关于能源行业加强大气污染防治工作方案的通知》	2014年国家能源局
36	《煤炭深加工产业示范项目规划》	2012年国家能源局
37	《煤化工产业政策》	2012年国家能源局
38	《关于支持新疆产业健康发展若干意见》	2012年国家发展改革委

续表

序号	名称	备注
39	《关于规范煤化工产业有序发展的通知》	2011 年国家发展改革委
40	《关于规范煤制天然气产业发展有关事项》	2010 年国家发展改革委
41	《关于抑制部分行业产能过剩和重复建设引导产业健康发展若干意见》	2009 年国务院
42	《关于加强煤制油项目管理有关问题的通知》	2008 年国家发展改革委
43	中国天然气定价模式分析与煤制天然气关联性	政府管制
44	石油定价模式与煤制油的关联性	
45	税费标准	

近年来，针对煤化工产业发展过程中缺少标准的问题，国家出台了一系列关于煤化工行业的国家标准、行业标准以及企业标准。各类标准的出台，尤其是关于环境保护及三废排放治理的标准让煤化工行业在设计、工程建设、生产以及煤化工产品质量保证方面都有了依据，对促进煤化工行业健康发展起到了重要的保障作用。煤化工相关标准体系见表 1-3。

表 1-3 煤化工相关标准体系

序号	名称	内容	备注
1	产品及管理类标准	煤化工产品类标准	
		1)《煤基费托合成石脑油》	GB/T 36565—2018
		2)《煤基费托合成汽油组分油》	GB/T 36564—2018
		3)《煤基费托合成柴油组分油》	GB/T 29720—2013
		4)《煤基费托合成液体蜡》	GB/T 32066—2015
		5)《煤炭直接液化石脑油》	GB/T 36566—2018
		6)《煤基费托合成　固体蜡》	HG/T 5823—2021
		7)《煤基费托合成　柴油组分油》	GB/T 29720—2013
		8)《煤炭直接液化柴油组分油》	GB/T 31090—2014
		9)《煤炭直接液化混合芳烃》	GB/T 36562—2018
		10)《煤炭直接液化》	GB/T 30043—2013
		11)《煤直接液化轻柴油》	Q/DQSHM 003—2008
		12)《煤直接液化石脑油》	Q/DQSHM 004—2008
		13)《煤制油与煤化工产品燃料(F)分组》	Q/DQSHM 002—2008
		14)《煤直接液化车用柴油》	Q/DQSHM 008—2008
		15)《工业用乙烯》	GB/T 7715—2014
		16)《聚合级丙烯》	GB/T 7716—2014
		17)《甲醇制混合芳烃》	HG/T 5145—2017
		18)《混合芳烃》	Q/DQSHM 0014—2012
		19)《醇醚基芳烃》	GB/T 37176—2018
		20)《液化气》	Q/DQSHM 005—2008
		21)《高级液化气》	Q/DQSHM 006—2008
		22)《工业酚》	Q/DQSHM 007—2008

续表

序号	名称	内容	备注
1	产品及管理类标准	23)《聚丙烯树脂》	Q/DQSHM 009—2011
		24)《聚乙烯树脂》	Q/DQSHM 0010—2011
		25)《混合碳四》	Q/DQSHM 0011—2013
		26)《混合碳五》	Q/DQSHM 0012—2013
		27)《聚甲醛树脂》	Q/DQSHM 0013—2012
		28)《抽余碳四》	Q/DQSHM 0016—2013
		29)《工业用甲基叔丁基醚》	Q/DQSHM 0017—2013
		30)《聚甲氧基二甲醚》	NB/T 10428—2020
		31)《煤基氢化油》	HG/T 5146—2017
		32)《煤基混合戊醇》	GB/T 37177—2018
		33)《工业用甲基叔丁基醚》	SH/T 1834—2022
		34)《煤制合成天然气》	GB/T 33445—2016
		35)《车用煤制合成天然气》	GB/T 37178—2018
		36)《煤制合成天然气》	GB/T 33445—2016
		37)《甲醇制汽油组分油》	GB/T 36563—2018
		38)《工业用甲醇》	GB/T 338—2011
		39)《工业用乙二醇》	GB/T 4649—2018
		40)《二甲醚》	HG/T 3934—2007
		41)《兰炭产品品种及等级划分》	GB/T 25212—2010
		42)《煤焦油》	YB/T 5075—2010
		管理类标准	
		1)《煤基费托合成馏分燃料十六烷值计算法》	GB/T 34273—2017
		2)《费托合成铁系催化剂反应性能试验方法》	HG/T 4677—2014
		3)《煤直接液化制油单位产品能源消耗限额》	GB 30178—2013
		4)《煤制油化工综合能耗计算通则》	Q/SHJ 0039—2013
		5)《煤直接液化综合能耗计算》	Q/SHJ 0041—2013
		6)《煤间接液化综合能耗计算》	Q/SHJ 0042—2013
		7)《煤制油与煤化工产品的总分类》	Q/DQSHM 001—2008
		8)《煤制天然气单位产品能源消耗限额》	GB 30179—2013
		9)《甲烷化催化剂》	HB/T 2509—2012
		10)《甲烷化催化剂化学成分分析方法》	HB/T 2511—2013
		11)《甲烷化催化剂活性试验方法》	HB/T 2510—2014
		12)《煤制甲醇综合能耗计算》	Q/SHJ 0040—2013
		13)《甲醇单位产品能源消耗限额 第1部分煤制甲醇》	GB/T 29436.1—2020
		14)《甲醇单位产品能耗消耗限额 第3部分合成氨联产制甲醇》	GB/T 29436.3—2015
		15)《甲醇单位产品能耗消耗限额 第4部分焦炉煤气制甲醇》	GB/T 29436.4—2015

续表

序号	名称	内容	备注
1	产品及管理类标准	16)《甲醇合成催化剂》	HG/T 4107—2016
		17)《取水定额　第 35 部分》煤制甲醇	GB/T 18916.36—2018
		18)《焦炉煤气制取甲醇技术规范》	GB/T 38927—2020
		19)《甲醇制聚甲醛综合能耗计算》	Q/SHJ 0044—2013
		20)《煤制烯烃综合能耗计算》	Q/SHJ 0043—2013
		21)《煤制烯烃单位产品能源消耗限额》	GB 30180—2013
		22)《取水定额　第 13 部分》乙烯生产	GB/T 18916.13—2012
		23)《甲醇制低碳烯烃催化剂》	HG/T 4868—2015
		24)《乙二醇单位产品能源消耗限额》	GB/T 32048—2015
		25)《取水定额　第 36 部分 煤基乙二醇》	GB/T 18916.36—2018
		26)《二甲醚单位产品能源消耗限额》	GB/T 31535—2015
		27)《兰炭用煤技术条件》	GB/T 25210—2010
		28)《兰炭单位产品能源消耗限额》	GB/T 29995—2013
		29)《兰炭产品技术条件》	GB/T 25211—2010
		30)《煤焦油深加工综合能耗计算》	Q/SHJ 0045—2013
2	煤化工污染物排放标准及工程技术规范	1)《石油炼制工业污染物排放标准》	GB 31570—2015
		2)《水解酸化反应器污水处理工程技术规范》	HJ 2047—2015
		3)《合成氨工业水污染物排放标准》	GB 13458—2013
		4)《生物滤池污水处理工程技术规范》	HJ 2014—2012
		5)《升流式厌氧污泥床反应器污水处理工程技术规范》	HJ 2013—2012
		6)《内循环好氧生物流化床污水处理工程技术规范》	HJ 2021—2012
		7)《厌氧颗粒污泥膨胀床反应器废水处理工程技术规范》	HJ 2023—2012
		8)《完全混合式厌氧反应池废水处理工程技术规范》	HJ 2024—2012
		9)《水污染防治工程技术导则》	HJ 2015—2012
		10)《炼焦化学工业污染物排放标准》	GB 16171—2012
		11)《焦化废水治理工程技术规范》	HJ 2022—2012
		12)《膜生物法污水处理工程技术规范》	HJ 2010—2011
		13)《化学工业污水处理与回用设计规范》	GB 50684—2011
		14)《化学工业循环水系统设计规范》	GB 50648—2011
		15)《污水混凝与絮凝处理工程技术规范》	HJ 2006—2010
		16)《污水气浮处理工程技术规范》	HJ 2007—2010
		17)《污水过滤处理工程技术规范》	HJ 2008—2010
		18)《含油污水处理工程技术规范》	HJ 580—2010
		19)《膜分离法污水处理工程技术规范》	HJ 579—2010
		20)《厌氧-缺氧-好氧活性污泥处理工程技术规范》	HJ 576—2010
		21)《序批式活性污泥法污水处理工程技术规范》	HJ 577—2010
		22)《氧化沟活性污泥法水处理工程技术规范》	HJ 578—2010

续表

序号	名称	内容	备注
2	煤化工污染物排放标准及工程技术规范	23)《生物接触氧化法污水处理工程技术规范》	HJ 2009—2010
		24)《人工湿地污水处理工程技术规范》	HJ 2005—2010
		25)《化学工业主要水污染物排放标准》	DB 32/939—2006
		26)《污水综合排放标准》	GB 8978—1996
		27)《污水稳定塘设计规范》	CJJ/T 54—1993
		28)《污水再生利用工程技术规范》	GB/T 5.335—2002
		29)《火电厂大气污染物排放标准》	GB 13223—2011
		30)《火电厂烟气脱硫工程技术规范》	HJ 2001—2010
		31)《大气污染物综合排放标准》	GB 16297—1996
		32)《煤炭工业污染物排放标准》	GB 20426—2006
		33)《工业炉窑大气污染物排放标准》	GB 9078—1996
		34)《恶臭污染物排放标准》	GB 14554—1993
		35)《工业浓盐水处理技术规范》	DB11/T 1766—2020
		36)《煤化工副产工业硫酸钠》	T/CCT 001—2019
		37)《煤化工副产工业氯化钠》	T/CCT 002—2019
		38)《石化行业挥发性有机物综合整治方案》(VOCs)	
		39)《中国化工生产企业温室气体排放核算方法与报告指南(试行)》(发改办气候〔2013〕2526 号)	

3. 全过程水污染治理

(1) 严格实施节水标准

通过采用空气冷却、闭式循环、废水制浆等节水技术和装备，尽可能提高用水效率，工业用水重复利用率不小于97%，冷却水循环利用率不小于98%。对于已建成的煤化工示范项目要进行节水改造，对于新上项目要参考已投产示范项目，在设计环节进行节水优化，采取“高水高用、低水低用、清污分流、梯级利用”的原则，对水系统进行节水系统优化。

通过技术创新、工艺优化、系统集成和科学布置等，降低单位产品新鲜水耗。加强过程和系统节水，引入水夹点技术、水系统精细化管理等，优化全系统水平衡。优先使用矿井疏干水、再生水资源，按照“清污分流”“一水多用”的原则，通过分质回用、清污分流、污污分治的方式，实现水资源利用最大化。

通过推广应用空冷、闭式循环、电驱替代蒸汽驱动等节水措施，加大项目技术和装备节水力度。闭式空冷循环冷却水系统用软水或除盐水充当冷却水，吸收工艺换热设备热量，升高温度后，进入节能型水膜式空冷器或联合式空冷器管内进行预冷，然后进入喷淋管段被管外的空气和喷淋水吸收热量，降温后由循环水泵加压，至工艺换热设备。软水在闭式循环系统中循环使用，不与外界空气接触，完成吸热和放热的热量传递过程。

通过新工艺替代传统的工业循环冷却水系统，以节能型水膜式空冷器或联合式空冷器代替凉水塔，既保证冷却水温度以满足各项工艺要求，还可节水，减少管道设备结垢，提高设备使用寿命，为节水提供一条新处理路径。

（2）严格实施废水治理排放标准

严格执行国家制定的废水排放标准，特别对高盐水浓缩后的杂盐等要进行综合利用，不能利用的要有严格的措施送渣场堆存或填埋。根据清污分流、污污分治、深度处理、分质回用的原则合理划分污水处理系统，设计废水处理处置方案，选用经工业化应用或中试成熟、经济可行的技术。重点关注装置特殊工艺污水预处理的有效性。对现代煤化工项目含油废水、含盐废水处理及深度处理的流程、参数、效果、技术可行性与有效性进行分析论证。在具备纳污水体的区域建设现代煤化工项目，废水（包括含盐废水）排放应严格满足相关水污染物排放标准要求，确保地表水体满足下游用水功能要求；在缺乏纳污水体的区域建设现代煤化工项目，应对高含盐废水采取有效处置措施，不得污染地下水、大气、土壤等。

（3）建立煤化工产业标准体系

积极开展煤化工行业标准化修订工作，建立煤化工行业科学完善的标准体系。重点制定煤炭深加工产业急需的产品、安全和环保类标准，加强检验方法等工艺方法类标准和能耗限额、节水限额等管理标准类标准的制定，推进与石化、电力及钢铁等产业耦合的技术规范标准以及煤炭深加工装备、工程设计及建设规范的标准制定工作，逐步建立国际认可的技术装备标准、检测和认证体系。推进标准管理机制建设，加强政府、行业、企业、事业及科研机构等各部门的沟通、协调与合作，明确煤炭深加工产业标准制定的归口管理部门。切实发挥企业在标准研制、实施中的主体作用，积极培育发展按市场机制运行的社会团体标准，有效增加标准制定数量，提升标准制定水平。

（4）加强全过程技术创新

煤化工核心技术、产品技术、集成创新技术的重大突破使得煤化工发展迅猛。但与煤化工相配套的环保控制技术应用相对要弱些，使得煤化工核心技术与环保三废控制技术脱节，煤化工相关装置的三废排放指标不合格，导致环境严重污染而被叫停或整改。其中，煤化工全过程水污染治理管理计划应从项目前期立项就开始启动，特别是覆盖煤化工项目的国家行业政策、规范、法令等均应严格遵循和执行。此外，对水污染治理敏感项目应开展环境水污染治理监理工作，拟建项目要制定完善的覆盖大气、地表水、地下水、生态等各环境要素和常规水污染物及特征水污染物的环境监测计划。按照环境监测管理规定和技术规范的要求，设计采样口和监测平台。企业要安装水污染物排放自动监控设备并与环保主管部门联网。项目所在园区要建立覆盖各类环境要素和各类水污染物的监测体系。

第四节　煤化工废水来源及特征

一、概述

煤化工耗水是因为水是煤化工的重要原料之一，参加煤化工的各种化学反应，生成新的物质。化学反应消耗了一部分水，并通过一系列化学反应，将煤炭中的碳转化为气体、液体和固体及各种煤化工产品。在生产煤化工产品的过程中同时也会生产一部分副产品以及过量的水，由此形成煤化工废水。消耗的原料水既与化学反应及反应过程有关，也与煤化工产品分子结构有关。

当前煤化工废水排放在零排放作为限定性要求的条件下，煤化工废水经预处理、生化处理、深度处理、回用水处理、浓盐水浓缩处理（或高浓盐水高倍浓缩处理）和蒸发结晶处理及分盐综合利用等已经形成一个典型的处理流程。随着煤化工废水处理技术的不断创新，上述处理流程有些已经取得了突破，有些还有待于技术创新深入进行，从而为煤化工废水真正意义上的零排放打下坚实的基础。

二、煤化工废水来源

煤化工废水主要来源于生产废水和生活废水。生产废水包括煤化工各生产过程产生的废水，而生活废水主要是煤化工生产企业员工的洗涤、冲厕、地面冲洗及初期污染的雨水等产生的废水。煤化工废水见图 1-2。

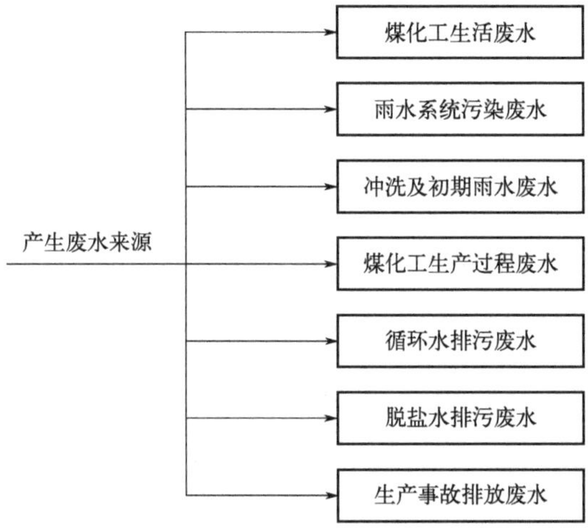

图 1-2 煤化工废水来源

注：现代煤化工生产产品不同，工艺流程不同，但产生煤化工废水来源类似；由于产品不同，工艺不同，煤化工排放的废水污染强度却有非常大的区别

三、煤化工废水特征

煤化工生产过程废水来源于煤气化、净化、合成等过程。因煤化工目标产品不同，工艺不同，如煤干馏焦化、煤直接液化、煤间接液化、煤制烯烃、煤制乙二醇和煤制气等生产过程中产生的废水组成有较大区别，其中又以煤气化、煤直接液化、煤间接液化、煤焦化产生的废水最难处理。

1. 煤气化废水

煤气化废水及污染物主要来自原料煤和气化反应过程，废水的组成与气化工艺、操作条件、气化炉结构等有十分密切的关联。气化工艺按反应床层结构可以划分为固定床、流化床和气流床等三种类型，其中气流床又分为干法和湿法两种形式。煤气化废水和污染物主要组分见表 1-4。

表 1-4 煤气化废水和污染物主要组分

组分/项目	鲁奇炉	温克勒炉	干/湿法	
			壳牌炉	水煤浆炉
焦油/(mg/L)	<800	10～30	无	无
挥发酚/(mg/L)	1500～5500	约 20		<10
甲酸化合物 /(mg/L)	无	无		100～1200
氨氮/(mg/L)	3500～9000	约 9000	200～300	200～2000

续表

组分/项目	鲁奇炉	温克勒炉	干/湿法	
			壳牌炉	水煤浆炉
氰化物/(mg/L)	1～40	5	约50	10～30
COD/(mg/L)	3500～23000	200～300	400～600	400～800
TDS/(mg/L)			2000～5000	约3000
Cl^-/(mg/L)			350～450	约500
床层结构	固定床	流化床	气流床	
废水特征	高污染严重、高氨氮、高COD、高含酚、高含焦油、色度和浊度非常高，属于难降解气化废水	污染较严重、高氨氮、较高COD、总溶解性固体含量较高	污染程度一般、较高氨氮、较高COD、总溶解性固体含量高	污染程度一般、高氨氮、较高COD、总溶解性固体含量高

注：COD为化学需氧量，TDS为总溶解性固体含量，Cl^-为氯化物含量。

通常，煤气化技术可分为三大类，固定床碎煤加压气化技术，以鲁奇气化技术和BGL液态排渣气化技术为代表；流化床气化技术，以德国温克勒气化技术和中国科学院山西煤炭化学研究所（山西煤化所）的ICC灰熔聚气化技术为代表；气流床粉煤加压气化技术，干法气化以壳牌干煤粉加压气化技术和航天炉干煤粉气化技术为代表，湿法气化以GE水煤浆气化技术和多喷嘴水煤浆气化技术为代表。

气流床气化废水的氨氮含量一般为200～300mg/L左右（氨回收前），COD为400～800mg/L，氰化物含量一般为10～50mg/L，TDS为2000～5000mg/L，Cl^-为350～450mg/L。由于气流床加压气化工艺反应温度高，气化废水中有机物污染程度低，废水水质较好，属于较容易生物处理煤气化废水类。

固定床碎煤加压气化技术的气化温度为900～1150℃，气化反应温度相对较低，气化废水中含有大量的难降解有机化合物，气化废水的特征是高COD（3500～23000mg/L）、高含酚量（1500～5500mg/L左右）、高氨氮含量（3500～9000）、高氰化物含量（20～40mg/L）、高含油量（<800mg/L），废水色度和浊度非常高。固定床碎煤加压气化工艺废水成分最为复杂，属于难降解、难生物处理的煤气化废水类。

2. 煤液化废水

以煤为原料的合成燃料油技术主要包括煤的间接液化和直接液化，主要产品包括柴油、石脑油，副产品有液化气。煤炭直接液化是在高温（>400℃）和高压（>15MPa）及催化剂作用条件下，通过一系列加氢反应将煤直接液化生成液态烃类及气体烃的深度转化过程。直接液化技术难度较大，反应条件苛刻。

间接液化有两种路线：一是以煤为原料先经气化制合成气（$CO+H_2$），再在催化剂的作用下，经费托（F-T）合成生成烃类产品和化学品的过程；二是经过煤制甲醇，再在催化剂作用下生产油品，即所谓的甲醇制汽油。目前我国直接液化技术、间接液化的F-T合成技术和甲醇制汽油技术均已实现了工业化生产。

煤液化废水组成因煤液化工艺不同而显著不同。煤直接液化的工艺流程是先制备油煤浆，再将粉煤与溶剂催化剂配成油煤浆后与氢气发生反应，并经分离后得到煤制油产品。煤液化生产过程中产生的废水中有机污染物浓度高且成分复杂，可生化性差，是一种难降解生化处理的废水。煤液化废水特征和污染物组分见表1-5所示。

表 1-5 煤液化废水特征和污染物组分

序号	组分/项目	直接液化	间接液化	备注
1	石脑油/(mg/L)	3000～9000	约 144	
2	挥发酚/(mg/L)	9000～11000	73～86	以总酚计
3	总氮/(mg/L)	约 5200		
4	氨氮/(mg/L)	3200～3700	约 3500	
5	硫化物/(mg/L)	约 0.25	约 58	
6	COD/(mg/L)	3200～38000	1550～5200	
7	总氰化物/(mg/L)	约 35		以 CN^- 计
8	氟化物/(mg/L)	约 75		
9	废水特征	高酚高油含量，高氨氮含量，高 COD_{Cr}，色度和浊度高，属于难降解生化废水	污染严重，高氨氮含量，低油含量，低酚含量，高 COD_{Cr}、总溶解性固体含量较高	

煤直接液化生产过程中会产生大量的废水，其中的有机污染物浓度为：COD 3200～38000mg/L，氨氮 3200～3700mg/L，总氮约 5200mg/L，挥发酚 9000～11000mg/L，石脑油 3000～9000mg/L。其氨氮及酚类浓度高。高浓度含酚废水主要由加氢裂化装置、煤液化加氢精制装置以及硫黄回收装置等产生，毒性大，可生化性差，一般生物处理技术无法满足废水处理的要求，是一种难降解生化处理的废水。

煤间接液化的工艺是将煤炭先气化，然后合成气在催化剂的作用下费-托合成液体燃料。因此，煤炭间接液化所产生的废水与直接液化废水是有区别的，废水中有机污染物浓度为：COD 1550～5200mg/L，氨氮约 3500mg/L，挥发酚 76～86mg/L，石脑油约 144mg/L。废水中 COD 浓度高，酚和油含量低，悬浮物浓度也比较低。煤间接液化废水可生化性差，也是一种比较难处理的废水。

3. 煤焦化废水

煤炭焦化废水主要包括煤炭高温干馏炼焦过程以及副产品回收和精制过程产生的废水，包括煤气净化、焦油加工、粗苯精制等过程中产生的成分复杂的废水。废水中除含有大量氮化物、氰化物、硫氰化物、氟化物等无机污染物外，还有高浓度的酚类、吡啶、喹啉、多环芳烃等有机污染物，具有排放量大、成分复杂等特征。此外，焦化废水还受焦煤煤质组分及特性、炼焦所选用的工艺技术、焦化副产品回收等因素的影响，在煤焦化、煤气净化及焦油加工和焦化副产品精制过程中，焦化废水的成分有显著差异。

多环芳烃、喹啉类和有机腈类等物质是焦化废水的典型有机污染物。此外，焦煤中存在大量的酚羟基官能团，导致煤在高温热解过程中生成酚类物质，因此酚类物质也可作为焦化废水的典型有机污染物。总之焦化废水中的典型有机污染物主要包括：苯酚、烷基苯酚、喹啉、异喹啉、苯、烷基苯、吡啶、烷基吡啶、苯胺、烷基苯胺、烷基萘、萘、烷基喹啉、联苯、烷基联苯、菲、蒽、吖啶、烷基咔唑、咔唑、烷基菲（蒽）、烷基萘并噻吩、芘、苯萘并呋喃、烷基芘、对联三苯、苯并菲（蒽）、苯并吖啶、烷基苯并菲（蒽）、吲哚、苯并芘、烷基吲哚、烷基吖啶、苯并噻吩、烷基噻吩、苯并呋喃、苊、噻吩、芴、烯烃、烷烃等。同时还含有多种持久性有机污染物，如多氯联苯、单环芳烃、多环芳烃、二噁英类。其中，酚类、多环芳烃、有机氯化物、含氮杂环、含氧杂环等。煤焦化废水特征及污染物组分含量见

表 1-6。

表 1-6 煤焦化废水特征和污染物组分含量

序号	组分/项目	最大值	最小值	平均值
1	油类/(mg/L)	约 385	约 10	约 114
2	酚类/(mg/L)	约 1300	约 90	约 483
3	氨氮/(mg/L)	约 3250	约 73	约 549
4	硫化物/(mg/L)	约 2150	约 175	约 942
5	COD/(mg/L)	约 8000	约 1000	约 3430
6	BOD_5/(mg/L)	约 2050	约 335	约 903
7	氰化物/(mg/L)	约 350	约 4.9	约 34.8
8	SS/(mg/L)	约 500	约 75	约 199
9	废水特征	高氨氮、高酚、高油分浓度、高 COD,高硫有毒及抑制性物质多,对环境构成严重污染,是典型的高浓度、高污染、有毒、难降解的煤化工废水		

煤焦化废水的主要特征：含酚量在 90～1400mg/L，氨氮含量在 73～3500mg/L，COD 在 1000～8000mg/L 之间，氰化物含量在 4.9～350mg/L 之间，而且煤焦化废水中含有联苯萘等多环芳香化合物和吡啶等杂环化合物，这类物质很难通过生物降解的方法来处理。总体特征表现为高氨氮、高酚、高 COD、有毒及抑制性物质多，是一种典型的高浓度、高污染、有毒难处理的煤化工废水，其中大部分苯类、酚类化合物在好氧条件下通过生物法降解；呋喃、吡啶等物质在厌氧条件下进行缓慢生物降解；联苯类、喹啉类等物质不能通过生物降解的方法进行处理，其稳定性极强且一般具有致癌和致突变的作用，对环境和人体会构成严重污染和健康威胁。

4. 煤化工高浓盐水

煤化工废水“零排放”是煤化工行业发展的一个重要阶段，也是制约煤化工发展的一个瓶颈。煤化工要实现废水“零排放”，高浓盐水的处置技术成熟度和处置运行费用是关键。通常情况下，采用蒸发结晶处理高浓盐水，析出固体混合杂盐，杂盐的主要成分是钠、钾氯化物、硫酸盐、富集有机物及少量重金属等。最终将杂盐进行分盐或填埋。

煤化工废水若按照含盐量可分为两类：一类是有机污染物废水，主要来源于煤化工工艺过程（如煤气化）产生的废水及生活污水等，这类废水的特点是含盐量较低，污染物主要以高含量的 COD、氨氮、酚类等难生物降解物质为主；另一类是含盐废水，主要来源于生产过程中的煤气洗涤废水、循环水系统排污废水、除盐水系统排污废水、回用系统浓水等，主要特点是含盐量高。

有机污染物废水的处理一般是通过废水预处理、生化处理、深度处理等方式脱除废水中的 COD、氨氮等污染物，盐分并没有脱除。含盐废水处理则是脱除废水中的盐分，这类废水主要特点是无机盐含量高、钙离子和镁离子含量高、重金属有害成分复杂等。对这类含盐废水首先进行钙离子和镁离子脱除，然后脱除部分含盐量和 COD。再进行深度脱盐处理，得到高浓盐水，然后去高浓盐水浓缩和分盐工序综合处理。

煤化工高浓盐水的主要特征是：含盐质量浓度高达 10000～50000mg/L，主要含 Na^+、K^+、Ca^{2+}、Mg^{2+}、Al^{3+}、Mn^{2+}、SO_4^{2-}、Cl^-、NO_3^-、NO_2^- 等离子，其中 Na^+ 的质量浓度可达 10000～40000mg/L，Cl^- 质量浓度可达 10000～20000mg/L，SO_4^{2-} 质量浓度为 10000～20000mg/L。高浓盐水的另一特点是 COD 含量也较高，其质量浓度可达 500～2000mg/L。

高含盐废水若以液体的形式外排，将会严重恶化生态环境，也是目前的环保政策绝不允许的。

第五节 煤化工废水处理方法及分级

针对煤化工废水污染物的类型和主要特征，煤化工废水的处理方法可分为物理处理法、化学处理法、物理化学处理法和生物处理法等。

一、废水处理方法

1. 物理处理法

通过物理或机械作用脱除煤化工废水中的不溶解悬浮物（如悬浮固体）、乳浊物（油类）并回收这些不溶解污染物，去除废水中的COD。常见的工艺方法有：过滤法、沉淀法、气浮法、蒸发法、磁力分离法和离心分离法等。过滤法可除去水中的悬浮颗粒，主要是废水中的SS（悬浮物或悬浮固体）和油类物质；沉淀法可除去水中相对密度大于1的悬浮颗粒，如无机物颗粒及SS，同时回收这些颗粒物；气浮法可除去乳状油滴或相对密度近于1的悬浮物；蒸发法可用于浓缩废水中不挥发的可溶性物质等；磁力分离法可去除沉淀法难以去除的SS和胶体等。离心分离法可除去微小的SS颗粒。由于物理法处理工艺简单、经济，用于水体容量大、自净能力强、废水处理要求不高的煤化工预处理工况。

2. 化学处理法

通过在废水中加入化学物质，发生化学反应，改变废水中污染物的化学成分，进而去除煤化工废水中的溶解物质、胶体物质和COD。常见的工艺方法有：中和法、氧化法、还原法、化学沉淀法、混凝沉淀法、焚烧法等。中和法用于中和酸性或碱性废水，经过中和处理后脱除生成的盐类物质；氧化还原法用来脱除废水中还原性或氧化性污染物及有毒物质、难生物降解物质；化学沉淀法用于脱除重金属离子、硫离子、硫酸根、磷酸根、铵根；混凝沉淀法用于脱除废水中的胶体及细微SS；焚烧法用于对废水中难处理的有机污染物进行高温热化学法处理，变为无机灰渣的过程。化学处理法处理效果好，但处理费用高，一般是对废水经生化处理后还存在的难降解有机污染物作深度处理，提高出水水质。

3. 物理化学处理法

利用物理化学的方法脱除废水中的溶解物质、胶体物质和COD。常见的去除方法有吸附法、离子交换法、萃取法、气提法、膜分离法（含电渗析法、反渗透法、超滤法）等。采用这些方法是通过物理化学的原理，分离废水中的无机或有机溶解态或胶态的污染物，或回收其中有用的组分，使得煤化工废水也得到深度处理。该法既适合于处理污染物浓度很高的废水，以利于污染物的回收利用，也可用于污染物浓度很低的废水，以利于废水深度处理，提高水质。

4. 生物处理法

利用微生物的生化作用处理煤化工废水中的有机物，将废水中呈溶解或胶体状态的有机物分解氧化为稳定的无机物质，使废水得到净化或使废水中的有机污染物和无机微生物营养物质转化为稳定、无害的物质。常见的有：活性污泥法、生物膜法、厌氧生物消化法、氧化塘法等。活性污泥法让活性污泥悬浮在废水中形成混合液，有机物与活性污泥充分接触并被吸附，在氧存在的条件下，以有机物为营养，微生物进行新陈代谢，使有机物分解，从而让废水得到净化；生物膜法利用生物膜形成的微生物群落附着在固体载体上，创造一种有利于微生物代谢的环境，使微生物在滤料表面形成生物膜，通过微生物的新陈代谢活动，加速有机物和无机物转化，实现废水处理效果。此外，还有许多生物法处理煤化工废水的技术不断被推出，废水处理效果也越来越好。

二、废水处理分级

四种煤化工废水处理方法各有其适应范围，相互补充，往往很难用单一的方法就能达到良好的处理效果。究竟采用哪种方法更适宜，应根据煤化工废水的水质、水量、废水排放要求、废弃物综合利用使用价值、处理工艺特点等，通过科学试验，确定处理等级，通常可分为一级去除处理、二级去除处理和三级去除处理。

1. 一级去除处理

一级废水处理主要任务是脱除煤化工废水中呈悬浮状态的固体物质。一般情况下，采用物理处理法只能完成一级废水处理的要求。经过一级处理的废水，BOD_5 一般可去除 20%～30%，达不到废水处理的排放标准，不宜排放，须进行二级去除处理。通常一级废水处理属于二级废水处理的预处理。

2. 二级去除处理

二级废水处理主要任务是大幅度脱除煤化工废水中呈胶体和溶解状态的有机污染物质（BOD_5、COD 物质），BOD_5 去除率可达 80%～90%，使有机污染物含量达到排放标准，悬浮物去除率达 95%。一般情况下，经过二级处理的煤化工废水可达到废水排放标准。采用的方法是活性污泥法和生物膜处理法。

3. 三级去除处理

三级废水处理主要任务是进一步去除某种特殊、难降解的有机物，氮和磷等能够导致水体富营养化的可溶性无机物等。

煤化工废水一级去除处理：通过粗格栅的煤化工废水经废水提升泵提升后，通过格栅进入沉砂池，经过砂水分离的废水进入初次沉淀池。

煤化工二级废水处理：初沉池的出水进入生物处理设备，采用活性污泥法和生物膜法（活性污泥法的反应器有曝气池、氧化沟等；生物膜法有生物滤池、生物转盘、生物接触氧化法和生物流化床等）进行处理，生物处理设备的出水进入二次沉淀池。

煤化工三级废水处理：二沉池的出水经过消毒后排放或者进入三级处理装置，采用生物脱氮除磷法、混凝沉淀法、砂滤法、活性炭吸附法、离子交换法和电渗析法等进行处理。二沉池的污泥一部分回流至初次沉淀池或者生物处理设备，一部分进入污泥浓缩池，之后进入污泥消化池，经过脱水和干燥设备后，污泥被最后利用。

第六节　煤化工一般废水处理

一、可生化降解废水

煤化工废水大致分为：①各种形式的无机物和有机物污染后的复杂混合物；②漂浮和悬浮的大小固体颗粒；③胶状和凝胶状扩散物等。按工艺过程分析，煤炭经过一系列化学反应，生成气体燃料、液体燃料和固体燃料，然后经进一步的深加工生成各种化学品和能源产品，由于工艺过程的差异和产品结构的差异，产生的废水组分和废水量是有很大差异的。煤化工生产过程产生的废水大致可分为：煤炭气化产生废水、气体净化产生废水、煤炭液化产生废水、煤炭焦化产生废水、低阶煤热解产生废水以及气体、固体和液体深加工过程（主要包括天然气、烯烃、芳烃、油品、甲醇、二甲醚、乙醇、乙二醇、氢气、合成氨以及 IGCC 发电等深加工过程）中产生的废水。其主要区别是按是否可生化处理分为可生化降解废水和难生化降解废水。可生化降解废水也称作一般废水。

煤化工废水处理技术通常采用物理、化学或生物的方法或几种方法组合以达到去除煤化工废水中有害物质的目的。由于煤化工排放到废水处理厂的污染废水成分复杂，一般可分为：耗氧有机物污染（易生化）废水；含酸碱液、油类污染物废水；含酚、氨、氟化物、氰化物、有机氯等污染物废水；含有机氮、氨氮、磷和有机磷污染物废水；含高浓度有毒难生物降解有机污染物废水；含硝酸盐和亚硝酸盐等污染物废水；含高浓度无机盐污染物废水；含重金属污染物废水等。

二、可生化降解废水处理技术

煤化工一般废水处理方法及技术见表 1-7 所示。

表 1-7 煤化工一般废水处理方法及技术

序号	方法	基本原理	处理技术	备注
1	生物法	通过利用微生物的代谢作用，使煤化工废水中的有机污染物被氧化降解成无害物质的方法，是处理有机物污染废水最重要的方法之一	活性污泥、生物滤池、生物转盘、氧化塘、厌氧消化等	最常用的方法
2	物理法	通过物理或机械作用去除废水中不溶解的悬浮固体及油品	过滤、沉淀、离心分离、上浮等	常用的方法
3	化学法	通过加入化学物质，通过化学反应，改变废水中污染物的化学性质或物理性质，使之发生化学或物理状态的变化，进而从废水中除去	中和、氧化、还原、分解、絮凝、化学沉淀等	常用于煤化工废水深度处理
4	物理化学法	通过运用物理和化学的综合作用，改变煤化工污染物废水中污染物的化学或物理性质及结构，进而从废水中除去	汽提、吹脱、吸附、萃取、离子交换、电解、电渗析、反渗析等	可用于含盐废水处理

第七节 煤化工难降解废水处理

一、难降解废水处理特征

在煤化工生产过程中，煤气化是煤化工前端产生高 COD 和氨氮等难降解有机物废水的主要发生部位之一，因此煤气化废水是难处理的煤化工废水。鲁奇固定床碎煤加压气化废水污染物组分及 COD 含量见表 1-8 所示。

表 1-8 鲁奇固定床碎煤加压气化废水污染物组分及 COD 含量

序号	污染物名称	质量分数/%	COD 含量/(mg/L)	备注
1	苯酚	27.59	1389.60	污染物含量最高
2	不明苯酚衍生物	11.67	587.60	污染物含量高

续表

序号	污染物名称	质量分数/%	COD含量/(mg/L)	备注
3	甲基苯酚	10.48	528.00	污染物含量高
4	喹啉	11.83	596.00	污染物含量高
5	甲基喹啉	5.69	286.40	污染物含量高
6	异喹啉	5.14	258.80	污染物含量高
7	乙苯	5.03	253.20	污染物含量高
8	二甲基苯酚	3.97	200.00	污染物含量高
9	C_2烷基喹啉	18.02	105.60	
10	异喹啉酮		88.00	
11	吲哚		80.00	
12	甲基酮		80.00	
13	苯甲酸		68.12	
14	吡啶		60.40	
15	苯乙腈		57.60	
16	硝基苯二甲酸		48.60	
17	邻苯二甲酸酯		44.40	
18	联苯		40.40	
19	1-苯腈		39.60	
20	苯并喹啉		30.68	
21	苯并吡啶		28.60	
22	6(5*H*)-菲啶酮		23.40	
23	苯并咪唑		20.40	
24	咔唑		18.20	
25	喹啉酚		15.60	
26	二苯并呋喃		15.60	
27	二苯并呋喃		14.56	
28	喹啉酮		14.56	
29	烷基吡啶		13.60	
30	1,9-二氮芴	0.58	7.80	污染物含量低
31	甲醛肟		6.76	污染物含量低
32	萘酚		6.76	污染物含量低
33	二甲基吡咯		3.12	污染物含量低
34	C_2烷基吡啶		2.60	污染物含量低
35	苯乙烯酮		2.08	污染物含量低
	小计	100.00	5036.64	

固定床碎煤加压气化技术因气化温度低，气化废水成分复杂，污染程度高。难降解废水处理的主要特点：高石油类物质含量（100～300mg/L）、高酚含量（600～1500mg/L）、高COD含量（4000～5036mg/L）、高氨氮含量（300～400mg/L）等，用一般的生化处理难以

净化水质并达标。

二、难降解废水全过程处理流程

煤化工废水难处理是因为 COD、氨氮、酚、石油类含量高，难以通过一般生化降解，如鲁奇煤气化难降解废水处理设计水质见表 1-9。

表 1-9 鲁奇煤气化难降解废水处理设计水质

序号	废水名称	主要污染物及性质	设计水质	
			原水	出水①
1	工艺废水	COD	≤5000mg/L	≤100mg/L
		BOD_5	≤2000mg/L	≤20mg/L
		总酚	≤1500mg/L	≤0.5mg/L②
		石油类	≤200mg/L	≤5mg/L
		氨氮	≤400mg/L	≤5mg/L③
		HCN	≤15mg/L	≤0.5mg/L
		温度	32～42℃	—
		pH	7～9	6～9
		色度	200 度	≤50 度
		SS		≤70mg/L
2	生活废水	COD	≤1500mg/L	≤100mg/L
		BOD_5	≤750mg/L	≤20mg/L
		石油类	≤100mg/L	≤5mg/L
		氨氮	≤40mg/L	≤5mg/L③
		pH	6～9	6～9

① 污水排放执行 GB 8978—1996《污水综合排放标准》中二类污染物的一级排放标准，出水回用于循环冷却水系统。
② 该值为挥发酚值。
③ 该值一般为业主的要求值，但在一级排放标准中该值为≤15mg/L。

煤化工难降解废水全过程处理典型工艺流程（相当于零排放）见图 1-3。

三、超级氧化处理技术

对难降解处理的煤化工废水，采用超级氧化技术能将难以降解的物质从大分子氧化为小分子，实现废水的无毒化或者低毒化转变。高级氧化不是单一的技术，应根据废水的组分和反应条件的差异，可以分为多种废水处理技术，如臭氧氧化、电化学氧化、超声波氧化等，其技术原理都是利用了羟基自由基高强度的氧化特性。

电化学氧化技术利用电极材料，激活其催化活性，从而在反应中产生羟基自由基，利用自由基反应实现对废水中有害物质的降解。在电化学氧化技术中，电极材料是关键所在，具有稳定、高催化活性的电极材料是技术的保障。

超级氧化技术具有反应效率高、污染少、氧化作用明显、绿色环保等特点，突破了传统污水处理技术的局限，极大地提高了对高浓度难降解有机物的降解率，在煤化工废水的处理上有着生化法等传统技术不具备的明显优势，具有广阔的应用前景。几种常见的高级氧化工艺参数见表 1-10。

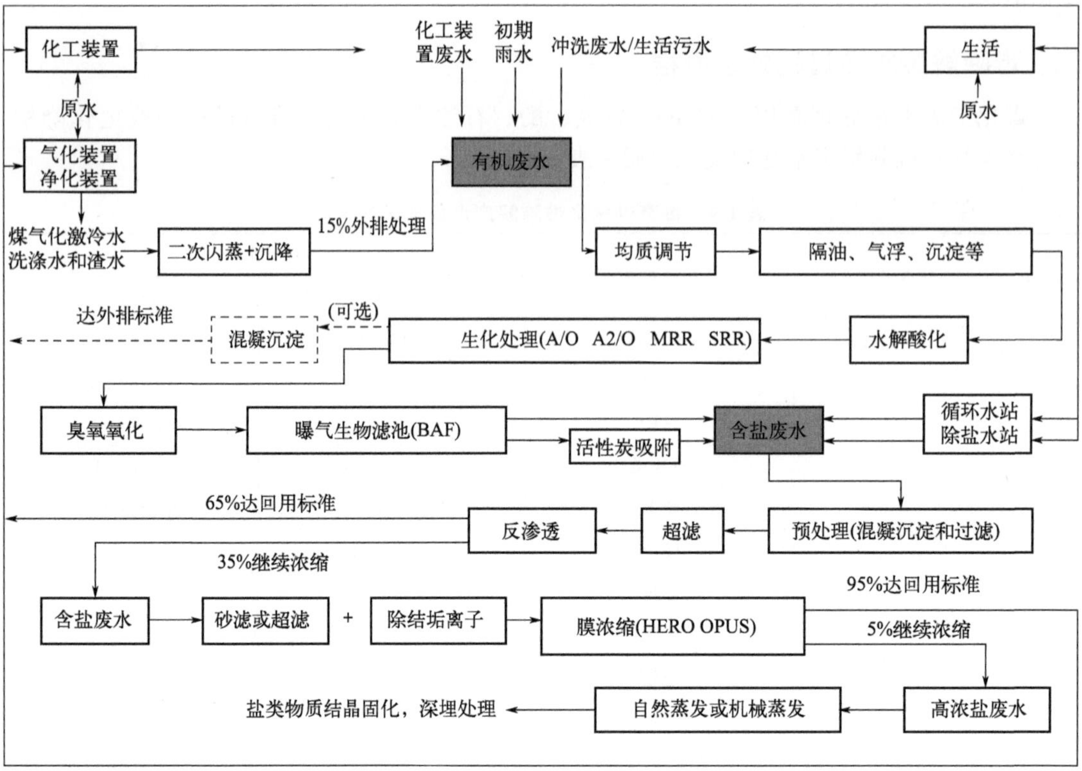

图 1-3 煤化工难降解废水全过程处理典型流程示意

表 1-10 几种常见的高级氧化工艺参数

序号	项目	湿式氧化(WAO)	超临界水氧化(SCWO)	焚烧法
1	温度/℃	150～350	400～500	2000～3000
2	压力/MPa	2～20	30～40	常压
3	催化剂	需要	不需要	不需要
4	停留时间/min	15～120	≤1	≥10
5	去除率/%	75～90	≥99.99	≥99.99
6	自热	有	有	无
7	排除物	有毒有色	无毒无色	含 NO_x,SO_2
8	后续处理	需要	不需要	需要
9	消耗能源	电力/燃料	电力/燃料	电力/燃料

如对鲁奇煤气化难降解废水采用化学氧化处理后，强氧化可降解不可生化降解的有机废水，即降低了废水中的 COD 污染物，同时还保证了色度达到排放标准。煤化工难生化降解废水采用超级氧化处理前后参数见表 1-11。

表 1-11 煤化工难生化降解废水采用超级氧化处理前后参数

序号	参数	处理前	处理后	环保排放标准
1	COD/(mg/L)	<1600000	<10	<100
2	BOD_5/(mg/L)	<225000	<10	<20

续表

序号	参数	处理前	处理后	环保排放标准
3	NH_3-N/(mg/L)	<130000	<5	<15
4	石油类/(mg/L)	<50000	探测不到	<10
5	氰化物/(mg/L)	<1500	<0.5	<0.5
6	pH	1～14	6～9	6～9

第八节 煤化工含盐废水处理

煤化工含盐废水中的盐类物质主要来自原料煤、生产工艺过程中生成水（如源于生产过程中煤气洗涤废水、循环水系统排水、除盐水系统排水、回用系统浓水等，还包括生化处理后的出水等）、水处理过程中添加的药剂（如酸碱中和剂、絮凝剂、阻垢剂、杀菌剂等）。煤化工含盐废水主要的特点是成分复杂、含盐量高、有机物含量高。如何高效处理这些高盐度、高污染的煤化工废水，实现氯盐从达标水的分离，满足淡水资源的循环利用要求，已成为煤化工废水处理的难题。

一、含盐废水处理瓶颈

对于煤化工含盐废水的处理，由于缺乏相应的经济合理的新技术、新工艺、新材料及新设备等因素，煤化工结晶分盐技术在经济环保上的可行性与可靠性存在较大的偏差。因此大多数情况下是采取稀释外排方法解决。这种方法不但不能真正减少煤化工废水污染物的排放总量，而且还会造成一次性水的浪费，特别是含盐废水的排放，势必造成水资源矿化和土壤碱化。对于煤化工含盐废水的处置与废水的预处理工艺有非常紧密的关联。特别是经过煤化工废水一系列的预处理及生化组合处理后，高浓盐水的连续蒸发结晶对于脱盐工艺和关键装备都有非常高的要求，仅从单纯的盐化工的无机盐-水热力学平衡数据还不能完全精确揭示煤化工含盐废水结晶分盐的客观规律，在煤化工结晶分盐技术方面还存在一定的局限性和瓶颈。

由于煤化工含盐废水在分质结晶方面需要考虑多元条件下的影响要素，比单纯的盐化工要复杂得多，在多元条件下存在着更为复杂的不同质量传递、能量传递和动量传递之间的宏观稳态平衡关系。在多元条件下的物料平衡和热量平衡是热力学过程的关键要素，也是结晶分离器动力学设计的关键要素，一方面如工艺控制过程中的流量（如进料、母液、盐浆、回流、淘洗流量）以及温度、压力、液位、pH、浓度和固液比等，微观控制要求的物料成分、过饱和度、过热度、杂质特征等的稳定都会对煤化工高含盐废水的分盐结晶产生较大的影响。另一方面，分质结晶技术的推动力是在生产稳定基础上实现盐产品提质和除盐装置节能降耗，当追求较高的结晶盐产品质量时，往往以牺牲产品收率为代价，尽管减少杂盐量是必须考虑的问题，但也要考虑到系统内部参数和外界环境变化对系统稳定性的影响，要求系统不仅能稳定地工作，还需要有足够的缓冲裕度，同时还要考虑装置能耗及产品的技术经济指标和企业的经济效益。

二、含盐废水处理方法

煤化工含盐废水处理主要方法如下。

1. 离子交换除盐法

离子交换树脂技术自20世纪中期开始用于脱盐水的处理，技术不断发展，逐步实现了由间歇式工艺、固定床工艺向离子交换工艺的转变。离子交换除盐法是将废水中所含的各种离子和离子交换树脂进行离子交换反应，从而脱除有关离子的过程。随着煤化工发展，特别是要求废水零排放，从煤化工废水典型处理工艺流程可知，煤化工废水经预处理、物理或化学处理、生化处理及高级氧化处理后将获得一种较高盐度的浓盐水，主要成分为无机盐以及少量COD和阻垢剂等化学物质。而采用离子交换法是把高盐溶液中的阴离子和阳离子通过离子交换反应来达到阴阳离子置换的目的。

离子交换除盐法适用于煤化工废水中含盐量不高的场合。高氯、高盐、高硬水等除盐时，树脂再生过程会消耗大量酸、碱，排放液形成新的污染点。所以离子交换法一般用于二级除盐水处理，或用来脱除污染水中的微量或痕量钙镁离子等。离子交换法的主要特点是设备初期成本较低，工艺流程简单，便于操作。通过采用阴、阳树脂与煤化工废水中的阴、阳离子发生置换反应达到脱盐的目的。在脱盐处理时，若废水中盐的含量相对较低，可以达到非常理想的脱盐效果。但该法在脱盐处理过程中产生的废液含盐量极高，其酸碱值远超出废水排放的标准，随意排放会造成管道腐蚀和土壤污染。由于煤化工废水成分复杂，有时会造成树脂被有机物或者杂质污染，影响正常的除盐，还会缩短阴阳树脂的使用寿命。

2. 电渗析脱盐法

电渗析进行除盐处理时，先将电渗析器两端的电极接上直流电，水溶液发生导电现象，水中的盐类离子在电场的作用下，各自向一定方向移动。阳离子向负极运动，阴离子向正极运动。在电渗析器内设置多组交替排列的阴、阳离子交换膜。膜在电场作用下显示电性，阳膜显示负电性，排斥水中阴离子，吸附阳离子，在外电场作用下，阳离子穿过阳膜向负极方向运动。阴膜具有正电性，排斥水中的阳离子，吸附水中的阴离子。在外电场的作用下，阴离子穿过阴膜向正极方向运动。这样，就形成了去除水中离子的淡水室和离子浓缩的浓水室，将浓水排放进入下一工序，淡水即为除盐水。这就是电渗析除盐的原理。

电渗析除盐由六个过程组成。①反离子迁移过程：阳膜上的固定基团带负电荷，阴膜上的固定基团带正电荷；②同性离子迁移过程：与膜上固定基团带相同电荷的离子，穿过膜的现象称为同性离子迁移；③电解质的浓差扩散过程：这是由于浓水室与淡水室的浓度差而引起的；④压差渗透过程：由于浓水室与淡水室的压力不同，离子由压力高侧向压力低侧进行离子渗透；⑤水的渗透过程：由于淡水室中水的压力比浓水室要大，因此会向浓水室渗水，使产水量降低；⑥水的电渗透过程：由于水中离子是以水合离子的形式存在，故有水的电渗透发生，使淡水产量降低。

3. 高效反渗透膜法

随着新型膜技术的发展，浓盐水的高倍浓缩技术也正在成熟过程中，目前应用较为成熟的主要有创新型高压或超高压反渗透膜技术、高效膜蒸发浓缩技术、电渗析膜浓缩技术等。还有一批新型膜技术也正处于研究开发和验证过程中，有望成为下一代浓盐水高浓缩倍数发展的方向。

目前，已有许多创新的反渗透膜技术陆续投入市场，并在较高的操作压力（如超过8MPa）或多级系统条件下进行工业运行，能够将总溶解固体（TDS）浓度≥50000mg/L的进水浓缩至TDS浓度≥100000mg/L的浓盐水，同时防止通量的下降与膜表面结垢，以保证膜的过滤能力和清洁表面均不受影响。这一过程可以显著减少下一过程蒸发结晶的处理能耗、高浓盐水体积，实现更高的回收率。

第九节 煤化工废水零排放发展趋势

一、“零排放”的提出

早在2005年国家就颁布了《中国节水技术政策大纲》，其中首次提出发展外排废水回用和“零排放”技术，之后废水“零排放”一直被业内广泛关注。国家标准GB/T 21534—2008《工业用水节水 术语》中将“零排放”正式定义为：“企业或主体单元的生产用水系统达到无工业废水排放”。

煤化工行业排放的废水需要实现“零排放”，是指煤化工企业要实现生产原料和水资源的绿色高效循环利用，无任何废液排出。对于“零排放”，首先要考虑回收有用的生产原料，包括废水中的有用废弃物，以降低成本，达到绿色清洁生产。随着环保部对煤化工项目的环境准入要求越来越严格，2015年底环保部发布的《现代煤化工建设项目环境准入条件（试行）》通知要求：在具备纳废水体区域建设现代煤化工项目，废水排放应该满足污染物排放标准的要求，在缺乏纳废水体的区域建设现代煤化工，应对高含盐废水采取有效的处理措施。一般零排放项目在环评阶段就要求严格落实各项水污染防治措施，根据“雨/污分流、清/污分流、分质处理、一水多用”的原则建设给排水系统。进一步提高水的回用率，减少新鲜水的用量和废水排放量，进一步优化废水处理和回用方案，确保正常工况下生产的废水经处理后全部分质回用。

随着国内环境标准的加严和排放成本的持续增长，脱盐和零排放已经成为煤化工发展的必经之路。过去由于回收率等局限，传统的反渗透（RO）技术在浓盐水或高浓盐水浓缩方面的应用效果并不明显。但随着创新型的高压或超高压反渗透等新型技术逐步进入煤化工废水处理市场后，该状况随着新技术的诞生已经发生了重大变化。煤化工废水零排放已经成为煤化工发展的一个趋势。

二、“零排放”存在的瓶颈

与国外高盐废水“零排放”或“趋零排放”的脱盐技术水平相比，我国目前还存在一定的差距，其中开发高效成熟经济的高盐废水脱盐处理工艺技术，对于促进高盐废水的资源化利用，解决水资源循环利用的瓶颈问题具有重大的现实意义。目前煤化工废水零排放存在的主要问题如下：

1. 设备管道结垢腐蚀

高浓盐水在较高的盐浓度下容易在蒸发过程中出现结垢和堵塞，这是由于高浓含盐废水呈强酸性或强碱性，在高温和Cl^-存在条件下，容易造成金属设备及管道腐蚀。从三效蒸发结晶装置的运行情况分析，第Ⅱ、Ⅲ效蒸发器结垢问题突出，二次蒸汽泡沫大，导致设备传热阻力增加，蒸发器生产强度降低，单位蒸汽消耗量大，能耗增加。

通过采用投加酸碱、晶种、阻垢剂等，提供防结垢及腐蚀的环境条件；在反渗透膜处理及高浓盐水蒸发结晶浓缩前，设置除盐预处理过程，加入石灰或纯碱、烧碱进行高浓盐水预处理，防止碳酸钙和硫酸钙结垢等，采取上述一些措施后，设备管道结垢腐蚀现象有所改善。

2. 反渗透膜污染

在含盐废水除盐及高浓盐水浓缩回用过程中，含盐废水进水中均含有一定浓度的有机污染物，并在浓缩过程中会使有机物浓度提高。这些有机污染物会对反渗透膜产生污染，降低膜的使用寿命和使用效率。膜污染是废水零排放过程中难以回避的问题。

在深度处理过程中通过增加高级氧化的工艺措施会减轻膜的污染，另外也可选用耐污染的反渗透膜如碟管式膜片和膜柱。

3. 蒸发结晶能耗高

在零排放中，一般采用中水回用，以减少废水排放以及高浓盐水蒸发结晶的能耗，也利于杂盐综合利用等环节。对于中水回用和高浓废水深度处理，常用的技术均是以常规卷式反渗透为核心的“UF+RO”工艺，回收率一般在60%～80%，还有20%～40%的浓水需要进一步浓缩处理。此部分浓水除少数进入废水站循环处理外，基本都是经过蒸发浓缩结晶或固体填埋处理来满足环保要求的，浓盐废水未经浓缩成高浓盐水直接进入蒸发结晶工序进行分盐时，会存在能耗高、运行费用高问题。

4. 项目投资大

煤化工废水零排放项目投资大，单位处理规模投资达2万元/(m^3·d)，是一般污水处理项目的5倍以上，零排放项目总投资一般占整个煤化工项目投资的10%以上，这在一定程度上降低了煤化工项目的竞争力和企业经济效益。

5. 运行成本高

由于煤化工废水零排放装置投资高，工序多，工艺复杂，实际运行操作成本也高。根据现有废水零排放企业实际运行过程中的成本考察，一般情况下，单位水处理直接成本高达11元/t，全成本34元/t；单独核算从高浓盐水浓缩结晶的废水处理成本分析，有些高达70元/t左右。

三、“零排放”水平衡优化及节水降耗

1. 统筹系统热平衡达到最优化水平

限额用水是煤化工项目能否立项和建设的红线，是不可逾越的一条红线。因此“十三五”以后再上煤化工新项目一定会审核这条红线。限额用水设计是唯一可选择的途径。化学反应过程中物料生成的反应热，锅炉蒸气提供的热，在参加完物料反应过程后，热量的回收和综合利用是一个系统工程。尽可能让反应物料在系统内最大限度换热和利用。改变工序间、产品物料间热量转移方式。尤其是对低品位热能的利用应进行优化。

2. 改变系统热量转移冷却方式

改变热量转移冷却方式和选用节水设备及技术是非常必要的。通过冷却水移走低品位反应热，所消耗的冷却水量是巨大的。反应物或产物的降温过程、产物分离过程，均需要移走热量。一般是通过循环冷却水换热，水把物料的热量带走，空气冷却又把循环水中的热量转移到空气中，如此形成庞大的循环冷却水系统。如果冷却方式不合理，就会在转移热量到空气中的同时把水也带走了（物理蒸发损耗）。

3. 优化工艺过程设计和技术创新

工艺选择非常重要，产废水量大的工艺，势必会对下游的处理能力以及补充水方面产生

较大的影响。气流床工艺产废水量就比碎煤加压气化工艺产废水量少得多，仅从水平衡的角度分析，固定床就存在一定的缺陷。如果选择的工艺生成的废水成分特别复杂，将导致废水处理难度和投资大幅增加。

四、零排放处理技术创新

1. 含盐浓缩工艺流程设置

含盐废水实现零排放选择的一般工艺流程设置为：预处理＋含盐废水脱盐增浓处理＋高浓盐水高倍浓缩处理＋蒸发结晶处理的典型流程。首先经预处理去除绝大多数影响膜运行的污染物质，再经高效反渗透膜（如碟管式反渗透膜等新型膜技术），将高浓盐水浓缩至盐的质量分数为10%～15%，最后进入机械蒸发器系统或蒸发塘进行蒸发结晶。在浓盐水浓缩过程中，所产淡水依水质分别回用于脱盐水处理系统和循环水补水处理系统。结晶混盐经处理后作为工业盐的原料，杂盐作无害化填埋，最终实现液体零排放（ZLD）。

2. 前端工艺减量化创新

煤化工含盐废水盐的质量浓度为3000～4000mg/L，经过一系列脱盐浓缩技术，淡水可回收利用空间很大，但这涉及膜浓缩技术的发展程度。因为含盐废水零排放的蒸发结晶过程是煤化工废水处理投资和运行成本最高的环节，对前端浓水脱盐和浓缩工艺的减量化处理要求非常高，经处理后的高浓盐水浓度越高，含水量越低，越有利于降低蒸发结晶的投资、能耗和综合运行成本。

3. 提升UF及RO膜使用寿命

预处理工艺的合理和完善，有利于后续膜设备延长使用周期，可以减少化学清洗频次，延长UF及RO膜寿命，降低维护成本和药剂清洗成本，提高后续装置的经济性。避免预处理设计成为全工艺流程的瓶颈。应采用技术可靠、经济性好的浓缩减量装置。膜浓缩装置，是整套工艺减量化的关键环节。先进的反渗透膜设备和工艺，会将污染物高倍浓缩，具有耐盐性强、脱盐率高、稳定性好、pH范围宽、耐污染、可靠性高等特点。目前国内先进的膜工艺、材料及设备主要还是依赖进口，由此导致投资成本高，成为煤化工零排放发展的制约因素。

4. 高浓盐水蒸发结晶工艺

煤化工废水经过一系列废水处理过程，得到高浓度含盐浓液，最后通过蒸发结晶方式进行物化分盐处理才能实现煤化工废水的零排放。由于在零排放过程中蒸发结晶工序的投资和运行成本是最高的。目前蒸发结晶可供选择的工艺主要有：热法蒸发结晶工艺和蒸发塘自然蒸发结晶工艺。由于自然蒸发塘需要建设面积非常大的水池，贮存浓液，并利用太阳能自然蒸发的方式蒸除水分，使盐分留在池底定期清理，同时蒸发池需采用相应的防渗措施。该方式比较适合于西北降雨量小、蒸发量大、地广人稀地区，属于在经济上比较合理的浓盐水处置方式。但受区域位置和产业政策方面的约束，采用自然蒸发结晶的模式还存在一定的难度。

现在煤化工企业主要还是选择热法蒸发结晶工艺，工艺上主要采用多效蒸发处理技术和机械蒸汽再压缩蒸发结晶技术。多效蒸发技术目前应用较多，淡水回收率达到90%左右。机械蒸汽再压缩蒸发结晶技术热效率较高，淡水回收率可达到98%，但该技术设备投资大，必须充分利用煤化工企业内部蒸汽废热资源，最大限度降低机械蒸汽再压缩蒸发结晶技术的能耗和运行成本。同时要不断对工艺和设备进行创新，提高工作效率，降低能耗。

5. 反渗透及蒸馏一体化蒸发结晶法

反渗透及蒸馏一体化蒸发结晶技术，简称“NACE”法。其核心组件为“纳米结构高电荷密度电解质膜”，它是一种商业纳米结构聚合物材料，该材料的性质是仅允许水分子通过，而其他离子无法通过。“NACE”工艺分离驱动力为温度差，可利用煤化工企业生产过程的余热以及太阳能、地热、或不同深度采水的温差作为渗透推动力，即便是在低温差条件下也能运行，淡水回收率可达到90%左右。

6. 浓液炭化焚烧炉处理法

将产生的含盐浓缩液送入炭化焚烧炉进行焚烧处理。焚烧炉采用煤气发生炉，燃煤经高温裂解、气化产生高温混合煤气作为热源，燃烧的高温烟气经中和调节后加压成雾状与高盐废水对流混合，水分被瞬间蒸发，有机物被炭化。从炭化器中分离出的炭化物及少量无机盐和废渣一起进入除尘式二次燃烧室进行二次燃烧，将炭化微粒及游离碳全部燃尽，由此产生的高温尾气进入余热蒸汽锅炉，利用尾气余热生产蒸汽，以达到节能降耗的目的。烟气进入洗涤器经充分洗涤后进入汽水分离器，最后经烟囱排放。

第二章 煤化工水平衡及耗水优化

第一节　概述

煤化工高用水量前提下的水平衡及耗水与低用水量前提下的水平衡及耗水有本质的区别，由此产生的煤化工水耗和排出的废水量也有非常大的区别，特别是生产完全相同的煤化工产品时，选择低用水量条件下的水平衡及低耗水和低废水排除量显然是优先选择的方案。而不同的煤化工工艺及总工艺路线对煤化工水平衡（用水量高或低、废水排放量多或少）影响非常大，因此在一定前提条件下，对煤化工水平衡及耗水优化是煤化工废水处理中非常重要的一个环节，应引起高度重视。

一、煤化工用水

通过对煤化工水平衡的分析，把煤化工原料用水、循环用水、锅炉用水、废水处理用水和跑冒滴漏耗水从源头和技术层面上分析透彻，才能对症下药，节约用水。

加强对煤化工废水处理，回用水利用及废水零排放是煤化工废水处理的一个发展方向。特别是通过生化降解处理，回收有效化学组分，使废水 COD、氨氮及其他有害物质含量达到废水处理的相关国家和行业标准的要求。对废水处理达标的废水，必须进行回用水处理，脱除一定的含盐量，对水质进行脱硬度和软化，使其达到回用水的标准并返回到煤化工用水系统进行循环利用。

废水处理回用是一个重要的节水措施。虽然投资增加了，但可以有效减少全厂循环水补充一次水用量，降低煤化工一次用水消耗，提高水的重复利用率，最大程度地提高回用水比例，减少一次水补充。

二、煤化工耗水

煤化工是一个耗水的行业，通过对典型煤化工水平衡进行分析，发现水平衡与这些因素是分不开的：所选择的工艺路线、循环水冷却方式和热量转移过程、所选择的脱盐水供给与热电方案、工艺物料冷却加热与副产品分离、废水生化处理及废水排放利用、回用水脱盐软化处理及回用利用。上述这些要素是影响煤化工耗水的主要因素。

通过对上述煤化工耗水的因素进行分析，有针对性地从源头上优化这些要素是非常必要的，优化措施包括：加大对煤化工工艺方案比选；换热设备及换热效率比选；余热回收综合利用及低位能的回收及比选；循环水平衡设计方案比选。由此为煤化工的节水、降水耗打好基础，有效提高水资源的利用效率。

通过对煤化工耗水进行分析，煤化工耗水大致分为以下六类：

① 原料水参加化学反应；

② 换热过程中物理蒸发损耗；

③ 废水处理过程中损耗；

④ 回用水处理过程中的损耗；

⑤ 浓盐水浓缩处理过程中的损耗；

⑥ 管理不善造成损耗及生活用水消耗。

其中，循环水物理蒸发损耗水是煤化工最大的耗水类型（工艺技术决定循环水用量）、废水处理后直排耗水次之，跑冒滴漏及生活耗水等消耗大量一次水。

第二节　煤化工耗水

一、原料用水类

1. 原料水参加化学反应消耗水

煤化工通过化学反应消耗一次水是煤化工耗水的一个重要方面，水通常是通过蒸汽形式参加化学反应。由于水本身就是煤化工的主要原料之一，参加化学反应，为煤化工产品提供氢元素，而氢气主要来源于水。

2. 原料水与煤气化反应

煤气化反应的三个重要过程：一是碳与氧气的完全氧化反应，这个过程中，主要是生成二氧化碳和提供大量的反应热供煤气化反应；二是碳的部分氧化反应，生成一氧化碳并吸收大量热量；三是碳与水蒸气反应，生成氢气和一氧化碳并吸收大量热量。碳的完全氧化反应放热和部分氧化反应以及与蒸气反应的吸热达到平衡。

3. 原料水与甲烷转化反应

天然气转化化学反应的两个重要过程：一是甲烷与氧气的氧化反应，这个过程主要是生成二氧化碳和提供大量的反应热供甲烷蒸汽转化反应；二是甲烷与蒸汽的转化反应，生成一氧化碳和氢气并吸收大量热量。甲烷的蒸汽转化反应吸热和甲烷氧化反应放热达到平衡。

4. 原料水与一氧化碳变换反应

再比如一氧化碳变换反应，变换反应也是需要外部供热的，然后是一氧化碳与水蒸气反应生成氢气和二氧化碳并放出大量热量。这些蒸汽参加反应的过程就是一个大量消耗水的过程，生成的产物中含有一定量的氢，故水作为原料参加了化学反应。没有水，也就成就不了煤化工及煤化工产品。

二、物理水蒸发类

1. 循环冷却换热过程中物理蒸发

煤化工循环水耗水是煤化工耗水的一个特别重要的环节。循环水耗水主要体现在它在冷却过程中大量的水被蒸发损失了。循环水蒸发了多少水量，就要对循环水系统补充多少水量，达到循环水的一个平衡。

循环水蒸发量多少，与循环水量和相关的环境气象条件等蒸发参数有重要关联。循环水量越大，蒸发消耗的一次水量就越多，补充的一次水量也就越多。

2. 反应物热量移除方式及冷却水介质

在化工反应过程中，反应物或产物的温度升高和降低的过程、产物的低温分离过程均需要移走热量。而移走热量的过程就是一个间接（或直接）换热的过程。一般化工物料热量的转移是通过循环冷却水介质，通过换热的方式移走热量的。由此形成了需要大量水的循环冷却水系统，才能由水将物料中的热量带走。

3. 冷却水热量的移除方式及空气介质

一般通过空气冷却的方式把循环水中的热量转移到空气中带走，也就是说，一个化学物料的热量转移必须通过二次转移方式，才能把热量移走。这是一种传统的换热方式，若改变这种方式，对循环水的消耗就完全不一样。

空气移除热量的同时带出水分。传统换热方式是大量的冷循环水在敞开的环境中与化学物料间接换热，吸收热量后变成热的循环水；热循环水再与空气直接换热，转移热量到空气中，同时把一部分水也带走了。所以循环冷却水冷却损耗的水量是需要补充的，循环水系统的补水通常由三部分组成：一是蒸发损失水量（$Q_{蒸发}$）；二是风吹损失水量（$Q_{风损}$）；三是排污损失水量 $Q_{排污损}$（对于零排放则是可以回收的，但在回收部分也会损失一部分水量）。下面对循环水耗水的一个案例进行分析。

冷却损耗水量 Q_{BW}（等于补充水量）可通过相应的计算公式计算得到：

$$Q_m = Q_e + Q_w + Q_b$$

$$Q_e = 0.01K_e \Delta t Q$$

$$Q_w = P_w Q$$

式中，Q_m为循环水系统补充水量（总损失水量），m^3/h；Q_e 为循环水系统蒸发水量，m^3/h；Q_w 为循环水系统风吹损失水量，m^3/h；Q_b 为循环水系统排污损失水量，m^3/h；K_e为系数，$℃^{-1}$，当干球温度 10℃时，K_e 取 0.12，干球温度 40℃时，K_e 取 0.16；Δt 为循环水冷却温差，℃；Q 为循环水量，m^3/h；P_w 为风吹损失水率，%，对机械通风冷却塔 P_w 取 0.1%，自然通风冷却塔，P_w 取 0.05%；循环水系统排污损失水量应根据循环水质确定，对一般水质，Q_b 取 0.2%Q～0.3%Q。

① 冷却水蒸发耗水量的估算

例如：干球温度 40℃，$K_e=0.16$，$\Delta t=8$℃，$Q=120000m^3/h$。

$$Q_e = 0.01K_e \Delta t \times Q = 0.01 \times 0.16 \times 8 \times 120000 = 1536\ (m^3/h)$$

② 冷却水风吹耗水量估算

例如：干球温度 40℃，$Q=120000m^3/h$，$P_w=0.001$。

$$Q_w = P_w Q = 0.001 \times 120000 = 120\ (m^3/h)$$

③ 冷却水排污耗水量估算

例如：循环水按一般水质取值 0.2%Q。

$$Q_b = 0.2\%Q = 0.002 \times 120000 = 240\ (m^3/h)$$

总冷却水损耗量

$$Q_m=Q_e+Q_w+Q_b=1536+120+240=1896\ (m^3/h)$$

4. 冷却水损耗分析

通过上述冷却水损耗估算，可以得到冷却过程中的损耗水量，分析这些数据，影响冷却水损耗的主要因素有：物料温度、换热面积、空气流动速度、环境温度、空气湿度、空气中水分的分压以及冷却水冷却方式等。形成的蒸发强度有区别，总之这个过程是消耗水的过程。降低冷却水损耗的措施有哪些？

首先通过改变换热方式，如开式循环水冷却与闭式循环水冷却工艺的替换、开式循环水冷却设备的改进和新技术应用，可以降低冷却水消耗。

其次通过改变换热介质，如水冷却工艺替换为空气冷却工艺，低温工艺水冷却方式等可以降低冷却水消耗。

第三通过改变工艺方法和路线，如工艺本身的优化、物料换热的优化、低位热合理回收利用、工艺产品路线的优化、产品新工艺研发等均可以降低循环水用量，减少循环量，也就意味着减少蒸发量，最终会减少补水量，降低单位产品水耗。

三、废水处理水损耗类

废水处理全过程损耗水由三部分组成：

① 废水生化处理后达标排放损耗水；

② 回用处理利用后的部分排放水损耗；

③ 浓盐水处理及近零排放损耗水（或自然蒸发损耗水等）。

目前废水处理后直排的废水已经很少，现在的环境保护法规对这种直排废水已经不允许，而且今后会越来越严格。特别是要求零排放后，废水生化处理后绝大部分排放水要求达标后通过回用水处理进行综合利用返回到煤化工用水系统内。但在这里需要特别强调：一是无论如何处理废水，这个过程中仍然会存在部分水的自然蒸发和损耗，废水处理量越大，水的消耗就越大；二是将废水回用处理与煤化工工艺进行了耦合，紧密关联，若废水处理出现问题会直接影响煤化工装置的正常生产，牵一发而动全身。

四、回用废水损耗类

1. 回用废水来源

废水生化处理达标后的含盐废水是不能直接排放或回用的，还必须进行回用水处理，即脱硬度、软化及脱盐等一系列处理，回用水经处理达标后才能返回化工装置进行回用。回用水来源有三种：

① 废水生化处理来的废水；

② 生产脱盐水后的浓盐水；

③ 循环冷却水在循环过程中，经过蒸发和加药处理后，会使得循环水盐含量不断增加，因此，在水循环过程中需要排出一部分含盐冷却水进行脱盐和水质稳定处理后才能再次作为循环水使用。

2. 回用废水特点

上述三种回用废水的主要特征是含盐量高，钙、镁离子等固含量高。这是由于在水的软化和循环冷却过程中不断积累造成的。例如制备脱盐水，一边是不断脱盐的淡水，一边是不断浓缩的盐水；还会在循环水系统添加化学药剂，导致水的盐含量复杂，酸碱度高；此外，循环水系统的不断蒸发，含盐水浓度会不断累积升高，造成了含盐浓缩水，只有排污到回用水处理系统。

一般情况下，含盐废水含盐量在 500～5000mg/L，这类无机物污染的废水量比较大，需要经过回用水脱盐、脱硬软化达标后，才能返回到循环冷却水系统中，作为补充水使用，由此可以减少循环水的一次水补充量。

五、浓盐水浓缩水损耗类

经回用水处理分离后的浓盐水在浓缩处理过程中也会存在水的损耗，特别是要求“零排放”后，高浓盐水浓缩蒸发处理是一个难题，最后少量的高浓盐水需要进行蒸发结晶处理后得到杂盐。煤化工杂盐组分复杂，主要含有氯化钠、氯化钾、硫酸盐及其他杂质，不能直接作为工业盐原料使用。如果处理不善，会对环境和人类健康造成潜在的威胁。

六、生活用水及损耗类

生活用水以及管理不善造成的跑冒滴漏会造成水的损耗。管理不善造成的水耗，涉及与水相关的设备、管道、阀门、蓄水池等的跑冒滴漏损失的水量。煤化工企业人员的生活用水；冲洗、绿化等也需要消耗一次水。

通过以上分析可以看出，煤化工用水量是非常大的，水耗来自方方面面，降低煤化工用水量需要进行研究和采取对策。

第三节 煤化工控水指标及耗水估算

一、煤化工控水指标

近年来，国家有关部门在煤化工用水量方面出台了一些规定和标准。针对不同的煤化工产品，其用水指标也是不同的。煤化工准入规模条件下，不同的煤气化工艺或公用工程配置用水量也有一定的差异，但均不能突破用水定额。煤化工部分产品耗水定额指标见表 2-1。

表 2-1 煤化工部分产品耗水定额指标

序号	产品	额定水耗/(t/t 产品)
1	煤制天然气	≤5.0t/1000m^3
2	煤制烯烃	≤21.2
3	煤制甲醇	8
4	煤制氨	≤18

二、煤化工耗水估算

煤化工部分产品化学原料耗水估算见表 2-2。

表 2-2 煤化工部分产品化学原料耗水估算

序号	产品	原料水/(t/t 产品)	原料水/定额水比值	入门规模耗水/(万 t/a)	装置规模/(万 t/a)
1	煤制天然气	1.61t/1000m^3	32.2%	322 亿 m^3/a	20 亿 m^3/a
2	煤制烯烃	3.40	16.0%	204	60

续表

序号	产品	原料水/(t/t产品)	原料水/定额水比值	入门规模耗水/(万t/a)	装置规模/(万t/a)
3	煤制甲醇	1.13	14.1%	113	100
4	煤制氨	1.59	28.4%	80	50

不同气化工艺下煤制天然气产品循环水用量和蒸发水量是有一定区别的，不同气化工艺下 20 亿 m^3/a 煤制天然气项目循环水用量和蒸发耗水估算见表 2-3。

表 2-3　不同气化工艺下 20 亿 m^3/a 煤制天然气装置循环水用量和蒸发耗水估算

产品	循环水/(万t/h)	蒸发耗水/(t/h)	蒸发耗水/(万t/a)	蒸发水/定额水占比/%
壳牌炉气化	5.9	850	673	67.4
GSP炉气化	6.1	877	694	69.2
航天炉气化	6.4	930	737	73.4
GE炉气化	7.1	1033	818	81.8
碎煤加压气化	12.7	1813	1435	143.5

注：20 亿 m^3/a 天然气装置单位定额水耗 1000 万 t/a。

不同气化工艺、不同产品循环水用量及其蒸发水量是不同的。不同气化工艺下煤化工部分产品循环水用量和蒸发耗水估算见表 2-4。

表 2-4　不同气化工艺下煤化工部分产品循环水用量和蒸发耗水估算

产品	循环水/(万t/h)	蒸发耗水/(t/h)	蒸发耗水/(万t/a)	蒸发水/定额水占比/%
烯烃 60 万 t	4.6	662	524	41.4
合成氨(GE)50 万 t	7.8	1138	901	100
合成氨(BGL)50 万 t	8.3	1207	956	106

注：50 万 t/a 合成氨装置单位定额水耗 900 万 t/a。

第四节　煤化工水平衡分析

一、煤化工装置用水量估算

1. 煤制天然气装置

以煤制天然气为例，对各装置水平衡消耗和补充水量进行估算分析，发现采用不同的气化工艺和配置不同的公用工程组合，以及不同的供热方案，会导致煤化工消耗水量有较大的差异，由此对煤化工废水处理会产生较大的影响。

2. 干粉煤加压气化工艺水平衡估算

干煤粉加压气化 40 亿 m^3/a 煤制天然气全厂水平衡见图 2-1。

从全厂水平衡估算示意图分析，应关注全厂水平衡的如下问题：

① 一次水用户及去处；

② 脱盐水用户与蒸气、冷凝液之间的关系；

③ 循环水用量及蒸发水量；

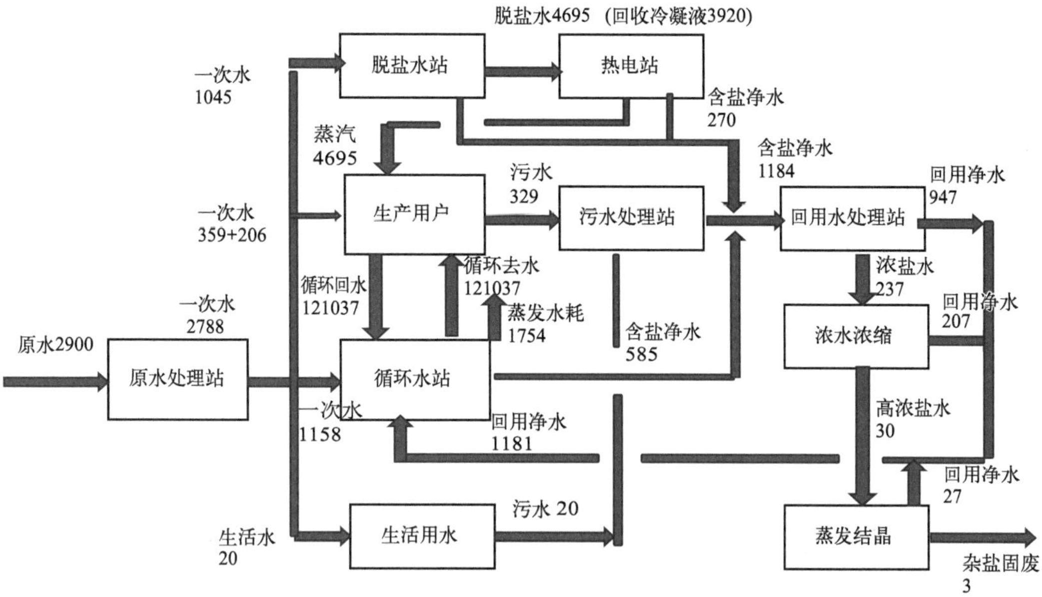

图 2-1　干煤粉加压气化 40 亿 m^3/a 煤制天然气全厂水平衡示意图

（图中各数据表示进出装置的水量，单位 m^3/h）

④ 废水处理及回用水量；

⑤ 回用水量与返回循环水量的关联；

⑥ 一次水未可预见水量，取值约占一次水的 5%～8%。

二、不同工艺循环水用水量估算

1. 采用碎煤加压气化工艺各工序循环水需求量分析

选择碎煤加压气化工艺时，化工装置各工序对循环水的需求量是不同的。碎煤加压气化制备 40 亿 Nm^3/a 天然气所需循环水量见表 2-5。

表 2-5　碎煤加压气化制备 40 亿 m^3/a 天然气所需循环水量

序号	项目	循环水量/(m^3/h)	备注
1	煤气化	68886	
2	空分	20000	
3	低温甲醇洗	6728	含硫回收
4	甲烷化	20145	含变换
5	冷冻站	36000	
6	热电站	5280	
7	循环水站	3583	
8	回用水站	20760	
9	蒸发结晶	600	
	小计	181982	

2. 采用水煤浆气化工艺各工序循环水估算分析

水煤浆气化制备 40 亿 m^3/a 天然气所需循环水量估算见表 2-6。

表 2-6　水煤浆气化制备 40 亿 m^3/a 天然气所需循环水量估算

序号	项目	循环水量/(m^3/h)	备注
1	煤气化	31284	
2	空分	64811	含循环水站、蒸发
3	变换	6872	
4	低温甲醇洗	4820	含硫回收
5	甲烷化	4410	
6	冷冻站	13320	
7	热电站	1124	
8	回用水站	16000	
	小计	142641	

3. 采用粉煤气化工艺各工序循环水量估算分析

粉煤气化制备 40 亿 m^3/a 天然气所需循环水量估算见表 2-7。

表 2-7　粉煤气化制备 40 亿 m^3/a 天然气循环水量估算

序号	项目	循环水量/(m^3/h)	备注
1	煤气化	20960	
2	空分	52968	含循环水站、蒸发
3	变换	7296	
4	低温甲醇洗	5520	含硫回收
5	甲烷化	4700	
6	冷冻站	13093	
7	热电站	1500	
8	回用水站	15000	
	小计	121037	

4. 不同气化工艺循环水量估算比较分析

将三种不同气化工艺制备 40 亿 m^3/a 天然气所需循环水量估算进行比较，碎煤加压气化最高，其次是水煤浆气化，干煤粉气化最低。三种不同气化工艺制备 40 亿 m^3/a 天然气所需循环水量估算见表 2-8。

表 2-8　三种不同气化工艺制备 40 亿 m^3/a 天然气所需循环水量估算　　m^3/h

序号	项目	碎煤加压气化工艺	水煤浆气化工艺	干煤粉气化工艺
1	工艺装置(含空分)	151759	125517	104537
2	热电站	5280	1124	1500
3	循环水站	3583	含在空分内	含在空分内

续表

序号	项目	碎煤加压气化工艺	水煤浆气化工艺	干煤粉气化工艺
4	回用水站	20760	16000	15000
5	蒸发结晶	600	含在空分内	含在空分内
	小计	181982	142641	121037

三、全厂循环水水平衡

全厂循环水水平衡是一个非常关键的数据，在冷却水循环过程中蒸发的水量与循环量紧密相关。以回用水作为循环补充水方案是水循环利用的重要环节，同时也将废水处理与循环水关联在一起。如何做到既能耦合，又有一定的独立性是保证装置正常生产的关键。

1. 碎煤加压气化工艺制备 40 亿 m^3/a 天然气循环水水平衡数据

碎煤加压气化工艺制备 40 亿 m^3/a 天然气循环水水平衡见表 2-9。

表 2-9 碎煤加压气化工艺制备 40 亿 m^3/a 天然气循环水水平衡

序号	项目	水量/(m^3/h)	备注
1	循环水总出水量	181982	
2	补回用水量①	3262	回用水站来
3	补回用水量②	716	多效蒸发来
4	补回用水量③	90	蒸发结晶来
5	补一次水量	369	
6	总补一次水量	4437	
7	循环水总进水量	186419	
8	蒸发水量	2730	损耗水
9	脱盐水站排废水量	1707	需脱盐处理水

2. 水煤浆气化工艺制备 40 亿 m^3/a 天然气循环水水平衡数据

水煤浆气化工艺制备 40 亿 m^3/a 天然气循环水水平衡见表 2-10。

表 2-10 水煤浆气化工艺制备 40 亿 m^3/a 天然气循环水水平衡数据

序号	项目	水量/(m^3/h)	备注
1	循环水总出水量	142641	
2	补回用水量①	967	回用水站来
3	补回用水量②	212	多效蒸发来
4	补回用水量③	27	蒸发结晶来
5	补一次水量	1550	
6	总补一次水量	2756	
7	循环水总进水量	145397	
8	蒸发水量	2067	损耗水
9	脱盐水站排废水量	689	需脱盐处理水

3. 粉煤气化工艺制备 40 亿 m^3/a 天然气循环水水平衡数据

粉煤气化工艺制备 40 亿 m^3/a 天然气循环水水平衡见表 2-11。

表 2-11　粉煤气化工艺制备 40 亿 m^3/a 天然气循环水水平衡

序号	项目	水量/(m^3/h)	备注
1	循环水总出水量	121037	
2	补回用水量①	947	回用水站来
3	补回用水量②	207	多效蒸发来
4	补回用水量③	27	蒸发结晶来
5	补一次水量	1158	
6	总补一次水量	2339	
7	循环水总进水量	123376	
8	蒸发水量	1754	损耗水
9	脱盐水站排废水量	585	需脱盐处理水

4. 不同气化工艺制备 40 亿 m^3/a 天然气循环水水平衡比较

将三种不同气化工艺制备 40 亿 m^3/a 天然气所需循环水总损耗水量进行比较，碎煤加压气化最高，其次是水煤浆气化，干煤粉气化最低。不同气化工艺制备 40 亿 m^3/a 天然气所需循环水水平衡见表 2-12。

表 2-12　不同气化工艺制备 40 亿 m^3/a 天然气循环水水平衡　　单位：m^3/h

序号	项目	碎煤加压气化	水煤浆气化	干煤粉气化
1	补一次水量	369	1550	1158
2	补回用水量	4068	1206	1181
3	总补一次水量	4437	2756	2339
4	蒸发水量	2730	2067	1754
5	脱盐水站排废水量	1707	689	585
6	总损耗水量	4437	2756	2339

5. 全厂循环水平衡示意图

以干煤粉气化为例，40 亿 m^3/a 煤制天然气的循环水站水平衡见图 2-2。

从全厂循环水系统示意图分析，应关注循环水系统水平衡中的如下问题：

① 补一次水量与补回用水量的关联；

② 补回用水量与回用水处理回用量、浓水浓缩回用量、多效蒸发回用量关联；

③ 循环水量与蒸发水量的关联；

④ 循环水旁流以及循环水站排废水量对回用水量的影响；

⑤ 循环水站排废水量与回用水量的关系，排废水量取值占循环冷却水量的 0.4%～0.7%。

6. 循环水旁流水量计算

循环水设置旁流水设施是因为循环水系统在反复循环过程中，受水分蒸发、加入药剂以及在循环过程中受到污染或补充水指标超标的影响。使得循环水中的含盐量、钙镁离子浓

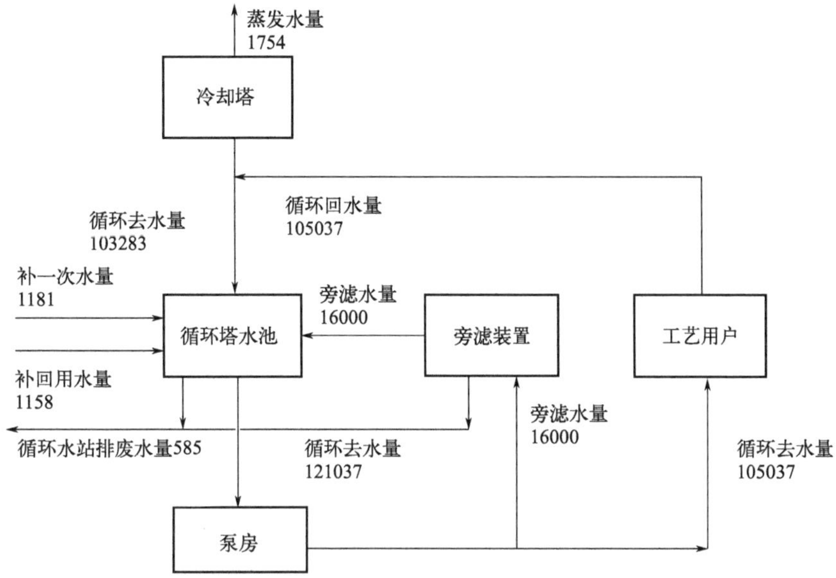

图 2-2 40 亿 m^3/a 煤制天然气的循环水站水平衡示意图

（图中数据表示进出装置的水量，单位 m^3/h）

度、氯离子浓度等不断累积，导致循环水质恶化，超出循环水水质允许值指标时，就必须设置旁流水设施。对分流的一部分循环水进行处理，如补充水氯离子含量为 120mg/L，当浓缩倍数为 3 时，循环水的氯离子含量可能会超过 360mg/L，已经超过循环水水质指标。这时就可采用降低浓缩倍数或采用旁流水处理措施加以解决。因此，循环水旁流水量计算非常重要，一般情况下，旁流水量按循环水量的 1%～5%计，或根据运行经验确定。旁流水量计算分为两种工况，一是除去循环水中悬浮物时，计算旁流过滤水量；二是降低循环水中碱度、钙镁离子以及其他离子或杂质时，计算旁流处理水量。

当旁流水除去循环水中的悬浮物时，旁流过滤水量按下式计算：

$$Q_{sf}=[Q_m C_{ms}+K_S A C_a-(Q_b+Q_w)C_{rs}]/(C_{rs}-C_{ss})$$

式中，Q_{sf} 为旁流过滤水量，m^3/h；Q_m 为循环水系统补充水量，m^3/h；C_{ms} 为循环水系统补充水悬浮物含量，mg/L；K_s 为悬浮物沉降系数，通常取 0.2，也可通过实验确定；A 为冷却塔空气流量，m^3/h；C_a 为空气中含尘量，g/m^3；Q_b 为循环水系统排污损失水量，m^3/h；Q_w 为循环水系统风吹损失水量，m^3/h；C_{rs} 为循环冷却水的悬浮物含量，mg/L；C_{SS} 为旁流过滤后水的悬浮物含量，mg/L。

当降低循环水中碱度、钙镁离子以及其他离子或杂质时，旁流处理水量按下式计算：

$$Q_{si}=[Q_m C_{mi}-(Q_b+Q_w)C_{ri}]/(C_{ri}-C_{si})$$

式中，Q_{si} 为旁流处理水量，m^3/h；C_{mi} 为补充水中某种成分的含量，mg/L；C_{ri} 为循环冷却水中某种成分含量，mg/L；C_{si} 为旁流处理后水中某种成分含量，mg/L。

四、全厂脱盐水水平衡

全厂脱盐水站一次水用量是一个非常关键的数据。脱盐水作为化工反应原料和锅炉副产蒸汽，提供参加化学反应的反应物。同时生产的蒸汽又可以驱动压缩机等动设备。蒸汽制备与锅炉脱盐水密切相关。

1. 碎煤加压气化工艺和热电联产条件下的脱盐水水平衡

碎煤加压气化制备 40 亿 m^3/a 天然气脱盐水水平衡见表 2-13。

表 2-13 碎煤加压气化制备 40 亿 Nm^3/a 天然气脱盐水水平衡

序号	项目	量/(m^3/h)	备注
1	回收冷凝液量	3459	
2	一次水量	1814	
3	脱盐水站总进水量	5273	
4	制脱盐水量	4760	
5	脱盐水站排废水量	513	含热电
6	脱盐水站总出水量	5273	
7	工艺消耗蒸汽量	1301	
8	透平及发电用蒸汽量	3459	冷凝液回收
9	锅炉产蒸汽量	4760	

2. 水煤浆气化工艺和热电联产条件下的脱盐水水平衡

水煤浆气化制备 40 亿 m^3/a 天然气脱盐水水平衡见表 2-14。

表 2-14 水煤浆气化制备 40 亿 m^3/a 天然气脱盐水水平衡

序号	项目	量/(m^3/h)	备注
1	回收冷凝液量	4170	
2	一次水量	542	
3	脱盐水站总进水量	4712	
4	制脱盐水量	4535	
5	脱盐水站排废水量	177	含热电
6	脱盐水站总出水量	4712	
7	工艺消耗蒸汽量	365	
8	透平及发电用蒸汽量	4170	冷凝液回收
9	锅炉产蒸汽量	4535	

3. 粉煤气化工艺和热电联产条件下的脱盐水水平衡

粉煤气化制备 40 亿 m^3/a 天然气脱盐水水平衡见表 2-15。

表 2-15 粉煤气化制备 40 亿 m^3/a 天然气脱盐水水平衡

序号	项目	量/(m^3/h)	备注
1	回收冷凝液量	3920	
2	一次水量	1045	
3	脱盐水总进水量	4965	
4	制脱盐水量	4695	
5	脱盐水站排废水量	270	含热电
6	脱盐水站总出水量	4965	

续表

序号	项目	量/(m^3/h)	备注
7	工艺消耗蒸汽量	775	
8	透平发电用蒸汽量	3920	
9	锅炉产蒸汽量	4695	

4. 不同气化工艺制备脱盐水水平衡分析

将三种不同气化工艺制备 40 亿 m^3/a 天然气所需脱盐水补充一次水数据进行比较，碎煤加压气化最高，其次是干煤粉气化，水煤浆气化最低。不同气化工艺制备 40 亿 m^3/a 天然气所需脱盐水水平衡见表 2-16。

表 2-16　不同气化工艺制备 40 亿 m^3/a 天然气脱盐水水平衡　m^3/h

序号	项目	碎煤加压气化	水煤浆气化	干煤粉气化
1	制脱盐水量	4760	4535	4695
2	一次水量	1814	542	1045
3	脱盐水站排废水量	513	177	270
4	锅炉产蒸汽量	4760	4535	4695
5	工艺消耗蒸汽量	1301	365	775
6	透平发电蒸汽量	3459	4170	3920

五、全厂一次水水平衡

1. 不同气化工艺一次水量

对三种不同气化工艺制备 40 亿 m^3/a 天然气所需一次水量进行比较，碎煤加压气化一次水量最高，其次是水煤浆气化，干煤粉气化一次水量最低。不同气化工艺制备 40 亿 m^3/a 天然气所需一次水水平衡见表 2-17。

表 2-17　不同气化工艺制备 40 亿 m^3/a 天然气一次水水平衡　m^3/h

序号	项目	碎煤加压气化	水煤浆气化	干煤粉气化
1	气化排放废水量	1857	343	329
2	产品理论消耗蒸汽量	805	805	805
3	工艺蒸汽量	1301	365	775
4	工艺一次水量	1361	783	359
5	补循环水站一次水量	369	1550	1158
6	补脱盐水站一次水量	1814	542	1045
7	生活用水量	20	20	20
8	不可预见水量	285	232	206
9	一次水量合计	3849	3127	2788

2. 不同气化工艺一次水水平衡图

依据干煤粉气化的全厂一次水水平衡估算，40 亿 m^3/a 煤制天然气一次补充水水平衡见

图 2-3 所示。

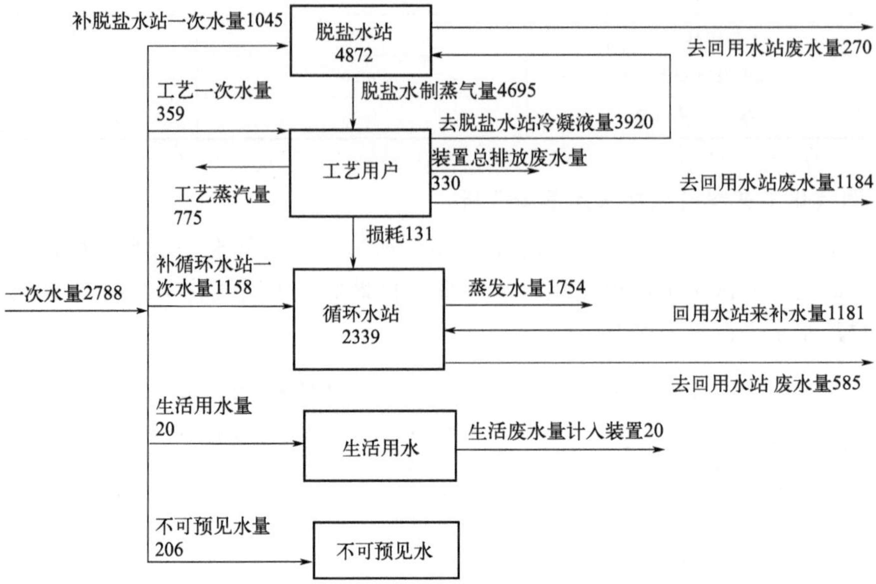

图 2-3　40 亿 m^3/a 煤制天然气一次水水平衡示意图

（图中数据表示进出装置的水量，单位 m^3/h）

从全厂对一次水水平衡示意图分析，应关注一次水系统水平衡中的如下问题：

① 一次水补充量除化学反应外，还应重点关注热电方案的选择；

② 冷凝液回收量与发电和间接换热有关，冷凝液回收多，一次水补充就少；

③ 脱盐水蒸气用量与化学原料水过量，以及未参加化学反应形成废水会加大废水处理的负荷和处理难度；

④ 脱盐水站排水量对回用水的影响；

⑤ 一次水的不可预见水量取值；

⑥ 脱盐站排废水量与脱盐工艺选择的关系对回用水量的影响。

六、全厂废水生化处理水平衡

在“零排放”作为限定性要求的情况下，全厂水平衡中脱盐水用量在于建立的脱盐水与生产用户之间的关系，脱盐水除保证化学反应所消耗的原料水外，如何建立最佳的用水量，会对废水处理产生很大的影响，所以选择最佳的脱盐水及制备工艺非常重要，可以减少回用水处理负荷，最大限度回收利用好冷凝液，以减少脱盐水的一次水补充量。

三种不同气化工艺制备 40 亿 m^3/a 天然气对全厂废水生化处理的影响非常大，碎煤加压气化生化处理废水量最高，其次是水煤浆气化，干煤粉气化最低。不同气化工艺制备 40 亿 m^3/a 天然气生化处理水平衡见表 2-18。

表 2-18　不同气化工艺制备 40 亿 m^3/a 天然气废水生化处理水平衡　m^3/h

序号	项目	碎煤加压气化	水煤浆气化	干煤粉气化
1	气化排放废水量	1781	274	265
2	其他排放废水量	60	50	45

续表

序号	项目	碎煤加压气化	水煤浆气化	干煤粉气化
3	生活排放废水量	20	20	20
4	装置总排放废水量	1861	344	330
5	生化处理废水量	1857	343	329
6	排污泥量	4	1	1

七、全厂回用废水处理水平衡

三种不同气化工艺制备 40 亿 m^3/a 天然气对全厂回用废水处理的影响非常大，碎煤加压气化回用废水处理量最高，其次是水煤浆气化，干煤粉气化最低。不同气化工艺制备 40 亿 m^3/a 天然气回用水平衡见表 2-19。

表 2-19 不同气化工艺制备 40 亿 m^3/a 天然气回用水平衡 m^3/h

序号	项目	碎煤加压气化	水煤浆气化	干煤粉气化
1	气化处理来废水量	1857	343	329
2	脱盐水站来废水量	513	177	270
3	循环水站来废水量	1707	689	585
4	回用水站总进水量	4077	1209	1184
5	回用水站处理合格水量	3262	967	947
6	回用水站排放浓盐水量	815	242	237

八、全厂浓盐水浓缩及结晶处理水平衡

三种不同气化工艺制备 40 亿 m^3/a 天然气对全厂浓盐水浓缩处理影响非常大，碎煤加压气化浓盐水浓缩处理量最高，其次是水煤浆气化，干煤粉气化最低。不同气化工艺制备 40 亿 m^3/a 天然气浓盐水浓缩水平衡见表 2-20。

表 2-20 不同气化工艺制备 40 亿 m^3/a 天然气浓盐水浓缩水平衡 m^3/h

序号	项目	碎煤加压气化	水煤浆气化	干煤粉气化
1	回用水站浓盐水量	815	242	237
2	浓缩处理回用水量	716	212	207
3	高浓盐水排放量	99	30	30
4	蒸发结晶浓盐水量	99	30	30
5	蒸发合格水排放量	90	27	27
6	结晶杂盐量/(t/h)	9	3	3

第五节 影响煤化工水平衡的要素及对策

一、影响水平衡的要素

通过对煤制天然气项目不同气化工艺所产生的水平衡数据进行分析，各类指标均有较大

的差异。其中一次水、脱盐水、冷凝液回收、脱盐水消耗量、循环水量、循环水蒸发量、回用水量等数据对水平衡均有较大的影响。

工艺选择对水平衡的影响非常大。采用不同气化工艺得到的水平衡数据有很大的差异。碎煤加压气化工艺一次水用量就非常大。各气化工艺的用水量差别较大。最明显的是与限额设计指标有一定的差距，难以满足限定水量要求。废水处理和回用水处理规模也非常大，这是因为循环水用量大，造成循环水蒸发量大。不同气化工艺制备 40 亿 m^3/a 天然气全厂各类水平衡数据分析汇总见表 2-21。

表 2-21　全厂各类水平衡数据分析汇总　　m^3/h

序号	名称	碎煤加压气化	水煤浆气化	干煤粉气化
1	限定额指标	≤2778	≤2526	≤2526
2	一次水用量	3489	3127	2788
3	脱盐水用量	4760	4535	4695
4	冷凝液回收	3459	4170	3920
5	脱盐水废水	513	177	270
6	循环水用量	181982	142641	121037
7	循环水蒸发	2730	2067	1754
8	废水生化	1781	274	265
9	废水污泥量	4	1	1
10	回用水处理	4077	1209	1184
11	浓水浓缩	815	242	234
12	多效蒸发	99	30	30
13	蒸发结晶	3	3	9
14	回用水①	3262	967	947
15	回用水②	716	212	207
16	回用水③	90	27	27

注：回用水①②③分别表示第一回路回用水、第二回路回用水和第三回路回用水。

二、降低水消耗对策

通过对部分大型煤化工项目影响水消耗的不利因素进行分析：煤化工项目有些用水可以通过改进技术路线和工艺方法以及提高工艺水平和设备制造水平，达到节约用水的目标，特别是减少煤化工废水的排放，以减少煤化工水处理的投资和成本；有些煤化工用水是不能节省的，水作为化工原料时，比如参加化学反应的理论用水量是无法节省的，消耗多少原料水，生成多少新的化学产品，产品中含有的氢原料是一定的，理论需求量是必不可少的。采用下述一些对策，有利于节水降耗。

1. 热量交换方式和工艺技术优化选择

理论上假设没有任何排放损失，所有未参加反应和洗涤分离后的废水全部回收利用，那么产品和副产品的含氢量是一定的，这部分用水量在整个煤化工全部用水量中的占比并非最大。在煤化工准入门槛的规模条件下，示范工程原料水年消耗理论量在 100 万～360 万 t。如何降低大型煤化工一次水用量，重点在热量交换方式和工艺技术选择方面进行改进和完善。

2. 采用高效换热设备降低循环冷却水蒸发损失

为了降低循环冷却水蒸发损失，采用高效换热设备是非常重要的，循环冷却水蒸发损失的水量在一次水补水中的占比是非常大，如 3 万～12 万 t/h 循环冷却水，在冷却过程中要蒸发掉的水量通常约在 390～1800 t/h，一年的耗水量约在 300 万～1450 万 t 左右。降低循环水用量，降低蒸发强度，减少蒸发量是改进的重点方向和发展趋势。冷却方式的改进，特别在低位热换热方式上的改变，空冷、闭式以及其他节水工艺和设备的研发推广应用是未来的一个方向和重点。

3. 热电联产与水平衡优化选择

热电联产的方案与水平衡有着紧密的关系，选择适度的热电联产有益于降低相关水平衡，达到节省用水指标。脱盐水用量就是一个非常重要的因素。脱盐水除为化学反应提供大量原料水外，还需建立优化的热电联产与水平衡制约机制。否则大量的浓盐水排放是加大含盐废水处理和回用水处理负荷的一大不利因素，要平衡好蒸汽与发电的关系。选择最佳的脱盐水制备工艺和关键设备十分重要，既可以减少回用水处理负荷，最大限度回收利用好冷凝液，又可以减少一次水补充量，前序环节减少排放量，有利于后续环节减轻处理负荷。

通过对大型煤化工水平衡及耗水优化介绍，可以发现影响煤化工水平衡的要素非常多，特别是对于相同的煤化工产品，选择不同的煤气化工艺，对煤化工水平衡影响非常大，导致煤化工装置所需的一次用水量及用水损耗非常大，尤其是产生的废水量也非常大，由此使得煤化工废水处理的规模和负荷增加、处理难度增加和处理成本增加。因此应尽量选择先进合理的煤化工工艺技术，使得煤化工用水和损耗达到最优化，尽可能统筹考虑对煤化工一次水、循环水、脱盐水、废水处理在源头上的有效控制，同时选择先进成熟可靠的煤化工节能节水型热量冷却和转移的水处理工艺、设备及环保控制技术。尽量改进对物料低位热的转移综合利用方式，以降低循环冷却水用量，只有把大型煤化工水平衡和耗水量优化控制在规定的范围内，才能使煤化工产业健康发展。

第三章

废水处理技术集成综述

第一节　全流程概述

煤化工是耗水大户，从洁净水输入到煤化工污染废水（油、悬浮物、COD/BOD_5、氨氮、盐等杂质）排出，再到煤化工废水处理装置将污染废水转化为洁净水循环利用，实现零排放。这一过程环环相扣、紧密关联。由于煤化工废水的复杂性和零排放的苛刻要求，在废水处理技术的各个环节上都可能出现问题，上环节出问题会影响下环节，下环节出问题又会反过来影响上环节，因此在煤化工废水处理总工艺方案及技术选择上应引起我们高度的重视。煤化工废水处理全过程流程见图 3-1。

由图 3-1 可知，煤化工工艺装置排出的污染废水首先由工艺装置回收废水中有利用价值的产品，如废水中含有的酚、氨等组分。经工艺处理后的废水汇集后去废水预处理进行物化预处理及分离，然后经生化处理、深度处理、回用水处理、浓盐水浓缩处理、高浓盐水浓缩处理和蒸发结晶处理等一条典型的煤化工废水全过程处理总流程。总工艺流程采用的技术可以归纳为：【酚氨回收工艺技术】+【废水预处理（分离、均质、隔油、混凝、沉淀及氧化还原技术）】+【生化处理（好氧/厌氧、生物膜法技术）】+【深度处理（高级氧化、膜生物反应器技术）】+【含盐水预处理（软化、混凝、沉淀、过滤技术）】+【回用水处理（双膜反渗透一级脱盐、双膜+离子交换二级脱盐技术）】+【浓（高浓）盐水浓缩处理（软化预处理、高效双膜处理技术）】+【蒸发结晶处理（自然蒸发、机械蒸发、分盐技术）】。这些技术既包含传统的废水处理工艺，也包含了不断创新研发的新一代工艺，由于一批成熟和改进的废水处理工艺取得了突破，从而为煤化工废水零排放打下了较好的基础。

第二节　废水预处理技术

煤化工废水预处理技术主要包括：废水预处理前端通过工艺方法回收废水中有效组分的技术、特种污染物处理技术、废水生化处理前的预处理技术及含盐水和高浓盐水预处理技术等。

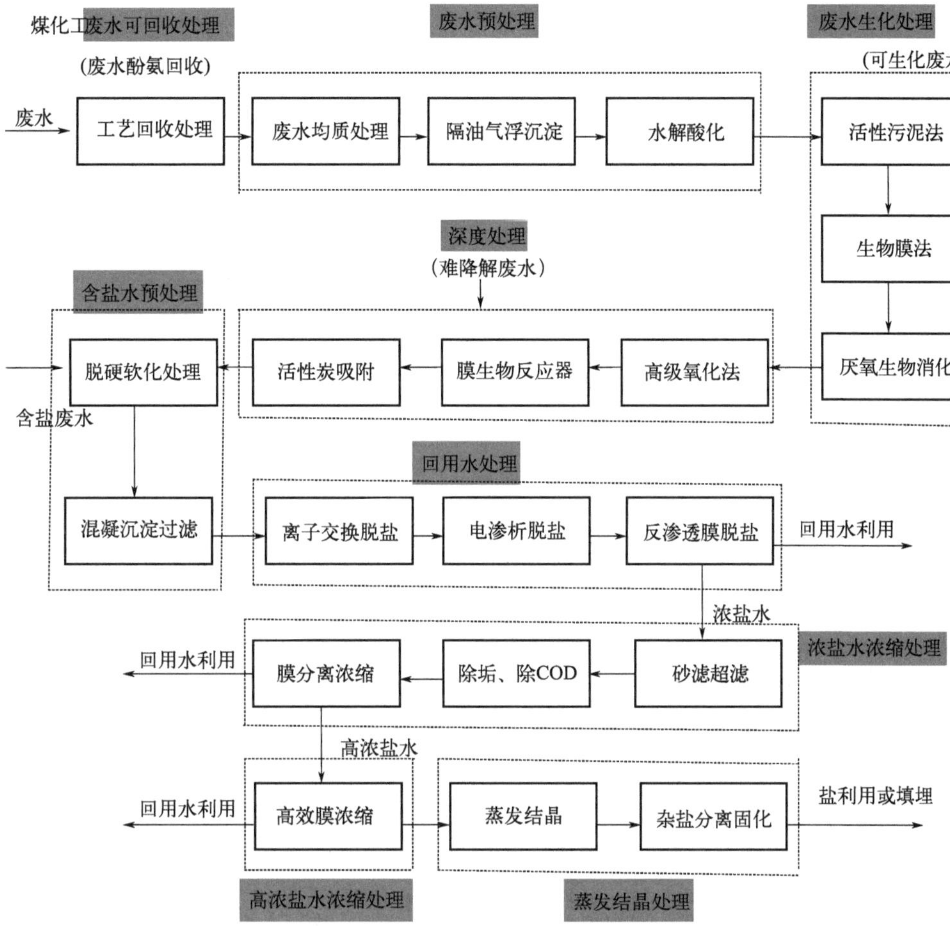

图 3-1　煤化工废水处理全过程流程示意图

一、高浓度酚氨废水前端脱除

1. 废水脱酚法

酚在废水中是一种有害物质，但若将酚萃取出来作为副产品则有很高的商用价值，能对废水处理装置的运行起到一定的经济补偿作用。目前，煤化工废水脱酚处理工艺主要是萃取，萃取剂浓度、温度、pH 值、萃取比等条件对脱酚效率有很大的影响，应选择高效、经济的萃取剂、反萃剂进行萃取及反萃取工作。当萃取脱酚率达到 97%以上，反萃取脱酚率达 93.4%时，酚总回收率可达 90%以上；同时，经脱酚处理的废水含酚质量浓度可降到 75mg/L 以下。该工艺操作简单、易于实施，萃取剂和反萃剂易于寻找，具有较好的经济效益。

2. 废水脱氨法

一般采用蒸汽汽提-蒸氨法去除废水中的氨类物质，如氨氮，其工艺流程通常是使用大量的蒸汽与煤化工废水接触，使得废水中的游离氨有效析出并进入吸收器后使用磷酸溶液吸收氨，再将富氨溶液送入汽提器，使磷酸溶液再生并回收，实现煤化工废水中氨的脱除。

二、煤化工废水特种污染物脱除

1. 脱磷法

传统化学除磷的基本原理是通过投加化学药剂形成不溶性磷酸盐沉淀物，最终通过固液分离的方法使磷从废水中脱除。一般有两种方法：化学沉淀法和化学混凝法。化学沉淀法是一种实用有效的技术，其优点是：操作简单、除磷效果好、处理效率可达 80%～90%，且效果稳定，不会重新放磷而导致二次污染。缺点是：该法所用药量大，处理费用较高，且产生大量的化学污泥。化学混凝法除磷是将可溶性磷转化为悬浮性磷，并将其滞留。水中的磷大部分是溶解态的无机磷化合物，主要是正磷酸盐和稠环磷酸盐，其余小部分是以溶解和非溶解状态存在的有机磷化合物。稠环磷酸盐和有机磷化合物一般在生物处理中可转化为正磷酸盐。由于在各种阴离子中，磷酸根对铁离子水解行为影响突出，可以取代与铁离子结合的部分羟基，形成碱式磷酸铁复合络合物，改变铁离子的水解路径。

2. 脱重金属法

煤化工废水中的重金属种类、含量及存在形态随不同企业而异。由于重金属不能分解破坏，而只能转移它们的存在位置和转变它们的物理和化学形态。如经化学沉淀处理后，废水中的重金属从溶解的离子形态转变成难溶性化合物而沉淀下来，从水中转移到污泥中；经离子交换处理后，废水中的重金属离子转移到离子交换树脂上，经再生后又从离子交换树脂上转移到再生废液中。因此，重金属废水处理原则是优化煤化工生产工艺，不用或少用毒性大的重金属，减少重金属用量和随废水流失量，尽量减少外排废水量。

对重金属废水的处理，通常可分为两类；一是使废水中呈溶解状态的重金属转变成不溶的金属化合物或元素，经沉淀和上浮从废水中脱除，可采用方法有中和沉淀法、硫化物沉淀法、上浮分离法、电解沉淀（或上浮）法、隔膜电解法等；二是将废水中的重金属在不改变其化学形态的条件下进行浓缩和分离，可采用方法有反渗透法、电渗析法、蒸发法和离子交换法等。这些方法应根据废水水质、水量等情况单独或组合使用。

3. 脱氰法

煤化工含氰废水主要来自煤气化、焦化、化纤、塑料、化学品生产。含氰废水是一种毒性较大的废水。氰化物在水中不稳定，较易于分解，无机氰化物和有机氰化物皆为剧毒性物质，人食入可引起急性中毒。

目前回收废水脱氰的方法主要有：碱性氯化法、电解氧化法、加压水解法、生物化学法、生物铁法、硫酸亚铁法、空气吹脱法等。其中碱性氯化法应用较广，硫酸亚铁法处理不彻底，空气吹脱法既污染大气，出水也达不到排放标准。

4. 酸碱中和法

煤化工酸性废水含有各种有害物质或重金属盐类。酸的质量分数，低的小于 1%，高的大于 10%。碱性废水主要来自煤焦化、煤液化、煤制油及煤油共炼等。其中有的含有机碱或含无机碱。碱的质量分数，低的小于 1%，高的大于 5%。酸碱废水中，除含有酸碱外，常含有酸式盐、碱式盐以及其他无机物和有机物。酸碱废水具有较强的腐蚀性，主要处理方法有：对高浓度酸碱废水，优先考虑回收利用；当浓度偏低、水量较大时，可采用浓缩的方法回收酸碱；对低浓度酸碱废水（如煤化工中酸洗槽的清洗水、碱洗槽的漂洗水），采用中和剂进行中和处理，或利用酸、碱废水相互中和或利用废碱（渣）中和酸性废水，利用废酸中和碱性废水。

5. 氧化还原法

废水经过氧化还原反应，将溶解在废水中的有毒有害物质，转化为无毒无害的新物质，被称为废水氧化还原法。在氧化还原反应过程中，当有毒有害物质是还原剂时，需外加氧化剂，如空气、臭氧、氯气、次氯酸钠等。当有毒有害物质是氧化剂时，需外加还原剂，如硫酸亚铁、氯化亚铁、锌粉等。

碱性氯氧化法常于来处理含氰废水。臭氧氧化法利用强氧化能力，将废水中的污染物氧化分解成低毒或无毒的化合物，降低水中的 BOD_5、COD，同时可起脱色、除臭、除味、杀菌、杀藻等功能。金属还原法常用来处理含重金属离子的废水，如铁屑还原处理含汞废水。

三、废水生化前悬浮物及废弃物脱除

煤化工一般废水来源于除煤气化、煤焦化和煤液化废水之外的工艺过程生产的废水，其处理程度应根据煤化工废水水质和要求进行选择。废水一级处理（预处理）主要是分离水中的悬浮物、胶体微粒、浮油和重油等，可采用水质水量调节、重力沉淀、混凝沉淀、上浮及隔油等方法。

煤化工废水中含有大量的油类物质、酚类物质、氨类物质以及颗粒悬浮物（SS）等，故需要对这种废水进行预处理，如除油、脱酚、蒸氨及去除废水中其他有毒有害污染物、难降解的有机物和颗粒悬浮物等，降低废水中有害物质的生物毒性，以使废水水质满足后续工序的需要。煤化工含油废水主要来源于煤气化、煤液化和煤焦化的工艺废水，废水中油类污染物质相对密度小于 1（重焦油相对密度 1.1），油类物质在废水中通常以下面三种状态存在：

① 浮上油，油滴粒径大于 100μm，易于从废水中分离出来；

② 分散油，油滴粒径介于 10～100μm 之间，可浮于水中；

③ 乳化油，油滴粒径小于 10μm，不易从废水中分离出来。

煤化工废水中过多油脂会影响废水的生化处理效果，因此对废水生化处理前，要先除去油脂类。除油脂通常是采用隔油池与气浮法相结合的方法，除去废水中的油类并加以回收利用，同时起到预曝气的作用。由于生物处理对进水含油质量浓度的要求一般≤50mg/L，最好控制在 10mg/L 以下。

第三节　废水生化处理技术

煤化工废水二级处理（生化处理）主要是脱除可生物降解的有机溶解物和部分胶体物，减少废水中的生化需氧量和部分化学需氧量。煤化工高浓度有机废水主要来源于煤气化、煤焦化和煤液化等工艺废水，主要特点是高 COD、高酚高油、高氨氮，是典型的高浓度有机废水，出水 COD 浓度超过 10000mg/L，有的甚至高达几万毫克每升，但同时 BOD_5 也较高，BOD_5 与 COD 的比值大于 0.3，氨氮质量浓度为 200～700mg/L。这类高浓度有机废水也相对容易处理。但由于水量大，选择废水处理工艺不正确，或处理不达标就直接送至蒸发塘，也易给周围环境造成不良影响。生物处理中常采用的方法有：好氧法、厌氧法、厌氧-好氧法（AO）、厌氧-缺氧-好氧法（A^2O）。生化处理的工艺一般以生物法为主，辅以物理和化学的方法组合，可以衍生出各种各样的组合生化处理煤化工废水的工艺技术和工艺路线。

一、好氧法

好氧生物处理法（aerobic bioremediation），简称“好氧法”，主要依赖好氧菌的生化作用来完成处理废水脱COD的过程。在提供游离氧的前提下，好氧法利用好氧微生物在有氧的条件下进行生物代谢，将废水中的有机污染物降解，使其无害化、稳定化。该法反应速度较快，所需反应时间短，且在反应过程中，基本没有什么臭气，对 BOD_5 浓度＜600mg/L的废水较为适用。废水的可生化性一般用 BOD_5/COD 值表示，当 $BOD_5/COD>0.5$，采用生物处理效果明显；当 $BOD_5/COD<0.3$，则不宜采用生物法处理。

好氧法可分为活性污泥法和生物膜法两大类。

活性污泥法是微生物群体及它们所依附的有机物质和无机物质的总称。好氧活性污泥法主要用来处理污染的废水，其中复杂的微生物与废水中的有机营养物形成了复杂的食物链，而异氧菌和腐生性真菌和球状细菌起着最关键的作用。优良运转的活性污泥，是以丝状菌为骨架由球状菌组成的菌胶团。随着活性污泥的正常运行，细菌大量繁殖，开始生长原生动物，是细菌一次捕食者，具有良好的沉降性能。根据各种不同运行方式的工艺特征与应用条件，活性污泥法可分为传统活性污泥法、序批式活性污泥法、深井曝气活性污泥法、连续循环曝气系统法、氧化沟法等。

生物膜法首先吸附着水层有机物，由好氧层的好氧菌将其分解，再进入厌气层进行厌气分解，流动水层则将老化的生物膜冲掉以生长新的生物膜，如此往复以达到净化废水的目的。根据不同运行方式和应用条件，生物膜法可分为生物滤池法、生物转盘法、生物接触氧化法、膜生物反应器法、生物流化床法等。

煤化工废水好氧法处理技术见表3-1。

表3-1 煤化工废水好氧法处理技术

序号	类别	技术名称	简称
一	活性污泥法		
1		传统活性污泥法	CAS
2		序批式反应器法	SBR
3		深井曝气活性污泥法	DSP
4		连续循环曝气系统法(序批式改进型)	CCAS
5		氧化沟法	OD 或 CLR
6		连续循环式反应器法(氧化沟改进型)	CLR
7		循环式曝气活性污泥法	CASS
8		推流式活性污泥法	
9		完全混合活性污泥法	CMAS
10		分段进水活性污泥法	SFAS
11		减量曝气活性污泥法	
12		分段曝气活性污泥法	
13		纯氧曝气活性污泥法	HPOAS
14		延时曝气活性污泥法	

续表

序号	类别	技术名称	简称
15		间歇式循环延时曝气活性污泥法	ICEAS
16		高负荷活性污泥法	
17		吸附-再生活性污泥法	CSAS
二	生物膜法		
1		生物滤池法	
2		曝气生物滤池法(生物滤池改进型)	
3		生物转盘法	
4		旋转接触氧化法(生物转盘改进型)	
5		膜生物反应器法	MBR
6		吸附-生物降解法	A-B
7		载体流动床生物膜法	CBR
8		生物流化床法	ABFB
9		生物接触氧化法	
10		塔式生物滤池法	
11		集成生化加过滤法	
12		增加流动载体法	

下面简要介绍几种好氧法工艺。

1. 传统活性污泥法

传统活性污泥法（conventional activated sludge，CAS）是由曝气池、二沉池、污泥回流和剩余污泥排除系统所组成。废水和回流的活性污泥一起进入曝气池形成混合液。曝气池是一个生物反应器，通过曝气设备充入空气，空气中的氧溶入废水使活性污泥混合液产生好氧代谢反应。曝气设备不仅传递氧气进入混合液，且使混合液得到足够的搅拌而呈悬浮状态。废水中的有机物、氧气同微生物能充分接触和反应。随后混合液流入二沉池，混合液中的悬浮固体在二沉池中沉下来和水分离。流出二沉池的水就是净化水。

二沉池中的污泥大部分回流，称为回流污泥。回流污泥的目的是使曝气池内保持一定的悬浮固体浓度，也就是保持一定的微生物浓度。曝气池中的生化反应引起了微生物的增殖，增殖的微生物通常从沉淀池中排出，以维持活性污泥系统的稳定运行。这部分剩余污泥中含有大量的微生物，排放前应进行处理，防止污染环境。

2. 序批式反应器法

序批式反应器（sequencing batch reactor，SBR）法是一种间歇式活性污泥处理工艺，它兼调节、好氧（缺氧）反应、沉淀等多种功能于一体。可以分为进水、反应、沉淀、排水、闲置等五个阶段。SBR 反应器的脱氮原理与连续流反应器的硝化-反硝化脱氮原理相同，只是连续流反应器在空间上实现硝化和反硝化，而 SBR 在同一反应器内通过控制好氧反应在时间上加以实现，其脱氮效率可达 90%以上。

3. 深井曝气活性污泥

深井曝气活性污泥（DSP）法改变了传统生化法处理废水时氧的转移率，增大氧气与液膜的接触面积，提高了氧的饱和浓度及其利用率，具有很好的处理效果。DSP 工艺利用深井中的静水压力把氧的转移率从传统曝气法的 5%～15%提高到 60%～90%。动力效率很高，处理效果极好。此外，还具有产泥量少，不受气温影响，不产生污泥膨胀，占地面积小、效能高、能耗低、耐冲击负荷性能好、操作简单、易于管理、投资少等优点。因此，它广泛应用于现代化学合成工业的高浓度有机废水的处理，如塑料、合成纤维、合成橡胶、洗涤剂、染料、溶剂、涂料、农药、食品添加剂、药品等工业。

4. 连续循环曝气系统法

连续循环曝气系统（continuous cycle aeration system，CCAS）是一种连续进水式 SBR 曝气系统。CCAS 法是在 SBR 的基础上改进而成。CCAS 对废水预处理要求不高，只设间隙 15mm 的机械格栅和沉砂池。生物处理核心是 CCAS 反应池，除磷、脱氮、降解有机物及悬浮物等功能均在该池内完成，出水可达标排放。CCAS 具有独特的优势，曝气时，CCAS 废水处理的废水和污泥处于完全理想混合状态，保证了 BOD_5、COD 的脱除率，脱除率可高达 95%。

5. 氧化沟法

氧化沟（简称 OD 或 CLR）法是传统活性污泥法的一种衍生型技术，该法混合液在封闭式的较长沟渠内连续循环且污泥负荷低，其低负荷和长泥龄利于硝化菌生长。因此，氧化沟法具有对有机物去除率高和完全硝化的特点。运行操作简便，基建和运行费用较低，是一种较经济有效的废水处理技术。该工艺处理负荷低，适用于低污染和小规模的污水处理。

6. 循环式曝气活性污泥法

循环式曝气活性污泥（CASS）法实质上是一个厌氧-缺氧-好氧交替运行的过程，可实现同步硝化-反硝化和生物除磷的效果。该法通过活性污泥脱氮工艺以氨化、硝化和反硝化三项反应过程为基础建立。CASS 法具有有机物异养菌、硝化菌和反硝化菌，并分别在各自反应单元内生长繁殖，各自回流到沉淀池分离污泥，反应速度快，且较彻底。但是该法也存在不足，设备多，造价高，管理复杂。

7. 曝气生物滤池法

曝气生物滤池法是在生物滤池处理装置中设置填料，通过人为供氧，使填料上生长大量的微生物。这种废水处理工艺流程装置由滤床、布气装置、布水装置、排水装置等组成。曝气装置采用配套专用曝气头，产生的中小气泡经填料反复切割，达到接近微控曝气的效果。由于反应池内污泥浓度高，处理设施紧凑，可大量节省占地面积，减少反应时间。

8. 旋转接触氧化法

旋转接触氧化法是在生物转盘技术基础上，结合生物接触氧化技术优点发展起来的新一代好氧生物膜处理技术。该法是一种简单、可靠的废水处理方法。整个废水处理系统中的转轴是唯一的转动部分，一旦机器出了故障，一般机械人员都可以进行维修。系统生物量会根据有机负荷的变化而自动补偿。附在转盘上的微生物是有生命的，当废水中的有机物增加时，微生物随之增加，相反，当废水中的有机物减少时，微生物随之减少。所以废水处理系统的工作效果不容易受到流量和负荷的突然变化和停电的影响。运行费用低，占地面积仅相当于常规活性污泥法一半。由于生物系统中生长的微生物种类多，能够高效处理各种难降解工业废水。

9. 膜生物反应器法

膜生物反应器（MBR）法通过膜技术将微生物完全截流在生物反应器内，从而高效去除有机污染物，具有和 CASS 法类似的曝气池，但其在经济性和运行的稳定性方面不如 CASS 法。

10. 吸附-生物降解法

吸附-生物降解（A-B）法由 A 段和 B 段组成，2 段串联运行，不设初沉池，废水经预处理后，直接进入 A 段曝气池，A 段曝气池排出的混合液在中间沉淀池进行泥水分离，A 段曝气池、中间沉淀池及其回流和排泥组成 A 段处理系统。中间沉淀池出水进入 B 段曝气池继续进行处理，B 段曝气池混合液排入二沉池进行泥水分离，B 段曝气池、二沉池及其回流和排泥组成 B 段处理系统。

11. 载体流动床生物膜法

载体流动床生物膜（CBR）法是一种基于特殊结构载体填料的生物流化床技术，具有很强的硝化脱除氨氮和 COD 能力，可用于高浓度煤化工废水的处理，也可应用于深度处理回用单元。该法是在同一个生物处理单元中将生物膜法与活性污泥法进行有机组合，通过在活性污泥池中投加一定量的特殊载体填料，使微生物附着生长于悬浮填料表面，形成具有一定厚度的微生物膜层。附着生长的微生物可达很高的生物量，反应池内的生物浓度是悬浮生长活性污泥工艺的 2～4 倍，可达 8～12g/L。投加的填料在曝气的扰动下在反应池内随水流浮动，带动附着生长的生物群落与水体中的污染物和氧气充分接触，污染物通过吸附和扩散作用进入生物膜内，被微生物降解，整体系统的降解效率高。由于微生物的附着生长方式不同于活性污泥的悬浮生长，流动床载体表面的微生物具有很长的污泥龄（20～40d），非常有利于生长缓慢的硝化菌等自养型微生物的繁殖，填料表面有大量的硝化菌繁殖，同时附着生长方式利于其他特殊菌群的自然选择。这些特殊菌群能有效降解煤气化废水中的污染物，特别是一些难降解的污染物，从而获得很低的出水 COD 浓度。

12. 生物流化床法

生物流化床（ABFB）法的特点是反应器内填料的表面积超过 $3300m^2/m^3$，生物膜量可达 10～40g/L，比普通活性污泥法高 1 个数量级。因此，该工艺具有效能高、占地少、投资省等优点。但由于要使填料流化，必须进行出水循环，并保持反应器内具有一定的流速，从而增加了运行的复杂性。目前，国内利用 ABFB 处理高浓度有机废水尚处于实验阶段，工程应用并不多。

目前好氧法废水处理技术应用较多，上面简述了一些常用的好氧法废水生化处理技术。各种好氧法技术针对不同的废水污染程度、水质处理净化要求和工艺操作条件而有所侧重，各有优缺点，在选择处理工艺时，应在综合比较后确定。

二、厌氧法

厌氧生化处理是指在厌氧条件下，形成厌氧微生物所需要的营养条件和环境条件，利用厌氧微生物分解煤化工废水中的有机物并形成甲烷和二氧化碳的过程。高分子有机物的厌氧降解过程被分为四个阶段：水解段、酸化段（或发酵段）、产乙酸段和产甲烷段。

厌氧生物法具有下列优点：无须搅拌和供氧，动力消耗少；能产生大量含甲烷的沼气，沼气是很好的能源物质，可用于发电和家庭燃气。可高浓度进水，保持高污泥浓度，但溶剂有机负荷达到国家标准仍需要进一步处理；初次启动时间长；对温度要求较高；对毒物影响较敏感；遭破坏后，恢复期较长。厌氧生物法按微生物的凝聚形态可分为：厌氧活性污泥法和厌氧生物膜法两大类。

厌氧活性污泥法包括：普通消化池法、厌氧接触消化池法、上流式厌氧污泥床法（UASB）、厌氧膨胀颗粒污泥床法（EGSB）等。

厌氧生物膜法包括：厌氧生物滤池、厌氧流化床法（AFB）、厌氧生物转盘法、厌氧折流板反应器法（ABR）。

煤化工废水厌氧法处理技术见表 3-2 所示。

表 3-2 煤化工废水厌氧法处理技术

序号	类别	技术名称	备注
一	厌氧活性污泥法		
1		上流式厌氧污泥床法	UASB
2		间歇多循环活性污泥法	IMC
3		厌氧膨胀颗粒污泥床法	EGSB
4		厌氧普通消化池法	
5		厌氧消化池法	AF
6		厌氧接触消化池法	
7		活性炭厌氧膨胀床法	
8		厌氧流化床法	AFB
9		厌氧接触膜膨胀床反应器法	AAFEB
10		厌氧内循环反应器法	IC
11		厌氧折流板反应器法	ABR
二	厌氧生物膜法		
1		厌氧生物滤池法	AF
2		厌氧生物转盘法	
3		厌氧流化床膜法	
4		上流式厌氧污泥床膜法	
5		厌氧折流板反应器膜法	

1. 上流式厌氧污泥床法

上流式厌氧污泥床法（UASB）特点是反应器的上部设置了 1 个气、固、液三相分离器，混合液中的污泥自动回到反应区以维持较多的生物量和较长的污泥停留时间（SRT），整个反应器由反应区和沉淀区两部分组成，其技术核心为三相分离器、布水系统及工艺条件，特别是形成颗粒污泥的工艺条件是 UASB 装置发挥高效的关键。UASB 具有很高的容积负荷率和污泥负荷率。废水中的有机污染物在厌氧条件下经微生物降解，转化成甲烷、二氧化碳等，所产气体含甲烷大于 60%，可作为能源再次利用，如用于锅炉燃烧、发电等。同时，在使用厌氧工艺过程中开发了水解（酸化）工艺。水解酸化的目的是把废水中的不溶物转变为可溶物，将微生物难降解物质转变为生物易降解物质。厌氧消化过程中的水解酸化段，不但能降低 COD，而且还可以提高废水的可生化性，利用这一特点，人们设计并开发了多种类型的水解酸化反应器，在煤化工废水处理中发挥了重要作用。

2. 间歇多循环活性污泥法

间歇多循环活性污泥法（IMC）将硝化和反硝化系统置于同一反应池内，无须通过回流即能实现较高的污泥浓度和碳源补充。IMC 反应池在运行初期，池内 BOD_5 浓度较高，DO 含量较低，池内存在较高的氧传递能源，反应过程中有曝气系统向反应池供氧，氧传递效率高。此时，反应池内富氧，有机物被微生物氧化分解，同时废水中的氨氮也被硝化为硝态氮。反应后期，池内停止供氧，反应池内缺氧，微生物利用废水中剩余的氧气将硝态氮反硝化为亚硝态氮直至氮气。该工艺具有占地小，操作简单和较强的抗冲击能力的特点。IMC＋臭氧氧化＋曝气生物滤池的组合工艺处理 U-GAS 粉煤流化床气化废水，在进水 COD、BOD_5、NH_3-N 分别为 500mg/L、280mg/L、180mg/L 时，出水水质可达到《废水综合排放标准》（GB 8978—1996）一级标准要求。

3. 厌氧膨胀颗粒污泥床法

膨胀颗粒污泥床法（EGSB）是在 UASB 反应器的基础上进行改进，与 UASB 相比较，具有上升流速快、COD 负荷高、抗冲击能力强和占地面积小的特点。其工艺核心部分为酸化反应区和产甲烷反应区，两个反应区内的厌氧菌分属产酸菌和产甲烷菌，两个反应区的容积根据进水的有机负荷调整，水流自下而上流动。反应器中的污泥床层依靠进水所形成的上升水流和所产生的沼气上升流膨胀，由下向上逐渐增大。

在一般水处理条件下，厌氧生物处理能够满足废水处理的要求。但当煤化工废水中含有难降解物质或系统受到这些物质间歇性负荷冲击时，传统厌氧生物处理工艺往往不能够有效去除这些物质，致使微生物中毒，活性受到抑制。这是因为传统厌氧生物系统中缺乏对煤化工这类有毒难降解污染物有降解作用的菌种，而生物改进型技术最为直接的方式是投加对目标污染物具有特效降解能力的微生物，这种特效微生物经过筛选、培养、驯化之后，投入到低能耗高效生物反应器中用于煤化工难降解废水的处理，以目标污染物为碳源和能量，使得废水中的微生物可以附着在载体上，形成高效生物膜，以游离状态存在。此法弥补了传统工艺的不足，强化其处理污染物的多功能性和耐负荷冲击能力。对于废水中偶然出现的有毒难降解有机物的去除，采用具有特殊降解能力的生物强化技术来构建高效反应器是改善处理煤化工方式脱除效果的有效手段。

近年来有研究者通过向流化床反应器、序批式反应器等生物反应器中投加特定功能的微生物，发现反应器处理废水的能力得到明显的强化，证明了生物强化对生物反应器降低能耗和提高效率的可行性。改进型厌氧生物反应器，如厌氧生物滤池、厌氧流化床（AFB）上流式厌氧污泥床（UASB）和厌氧折流板反应器（ABR）等逐步得到应用。其中上流式厌氧污泥床（UASB）主要用于处理煤化工废水，废水自下而上通过底部带有污泥层的反应部分，大部分的有机物在此被微生物转化为 CH_4 和 CO_2，较好地脱除废水中的杂环类等难降解生化的污染化合物。

三、厌氧-好氧法（AO）

厌氧-好氧法（anoxic oxic，AO）中 A 是厌氧段，主要用于脱氮除磷，O 是好氧段，主要用于脱除水中的有机污染物。厌氧好氧组合工艺除使废水有机污染物得到降解之外，还具有脱氮除磷功能，相当于将厌氧水解工艺用于活性污泥的预处理，也是一种改进型的活性污泥法。

由于煤化工废水的成分复杂，通过单一的厌氧生化法或好氧生化法仍然无法满足煤化工废水处理的要求时，就需要考虑采用上述两种工艺的组合，即厌氧-好氧生化法来实现煤化工废水污染物的脱除目的。

当废水中含有杂环、多环类化合物时，用传统好氧法处理这类废水，其中的COD指标就很难达标，好氧生物法只适用于低浓度有机废水；厌氧生物法通常只适合于高浓度有机废水，对于BOD_5质量浓度为300～700mg/L的煤化工废水，虽然厌氧法和好氧法均可使用。但厌氧生物法具有耗能低、效率高以及可以回收能量的优点。单独采用好氧或厌氧生化法处理并不能达到预期的效果，而厌氧-好氧法的组合生物法处理技术效果明显而逐渐被应用。

废水经厌氧酸化处理后，废水中有机物的生物降解性能显著提高，使后续好氧生物处理COD的脱除率可达90%以上，难降解有机物萘、喹啉和吡啶的降解率分别达65%、55%和70%以上。而单独采用好氧生化处理时，这些有机物的脱除率不足20%。厌氧-好氧法组合工艺一般采用先厌氧生化再好氧生化的工艺方法，以保证出水水质达到排放标准。厌氧-好氧生化法的反复运行模式强化了磷的吸收和硝化-反硝化作用，使氮、磷去除率达80%以上，保证了出水指标合格。其中好氧工艺采用CCAS工艺，CCAS反应池处于完全理想沉淀状态，使出水悬浮物含量极低，保证了磷的去除效果。

厌氧-好氧法的主要特点是将反硝化反应器放置在系统之首，称为前置反硝化生物脱氮系统，属于应用广泛的一种脱氮工艺。该法先让一部分硝化反应器内已充分反应的硝化液回流到反硝化反应器，而反硝化反应器内的脱氮菌以原废水中的有机物作为碳源，以回流液中硝酸盐的氧为电子受体，进行呼吸和代谢活动，将硝态氮还原为气态氮，不用再外加碳源。由于该法投资和运转费用低，不需要另外补充碳源，以原废水中的含碳有机物和原代谢产物作为反硝化碳源。对缺氧池中的反硝化过程通过补充部分碱度，调节pH就可以了，硝化反应主要在好氧池内完成，但出水中硝酸氮浓度较高。

四、厌氧-缺氧-好氧法（A^2O）

厌氧-缺氧-好氧生物法（anaerobic anoxic oxic）简称A^2O或AAO法，其中第一个A是厌氧段，主要将部分含氮化合物转化成N_2（反硝化作用）释放；第二个A是缺氧段，主要以废水中未分解的含碳有机物为碳源，将好氧池内循环回流进来的硝酸根还原为N_2而释放；O是好氧段，主要用于脱除水中的污染有机物。

A^2O是一种常用的二级废水处理工艺，具有同步脱氮除磷的作用，可用于二级废水处理或三级废水处理。后续增加深度处理后，可作为中水回用，具有良好的脱氮除磷效果。

首先废水与回流污泥进入厌氧池（DO<0.2mg/L）完全混合，经一定时间（1～2h）的厌氧分解，脱除部分BOD_5，使部分含氮化合物转化成N_2（反硝化作用）而释放，回流污泥中的聚磷微生物（聚磷菌等）释放出磷，满足细菌对磷的需求。

然后废水流入缺氧池（DO≤0.5mg/L），池中的反硝化细菌以废水中未分解的含碳有机物为碳源，将好氧池内通过内循环回流进来的硝酸根还原为N_2而释放。

最后废水流入好氧池（DO，2～4mg/L），水中的NH_3-N（氨氮）进行硝化反应生成硝酸根，同时水中的有机物氧化分解供给吸磷微生物以能量，微生物从水中吸收磷，磷进入细胞组织，富集在微生物内，经沉淀分离后以富磷污泥的形式从系统中排出。

A^2O工艺中的厌氧、缺氧、好氧过程可以在不同的设备中运行，也可在同一设备的不同部位完成。如在氧化沟法中，可以通过控制供氧量使各段分别处于厌氧、缺氧、好氧状态。也可使设备在不同状态下间歇运行。广义上讲，通过各种运行控制手段，使工艺在厌氧

-缺氧-好氧系统间运行的方法都属于 A^2O 工艺。

第四节 废水深度处理技术

对难降解的煤化工废水以及经生物处理后的废水中还残存的部分 COD，有时还有较高的色、嗅、味，需要采用废水三级处理（深度处理）的方法进一步净化。

煤化工有些废水除含有高浓度 COD 和氨氮外，还含有苯酚及酚的同系物，如萘、蒽、苯并芘等多环类化合物；有些废水还含有氰化物、硫化物、硫氰化物以及重金属和有毒有机物，色度高，有异味，散发出刺鼻恶臭，具有强酸强碱性；微生物群落中没有针对性的菌种，能降解这种废水；这种废水同时还含有对微生物有毒或者能抑制微生物生长的毒物，使得有机物难以降解。这些难生化降解有毒废水，有机物含量、难降解物含量、毒性高、油脂含量、氨氮含量，BOD_5/COD 比值远小于 0.3，只能通过深度处理过程进行废水处理。由于煤化工生产原料组分和采用的工艺路线不同，废水水质有很大的差异，对此类高浓度难降解有机废水的处理方法有：物理法、化学法、物理化学法、生化法。煤化工高浓度难降解有机废水主要处理类型见表 3-3。

表 3-3 煤化工高浓度难降解有机废水主要处理类型

类型	技术原理	处理效果
物理法	重力、粒径、压力与速度变化等	固液分离
化学法	催化、氧化、还原、水解等	有害物分解或相变
物理化学法	浮选、凝聚、温度变化等	改变有害物性状
生物法	酶、新陈代谢、菌种等	消耗净化有害物

煤化工废水三级处理（深度处理）主要是脱除废水中难以生物降解的有机污染物和溶解性无机污染物。煤化工废水深度处理主要工艺包括：高级氧化法（化学法）、生物法＋膜反应器法、物理（组合）法等脱除废水中的污染物。其中高级氧化法（化学法）有：臭氧（催化）氧化法、焚烧法、芬顿氧化法、湿式（催化）氧化法、超临界氧化法和超声波降解法。生物法＋膜反应器法有：生物流化床＋陶瓷膜分离法、高效膜生物法、曝气生物滤池法、膜-曝气生物反应器法、膜分离生物反应器法和萃取膜生物反应器法。物理（组合）法有：絮凝沉淀法、过滤吸附组合法和活性炭吸附法等。采用高级氧化法能有效氧化各种有毒和难降解有机化合物，如通过臭氧（催化）氧化法，将化学氧化和生物氧化组合，进一步脱除 COD；采用臭氧改性法和曝气生物滤池法等能够脱除废水中的 NH_3-N 和 COD；采用絮凝沉淀法、臭氧氧化法、曝气生物滤池法和过滤吸附法组合脱除色度和降低 COD；通过吸附过滤法脱除水中的 COD 和 SS，以满足回用水处理的要求。煤化工难降解有机废水深度处理技术见表 3-4。

表 3-4 煤化工难降解有机废水深度处理技术

序号	类别	技术名称	备注
一	高级氧化法(化学法)		
1		焚烧法	
2		臭氧氧化法	
3		臭氧催化氧化法	

续表

序号	类别	技术名称	备注
4		芬顿氧化法	Fenton
5		湿式氧化法	WAO
6		湿式催化氧化法	CWO
7		超临界氧化法	SCWO
8		超声波降解法	
二	生物法+膜反应器法		
1		生物流化床+陶瓷膜分离法	MBFB
2		高效膜生物法	MBR
3		曝气生物滤池法	BAF
4		序批式生物膜反应器法	SBBR
5		膜-曝气生物反应器法	
6		萃取膜生物反应器法	
7		膜分离生物反应器法	
三	物理(组合)法		
1		絮凝沉淀法	
2		过滤吸附组合法	
3		活性炭吸附法	
4		大孔树脂、活性白土、硅藻土法	

一、高级氧化法（化学法）

高级氧化法（化学法）将废水中的污染物转化为无害物质，使煤化工废水得到净化，其原理是在常温常压下利用强氧化剂（如过氧化氢、高锰酸钾、次氯酸盐、臭氧等）将废水中的有机物氧化成二氧化碳和水；或在高温高压下分解废水中有机物，包括超临界水氧化和湿空气氧化工艺，所用的氧化剂通常为氧气或过氧化氢，一般采用催化剂降低反应条件，加快反应速率。采用化学氧化法，反应速度快、控制简单，但成本高。主要的工艺有焚烧法、臭氧氧化法、Fenton 氧化法和电化学氧化法等。

1. 焚烧法

焚烧法利用燃料油、煤等助燃剂将有机废水单独或者和其他废物混合燃烧，可以一步将有害废水中有机物彻底转化为二氧化碳和水。焚烧炉可采用各种炉型，回收烟气余热，产生饱和蒸汽，同时回收烟气中的固体无机盐，从而减少整体的运行费用。焚烧是一种可靠的氧化处理方法，操作简单，可满足达标排放要求。缺点是能耗大，操作成本高。

焚烧法处理废弃物在西方等发达国家已经得到广泛的应用，随着对危险废弃物无害处理要求越来越高，焚烧法因其在处理危害废弃物的同时可以实现减量化、无害化以及资源化，被认为是最有效的处理危害废弃物的方法，也是我国危险废弃物集中处理中心主要采用的方法。焚烧法处理危险废弃物在未来将得到更多的应用。

2. 臭氧氧化法/臭氧催化氧化法

臭氧氧化法/臭氧催化氧化法是基于臭氧的高级氧化技术，将臭氧的强氧化性和催化剂的吸附、催化特性等结合起来，解决有机物降解不完全的问题。催化剂可提高臭氧的反应活性和增强对有机物的利用效率。采用的催化剂为金属氧化物（如 Al_2O_3、TiO_2、MnO_2 等）和比表面积较大的多孔材料。臭氧在废水处理方面具有氧化能力强，反应速度快，不产生污泥，无二次污染等特点，在去除难降解废水及降低水中的 BOD_5、COD 等方面都具有特殊的效果。臭氧对难降解有机物的氧化通常是使其环状分子的部分环或长链分子部分断裂，从而使大分子物质变成小分子物质，生成易于生化降解的物质，提高废水的可生化性。

该法通过在煤化工废水中产生出自由基 OH，以降解废水中的酚类、多环芳烃、含氮有机物，使之变成二氧化碳、水等无污染的物质。如采用调节池-隔油池-水解池-缺氧池-MBBR-混凝-臭氧-MBBR-气浮滤池工艺对难降解的煤气化废水进行处理，采用臭氧作为深度处理的高级氧化措施，表明在臭氧接触池进水 COD 的质量浓度为 84mg/L 的条件下，出水 COD 的去除率可达到 45%，质量浓度降为 46mg/L。臭氧氧化法对多数染料能取得很好的脱色效果，但对硫化、还原、涂料等不溶于水的染料脱色效果较差。

3. 芬顿氧化法

芬顿（Fenton）氧化法具有很强的氧化能力，因此在处理煤化工废水有机物过程中发挥了较大的作用。当体系中含有大量的 Fe^{2+} 离子时，H_2O_2 的利用率不高，使有机物降解不完全。后来对传统的 Fenton 氧化法进行了改进，如光助反应就是在反应体系中辅以紫外线和可见光，在低浓度亚铁离子、理论双氧水加入量、紫外线和可见光的汞灯的照射下，反应 0.5h，溶解性有机碳去除率高达 90%，对氯酚混合液进行处理，在 1h 内 COD 去除率可达 83.2%。

4. 湿式氧化法

湿式氧化法分为普通湿式氧化法（WAO）与湿式催化氧化法（CWO）两种，其中 WAO 相对比较成熟，有工程化应用的业绩。该法在高温（150～350℃）和高压（0.5～20MPa）条件下，以空气中的氧气为氧化剂，将液相中的有机污染物氧化为 CO_2 和水等无机物或小分子有机物。WAO 是一种能够有效处理高浓度、有毒有害、生物难降解废水的高级氧化技术。主要特点是没有尾气造成大气污染问题；主要缺点是需要在较高压力和较高温度条件下运行，对设备要求高，投资大，能耗较高。在含硫废水处理过程中，WAO 法能将废水中的硫充分氧化成无机硫酸根，有效脱除了臭味。对于难生化处理的高浓度有机废水，经 WAO 处理后，废水中 BOD_5/COD 值显著提高，可直接送至生化系统处理。WAO 由于其处理污染物的高效性和彻底性，成为石油化工废碱液处理的典型工艺。

5. 超临界氧化法

超临界氧化法（SCWO）是以超临界水（温度＞374℃，压力＞22.1MPa）为介质，利用在超临界条件下不存在气液界面传质阻力来提高反应速率。该法能使氧化剂和有机物完全溶解在超临界水中并发生均相氧化反应，将有机物转化成无害化的 CO_2、N_2 和 H_2O 等小分子物质，氯转化成氯离子的金属盐，硝基物转化成氮气，硫转化成硫酸盐，磷转化成磷酸盐，重金属离子转化成稳定态的金属氧化物等无害化的无机物。该法适合高浓度难降解废水的处理，是一种环境友好型处理工艺。采用超临界氧化法对煤气化未脱氨处理的废水进行试验，在进水 COD、挥发酚和氨氮分别在 14000mg/L、4300mg/L 和 7600mg/L，操作条件为 500℃、25MPa、氧化系数 3.5 和反应时间 15min 的情况下，出水 COD、挥发酚和氨氮分别为 27mg/L、0.4mg/L 和 11mg/L，去除率均超过 99%。SCWO 较 WAO 操作温度和压力更高，可使高浓度有机物的降解更为彻底。

6. 超声波降解法

采用超声波降解水体中有机污染物，尤其是难降解有机污染物，是一种新型废水污染控制工艺。利用超声辐射产生的空化效应，将水中的难降解有机污染物分解为小分子物质，操作简便、降解速度快，可以单独或与其他水处理技术联合使用，是一种极具产业前景的清洁净化方法。该技术集高级氧化技术、焚烧、超临界水氧化等多种水处理技术的特点，反应条件温和、速度快、适用范围广，超声波能在水中引起空化，产生约 4000 K 和 100MPa 的瞬间局部高温高压环境（热点），同时以约 110m/s 的速度产生具有强烈冲击力的微射流和冲击波。水分子在热点达到超临界状态，并分解成羟基自由基、超氧基等，羟基自由基是目前所发现的最强的氧化剂。有机物在热点发生化学键断裂、水相燃烧、高温分解、超临界水氧化、自由基氧化等反应，可通过多种途径降解。

二、生物法+膜反应器法

充分利用生物和膜反应器的特点进行组合，脱除煤化工废水中的难降解有机污染物，该类组合法常用于煤化工废水的深度处理工艺。生物+膜反应器法主要包括：生物流化床+陶瓷膜分离法、高效膜生物法、膜-曝气生物反应器（MABR）法、萃取膜生物反应器（EMBR）法和膜分离生物反应器（BSMBR 或 MBR）法，下面简单介绍几种生物+膜反应器法。

1. 生物流化床+陶瓷膜分离法

生物流化床和陶瓷膜分离（MBFB）法可用于废水深度处理，能在原有废水排放的基础上，经过生物流化床和陶瓷膜分离系统，进一步降低 COD、NH_3-N、浊度等指标，经该法处理后可直接去回用水系统，也可作为 RO 脱盐处理的预处理工艺。替代原有砂滤、保安过滤、超滤等冗长过滤流程，同时有机物含量降低提高了 RO 膜使用寿命，降低回用水处理成本。无机陶瓷膜分离系统和其他的有机膜、无机膜相比，具有膜通量大、可反冲、全自动操作等优势。

2. 高效膜生物法

高效膜生物（MBR）法是一种高效膜分离技术与活性污泥法相结合的深度水处理技术。其中中空纤维膜的应用能有效截留煤化工废水中的微生物及硝化菌，使硝化反应能够高效进行，有效脱除废水中的氨氮。

进一步将废水中难以降解的大分子有机物截留，延长其在反应器内的停留时间，直至分解。中空纤维膜能实现泥水分离，使活性污泥不流失，提高了污泥龄。MBR 法不需要传统工艺中的二沉池，具有出水水质优质稳定、剩余污泥产量少、占地面积小、不受场合限制、操作方便、自动控制、易于对传统废水处理工艺进行改造等特点。缺点是：膜造价高，投资高于传统废水处理工艺；易出现膜污染，给操作管理带来不便；MBR 能耗比传统生物法高，由于 MBR 泥水分离过程必须保持一定的膜驱动压力，MBR 池中混合液悬浮固体（MLSS）浓度高，为保持足够的传氧速率，必须加大曝气强度；加大膜通量，增大流速，才能减轻膜污染，因此冲刷膜表面使得该法能耗高。

3. 曝气生物滤池法

曝气生物滤池（BAF）法是生物接触氧化法的一种特殊形式，在生物反应器内装填高比表面积的颗粒填料，以提供微生物膜生长的载体。在滤料层下部提供曝气，空气与废水逆向或同向接触。废水中的有机污染物与填料表面生物膜通过生化反应得到降解，填料同时起到物理过滤作用。

曝气生物滤池法集吸附、氧化及过滤于一体。通过周期性反冲洗，使生物膜得以更新。氧的传输效率高，供氧动力消耗小，处理效果好。对氨氮处理效果明显，污泥量少，出水悬浮物低，后续不设沉淀池。曝气生物滤池工艺容积负荷高、抗冲击负荷能力强、处理效果好。对碳源污染物和氮源污染物都有良好的去除作用。该工艺占地面积小，处理流程简单、基建费用低、运转费用低。

当采用 BAF 作为深度处理方法无法满足后续处理要求时，还可采用高级氧化＋BAF 的组合工艺对出水进行处理。经臭氧氧化后的废水可生化性得到提高，可使煤化工废水中的难降解有机物进一步得到处理，提高煤化工废水处理净化度。

4. 序批式生物膜反应器法

序批式生物膜反应器（SBBR）法是在序批式活性污泥法（SBR）的基础上，添加载体作为微生物生长的基础，将间歇式操作引入生物膜法。该工艺能够实现同步硝化和反硝化，SBBR 中溶解氧的浓度小于 4mg/L 时，同步硝化和反硝化的效果显著。适用于水质水量波动大、含特殊难降解有机污染物及脱氮处理的废水。SBBR 法具有占地面积小，抗冲击负荷能力强，出水不再设置沉淀池。

5. 膜-曝气生物反应器法

膜-曝气生物反应器（MBR）法采用透气性致密膜（如硅橡胶膜）或微孔膜（如疏水性聚合膜），以板式或中空纤维式组件，在保持气体分压低于泡点的情况下，实现向生物反应器的无泡曝气。由于传递的气体含在膜系统中，因此提高了接触时间，提高了传氧效率。同时由于气液两相被膜分开，有利于曝气工艺控制，有效地将曝气和混合功能分开，该法不受传统曝气系统中气泡大小及其停留时间等因素的影响。

6. 萃取膜生物反应器法

萃取膜生物反应器（萃取＋MBR）法是结合膜萃取和生物降解，利用膜将煤化工废水中有毒的、溶解性差的污染物从废水中萃取出来，然后用专性菌对其进行单独的生化降解，从而使专性菌不受废水中离子强度和 pH 值的影响，促进生物反应器功能优化。

7. 膜分离生物反应器法

膜分离生物反应器法中的膜组件相当于传统生物处理系统中的二沉池，利用膜组件进行固液分离，截流污泥回流至生物反应器中，透过水外排。按膜组件和生物反应器的相对位置，膜分离生物反应器可以分为三种类型：一体式膜生物反应器、分置式膜生物反应器、复合式膜生物反应器。

一体式 MBR 根据生物处理的工艺要求，有两个生物反应器，即硝化池和反硝化池。膜组件浸没于硝化反应器中，两池之间通过泵更新要过滤的混合液。

分置式 MBR 中，生物反应器的混合液由泵增压后进入膜组件，在压力作用下膜过滤液成为系统处理出水，活性污泥、大分子物质等则被膜截留，并回流到生物反应器内，通过料液循环错流运行。其特点是：运行稳定可靠，操作容易，易于膜的清洗、更换及增设；为了减少污染物在膜面的沉积，由循环泵提供的料液流速很高，动力消耗较高。

复合式 MBR 较为简单，直接将膜组件置于生物反应器内，通过真空泵或其他类型的泵抽吸，得到过滤液。为减少膜面污染，延长运行周期，一般泵的抽吸是间断运行的。

三、物理（组合）法

由于吸附剂固体颗粒表面具有吸附溶质、胶质的能力，因此当煤化工废水通过比表面积很大的吸附剂时，其中的污染物就可能会被吸附到固体颗粒上。采用这种物理方法可以获得较好的效果，但该法存在吸附剂用量大、操作费用高的缺点，还容易产生二次污染。

1. 吸附法

在煤化工有机废水中常用的吸附剂有：大孔树脂、活性白土、硅藻土及活性炭等，针对不同的废水采用不同的吸附剂。虽然这些吸附剂具有较高的吸附性，但由于吸附剂再生困难、费用高而较少使用。如将吸附剂中的活性炭投加到难降解染料废水的试验容器中，当活性炭的投加浓度为 200mg/L 时，色度的去除率为 77%；而投加质量浓度增加到 400mg/L 时，色度的去除率可达到 86%。一般情况下，在废水处理过程中，吸附法通常是与其他方法进行组合使用，才能达到预期的废水污染物脱除效果。

2. 活性炭吸附法

活性炭颗粒吸附剂具有较多的微孔和巨大的比表面积，有很强的物理吸附能力。活性炭吸附的对象主要是废水中难生物降解的溶解性有机物。使用活性炭吸附法可以进一步降低废水 COD，同时还可以脱色、除臭，使出水稳定达标。活性炭吸附法操作简单、处理效果明显，但活性炭价格高，使得活性炭吸附工艺的运行成本较高。

采用活性焦为吸附剂的活性焦吸附工艺代替活性炭吸附剂可以降低吸附剂的运行成本和一次性投资。活性焦是以褐煤为主要原料的一种具有吸附剂和催化剂双功能的粒状物质，具有活性炭的特点，又能克服活性炭价格高、机械强度低、易粉碎的缺点。

活性焦因结构上中孔发达，能吸附大分子、长链有机物的特性，投加量越大，COD 去除效率越高，且对色度有很大的去除率。因资源优势和生产成本优势使其成为高性价比的废水深度处理吸附剂材料。但由于比表面积不如活性炭，要达到同样的处理效果，投加量约为活性炭的 2 倍以上，增加了消耗量。另外活性焦投加的机械化程度有待提高，同时吸附饱和活性焦的回收及处理也存在一些不足。

第五节　含盐废水处理技术

据有关资料统计，煤化工新鲜水带入的含盐量占整个煤化工系统含盐量的 40%～60%，生产过程和水系统因添加化学药剂导致的含盐量分别为 29%和 13.6%。故煤化工含盐废水中盐的来源主要分为四部分：一是由一次水带入的盐，这些盐与一次水源的水质组分有关；二是由工艺生产过程带入的盐，主要来源于煤气化等工艺装置产生的废水及生活废水等，其特点是含盐量较低、污染物主要以 COD 为主、氨氮含量高，含有酚及多元酚等难生物降解物质，这部分废水经煤化工废水生物处理达标后送到废水除盐系统；三是由水系统生产过程带入的盐，这部分高盐废水主要来源于循环水系统排水、除盐水系统排水、回用水系统浓水等，其特点是含盐量高；四是水系统或工艺过程因添加化学药剂使酸性水或碱性水进行中和反应后生成的盐。浓盐水除盐主要采用膜分离法、离子交换法和电渗析法等。煤化工含盐废水处理技术见表 3-5。

表 3-5 煤化工含盐废水处理技术

序号	类别	技术名称	备注
一	膜分离法		
1		微滤(MF)膜	
2		超滤(UF)膜	
3		纳滤(NF)膜	
4		反渗透(RO)膜	
5		高效浓缩膜	
6		电渗析膜	
7		渗析膜	
二	离子交换法		
1		强酸性阳离子树脂	
2		弱酸性阳离子树脂	
3		强碱性阴离子树脂	
4		弱碱性阴离子树脂	
5		转型离子树脂	
6		钠型离子树脂	钠转型树脂
7		氯型离子树脂	氯转型树脂
三	电渗析法		ED
1		倒极电渗析(EDR)	
2		液膜电渗析(EDLM)	
3		填充床电渗析(EDI)	
5		无极水电渗析	

一、膜分离法

近十几年，膜分离技术在煤化工高含盐废水脱盐应用中较为普遍，其主要膜技术有：微滤（MF）、超滤（UF）、纳滤（NF）、反渗透（RO）、正渗透、电渗析及渗透汽化等。近年来渗透汽化也投入了工业应用，膜分离与反应过程结合形成的各种膜反应器的应用也发展得非常快，甚至超过膜分离的应用。膜分离原理主要是依据膜在不同组分中的透过差异，通过不同组分的不同透过性能达到煤化工高盐废水脱盐的目的。所谓的膜，是指在一种流体相内或是在两种流体相之间有一层薄的凝聚相，它把流体相分隔为互不相通的两部分，并能使这两部分之间产生传质作用。

膜的主要特点：无论膜有多薄，在膜的两面一定有两个界面，两个界面分别与两侧的流体接触；膜传质有选择性，使流体相中的一种或几种物质透过，而不允许其他物质透过。膜产品的相关性能指标繁多，主要有膜分离透过性能、膜物理性能和膜化学性能三大类。

膜分离透过性能主要包括：产水量、水通量、纯水透过率、截留分子量（切割分子量）、截留率、脱盐率、回收率、最大孔径、平均孔径、孔径分布、孔隙率、气密性及完整性等。膜分离透过性能反映了滤膜的适用范围，物理性能和化学性能反映了滤膜的使用条件。该指标是膜产品最重要的技术指标之一，相关研究和测试方法较多，也是现有膜产品标准的主要技术内容。

膜物理性能有：结构性能（外观、膜面积、膜厚、膜丝内外径）、机械性能（拉伸强度、爆破强度、弯曲强度、柔润指数、断裂伸长率）、电性能（荷电性、Zeta 电位）、亲水性（接触角）及耐热性（最高操作温度）等。

膜化学性能有：化学稳定性（化学相容性）、耐氧化性（短时余氯耐受限度、过氧化氢耐受限度）、耐酸碱性（运行及清洗 pH 范围）及耐污染性能等。

膜分离技术在煤化工高盐废水应用中的主要优势有：膜分离过程不发生化学反应，不会产生新的污染物质和造成环境污染。膜分离设备通常体积较小，占地面积小，脱盐处理效率较高。膜分离设备构造简单，维护工作量小，操作简便。但对高浓盐水的预处理要求高，适用于高含盐量水的预处理或离子交换法的前置处理。用于含盐量较低的水处理时，水的利用率不高，需要排放一部分浓水。

膜的种类和功能繁多，膜的分类方法也有多种，一般按膜的材料、结构、形状、分离机理、分离过程、孔径大小进行分类。膜分类及膜名称见表 3-6。

表 3-6 膜分类及膜名称

序号	膜分类	膜名称	备注
1	材料	有机膜、无机膜	
2	结构	对称膜、非对称膜、复合膜	对称膜分为微孔膜和均质膜
3	形状	平板膜、管式膜、中空纤维膜(柱式、帘式)、卷式膜、碟管式膜	中空纤维膜分为柱式和帘式
4	分离机理	扩散性膜、离子交换膜、选择性膜、非限制性膜	
5	分离过程	渗透膜、反渗透膜、气体分离膜、电渗析膜、渗析膜、渗析蒸发膜	
6	孔径大小	微滤(MF)膜、超滤(UF)膜、纳滤(NF)膜、反渗透(RO)膜	

二、离子交换法

以氯化钠（NaCl）代表水中无机盐类，离子交换树脂可以用下列方程式表达。

阳离子交换树脂：　$R—H+Na^{+} \longrightarrow RNa+H^{+}$

阴离子交换树脂：　$R—OH+Cl^{-} \longrightarrow RCl+OH^{-}$

总的反应式：　$RH+ROH+NaCl \longrightarrow RNa+RCl+H_2O$

由此可知，水中的 NaCl 已分别被树脂上的 H^{+} 和 OH^{-} 所取代，而反应生成物只有 H_2O，故达到了去除水中盐的目的。

离子交换树脂是由苯乙烯或丙烯酸、丙烯酯，通过聚合反应生成三维空间体网状结构的基团，再在基团上导入不同类型的化学活性团而合成的不溶性高分子球形颗粒状聚合物。

离子交换树脂可以分为阳离子树脂和阴离子树脂，它们可分别与溶液中的阳离子和阴离子进行离子交换。阳离子树脂还可分为强酸性和弱酸性两类，阴离子树脂类似。

三、电渗析法

在直流电场作用下，溶液中带电的溶质粒子通过膜而迁移的现象称为电渗析，用电渗析进行提纯和分离物质的工艺称为电渗析法。该工艺是利用荷电离子膜的反离子迁移原理从水溶液和其他不带电组分中分离带电离子的膜过程，也是以电位差为推动力的膜分离过程。在电渗析器内设置多组交替排列的阴、阳离子交换膜，在直流电场作用下，阳离子穿过阳膜向负极方向运动，阴离子穿过阴膜向正极方向运动。这样就形成了去除溶液中离子的淡水室和盐分得到浓缩的浓水室，从淡水室和浓水室分别得到淡水和浓水。

电渗析法除盐过程必须满足两个基本条件：一是水中离子是带电的，在直流电场中阴、阳离子会作定向迁移。根据同性相斥、异性相吸的原则，阳离子移向阴极，阴离子移向阳极。二是离子交换膜具有选择透过性。离子交换膜分为阳膜和阴膜两类。阳膜只允许水中的阳离子透过而阻挡阴离子；而阴膜只允许水中阴离子透过而阻挡阳离子。离子交换膜是由高分子材料制成、具有离子交换基团的薄膜。膜的选择透过性功能指标是由膜的孔隙度和膜上离子基团的作用决定。膜上的孔隙度：在膜的高分子键之间有足够大的孔隙，能容纳离子的进出和通过。这些孔隙，从膜正面看，是直径为几十埃到几百埃的微孔。从膜侧面看是一根根弯弯曲曲的通道。由于通道是迂回曲折的，所以其长度要比膜的厚度大得多。这是离子通过膜的大门和走道，水中离子在这些迂回曲折的通道中作电迁移运动，由膜的一侧进入另外一侧。膜上离子基团的作用：在膜的高分子链上，连接着一些可以发生解离作用的活性基团。

1. 倒极电渗析法

倒极电渗析（EDR）在20世纪80年代后期得到了工业应用，这极大地提高了电渗析的淡水回收率，延长了电渗析运转周期。EDR在废水处理方面特别是浓盐水处理方面有独到之处，其浓水循环、水回收率最高可达95%。

倒极电渗析是根据电渗析原理，每隔一定时间（一般为15～20min），正负电极极性相互倒换，自动清洗离子交换膜和电极表面形成的污垢，以确保离子交换膜工作效率的长时间稳定及淡水的水质水量。

2. 液膜电渗析

液膜电渗析（EDLM）是用具有相同功能的液态阴阳膜代替固态阴阳离子交换膜。充分采用萃取剂作液膜电渗析的液态膜，为含盐废水除盐提供了高效的分离方法。液膜电渗析直接与液膜结合是一种有发展前途的技术。

3. 填充床电渗析法

填充床电渗析（EDI）是将电渗析与离子交流法结合起来的一种新式浓盐水处理方法，其特点是运用水解离产生的 H^+ 和 OH^- 自动再生填充在电渗析器淡水室中的混床离子交流树脂，从而实现了持续深度脱盐。填充床电渗析综合了电渗析和离子交换法的优点，提高了电渗析的极限电流密度和电流功率。填充床电渗析技术具有先进性和实用性，具有较好的应用前景。

4. 双极性膜电渗析法

双极性膜电渗析（EDMB）是一种新式离子交换复合膜，一般由层压在一起的阳离子交换膜组成，经过膜的水分子即刻分解成 H^+ 和 OH^-，可作为 H^+ 和 OH^- 的供应源。双极性膜电渗析的长处是进程简单、能效高、废物排放少。现在双极性膜电渗析法在酸碱制备中得到应用，如用双极性膜和阳膜配成的二室膜能够实现有机酸盐（葡萄糖酸钠、古龙酸钠等）的转化，一起得到碱（NaOH），但浓度（酸最大浓度2mol/L，碱最大浓度6mol/L）和纯度两方面都受到限制。

5. 无极水电渗析法

无极水电渗析是传统电渗析的一种改进方法，主要特点是除掉了传统电渗析的极室和极水。如在装置的电极紧贴一层或多层离子交换膜，在电气上彼此连接，既能防止金属离子进入离子交换膜，又防止极板结垢，由此延长电极的使用寿命。由于取消了极室，无极水排放，提高了原水的利用率。无极水电渗析于 1991 年问世，在应用过程中技术不断改进，装置在运转方法上多选用频繁倒极的方法。

第六节　浓盐水（高浓盐水）浓缩处理技术

由于煤化工浓盐水组成及来源各异，浓盐水除盐及进一步浓缩处理难度非常大。通常煤化工浓盐水含盐质量浓度一般高达 10000～50000mg/L，主要含 Na^{+}、K^{+}、Ca^{2+}、Mg^{2+}、Al^{3+}、Mn^{2+}、SO_4^{2-}、Cl^{-}、NO_3^{-}、NO_2^{-} 等离子，其中 Na^{+} 的质量浓度达到 10000～40000mg/L，Cl^{-} 的质量浓度可达到 10000～20000mg/L，SO_4^{2-} 的质量浓度为 10000～20000mg/L。煤化工浓盐水还有另一特点是 COD 含量也比较高，其质量浓度约为 500～2000mg/L。如高效反渗透系统回收率达 90%以上，一般高浓盐水浓缩的质量浓度可为 100000～150000mg/L，甚至超过 150000mg/L。浓盐水若未经脱盐处理外排，将会增加区域盐含量，恶化生态环境。对此浓盐水进行经济高效的浓缩处理，已成为零排放工艺的关键。煤化工浓盐水（高浓盐水）浓缩处理技术见表 3-7。

表 3-7　煤化工浓盐水（高浓盐水）浓缩处理技术

序号	类别	技术名称	技术来源	备注
一	反渗透膜法			
1		反渗透膜浓缩法		RO
2		高效反渗透膜浓缩法		HERO
3		特种反渗透膜浓缩法		SUPER RO 膜
4		振动膜浓缩法		
5		碟管式反渗透膜浓缩法		DTRO 膜
6		Aqua R2RO 改良反渗透膜浓缩法	美国阿奎特 Aqua	
7		电除盐螺旋卷式法	美国陶氏	
8		超高压反渗透膜法		
二	电渗析浓缩法			
1		卷式电渗析法		
2		无隔板电渗析器法		
3		双极性膜电渗析法		EDMB

一、反渗透膜浓缩法

1. 反渗透膜浓缩法

反渗透膜（RO）浓缩法是一种常用的含盐浓水浓缩脱盐技术。煤化工及工业领域应用的反渗透膜，主要包括乙酸纤维素膜和聚酰胺膜，有较高的脱盐率和水回用率，可截留粒径几个纳米以上的溶质，盐截留率 94%～97%。反渗透膜分离在常温不发生相变的条件下，可以对溶质和水进行分离，适用于对热敏感物质的分离、浓缩，与有相变化的分离方法相比，能耗较低。随着膜技术的快速发展，反渗透工艺得到越来越广泛的应用。由于反渗透生产过程中会产生大量的浓水，起到了高浓盐水浓缩的目的，为后续高浓盐水蒸发结晶创造了条件。反渗透膜常用的有海德能膜、陶氏膜、东丽膜等。主要工艺是采用反渗透浓水进入倒极电渗析系统＋二级反渗透＋EDI 系统。回用水降到电导率 1000μS/cm 后，进入反渗透系统，达到电导率 5μS/cm 以内，反渗透产出淡水进入 EDI 系统，反渗透产出的浓水进入倒极电渗析系统。电渗析产出的浓水进入浓缩水箱。EDI 产出的浓水进入二级反渗透系统，EDI 产出的淡水进入产水罐。

2. 高效反渗透膜浓缩法

高效反渗透（high efficiency reverse osmosis，HERO）膜浓缩法是一种先进的反渗透膜浓缩技术，当采用 HERO 技术对煤化工高含盐废水进行浓缩时，应做好三个预处理措施：一是对高含盐废水中的钙镁离子硬度和悬浮固体物进行预处理并脱除；二是对二氧化碳通过脱气进行脱除；三是调高含盐废水的 pH 值。

这是因为通过预处理措施后，水体中的悬浮固体物降至接近零时，可以避免 HERO 膜的堵塞；二氧化碳降到一定程度以下，可以减少水的缓冲性；高浓盐水中的硅离子在高 pH 条件下才可以高度溶解。因此，所有可能会引起 HERO 膜结垢的悬浮固体物、钙镁离子、硅离子和其他阳离子成分都应进行预处理清除，否则会引起 HERO 膜堵塞。经过高浓盐水预处理后，HERO 膜回收率就只受到浓液渗透压的限制，不会再因膜堵塞而降低膜回收率。HERO 膜的工业上运行结果表明，可实现 95%的回收率。

HERO 膜浓缩法的主要特点：

① HERO 工艺整合了若干个高浓盐废水处理工艺，能在高回收率和增大的通流速率条件下处理含高盐废水以及其他难处理的工业废水。与常规 RO 工艺相比，HERO 膜的防垢是通过预处理后，脱除了废水中的钙镁离子硬度、碳酸盐碱度、硅离子及其他阳离子结垢形成物来实现的。

② 在高含盐废水中硅的浓度可达到 1600～2000mg/L，相比之下，常规 RO 的硅极限约 150mg/L，生物沾污是通过高 pH 来减少的。高的 pH 作为生物抑制剂，控制了生物的沾污。

③ 在高 pH 条件下，细菌、病毒、孢子和内毒素被溶解或皂化，有机物沾污得到减少，使其不会黏附在膜上；颗粒沾污明显降低是因为表面强度（低 beta 电位）的降低而达到的。工业运行结果表明，高污泥指数（SDI）的水能在无须经常化学清洗条件下运行，允许有时在废水中含有较低含量的油和油脂而不会影响运行。

④ 在高 pH 条件下，由于能中和冷水塔排废水氯化所产生的次氯酸，这就保护了 RO 膜。但对于 WAC 的树脂，仍需通过脱氯来保护树脂。由于在预处理中除去了结垢物质，所以对 HERO 就不需要采用阻垢剂。

由于 HERO 工艺解决了 RO 膜结垢和沾污的根本问题，能在 90%或更高的回收率下运行，不像常规的 RO 基本上只能在 75%或更低的回收率下运行。HERO 工艺系统在停用时不必担心生物沾污问题。该工艺在内蒙古汇能煤制天然气回用水处理项目和内蒙古金新化肥项目浓盐水处理中已经应用。解决方案是通过软化脱除水中的硬度、悬浮固体物，然后再通过脱气脱除水中的二氧化碳，再加碱将RO进水的pH调到8.5以上，能够防止有机物和硅污染，降低RO清洗频率，RO的水回收率能够达到90%以上，电耗4～6kW·h/t。

3. 特种反渗透膜浓缩法

特种反渗透（SUPER RO）膜主要由过滤膜片、导流盘、中心拉杆、高压容器、两端法兰、各种密封件及连接螺栓等组成。过滤膜片和导流盘交替叠放，中心拉杆串成膜芯置入高压容器后两端法兰进行固定，再用拉杆结合形成。原水通过膜芯与高压容器的间隙到达膜元件底部，均匀布流进入导流盘，在导流盘表面以雷达扫描方式流动，从投币式切口进入下一组导流盘和膜片，在整个膜柱内呈涡流状流动，产水通过中心管排出膜元件。

特种RO膜主要特点：采用开放式宽流道及独特的水力学设计，具有更宽的流体通道，更优异的流体湍流效果（雷诺数>2500，膜片自清洗效果更好），导流盘专利结构设计，涡流式流动状态，最大程度减少膜表面结垢、污染及浓差极化现象的产生。RO特种膜采用了新型改性膜片，更适用于废水膜分离。膜片抗压力能力更强，最高可以达到160bar（1bar=10^5Pa）。且该组件能够有效避免膜的结垢，膜污染减轻，使反渗透膜的寿命延长。SUPER RO特种膜的特殊结构使膜组易于清洗，清洗后通量恢复性非常好，从而延长了膜片寿命。在高浓度废水处理中，膜寿命长达3年，组件易于维护。

SUPER RO对各项污染物具有极高的脱除率，受外界因素影响小，由于影响膜系统截留率的因素较少，所以系统出水水质很稳定，水质好，不受可生化性、碳氮比等因素的影响，对于处理不宜采用生化处理的废水有很大的优势。操作灵活，可连续运行，也可间歇运行，还可以调整系统的串并联方式，来适应水质和水量的变化。

主要膜工艺：浓水经过适当的预处理后泵入RO特种膜单元，RO特种膜可在高压条件下操作，因而降低了SUPER RO特种膜对传统膜工艺浓水的透过液回收率的限制，浓缩倍数增加，浓缩液的电导率可以提高到100000～120000μS/cm。产水回收率的增加导致了浓水体积的减少，因此也降低了后续膜浓缩液处理工艺的规模和运行费用。RO特种膜对膜工艺浓水中有机物、盐和水的分离比较彻底，透过液水质较好，COD和盐的脱除率均可达到90%以上，因而透过液可以直接排放或者进入生化处理工艺进一步处理，RO特种膜的浓缩液则进入MVR蒸发系统做蒸发结晶零排放处理。

4. 振动膜浓缩法

该技术是通过机械振动，在滤膜表面产生高剪切力的新型、高效的“动态”膜分离技术，可有效解决困扰“静态”膜分离技术的膜污染、堵塞、压力差、膜性能变化等所造成的频繁清洗和更换滤芯等问题，提高了过滤效率，减少了膜的清洗周期，延长了膜的使用寿命。但是高频振动对机械设备性能要求高，能耗偏高。大唐克旗煤制烯烃项目含盐废水浓缩处理采用了振动膜纳滤技术，电耗2～4 kW·h/t。振动膜相对卷式膜装填密度低，投资高，降低了技术的经济性。

5. 碟管式反渗透膜浓缩法

美国颇尔（Pall）公司的碟管式反渗透（DTRO）膜，通过将碟片式的膜片堆叠在垂直的专有容器中，可以实现大于传统卷式反渗透膜三倍甚至更高的回收率。这一技术目前多用于垃圾渗滤液等难处理废水的处理。DTRO技术是一种新型反渗透技术，最早始于德国，相对于卷式反渗透，其耐高压、抗污染特点更加明显，即使在高浊度、高SDI（淤泥密度指数）值、高盐分、高COD的情况下，也能经济有效稳定运行，更加适应高盐废水的浓缩处理。DTRO虽然水处理效果卓越，但因DTRO膜组件主要依赖进口，成本相对较高，山东烟台金正环保公司选用美国陶氏原材，采用德国一流加工设备实现了 DTRO 膜制造，明显降低该技术运营成本，使该技术得以在国内广泛推广。DTRO 盐截留率为 98%～99.8%。

6. AquaR2RO 改良反渗透膜浓缩法

该法为美国阿奎特公司（Aquatech）的专利技术，运用板框设计，能够承受不同水质的压力，在稳定工况下，系统进水浓度会维持在一定值。与其他反渗透技术相比，较难起垢，抗有机污染物，化学需氧量可达 2000mg/L。解决方案与 HERO 法类似，通过预处理去除悬浮物和钙镁离子硬度、去除二氧化碳和提高含盐废水的 pH 值。高盐浓水回收率可达 90%以上，高通量，可减少膜污染和减少维护次数，降低运营成本。

二、电渗析浓缩法

煤化工生产过程中产出大量含有机物的高盐废水，由于含盐量高，很难进行生化处理达到排放或回用标准。使用电渗析可以使盐分含量下降至可生化水平，进入生化处理。电渗析法（ED）的核心为离子交换膜，在直流电场的作用下对溶液中的阴阳离子具有选择透过性，即阴膜仅允许阴离子透过，阳膜只允许阳离子透过。通过阴阳离子膜交替排布形成浓、淡室，从而实现含盐废水的浓缩与脱盐。电渗析产出的含盐废水经过电渗析可浓缩至 12%～15%以上，进入蒸发或 MVR 系统，以达到零排放的目的。电渗析浓缩法可参阅第五节含盐废水处理技术。

第七节 高浓盐水蒸发结晶处理技术

经高效双膜反渗透浓缩产生的高浓盐水，盐质量分数可达 6%～15%，为实现废水“零排放”，还需通过进一步蒸发结晶处理后，才能得到固体无机盐。目前常用的方法有焚烧法、自然蒸发法和机械热法蒸发。煤化工高浓盐水蒸发结晶处理技术见表 3-8。

表 3-8 煤化工高浓盐水蒸发结晶处理技术

序号	类别	技术名称	备注
一	自然蒸发及焚烧法		
1		焚烧法	
2		自然蒸发法	
二	热法蒸发		
1		多效蒸发技术	MEE
2		热力式蒸汽再压缩蒸发技术	TVR
3		机械式蒸汽再压缩蒸发技术	MVR
4		降膜式机械蒸汽再压缩循环蒸发技术	
5		机械压缩蒸汽再压缩降膜循环蒸发技术	Aqua Chem 公司
6		晶种法机械蒸汽再压缩降膜循环蒸发技术	MVR

一、焚烧法

焚烧法是在 800～1000℃的条件下，利用可燃物和高盐废水中的可燃组分在高温焚烧炉内进行高温燃烧处理进行盐水分离。焚烧法适用于含有较高沸点的高盐废水，使有机物和高沸点无机盐分离以达到最终的高盐废水脱盐目的。该法与其他蒸发方法联合使用，处理高沸点有机盐效果会更好。

二、自然蒸发法（蒸发塘）

采用蒸发塘进行高浓盐水的自然蒸发，使其浓缩达到饱和后结晶析盐。由于热源为太阳能，因此仅适用于气候干燥少雨、日晒充足区域，具有处理成本低、运营维护简单、使用寿命长、抗冲击负荷好等优点。国内一批煤化工企业采用此工艺，如宁东 400 万 t 煤制油、大唐克旗 47 万 t 煤制丙烯、大唐阜新 40 亿 m^3 煤制天然气以及新疆庆华 55 亿 m^3 煤制气项目等都在示范项目主厂区周边配套建设蒸发塘工程，以进行高浓盐水的自然蒸发。

该工艺也存在一些问题，如需要采取防渗透和防溢流处理措施，防止对地下水及土壤的污染，这也是投资较高的一个主要原因；由于蒸发塘属于敞开系统，高浓盐水中会含一定的 COD 及挥发组分等，在自然暴晒中，易产生臭味进入空气中，直接造成空气污染并影响蒸发塘周边的空气环境质量；蒸发塘普遍占地面积较大，会造成土地资源浪费；在自然蒸发结晶过程中，含盐物难以二次分离综合利用，淡水蒸发也难以回收，蒸发析出的结晶盐只能作为危化品进行填埋。这些问题影响到该工艺的推广应用。在环保意识日益增强的今天，已被严格限制使用。

三、机械热法蒸发

机械热法蒸发，相对能耗较低，运行费用低，运行平稳，自动化程度高，无须原生蒸气，在废水处理方面具有一定的优势，尤其对废水中含 NaCl 等容易结晶的高盐溶液处理比较适用。按蒸汽利用和压缩设备类型及工艺过程配置，机械热法蒸发又可以分为：MEE 多效蒸发、TVR 热力式蒸汽再压缩蒸发、MVR 机械式蒸汽再压缩蒸发、降膜式机械蒸汽再压缩循环蒸发、CHEM 机械压缩蒸汽再压缩降膜循环蒸发、RCC 晶种法机械压缩蒸汽再压缩降膜循环蒸发和 HPD 晶种法机械压缩蒸汽再压缩降膜循环蒸发等工艺。

1. MEE 多效蒸发浓缩工艺

多效蒸发是在蒸发原理的基础上发展起来一种低能耗蒸发技术，将多个蒸发器串联，前一段蒸发器的二次蒸汽作为下一段蒸发器的热源并冷凝成淡水，每个蒸发器称为一效，以提高蒸发处理的效果。在煤化工浓盐水浓缩处理过程中普遍采用 3～5 效的连接形式。

多效蒸发的蒸发器常用的有三种类型：浸没管式（ST）蒸发器，该类蒸发器应用早、操作方便，但存在结垢严重、盐水静液柱高、温差损失大等缺点，一般在 6 效以下；竖管降膜式（VTE）蒸发器，目前一般设计的效数为 11～13 效，造水比可达 9～10；横管薄膜式（HTE）蒸发器，适于使用低位热能的工况。

2. MVR 蒸汽压缩工艺

MVR 工艺利用高能效蒸汽压缩机，对蒸发产生的二次蒸汽进行压缩，并提高二次蒸汽的热焓，然后将二次蒸汽作为热源循环使用。该工艺大幅降低了蒸发器生成蒸汽的能耗，利用机械蒸发将高效双膜浓缩后的含盐量 30000～150000mg/L 的高浓盐水再浓缩至晶体母液。晶体母液再进入结晶器中形成晶体并排出。

MVR 工艺最大限度地利用二次蒸汽中的蒸发潜热，借助 MVR 压缩机的作用，只需要输入较少的能量便可将低品位的蒸汽压缩至较高饱和温度的蒸汽，使得蒸汽能够被循环使用。通过 MVR 处理后，浓缩液中的绝大部分水进入冷凝液中，大量盐分和有机物析出成为残渣，从而完成高浓度的各类污染物与水相的彻底分离。

通过"RO特种膜技术+MVR蒸发"组合工艺对传统膜工艺废水进行蒸发结晶处理具有较好的脱除盐和浓缩效果，绝大部分污染物和盐度最终进入MVR蒸发单元的残渣中，因此RO特种膜的透过液和MVR蒸发单元的冷凝液水质很好，可以直接回用或者经过简单的深度处理后回用。

3. 膜蒸馏浓缩技术

膜蒸馏浓缩技术是一种新型膜接触工艺，是膜技术与蒸馏过程相结合的分离过程。膜蒸馏浓缩具有极高的截留率，产水的电导率可达0.8μS/cm。以疏水微孔膜为介质，膜两侧蒸汽压差为动力，实现浓盐水的质量与热量的传递过程，可较好地利用低品质热源。以微孔膜作为蒸发界面可增加蒸发面积，提高热效率，因此膜蒸馏在浓水浓缩处理方面有较好的效果。

真空膜蒸馏具有截留率高、膜通量大、操作方便、占地面积小、对环境污染小等优点。将真空膜蒸馏技术应用到反渗透浓水浓缩处理上，膜的截留率可达99.99%。掌握该工艺的有威立雅、阿奎特和GE公司等，其技术相对成熟。由于膜蒸馏过程与传统蒸发过程比较，具有高的传质性能，然而膜蒸馏技术仍存在若干关键性问题制约其长时间应用：一是膜的疏水性，膜蒸馏过程是基于膜的疏水性能，具有强疏水性的膜材料及膜长期疏水性能的使用寿命是关键；其次是膜污染，由于煤化工浓盐水成分复杂，尤其对钙、硫酸根、碳酸根等易结垢离子含量较高的废水，在浓缩过程中易使膜表面结垢，从而影响蒸发过程效率。

第八节 煤化工结晶分盐处理技术

煤化工提取结晶盐的主要成分是NaCl和Na_2SO_4，纯度较高，其资源化利用途径包括用于氯碱行业、纯碱行业、作为融雪剂等。融雪剂需要考虑结晶盐被雨水喷淋后二次融溶的风险。

制碱工业要求原盐中的主要成分NaCl含量尽可能高，钙、镁等杂质含量越低越好。这是由于$MgCl_2$、$MgSO_4$、$CaSO_4$等杂质在盐水精制、吸氨、碳化过程中，会生成$MgCO_3$、$CaCO_3$及其他复盐等，堵塞塔器与管道，这些杂质如不能在碳化前清除，会混入纯碱中，降低产品品位。用于氨碱法的盐需要符合以下标准：NaCl含量≥90%；水分含量≤4.2%；Mg^{2+}含量≤0.8%；SO_2^- 含量≤0.8%。

若用于氯碱行业，需要对原料进行一系列预处理，除去钙、镁、SO_4^{2-}、氨氮、有机物、游离氯并调节pH。氨氮的存在对氯碱生产危害最大，当原盐或化盐水中存在NH_4^+或有机氮的化合物时，在电解槽阳极液pH值为2～4的条件下，将会产生易爆炸的NCl_3气体。从安全性考虑，结晶盐更适合用于纯碱行业。纯碱行业采用氨碱法工艺，氨作为催化剂在系统中循环使用，不存在爆炸危险。从国内环保企业进行杂盐提纯的中试效果来看，提纯后结晶盐中NaCl和Na_2SO_4的纯度基本达到98%以上，产品符合GB/T 5462—2015《工业盐》标准。分盐技术通常通过预处理脱除高浓盐水中大部分有机物和重金属，再通过膜法、热法、冷法将Na_2SO_4和NaCl分质结晶。

一、杂盐预处理

预处理方法主要有高级氧化法和软化法。高级氧化法（电解、臭氧氧化、芬顿氧化等）

可以使难降解物质直接无机化，或利用自由基强氧化作用将大分子物质降解为小分子易降解物质，进而使其无机化。通过高级氧化后盐水中的有机物含量降低，色度明显改善。软化法通过投加石灰、Na_2SO_4、NaOH、Na_2CO_3、Na_2S、絮凝剂、助凝剂等的一种或几种，发生絮凝及沉淀反应，去除活性 Ca^{2+}、Mg^{2+}、HCO_3^-、Sr^{2+}、Ba^{2+}、氟化物、重金属等，以达到软化的目的。经过预处理，有机物和致硬离子含量将降低，色度明显改善。

二、膜法分盐

目前，膜法分盐主要采用纳滤技术。采用纳滤工艺脱除盐水中的有机物和二价盐，可以使透析液中 NaCl 含量提高到 95%以上，透析液可直接进入蒸发结晶器，产生高纯 NaCl，同时富集大量 SO_4^{2-} 的浓液可以采取热法析硝和冷冻析硝结晶出高纯 $Na_2SO_4 \cdot 10H_2O$ 或 Na_2SO_4。

此方式适用于进水中 NaCl 和 Na_2SO_4 的比值接近相图中共晶点的情况或进水总含盐量不太高的情况。含盐量不高可以将纳滤放在反渗透前进行盐的分离。

三、热法分盐

热法分盐采用“热法析纯盐-热法析纯硝-热法析混盐”或“热法析纯硝-热法析纯盐-热法析混盐”的工艺，使大部分 NaCl 和 Na_2SO_4 分别结晶析出，最后剩余少量母液结晶出混盐。热法分盐受水质波动影响很大，在实际工程设计和运行中较难把握。

四、冷法分盐

冷法分盐采取“热法析纯盐-冷法析十水硝-热法析混盐”或“冷法析十水硝-热法析纯盐-热法析混盐”的工艺，使大部分 NaCl 和 Na_2SO_4 分别结晶析出，最后剩余少量母液结晶出混盐。冷法分盐较热法分盐更稳定，但只能结出十水硫酸钠，需要进一步热熔结晶才能得到无水硫酸钠。冷法分盐在制盐行业已经较为成熟。

第四章 废水预处理工艺

煤化工生产装置排放的废水在去废水处理装置前，首先要经过预处理，其目的是通过预处理，脱除煤化工废水中的一部分污染物，回收有价值的物质，实现废弃物的综合利用。

预处理既包括前端工艺预处理，如废水中的酚、氨回收等，也包括生化前的预处理，还包括含盐水脱除前预处理和浓盐水浓缩前预处理等。

第一节 废水中酚、氨脱除

一、概述

煤化工废水产生的酚基化合物是一种有毒物质，可使蛋白质凝固。水中酚的质量浓度在0.1～0.2mg/L时，鱼肉即有异味，不能食用；质量浓度增加到1mg/L时，会影响鱼类产卵；含酚5～10mg/L时，鱼类就会大量死亡。饮用水中含酚能影响人体健康，即使水中含酚质量浓度≤0.002mg/L，用氯消毒也会产生氯酚恶臭。通常将质量浓度为1000mg/L的含酚废水称为高浓度含酚废水，这种煤化工含酚废水必须先通过工艺方法处理回收酚后，再进行含氨废水处理。质量浓度小于1000mg/L的含酚废水称为低浓度含酚废水，通常将这类含酚废水循环使用，将酚浓缩后回收处理。含酚废水主要来自煤化工、焦化及石油裂解制乙烯、合成苯酚、聚酰胺纤维和酚醛树脂生产过程。煤化工含酚废水中主要组分是苯酚、甲酚、二甲酚和硝基甲酚等。回收酚的方法主要有溶剂萃取法、蒸汽吹脱法、吸附法、封闭循环法等。含酚质量浓度在300mg/L以下的废水可用生物氧化、化学氧化、物理化学氧化等方法进行处理回收。

在煤化工生产过程中，煤气化会产生酚、氨废水，其中以鲁奇固定床碎煤加压气化工艺产生的废水含酚、氨浓度最高，同时还包括其他难降解组分，是一种较难进行生化降解处理的有毒废水。煤气化产生的有毒废水主要来自煤气降温、除尘、增湿过程中产生的洗涤废水，不同的气化工艺、煤种，产生的废水的水质、污染物含量不同。由于鲁奇炉气化工艺温度较低，废水中的有机物降解性差、毒性较大，对有机物的处理控制技术难、工艺复杂。鲁奇固定床碎煤加压气化废水污染物浓度高，废水中的挥发酚含量为3000～5000mg/L，非挥发酚含量约2000mg/L，氨含量为3500～9000mg/L。

二、酚回收工艺

废水酚回收主要采用蒸汽汽提、萃取、吸附等方法，分离出来的酚作为副产品进行综合利用，能够发挥一定的经济补偿作用。脱酚工艺如下。

1. 蒸汽脱酚工艺

该工艺是使含酚废水与蒸汽在脱酚塔内逆向接触，废水中挥发酚转入气相被蒸汽带走。含酚蒸汽在再生塔中与碱液作用生成酚盐并回收利用。该工艺操作方法简单，不影响环境，但脱酚效率仅为 80%，效率偏低，而且蒸汽耗用量大。

2. 萃取脱酚工艺

该工艺是一种液-液接触萃取、分离与反萃取再生结合的方法。该法脱酚效率高，可达 95%以上，而且运行稳定，易于操作，运行费用较低，在煤化工焦化废水处理中应用较广。

由于萃取、反萃取研发不断取得新的进展，萃取脱酚率可达 97%以上，反萃取脱酚率可达 93.4%以上，酚总回收率可达 90%以上。经过脱酚处理后废水含酚质量浓度可以降到 75mg/L 以下。

溶剂萃取回收酚的萃取剂主要是二异丙基醚、甲基异丁基酮等。含酚废水进入萃取塔上部，萃取剂由循环油泵打入萃取塔底部，两者在萃取塔中逆流接触，废水中的酚转移至溶剂油中。溶剂油由萃取塔顶溢流进入碱洗塔与碱接触生成酚盐，然后进入中间油槽循环使用。

萃取法的主要优点为：萃取工艺流程较为简单、成熟，操作方便，废水中含酚量的变化对萃取效果影响较小，脱酚率较高（对酚、氰的去除率可分别达到 80%、50%），且能回收大量的酚盐。缺点是：脱酚率往往受到废水碱度的影响，且有一部分萃取剂溶于水，需要进一步对水溶液进行处理。

3. 吸附脱酚工艺

该工艺采用一种液-固吸附与解吸相结合的脱酚方法，使废水与吸附剂接触，发生吸附作用，达到脱酚的目的。在焦化废水中，吸附脱酚就是采用这种方法，使废水与吸附剂接触，发生吸附作用，从而达到脱酚的目的。但通过吸附后再回收酚存在较大的难度，因为这种吸附是不可逆的，如活性炭吸附中的活性炭就极难再生。

三、氨回收工艺

废水氨回收工艺主要是采用水蒸气汽提-蒸氨的方法，脱除废水中的氨类物质，如氨氮和氰化物等。首先使蒸汽与废水接触，废水经汽提，其中的游离氨有效析出，再通过吸收器，用磷酸溶液吸收氨，从而使氨与其他气体分离，再将此富氨液送入汽提器，使磷酸氨溶液再生，并回收氨。目前国内煤化工企业的一些气化炉工艺已经配套了汽提脱氨系统，如 GE 公司的水煤浆气化工艺的废水预处理装置，可将氨氮质量浓度从 300～500mg/L 降至 200mg/L 以下。

汽提-蒸氨法的主要优点：对脱除煤化工废水中易挥发性物质尤其是氨组分非常有效，脱除效果明显。主要缺点：能耗高，在高温、高压条件下设备腐蚀严重。

煤化工含酚、氨废水在生化预处理前通过汽提、萃取、吸附、闪蒸、降温、分离等物理化学工艺方法，可回收其中的酚、氨，不仅可以减少资源浪费，还可以降低后续煤化工废水处理的负荷和难度。

第二节　废水中特种污染物脱除

一、含磷物脱除

磷元素是植物和微生物的主要营养物质。若排放的煤化工废水中的磷浓度超过0.02mg/L，就会引起受纳水体富营养化。水流缓慢和更新期长的地表水中，由于接纳大量的磷等营养物，各种水生物的活性会提高，刺激藻类等浮游生物的异常繁殖，并消耗水中的溶解氧，可能导致鱼类和其他生物大量死亡。死亡的动植物遗骸在水底腐烂沉积，在还原条件下，厌氧菌作用会产生 H_2S 等难闻的臭毒气，使水质不断恶化，严重影响人们的生产和生活。解决水体富营养化问题，首先要除去废水中的磷。煤化工废水除磷技术也一直是限制含磷废水中磷脱除效率的课题。

化学沉淀法除磷主要采用钙盐、铁盐和铝盐等产生的金属离子与磷酸根生成难溶磷酸盐沉淀物的方法脱除废水中的磷，最常用的是石灰、硫酸铝、铝酸钠、三氯化铁、硫酸铁、硫酸亚铁和氯化亚铁。

二、含氰物脱除

煤气化过程还会产生一定浓度的 CN^-，采用物化法脱除氰，以消除其对微生物的影响。含氰废水处理技术路线主要有碱性氯化法、臭氧氧化法、双氧水氧化法。

碱性氯化法是国内外普遍采用的一种方法。在碱性含氰废水中加入高价态的氯氧化剂，常用的氧化剂有 ClO_2、Cl_2（气、液两种）、漂白粉、次氯酸钠、次氯酸钙、亚氯酸盐等。在碱性溶液中，一般生成 ClO^- 或高价态的氯化合物，氰化物首先被氧化为氰酸盐，进一步被氧化为二氧化碳和氮气。主要化学反应为：

$$ClO^- + CN^- + H_2O \longrightarrow CNCl + 2OH^-$$

$$CNCl + 2OH^- \longrightarrow CNO^- + Cl^- + H_2O$$

$$2CNO^- + 3ClO^- \longrightarrow CO_2\uparrow + N_2\uparrow + 3Cl^- + CO_3^{2-}$$

臭氧氧化法是利用臭氧极强的氧化能力，将氰化物氧化成氰酸盐，氰酸盐经水解后生成氮气与碳酸根。臭氧氧化处理氰化物的化学反应为：

$$2CN^- + 2H^+ + H_2O + 3O_3 \longrightarrow 2H_2CO_3 + 2O_2 + N_2$$

H_2O_2 氧化法是 H_2O_2 在 pH 值为 9.5～11、常温、有铜离子（Cu^{2+}）作催化剂的条件下氧化氰化物，生成 CNO^-，CNO^- 进一步水解生成铵根离子，再通过生化处理被去除。其主要化学反应为：

$$CN^- + H_2O_2 \longrightarrow CNO^- + H_2O$$

$$CNO^- + 2H_2O \longrightarrow NH_4^+ + CO_3^{2-}$$

三、金属铁、锰离子脱除

有的煤化工废水中含有 Fe^{2+} 和 Mn^{2+}。这种水在氧化后或者当水中的氢氧根超过 5mg/L 时，Fe^{2+} 会转变为 Fe^{3+}，生成胶体氢氧化物。

$$4Fe(HCO_3)_2 + O_2 + 2H_2O \longrightarrow 4Fe(OH)_3 + 8CO_2$$

在煤化工废水中，Mn^{2+} 的脱除过程与 Fe^{2+} 类似，主要通过以下步骤实现：

① 氧化反应：含 Mn^{2+} 的废水在接触空气或被氧化剂（如 O_2）氧化后，Mn^{2+} 会转化为高价态的 Mn^{4+}，生成难溶性的锰化合物［如 $MnO(OH)_2$ 或 MnO_2］。反应式可表示为(以氧气氧化为例)：

$$2Mn^{2+}+O_2+4H_2O \longrightarrow 2MnO(OH)_2\downarrow+2H_2$$

当水中氢氧根浓度较高时，也可能直接生成氢氧化锰沉淀。

② 沉淀与过滤：生成的锰化合物胶体或沉淀可通过过滤设备（如砂滤池、膜过滤器等）从废水中分离。在反渗透（RO）系统中，需避免原水提前接触空气导致 Fe^{2+} 和 Mn^{2+} 提前氧化形成沉淀，因此通常在进入 RO 装置前对原水进行氧化预处理，再通过过滤器脱除沉淀物，以防止膜污染。

总结：Mn^{2+} 主要通过氧化反应生成难溶物，再通过物理过滤实现脱除，与 Fe^{2+} 的处理逻辑一致，但需注意控制氧化条件和过滤效率以确保脱除效果。

铁离子比锰离子更容易对后续煤化工废水处理工艺，如生物膜、反渗透膜和纳滤膜造成污染。用反渗透系统来处理这样的水时，重要的是不要接触空气。在进入反渗透装置前对原水进行氧化，然后使用过滤器脱除生成物，也可以防止铁离子和锰离子带来的污染。

第三节　固体不溶态污染物脱除

一、概述

煤化工废水在进入集中或分散废水处理工艺前，需进行温度调节、均质调节及不溶态污染物脱除。主要是通过物理法、化学法和物理化学法进行预处理，以脱除不溶态废弃物及大颗粒污染物，如铁丝、棉纱、布条、头发及大颗粒等杂物。若不溶态废弃物及大颗粒污染物分离指标不达标，会造成栅渣过多，对后续生化处理等设备造成较大的危害，主要危害如下：

① 若废水从格栅流过后栅渣太多，会使初沉池、曝气沉砂池或曝气池、二次沉淀池中的浮渣增多，难以清除，挂在出水堰板上影响出水均匀，增加恶臭气味。

② 从预处理装置向后漂移的漂浮物如铁丝、棉纱、布条、头发等杂物会在表曝机或水下搅拌设备、桨板上缠绕，损坏设备，形成较大的铁丝团、棉纱团、头发团等，以致扯坏电缆。若进入二沉池将会使浮渣增加，挂在出水堰板上影响出水均匀；若进入生物滤池会堵塞配水管、滤料，甚至堵塞出水滤头、滤板等；若进入生物转盘将在转盘上缠绕，增大了阻力，加快生物转盘的损坏，减少有效容积。

③ 当废水从沉砂池中流走时，若带走的砂粒太多，砂粒有可能在初沉池配水渠道内沉积，影响配水均匀。砂粒进入初沉池内将使污泥刮板过度磨损，缩短使用寿命和更换周期；砂粒进入泥斗后将会干扰正常的排泥或堵塞排泥管线；砂粒进入泥泵将使泥泵过快磨损，缩短泵的使用寿命；砂粒进入曝气池还会沉在曝气池底部逐渐淤积，会影响曝气头出气，甚至覆盖曝气头，降低了曝气效率。

④ 从预处理工段漏出的杂物进入浓缩机后将在栅条上缠绕，影响浓缩效果。并在上清液出流的堰板上漂浮结块，影响出水均匀。进入消化池前后会堵塞排泥管道或送泥泵。还会在消化池内上浮，结成大的浮壳。

⑤ 若漂浮杂物进入离心脱水机，会使高速旋转的叶轮失去平衡，产生振动或严重噪声，

导致密封破漏，损坏离心脱水机。一些毛发、棉纱等有时会塞满叶轮与蜗壳之间的空间，使设备过载，烧坏电机。

二、固体物脱除工艺及设备

1. 固体物脱除工艺

不溶态大颗粒污染物脱除工艺主要包括：温度调节、水质水量调节、预曝气、混凝、沉淀和分离等。涉及的主要设备及构筑物包括：调节池、格栅、筛网、刮油刮渣机、沉砂池、沉淀池、初沉池、砂水分离器等。在预处理过程中对一般不溶态污染物的分离，可以采取重力沉降法［如沉砂池（含平流、竖流、旋流、曝气）、沉淀池（含平流、竖流、辐流、斜流）、混凝澄清］、浮力浮上法（如隔油、气浮）以及其他方法（如阻力截留、离心力分离、磁力分离等）。

2. 主要设备

（1）格栅

在煤化工废水进入预处理装置前设置格栅，主要是用来脱除、分离可能堵塞管道、阀门、水泵机组的较粗大不溶性漂浮物及大颗粒污染物。格栅由一组或多组相平行的金属栅条和框架组成，安装在废水进口的渠道内，以拦截煤化工废水中的不溶性漂浮物及大颗粒污染物。煤化工常用格栅的主要特征及使用范围见表 4-1。

表 4-1　煤化工常用格栅的主要特征及使用范围

序号	格栅名称	主要特征	使用范围
1	臂式格栅机	构造复杂，耙齿与栅条对位较难，但维修方便，使用寿命较长	中等深度的宽大格栅
2	链式格栅机	结构简单，占地面积小，主要清除长纤维及带状物，但栅渣杂物可能会卡住链条和链轮	深度不大的中小型格栅
3	回转式格栅机	结构简单，占地面积大，制造精度高，但操作可靠，维修方便且重量轻	深度较小的中小型格栅
4	钢绳式格栅机	结构简单，使用范围宽，检修方便，但对防腐要求高，检修时需要停水	固定式适用于深度范围大的中小型格栅，移动式适用于宽大格栅

（2）沉砂池

煤化工废水中的许多悬浮固体密度比水大，所以它们可以自然下沉，沉淀法就是利用这一原理使废水固液分离。沉淀装置一般分为两类：一类是以沉淀无机固体为主，简称沉砂池；另一类是以沉淀有机固体为主，简称沉淀池。沉淀按固体颗粒在沉淀过程中的不同物理现象可分为四类：

① 自由沉淀　固体颗粒在沉降过程中单个独立完成且沉速不变。

② 混凝沉淀　固体颗粒在沉降过程中互相撞击凝结，颗粒粒径和沉降速度均逐渐增大。

③ 成层沉淀　固体颗粒在沉降过程中保持相对位置不变并整体下沉。

④ 压缩沉淀　固体颗粒在沉降过程中靠重力压缩下层颗粒，下层颗粒间隙中的水被挤压流出。

沉淀过程的主要特点如下：

① 絮凝体成型快，活性好，过滤性好；

② 不需加碱性助剂，如遇潮解，其效果不变；

③ 适应 pH 范围宽，适应性强，用途广泛；

④ 处理过的水中盐分少；

⑤ 能除去重金属及放射性物质对水的污染；

⑥ 有效成分含量高，便于储存、运输。

(3) 沉淀池

沉淀池是借助沉降作用脱除悬浮物的构筑物。根据沉淀池内水流方向的不同，分为平流式、竖流式、辐流式、斜流式，其中斜流式是在沉淀池内安装斜管或斜板。

① 平流式沉淀池　平流式沉淀池为矩形池，池长宽比以 4～5 为宜。煤化工废水从一端向另一端水平流过。废水通过溢流堰、穿孔墙等均匀流入池内，采用溢流式出水池。在池前底部安装集泥斗，通过水的静压力排泥。

② 竖流式沉淀池　竖流式沉淀池为圆形池，直径为 5～10m，有效水深为 2～4m。煤化工废水由中心管底部进入，向上流动，从周边或径向集水槽流出水池。在池底安装锥形集泥斗，斗壁倾角为 60°，采用重力式排泥方式。

③ 辐流式沉淀池　辐流式沉淀池为圆形池，直径为 15～50m。煤化工废水由中心管进入，沿径向水平流向周边集水槽；或由周边配水槽流入，沿径向水平流向池中部的集水槽。前者在煤化工中的应用比较多。采用回转式刮机将池底沉泥刮向池心的集泥斗，再通过水的静压力或水泵将污泥排出。

④ 斜流式沉淀池　在沉淀池内安装一组倾向 60°的斜管或斜板，当煤化工废水流过时，其中的悬浮物就近沉降于管底面上或斜板面上，然后滑落于池底部的集泥斗。常用的逆流式斜板沉淀池由底部配水区、斜板区以及其上的集水区三部分组成。水在斜板区的上层由下向上流动，而沉降在斜板面上的沉泥则由上向下滑落。

煤化工常用沉淀池的主要特征及使用范围见表 4-2。

表 4-2　煤化工常用沉淀池的主要特征及使用范围

序号	沉淀池名称	主要特征	使用范围
1	平流式沉淀池	构造简单，占地面积大，造价低，对煤化工废水水质、水量的适应性强，但排泥较难，采用机械排泥时，由于各设备均设在水下，设备易腐蚀	适用于地下水位高、地质较差的地区和各种规模的煤化工废水处理装置
2	竖流式沉淀池	结构稍复杂，占地面积小，排泥方便，操作简单，但池深度大，直径不宜过大，池底锥形构造的施工难度大，造价较高，对废水冲击负荷适应性较差	适用于小型规模的煤化工废水处理装置
3	辐流式沉淀池	结构较复杂，废水处理量大，池水水流速度不稳定，但对废水冲击负荷适应性强；排泥机械定型，但较复杂，造价高，施工难度大，但管理较简单	适用于地下水位较高的地区和大、中型规模的煤化工废水处理装置
4	斜流式沉淀池	构造复杂，占地面积小，沉降面积大，水深降低，产水量大，分离效率高，但排泥困难，停留时间短，缓冲能力差，耗材多，造价高，对混凝要求高	适用于煤化工废水隔油装置

第四节 油脂类悬浮物脱除

一、概述

煤化工废水中除含有酚、氨类物质，不溶态污染物及颗粒悬浮物（SS）外，还含有较多的油脂类悬浮物，若过多的油脂类悬浮物不脱除，或脱除不达标，同样会影响后续生化处理，并堵塞管道和设备，降低煤化工废水生化处理效率。因此，在废水预处理阶段，油脂类悬浮物脱除是一个重要的环节。

通常采用隔油池与气浮法相结合的工艺方法除去煤化工废水中的油脂类悬浮物，并根据油脂组分含量加以回收利用。该工艺还具备预曝气的作用，对降低煤化工含油废水的 COD 具有一定的效果。

生化处理对煤化工进水含油质量浓度有一定的要求，通常情况下含油质量浓度应控制在≤50mg/L，最好控制在 10mg/L 左右。

二、含油废水脱除工艺

由于煤化工废水中的油类物质主要来源于较低温度下的煤气化工艺排水、煤焦化工艺排水和煤制油工艺排水。不同的煤化工企业排出的废水含油浓度差异很大，煤气化产生的气化废水含焦油量可达 2000～3000mg/L，同时与选择的煤气化工艺有很紧密的关联；煤焦化产生的废水含焦油量为 500～800mg/L；煤制油产生的废水含油量为 150～1000mg/L。

1. 一般除油脱脂工艺

对以含较多轻质油为主的煤化工含油废水，如煤制油（间接液化）含油废水的一般除油脱脂工艺方法是采用隔油法脱除油脂，常用的脱脂工艺包括有机溶剂脱脂、电化学脱脂、化学脱脂、超声波脱脂。除有机溶剂脱脂外，其他脱脂工艺中由于含碱性物质、表面活性剂、缓蚀剂等组成的脱脂剂，含油废水主要污染物为 pH、SS、COD、BOD_5、石油类、色度等。一般煤化工废水除油脱脂预处理工艺流程如下：

含油废水→隔油池→调节池→气浮设备

对煤制合成氨和煤制甲醇含油废水进行处理时，当进水中含 COD 300mg/L、氨氮 160mg/L、SS 90mg/L、油类 26mg/L 时，采用隔油＋气浮法组合工艺后的出水水质指标分别不会超过 240mg/L、150mg/L、10mg/L、3mg/L，可见气浮法对处理煤化工废水中的 SS 和低浓度油脂污染物的效果是非常明显的。

2. 轻质油废水除油工艺

对以轻质油为主的煤化工含油废水的油脂脱除增加了水解或厌氧处理，并采用二级生物膜反应器、混凝及高级氧化工艺流程，以进一步将废水中的油脂脱至控制指标范围内。其工艺流程如下：

调节池→隔油池→（水解/厌氧）→MBBR（移动床生物膜反应器）→混凝
→臭氧→MBBR→气浮滤池

对碎煤固定床加压气化含油废水进行处理时，当含油质量浓度＜200mg/L 时，采用上述除油脱脂工艺，出水中油的质量浓度可控制在≤10mg/L。

3. 含重油成分及悬浮颗粒物质的含油废水的除油工艺

采用隔油法＋气浮法处理工艺，在气浮法工艺方面主要有加压气浮法、溶气气浮法、真空气浮法、电解气浮法、生物气浮法等工艺，通常在加压气浮法、溶气气浮法、生物气浮法、真空气浮法中选择气浮法预处理工艺。除油脱脂工艺流程如下：

调节池→隔油池→水解池→缺氧池→MBBR→混凝→臭氧→MBBR→气浮滤池

对煤化工含油废水的处理首先应利用隔油池，回收浮油或重油，一般处理效率为60%～80%，出水中含油量为100～200mg/L。

在煤化工含油废水中主要是乳化油和分散油较难处理，应防止或避免乳化现象，尽量注意减轻含油废水中油的乳化；减少用泵提升废水的次数，以免增加乳化程度。

三、破乳法工艺

由于乳化油较难处理，对于含油废水中的乳化油可以通过破乳法进行破乳操作。通常破乳法可以分为机械破乳法、物理破乳法和化学破乳法三种。

1. 机械破乳法

一般采用离心分离的原理进行破乳，即利用油和水的密度差异，通过离心加热使油相的黏度降低而加快破乳，但该法在实际中应用较少。

2. 物理破乳法

物理破乳法可以分为电沉降法、超声波法和过滤法等。电沉降法主要用于油包水（W/O）型乳化液的破乳；超声波法作用的强度不应太大，否则可能导致乳化油分散；过滤法是使乳状液通过多孔材料或过滤装置实现油水分离。物理破乳法的实际应用也较少。

3. 化学破乳法

化学破乳法主要是通过改变乳化液的类型和界面性质，使乳化油废水变得不稳定，从而引发破乳。一般通过投加药剂来实现这一过程。化学破乳法在实际中应用较为普遍。主要采用以下三种方法破乳。

① 酸碱破乳　由于含油废水中细微的油滴表面覆盖着一层带有负电荷的双电层，通过用酸将废水调至酸性，产生的质子会中和双电层，改变液滴表面带电情况，破坏其稳定性，促进油滴凝集，由此实现分离。pH调节剂多为硫酸、磷酸二氢钠或二氧化碳，并伴随加热升温，然后以石灰或碱液中和，最终实现油水分离。该法效率较低，出水含油量较高，常作为一种含油废水预处理方法使用。

② 无机混凝剂破乳　在乳化油废水中加入金属盐类化合物，其中阳离子部分可以起到去除乳化油界面存在的表面活性剂以及抑制双电层的作用，使油滴经凝集、吸附等机理而被去除。一般采用硫酸铝、明矾、碱式硫酸铝、碱式氯化铝、三氯化铝、磷酸铝、三氯化铁、硫酸铁、硫酸亚铁等。此外还有硫酸钙、碳酸钙、氯化钙、硫酸镁、硅酸镁、硝酸镁等。一般要与混凝沉降或气浮工艺组合使用，但受乳化废水中表面活性、乳化剂类型影响，并且渣量大。

③ 有机絮凝剂破乳　有机絮凝剂可分为两种：一种为高分子药剂，破乳机理一般以吸附架桥作用为主，高分子絮凝剂又有阳离子型、阴离子型、非离子型等；另一种为表面结构改性物，通过改变乳化油废水中表面活性物质的特性而使其表面失稳，从而实现油水分离。高分子药剂主要有聚丙烯酰胺系列、聚丙烯腈系列、聚胺系列、聚醚系列等。表面结构改性物则以表面活性物质为主，主要有十二烷基苯磺酸钠、高级脂肪酸钠等。有机絮凝剂破乳适

用于难破乳的场合，效果较好。

四、化学破乳法选择

化学破乳法是一种常用的破乳工艺，选择不同的化学破乳法，其结果也是不同的。无机混凝剂破乳比较适合处理稳定性差的乳化液；有机絮凝剂破乳比较适用于难破乳的场合，效果较好，其专一性较强，但可供选择的有机絮凝剂种类较少；酸碱破乳对各种乳化液均有效，但破乳效率较低，适用于多种乳化液破乳场合。

当乳化液废水含油量较多时，可以将乳化液收集池设计为二格，前置格为调节池，后置格为预搅拌池。前置格（调节池）可采用人工清理浮油的方式来清理表面浮油；后置格（预搅拌池）中装有潜水搅拌机，通过搅拌的方式来防止沉淀物沉积于预搅拌池中，堵塞水泵的进水管。

当废水化学稳定性较好时，为了加强乳化液破乳的效果，通常增加后置沉淀＋气浮设备。由于乳化液废水中含有乳化剂、脱脂剂以及固体粉末等，难以通过静置或自然沉淀法分离。乳化液是在油或脂类物质中加入表面活性剂，然后加入水形成的。油和脂在表面活性剂的作用下以极其微小的颗粒分散在水中，由于其特殊的结构和极小的分散度，在水分子热运动的影响下，油滴在水中是非常稳定的，就如同溶解在水中一样。这种乳化液通常称为水包油型乳化液，其乳化液中含有脱脂剂、悬浮物等，因此形成的乳化液稳定性更好。这种乳化液一般需采用化学药剂进行破乳，使含油废水中的乳化液脱稳，然后投入絮凝剂进行絮凝，使脱稳的油滴通过架桥吸附作用凝聚成较大的颗粒，再通过气浮的方法予以分离。

当对乳化液废水进行加药破乳之后破坏了其稳定性，会产生部分不可溶性沉淀物，宜增加沉淀设备来进行处理，不宜直接进入气浮设备，这样做是为了保证气浮能高效地去除破乳之后的浮油及 COD 等有机污染物。

五、气浮法选择

煤化工含油废水中悬浮物的去除，一般可采用隔油池＋混凝沉淀＋气浮的方法。隔油池是通过物理作用将废水表面浮油去除。气浮作为隔油的后续处理工艺，可节省药剂投加量并且取得较好的处理效果。此法是去除煤化工废水中石油类和其他悬浮物的一种组合工艺。

气浮可起到预曝气的作用，还能去除含油废水中的部分悬浮物，同时也保证了后续生化处理的稳定运行。为强化气浮除油、除悬浮物的效果，一般再配合加药絮凝。

由于溶气气浮池工艺技术成熟，在药剂复配合理的前提下能够有效地去除水中的悬浮物和油类物质，降低 COD 和氨氮，同时非溶解性污染物也能得到去除。

在预处理过程中，对一些难生物降解的有机污染物也要进行前置处理，从而达到提高生化性、降低生化处理负荷、提高生化处理效率以及去除有机物的目的。物理化学方法作为预处理的有效手段常应用于有机废水处理的预处理过程中。

第五节 固体污染物脱除

一、概述

固体污染物在煤化工废水中存在的状态分为三类：溶解态、胶体态和悬浮态。

溶解态物质，其粒径在 1nm 以下，主要以低分子或离子状态存在。这种杂质不会产生水的外表浑浊的现象。

胶体态物质称为胶体杂质，指粒径在1～100nm之间的杂质。胶体杂质多数是黏土性无机胶体和高分子有机胶体。高分子有机胶体是分子量很大的物质，一般是水中的植物残骸经过腐烂分解的产物等。黏土性无机胶体则是造成废水水质浑浊的主要原因之一。胶体杂质具有以下两种特性：

① 单位容积中胶体的总面积很大。能够吸附大量离子而带有电性，使胶体之间产生电性斥力而不能互相黏结，颗粒始终稳定在微粒状态而不能自行下沉。

② 由于光线照射到胶体上被散射而造成浑浊现象。

悬浮态的物质称为悬浮物，指粒径大于100nm的杂质，这种杂质导致水质显著浑浊。悬浮物是一项重要的水质指标，它是造成水质浑浊，管道、阀门和设备堵塞、磨损，以及干扰煤化工废水处理的一个重要因素。

悬浮物中颗粒较重的多数是泥沙类的无机物，以悬浮状态存在于煤化工废水中，在静置时会自行沉降。颗粒较轻的多为动植物腐败而产生的有机物质，悬浮在水面上，同时还包括浮游生物等微生物。

二、固体污染物脱除工艺

煤化工废水中固体污染物质主要指固体悬浮物。大量悬浮物排入废水中，造成外观恶化、浑浊度升高，改变废水颜色。水质分析中通常把固体物质分为两部分：能透过滤膜（孔径3～10nm）的称为溶解固体（DS）；不能透过滤膜的称为悬浮固体或悬浮物（SS）。二者合称总固体（TS），这是一个重要的水质分析指标。

固体污染物脱除可采用混凝沉淀法（或混凝法）。所谓混凝沉淀是指在混凝剂的作用下，使得煤化工废水中的胶体和细微悬浮物凝聚成絮凝体，然后予以沉淀分离去除的预处理方法。

混凝法的工艺基本过程为：在煤化工废水中投入混凝剂，由于混凝剂为电解质，易形成胶团并与废水中的胶体物质发生电中和，形成绒粒沉降，可以去除废水中粒径 10^{-6} ～ 10^{-3} mm的细小悬浮物颗粒。这个过程一般是由凝聚和絮凝两个阶段组成，混凝可以被认为是凝聚和絮凝的总称，两者是不可分开的。

混凝工艺过程通常需要加入混凝剂（絮凝剂），常用的混凝剂有：无机类传统絮凝剂、低分子絮凝剂或高分子絮凝剂，如硫酸铝、明矾、硫酸亚铁、三氯化铁、聚硫酸铝、聚氯化铝、聚硫酸铁等；有机类高分子或改性类高分子聚合物絮凝剂，如聚丙烯酰胺等。其中聚氯化铝作为一种无机高分子混凝剂，是利用氢氧根离子的架桥作用和多价阴离子的聚合作用而生产的分子量大、电荷较高的水处理药剂，产生的絮凝作用主要是与水中的胶体物质发生强烈的电中和作用，促进水解产物对水中悬浮物的架桥吸附作用，以及对溶解性物质的吸附作用等。在煤化工废水预处理过程中，采用混凝法，对去除固体悬浮物及可溶性物质具有明显的效果。同时对废水中色度、油分、氮、磷、重金属及有机物的去除也有明显的效果。

第六节　混凝沉淀

一、悬浮胶体微粒

煤化工废水中的大颗粒悬浮物由于受重力的作用会自然下沉，故采用沉淀法就可以将废水中的大颗粒悬浮物除去。而对于废水中的悬浮物与胶体杂质就不能简单采用重力沉淀法予以去除了。

对于粒径 10^{-6}～10^{-3} mm 的微小悬浮胶体微粒，即使静置十几小时或更长的时间，也不会自然沉降，它们在水中长期保持分散悬浮状态。这是由悬浮胶体微粒的特性所决定的，即悬浮胶体微粒具有“稳定性”。因此，混凝沉淀法主要是针对水中的微小悬浮物和胶体微粒的去除技术。

当在煤化工废水中加入适量的混凝剂时，因混凝剂作为电解质，在废水中会形成胶团，胶团与废水中的胶体微粒发生电中和作用，就会形成较大粒度的绒粒而沉降，便达到去除废水中的细小悬浮颗粒，同时去除色度、油分等有机污染物的目的。

废水在未加混凝剂之前，水中的胶体和细小悬浮颗粒的质量很轻，受水的分子热运动的碰撞做无规则的布朗运动。颗粒都带有同性电荷，它们之间的静电斥力阻止微粒间彼此接近而聚合成较大的颗粒。另外，带电荷的胶粒和反离子都能与周围的水分子发生水化作用，形成一层水化壳，阻碍各胶体的聚合。一种胶体的胶粒带电越多，其电动电位就越大；扩散层中反离子越多，水化作用也越大，水化层也越厚，因此扩散层也越厚，稳定性越强。废水中投入混凝剂后，胶体因电位降低或消除，破坏了颗粒的稳定状态（称脱稳）。脱稳后的颗粒相互聚集为较大颗粒的过程称为混凝或凝聚。经脱稳后的细小微粒也可形成絮凝体并不断长大，然后絮凝为大的颗粒团后沉淀，这种现象称为絮凝。不同的化学药剂能使胶体或微粒以不同的方式脱稳、凝聚或絮凝。

二、胶体微粒稳定性及脱稳

由于胶体微粒带有电荷，废水中的黏土类胶体微粒以及胶态蛋白质和淀粉微粒等都带有负电荷，它的中心称为胶核。其表面选择吸附了一层带有同电荷的离子，这些离子可以是胶核的组成物直接电离而产生的，也可以是从水中选择吸附 H^+ 或 OH^- 而造成的。这层离子称为胶体微粒电位离子，它决定了胶粒电荷的大小和符号。由于电位离子的静电引力，在其周围又吸附了大量的异号离子，形成了所谓的“双电层”。这些异号离子，其中紧靠电位离子的部分被牢固地吸引着，当胶核运行时，它们也随着一起运动，形成固定的离子层。而其他的异号离子，离电位离子较远，受到的引力较弱，不随胶核一起运动，并有向水中扩散的趋势，形成了扩散层。固定的离子层与扩散层之间的交界面称为滑动面。滑动面以内的部分称为胶粒，胶粒与扩散层之间有一个电位差，此电位差称为胶体的电动电位。而胶核表面的电位离子与溶液之间的电位差称为总电位。胶粒在水中受以下几方面的影响：

①由于胶粒存在带电现象，带相同电荷的胶粒会产生静电斥力，而且电动电位愈高，胶粒间的静电斥力愈大。

②受水分子热运动的撞击，微粒在水中做不规则的运动，即“布朗运动”。

③胶粒之间还存在着相互引力——范德华力。范德华力的大小与胶粒间距的 2 次方成反比，当间距较大时，此引力略去不计。

一般水中胶粒的电动电位较高。其相互间斥力不仅与电动电位有关，还与胶粒的间距有关，距离愈近，斥力愈大。而布朗运动的动能不足以将两颗胶粒推进到使范德华引力发挥作用的距离。因此，胶体微粒不能相互聚结而长期保持稳定的分散状态。使胶体微粒不能相互聚结的另一个因素是水化作用。由于胶粒带电，它会将极性水分子吸引到它的周围形成一层水化膜。水化膜同样能阻止胶粒间相互接触。但是，水化膜是伴随胶粒带电而产生的，如果胶粒的电位消失或减弱，水化膜也就随之消失或减弱。

三、混凝过程

混凝过程是凝聚、絮凝两个过程的总称，在水中胶体微粒及微小悬浮物的聚集过程中，混凝包含了从投混凝剂到废水混合、混凝反应（脱稳、絮凝）再到形成大颗粒絮凝物的整个过程。而絮凝是指胶体微粒脱稳后，从形成微小絮凝物到形成大絮体再到沉淀分离的阶段。因此，混凝是全过程，而絮凝只是混凝的一个子过程。混凝过程就是加入带正电荷的混凝剂去中和胶体颗粒表面的负电荷，使胶体微粒脱稳，脱稳后的胶体微粒间通过碰撞、表面吸附、范德华引力等作用，互相结合变大，由此利于胶体微粒从废水中分离。

混凝过程的目的是指在混合过程中，投加混凝剂后，废水中便会产生混凝反应形成胶体，使得原胶体微粒失去稳定性，胶体微粒之间互相凝聚，形成众多的小矾花，再利用产生的胶体的吸附架桥作用达到去除胶体微粒污染物的目的。

煤化工废水浑浊的原因是废水中含有大量以胶体微粒形式存在的黏土颗粒，并带有一定的负电荷，在静电的作用下相互排斥，导致胶体微粒不易凝结成大颗粒而沉淀，使得废水始终浑浊。要让这些胶体微粒互相凝聚、凝结成大颗粒沉淀出来涉及的因素较多，如废水的组分、浓度、水温、pH 值、碱度等以及采用的混凝剂及混凝条件。

最有效的办法是加入具有致沉作用的强混凝剂，如三价铝离子。在铝离子的衍生物中，以聚合物形式存在的聚合氯化铝具有反应时间短、混凝效果好、沉淀速度快、特别适应不同水质等优点，在废水处理过程中最为常用。

四、混凝剂

由于水中悬浮的胶体微粒在粒径小到一定程度时，其布朗运动的能量足以阻止重力的作用，使颗粒不发生沉降，这种悬浮物可以长时间保持稳定状态。而且悬浮微粒表面往往带电（通常是负电），微粒间同种电荷的斥力使微粒不易合并变大，从而增加了悬浮液的稳定性。当投放药剂时，会产生胶体，原胶体微粒会发生脱稳现象，形成微小絮凝物，然后再形成大絮体颗粒。这种药剂就被称为混凝剂。

一般混凝剂由无机盐类组成，如铁盐、铝盐等。混凝剂中带电粒子会中和水中的胶粒，使得胶体脱稳形成絮状体颗粒，让不稳定的胶体微粒（或凝结过程中形成的微粒）聚合在一起形成集合体。常用的混凝剂有固体硫酸铝、液体硫酸铝、明矾、聚合氯化铝、三氯化铁、硫酸亚铁等。

聚合氯化铝（PAC），又称为碱式氯化铝或羟基氯化铝。通过它或它的水解产物使废水或污泥中的胶体快速形成沉淀，便于分离大颗粒沉淀物。PAC 的分子式为 $[Al_2(OH)_nCl_{6-n}]_m$，其中 n 为 1～5 的任何整数，m 为聚合度，即链节的数目，m 的值不大于 10。PAC 的混凝效果与其中的 OH^- 和 Al^{3+} 的比值（n 值大小）有密切关系，通常用碱化度表示，碱化度 $B=[OH^-]/(3[Al^{3+}])\times100\%$。$B$ 要求在 40%～60%，适宜的 pH 值范围为 5～9。

五、助凝及助凝剂

助凝是为了使废水达到絮凝条件所需投加的药剂，助凝剂如碳酸钠、盐酸、石灰等。PAM（聚丙烯酰胺）的作用是加强絮凝效果，提高沉降速度，可以根据沉淀池大小以及类型决定。当单独使用混凝剂不能取得预期效果时，为了改善絮凝体的结构，充分利用高分子助凝剂的吸附架桥作用，使废水尽快达到絮凝条件，可以投加助凝剂，比如碳酸钠、盐酸、石灰等，以提高混凝效果。

六、影响混凝沉淀的主要因素

在煤化工废水的混凝沉淀过程中，影响混凝效果的因素较多，主要有水温、pH 值、水质和水力条件等。

1. 水温

水温对混凝效果有明显的影响。无机盐类混凝剂的水解是吸热反应，水温低时，水解困难。特别是硫酸铝，当水温低于 5℃时，水解速率非常缓慢。并且水量低，黏度大，不利于脱稳胶粒相互絮凝，影响絮凝体的结大，进而影响后续的沉淀处理效果。此时可投加高分子助凝剂或是用气浮法代替沉淀法作为后续处理工艺。

2. pH 值

pH 值对混凝效果的影响程度视混凝剂的品种而异。

当用硫酸铝去除水中浊度时，pH 值范围在 6.5～7.5 之间；用于除色时，pH 值在 4.5～5 之间。用三价铁盐时，pH 值范围在 6.0～8.4 之间。当用硫酸亚铁去除水中浊度时，pH＞8.5 和水中有足够溶解氧时，才能迅速形成 Fe^{3+}，这就使得设备和操作比较复杂。因此，常采用加氯氧化的方法。

高分子混凝剂，尤其是有机高分子混凝剂，混凝的效果受 pH 值的影响较小。从铝盐和铁盐的水解反应式可以看出，水解过程中不断产生 H^{+} 必将使水的 pH 值下降。要使 pH 值保持在最佳的范围内，应用碱性物质与其中和。当废水或原水中碱度充分时不会影响混凝效果，但当废水或原水中碱度不足或混凝剂投量较大时，水的 pH 值将大幅下降，会影响混凝效果。此时，应投加石灰或碳酸氢钠等调节水的 pH 值。

3. 水质

水中杂质的成分、性质和浓度都对混凝效果有明显的影响。例如，废水中杂质以黏土类杂质为主时，需要投加的混凝剂的量较少；而废水中含有大量有机物时，需要投加较多的混凝剂才有混凝效果，其投加量可达 $10\sim10^{3}$mg/L，但影响的因素比较复杂。在水处理过程中，主要靠混凝试验来选择合适的混凝剂品种和最佳投加量。

近年来，化学混凝剂的品种和质量都有较大的发展，使化学混凝法处理废水有一定的竞争力。实践表明，对某些浓度不高的工业废水，投加 20～80mg/L 的聚合硫酸铁与 0.3～0.5mg/L 的阴离子聚丙烯酰胺，可去除 70%左右的 COD，悬浮物和总磷达 90%以上。

4. 水力条件

混凝过程中的水力条件对絮凝体的形成影响极大。整个混凝过程可以分为两个阶段：混合阶段和反应阶段。水力条件的配合对这两个阶段非常重要。

混合阶段要求药剂能够迅速均匀地扩散到全部水中，以创造良好的水解和聚合条件，使胶体脱稳，并借颗粒的布朗运动和紊动水流进行凝聚。该阶段并不要求形成大的絮凝体。混合要求快速和剧烈搅拌，在几秒钟或一分钟内完成。对高分子混凝剂，由于它们在水中的形态不像无机盐混凝剂那样受时间的影响，混合的作用主要是使药剂在水中均匀分散，混合反应可以在很短的时间内完成，而且不宜进行过分剧烈的搅拌。

反应阶段要求混凝剂的微粒通过絮凝形成大的具有良好沉淀性能的絮凝体。反应阶段的搅拌强度或水流速度应随着絮凝体的结大而逐渐降低，以免结大的絮凝体被打碎。如果在化学混凝以后不经沉淀处理而直接进行接触过滤或是进行气浮处理，反应阶段可以省略。

第七节 絮凝沉淀

一、絮凝沉淀过程

絮凝过程是聚合高分子链在悬浮的微粒与微粒之间发生架桥作用的过程，架桥使聚合物分子上不同链段被吸附在不同颗粒上，促进微粒与微粒聚集成大的颗粒而发生分离和沉淀，故称为絮凝沉淀。而混凝过程是发生电中和作用的过程，这是混凝与絮凝的一个区别。

絮凝沉淀可选用无机絮凝剂和有机阴离子型絮凝剂配制成水溶液，加入处理的废水中，产生压缩双电层，促使废水中悬浮颗粒失去稳定性，颗粒物相互凝聚并使颗粒长大，形成絮凝体——矾花。当絮凝体长大到一定体积后，便在重力作用下脱离水相发生沉淀，进而去除废水中的悬浮物颗粒，达到废水处理的效果。为了提高废水中悬浮颗粒物的分离效果，还可适量加入一些助凝剂，促进处理废水在色度和含铬、悬浮物含量等方面达到排放的标准。

在絮凝沉淀过程中，由于颗粒相互碰撞，凝聚变大，沉速不断加大，因此颗粒沉速实际上是变化的。絮凝沉淀速度是指颗粒的平均沉淀速度。在平流沉淀池中，颗粒的沉淀轨迹是一曲线，而不同于自由沉淀的直线运动。在沉淀池内颗粒的去除率不仅与颗粒沉速有关，而且与沉淀有效水深有关。因此，不仅要考虑沉淀柱器壁对悬浮物颗粒沉淀的影响，还要考虑柱高对沉淀效率的影响。

二、絮凝剂选择

往废水中加入水溶性有机高分子聚合物（或无机盐类化合物等）后，能加速废水中固体颗粒与废水的分离。通常采用聚丙烯酰胺等絮凝剂，该物质带有正电（负）性的基团，对于水中带有负（正）电性的难以分离的一些粒子或者颗粒，通过降低其电动电势，使其处于不稳定状态，再利用聚合性质使得颗粒通过物理或者化学方法分离出来。

絮凝剂通常是指有机聚合物，分子量很高，并有特定的电性（离子性）和电荷密度（离子度）。絮凝剂既可以是高分子有机聚合物，也可以是无机聚合物或高分子无机聚合物。由于絮凝剂高分子物质的特点，同一产品中会存在大、小分子都存在的状态，在使用某种絮凝剂时，电中和与架桥作用会同时发生，将已经形成的小颗粒絮状体连接起来，从而形成更大颗粒的絮状体，加速沉降。

絮凝剂主要应用于给水和废水处理领域。絮凝剂按照其化学成分总体可分为无机絮凝剂和有机絮凝剂两类。其中无机絮凝剂包括无机低分子絮凝剂和无机高分子絮凝剂。有机絮凝剂包括合成有机高分子絮凝剂、天然有机高分子絮凝剂和微生物絮凝剂。无机絮凝剂按其分子量的大小可分为低分子絮凝剂和高分子絮凝剂。

三、无机低分子絮凝剂

无机低分子絮凝剂价格低、货源充足，但因其用量大，残渣多、效果差，故无机絮凝剂的发展已经基本上完成了低分子向高分子的转变。

传统无机絮凝剂按金属盐可分为铝盐系和铁盐系两大类。铝盐以硫酸铝、氯化铝为主，铁盐以硫酸铁、氯化铁为主。其中硫酸铝最早由美国开发，是一种重要的无机絮凝剂。目前常用的无机絮凝剂：一类是硫酸铝［$Al_2(SO_4)_3 \cdot 18H_2O$］和明矾［$Al_2(SO_4)_3 \cdot K_2SO_4 \cdot 24H_2O$］；另一类是铁盐，如三氯化铁水合物（$FeCl_3 \cdot 6H_2O$）、硫酸亚铁水合物（$FeSO_4 \cdot$

$7H_2O$）和硫酸铁［$Fe_2(SO_4)_3 \cdot 9H_2O$］。

四、无机高分子絮凝剂

无机高分子絮凝剂如聚合硫酸铝、聚合硫酸铁等，水解后存在多羟基络合离子，以OH^-为桥形成多核络合离子及无机高分子化合物，其分子量高达1×10^5。

无机高分子聚合物絮凝剂比传统无机絮凝剂的絮凝效果要好，关键在于能够通过水解产生大量多核羟基络离子，有效吸附胶体微粒，通过架桥、交联和黏附作用，促使胶体快速凝聚。同时还能中和胶体微粒及悬浮物表面的电荷，降低ζ（Zeta）电位，削弱胶体颗粒间的静电排斥力，使胶体粒子由相斥转为相吸，破坏胶体稳定性并促使其相互碰撞凝聚，形成絮凝体，其沉淀的表面积可达200～1000m^2/g。胶体颗粒极具吸附能力。目前常用的无机高分子絮凝剂有聚合铝类絮凝剂、聚合铁类絮凝剂、改性单阳离子无机絮凝剂及改性多阳离子无机絮凝剂四大类。

1. 聚合铝类絮凝剂

聚合氯化铝、硫酸铝等无机絮凝剂在水解时能够产生高价离子，形成各种羟基多核络合物，并通过羰基式桥联作用，处于亚稳定状态。而OH^-与Al^{3+}的比值，或称盐基度（碱基度）可达2左右，盐基度对絮凝效果有很大的影响。一般盐基度越高，其絮凝效果会越强。但不能过高，否则易生成难溶的氢氧化铝沉淀，降低絮凝效果。当盐基度在75%～85%时，絮凝效果最佳，此时颗粒大而重，沉淀性能好，投药量少，沉降速度快，颗粒密实，除浊、除色效果明显等。但聚合氯化铝、硫酸铝等絮凝剂存在的不足是铝离子具有毒性，水解铝的微细颗粒存在于水溶液中，限制了聚合铝类絮凝剂的使用。

2. 聚合铁类絮凝剂

聚硫酸铁、聚氯化铁、聚氯化硫酸铁等无机絮凝剂在水解时能够产生高价离子，形成各种羟基多核络合物，并通过羰基式桥联作用，处于亚稳定状态，絮凝机理与聚合铝类絮凝剂类似。聚氯化硫酸铁除具有铝盐类无机高分子絮凝剂的特点外，还具有价格低、pH值适用范围宽等特点。但聚合铁类絮凝剂的盐基度较低，一般盐基度（OH^-/Fe^{3+}比值）控制在8%～15%，超出此范围，铁水解反应突变，会从高价聚合态羟基络合离子转化为低价聚合态胶凝产物，絮凝效果迅速降低。

3. 改性单阳离子无机絮凝剂

改性活化硅酸、聚硅酸硫酸铝（PASS）、聚硅酸硫酸铝镁（PSAM）等无机高分子絮凝剂，来源广、价格低廉、无毒且絮凝、助凝效果好。它们对低温、低浊水的混凝处理有显著的效果。不足是在生产中很难控制聚合度，难以达到最佳絮凝效果，限制了其应用。通过改性产品来解决此类问题。

改性的目的是引入某些高电荷离子（如Fe^{3+}、Al^{3+}），以提高电荷的中和能力，如引入磷酸根等以提高配位络合能力，从而改变絮凝效果。一般是在活性硅酸中加入一定量的高价金属离子（如Fe^{3+}、Al^{3+}），使组分带正电荷，通过调节金属离子浓度控制聚合度和电荷密度，强化电中和以及吸附架桥作用。不同阴离子（如SO_4^{2-}、PO_4^{3-}）可通过改变聚合物空间结构或与金属离子形成协同络合物，进一步提升絮凝效果。

（1）聚硅酸硫酸铁絮凝剂（PFSS）

一种新型的无机高分子絮凝剂。对油田稠油采出水的处理具有极强的除油能力。发现聚合的硅酸与金属离子一起可产生良好的混凝效果，由此将金属离子引入聚硅酸中，得到的混凝剂平均分子量可达 2×10^5，使得絮凝效果得到极大的提高。

(2) 聚硅酸铁絮凝剂（PSF）

聚硅酸铁不仅能很好地处理低温、低浊水，而且比硫酸铁的絮凝效果有明显的改善，如用量减少，投料范围变宽，矾花形成时间短，且形态粗大易沉降，可缩短废水在水处理系统中的停留时间等，使得絮凝效果得到提高。

(3) 聚硅酸絮凝剂（PSAA）

由于制备方法简便，原料来源广泛，成本低，是一种新型的无机高分子絮凝剂，对油田稠油采出水的处理具有更强的除油能力，使得絮凝效果得到提高。

(4) 聚磷氯化铝絮凝剂（PPAC）

聚磷氯化铝基于磷酸根对聚合铝的增强聚合作用，在聚合铝中引入适量的磷酸盐，通过磷酸根的增聚作用，聚磷氯化铝会形成一类新的高电荷带磷酸根的多核中间络合物，使得絮凝效果得到提高。

(5) 聚磷氯化铁絮凝剂（PPFC）

聚磷氯化铁中 PO_4^{3-} 高价阴离子与 Fe^{3+} 有较强的亲和力，对 Fe^{3+} 的水解溶液有较大的影响。PPFC 能够参与 Fe^{3+} 的络合反应并在铁原子之间架桥，形成多核络合物。该絮凝剂对水中带负电的硅藻土胶体的电中和及吸附架桥作用增强，同时 PO_4^{3-} 的参与使矾花的体积、密度增加，使得絮凝效果得到提高。

4. 改性多阳离子无机絮凝剂

(1) 聚合硫酸氯化铁铝（PAFCS）

聚合硫酸氯化铁铝絮凝剂在原水和废水处理中，有着比明矾更好的效果。在含油废水中 PAFCS 比聚合氯化铝（PAC）的效果更好，且脱色能力也好。由于絮凝物密度大，絮凝速度快，易过滤，出水率高，其原料均来源于工业废渣，成本较低。

(2) 铝铁共聚复合絮凝剂

铝铁共聚复合絮凝剂也属于这类产品，生产原料氯化铝和氯化铁均是廉价的传统无机絮凝剂，来源广泛，生产工艺简单。铝盐和铁盐的共聚物不同于两种盐的混合物，它更有效地综合了聚合氯化铝（PAC）和聚三氯化铁（$FeCl_3$）的优点，是一种去浊效果增强了的絮凝剂。采用强化絮凝净化法、改善絮凝反应条件、延长慢速絮凝时间等方法可有效降低铝含量，有效避免了无机絮凝剂具有一定的腐蚀性和毒性的不利影响。

(3) 聚铁硅絮凝剂

聚铁硅絮凝剂也属于这类产品，适用于处理生活废水，废水中 COD 去除率达 70%，优于聚合铁，除浊率可达 99%以上，脱色率达 65%～70%，同时可除去废水中的大部分氨氮和磷。

(4) 聚合氯化铝铁絮凝剂

聚合氯化铝铁是在聚合氯化铝中加入了单质铁离子、三氧化铁和其他含铁化合物而制得的一种新型高效絮凝剂，主要用于饮用水以及工业废水的处理。

五、有机高分子絮凝剂

有机高分子絮凝剂是 20 世纪 60 年代后期才发展起来的一类新型废水处理剂。与传统有机絮凝剂相比，它能成倍地提高效能，且价格较低，加上产品质量稳定，有机聚合类絮凝剂的生产已占絮凝剂总产量的 30%～60%。

有机高分子聚丙烯酰胺（PAM）絮凝剂是国内水处理中使用最广泛的絮凝剂，其由一定比例的丙烯酰胺和丙烯酸钠发生共聚反应制得，有一系列的产品，主要分为阴离子型、阳离子型、非离子型和两性离子型。聚丙烯酰胺平均分子量从数千到数千万以上，沿键状分子有若干官能团，在水中可大部分电离，属于高分子电解质。

PAM外观为白色粉末，易溶于水，几乎不溶于苯、乙醚、酯类、丙酮等一般有机溶剂。聚丙烯酰胺水溶液是近乎透明的黏稠液体，属非危险品，无毒、无腐蚀性。固体PAM有吸湿性，吸湿性随离子度的增加而增加。PAM热稳定性好，加热到100℃稳定性良好，但在150℃以上时易分解产生氮气，在分子间发生亚胺化作用而不溶于水。密度1.302mg/L（23℃），玻璃化温度153℃。PAM在应力作用下表现出非牛顿流动性。其中阳离子型、阴离子型的PAM分别适用于带阴、阳电荷的废水或污泥处理；非离子型PAM对阳离子、阴离子都有较好的效果，但处理成本较高。聚丙烯酰胺属于有机高分子聚合物，专门用于处理各种难处理的工业废水及污泥脱水处理。

1. 非离子型有机高分子絮凝剂

非离子型有机高分子絮凝剂主要是聚丙烯酰胺，由丙烯酰胺聚合而得。

2. 阴离子型有机高分子絮凝剂

阴离子型有机高分子絮凝剂由聚丙烯酸、聚丙烯酸钠、聚丙烯酰胺的加碱水解物等聚合物和苯乙烯磺酸盐、木质磺酸盐、丙烯酸、甲基丙烯酸等共聚物组成。

3. 阳离子型有机高分子絮凝剂

季铵化的聚丙烯酰胺阳离子均是将—NH_2经过羟甲基化和季铵化而得，可以分为聚丙烯酰胺阳离子化和阳离子化丙烯酰胺聚合。聚丙烯酰胺（PAM）首先与甲醛水溶液反应，酰胺基部分羟甲基化，其次与仲胺反应，发生烷胺基化，然后与盐酸或氨基化试剂反应使叔胺季铵化。在碱性条件下，先由丙烯酰胺与甲醛水溶液反应，然后与二甲胺反应，冷却后加盐酸季铵化。产物经蒸发浓缩、过滤，得季铵化丙烯酰胺单体。聚丙烯酰胺的阳离子衍生物，这类产品多是由丙烯酰胺与阳离子单体共聚合得到的。

4. 两性聚丙烯酰胺有机高分子聚合物

在水解聚丙烯酰胺中加入适量甲醛和二甲胺，通过曼尼兹反应合成出具有羧基和氨甲基的两性聚丙烯酰胺絮凝剂。丙烯酰胺接枝共聚物，因为淀粉价廉，来源丰富，其本身也是高分子化合物，具有亲水的刚性链，以这种刚性链为骨架，接上柔性的聚丙烯酰胺支链，这种刚柔相济的网状大分子除了保持原聚丙烯酰胺的功能之外，使得絮凝效果得到更大的提高。

六、复合型絮凝剂

复合型絮凝剂按化学成分可以分为无机复合型、有机复合型、有机无机混合复合型。其中无机复合絮凝剂成分较多，主要原料有铝盐、铁盐和硅酸盐。有机无机混合复合型絮凝剂，能够充分利用无机高分子组分吸附处理水中的杂质和悬浮微粒，形成颗粒并逐渐增大；有机高分子组分通过吸附胶体微粒，在其活性基团上产生网捕作用，与其他杂质颗粒一同下沉。无机盐高分子组分的存在，促使污染物表面电荷中和，使得絮凝效果得到极大的提高。具有代表性的聚合氯化铝和聚合硫酸铁等絮凝剂的生产和应用已取得长足的进展。

七、微生物絮凝剂

微生物絮凝剂主要包括利用微生物细胞壁提取物的絮凝剂、利用微生物细胞壁代谢产物的絮凝剂、直接利用微生物细胞的絮凝剂和利用克隆技术所获得的絮凝剂。微生物产生的絮凝剂物质为糖蛋白、黏多糖、蛋白质、纤维素、DNA 等高分子化合物，分子量在 10^5 以上。微生物絮凝剂是利用生物技术，从微生物体或其分泌物中提取、纯化而获得的一种安全、高效且能自然降解的新型水处理剂。由于微生物絮凝剂可以克服无机高分子絮凝剂和合成有机高分子絮凝剂本身固有的缺陷，最终实现无污染排放，因此微生物絮凝剂的研究正成为当今世界絮凝剂研究的重要课题。

由聚丙烯酰胺加入天然高分子材料改性成的透明胶状液体，是具有阴离子、阳离子、非离子特性的有机液态絮凝剂，其特点有：使用后能有效降低 COD、BOD_5、SS；在污泥减量中用量少，可迅速提高泥饼干度，杀灭有害微生物，培养有益微生物；与固体絮凝剂相比，溶解速度快且溶解均匀，利用率高，无二次污染；工艺简单，使用方便，成本低。

絮凝剂通过静电吸附、电中和脱稳、双电层压缩、架桥、网捕等多种作用形式将污染物微粒聚集成密集的大颗粒，在重力作用下沉降，使污染物絮体从水中析出，从而达到废水处理的目的。主要用于生活废水处理、油田废水处理、洗煤废水处理及相应的污泥处理。使用时按照 1∶20 的比例将其兑水稀释成 5％的工作液。一定量的浓缩液可处理 8000～10000 倍体积的废水。

第八节　气浮分离

气浮法是设法在废水中通入或产生大量微细气泡，形成水、气及待脱除物质的三相非均一体系。在界面张力、气浮上浮力和静水压力差的作用下，使气泡和被脱除物质的结合体上浮至水面，实现与水的分离。

一、概述

所谓气浮技术，就是往被处理的水中通入高度分散的大量微气泡，这些微气泡作为载体与水中杂质絮粒相互黏附，形成整体密度小于水的浮体而上浮到水面，由此除去水中的杂质絮粒等。

气浮池（或称气浮、气浮机）主要是运用大量微气泡捕捉吸附细小颗粒胶黏物使之上浮，达到固液分离的目的。采用不同的气浮池，固液分离的效果会不同。这主要取决于气浮溶气系统和释放效能系统。从外形上区分，气浮池可以分为圆形气浮池和长方形气浮池。圆形气浮池采用比较先进的气浮机，运用了浅池理论、零速度原理、微氧化技术和高密度离子气泡技术，改变了水的表面张力，提升了水中的溶解氧浓度，可以吸附水中大量的短链有机物分子和有色基团；长方形气浮池是采用传统的气浮工艺，在水中注入大量气泡，使水中颗粒状悬浮物上浮，由于运行中达不到静态上浮效果，出水稳定性较差。

气浮池已广泛应用于原水浊度低、藻类多、温度低、色度高、溶解氧低的供水净化处理中，同时亦广泛应用于炼油、煤化工等多种行业的废水处理中。

二、气浮主要特点

气浮技术具有回收与分离废水中的有机物、细小悬浮物的特点，该技术本质上是利用气浮设备往水中注入一定量的空气，形成气泡并吸附废水中的活性物质，如分离和回收含油废水中的乳化油和悬浮油等。废水中的各类物质，如藻类、乳化油、金属氧化物、悬浮油、金属离子等，大多都呈现出正电或负电的电极性，仅有极少数的物质具备疏水性，这就无法有效地满足气浮的要求。

因此，在采用气浮技术时，需要注意水中物质的疏水性，或者说要有效实现气浮技术，首先要让水中的各类物质具有良好的疏水性；其次，产生细微气泡，通过气泡的上浮将污染物带到水面形成泡沫，再利用刮油（沫）器将水表面的泡沫刮除。若在水中注入浮选剂或絮凝剂，可让水中的浮选物自动将异性级别的浮选物基团吸附过来，并使极性基团的另一端也就是非极性端朝向水，使得水中的浮选物具有良好的疏水性，就可以达到气浮净水的目的。

三、气浮原理

气浮的工作原理是将废水循环流入溶气罐，在加压状态下，空气过饱和溶解，在气浮池的入口处与加入絮凝剂的原水混合，经加药反应后的废水进入气浮池的混合区，与释放后的溶气水混合接触。由于压力减小，空气释放出来，形成了微小气泡，迅速附着悬浮物，使絮凝体黏附在细微气泡上，然后进入气浮区。絮凝体在气浮力的作用下被提升至气浮池的表面形成浮渣，从而形成了很容易去除的污泥浮层，较重的固体物质沉淀在池底，也被去除。

下层的清水经集水器流至清水池后，一部分回流作溶气水使用，剩余清水通过溢流口流出。气浮池水面上的浮渣积聚到一定厚度以后，由刮沫机刮入气浮机污泥池后排出。

采用气浮技术，要尽量控制好往水中注入浮选剂或絮凝剂的用量，有效地降低气浮净水的成本，另外还要解决浮选物的疏水性问题。

四、气浮工艺流程

① 原水或废水进入混合反应器，在混合反应器中加入药剂（除油剂或混凝剂），以形成可分离的絮凝物。

② 经预处理后的废水进入气浮装置，在进水室与废水和气水混合物中的微小气泡（气泡直径 30～50μm）混合。这些微小气泡黏附在废水中的絮体上，形成密度小于水的气浮体。气浮体上升至水面凝聚成浮油（浮渣），通过刮油（渣）器刮至收油（渣）槽。

③ 在进水室，较重的固体颗粒在此沉淀，通过排砂阀排出，系统定期开启排砂阀以保持进水室清洁。

④ 废水进入气浮装置布水区，快速上升的粒子将浮到水面；上升较慢的粒子在波纹斜板中分离，一旦一个粒子接触到波纹斜板，在浮力的作用下，它能够逆着水流方向上升。

⑤ 所有重的粒子都将下沉，下沉的粒子通过底部刮渣机收集，定期开启排泥阀排出。

五、气浮装置特点

气浮装置主要由气浮池和气浮辅助装置组成，其中气浮池一般由絮凝室、气泡接触室、分离室三部分构成。絮凝室负责完成废水中絮粒的形成与成长；气泡接触室中的微气泡通过黏附、捕集絮粒，在分离室实现带气絮粒与水的分离。气浮辅助装置由压力落气气浮池、压力落气罐以及溶气释放器等构成。气浮装置主要特点如下：

① 气浮池具有预曝气功能，出水和浮渣中含有一定量的氧，有利于后续生化处理或循环使用，泥渣不易腐化。

② 浮渣含水率低，通常≤97%，体积小，有利于污泥的后续处理。

③ 气浮法所需化学药剂投加量比沉淀法少。

④ 气浮效果较好，适用于处理难沉淀分离的低浊藻水。

⑤ 气浮池表面负荷有可能达 $12m^3/(m^2 \cdot h)$，固液分离时间一般小于 30min，而且对混

凝反应要求低、占地少及投资省。

六、气浮法分类

气浮技术与其他固液分离技术及方法相比，具有工艺简单、设备台数少、控制程度高、操作方便及投资省等特点，被广泛应用于给水和工业废水处理。气浮法按常压气浮方式进行分类主要有：溶气气浮法、诱导气浮法、电解气浮法、生物气浮法、化学气浮法等。

1. 溶气气浮法

溶气气浮法主要是利用水在不同的压力下的溶解度差异，在加压或者负压的操作条件下，使气体在水中产生微气泡，进行废水中固体与液体的分离。溶气气浮法根据气泡析出水面时所处的压力状态，又可以分为压力溶气气浮法和真空溶气气浮法两种，其中部分回流式压力溶气气浮工艺就是水处理中常用的一种气浮工艺技术。

2. 诱导气浮法

诱导气浮法是利用机械剪切刀，将混合于水中的空气粉碎成细小气泡，采用微孔、扩散板或微孔竹直接向气浮池通入压缩空气或采用水泵吸水管吸气、水力喷射器、叶轮等向水中充气，可分为扩散板曝气气浮、水泵吸水管吸气气浮、射流气浮、叶轮气浮等。

3. 电解气浮法

电解气浮法是用不溶性阳极和阴极直接电解废水，在水中设置正、负电极，当加上一定电流后，废水则被电解出 H_2、O_2 等微小气泡。靠电解产生的 H_2 和 O_2 微小气泡将已絮凝的悬浮物浮载至水面，这些微小气泡浮载能力大。电解法产生的气泡尺寸小于溶气气浮和散气气浮产生的气泡尺寸，而且不产生紊流。它将吸附水中微小悬浮物并上浮加以去除，以达到净水的目的。

4. 生物气浮法

生物气浮法是利用微生物的作用产生气体，与水中的悬浮絮体充分接触，使水中悬浮絮体黏附在微气泡上，随气泡一起浮到水面，形成浮渣并刮去，以达到净水的目的。

5. 化学气浮法

化学气浮法是利用某些化合物在废水中产生气体的反应原理，生成的气体在释放过程中形成微小气泡，吸附在固体颗粒表面，使固体颗粒向液面上浮，从而实现固液分离。

6. 涡凹气浮法

涡凹气浮法是使用涡凹曝气机，利用空气输送管底部散气叶轮的高速转动在水中形成一个真空区，液面上的空气通过曝气机输入水中，填补真空，微气泡随之产生并螺旋形地上升到水面，空气中的氧气也随之溶入水中。水中悬浮絮体黏附在微气泡上，随气泡一起浮到水面，从而实现固液分离。

7. 三级离心旋流气浮法

三级离心旋流气浮法是利用切向进水，依靠进水速度产生离心力，由于油、水、悬浮物的密度不同，在离心力的作用下，先把它们在径向分开。容器中加入了溶解气，在压力作用下，溶解气的气泡直径比常压气浮中的直径要小，气泡更易与油和悬浮物黏合，在气浮上升的过程中不易出现滑脱，所以气浮效果要比常压气浮法好。

油和悬浮物在气泡的作用下，随气泡一起上浮到容器顶部，从容器顶部排污口把气、油、悬浮物排出；而水向容器下部运动，在运动过程中，仍有碰聚结气浮发生，到达底部的水质逐渐变好。第一级出来的水进入第二级离心浮选，顶部排油、排悬浮物、排气。下部出水进入第三级离心浮选，第三级作用同前，第三级出水能满足油含量≤10mg/L，悬浮物含量≤10mg/L。

在蒸发结晶系统预处理中，采用三级离心旋流气浮技术对原水进行除油、除悬浮物后，效果明显，可延长设备清洗周期，蒸发系统雾沫夹带现象得到治理，产水量得到提高。

三级离心旋流气浮法主要特点：

① 处理能力大，浮选效率高。

② 除油、除悬浮物效果好。采用高效的浮选剂，油及悬浮物可降到10mg/L以下。

③采用PLC（可编程逻辑控制器）控制，可实时监测进出水情况并自动调整加药量。

④结构紧凑，设备体积小，占地面积不足传统气浮设备的1/4。

⑤运行费用低，加药费用少，机泵功率低，综合运行费用低于传统气浮设备。

⑥设备投资成本低。由于三级离心气浮设备体积小、效率高、处理量大，因此投资成本较传统气浮设备降低1/3以上。

七、影响气浮性能的主要因素

气浮技术在使用过程中会有很多因素对气浮效率产生影响，如：

① 气泡大小。气泡面积越大，对水中浮选物的吸附效果就越好。影响气泡面积的要素有：废水的表面张力、与废水的接触时间、注入废水的气流速度、注入气流设备孔径大小、废水的密度以及黏滞性等。气泡的稳定性与可排性是水中浮选物分离的关键，气泡稳定性越好，气浮净化的效率就越高；

② 废水表面泡沫可排性。一般可排性越高，气浮效率就越高。对泡沫可排性有直接影响的要素有水表面的张力、气泡的大小、废水的黏滞度等。归纳起来，影响气浮法的主要因素有：温度、溶气压力、空气注入量、搅拌强度、絮凝时间、气流速率、絮体颗粒大小、微气泡大小、搅拌强度、浮选剂等。

1. 温度

温度能影响气浮体系的物化性质，如溶解度、泡沫稳定性、吸附性等。温度对气浮的影响与气浮种类有关。对溶剂气浮法，吸附是放热过程，分离效率随温度升高而降低，当温度降低时，浮选物在气泡上的吸附增加，分离效率提高；对沉淀气浮法，温度升高有利于粒子长大，却增大沉淀的溶解度，降低泡沫的稳定性，不利于沉淀气浮过程；对离子气浮法，由于温度的改变，对不同体系会产生相反的效果。在物理吸附占优势时，由于吸附过程放热，吸附效率随温度升高而降低；在化学吸附占优势时，分离效率随温度升高而升高。

2. 溶气压力

在气浮工艺中，选择溶气压力范围在0.3～0.44MPa是比较合理的，这是因为，溶气压力越高，空气在水中的溶解度越大，形成的气泡就小而均匀，小而均匀的气泡与污染物黏附的机会就越多，有利于气浮效果的提高。

3. 空气注入量

对于溶气气浮法，高压使空气溶解于水中，通过减压使溶解在水中的空气释放而产生气泡。一般认为气浮的进气量稍大于空气在水中的溶解度，因此使空气在水中处于过饱和状态是合适的。当气体的进气量过小时，产生气泡量不够，对气浮不利；当气体的进气量过大时也不好，在溶气罐中有大量未溶解的气体，降压释放时，这部分未溶解的气体会产生大气泡扰乱气浮系统，降低气浮效果。气浮工艺需要多少气泡跟原水浊度有关，浊度越高，需要的气泡越多，进气量就应该增加。

4. 搅拌强度

气浮工艺不需要较大尺寸的絮体颗粒，可以适当提高反应的搅拌强度（提高 G 值），不少试验已经证实。

5. 絮凝时间

气浮工艺停留时间比较短，早期对气浮絮凝采用的时间与沉淀法相同，采用 45min。然而，研究表明 15～20min 的絮凝时间已足够。一些煤化工废水采用分级絮凝，时间控制在 20min 内。在一些中试装置中采用 5min 的絮凝时间也得到了较好的出水效果。

6. 气流速率

气流速率是影响气浮过程的一个重要因素。在离子气浮和溶剂气浮过程中，需要使用孔径较小的布气板。在较低的气流速率下，分离效率随着气流速度增加而增大。在较高的气流速率下，分离效率与气流速率并不成比例。这是因为气泡的直径随着气流速度的增加而增大，致使单位体积气体的气液界面面积降低，同时大气泡因为有了更高的上浮速率而减少了气泡在水中的停留时间，因此在保证气泡尺寸的情况下，提高气流速率对气浮有利。

7. 絮体颗粒大小

气浮和沉淀技术对絮体颗粒大小有一定的要求，一般认为絮体颗粒为 400～1000μm 时，气浮效果最佳。但近期研究表明，当絮体颗粒尺寸与微气泡的尺寸接近时二者的黏附效率最大，在气浮法中，气泡直径最好在 10～100μm 的范围内，黏附效率达到理想值。

8. 微气泡大小

气浮技术中的气泡尺寸最好在 10～100μm 的范围内，太小的气泡对气浮不利，而气泡数量也并非越多越好。当水中的悬浮物浓度一定时，气泡越小，则水中絮体上浮所需要的气泡数量就越多，气泡跟絮体黏结的难度就增加了。另外，气泡越小，需要供气系统提供的压力就越大，能耗就越高。当浮渣含有过多的微气泡时，浮渣的处理难度也加大了，而浮渣的处理一直是气浮工艺中较难解决的问题，且成本高。研究表明，气泡大小在 40μm 时气浮效果较好。

9. 浮选剂

气浮法在处理含油废水的效果方面，受投加药剂的影响很大，有时起决定性的作用。采用气浮助剂、混凝剂和发泡剂等可以提高气浮法处理油田采出水的效率。一般来说，疏水性组分易被气泡黏附而容易气浮，亲水性组分则不容易气浮。为使废水中的亲水性悬浮物气浮出来，在废水处理过程中需投加浮选剂来改变悬浮物颗粒表面的润湿性，使其易于黏附在气泡上浮选出来。为了提高气浮的除油效率，气浮之前还需加入混凝剂、破乳剂等，以便于气泡黏附絮体。

第九节　废水预处理在煤化工中的应用

本节以某煤化工项目含油废水预处理为例进行介绍。

该煤化工项目含油废水去除浮油及悬浮物采用除油-气浮-AO-膜池的处理工艺，即预处理为除油+气浮法，生物处理为AO法+生物膜池法。该组合工艺能够有效处理煤化工含油废水，出水达到循环水的回用水补水指标。COD平均去除率达到96.9%，氨氮（NH_3-N）平均去除率达到99%，总氮（TN）平均去除率达到72%。出水油质量浓度在1mg/L以下，硫化物质量浓度在0.2mg/L以下。

（1）废水来源与水质

废水来源为煤制油项目含油废水。废水量为300m^3/h。设两股含油废水进入水调节罐，含油废水进水水质及设计进水水质见表4-3。

表4-3 含油废水进水水质及设计进水水质

项目	调节罐1	调节罐2	平均值	设计值
pH值	8.4～11.1	8.8～10.7	9.75	6～9
油/(mg/L)	5.74～198.43	7.87～344.59	49.88	≤500
COD/(mg/L)	145～1234	236～1263	447.7	≤800
NH_3-N/(mg/L)	5.3～55.18	13.05～47.59	25.71	≤50
TN/(mg/L)	10.7～65.26	15.06～58.97	38.65	≤80
硫化物/(mg/L)	0.05～31.28	0.03～46.93	4.01	≤20
温度/℃	20～35	20～35	30	≤40
悬浮物/(mg/L)	55～157	60～148	85	≤200
挥发酚/(mg/L)	16～57	22～66	27	≤30

（2）工艺流程

含油废水预处理及生化处理工艺流程见图4-1。

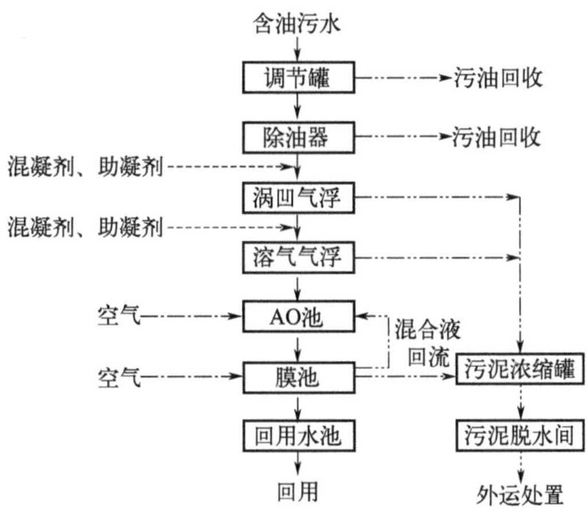

图4-1 含油废水预处理及生化处理工艺流程示意图

（3）主要装置配置

① 调节罐 设调节罐2个，单罐容积5000m^3；调节罐中设收油器和刮泥机。主要功能是在调节水量、水质的同时去除废水中的部分浮油和悬浮物。

② 除油器 采用卧式除油器，主要功能是进一步去除浮油。除油器选用2台，单台处理能力150m^3/h，外形尺寸2.4m×5.8m。

③ 气浮装置 气浮装置包括涡凹气浮装置和溶气气浮装置。主要功能是去除油和悬浮

物，确保后续生化工艺的进水水质稳定。涡凹气浮装置单台处理能力 150m^3/h，外形尺寸 4m×10m×2.5m；溶气气浮装置单台处理能力 150m^3/h，外形尺寸 4m×12m×2.5m。

④ AO 池及膜池　AO 池设 1 座，共 2 列；按浸没式 MBR 工艺设计，将膜池与生化池合建。回流和剩余污泥排放均设在膜池内。MBR 膜采用 PVDF（聚偏二氟乙烯）材质的进口中空纤维膜。膜池运行采用出水＋反洗的方式，池体尺寸 40m×30m×6.5m。主要工艺参数：膜面积 15000m^2，污泥质量浓度 6000mg/L，混合液回流比 250%，污泥龄 30d，曝气风量 110m^3/min（包括膜吹扫），生化池采用微孔曝气，膜区采用穿孔管曝气。

⑤ 污泥、油泥处理系统　污泥、油泥处理系统包括污泥浓缩和脱水系统。污泥浓缩采用重力浓缩方式，设污泥浓缩罐 2 个，单个容积 200m^3；脱水采用离心脱水机，选用 1 台卧式离心脱水机，处理能力 10m^3/h，脱水后污泥含水率小于 75%。

⑥ 加药装置　加药装置包括碱投加装置 1 套，碱储罐容积 30m^3；磷投加装置 2 套，每套容积 10m^3；PAC 投加装置 2 套，每套容积 6m^3；PAM 投加装置 1 套，容积 1500 L。碱、磷投加位置为生化处理单元，PAC 和 PAM 投加位置为气浮装置。

（4）出水水质设计要求指标

含油废水经预处理及生化处理后，出水回用作为循环水的补充水。设计的含油废水循环水回用补水水质要求见表 4-4。

表 4-4　含油废水循环水回用补水水质要求

项目	设计值	项目	设计值
pH 值	6.5～9	NH_3-N/(mg/L)	≤10
石油类/(mg/L)	≤1	TN/(mg/L)	≤20
COD/(mg/L)	≤50	浊度/NTU	≤1
BOD_5/(mg/L)	≤10	溶解性总固体/(mg/L)	≤200

（5）COD 去除情况

运行期间进水 COD 268.5～1080mg/L，平均 447.7mg/L；出水 COD 3～55mg/L，平均 14mg/L，COD 的平均去除率为 96.9%。

（6）NH_3-N 去除情况

运行期间进水 NH_3-N 为 12.74～51.38mg/L，平均 25.71mg/L；出水 NH_3-N 为 0.05～1.2mg/L，平均 0.25mg/L，NH_3-N 的平均去除率为 99%。

（7）TN 去除情况

运行期间进水 TN 为 22.44～62.11mg/L，平均 38.65mg/L；出水 TN 为 5.12～19.79mg/L，平均 10.79mg/L，TN 的平均去除率为 72%。

（8）去除油质量浓度

运行期间进水油质量浓度为 5.74～344.59mg/L，平均 49.88mg/L；出水油质量浓度在 1.0mg/L 以下，平均去除率为 99.5%。

第五章

生物活性污泥法工艺

经前述预处理后的煤化工废水进入生化处理单元。生物处理按照微生物存在方式分为生物活性污泥法和生物膜法两大类。本章重点介绍生物活性污泥法去除煤化工废水中有机污染物的基本原理、运行方式、主要性能、关键设备参数和工艺流程，重点突出以生物活性污泥法为核心的各类好氧、厌氧以及好氧与厌氧组合工艺的技术特征和特点、性能参数选择和方案比较。这些生物处理工艺技术能有效将废水中的溶解态和胶体态可生物降解有机物以及被活性污泥所吸附的悬浮固体和其他物质去除，使水质净化达标后去后续处理单元。

第一节　概述

活性污泥是一种具有很强的吸附、分解能力的絮凝体。由于在煤化工废水或生活废水中的活性污泥中生活着一群微生物，它们“吃掉”了废水中的各种污染物，才使得被污染的工业废水或生活废水恢复到洁净的状态。由此可知，微生物是活性污泥的重要组成部分。活性污泥中除了微生物外，还有微生物代谢产生的残留物，以及吸附在微生物上的有机物和无机物等。平常看到的煤化工曝气池中的混合液就是活性污泥在煤化工废水处理中的形态。

活性污泥生物法最早是由英国的克拉克（Clark）和盖奇（Gage）在 1912 年于曼彻斯特的劳伦斯废水试验站发现的。该法对被处理废水进行长时间的曝气后会产生污泥，同时废水水质得到明显的改善。这种具有活性的污泥对废水生物修复过程发挥了极为重要的作用，研究表明活性污泥法既能将废水中的溶解性胶体状可生化有机物，以及被活性污泥吸附的悬浮固体和其他一些物质去除，也能将废水中的一部分磷素和氮素去除，由此揭开了活性污泥法百年经典的序幕。

1916 年，依据该工艺原理建成了第一个活性污泥法废水处理厂，主要用于生活废水的处理。在显微镜下观察这些褐色的絮状污泥，可以看见大量的细菌，还有真菌、原生动物和后生动物，它们组成了一个特有的生态系统。正是这些微生物以废水中有机物为食料，进行代谢和繁殖，才降低了废水中有机物的含量。

活性污泥法起初关注的是对废水中有机物的去除，但随着对活性污泥法研究的不断深入以及水体富营养化问题的凸显，从最早的充-排式工艺到改进后的推流式连续进水工艺，解决了系统操作烦琐、易于堵塞的缺陷，其应用范围也从一般生活废水的处理，延伸到工业废水处理以及现在大量煤化工废水的处理。活性污泥法的各种工艺的出现是一个不断探索、不断改进、不断优化的过程，从渐曝气活性污泥法（tapered aerobic activated sludge，TAAS）

到阶段曝气法（step-feed activated sludge，SFAS），分别从曝气方式和进水方式上解决了推流式反应器中污泥耗氧速度随池长变化导致的供氧不平衡问题。而完全混合式活性污泥法的提出，则是通过改变活性污泥微生物群的生存方式，使其适应曝气池中基质浓度的梯度变化，从而有效地解决了污泥膨胀的问题。

活性污泥法除了脱除废水中的有机物外，脱氮除磷工艺也经历了一个长期的变革。从美国的 Barth 提出采用三段法除氮，到 Barnard 提出的 AO 法工艺，再到 20 世纪 70 年代进一步优化的 A^2O 工艺，活性污泥法已逐步走向成熟。迄今为止，基于活性污泥法的各种新工艺已在全世界各类废水处理厂中投入运行，包括进一步除磷、硝化-反硝化、厌氧氨氧化以及剩余污泥的厌氧消化等工艺。

第二节　活性污泥法原理及净化过程

一、基本原理

活性污泥法是将生活废水、工业废水或煤化工废水等与活性污泥（微生物）混合并均匀搅拌，再通过一定形式的曝气过程，持续不断地向混合废水（即回流活性污泥废水与待处理废水）中注入新鲜空气，以使废水中有足够的溶解氧，有利于溶解氧与混合废水中的有机物进行生化反应，并达到一定的平衡。经过一段时间后，便在废水中形成一种絮凝体，然后进行凝聚和沉淀，沉淀下来的污泥具有活性，称之为活性污泥。这种活性污泥是由大量繁殖的微生物构成的，使废水中的有机污染物持续分解或发生生化反应，易于沉淀。由此使得生物固体从废水中得到分离，废水水质得到改善和澄清。并可根据生物过程的需要，将部分污泥废水回流到曝气池中循环利用。

活性污泥法本质上是进行生化反应，以悬浮在被处理废水中的活性污泥为载体，创造对微生物生长有利的环境条件，使得活性污泥中的微生物与被处理废水中可生化有机物充分接触进行生化反应，促进废水中有机污染物的去除，实现废水水质澄清和净化的目的。

活性污泥法所需的主要构筑物或反应器是曝气池和二次沉淀池。将工业废水或煤化工废水与回流活性污泥一起导入曝气池进行混合和搅拌，形成悬浮混合液，沿曝气池注入一定量的压缩空气进行曝气，并提供给混合液足够的溶解氧。这些废水中的有机物与活性污泥中的好氧微生物进行生化分解反应，然后混合液进入二沉池，活性污泥与被处理废水在此进行澄清和分离，部分活性污泥回到曝气池，继续进行废水的生化过程，澄清的净水排出回用。由于处理过程中活性污泥会不断增加，将增加的剩余污泥从系统中排出，以维持系统的平衡和稳定。

二、净化过程

采用活性污泥法净化被处理废水的过程可以分为三个阶段：吸附阶段、氧化阶段和沉淀阶段。

1. 吸附阶段

当被处理废水与活性污泥接触后，微生物在较短的时间内将废水中的有机污染物浓度迅速降低，这时主要是吸附发挥作用。由于絮状活性污泥表面积很大，具有多糖类黏液层，有利于吸附发生，有机污染物被活性污泥颗粒吸附在菌胶团的表面上，同时大分子有机物在细菌胞外酶作用下被分解为小分子有机物，这个阶段发生的吸附作用是非常迅速的。

2. 氧化阶段

当吸附完成后，在氧气充足的条件下，微生物与吸附在菌胶团表面上的有机污染物进行生物氧化反应，生成二氧化碳和水，其中一部分供自身增殖繁衍用。活性污泥生物反应进行的结果，使得废水中有机污染物得到降解而去除，活性污泥自身得以繁衍生长，废水则得以净化。在这个阶段，氧化过程比吸附过程要慢得多。

3. 沉淀阶段

当氧化过程完成后，氧化合成的菌类有机体形成絮凝体并凝聚，再通过重力作用沉淀出来，使水净化。

第三节　活性污泥组成及性能指标

一、活性污泥组成

活性污泥通常为黄褐色（有时呈铁红色）絮绒状颗粒，也称为“菌胶团”或“生物絮凝体”。活性污泥中有机成分主要由生长在活性污泥中的微生物组成，这些微生物群体构成了一个相对稳定的生态系统。其中以各种细菌及原生动物为主，也存在异氧菌、腐生性真菌、酵母菌、真菌、放线菌以及轮虫等。

性能良好的活性污泥外观呈黄褐色，粒径 0.02～0.2mm，比表面积 20～100 cm^2/mL，含水率在 99%以上，相对密度 1.002～1.006，SV＝15%～30%，SVI＝50～150。

在活性污泥上还吸附着被处理废水中所含有的有机和无机固体物质，特别是有些难降解的煤化工废水中存在某些惰性的难以被细菌降解的物质，导致活性污泥中复杂的微生物与被处理废水中的有机营养物形成了复杂的食物链。

通常情况下，活性污泥由有机物及无机物两部分组成，因污泥性质的不同而异。如生活废水处理系统中的活性污泥，有机成分占 75%～85%，无机成分仅占 15%～25%。而煤化工废水来源复杂，成分多元，如煤气化废水进入生物处理过程的有机成分占比在 85%～95%。

在工业生产或煤化工生产过程中，采用过量的表面活性剂和油脂类，pH 值过低或过高，盐含量过高或变化过大，水温过高或过低，含高致毒性物质，过度曝气，混合液缺氧，反硝化产生氮气，回流量过大，二沉池积泥过多，丝状菌过量生长，这些均会使得活性污泥上浮和老化。当好氧系统高负荷运行时，混合液中有机物充足，微生物的合成及分解代谢旺盛，导致污泥产量过大，新生的污泥絮体沉降性能差，上清液中富含游离的细菌，导致出水浑浊；当好氧系统低负荷运行时，微生物的合成代谢占主导地位，氧也就被用以进行内源呼吸，由此污泥的老化现象就发生了。污泥老化在被处理废水进行生化反应过程中是要尽量避免的，从表面观察时，主要是活性污泥色泽深暗，生物絮凝能力变差。在好氧池池面会出现生物泡沫累积的现象，上清液中会残留难以沉降的细小活性污泥絮体，从而使出水浑浊，有时二沉池中会有一层稀薄的浮泥，也会影响出水质量。

表征活性污泥性能的指标主要包括：混合液悬浮固体（MLSS），污泥沉降比（SV），污泥指数［污泥容积指数（SVI）］，污泥密度指数（SDI）。

二、混合液悬浮固体浓度

混合液悬浮固体浓度（mixed liquor suspended solids，MLSS），又称为混合液污泥浓度，单位是 mg/L，表示在曝气池单位容积混合液内所含的活性污泥固体的总重量，即：

$$\mathrm{MLSS}=M_a+M_e+M_i+M_{ii}$$

式中 M_a——具有代谢功能活性的微生物群体的浓度，mg/L；

M_e——微生物（主要是细菌）内源代谢、自身氧化的残留物的浓度，mg/L；

M_i——由原废水挟入的难为细菌降解的惰性有机物质的浓度，mg/L；

M_{ii}——由原废水挟入的无机物质的浓度，mg/L。

MLSS 的表示单位可为 mg/L 混合液，或 g/L 混合液，或 g/m^3 混合液，或 kg/m^3 混合液。

MLSS 是具有活性的微生物（M_a）、微生物自身氧化的残留物（M_e）、吸附在污泥上不能被生物降解的有机物（M_i）以及无机物（M_{ii}）这四者的总量。它近似地表示曝气池中活性微生物的浓度，是运行管理中的一个重要参数。

MLSS 是计量曝气池中活性污泥数量的指标，由于测定简便，往往以它作为粗略计量活性污泥微生物量的指标。在推动流曝气中 MLSS 一般为 1000～4000mg/L，在合建的完全混合曝气池中 MLSS 超过 8000mg/L。这是因为 MLSS 过高，会妨碍充氧，也使它难以在二沉池中沉降。

三、混合液挥发性悬浮固体浓度

混合液挥发性悬浮固体浓度（mixed liquor volatile suspended solids，MLVSS）是指混合液活性污泥中有机性固体物质的浓度。它不包括无机物，但包括非活性的难被微生物降解的有机物质。因此，它所表示的仍然是活性污泥的相对数值。

MLVSS 通常用 600℃下的烧灼减量来测定，由此认为能较 MLSS 更确切地代表活性污泥微生物的数量。不过 MLVSS 中还包括非活性的不能降解的有机物，也不是计量 MLSS 最理想的指标。

$$\mathrm{MLVSS}=M_a+M_e+M_i$$

MLVSS 与 MLSS 的比值以 f 表示，即：

$$f=\mathrm{MLVSS}/\mathrm{MLSS}$$

在一般情况下，f 值比较固定，生活污水的 f 值为 0.75 左右。以生活废水为主的城市废水也同此值。

以上两项指标都不能精确地表示活性污泥微生物量，仅表示活性污泥的相对值，但因其测定简便易行，广泛应用于活性污泥处理系统的设计、运行中。

四、污泥沉降比

污泥沉降比（settling velocity，SV），又称沉降率。SV 是指曝气池中的混合液在 1000mL 的量筒中，静置 30min 后，沉降污泥与混合液的体积之比，一般用 SV_{30} 表示。

SV_{30} 是衡量活性污泥沉降性能和浓缩性能的一个指标。对于某种浓度的活性污泥，SV_{30} 越小，说明其沉降性能和浓缩性能越好。正常的活性污泥其 MLSS 浓度为 1500～4000mg/L，SV_{30} 一般在 15%～30%的范围内。

五、污泥容积指数

污泥容积指数（sludge volume index，SVI），简称污泥指数，是指曝气池混合液经30min沉淀后，相应的1g干污泥所占的容积（以mL计），单位mL/g。

污泥容积指数的计算式为：SVI＝混合液30min静沉后污泥体积（mL）/污泥干重（g）；或SVI＝1L混合液30min静置沉淀形成的活性污泥体积（mL）/1L混合液中悬浮固体干重＝SV_{30}/MLSS。

SVI值能较好地反映出活性污泥的松散程度和凝聚沉降性能，性能良好的活性污泥SVI常在50～300之间。

SVI值过低的污泥，说明污泥活性不够，可能是水体中营养元素缺失导致的。

SVI值过高的污泥，说明可能会发生污泥膨胀，可通过停止曝气让污泥沉降，缺氧或厌氧硝化能起到很好的作用。如因丝状菌过度繁殖所致，则应投加相应的消毒剂，必要时要抽干好氧池，重新培养好氧污泥。

一般情况下，SVI过低说明污泥颗粒小，缺乏活性；SVI过高说明污泥沉降性能差，即将或已经发生污泥膨胀。

活性污泥SVI值异常原因分析见表5-1。

表5-1 活性污泥SVI值异常原因分析

序号	异常现象	原因	主要因素	措施
1	SVI异常高	原废水水质变化	1. 水温降低； 2. pH值下降； 3. 低分子溶解性有机物进入； 4. N、P不足； 5. 腐败废水大量流入； 6. 消化池上清液流入； 7. 原废水SS浓度太低； 8. 有害物质流入	1. 降低污泥负荷； 2. 调整pH，加碱； 3. 降低负荷； 4. 投加氨水、硫胺、尿素、磷酸盐； 5. 降低负荷； 6. 减少流入量； 7. 缩短初沉池停留时间； 8. 去除抑制物
2		曝气池管理不善	1. 有机负荷过高或过低； 2. 溶解氧不足	1. 增加供气量； 2. 短时间闷曝气
3		二沉池管理不善	活性污泥在二沉池中停留时间过长	1. 缩短停留时间； 2. 加大回流量
4	SVI异常低	原废水水质变化	1. 水温上升； 2. 土、砂石等流入	1. 控制进水温度； 2. 控制土、砂石流入
5		曝气池管理不善	有机负荷过低	调节有机物负荷

曝气池混合液SVI升高原因分析见图5-1。

六、 SVI_{30}与SV_{30}的关系

$SVI_{30}=SV_{30}/MLSS\times1000$。沉降比SV与污泥的浓度有关，沉降性能相同的污泥，当MLSS较大时，SV也较大；当曝气池中混合液MLSS变化较大时，SV值就无法与历史数据比较，反映的污泥情况失真。测量SV或SVI的目的是反映污泥在二沉池内的沉降浓缩状况。

SVI既是衡量污泥沉降性能的指标，也是衡量污泥吸附性能的指标。通常SVI值越大，沉降性能越差，但吸附性能越好；反之，SVI值越小，沉降性能越好，而吸附性能越差。

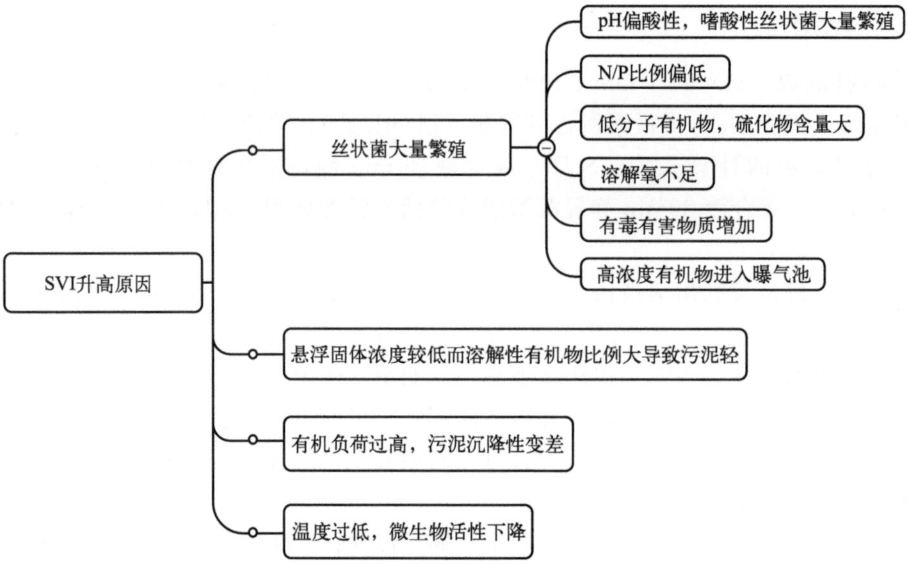

图 5-1 曝气池混合液 SVI 升高原因分析

在传统活性污泥工艺中，一般认为，SVI 值在 100 左右综合效果最好，太大或太小都不利于出水质量的提高。

七、污泥龄或平均细胞停留时间

污泥龄（sludge retention time，SRT）是指在反应系统内，微生物从生成到排出系统的平均停留时间，即反应系统内的微生物全部更新一次所需的时间。从工程角度说，在稳定条件下，就是曝气池中工作着的活性污泥总量与每日排放的剩余污泥数量的比值，一般用 SRT 表示。

$$\text{SRT}=\text{活性污泥系统中的活性污泥总量}/\text{每天从系统内排出的活性污泥量}$$
$$=(M_a+M_c+M_r)/(M_w+M_e)$$

式中 M_a——曝气池中的活性污泥量；
M_c——二沉池的污泥量；
M_r——回流系统的污泥量；
M_w——每天排放的剩余污泥量；
M_e——二沉池出水每天带走的污泥量。

八、污泥龄及污泥负荷计算

1. 污泥龄计算（简化计算法）

污泥龄可以按下式计算：

污泥龄 SRT=曝气池内 MLSS 数量（MLSS×池积）/剩余污泥中固体量（排放量×排泥浓度）。

污泥龄的单位是 d。在运行平稳时，可理解为活性污泥在曝气池中的平均停留时间。一般曝气池系统的污泥龄为 5～6d。当要达到硝化阶段时，污泥龄需达 8～12d 或更高。污泥龄和污泥负荷有相反的关系，污泥龄长，负荷低，反之亦然，但并不成绝对的反比例函数关系。如已知条件如下：

① 进水的 $COD/BOD_5 \approx 2$，$TKN/BOD_5 \leqslant 0.25$。

② 出水达到废水排放的规范要求；对于具有硝化和反硝化功能的废水处理过程，其反硝化部分的大小主要取决于希望达到的脱氮效果。

③ 曝气池进水中的硝酸盐氮 NO_3^--N 和 BOD_5 的比值。

④ 曝气池进水中易降解 BOD_5 占的比例。

⑤ 污泥龄 t_s。

⑥ 曝气池中的悬浮固体浓度 X。

⑦ 废水温度。

由氮平衡计算 N_{DN}/BOD_5：$N_{DN}=TKN_i-N_{oe}-N_{me}-N_s$

式中 TKN_i——进水总凯氏氮，mg/L；

N_{oe}——出水中有机氮，一般取 1～2mg/L；

N_{me}——出水中无机氮之和，包括氨氮、硝酸盐氮和亚硝酸盐氮，是排放控制值，按德国标准控制在 18mg/L 以下，则设计时取 $0.67\times18=12$(mg/L)；

N_s——剩余污泥排出的氮，等于进水 BOD_5 的 0.05 倍，mg/L。

由此可计算 N_{DN}/BOD_5 之值，然后查表得 V_{DN}/V_T［V_{DN}/V_T 为反硝化能力，以 kg N_{DN}/kg BOD_5 计（$t=10$℃）］。晴天和一般情况下反硝化能力设计参考值见表 5-2。

表 5-2 晴天和一般情况下反硝化能力设计参考值

序号	反硝化能力	前置	周步
1	0.20	0.70	0.05
2	0.30	0.10	0.08
3	0.40	0.12	0.11
4	0.50	0.14	0.14

2. 污泥龄计算（精确计算法）

污泥龄 t_s 是活性污泥在曝气池中的平均停留时间，即：

t_s=曝气池中的活性污泥量/每天从曝气池系统排出的剩余污泥量

$$t_s=(XV_T)/(Q_sX_R+QX_E)$$

式中 t_s——泥龄，d；

X——曝气池中的活性污泥浓度，即 MLSS，kg/m^3；

V_T——曝气池总体积，m^3；

Q_s——每天排出的剩余污泥体积，m^3/d；

X_R——剩余污泥浓度，kg/m^3；

Q——设计污水流量，m^3/d；

X_E——二沉池出水的悬浮固体浓度，kg/m^3。

3. 剩余污泥计算

污泥比产率： $Y=Y_{BOD_5}+Y_P$

式中 Y——污泥产率，kg 干固体/kg BOD_5；

Y_{BOD_5}——剩余污泥产率，kg 干固体/kg BOD_5；

Y_P——同步沉淀的化学污泥产率（当未投加化学混凝剂除磷时无此项），kg 干固体/kg BOD_5。

剩余污泥产率 Y_{BOD_5} 与污泥龄、进水 SS 和 BOD_5 的比例、温度等有关，为 0.52～1.22kg 干固体/kg BOD_5。

4. 回流比计算

内循环回流比 $R_1=Q_{R_1}/Q$，外循环回流比 $R_2=Q_{R_2}/Q$，总回流比 $R=R_1+R_2$。

在前置反硝化工艺中，硝酸盐氮通过内循环和外循环回流进入反硝化区。只要回流的硝酸盐氮不超过表 5-2 中的反硝化能力，则可能达到最大的反硝化程度。因此，可根据反硝化率 E_{DN} 计算所需的最小回流比。

$$E_{DN}=N_{DN}/(N_{DN}+N_{ne})$$

式中 N_{DN}——进水中的氨氮浓度，mg/L；

N_{ne}——出水中的硝酸盐氮浓度，mg/L。

所需的最小回流比：

$$R=1/(1-E_{DN})-1$$

式中 E_{DN}——反硝化率；

N_{ne}——出水硝酸盐氮含量，mg/L；

一般在前置反硝化工艺中，回流比取 2.0。若希望进一步提高反硝化率，可继续提高回流比。但必须注意，最大回流比为 4.0，且回流比较高时存在将过多的溶解氧带入反硝化区的危险。为了减少循环回流中的溶解氧，可在曝气池末端设置隔离区域，减少该区中的曝气量。

5. 污泥负荷（*F/M*）计算

污泥负荷（F/M）是指曝气池内单位重量的活性污泥，在单位时间内要保证一定的处理效果所能承受的有机物量，单位通常以 kg BOD_5/(kg MLVSS·d) 表示。通常用 F/M 表示有机负荷，F（feed）代表食料，即进入系统中的食物量；M 代表活性微生物量，即曝气过程中的挥发性固体量。

在污泥增长的不同阶段，污泥负荷各不相同，净化效果也不一样，因此污泥负荷是活性污泥法设计和运行的主要参数。通常污泥负荷在 0.3～0.5kg BOD_5/(kg MLVSS·d) 范围内时，BOD_5 去除率可达 90%以上，SVI 为 80～150，污泥的吸附性能和沉淀性能都较好。

污泥负荷实质上是供给单位质量活性污泥营养的多少。污泥负荷过大，活性污泥增长速率、有机物去除速率和氧的利用速率均高，处理系统出水不易合格，同时由于微生物活力强，污泥不易凝聚沉降，与水的分离效果不好。污泥负荷过小，则反之。

（1）污泥负荷计算公式

$$N_s=F/M=QS/(VX)$$

式中 N_s——污泥负荷，kg COD（BOD_5）/(kg 污泥·d)；

Q——每天进水量，m^3/d；

S——COD（BOD_5）浓度，mg/L；

V——曝气池有效容积，m^3；

X——污泥浓度，mg/L。

(2) 曝气池容积负荷计算公式

曝气池单位容积每天负担的 BOD_5 量称为容积负荷 kg BOD_5/(m^3 · d)。容积负荷表示了建造该曝气池的经济性。容积负荷与混合液浓度及污泥负荷有如下关系：

$$V = X \times BOD_5$$

式中，X 即 MLSS。

(3) BOD_5 污泥去除负荷计算公式

BOD_5 污泥去除负荷用 N_{rs} 表示，指曝气池内单位质量（kg）活性污泥（MLVSS），单位时间内（1d），通过活性污泥微生物作用，废水中被降解、去除的有机物量。按下式计算：

$$N_{rs} = [Q(S_a - S_e)]/(X_v V) \qquad [\text{kg BOD}_5/(\text{kg MLVSS} \cdot \text{d})]$$

式中　Q——废水流量，m^3/d；

S_a——经预处理技术后，进入曝气池的废水中含有的有机污染物（BOD_5）量，kg/m^3；

S_e——经活性污泥处理系统处理后，处理水中残留的有机污染物（BOD_5）量，kg/m^3；

X_v——MLVSS 浓度；

V——曝气池有效容积，m^3。

(4) 污泥负荷调节计算公式

① 污泥负荷＝进入曝气池的 BOD_5 数量（流量×浓度）/曝气池中 MLSS 总量（MLSS×池积）。

② 由于初沉池出水中的 BOD_5 数量取决于进厂水质，一般难以调节，减少 MLSS，则提高污泥负荷。增加或减少 MLSS 一般通过增加或减少排泥量来实现。污泥负荷对废水处理效果、污泥增长和需氧量影响很大。一般来说，污泥负荷在 0.2～0.5kg BOD_5/(kg MLSS · d)，控制在 0.3kg BOD_5/(kg MLSS · d) 左右最好。

第四节　影响活性污泥的因素

能够影响活性污泥生化反应及净水效果的要素较多，一般情况下有：入流水质和水量、有机负荷、微生物、营养物质、温度、pH 值、溶解氧以及有毒物质等。影响活性污泥的要素见表 5-3。

表 5-3　影响活性污泥的要素

序号	名称	主要内容	备注
1	水质	BOD_5、N、P、回流量	废水组成
2	MLSS	MLVSS、SV、SVI	
3	有机物负荷	活细胞、有机物、无机物等	
4	污泥浓度	系统污泥、回流污泥、剩余污泥	含污泥排放和回流
5	溶解氧	好氧菌所需溶解氧浓度	以好氧菌为主的微生物
6	溶液酸碱度	进水 pH、系统 pH	
7	有毒物质	重金属离子、非金属化合物	危害生化过程的物质
8	温度	进水温度、系统温度、温度范围	废水生化环境温度
9	污泥膨胀	菌胶团膨胀、丝状菌膨胀、非丝状菌膨胀	废水成分引起膨胀

一、温度

温度对生化所需细菌的培养过程起着至关重要的作用。温度在很大程度上影响活性污泥（包括厌氧活性污泥、兼氧活性污泥和好氧活性污泥）中的微生物活性程度，并且对诸如溶解氧、曝气量等产生大的影响，同时对生化反应速率也产生影响。不同种类的微生物所生长的温度范围是不同的，通常为5～80℃。在此温度范围内，可分成最低生长温度、最高生长温度和最适宜生长温度。按照微生物适应的温度范围不同，微生物可分为中温性、好热性和好冷性三类。

中温性微生物的生长温度范围在20～45℃；好冷性微生物的生长温度范围在20℃以下；好热性微生物的生长温度范围在45℃以上。废水生化好氧生物，以中温细菌为主，其生长繁殖的最适温度为20～37℃。当温度超过最高生物生长温度时，会使微生物的蛋白质迅速变性，导致酶系统遭到破坏而失去活性，严重者可使微生物死亡。低温会使微生物的代谢活力降低，进而处于生长繁殖停滞状态，但仍保存其生命力。厌氧生物中的中温性甲烷菌的最适温度范围在20～40℃之间，高温性为50～60℃，厌氧生物常采用温度33～38℃和50～57℃两种条件。

水温与曝气池工作效果有着很大的关系。一个废水处理厂的水温是随季节逐渐缓慢变化的，一天内几乎无甚变化。如果发现一天内变化很大，则要检查是否有工业冷却液进入。曝气池水温全年在8～30℃范围内，曝气池在水温8℃以下运行时，处理效率有所下降，BOD_5去除率常低于80%。

参与活性污泥处理的微生物，多属嗜温菌，其适宜温度在10～45℃。为安全计，一般将活性污泥处理的温度控制在15～35℃，低于5℃时微生物生长缓慢。在一定温度范围内，随着温度的升高，生化反应速率加快，微生物增殖速率也加快。另外，细胞组织如蛋白质、核酸等对温度很敏感，温度突升并超过一定的限度时，会产生不可逆的破坏。各类型微生物适应的温度范围见表5-4。

表5-4 各类型微生物适应的温度范围

序号	微生物类别	最低温度/℃	最适温度/℃	最高温度/℃
1	高温型	30	50～60	70～80
2	中温型	10	20～40	45
3	常温型	5	15～30	40
4	低温型	0	5～15	20～25

二、 pH值

废水生物处理过程保持最适pH值范围是十分重要的，如进水pH值突然降低，曝气池混合液呈酸性，活性污泥结构也会变化，二沉池中出现大量浮泥现象；再如活性污泥法处理废水，曝气池混合液的pH值达到9.0时，原生动物将由活跃转为呆滞，活性污泥结构遭到破坏，菌胶团黏性物质解体，处理效率迅速下降。

不同微生物有不同的pH值适应范围。大多数细菌适宜中性和偏碱性（pH值6.5～7.5）环境；细菌、放线菌、藻类和原生动物的pH值适应范围是4～10；氧化硫化杆菌喜欢酸性环境，它的最适pH值为3，亦可以在pH值1.5的环境中生活；酵母菌和霉菌适宜在酸性或偏酸性的环境中生活，最适 pH 值 3.0～6.0，适应 pH 值范围为 1.5～10。

驯化成熟的生物系统具有较强的耐冲击负荷的能力，但如果 pH 值大幅度变化，也会影响反应器的效率，甚至对微生物造成毒性而使反应器失效，因为 pH 值的改变可能引起细胞电荷的变化，进而影响微生物对营养物质的吸收和微生物代谢中酶的活性。

微生物的生理活动与环境的酸碱度密切相关，只有在适宜的酸碱度条件下，微生物才能进行正常的生理活动。一般好氧微生物的最适宜 pH＝6.5～8.05；pH＜4.5 时，真菌占优势，导致污泥膨胀。另外，微生物的活动也会影响混合液的 pH 值。

三、溶解氧

溶解氧是指溶解于水中的氧量，它与温度、压力、微生物的生化作用有密切关系。在一定温度下，水中最多只能溶解一定量的氧，例如 20℃时，蒸馏水的溶解氧饱和值为 9.17mg/L。在废水处理中常测定出水和曝气池中的溶解氧，根据它的大小来调节空气供应量，了解曝气池内的耗氧情况，以判断在各种水温条件下曝气池的耗氧速率。在运转过程中，要求曝气池内的溶解氧在 1mg/L 以上，过低的溶解氧值表明曝气池内缺氧，过高的溶解氧值不但浪费能耗，且可能造成污泥松碎、老化。废水处理过程中出水中含有溶解氧对水体环境是有益的，在可能的条件下，应让出水中有一定量的溶解氧。溶解氧在水体自净过程中是一个重要参数，它反映水体中耗氧与溶解氧的平衡关系。

参与污水活性污泥处理的是以好氧菌为主体的微生物种群。根据运行经验数据，曝气池中溶解氧浓度以不低于 2mg/L（2～4mg/L）为宜（以出口处为准）。局部区域有机污染物浓度高、耗氧速率高，溶解氧浓度不易保持在 2mg/L，可以有所降低，但不宜低于 1mg/L。

四、总氮、氨氮、亚硝酸盐氮、硝酸盐氮

废水中含有大量的含碳有机物与含氮有机物，前者以碳、氢、氧为基本元素，后者以氮、硫、磷为基本元素。含氮有机物在好氧分解过程中，最终会转化为氨氮、亚硝酸盐氮、硝酸盐氮、水和二氧化碳等无机物。测定上述三个指标（氨氮、亚硝酸盐氮和硝酸盐氮）可反映废水分解过程与经处理后无机化的程度。

当二级废水处理过程中只有少量亚硝酸盐氮出现时，该处理出水尚不能稳定，当氧量不足时，则废水中的有机氮大多数转化为无机物，出水流入水体后是较为稳定的。一般进厂废水的氨氮值为 30～70mg/L。进厂水中一般不含有亚硝酸盐与硝酸盐。二级废水处理过程中一般不能大量除氮，处理程度较高时，能够将部分氨氮转化为硝酸盐氮。

五、有毒物质

有毒物是指对微生物生理活动具有抑制作用的某些无机质及有机质，主要有重金属（如锌、铜、镍、铅、铬等）离子和一些非金属化合物（如酚、醛、氰化物、硫化物等）。

有毒物质对微生物的毒害作用有一个量的概念，只有当有毒物质在环境中达到某一浓度时，毒害和抑制作用才显现出来。废水中的各种有毒物质只要低于这一浓度，微生物的生理功能就不受影响。有毒物质的作用还与 pH 值、水温、溶解氧、有无其他有毒物质、微生物的数量以及是否经过驯化等因素有关。

六、污泥膨胀

污泥膨胀可分成菌胶团膨胀、丝状菌膨胀、非丝状菌膨胀和其他膨胀。

① 菌胶团膨胀污泥　该种污泥片中含有大量的结合水，正常的活性污泥含有90%的结合水，但SVI=400的活性污泥，用显微镜观察，可见污泥片疏松，表面积增大。

② 丝状菌膨胀污泥　该种污泥在量皿中沉淀得很慢，SVI大于100，有时甚至达到2000以上，上清液很清洁，膨胀的污泥有时有甜味或水果香味。这种丝状菌大多属球衣细菌。球衣细菌可在各种简单的可溶性的底质中生长繁殖，但在复杂的碳水化合物、脂肪和蛋白质中却生长得很慢，它们可利用氨或硝酸盐作为氮源，但需维生素B_{12}或给它提供蛋氨酸的营养。促成条件包括进水中有机物少，F/M太低，微生物食料不足；进水氮、磷不足；pH值太低，不利于微生物生长；混合液溶解氧太低，不能满足需要；进水波动太大，对微生物造成冲击。

③ 非丝状菌膨胀污泥　由于进水中含有大量的溶解性有机物，使污泥负荷太高，而进水中又缺乏足够的N、P，或者DO（溶解氧）不足，细菌很快把大量有机物吸入体内，但不能代谢分解，向外分泌出过量的多糖物质。这些物质分子中含羟基，因而具有较强的亲水性，呈黏性的凝胶状，无法在二沉池中分离。另一种非丝状菌膨胀是进水中含有较多毒物，导致细菌中毒，不能分泌出足够量的黏性物质，不能形成絮体，也无法分离。

④ 其他膨胀污泥　组成废水的各种成分，由于比例失调，也可引起污泥膨胀，如废水中C/N失调，若由于碳水化合物的含量过高，可适当投加尿素、碳酸铵或氯化铵。如系统进水浓度太高，可降低进水量。其他如废水中含有大量的有机物或石油，以及含有大量的腐败物质都可以引起污泥膨胀。在曝气池中过多或过少地充氧，或搅动不充分，短流混合液中固体的含量过低或过高，也都可引起污泥膨胀。

七、其他影响因素

（1）水质

入流水质应控制在BOD_5∶N∶P=100∶5∶1的范围内，当不在此范围内时应进行水质调节。活性污泥法的处理效果取决于活性污泥的数量和性能。衡量指标主要有：污泥浓度；污泥沉降比（SV）；污泥容积指数（SVI）；污泥的耗氧速率；污泥沉降速度；活性污泥的生物相。

（2）混合液悬浮固体浓度（MLSS）

MLSS包括活细胞、无活性且难降解的内源代谢残留物、有机物和无机物。前三类有机物占固体成分的75%～85%。采用挥发性悬浮固体浓度（MLVSS）指标，不包括无机物，能够更准确地反映活性物质量，但测定较麻烦。对给定的废水，MLVSS /MLSS介于0.75～0.85之间。

（3）废水有机物污染负荷

有进水负荷和去除负荷两种。前者指单位重量的活性污泥在单位时间内要保证一定的处理效果才能承受的有机物的量；后者指单位重量的活性污泥在单位时间内去除的有机物量。有时也用单位曝气池容积作为基准。

（4）污泥浓度、剩余污泥排放量、污泥龄等

微生物代谢有机物同时增殖，剩余污泥排放量等于新净增污泥量。用新增污泥替换原有污泥所需时间称为污泥龄。

第五节　活性污泥法工艺及主要设备

处理煤化工废水采用的活性污泥法传统工艺由曝气池、二次沉淀池（二沉池）、曝气系统、污泥回流及剩余污泥排放五部分组成。主要流程为：废水进水→曝气池（空气鼓风）→二沉池（剩余污泥排除，回流污泥至曝气池前混入）→净水出水。

一、工艺流程说明

废水经初次沉淀池后与二次沉淀池底部回流的活性污泥同时进入曝气池，通过曝气，活性污泥呈悬浮状态，并与废水充分接触。废水中的悬浮固体和胶状物质被活性污泥吸附，而废水中的可溶性有机物被活性污泥中的微生物用作自身繁殖的营养，代谢转化为生物细胞，并氧化为最终产物（主要是 CO_2）。非溶解性有机物需先转化成溶解性有机物，而后才被代谢和利用。废水由此得到净化。净化后废水与活性污泥在二次沉淀池内进行分离，上层出水排出回用；分离浓缩后的污泥一部分返回曝气池，以保证曝气池内保持一定浓度的活性污泥，其余为剩余污泥，由系统排出。传统活性污泥法工艺流程见图 5-2。

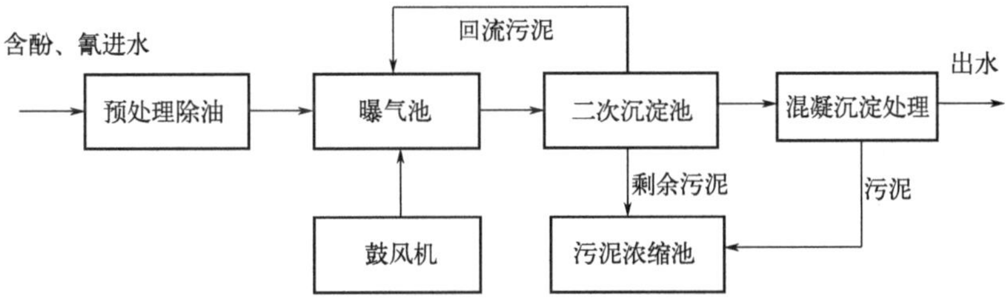

图 5-2　传统活性污泥法工艺流程

二、工艺流程组成

典型的活性污泥法工艺装置由曝气池、二沉池、活性污泥充气系统、污泥回流系统和剩余污泥排放系统组成。

1. 曝气池

曝气池相当于生物反应器主体，在此获取充足的氧气。因此曝气池是关键设备［或建（构）筑物］。废水和回流的活性污泥一起进入曝气池形成混合液。曝气设备不仅传递氧气进入混合液，而且使混合液得到足够的搅拌而呈悬浮状态。这样，污水中的有机物、氧气同微生物能充分接触和反应。随后混合液流入沉淀池，混合液中的悬浮固体在沉淀池中沉下来和水分离。流出沉淀池的就是净化水。沉淀池中的污泥大部分回流，称为回流污泥。污泥回流的目的是使曝气池内保持一定的悬浮固体浓度，也就是保持一定的微生物浓度。

2. 二沉池

二沉池进行泥水分离，以保证出水水质和回流污泥，维持曝气池内的污泥浓度。曝气池中的生化反应引起了微生物的增殖，增殖的微生物通常要从二沉池中排除。为维持活性污泥系统的稳定运行，沉降下来的污泥部分作为回流污泥返回曝气池，称为回流污泥；其余的部分则从沉淀池中排除，这部分污泥称为剩余污泥。剩余污泥中含有大量的微生物，排放入环境前应进行处理，防止污染环境。活性污泥中的细菌是一个混合群体，常以菌胶团的形式存在，游离状态的较少。菌胶团是活性污泥絮凝体的主要组成部分。游离状态的细菌不易沉淀，而混合液中的原生动物可以捕食这些游离细菌，这样二沉池的出水就会更清澈。要使污泥具有活性，污泥除了要具有氧化和分解有机物的能力外，还要有良好的凝聚和沉降性能，以使活性污泥能从混合液中分离出来，得到澄清的出水。

3. 活性污泥充气系统

主要由供氧曝气风机或专用曝气机向曝气池内提供足够的溶解氧。提供空气中的氧气是以活性污泥为主体的废水生物处理的主要方法。活性污泥法是向废水中连续通入空气，经一定时间后因好氧性微生物繁殖而形成污泥状絮凝物，其上栖息着以菌胶团为主的微生物群，它们具有很强的吸附与氧化有机物的能力。

4. 污泥回流系统

废水和回流的活性污泥一起进入曝气池形成混合液。从空气压缩机站送来的压缩空气，通过铺设在曝气池底部的空气扩散装置，以细小气泡的形式进入废水中，增加废水中的溶解氧量，同时使混合液处于搅动状态，呈悬浮态。溶解氧、活性污泥与废水互相混合，充分接触，使活性污泥反应得以正常进行。在曝气池中经过活性污泥净化作用后的混合液进入二次沉淀池，混合液中悬浮的活性污泥和其他固体物质在这里沉淀下来与水分离，澄清后的废水作为净水排出系统。

回流系统通过维持曝气池的污泥浓度以及改变回流比，调整和改变曝气池的运行工况。

5. 剩余污泥排放系统

经过沉淀浓缩的污泥从沉淀池底部排出，其中大部分作为接种污泥回流至曝气池，以保证曝气池内的悬浮固体浓度和微生物浓度；增殖的微生物从系统中排出，称为剩余污泥。活性污泥法处理废水事实上是污染物从废水中转移到了剩余污泥中的一个过程，并保持平衡。剩余污泥排放系统是去除有机物的途径之一，可以维持系统的平衡及稳定运行。

三、工艺流程特点

1. 适用于低浓度废水生化处理

传统活性污泥法通常由曝气池、二沉池和污泥回流管线组成。初次沉淀后的废水与二沉池回流的活性污泥混合后进入曝气池，大约曝气 6h，进水与回流污泥通过扩散曝气或机械曝气作用进行混合。流动过程中，有机物经过吸附、絮凝和氧化等作用被去除。一般地，从曝气池流出的混合液在二沉池沉淀后，沉淀池内的活性污泥以进水量的 25%～50%返回曝气池（即污泥回流比为 25%～50%）。这种工艺常用于低浓度废水处理系统，对冲击负荷很敏感。生化需氧量（BOD_5）的去除率可达 85%～95%。

2. 投资高，占地面积大

曝气池首端有机污染物负荷高，耗氧速度也高，为了避免由于缺氧形成厌氧状态，进水有机物负荷不宜过高。为达到一定的去污能力，需要曝气池容积大，因此占地面积大，投资费用高。

3. 阶梯式供氧

耗氧速度沿池长是有变化的，而供氧速度难以与其相吻合、适应，在池前段可能出现耗氧速度高于供氧速度的现象，池后段又可能出现溶解氧过剩的现象，对此，采用渐减供氧方式，可在一定程度上解决这些问题。

4. 对水质、水量适应性差

活性污泥法对进水水质、水量变化的适应性较低，运行效果易受水质、水量变化的影响，因此应尽量保持水质和水量稳定。好氧活性污泥工艺过程的净化功能既有类似于混凝剂的作用，同时又能吸收和分解水中溶解性污染物。在有氧的条件下，活性污泥绒粒中的絮凝性微生物吸附废水中的有机物；活性污泥绒粒中的水解性细菌能够水解大分子有机物为小分子有机物，同时，微生物合成自身细胞。废水中的溶解性有机物直接被细菌吸收，在细菌体内氧化分解，其中间代谢产物被另一群细菌吸收，进而无机化。沉淀分离过程使得氧化合成的菌类有机体形成絮凝体并凝聚和沉淀出来，达到废水有机污染物的去除功能。

四、曝气池类型

曝气池的类型按照混合液在曝气池内的流态，可分为推流式、完全混合式和循环混合式三种；按照曝气方式，可分为鼓风曝气池、机械曝气池以及组合式曝气池；按照曝气池的形状，可分为长方廊道形曝气池、圆形曝气池、方形曝气池以及环状跑道形曝气池；按照曝气池与二沉池之间的关系，可分为合建式曝气池（即曝气沉淀池）和分建式曝气池两种。

（1）推流式曝气池

水流流动为推流式的曝气池形式称为推流式曝气池。通常在长方形水池内水流推流前进，进入池内的全部颗粒在池内停留时间相同，由于部分活性污泥从二次沉淀池回流入池，有些颗粒可能多次通过水池。真正有回流的推流系统废水处理效果较好，但由于水流过程中存在纵向扩散现象，较难得到真正的推流状态。该种设备的缺点是耐冲击负荷较差。活性污泥生物处理过程中的传统活性污泥法、阶段曝气法、生物吸附法等均采用推流式曝气池。

（2）完全混合式曝气池

完全混合式曝气池的池形可为圆形、方形或矩形。曝气设备可采用表面曝气机，置于池的表层中心，废水从池的底部中心进入。废水进入池后，在表面曝气机的搅拌下，立即在全池范围内进行混合，均匀水质。完全混合式曝气池可以和沉淀池分建或合建，因此可以分为分建式和合建式。

（3）循环混合式曝气池（氧化沟）

循环混合式曝气池也称氧化沟，是一种简易的活性污泥系统，属于延时曝气法。其基本形式像跑道一样，转刷设置在氧化沟的直段上，转刷旋转时混合液在池内循环流动，流速保持在 0.3m/s 以上，使活性污泥呈悬浮状态。氧化沟的流型为环状循环混合式，污水从环的一端进入，从他端流出，一般混合液的环流量为进水量的数百倍以上，接近完全混合，具有完全混合曝气池的若干特点。

曝气池在构造上应满足曝气充氧、混合的要求，因此，曝气池的构造首先取决于曝气方式和所采用的曝气装置。常见曝气方式如下。

（1）鼓风曝气

鼓风曝气又称压缩空气曝气，主要由曝气风机及专用曝气器组成。采用这种方法的曝气池，多为长方形混凝土池，池内用隔墙分为几个单独进水的隔间，每一隔间又分成几条廊道。废水入池后顺次在廊道内流动，至另一端排出。空气是用空气压缩机通过管道输送到设在池底的空气扩散装置，成为气泡弥散逸出，在气液界面把氧气溶入水中。扩散装置有多孔管、固定螺旋曝气器、水射器和微孔扩散板等四种不同型式。

（2）机械曝气

一般是利用装在曝气池内的机械叶轮的转动剧烈搅动池内废水，使空气中的氧溶入水中。叶轮装在池内废水表面进行曝气的，称为表面曝气。这种装置通过叶轮的提水作用，促使池内废水不断循环流动，不断更新气液接触面以增大吸氧量。叶轮旋转时在周缘形成水跃，可有效地裹入空气；叶片后侧产生负压，可吸入空气，所以充气效果较好。叶轮浸水深度和转速可以调节，以保证最佳效果。典型的机械曝气池有圆形表面加速曝气池、标准型加速曝气池、IO型加速曝气池和方形加速曝气池等。鼓风曝气和机械曝气两种方法有时也可联用，以提高充氧能力，适用于有机物浓度较高的污水。

(3) 射流曝气

射流曝气，是废水处理好氧段曝气充氧的一种方式，相比于其他诸如微孔曝气、潜水曝气、表曝机曝气等方式，射流曝气几乎不会发生堵塞，在较长使用寿命期内几乎无须维护，能够恒定、稳定、高效地供氧。射流曝气系统包含三部分：射流曝气器、循环水泵、鼓风机。循环泵泵送的液体经由主管道、内喷嘴到混合室，把气体剪切成微小的气泡，形成富氧的气液混合体，气液交织的湍流经外喷嘴水平射出。气液混合体同时具有水平方向和垂直方向的能量，在池内产生强烈的混合，并携裹周围的液体往前流动，在水平方向动力和垂直方向气体上浮动力的双重作用下，形成整体的混合和循环。

第六节　好氧生化处理工艺

煤化工废水的生物处理是一个非常复杂的过程，所谓生物处理就是利用微生物来吸附、分解、氧化废水中的有机物，把不稳定的有机物降解为稳定无害的物质，从而使煤化工废水得到净化。通常情况下，按照微生物的需氧情况可划分为好氧生化处理、厌氧生化处理和兼氧生化处理三大类，好氧氧化和厌氧氧化应用范围广泛，包含着多种工艺流程；按照微生物的生长形式划分为活性污泥法和生物膜法两大类，生物膜法包含生物过滤池、生物转盘、生物接触氧化等多种工艺和构筑物，活性污泥法和生物膜法都是人工生物处理方法；此外还有天然生物处理法，如生物氧化塘等，是目前应用广泛的一种废水处理方法；按照废水和微生物的应用形式可划分为完全混合式、序批式等；按照反应器结构则有更多类型。

一、好氧生化处理过程

在好氧生化处理过程中，“好氧微生物”是指必须在有分子态氧气（O_2）存在的条件下，才能进行正常的生化反应的生物，包括大部分微生物。

好氧生化处理的反应过程如下：

(1) 分解反应（又称氧化反应、异化代谢、分解代谢）

$$C_5H_7NO_2S+6.5O_2 \longrightarrow 5CO_2+H_2O+NH_3+SO_4^{2-}+2H^++\text{能量（ATP）}$$

(2) 合成反应（也称合成代谢、同化作用）　以自养微生物（如硝化细菌）为例：

$$5CO_2+NH_3+H_2SO_4+H_2O+\text{能量（ATP）} \longrightarrow C_5H_7NO_2S+6.5O_2+\text{能量} \longrightarrow C_5H_7NO_2$$

(3) 内源呼吸（也称细胞物质的自身氧化）

$$C_5H_7NO_2+5O_2 \longrightarrow 5CO_2+2H_2O+NH_3+\text{能量（ATP）}$$

在正常情况下，各类微生物细胞物质的成分是相对稳定的，一般可通过下列实验式来表示：细菌为 $C_5H_7NO_2$；真菌为 $C_{16}H_{17}NO_6$；藻类为 $C_5H_8NO_2$；原生动物为 $C_7H_{14}NO_3$。

分解与合成的相互关系：

① 二者不可分，相互依赖。a. 分解过程为合成提供能量和前体物，而合成则给分解提供物质基础；b. 分解过程是一个产能过程，合成过程则是一个耗能过程。

② 对有机物的去除，二者都有重要贡献。

③ 微生物合成代谢的污泥量大小与好氧微生物的产率直接相关（产率为 0.25～0.6kg VSS/kg COD），该产率水平对后续污泥处理有直接影响（污泥处理费用一般占废水处理厂总费用的 40%～50%）。

二、影响好氧生化处理的因素

① 溶解氧（DO）　1～2mg/L。

② 水温　在一定范围内，随着温度的升高，生化反应的速率加快，细胞增殖速率也加快。细胞的组成物如蛋白质、核酸等对温度很敏感，温度突升或降并超过一定限度时，会遭受不可逆的破坏。最适宜温度为 15～30℃；当温度＞40℃或＜10℃时，会有不利影响。

③ 营养物质　细胞组成中，C、H、O、N 占 90%～97%；其余 3%～10%为无机元素，主要是 P。生活废水一般不需要再投加营养物质，而工业废水则需要投加营养物质。

一般对于好氧生物处理工艺，应按 BOD_5 ∶ N ∶ P＝100 ∶ 5 ∶ 1 投加 N 和 P；其他无机营养元素包括 K、Mg、Ca、S、Na 等；微量元素包括 Fe、Cu、Mn、Mo、Si、B 等。

④ pH 值　一般好氧微生物的最适宜 pH 值在 6.5～8.5 之间；pH＜4.5 时，真菌将占优势，引起污泥膨胀。另外，微生物的活动也会影响混合液的 pH 值。

⑤ 有毒物质（抑制物质）　包括重金属、氰化物、H_2S、卤族元素及其化合物，以及酚、醇、醛等。

⑥ 有机负荷率　废水中的有机物是微生物的食物，过量时，会不利于微生物生长。

⑦ 氧化还原电位　好氧细菌：＋300～400mV，至少要求大于＋100mV；厌氧细菌：要求小于＋100mV，对于严格厌氧细菌，则＜－100mV，甚至＜－300mV。

三、曝气池曝气

曝气池是由微生物组成的活性污泥与污水中有机污染物充分混合接触，进而降解吸收并分解的场所，它是活性污泥工艺的核心。曝气系统的作用是向曝气池供给微生物增长及分解有机物所需的氧气，并起混合搅拌作用，使活性污泥与有机物充分接触。在曝气池内，悬浮的大量肉眼可观察到的絮状污泥颗粒就叫作活性污泥絮体。随着有机污染物被分解，曝气池每天都净增一部分活性污泥，这部分叫作剩余活性污泥，用污泥泵直接排出系统之外（污泥池）。

四、活性污泥培养

活性污泥培养初期，每天闷曝 22h，静置 2h，排放 4L 废水，再加入 4L 自配水。7 天后，污泥颜色呈黑色，沉降性能良好，出水浑浊，测量 MLSS、SV 的值，反应过程中 pH 值、COD、NH_3-N 浓度没有较大的变化，说明培养出的细菌量较少。

14 天后，污泥呈浅黑色，沉淀时泥水界面由开始模糊逐渐变得边缘清晰，镜检时可以观察到草履虫、漫游虫、裂口虫、吸管虫等。随着生物相逐渐变好，预示着菌种被培养出来了。测量 MLSS、SV 的值，COD 和 NH_3-N 去除率分别达到 43%和 10%，污泥活性还不强，需要继续培养。此后，每天运行两周期，每周期曝气 10h，静置 2h。

30 天后，污泥的絮凝和沉淀性能良好，混合液静置 0.5h，上清液清澈透明，泥水界面清晰，污泥呈黄褐色，镜检有大量新型菌胶团，较为密实，可以观察到许多活跃的钟虫。测量污泥 MLSS、SV 的值，COD 去除率达到 90%以上，NH_3-N 去除率在 30%以上，污泥活性较强，至此认为培养阶段结束。

活性污泥培养出来的细菌含有大量异养菌，而硝化菌是自养菌，污泥中含量非常少，需要进一步进行驯化，使之占优。与硝化菌相比，反硝化菌对环境的适应能力强，生长和繁殖快，所以在一般情况下反硝化菌受废水物质的抑制程度要比硝化菌小。

五、活性污泥驯化

在活性污泥的驯化过程中，每隔两天提高一次进水 COD 和 NH_3-N 浓度。污泥驯化初期，COD 去除率为 85.59%，而 NH_3-N 去除率仅为 23.21%。这是因为异养菌占优势，生长速率快，硝化菌世代时间长，生长速率慢，含量较少，与异养菌竞争处于不利地位，硝化反应速率低。

4 天后，NH_3-N 去除率明显升高，达到了 46.70%，这说明系统中的硝化菌逐渐占优势，但 NH_3-N 处理效果还不是很理想，还需要继续驯化。NH_3-N 的去除率达到 90%以上时，说明系统取得了良好的脱氮效果，才能达到驯化目的。

第七节　厌氧生化处理工艺

在厌氧生化处理过程中，“厌氧微生物”是指在无分子态氧气（O_2）存在的条件下，能进行正常的生化反应的生物，主要包括细菌、酵母菌等。厌氧生化处理过程是在厌氧条件下多种（厌氧或兼性）微生物共同作用，使有机物分解并产生 CH_4 和 CO_2 的过程。

一、厌氧生化反应过程主要特征

厌氧生化的主要特征如下：

① 厌氧生化过程能耗低，且可以回收生物能。

② 污泥产量低。厌氧微生物的增殖速率比好氧微生物要低得多，产酸菌的产率为 0.15～0.34kg VSS/kg COD，产甲烷菌的产率为 0.03kg VSS/kg COD。

③ 厌氧微生物对好氧微生物不能降解的有机物能够进行降解或部分降解。

④ 生化反应过程较为复杂。厌氧生化反应是由多个不同性质的微生物协同反应的一个连续过程。

⑤ 对温度、pH 等环境因素较敏感。

⑥ 出水水质较差，气味较大，对氨氮的脱除效果较差，需进一步利用好氧法进行处理。

二、影响厌氧生化反应的因素

产甲烷反应是厌氧生化反应过程的控制阶段，影响厌氧生化反应的主要因素有：温度、pH 值和碱度、氧化还原电位、营养物质、F/M 比、有毒物质等。

（1）温度

温度对厌氧微生物的影响尤为显著。厌氧细菌可分为嗜热菌（或高温菌）、嗜温菌（中温菌）；相应地，厌氧生化反应分为高温（55℃左右）厌氧生化反应和中温（35℃左右）厌氧生化反应。高温生化反应速率为中温生化反应的 1.5～1.9 倍，产气率也较高，但气体中甲烷含量较低。当处理含有病原菌和寄生虫卵的废水或污泥时，高温消化可取得较好的卫生效果，生化后污泥的脱水性能也较好。随着新型厌氧反应器的开发应用，温度对厌氧生化反应的影响不再非常重要，可以在常温条件（20～25℃）下进行，以节省能量和运行费用。

（2）pH 值和碱度

pH 值是厌氧生化过程中重要的影响因素。产甲烷菌对 pH 值的变化非常敏感，最适 pH 值范围为 6.8～7.2，在 pH 值＜6.5 或＞8.2 时，产甲烷菌会受到严重抑制，导致整个厌氧生化过程恶化。厌氧体系中的 pH 值受多种因素的影响：进水 pH 值、进水水质（有机物浓度、有机物种类等）、生化反应、酸碱平衡、气固液相间的溶解平衡等。

厌氧体系是一个 pH 值的缓冲体系，主要由碳酸盐体系控制。一般来说：系统中脂肪酸含量增加（累积）使 pH 值下降，但产甲烷菌的作用不但可以消耗脂肪酸，而且还会产生乙酸使系统的 pH 值回升。

碱度曾一度在厌氧生化中被认为是一个重要因素，但实际是保证厌氧体系具有一定的缓冲能力，维持合适的 pH 值。厌氧体系一旦发生酸化，则需要很长的时间才能恢复。

（3）氧化还原电位

严格的厌氧环境是产甲烷菌进行正常生理活动的基本条件。非产甲烷菌可以在氧化还原电位为＋100～－100mV 的环境中正常生长和活动；产甲烷菌的最适氧化还原电位为－150～－400mV，在培养产甲烷菌的初期，氧化还原电位不能高于－330mV。

（4）营养物质

营养物质在煤化工废水生化处理中至关重要。生物培养的微生物按照其细胞组成及代谢性质，在生长繁殖过程中需要一定量的营养元素，以氮、磷为主。在废水生化处理中，需要经常性地投加营养物质，以保证废水中有足够的氮和磷。

在好氧生化培养中，BOD_5∶N∶P＝100∶5∶1。缺乏氮元素将导致丝状的或者分散状的微生物群体产生，使污泥沉降性能变差；使新的细胞难以形成，而老的细胞继续去除 BOD_5 物质，结果微生物向细胞壁外排泄过量的副产物，形成绒毛状絮状物，这些絮状物沉淀性能差。通常废水中每去除 100kg BOD_5 需要加 5kg 氮和 1kg 磷。

厌氧微生物对 N、P 等营养物质的要求略低于好氧微生物，其要求 COD∶N∶P＝200∶5∶1。多数厌氧菌不具有合成某些必要的维生素或氨基酸的功能，所以有时需要投加 K、Na、Ca 等金属盐类，Ni、Co、Mo、Fe 等微量元素，以及有机微量物质，如酵母浸出膏、生物素、维生素等。

废水中磷和钾的含量影响微生物的生长。活性污泥处理废水要维持 BOD_5∶N∶P 的比例在 100∶5∶1 以上，在城市废水处理过程中，一般都能达到这个比例。但有些煤化工废水可能达不到这个比例，就必须向废水中添加营养剂。

在许多条件下，氮以氨形式，磷以磷酸形式加入废水中。细菌需要氮以产生蛋白质，需要磷以产生分解废水中有机物质的酶。一般细菌较易利用氨态氮，如果废水含氮量低，不能满足微生物的需要，则需要另外补加氮营养，如尿素、硫酸铵、粪水等。微生物中主要以细菌对磷的要求较多，一般需要补加磷元素，如磷酸钾、磷酸钠等。

（5）F/M 比

厌氧生物处理的有机物负荷较好氧生物处理更高，一般可达 5～10kg COD/(m^3·d)，甚至可达 50～80kg COD/(m^3·d)；无传氧的限制；可以积累更高的生物量。产酸阶段的反应速率远高于产甲烷阶段，必须谨慎选择有机负荷。高有机容积负荷的前提是高生物量，相应地，污泥负荷较低。高有机容积负荷可以缩短 HRT（水力停留时间），减小反应器容积。

（6）有毒物质

常见的抑制性物质有硫化物、氨氮、重金属、氰化物及某些有机物。硫酸盐和其他硫的氧化物很容易在厌氧消化过程中被还原成硫化物。可溶的硫化物达到一定浓度时，会对厌氧消化过程主要是产甲烷过程产生抑制作用。投加某些金属如 Fe 可以去除 S^{2-}，或从系统中吹脱 H_2S 可以减轻硫化物的抑制作用。氨氮是厌氧消化的缓冲剂，但浓度过高时，则会对厌氧消化过程产生毒害作用，抑制浓度为 50～200mg/L，但驯化后，适应能力会得到加强。重金属、氰化物或有机物会使厌氧细菌的酶系统遭到破坏。

第八节　厌氧-好氧法工艺

一、概述

1. 脱氮除磷

厌氧-好氧法简称 AO 法（anaerobic oxic）法，其中 A（anaerobic）是厌氧段，主要用于脱氮除磷；O（oxic）是好氧段，主要用于去除水中的有机物。

AO 法的特点是除了使有机污染物得到降解脱除外，还具有一定的脱氮除磷功能。首先是将厌氧水解作为活性污泥的前置处理，是活性污泥法的一种改进工艺。利用活性污泥改进法脱氮除磷，在反应池前端设厌氧段，为反硝化菌创造活跃的除氮环境，为聚磷菌创造活跃的除磷环境，由此实现脱氮除磷的目的。

在煤化工废水处理过程中会经常遇到好氧生化处理、厌氧-好氧生化处理、厌氧-缺氧-好氧处理等工艺，均是以活性污泥法为基本原理，根据微生物生长对氧环境的要求差异发展起来的一种生物处理工艺。通常可分为好氧生化处理与缺氧生化处理，缺氧生化处理又可分为兼氧生化处理和厌氧生化处理。

在好氧生化处理过程中，好氧微生物必须在大量氧的存在下生长繁殖，并能降低煤化工废水中的有机物含量。好氧微生物能适应 COD 浓度较低的废水，进水 COD 浓度一般控制在 1000～1500mg/L，COD 去除率在 50%～80%。好氧生化处理的时间都不太长，均在 12～24h。

在缺氧生化处理过程中，缺氧微生物只需要微量氧即可生长繁殖，并对煤化工废水中的有机物质进行降解处理，若废水中氧太多，缺氧微生物反而生长得不好，从而影响对有机物质的处理效率。缺氧微生物可适应 COD 浓度较高的废水，进水 COD 浓度可提高到 2000mg/L 以上，COD 去除率一般在 50%～80%。

厌氧生化处理与缺氧生化处理的原理基本一样。厌氧微生物在繁殖生长及其对有机物质降解过程中不需要氧，且厌氧微生物可适应更高 COD 浓度（4000～10000mg/L）的废水。厌氧生化处理的主要缺点是生化处理时间较长，停留时间一般在 40h 以上。厌氧处理技术更适用于处理高浓度煤化工有机废水，但是反应速度较慢，反应器容积较大。

2. AO 法组合

厌氧法与好氧法组合后，就充分利用了厌氧生化和好氧生化的特点，让 COD 浓度较高的煤化工废水先进行厌氧生化处理，再以厌氧池的处理出水作为好氧池的进水，这样的组合处理可以减小生化池的容积，既节省了环保投资，又减少了日常的运行费用。厌氧生化处理可去除高含量有机物，将煤化工废水中的大分子有机物分解为易生化的小分子有机物，由此改善了煤化工废水的可生化性，为后续好氧处理创造条件，提高了煤化工废水生化处理的整体效果，同时克服了好氧处理连续曝气能耗高等缺点，因此在煤化工废水处理中得到了广泛的应用。

AO 法工艺，在 A 段 DO（溶解氧）不大于 0.2mg/L，O 段 DO＝2～4mg/L 的前提下，A 段的主要作用是让异养菌将煤化工废水中的淀粉、纤维、碳水化合物等悬浮物和可溶性有机物水解为有机酸，将大分子有机物分解为小分子有机物，将不溶性有机物转化成可溶性有机物；O 段的主要作用是将经厌氧段水解的产物流进好氧池进行好氧反应，可提高煤化工废水的可生化性及氧的利用率。另外，厌氧段中的异养菌还会将蛋白质、脂肪等污染物氨化，使得有机链上的 N 或氨基酸中的氨基等游离出氨（NH_3、NH_4^+）。在充足的供氧条件下，自养菌的硝化作用将 NH_3-N（NH_4^+）氧化为 NO_3^-，通过回流控制返回至厌氧池（A 池）；在缺氧条件下，异养菌的反硝化作用将 NO_3^- 还原为分子态氮（N_2），从而完成 C、N、O 在生态中的循环，实现煤化工废水净化处理的目的。

二、 AO 法原理

1. AO 法脱氮原理

在 AO 工艺中，反硝化细菌和聚磷细菌均需要利用有机碳源进行新陈代谢，同时，挥发性有机物（VFA）在系统发挥脱氮除磷功能中作用巨大，有关研究表明，煤化工废水中的低分子挥发性有机物越高，反硝化和聚磷细菌吸收有机物以 PHB（聚 β-羟基丁酸）形式储藏在细胞内的速度就越快，且内源反硝化脱氮速率和聚磷速率取决于细胞内的 PHB 储存量。原因在于反硝化细菌利用 PHB 作为电子受体氧化 NO_3^-，聚磷细菌需氧化 PHB 产能以大量吸收游离 P，因此，煤化工废水中挥发性有机物含量越高，厌氧段初始的放磷速率就越大，后续反硝化脱氮和缺氧吸磷速率也就越高。由此可见，AO 系统中反硝化速率和聚磷速率与废水中挥发性有机酸含量的关系最大，系统中反硝化与聚磷细菌对有机碳源中 VFA 的竞争也显得尤为突出。聚磷菌和反硝化菌争夺易生化降解的低分子有机物，而硝化过程又排斥过量的碳源，因此在处理过程中存在碳源供需不平衡的问题。

厌氧状态下的微生物为了获得能量，会利用更多的氧气分解废水中的有机物。反硝化菌在缺氧条件下只能利用硝酸根离子（NO_3^-）和亚硝酸根离子（NO_2^-）中含有的氧，当硝酸盐氮中的氧被消耗后仅残留下氮，并最终将氮转化为氮气释放到空气中。而煤化工废水中的氨氮又是通过硝化反应不断转化为亚硝酸根离子，并进一步生成硝酸根离子，由此为反硝化菌提供了氧气。

硝化反应是在好氧段进行的，为了充分促进硝化反应，使氨氮氧化为硝酸盐，在气温较高的夏季，反应池水温随之升高，硝化菌活跃，硝化反应迅速，易于脱氮。但在冬季水温下降，硝化反应变得缓慢，可以通过调节 MLSS 和空气量，促进硝化反应。调节 MLSS 值，主要是调节活性污泥中的硝化菌量，MLSS 值越高，硝化菌量就越多；调节空气量，就是通过调控曝气量和好氧池停留时间来提高活性污泥与空气的接触量。这就是脱氮的基本原理。

2. AO 法除磷原理

AO 法除磷是依靠聚磷菌的作用实现的，这类细菌是指那些既能储存聚磷（poly-P），又能以聚 β-羟基丁酸（PHB）形式储存碳源的细菌。在厌氧、好氧交替条件下运行时，通过 PHB 与 poly-P 的转化，使聚磷菌成为系统中的优势菌，并过量去除系统中的磷。

聚磷是若干个基团彼此以氧桥联结起来的五价磷化合物（聚磷酸盐）。当发生水解后，生成溶解性正磷酸盐，为微生物生长繁殖提供所需磷源；当积累大量聚磷酸盐的细菌处于不利环境时，聚磷酸盐就分解释放能量供细菌维持生命。

聚 β-羟基丁酸是由多个 β-羟基丁酸聚合而成的大分子聚合物，当环境中碳源缺乏时，它重新被微生物分解，产生能量和机体生长所需要的物质。这就是AO法工艺在厌氧状态下的磷释放过程和好氧状态下的磷吸收过程。

当微生物处于绝对厌氧条件时，即既无氧也无 NO_3^- 的工况下，为了从煤化工废水的有机物中获取能量而摄取氧。但是，在氧气不存在时，聚磷菌将消耗自身体内的三磷酸腺苷中的氧，获得能量。其结果是在厌氧段释放无机磷。随后，含有被释放出的磷的微生物混合水在好氧条件下，由于唯恐再次处于饥饿状态，就在体内大量蓄积超出释放量的磷，这样通过微生物的作用，煤化工废水中的磷就自然减少了，达到了除磷的目的。

三、 AO法除磷影响因素

1. 厌氧条件

在除磷过程中，应在反应池内设绝对厌氧状态。在厌氧池内，活性污泥与成为其食物的煤化工废水中的有机物进行混合，活性污泥中的聚磷菌会释放无机磷。而在好氧池内，聚磷菌摄取磷，由此达到除磷的效果。根据厌氧、好氧不同的生化机理，设定厌氧（无氧、有 NO_3^-）和绝对厌氧（无氧、无 NO_3^-）的条件。

在厌氧条件下，通过产酸菌的作用，煤化工废水中有机物质转化为低分子有机物（如醋酸等），聚磷菌则分解体内的聚磷酸盐释放出磷酸盐及能量，同时利用废水中的低分子有机物在体内合成PHB，以维持其生长繁殖的需要。而厌氧状态持续的时间越长，磷的释放越彻底。

2. 好氧条件

在好氧条件下，聚磷菌利用体内的PHB以及快速降解COD产生能量，将煤化工废水中的磷酸盐吸收到细胞内并转变成聚磷储存能量。好氧状态持续的时间越长，磷的吸收越充分。由于好氧状态下微生物吸收的磷远大于厌氧状态下微生物释放出的磷，随着厌氧—好氧过程的交替进行，微生物可以在污泥中形成稳定的种类并占据一定的优势，磷就可以通过系统中剩余污泥的排放而去除。

3. 有机负荷

除磷过程应采用高污泥负荷、低污泥龄系统。因为，磷的去除是通过排泥完成的，F/M 较高时，SRT较小，剩余污泥排放量较多，因而除磷量也多。而生物硝化属于低负荷工艺，负荷越低，硝化反应就进行得越充分，NH_3-N向 NO_3^--N转化的效率就越高。生物硝化是生物反硝化的前提，只有好的硝化才能获得高效稳定的反硝化。因此，生物脱氮属低污泥负荷系统。一般有机负荷在0.10～0.15g BOD_5/(g MLSS·d) 的范围内。过高的有机负荷会降低曝气池中的DO，使厌氧细菌大量生存，抑制了硝化细菌的生长；过低的有机负荷则会使硝化细菌在与异养型COD分解细菌的竞争中处于劣势，降低硝化速率。

4. 硝酸盐

硝酸盐对聚磷细菌在厌氧条件下的释磷有抑制作用，这是因为厌氧型产酸细菌可利用 NO_3^- 作为最终电子受体氧化有机基质，从而减少产酸细菌在厌氧条件下的挥发性脂肪酸

(VFA) 产量；反硝化细菌利用 NO_3^- 进行反硝化，同时消耗大量易生物降解的有机基质，从而竞争性地抑制了聚磷细菌的厌氧释磷作用。而在生物脱氮除磷工艺中，硝酸盐的存在是系统硝化脱氮的先决条件，因此为提高系统脱氮能力，氮元素必须充分硝化。

由于聚磷菌、硝化菌、反硝化菌及其他多种微生物共同生长在一个系统内，并在整个系统内循环，不可避免地使得硝酸盐随好氧段回流的污泥进入厌氧池，影响了聚磷菌的释磷效率。当进水中挥发性有机物较少，污泥负荷较低时，硝酸盐的存在甚至会导致聚磷菌直接吸磷。污泥回流比（R）和混合液回流比（RN）影响回流污泥从沉淀池池底回流到厌氧池，以保持 AO 系统各段污泥浓度，使之维持正常的生化反应功能，回流污泥对系统的影响同混合液中 DO 和 NO_3^--N 含量有关。当污泥回流比 R 太小时，污泥浓度过低，在水力停留时间不变的条件下，污泥负荷增高，会影响各段的生化反应效率。当污泥回流比 R 太大时，会将过量 NO_3^--N 带入厌氧池，抑制磷的释放速度，同时大回流比也会将曝气池中溶解氧带入厌氧池，使异养细菌优先消耗掉挥发性有机物，干扰聚磷菌的释磷作用。一般采用回流比 $R=50\%\sim100\%$，最低不可低于 40%。混合液回流比的大小直接影响反硝化脱氮效果。从好氧池流出的混合液，很大一部分要回流到缺氧段进行反硝化脱氮。当回流比 RN 大时，则脱氮率提高，回流比超过 400 后，提高回流比，脱氮率提升不显著，而且过高的回流比需大功率回流泵，消耗更多能源。一般采用混合液回流比 $RN=300\%\sim400\%$。

5. 厌氧段停留时间

磷的过量摄取与磷的释放量有关，通常厌氧段磷释放越彻底，则好氧段磷吸收就越充分。若要使磷在厌氧段释放彻底，就需要提高废水在厌氧段的停留时间。停留时间长，就需要增加投资，同时还会发生磷的无效释放。因此，确定适当的厌氧段停留时间非常重要。

6. 好氧段停留时间

磷在好氧段的吸收受到吸收速率与吸收量等很多因素的限制。通常，在好氧段废水停留 2.5～3h 后，总磷可以降到 1mg/L 以下，3.0～4.0h 后降到 0.5mg/L 以下。

7. 二沉池停留时间

二沉池的停留时间由下式确定：

$$t=AH/Q_{max}$$

式中　H——二沉池有效水深，m；

A——二沉池表面积，m^2；

Q_{max}——废水最大日平均时进水量，m^3/h。

二沉池停留时间可通过污泥回流比进行调节，加大回流比，则停留时间缩短，减小回流比，则停留时间延长。对二沉池的停留时间应严格控制，否则停留时间过长会导致磷在二沉池及剩余污泥处理系统中过量释放，从而影响除磷效果。为了确定合理的停留时间，二沉池的停留时间控制在 2h 左右。

四、 AO 法结构单元

AO 工艺核心部分由调节池、沉淀池、A 级生物处理池、O 级生物处理池和二沉池组成。

调节池是将煤化工废水的水量、水质调节均化，保证后续生化处理系统水量、水质稳定，也可设计预曝气系统，用于充氧搅拌，对废水中有机物起到一定的降解功效，防止废水中悬浮颗粒沉淀，增大系统抗冲击性能。

沉淀池是使固液分离去除生化池中剥落下来的生物膜和悬浮污泥沉淀，使废水净化。

设置A级生物处理池，将煤化工废水进一步混合，充分利用厌氧池内的高效生物细菌，靠厌氧微生物将废水中难溶解有机物转化为可溶解性有机物，将大分子有机物水解成小分子有机物，以利于后序O级生物处理池进一步氧化分解，同时将硝化作用后的NH_3-N（NH_4^+）氧化为NO_3^-，通过回流控制返回至A级生物处理池，在缺氧条件下，异养菌的反硝化作用将NO_3^-还原为分子态氮（N_2），在硝化菌的作用下，可进行部分硝化和反硝化，去除氨氮。

设置O级生物处理池，该池是废水核心处理段，可分为两段：前段去除废水中的各种有机物质，使废水中的有机物含量大幅度降低；后段降解废水中的氨氮，同时也使废水中的COD值降低到更低的水平，使废水净化。

设置二沉池进行固液分离，去除生化池中剥落下来的生物膜和悬浮污泥，使废水真正净化。部分污泥回流至A级生物处理池进行硝化和反硝化，减少污泥的生成，也利于废水中氨氮的去除。

五、 AO法工艺控制

1. 温度控制

温度是影响AO工艺脱氮效果的主要因素，主要体现在异养菌等的增殖速度和活性两个方面。在O段，硝化反应温度范围在5～35℃时，最适宜的温度范围为30～35℃，反应速率随温度的升高而加快。当温度低于5℃时，硝化菌的生命活动几乎停止。在A段，反硝化反应温度范围在5～27℃时，最适宜的温度范围为15～25℃，反硝化速率随温度的升高而加快。厌氧段，温度对厌氧释磷的影响不太明显，在5～30℃除磷效果较好。

2. pH值控制

在厌氧段，生物除磷系统适宜的pH值范围与常规生物处理相同，为中性或微碱性，适宜的pH值为6.5～8，对pH值不合适的工业废水，应先进行调节，避免污泥中毒。在好氧段，亚硝化细菌的最佳pH值为8.0～8.4。若pH过高，则NH_4^+-NH_3平衡被打破，NH_3浓度增加，由于硝化菌对NH_3敏感，会影响硝化作用的速率。

3. 溶解氧控制

溶解氧会抑制异养硝化盐的还原反应：一是阻碍硝酸盐还原酶的形成，因有些反硝化细菌须在厌氧和有硝酸盐存在的条件下，才能诱导合成硝酸盐还原酶。二是氧作为电子受体，竞争性地阻碍硝酸盐的还原。AO工艺为获得更高的脱氮效果，常采用较大的内回流比，使更多的NO_3^-进入厌氧池进行反硝化处理，因此回流混合液中溶解氧破坏了厌氧反硝化环境，阻断反硝化反应的进行。氧的存在使混合液的氧化还原电位提高，抑制了聚磷菌的释磷作用，同时微生物好氧呼吸消耗了一部分可生物降解的挥发性有机基质，使聚磷菌可吸收利用的有机物大量减少，降低了在好氧条件下吸收并储存磷的能力。根据厌氧池中溶解氧量与内回流比的关系，选择适当的内回流比非常重要。

4. C/N控制

在AO系统中，C/N是影响系统脱氮除磷的关键因素。一般认为，脱氮除磷系统中N的负荷不允许超过0.05N/(g MLSS·d)，C/N过高会抑制好氧段的硝化功能，C/N过低则会抑制反硝化和释磷过程。

当废水中 C/N 的值小于 4 时，系统脱氮除磷效果将可能变差。因此，为了提高系统处理功能，C/N 一般不宜小于 8。

5. 污泥龄（SRT）控制

硝化菌属于专性自养型好氧菌，其特点是繁殖速度慢，世代时间较长，其增长速率比异养菌低一个数量级。在冬季，硝化菌繁殖所需的世代时间长达 30d 以上，即使是夏季，在污泥龄小于 5d 的活性污泥系统中硝化作用十分微弱。异养降解菌和反硝化菌的世代周期一般为 2～3d，过长的污泥龄会造成上述菌种的老化，影响其降解活性。聚磷脱氮菌多为短泥龄微生物，短泥龄可获得较高的除磷效果。在实际运行中，AO 系统为满足硝化脱氮功能，常牺牲了部分有机物降解、除磷和反硝化速率。生物除磷的唯一渠道是排除剩余污泥，为保证系统的除磷效果就不得不维持较高的污泥排放量，系统的污泥龄也就相应地降低。

六、 AO 法工艺流程及设备选择

AO 工艺流程如下：煤化工废水经格栅井去除颗粒杂物后，进入调节池，进行均质均量，调节池中设置预曝气系统，由提升泵送至 A 级生物接触氧化池，进行酸化水解和反硝化，降低有机物浓度，去除部分氨氮，然后流入 O 级生物接触氧化池进行好氧生化反应，绝大部分有机污染物通过生物氧化、吸附得以降解，出水自流至二沉池进行固液分离后，沉淀池上清液经过滤流入消毒池，经投加氯片接触溶解，杀灭水中有害菌种后达标外排。二沉池中的污泥部分回流至 A 级生物处理池，另一部分污泥送至污泥浓缩池进行污泥消化后定期抽吸外运，污泥池上清液回流至调节池再处理；混合液通过内循环由 O 级生物接触氧化池流入 A 级生物接触氧化池，O 段混合液的 DO 含量逐步降低，当内循环液进入 A 段时，以保证 A 段的厌氧状态，为反硝化创造条件。AO 工艺流程示意见图 5-3。

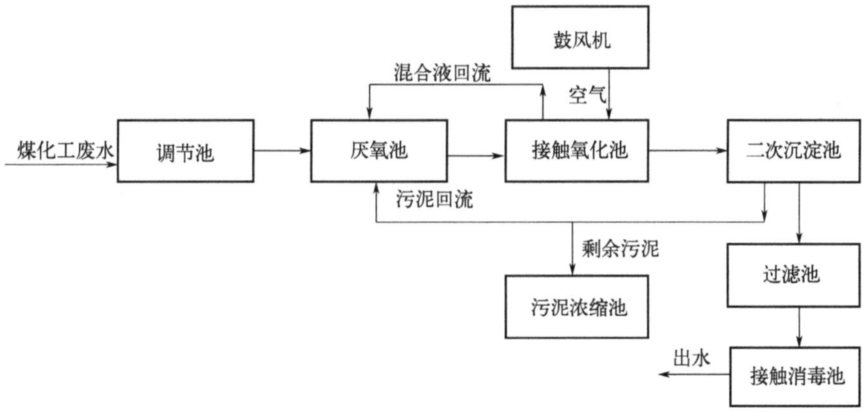

图 5-3 AO 工艺流程示意

AO 工艺流程主要特点：

① 流程简单 以煤化工废水中的含碳有机物和内源代谢产物为反硝化的碳源，不需再另加甲醇等外部碳源。尤其在蒸氨塔设置脱固定氨的装置后，碳氮比有一定的提高，在反硝化过程中产生的碱度相应地降低了硝化过程需要的碱耗，故节省了投加外碳源的费用，使得工艺流程简单，运行费用低，占地面积小。

② 效率高 对煤化工废水中的有机物、氨氮等均有较高的去除效果。当总停留时间大于 54h 时，经生物脱氮后的出水再经过混凝沉淀，可将 COD 值降至 100mg/L 以下，其他指

标也可达排放标准，总氮去除率在65%～70%。

③ 厌氧池在前端　厌氧池设置在进水前端，使得反硝化过程对污染物优先进行处理，且有较高的降解效率，能够将煤化工废水中难溶解性有机物转化为可溶解性有机物，将大分子有机物水解成小分子有机物，如将COD、BOD_5等在厌氧段中的去除率提高到67%、38%，酚和有机物的去除率达62%和36%，故反硝化反应是较为经济的节能型处理工艺。

④ 好氧池在后端　好氧池设置在系统后端，形成“反硝化在前、硝化在后”的工艺布局。通过内循环系统（如好氧池混合液回流至反硝化区），将富含硝酸盐氮的好氧出水回流至反硝化区，利用原煤化工废水中的有机底物作为碳源，充分完成反硝化脱氮反应。反硝化后的混合液进入好氧池，其中残留的有机物通过好氧微生物降解进一步去除；同时，反硝化过程消耗部分碳源，降低了好氧池的有机负荷，且反硝化产生的碱度（如碳酸氢盐）可补偿硝化过程中消耗的碱度，减少化学药剂投加量。

⑤ 好氧池曝气递减　设置在后端的好氧池在曝气过程中，按照逐步递减的方式进行。即O段的前段进行强曝气，后段逐步减少气量，使内循环液的DO含量逐步降低，当内循环液进入A段时，以保证A段的厌氧状态，为反硝化创造条件。在A段搅拌过程中尽量只使污泥悬浮，避免DO的增加。

⑥ 容积负荷高　硝化阶段采用强化生化方式，反硝化阶段采用高浓度污泥，能够有效提高硝化及反硝化的污泥浓度，具有较高的容积负荷。

⑦ 耐负荷冲击能力强　当进水水质波动较大或污染物浓度较高时，操作较为简单，耐负荷冲击能力也较强，在生物脱氮过程中，也降解酚、氰、COD等有机物。这种处理方式不仅能满足脱氮的要求，也能使其他指标达到排放标准。

该流程也存在一定的问题，如没有独立的污泥回流系统，难以培养出具有独特功能的污泥，使得难降解物质的降解率降低。若要提高脱氮效率，须加大内循环比，因此增加了能耗，加大了运行费用。由于内循环液来自曝气池，含有一定的溶解氧，使A段难以保持理想的厌氧状态，影响反硝化效果，脱氮率很难达到90%。

主要工艺参数选择：

① 水力停留时间：硝化>6h，反硝化<2h。

② 污泥浓度MLSS：>3000mg/L。

③ 污泥龄：>30d。

④ N/MLSS负荷率：<0.03。

⑤ 进水总氮浓度：<30mg/L。

主要设备选择如下：

(1) 调节池

废水经格栅处理后进入调节池进行水量、水质的调节均化，以保证后续生化处理系统水量、水质的均衡、稳定，并设置预曝气系统，用于充氧搅拌，以防止废水中悬浮颗粒沉淀，提高工艺抗冲击性能和处理效果。

(2) 调节池提升水泵

调节池内设潜污泵，水泵采用无堵塞撕裂杂物泵，将经均量、均质的废水提升至后续处理工序。

(3) A级生物处理池（厌氧池）

废水进一步混合，充分利用高效生物细菌，靠厌氧微生物将废水中难溶解性有机物转化为可溶解性有机物，将大分子有机物水解成小分子有机物，以利于后续O级生物处理池进一步氧化分解，同时通过回流的混合液中的硝化菌，进行部分硝化和反硝化反应，去除废水中的氨氮。

(4) O 级生物处理池（生物接触氧化池）

O 级生物处理池分为两段：前段在较高的有机负荷下，在不同种属的微生物群落参与下进行生化降解和吸附作用，去除废水中的各种有机物质，使废水中的有机物含量大幅度降低；后段在有机负荷较低的情况下，通过硝化菌的作用，在氧量充足的条件下降解废水中的氨氮，同时使废水中的 COD 值降低到更低的水平，使废水得以净化。

(5) 二沉池

通过二沉池进行固液分离，去除生化池中剥落下来的生物膜和悬浮污泥。二沉池为竖流式沉淀池，采用三角堰出水，出水稳定。污泥采用气提法定时排泥至污泥浓缩池，并设污泥回流装置，部分污泥回流至 A 级生物处理池进行硝化和反硝化，既减少了污泥的生成，也利于废水中氨氮的去除。

(6) 接触消毒池

二沉池出水流入消毒池进行消毒，池内设计有消毒装置、导流板，消毒设计投加氯片接触的消毒方式，使出水水质符合排水要求，合格外排。

(7) 污泥浓缩池

二沉池定时排泥入污泥浓缩池，进行污泥浓缩、好氧消化，污泥上清液回流排入 A 级生物处理池（厌氧池），剩余污泥定期排放。

第九节 厌氧-缺氧-好氧法工艺

一、概述

A^2O（anaerobic-anoxic-oxic）是厌氧-缺氧-好氧生物脱氮除磷法工艺的简称，该工艺常用于煤化工废水处理，既可用于二级废水处理，也可用于三级废水处理等，具有较好的煤化工废水脱氮除磷效果。一般情况下，A^2O 工艺对 BOD_5、SS、总氮及磷的脱出率分别可达 90%～95%、90%～95%、约 70%、约 90%。A^2O 工艺的核心反应器由三部分组成：厌氧池、缺氧池和好氧池。

① 厌氧池 设置在首段，原水及二沉池回流来的含磷污泥在厌氧池中混合。在厌氧条件下，形成了厌氧微生物所需要的营养条件和环境条件，在无氧状态下，这些微生物释放磷，使水中磷浓度升高；溶解性有机物被微生物细胞吸收而使废水中的 BOD_5 浓度下降；NH_3-N 因细胞合成也被去除一部分，使废水中的 NH_3-N 浓度下降。

② 缺氧池 经厌氧前段处理后废水进入缺氧池，在这里没有溶解氧，但存在硝酸盐，反硝化菌利用废水中的有机物作碳源，将回流混合液中带入的 NO_3^--N 和 NO_2^--N 还原为 N_2 后，释放至空气中，故 BOD_5 浓度下降，NO_3^--N 浓度大幅度下降，而磷的变化很小。

③ 好氧池 通过曝气等措施使水中溶解氧含量在 4mg/L 左右，满足好氧微生物生长繁殖的需要，因此处理水中有机污染物质被微生物生化降解。有机氮被氨化继而被硝化，使 NH_3-N 浓度大幅下降，随着硝化过程的进行，NO_3^--N 的浓度增加，P 随着聚磷菌的过量摄取，以较快的速度下降。

A^2O 工艺通过上述三个反应池的工作，可以同时去除有机物（COD）、氮及磷。其中好氧池完成硝化和脱除有机物；缺氧池完成脱氮功能；厌氧池和好氧池联合完成除磷功能。

二、 A^2O 法工艺原理

A^2O 是一项具有脱氮除磷功能的传统废水处理工艺，其关键生物反应池由厌氧池、缺氧池和好氧池组成，厌氧池、缺氧池和好氧池三池功能明确，界限分明。其中厌氧池按其功能，即利用微生物分解煤化工废水中的有机物并产生甲烷和二氧化碳，生化反应阶段可以分为四个过程：水解过程、酸化（或发酵）过程、产乙酸过程和产甲烷过程。

1. 厌氧池

厌氧池是指没有溶解氧，也没有硝酸盐的反应池。厌氧池内进行的水解、酸化、产乙酸、产甲烷过程是同步进行的，去除大部分 COD，在这个过程中需要调节 pH 值，过程控制难度较大。

（1）水解酸化过程

水解酸化过程不设曝气装置，控制停留时间后再进行水解酸化。水解酸化反应是厌氧反应中的一个步骤，但不会出现厌氧产气过程。水解酸化过程中对 COD 的去除率并不会太高，这是因为水解酸化过程主要是将废水中的大分子有机物通过水解反应变成小分子有机物，对 COD 的去除率在 20%左右。水解过程需要较长的时间，进行得比较缓慢，同时受多种因素的影响，是厌氧降解过程中的限速过程。

在酸化过程中，上述水解形成的小分子化合物在发酵细菌即酸化菌的细胞内转化为更简单的化合物并分泌到细菌体外，主要包括挥发性有机酸（VFA)、乳酸、醇类等，紧接着转化为乙酸、氢气、碳酸等。酸化过程是由大量发酵细菌和产乙酸菌完成的，它们绝大多数是严格厌氧菌，可分解糖、氨基酸和有机酸。

水解酸化的产物主要是小分子的有机物，使废水中溶解性有机物含量显著提高。而微生物对有机物的摄取，只有溶解性的小分子物质才可直接进入细胞内，不溶性大分子物质则要通过胞外酶的分解才得以进入微生物体内代谢。例如天然胶联剂（主要为淀粉类)，首先被转化为多糖，再水解为单糖；纤维素被纤维素酶水解成纤维二糖与葡萄糖；半纤维素被聚木糖酶等水解成低聚糖和单糖。

（2）产气过程

产气过程包括产乙酸和产甲烷，产气过程的 COD 去除率一般可达 40%左右。产气过程的停留时间要比水解酸化时间长，也就是出现厌氧状态。

整个厌氧处理全过程就是利用厌氧菌的作用，去除废水中的有机物，通常是需要较长时间才能完成这个过程的。在厌氧池一般是不进行曝气的，该池污染物浓度较高，由于要分解消耗有机物，需要消耗一定的溶解氧，从而使得水体内几乎不存在溶解氧。正是因为形成了这个无氧的环境，比较适宜厌氧微生物活动。在厌氧条件下，利用这类微生物就可分解废水中的有机物并产生甲烷和二氧化碳。

2. 缺氧池

缺氧池是指没有溶解氧但有硝酸盐的反应池。缺氧池也存在水解反应，在脱氮过程中，pH 值升高，主要起反硝化作用去除硝态氮，同时也去除部分 BOD_5，提高可生化性作用。通常缺氧池是曝气不足或者根本无须曝气。缺氧池中污染物含量较低，较适宜好氧和缺氧微生物的繁殖和生长。不同的氧环境中就存在不同的微生物群，微生物也会在环境改变的同时改变行为，从而达到去除不同的污染物的目的。虽然缺氧池内可不设曝气（可设）装置，但还是要控制溶解氧在0.3～0.8mg/L，利用缺氧微生物及生物膜来降解废水中的有机物，接触氧化池内的曝气器要慎重选择，既要保证供氧量，又要确保有利于生物膜的脱落和更新。

3. 好氧池

好氧池就是通过曝气等措施维持水中溶解氧含量在4mg/L左右，适宜好氧微生物生长繁殖。好氧池的作用是让活性污泥进行有氧呼吸，进一步把有机物分解成无机物，达到去除污染物的目的。控制好含氧量及微生物的其他各项需要条件，才能保证微生物具有最好的有氧呼吸环境。

采用A^2O工艺，对各池的控制，一般是根据煤化工废水条件和出水要求，控制三池的时空比例和运转条件，只要碳源充足，便可根据需要达到比较高的脱氮效率。

由于厌氧池居前，回流污泥中的硝酸盐对厌氧区会产生一些不利的影响因素。缺氧池居中，反硝化在碳源分配上居于不利地位，由此也会影响系统的脱氮效果。好氧池居末，生物脱氮除磷的过程中涉及硝化、反硝化、摄磷和释磷等多个生化过程，每个过程对微生物组成、基质类型及环境条件的要求存在差异，最终均会影响脱氮除磷效果。

三、 A^2O法结构单元

A^2O法结构由厌氧池、缺氧池、好氧池三部分组成，运行时，煤化工废水首先进入厌氧池。废水与沉淀池排出的含磷回流污泥同步进入厌氧池，在兼性厌氧菌的作用下，部分易降解的大分子有机物转化为小分子的VFA，聚磷菌吸收这些小分子物质合成PHB并储存在细胞内，同时将细胞内的聚合磷酸盐水解成正磷酸盐释放到水中，在厌氧段部分BOD_5被去除，同时对部分有机物进行氨化。

煤化工废水经厌氧反应后从厌氧池排出的水和从好氧池回流的NO_x^--N进入缺氧池，被反硝化细菌利用废水中的有机物还原成N_2去除，其中有机物和NO_x^--N同时被去除。缺氧池的功能是脱氮，硝态氮是通过内循环由好氧池送来的，内循环的混合液量较大，一般为2Q（Q为煤化工废水流量）。

经缺氧反应后，混合液从缺氧池进入好氧池后主要完成有机物的进一步去除、有机氮氨化、氨氮硝化，同时聚磷菌分解体内的PHB获取能量供自身生长繁殖，并超量吸收溶解性的正磷酸盐以聚合磷酸盐的形式储存于体内，最后通过二沉池排除富磷污泥使磷得到去除。好氧池是多功能的，去除BOD_5、硝化和吸收磷等均在此处进行，流量为2Q的混合液从这里回流到缺氧池。

A^2O工艺按照厌氧、缺氧、好氧的运行程序，完成对含碳有机物和氮、磷等营养元素的去除。A^2O工艺反应池结构见图5-4。

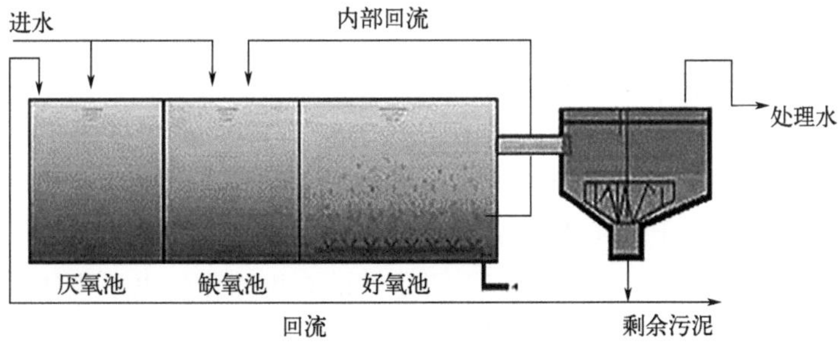

图5-4 A^2O工艺反应池结构示意图

四、 A^2O法工艺主要特点

① 废水首先进入厌氧池。厌氧、缺氧、好氧三种不同的环境条件和不同种类微生物菌群的互相配合，具有去除有机物、脱氮除磷的功能。该工艺能充分发挥各类菌群对高浓度较难降解有机物的降解优势，总水力停留时间也少于其他同类工艺技术，比较适用于工业废水的同步脱氮除磷工况。

② 在厌氧—缺氧—好氧交替运行下，丝状菌不会大量繁殖。当 SVI 小于 100 时，一般丝状菌不能大量增殖，也不易发生污泥丝状膨胀。

③ 剩余污泥磷含量高，一般为 2.5%以上，具有较高的肥效。

④ 运行中无须投药，两个 A 段只用轻轻搅拌，以不增加溶解氧为宜，运行费用低。

⑤ 脱氮效果受混合液回流比大小影响，除磷效果受回流污泥中夹带 DO 和硝酸态氧影响，导致脱氮除磷效率不可能很高。混合液内循环量一般以 $2Q$ 为限，不宜太高；进入沉淀池的处理水要保持一定浓度的溶解氧，减少停留时间，防止产生厌氧状态和污泥释放磷的现象，溶解氧浓度也不宜过高，以防循环混合液对缺氧反应器的干扰。

五、 A^2O法运行控制

1. 污泥浓度与污泥龄

A^2O 工艺运行中系统污泥浓度和污泥龄对脱氮除磷有重要影响。当厌氧池、缺氧池、好氧池中的 MLSS 维持在 3000～3800mg/L，且 MLSS 值接近时，系统才具有较好的脱氮除磷效果。

厌氧池聚磷菌和缺氧池反硝化细菌属于短污泥龄微生物，短污泥龄有利于除磷和反硝化，一般缺氧池的污泥龄为 3～5d；好氧池中自养硝化细菌增殖速度慢，世代周期长，要使自养硝化细菌在系统中维持一定的数量，成为优势菌群，好氧段需要 20～30d 的长污泥龄。但长污泥龄使含磷污泥排放减少，在较高污泥龄的条件下，聚磷菌为维持生命活动就会分解聚合磷酸盐，使磷从含磷污泥里重新释放出来，不利于系统除磷。

若系统以除磷为主要目的，污泥龄控制在 6～8d，反硝化聚磷菌会使系统在缺氧段脱氮的同时使磷得到部分去除。

当系统污泥龄（SRT）为 15d 时，缺氧段的反硝化脱氮与聚磷菌释磷过程可达到较高效率。为兼顾脱氮除磷效果，污泥龄需满足硝化菌生长需求（硝化菌最小世代期通常为 3～5d），一般控制在其 2 倍以上（即≥6～10d）。结合工程实践，将污泥龄控制在 8～15d 范围内，既能保证硝化菌充分繁殖完成氨氮硝化，又可为反硝化和生物除磷提供适宜的污泥活性，实现氮、磷的高效去除。

2. 碳源

厌氧池碳源不足会抑制聚磷菌的释磷，导致最终除磷效果变差。由于反硝化细菌和聚磷菌是混合共生的，它们之间竞争碳源，其中，当存在 NO_3-N 时，反硝化细菌会优先摄取碳源进行反硝化，干扰聚鳞菌释磷。所以厌氧池需要有充足的可供聚磷菌吸收的碳源。一般厌氧池的 BOD_5/TP 控制在大于 20，更符合生物除磷原理要求。

缺氧池内异养型兼性厌氧反硝化细菌需要足够的有机物作为电子供体，以 NO_x^--N 为电子受体，将回流混合液中的 NO_x^--N 还原成 N_2，完成系统的脱氮。因此缺氧池需要一定的 C/N，一般情况下，当 COD/TKN（总凯氏氮）大于 8 时，脱氮率可达 80%。

好氧池碳源不宜过多，过多的碳源会促使好氧池内异养型好氧菌成为优势菌群，抑制自养型硝化菌的硝化作用，对系统脱氮产生负面影响。好氧池应将污泥负荷控制在 0.15kg BOD_5/(kg MLSS · d) 以下。系统运行过程中，进水水质应满足 BOD_5/TKN 大于 4、BOD_5/TP 大于 20 的要求，否则需要补充碳源。在碳源分配上，厌氧池、缺氧池、好氧池呈递减趋势，厌氧池需要过多的碳源，缺氧池碳源充足，好氧池碳源较低。

3. NH_4^+-N 浓度

好氧段过高的 NH_4^+-N 浓度会对硝化菌产生抑制作用，要保证 NH_4^+-N 被正常硝化，通常 TKN/MLSS 负荷率应小于 0.05kg TKN/(kg MLSS · d)。

4. 溶解氧（DO）

为防止进入二沉池的混合液发生反硝化或释磷引起污泥上浮，影响出水水质和除磷效果，进入二沉池的混合液中通常要保证一定的 DO 浓度。好氧池 DO 不足会抑制硝化菌的生长，其对 DO 的最低忍受极限为 0.5～0.7mg/L。

增加溶解氧有利于硝化反应进行。好氧池末端 DO 对 A^2O 工艺脱氮除磷的影响研究表明，随着末端 DO 的增大，系统硝化速率提高，NH_4^+-N 的去除率从 60%升高到 90%以上，TN 的去除率从 54%升高到 67%，总磷的去除率也有所提高。当好氧池的 DO>2mg/L 时，硝化速率开始减缓，继续增大 DO，硝化进程不仅没有大幅加快，还可能使回流污泥和回流混合液中 DO 浓度偏高，不利于厌氧段释磷和缺氧段反硝化。一般好氧段 DO 以 2mg/L 为宜，最高不超过 3mg/L。

缺氧段 DO 会与硝酸盐竞争电子供体，较高的 DO 还会影响硝酸盐还原酶的合成及活性，一般缺氧段的 DO 以不超过 0.5mg/L 为宜。

绝对的厌氧环境有利于聚磷菌的释磷，但回流污泥不可避免地会带入部分 DO 和 NO_x^--N，实际操作中厌氧段 DO<0.2mg/L 即可。

5. 混合液回流比

好氧池出水回流至缺氧池用于脱氮，回流比越大，脱氮效果越好，但较大的回流比增大了能源消耗，提高了运行成本。当混合液回流比超过 300%时，脱氮率可达到 75%以上。

6. 污泥回流比

二沉池污泥回流到厌氧池以维持各池合适的污泥浓度，保证整个生化反应的正常进行。污泥回流比增大，污泥龄增长，有利于自养型硝化细菌的增长，硝化作用好。厌氧区 NO_x^--N 浓度超过 1.5mg/L 时，释磷会受到抑制。相反，污泥回流比减小，好氧段因硝化不完全也会导致脱氮效果不佳。一般污泥回流比以 60%～100%为宜，最低不小于 40%。

7. 水力停留时间（HRT）

水力停留时间与进水水质、温度等因素有关，A^2O 工艺整个运行时间在 6～8h，HRT（厌氧/缺氧/好氧）=1/1/(3～4)。一般情况下，厌氧池的水力停留时间为 1～2h，缺氧池的水力停留时间为 1.5～2h，好氧池的水力停留时间为 6h 左右。

8. 温度

温度升高对生物脱氮有利。好氧池硝化反应适宜温度为 30～35℃；缺氧池反硝化反应适宜温度为 15～25℃，当温度低于 15℃，生物脱氮效率明显下降。温度的变化对除磷影响不大，厌氧除磷的适宜温度为 5～30℃，温度降低有利于生物除磷。

9. pH 值

厌氧池聚磷菌适宜 pH 值为 6～8，缺氧池反硝化菌适宜 pH 值为 6.5～7.5，好氧池硝化菌适宜 pH 值为 7.5～8.5。实际操作中将废水混合液 pH 值控制在 7.0 以上即可，如果 pH 值过低，可投加石灰补充碱度。

六、 A^2O 法工艺流程

A^2O 法是一种典型的脱氮除磷工艺，其工艺流程见图 5-5。

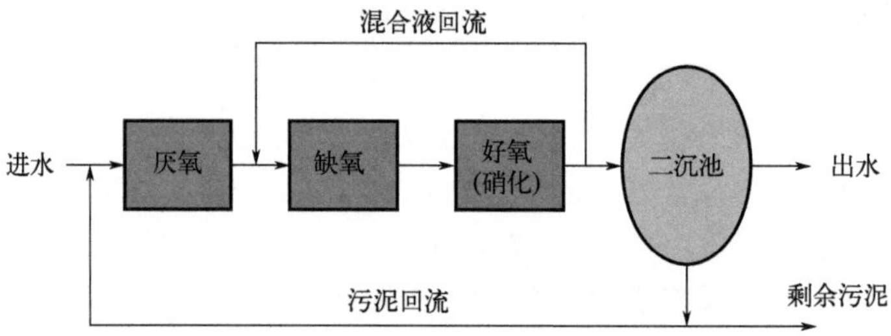

图 5-5 A^2O 法工艺流程示意图

由图 5-5 所示，A^2O 工艺流程中关键设备是生物反应池，而生物反应池由厌氧、缺氧和好氧三部分组成。A^2O 工艺的优点是生物反应池由厌氧、缺氧和好氧三部分组成，各自功能明确。首先废水与污泥回流同步进入厌氧池混合，由于厌氧区居前，回流污泥中的硝酸盐会对厌氧区产生不利影响。保持适当的污泥回流到厌氧池是维持生物反应器各部分合适的污泥浓度并保证整个生物反应的基础。同时也有利于自养型硝化菌的增长，使得好氧区域的硝化效果更好。但回流污泥中，过多的 NO_x^--N 进入厌氧池，也会破坏厌氧环境，还会与聚磷菌竞争碳源，影响除磷效果。

厌氧出水与好氧池来的回流液混合进入缺氧池。由于缺氧池位于系统中部，在碳源分配上处于不利地位，可能导致系统脱氮效果受限。适当提高混合液回流比可增强脱氮效果，但过大的回流比会增加系统能耗及运行成本。缺氧池出水进入好氧池后，通过曝气和硝化反应，进一步完成有机物去除、有机氮氨化及氨氮硝化；同时，聚磷菌分解体内的 PHB（聚羟基丁酸）获取能量，吸收溶解性正磷酸盐并以聚合磷酸盐形式储存，最终通过二沉池排出富磷污泥实现除磷，净化后的废水排出系统。

第十节 A^2O 改进型工艺

一、概述

A^2O 工艺由于结构特点存在脱氮效果较好时，除磷效果较差的现象，反之亦然。这是因为流程设置，回流污泥全部进入厌氧段。为了维持较低的污泥负荷，要求有较大的污泥回流比。一般情况下，污泥回流比在 40%～100%之间，才能保证系统硝化反应正常进行，脱氮效果才能较好。这种结果导致回流污泥将大量硝酸盐带入厌氧池，而聚磷菌放磷的条件是厌氧状态，并同时有溶解性 BOD_5 存在。当厌氧段存在大量硝酸盐时，反硝化菌会以有机物为碳源进行反硝化，等脱氮完全后才开始磷的厌氧释放。这就使得厌氧段进行磷的厌氧释放的有效容积减少，除磷效果自然就会变差。好氧段硝化作用不好时，随回流污泥进入厌氧段的硝酸盐减少，尽管改善了厌氧段的厌氧环境，使磷得到充分的厌氧释放，除磷的效果较好，但硝化就不完全，脱氮效果自然不会好。此外，如污泥龄、碳源、硝酸盐、溶解氧（DO）等都会影响 A^2O 工艺脱氮除磷的整体效率。

二、改进优化工艺参数

1. 污泥龄（SRT）

A^2O 工艺属于单泥系统，聚磷菌（PAOs）、反硝化菌和硝化菌等功能微生物均混合生长于同一系统中，而各类微生物实现其功能最大化时对污泥龄的要求是完全不一样的。有的污泥龄需要长些，有的则需要短些。

若在好氧区投加浮动载体填料，使载体表面附着生长自养硝化菌，而 PAOs 和反硝化菌则处于悬浮生长状态，附着态的自养硝化菌 SRT 就相对独立，硝化速率受短 SRT 排泥的影响较小。悬浮污泥 SRT、填料投配比及投配位置的选择不仅要考虑硝化的增强程度，还要考虑悬浮态污泥含量降低对系统反硝化和除磷的负面影响。载体填料的投配并不意味着可大幅度增加系统排泥量，缩短悬浮污泥 SRT，以提高系统除磷效率。相反，SRT 的缩短可能降低悬浮态污泥（MLSS）含量，从而影响系统的反硝化效果，甚至造成除磷效果恶化。

自养硝化菌与普通异养好氧菌和反硝化菌相比，硝化菌的世代周期较长，欲使其成为优势菌群，需控制系统在长污泥龄状态下运行。冬季系统具有良好硝化效果时的污泥龄（SRT）需控制在 30d 以上；即使在夏季，若 SRT＜5d，系统的硝化效果也将显得极其微弱。PAOs 属短世代周期微生物，甚至其最大世代周期（G_{max}）都小于硝化菌的最小世代周期（G_{min}）。从生物除磷角度分析富磷污泥的排放是实现系统磷减量化的一种渠道。若排泥不及时，会因 PAOs 的内源呼吸，胞内糖原（glycogen）消耗殆尽，进而影响厌氧区乙酸盐的吸收及聚 β-羟基烷酸（PHAs）的储存，系统除磷率下降，严重时甚至导致富磷污泥中磷的二次释放。另外，SRT 也会影响系统内 PAOs 和聚糖菌（GAOs）的优势生长。在 30℃、长污泥龄（SRT≈10d）条件下，厌氧环境中，GAOs 对乙酸盐的吸收速率高于 PAOs，使其在系统中占主导地位，由此影响 PAOs 释磷行为的充分发挥。

2. 碳源补充

在脱氮除磷系统中，碳源主要消耗于释磷、反硝化和异养菌的正常代谢等方面，其中释磷和反硝化速率与进水碳源中易降解部分的含量有很大关系。要同时完成脱氮和除磷两个过程，进水的碳氮比（BOD_5/TN）必须＞4。

补充外碳源是在不改变原有工艺池体结构及各功能区顺序的情况下，针对短期内由水质波动引起的碳源不足需要采取的一种措施。可供选择的外部碳源可分为甲醇、乙醇、葡萄糖和乙酸钠等有机化合物。可替代有机碳源包括厌氧消化污泥上清液、含高碳源的工业废水等。任何外碳源的投加都会使系统经历一段适应期。选择合适的碳源投加点对系统的稳定运行和节能降耗非常重要。一般在厌氧区投加外碳源不仅能改善系统除磷效果，还可增强系统反硝化潜能。若反硝化碳源严重不足致使系统 TN 脱除能力欠佳时，应优先考虑向缺氧区投加外碳源。

3. 碳磷比

碳磷比应满足：BOD_5/TP＞20～30。当碳源含量低于此值时，因前端厌氧区的 PAOs 吸收进水中挥发性脂肪酸（VFAs）及醇类等易降解发酵产物，完成其细胞内 PHAs 的合成，后续缺氧区因缺乏足够的优质碳源而抑制反硝化潜力的充分发挥，降低系统对 TN 的脱除效率。反硝化菌以内碳源和甲醇或 VFAs 类为碳源时的反硝化速率分别为 17～48mg/(g・d)、120～900mg/(g・d)。

4. 硝酸盐

因反硝化不彻底而残余的硝酸盐随回流污泥进入厌氧区，反硝化菌将优先于 PAOs 利用环境中的有机物进行反硝化脱氮，干扰厌氧释磷的正常进行，最终影响系统对磷的高效去除。一般，当厌氧区的 NO_3^--N 的质量浓度＞1.0mg/L 时，会对 PAOs 释磷产生抑制，当其达到 3～4mg/L 时，PAOs 的释磷行为几乎完全被抑制，释磷（PO_4^{3-}-P）速率降至 2.4mg/(g・d)。

5. 溶解氧

通常情况下，厌氧区的 DO 的质量浓度应控制在 0.2mg/L 以下。按照回流位置的不同，溶解氧（DO）残余干扰主要包括：从分子态氧 O_2 和硝酸盐 NO_3^--N 作为电子受体的氧化产能数据分析，以 O_2 作为电子受体的产能约为 NO_3^--N 的 1.5 倍，因此当系统中同时存在 O_2 和 NO_3^--N 时，反硝化菌及普通异养菌将优先以 O_2 为电子受体进行产能代谢；氧的存在破坏了 PAOs 释磷所需的“厌氧压抑”环境，致使厌氧菌以 O_2 为终电子受体而抑制其发酵产酸作用，妨碍磷的正常释放，同时也将导致好氧异养菌与 PAOs 进行碳源竞争。

三、改进型 A^2O 工艺

为了解决厌氧区居前，回流污泥中的硝酸盐对厌氧区产生不利的影响，改良 A^2O 工艺在厌氧池之前增设一个缺氧调节池。来自二沉池的回流污泥和 10%左右进水进入缺氧调节池，停留时间为 20～30min，微生物利用约 10%进水中有机物去除回流硝态氮，消除硝态氮对厌氧池的不利影响，从而保证厌氧池的稳定性，保证除磷效果。改进型 A^2O 生物脱氮除磷工艺流程见图 5-6。

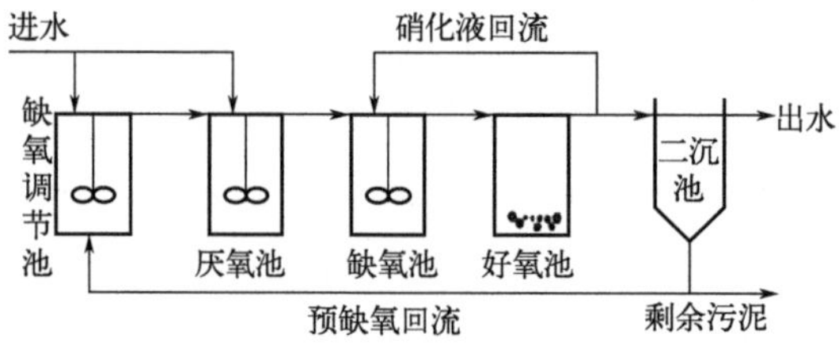

图 5-6　改进型 A^2O 生物脱氮除磷工艺流程示意图

由图 5-6 可知，进水分为两股：一股约占废水量的 10%，与回流污泥一起进入缺氧调节池，停留 20～30min。进水中有机物被回流污泥还原成 NO_x^--N，以消除对厌氧池的不利影响。另一股约 90%的进水，与缺氧调节池的出水混合进入厌氧池，从而保证厌氧池的稳定性，提高了除磷效果。改良 A^2O 工艺对低 C/N 废水的处理效果较好。

四、倒置 A^2O 工艺

将厌氧区设置于前端，缺氧区设置在后面，牺牲系统的反硝化速率，仅考虑释磷对碳源的需求，忽视了释磷的目的。为了克服这种缺陷，将厌氧池与缺氧池进行交换，缺氧池设置在前端，厌氧池设置在后面，好氧池设置在最后不变，由此产生了倒置 A^2O 工艺。这样就避免了 A^2O 工艺中回流污泥中的硝酸盐对厌氧池放磷的影响。倒置 A^2O 工艺流程见图 5-7。

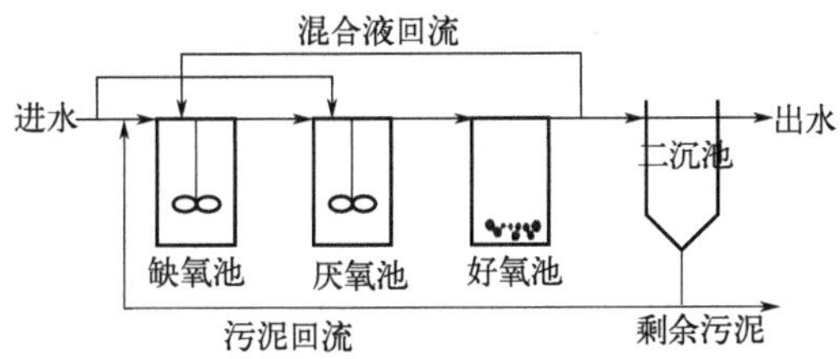

图 5-7 倒置 A^2O 工艺流程示意图

由图 5-7 可知，倒置 A^2O 工艺流程中进水分为两股：一股占废水总量 30%～50%的废水、回流污泥以及 50%～150%的回流混合液三股流混合进入缺氧段，停留时间为 1～3h。在缺氧池中进行反硝化，进水中有机氮被还原成 NO_x^--N，除去硝态氮，以消除对厌氧池的不利影响。另一股 50%～70%的废水与缺氧池的出水混合后进入厌氧池，保证厌氧池的除磷效果。

倒置 A^2O 工艺对低浓度废水的脱氮除磷处理效果较好。废水处理效果为：BOD_5 去除率在 90%以上，TP 去除率约为 85%以上，TN 去除率约 80%以上。倒置 A^2O 工艺克服了 A^2O 缺氧池内碳源不足导致反硝化反应受到限制的问题，优先利用进水中的碳源进行反硝化，系统脱氮效果远优于 A^2O 工艺。

倒置 A^2O 工艺从除磷角度分析具有：①“饥饿效应”。PAOs 厌氧释磷后直接进入生化效率较高的好氧环境，其在厌氧条件下形成的摄磷驱动力可以得到充分利用。②“群体效应”。所有参与回流的污泥都经历完整的释磷、摄磷过程。

倒置 A^2O 工艺主要是针对缺氧反硝化碳源不足而改进设计的，缺氧池内碳源充足，回流污泥和混合液在缺氧池内进行反硝化，去除硝态氮，再进入厌氧段，保证了厌氧池的厌氧状态，强化了除磷效果。由于污泥回流至缺氧段，缺氧段污泥浓度较好氧段高出 50%，单位池容的反硝化速率明显提高，反硝化作用能够得到有效保证。

第十一节 UCT 工艺

UCT（University of Cape Town）工艺是南非开普敦大学提出的一种脱氮除磷工艺，是一种改进型的 A^2O 工艺。UCT 工艺由厌氧池、缺氧池和好氧池组成。其中厌氧池主要进行磷的释放和氨化；缺氧池进行反硝化脱氮；好氧池用来去除 BOD、吸收磷以及硝化。

一、 UCT 工艺原理

由于 A^2O 工艺中回流污泥中的 NO_3^--N 回流至厌氧段，干扰了聚磷菌细胞体内磷的厌氧释放，降低了磷的去除率，使脱氮除磷效果难以进一步提高。而 UCT 工艺为了避免硝酸盐干扰厌氧池释磷的这种弊端，回流污泥不是先进厌氧段，而是让回流污泥首先进入缺氧段，在缺氧段进行反硝化脱氮，进水中有机氮被还原成 NO_x^--N，除去硝态氮，以消除对厌氧池的不利影响。缺氧段部分流出混合液再返回到厌氧段。通过这样调整后，就避免了因回流污泥中的 NO_3^--N 回流至厌氧段，干扰磷的厌氧释放，而降低磷的去除率，使厌氧池的功能得到充分发挥，既提高了磷的去除率，又对脱氮没有影响，回流污泥带回的 NO_3^--N 将在缺氧池中被反硝化。该工艺对氮和磷的去除率都大于 70%。UCT 工艺减小了厌氧反应器的硝酸盐负荷，提高了除磷能力，达到脱氮除磷目的。但由于增加了回流系统，操作复杂，运行费用相应提高。

二、 UCT 工艺流程

UCT 生物脱氮除磷工艺流程见图 5-8。

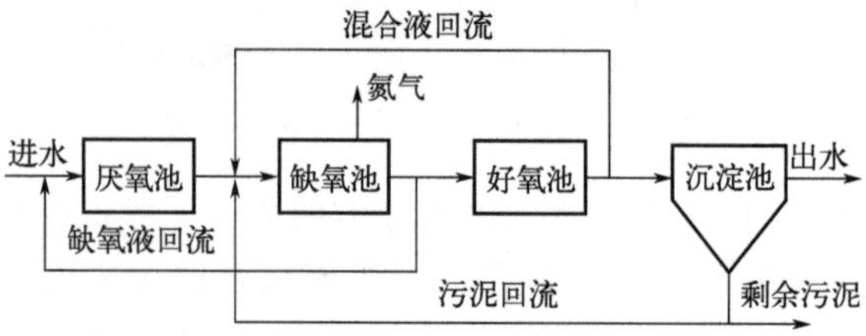

图 5-8 UCT 生物脱氮除磷工艺流程示意图

由图 5-8 可知：回流污泥与好氧池来的内循环混合液混合后，首先进入缺氧池进行硝化脱氮。缺氧池出水（部分缺氧液）回流与进水混合流入厌氧池，进行磷的释放和氨化。

UCT 工艺对 COD 的去除率可达到 85％以上，NH_4^+-N 去除率达 97％，TN 去除率在 75％左右，PO_3^{4-}-P 去除率为 80％。

UCT 工艺与 A^2O 工艺的不同之处在于：①沉淀池污泥回流到缺氧池而不是回流到厌氧池。这样设置可以防止由于硝酸盐氮进入厌氧池，破坏厌氧池的厌氧状态而影响系统的除磷率。②增加了从缺氧池到厌氧池的混合液回流。由缺氧池向厌氧池回流的混合液中含有较多的溶解性 BOD_5，而硝酸盐较少，为厌氧池内所进行的有机物水解反应提供了最优的条件。在实际运行过程中，当进水中总凯氏氮（TKN）与 COD 的比值高时，需要降低混合液的回流比，以防止 NO_3^- 进入厌氧池。但是回流比太小，就会增加缺氧池的实际停留时间。实验表明，若缺氧池的停留时间超过 1h，在某些单元中污泥的沉降性能会恶化。

在 UCT 工艺的基础上，对其进行改造，又出现了 MUCT 工艺，即改良的 UCT 工艺。与 UCT 相比，MUCT 主要是将传统 A^2O 工艺中的缺氧区分隔为 2 个独立的区域。前缺氧区接受来自二沉池的回流污泥，后缺氧区接受好氧区的硝化液，从而使外回流污泥的反硝化与内回流硝化液的反硝化完全分离，进一步减少了硝酸盐对厌氧释磷的影响。MUCT 工艺回流系统的改变强化了厌氧、缺氧的交替环境，使缺氧区更容易富集反硝化 PAOs，实现同步脱氮除磷。

三、 UCT 工艺控制

1. 负荷

进水中有机负荷不够时，特别是厌氧进水口挥发性脂肪酸（VFA）偏低不能达到处理需求，或负荷的冲击过大时会影响处理效果。通常情况下，（F/M）负荷控制在 0.1～0.18kg BOD_5/(kgMLVSS · d) 是比较适宜的。

2. 溶解氧

厌氧池的厌氧达不到绝对厌氧的效果，即溶解氧在 0.2mg/L 以下，甚至为 0mg/L，同时硝态氮的浓度在 4mg/L 以下时，必须降低回流比，才能使磷得到充分释放；或者是好氧段溶解氧不足，好氧吸收磷不充分，出水口溶解氧过低，造成二沉池二次释磷，均会影响到出水 TP 的达标。因此控制生物池好氧廊道 DO 0.5～3mg/L，末端控制在 2～4mg/L。

3. 废水进水总磷

当废水进水总磷浓度偏高时，即进入厌氧段的废水中 BOD_5/TP 小于 20，甚至小于 10，可以做初沉池超越，提高负荷，或者升级改造进行化学除磷。

4. 进水 pH 值

当 pH 值不稳定时，如工业酸性废水或其他会突然改变废水系统 pH 值的水源进入，会直接影响总磷在厌氧段的释放。要尽量避免 pH 值冲击，否则除磷效果将会大幅度下降，甚至完全丧失。如进水 pH 值突然降低，会导致细胞结构和功能损坏，细胞内聚磷在酸性条件下被水解，从而导致磷的快速释放，影响除磷效果。

5. 污泥龄

一般控制污泥龄在 8～20d。聚磷菌是世代时间 3d 的微生物，硝化菌为长世代（30d）微生物，聚磷菌和硝化菌在污泥龄上存在矛盾。若污泥龄太长不利于除磷；若污泥龄太短，硝化菌无法存活。

6. 浓缩和脱水的上清液二次释放

在污泥处理过程中停留时间过长，导致磷二次释放到浓缩和脱水的上清液中，上清液随着进水重新进入系统，增大了系统的磷负荷，甚至导致磷在整个系统中反复循环富集，使出水总磷严重不达标。

7. 厌氧段停留时间

废水与污泥的混合液经过 2h 厌氧后，磷的释放已甚微。在有效释放过程中，磷的释放量与有机物的转化量之间存在着一定的相关性。在磷的有效释放过程中，磷的厌氧释放可使污泥的好氧吸磷能力提高，厌氧段每释放 1mg P，在好氧条件下可吸收 2.0～2.4mg P；厌氧时间加长，磷的无效释放会逐渐增加，平均厌氧释放 1mg P，所产生的好氧吸磷能力将降至 1mg P 以下，甚至达到 0.5mg P。因此在一般情况下，厌氧区的水力停留时间以 1～1.5h 为宜。

8. 水温

硝化菌对温度变化非常敏感，一般生物池系统温度在 12～35℃之间。生产中冬季由于温度偏低，硝化效果受到抑制，只能勉强维持，为保障氨氮出水达标，采用增大污泥龄的措施来应对低温对硝化的影响，但对出水 TP 会造成影响，所以冬季要采取提高生物池污泥浓度和控制污泥龄的方式，来平衡硝化和除磷。

9. 回流系统

外回流一般控制在 50%～65%（依据厌氧段的 NO_3^--N 浓度小于 4mg/L），回流过低会造成二沉池的污泥停留时间过长，在二沉池中发生磷的二次释放。好氧回流控制在 100%，UCT 工艺中要保障缺氧处于最大回流状态，实际控制在 150%。

四、 UCT 工艺计算

UCT 工艺将回流污泥入口从厌氧池前端调整至缺氧池后端，同时增加从缺氧池到厌氧池的污泥回流，以减少回流污泥中硝酸盐氮对厌氧释磷的干扰。工艺流程见图 5-9。

1. 厌氧池污泥浓度计算

厌氧池污泥浓度 X_A 与缺氧池和好氧池不同，其值按下式计算：

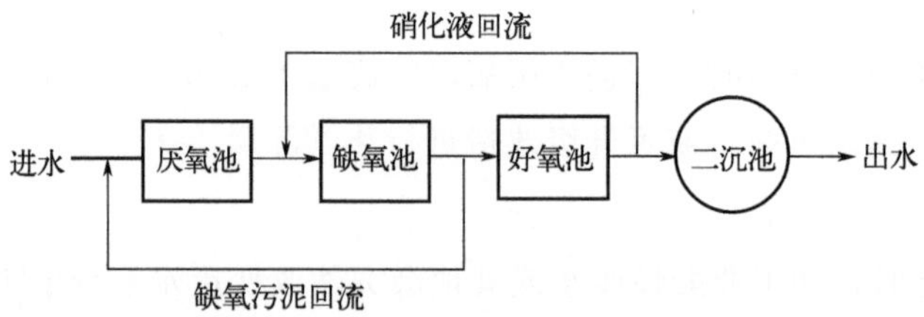

图 5-9 增加缺氧污泥回流工艺流程示意图

$$X_A = r'X/(1+r')$$

式中 X_A——厌氧池污泥浓度，g/L；
r'——缺氧污泥回流比；
X——污泥浓度，mg/L。

2. 厌氧池容积计算

$$V_A = (0.75 \sim 1.0)Q(1+r')$$

式中 V_A——厌氧池容积，m^3；
r'——缺氧污泥回流比，一般取 100%～200%。

3. 厌氧污泥量比 XAT 计算

如果厌氧污泥量比值小于 10%，需另选取 r'，再算出厌氧池容积和厌氧污泥量比值，如此试算到满足要求为止。其余均与普通 A^2O 工艺相同。

4. UCT 设计参数选择

污泥负荷：0.05～0.15kg BOD_5/(kg MLVSS·d)；

污泥浓度：2000～4000mg/L；

污泥龄：10～18d；

污泥回流比：40%～100%；

好氧池（区）混合液回流比：100%～400%；

缺氧池（区）混合液回流比：100%～200%；

停留时间：厌氧池（区）水力停留时间 1～2h，缺氧池（区）水力停留时间 2～3h，好氧池（区）水力停留时间 6～14h。

第十二节 JHB 工艺

JHB 工艺，因在南非 Johannesburg 的污水处理厂中首先应用而得名。反应池的最前端的厌氧区被分成缺氧区/厌氧区。回流污泥在缺氧区/厌氧区的前部进入，而进水则分两部分进入。JHB 工艺与 UCT 工艺的主要区别是在厌氧池前面再设置一个缺氧池，与分点进水倒置 A^2O 工艺相比，JHB 工艺亦称 $A+A^2O$ 工艺。JHB 工艺与 UCT 工艺的设计初衷是一样的，主要是通过改变外回流位点来解决硝酸盐、DO 残余干扰释磷的缺陷。JHB 工艺流程见图 5-10。

JHB 工艺中的脱氮主要发生在污泥反硝化区和缺氧区，且两者的脱除量相当。污泥反硝化区的设置改变了氮素在各功能区的分配比例，使厌氧区能够更好地专注于释磷。与倒置 A^2O 工艺相同，对于低 C/N 进水而言，JHB 工艺污泥反硝化区的设置可能会导致后续各功

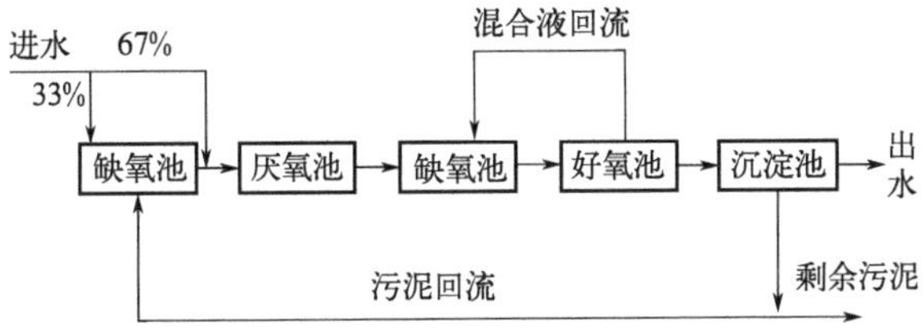

图 5-10　JHB 工艺流程示意图

能区的碳源不足，为此有必要采用分点进水方式。

与 UCT 工艺不同，JHB 工艺是在不改变传统 A^2O 工艺各功能区空间位置的情况下，污泥先回流至新增的缺氧区，使其经历反硝化脱氮后，再通过新增缺氧区的混合液流至厌氧区，避免了回流污泥中硝酸盐、DO 对厌氧释磷的干扰。在进水 C/N 适中的情况下，缺氧区的反硝化作用可使回流至厌氧区的混合液中硝酸盐的含量接近 0；而当进水 C/N 较低时，JHB 工艺中的缺氧区可能无法实现氮的完全脱除，仍有部分硝酸盐进入厌氧区。

第十三节　新型双污泥脱氮除磷（PASF）工艺

新型双污泥脱氮除磷（PASF）工艺分为 2 个阶段，前阶段采用活性污泥法，后阶段采用生物膜法。PASF 工艺可谓是传统 A^2O 与曝气生物滤池 BAF 的组合工艺，是以分相培养为基础的双泥系统，能更好地满足各功能微生物对环境、营养物质及生存空间的最佳需求。在工艺设计及运行过程中，通过缩短前端 A^2O 工艺好氧区的 HRT，将硝化过程从中分离并按顺序“嫁接”于二沉池后端的 BAF。

一、 PASF 工艺原理

生物除磷是利用污水中的聚磷菌在厌氧条件下，受到“压抑”释放出来体内的磷酸盐，产生能量用以吸收并快速降解有机物，并转化为 PHB 储存起来，当聚磷菌进入好氧条件时，就降解体内储存的 PHB 产生能量，用于细胞的合成和磷的吸收，形成含磷量高的污泥，随剩余污泥一起排出系统，从而达到除磷的目的。一般情况下，在曝气生物滤池内不存在厌氧和好氧交替的环境，所以在滤池中产生生物除磷作用相对较困难，常规的生物脱氮除磷工艺中聚磷菌、反硝化菌、硝化菌等共存于同一活性污泥系统，生物法除磷是污泥过量吸磷后，富含磷的污泥被排除，从而去除磷，必然存在硝化菌与聚磷菌的不同污泥龄之争，使除磷和硝化相互干扰。PASF 工艺，较好地解决了硝化菌与聚磷菌的污泥龄之争、反硝化与聚磷菌厌氧释磷的矛盾难题。

对于 PAOs 的厌氧释磷而言，因前端的污泥单元不承担硝化功能，在理想条件下外回流污泥中不含有硝酸盐，为 PAOs 厌氧释磷创造了良好的“压抑”环境，使其优先利用原水中的 VFAs 类物质合成 PHAs 并释放磷。另外，长 SRT 的硝化菌以生物膜形式附着生长在填料表面，而短 SRT 的 PAOs 和反硝化菌呈悬浮态生长在前端的污泥单元，实现了硝化菌与反硝化菌、PAOs 等功能微生物的 SRT 分离，缓解了 SRT 矛盾。决定缺氧区反硝化效果的因素主要有 2 个：进入缺氧区的优质碳源（VFAs 和 PHAs）含量及来自 BAF 的内回流硝化液中的硝酸盐含量。当进水 C/N 较高时，硝酸盐成为反硝化的限制因子，随着内回流比的增大缺氧区异养反硝化效果也相应提高，但升高幅度却呈递减趋势；而当进水 C/N 较低时，因碳源成为反硝化的限制因子，根据异养反硝化菌和反硝化PAOs对电子受体的竞争机制，通过适当提高内回流硝酸盐负荷的方式刺激反硝化聚磷菌（DPAOs）的优势生长，使其以硝酸盐为电子受体，并以PHAs为电子供体进行同步反硝化脱氮除磷，实现“一碳两用”，同时可节省系统的能耗，减少污泥产量。

二、 PASF工艺流程

PASF全过程分为2个阶段：二沉池前段采用活性污泥法（厌氧、缺氧和好氧）；二沉池后段采用生物膜法。PASF工艺流程见图5-11。

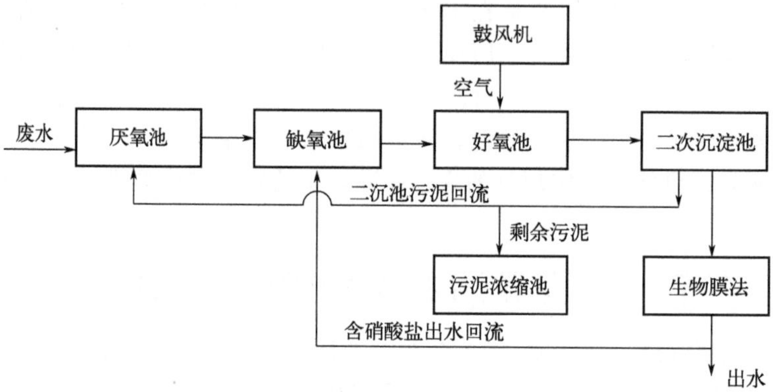

图5-11 PASF工艺流程示意图

PASF前段工艺流程与A^2O工艺类似，主要区别在于好氧池水力停留时间较短，系统的污泥龄较短，使好氧池内达不到硝化环境的要求，仅适合聚磷菌生长，使得除磷效果较好。同时由于污泥交替进入厌氧池和好氧池，污泥沉降性好。由于好氧池无硝化反应，好氧池不用设置污泥内回流至缺氧池，缺氧池的回流水来自后段曝气生物滤池出水，即经过硝化的出水回流至缺氧段。

三、 PASF工艺结构功能

1. 厌氧段

厌氧段的功能主要是快速厌氧释磷。二沉池中回流污泥中残留的少量NO_3^-在厌氧段初期迅速被反硝化，伴随着水中COD的去除，反应器中出现厌氧释磷现象，释磷速率与水中COD去除率相对应。厌氧段迅速吸收有机物并具有以下特点：

① 由于进水中的有机物为聚磷菌提供了呈梯度的高浓度有机物（F/M值高），有机物最大可能地被用于厌氧释磷和后续缺氧段的反硝化吸磷脱氮，提高了有机物在生物脱氮吸磷中的利用率。

② 部分COD直接以厌氧产物或经缺氧呼吸的形式被去除，降低了后续好氧段需氧化的有机物量，使得该工艺比传统活性污泥法节省了供氧量。

2. 缺氧段

反硝化聚磷菌经过厌氧段充分有效地释磷并快速吸收降解有机物合成大量的PHBs后进入缺氧段，同时后阶段的硝化出水回流至缺氧段，在反硝化菌的作用下，污水中的NO_3^-下降。

3. 好氧段

进入好氧段后，出现好氧吸磷现象，进水中的有机物大部分被去除，由于污泥龄较短，不适宜硝化细菌的生长，因此无 NH_4^+ 的消耗，同时后段的生物滤池反应器提供了低 COD、TKN 值的进水，为保证生物滤池高效的硝化反应奠定了基础。同时好氧反应器 SVI 较低，污泥沉降性能较好，使后续沉淀池可承受较高的负荷。

4. 生物膜法

PASF 后阶段采用生物膜法曝气滤池处理，由于有机负荷低，为硝化提供了较好的基础，二沉池出水后进入曝气生物滤池，可发挥生物滤池负荷高、占地面积小等特点。一方面可利用滤池的硝化作用，达到硝化的目的，硝化后出水部分回流至前阶段缺氧池进行反硝化，由于回流会增加二沉池水力负荷，回流比例需根据总氮要求及二沉池的表面负荷综合确定。另一方面曝气生物滤池具有过滤作用，使二沉池出水中的 SS 进一步降低，使出水达到或优于一级排放标准。

四、 PASF 工艺特点

PASF 工艺与常规生物脱氮除磷工艺相比，其硝化、反硝化和好氧吸磷都处于较理想的反应条件下，显示出非常稳定的硝化和脱氮除磷效果。其主要特点为：

① 采用双系统（聚磷菌、反硝化菌共存于一个活性污泥系统，硝化菌存在于生物滤池系统），可分别控制自养硝化菌和异养菌（聚磷菌和反硝化菌）的污泥龄，解决了自养菌和异养菌的不同污泥龄之争，有利于发挥反硝化脱氮除磷与硝化各自的优势。

② 异养型兼性菌在理想的厌氧、缺氧、好氧交替的环境下进行反硝化和除磷，自养型专性好氧硝化菌可始终在曝气环境中进行好氧硝化，同时克服传统活性污泥丝状菌膨胀等弊端。

③ 厌氧段活性污泥通过快速吸附或降解废水中的易降解有机物，为聚磷菌提供释磷所需的碳源（如挥发性脂肪酸 VFAs）。在缺氧环境下，反硝化细菌优先利用剩余有机物完成脱氮反应，而聚磷菌在特定条件下（如低溶解氧、存在硝酸盐）可通过反硝化除磷作用同步利用硝酸盐作为电子受体，实现“一碳两用”（碳源同时用于脱氮和释磷），从而缩短污泥龄（较传统工艺减少 30%～50%），降低单位除磷的 BOD 消耗量（节省碳源 20%～30%）。此外，厌氧/缺氧段对有机物的高效去除降低了好氧硝化段的 COD 负荷（通常使硝化池 COD＜50mg/L），减少异养菌与硝化菌的竞争，显著提升硝化效率。

④ 充分利用活性污泥法和曝气生物滤池各自的优点，具有较好的处理效率，达到低能耗、高处理效果的目的，同时能减少占地面积。

第十四节 双循环两相生物处理（BICT）工艺

一、 BICT 工艺组成

双循环两相生物处理（BICT）工艺是在序批式活性污泥法的基础上，增设独立的生物膜硝化反应器，使自养硝化菌与反硝化菌、PAOs 等异养菌分相培养，以克服脱氮与除磷间的 SRT 矛盾及硝酸盐、DO 干扰释磷而开发的废水处理新工艺，其主体单元由厌氧生物选择器、序批式悬浮污泥主反应器（SBR）、膜法硝化池组成。BICT 工艺流程见图 5-12。

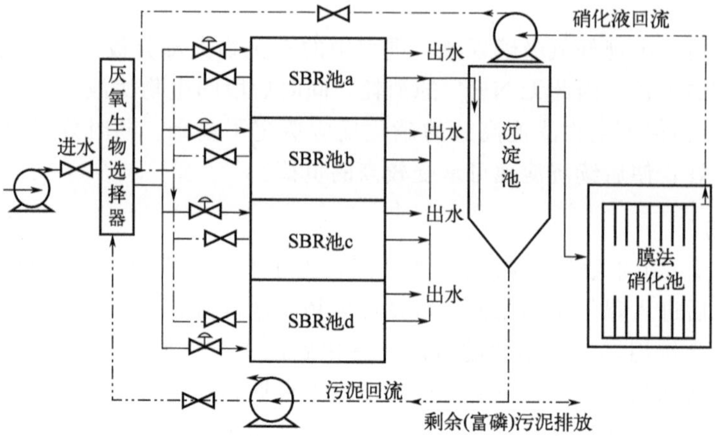

图 5-12 BICT 工艺流程示意图

二、 BICT 工艺运行

BICT 工艺运行由 4 个过程完成。

1. 进水、曝气搅拌+污泥回流

原水与沉淀池的回流污泥在厌氧生物选择器内混合接触，借助高负荷梯度产生的“选择压力”筛选出具有良好絮凝性的细菌，并使 PAOs 厌氧释磷。此时，主反应器在曝气搅拌的作用下，完成 COD 的去除及 PAOs 的超量摄磷。

2. 缺氧搅拌+硝化液回流

主反应器接受来自生物膜硝化反应器（膜法硝化池）的硝化液，在机械搅拌作用下，完成反硝化脱氮，同时被挤出的混合液进入沉淀池，经沉淀分离后上清液进入生物膜硝化反应器。

3. 再曝气

吹脱污泥中包裹的氮气以利于泥水分离，也可强化 PAOs 的好氧摄磷。

4. 静置沉淀、滗水

静置沉淀的同时排出富磷污泥。此工艺独立硝化反应单元的设置消除了 SRT 与硝化的高度关联性，SRT 不再是影响系统脱氮效率的限制因子。

第十五节 BCFS 工艺

BCFS（Biologische Chemische Fosfaat Stikstofverwijdering）工艺可实现磷的完全去除和氮的最佳脱除。与 UCT 工艺相比，BCFS 工艺在主流线上增设 2 个反应区——接触区和混合区。介于厌氧区与缺氧区之间的接触区相当于第 2 选择池，可以有效控制丝状菌的异常生长，防止污泥膨胀的发生；另外，也将回流污泥先回流于此进行反硝化脱氮反应，给 PAOs 厌氧释磷营造了良好的“压抑”环境。介于缺氧区与好氧区之间的混合区相当于一个“机动单元”，可通过曝气系统的启闭灵活地控制其前端缺氧区和后端好氧区的氧化还原电位（曝气开启时，混合区氧气向后端扩散，强化好氧区的硝化作用；曝气关闭时，混合区形成缺氧环境，促进前端缺氧区的反硝化脱氮），也可在低 C/N 条件下诱导反硝化 PAOs 成为优势菌群而发挥同步脱氮除磷作用，实现“一碳两用”。BCFS 工艺流程见图 5-13。

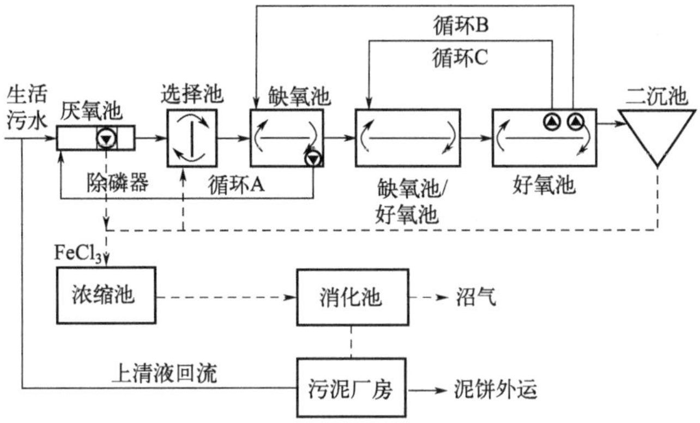

图 5-13 BCFS 工艺流程示意图

第十六节 AO 法在煤制天然气废水处理中的应用

一、概述

某煤制天然气项目制订了零排放方案，其中全厂新鲜水正常用量 3020m^3/h，生活用水 30m^3/h。煤化工排水量正常为 693m^3/h，最大为 778m^3/h，经零排放处理后全部回用。其中化工装置排放的生产废水和全厂生活废水为 193m^3/h，经处理后回用作化工循环水补充水；化工循环水装置排放的含盐废水为 369m^3/h，经脱盐后回用作化工区循环水补充水；脱盐后的浓盐水为 27m^3/h，用作输煤系统冲洗水和灰场抑尘水，另一部分浓盐水 75m^3/h 与煤气化装置排放的气化废水 56m^3/h 送卤水蒸发器蒸发，蒸馏水送动力车间，浓盐水送堆场填埋。循环水水量 77004m^3/h。全厂水处理及用水量参数见表 5-5。

表 5-5 全厂水处理及用水量参数一览表

序号	用水名称	正常水量/(m^3/h)	最大水量/(m^3/h)	备注
1	新鲜水	3020		
2	生活水	30		含在序号 1 中
3	化工排水	693	778	处理后回用
4	气化废水	193		处理后循环水回用
5	循环水排废水	369		处理后循环水回用
6	循环水脱盐水	27		输煤系统用
7	循环水脱盐水	75		送卤水蒸发器
8	煤气化排水	56		送卤水蒸发器
9	循环水	77004		
10	脱盐水需求量	2592	2662	冷凝液精制 1650m^3/h
11	汽机冷凝水(55℃)	677.8	692.5	

续表

序号	用水名称	正常水量/(m^3/h)	最大水量/(m^3/h)	备注
12	工艺冷凝水(155℃)	876.9	944.9	
13	脱盐水制备补水	1500		
14	全厂废水处理	956		1147.3m^3/h 设计规模
15	回用水处理	955		

煤制 20 亿 m^3 天然气项目原水水质分析数据见表 5-6。

表 5-6 煤制 20 亿 m^3 天然气项目原水水质分析数据

序号	项目	数据	备注
1	色度	<5	
2	亚硝酸根(以 N 计)		未检出(<0.01mg/L)
3	悬浮物	<5mg/L	
4	浊度	16.0NTU	
5	总固体含量	316mg/L	
6	固体溶解物	315mg/L	
7	磷酸根	0.09mg/L	
8	蒸发残留物	316mg/L	
9	电导率	401μS/cm	
10	总硬度(以 $CaCO_3$ 计)	197mg/L	
11	暂时硬度(以 $CaCO_3$ 计)	145mg/L	
12	永久硬度(以 $CaCO_3$ 计)	52.0mg/L	
13	油脂含量	0.08mg/L	
14	总碱度(以 $CaCO_3$ 计)	145mg/L	
15	酸度(以 $CaCO_3$ 计)	<10mg/L	
16	含氧量	12.6mg/L	
17	生化需氧量	0.6mg/L	
18	游离二氧化碳	<4mg/L	

二、脱盐水系统

依据各装置对脱盐水的需要量和项目蒸汽消耗与凝结水回收平衡测算，项目需要脱盐水总量为 2592m^3/h，最大量为 2662m^3/h。全厂回收冷凝水量分为两股，55℃汽机冷凝水正常为 677.8m^3/h，最大量为 692.5m^3/h；150℃工艺冷凝水正常为 876.9m^3/h，最大量为 944.9m^3/h。由生产水直接制取脱盐水装置的设计出水量为 1500m^3/h，冷凝液回收精制脱盐水设计出水量为 1650m^3/h。脱盐水水质要求参数见表 5-7。

表 5-7 脱盐水水质要求参数一览表

序号	项目	数据	备注
1	电导率(25℃)	高精度脱盐水(如锅炉用水)：≤0.2μS/cm； 一般工业脱盐水：≤5μS/cm	
2	SiO_2	≤20μg/L	

续表

序号	项目	数据	备注
3	铁	≤50μg/L	
4	铜	≤10μg/L	
5	硬度	≤2μmol/L	
6	溶解氧	≤15μg/L	
7	供水压力		0.5MPa 和 1.8MPa

1. 生产水制备脱盐水

脱盐水制备采用预处理＋反渗透＋混合离子交换器工艺。流程简述：原水经过管道输送至原水箱贮存，再经原水泵提升进入板式换热器，升温至 20℃后进入活性炭过滤器处理，以滤除生产水中的细小颗粒、大分子有机物、胶体等，保证其出水 SDI(污染指数)≤4，过滤器设备 32 台（28 用 4 备），当其中任何一台过滤器进出口压差达到一定值或达到设定反洗时间时，则退出使用进行反洗，使用备用过滤器。滤后水利用余压直接进入成套反渗透装置进行一级除盐，脱除水中的可溶性盐分、胶体、有机物及微生物。成套反渗透装置包括保安过滤器、高压泵、清洗设备、阻垢设备和反渗透膜等。膜组件采用世界上先进的低压复合膜，当反渗透回收率为 75％时，脱盐率≥97％。为保证该装置正常运行，配置了阻垢剂投加装置、RO 清洗系统、RO 反冲洗系统等。反渗透系统的产水经脱碳器进一步去除水中的游离 CO_2，使游离的 CO_2 降低至 5mg/L 以下，从而延长了后续混床的运行周期。脱碳后的除盐水进入中间水箱贮存。之后再用泵送入混床进行二级脱盐处理。在混床内水中残余阳、阴离子几乎同时与阳、阴树脂进行离子交换，从而获得合格的脱盐水。脱盐水进入脱盐水箱贮存，经加氨调节 pH 值达到 8～9，用脱盐水泵加压输送到各用水点。

2. 冷凝水制备脱盐水

55℃的冷凝水汇集后直接进入冷凝水罐中，150℃的冷凝水则经过板式换热器，将生产水和制备的脱盐水尽量加热后进入冷凝水罐。夏季，冷凝水温度不能降至 60℃以下时，则利用循环水换热降温。在工艺装置内可能受到污染的凝结水回水管上设有在线仪表，用于监测水质，并与该管道上的开关阀联锁，当水质受到污染超标时，排入废水处理系统。回收的合格工艺凝结水回水先进入冷凝水箱贮存，再经冷凝水泵提升，依次进入精密过滤器和阳床去除冷凝水中可能存在的阳离子，然后进入混床进行二级脱盐处理，最后也进入脱盐水箱贮存。

3. 反洗、再生废水处置

设置一台反洗水箱，收集反渗透产生的浓水，供给活性炭过滤器反洗使用，不足部分由生产水补充供给。活性炭过滤器根据压差或设定反洗时间周期逐一自动反洗，反洗水经反洗水泵提升后进入活性炭过滤器。反渗透系统产生的其余浓水将排入 RO 浓水排水池中，用泵打入废水回用装置再次处理。混床采用体内再生方式，使用浓度为 2％～5％的 HCl 溶液和 2％～4％的 NaOH 溶液作为再生药剂。当混床树脂失效时，利用水力反洗使树脂膨胀，由于阳树脂密度较大，阴树脂密度较小，阴、阳树脂在混床内分层分布。NaOH 从混床的上部进入，HCl 从混床的下部进入，分别对阴、阳树脂进行再生，然后对阴、阳树脂进行冲洗。

再生废液和冲洗废水经混床中间排水装置排出。再生清洗结束后，在混床内用压缩空气将阴、阳树脂混合后备用。脱盐水站内产生的冲洗废水、反洗再生废水以及酸雾吸收器的排水等通过室内地沟排入中和池内。另一股热电站间断排出的含酸清洗废水也经地上管道进入中和水池内，中和池内设液位计和 pH 计，酸碱管道引入池中，池内设两台潜水泵，泵出口管道上设回流管，回流管道上设 pH 计量表，控制酸、碱投加量。将压缩空气引入池中，有压空气通过设在池底的穿孔管进入池中，利用泵回流＋压缩空气这种方式搅拌池中废水，保证废水和投加的酸、碱充分混合，中和后的废水用泵打入废水回用装置进行处理。

4. 主要水处理设备工艺参数

原水箱 1 座，钢制，内刷环氧树脂漆，室外设置，蒸汽伴热，有效容积为 $4250m^3$。

原水泵 3 台，2 用 1 备，每台泵能力为：$Q=1100m^3/h$，$H=40m$。

活性炭过滤器 32 台，28 用 4 备，每台处理能力为 $82m^3/h$，过滤速度为 8m/h，根据过滤器进、出水的压差和时间间隔自动反洗。

反渗透系统设 8 组，每组包括 1 台保安过滤器、1 台高压泵和 1 套反渗透装置，每组反渗透出力为 $190m^3/h$。

除二氧化碳器 4 座，淋水密度为 $50m^3/(m^2 \cdot h)$，直径为 3000mm。

中间水箱 1 座，混凝土衬 FRP（纤维增强复合材料），室外设置，有效容积为 $1500m^3$。

中间水泵 3 台，2 用 1 备，每台泵能力为：$Q=750m^3/h$，$H=30m$。

RO 冲洗泵 1 台，能力为：$Q=135m^3/h$，$H=35m$。

冷凝水箱 1 座，钢制，内刷环氧树脂漆，室外设置，有效容积为 $1650m^3$。

冷凝水泵 3 台，2 用 1 备，每台泵能力为：$Q=820m^3/h$，$H=55m$。

阳床 8 台，7 用 1 备，每台处理能力为 $235m^3/h$，直径为 3200mm。

混床 10 台，分为 2 组，1 组用于由生产水制备脱盐水，1 组用于由冷凝水制备脱盐水。每组混床均为 4 用 1 备，体内再生。生产水制备单台交换器出力为 $375m^3/h$，直径为 3200mm。冷凝水制备单台交换器出力为 $415m^3/h$，直径为 3200mm。出水水质可达到电导率$\leqslant 0.2\mu S/cm$，$SiO_2 \leqslant 20\mu g/L$。

再生泵 2 台，1 用 1 备，每台泵能力为：$Q=45m^3/h$，$H=35m$。

脱盐水箱两座，钢制，内刷环氧树脂漆，室外设置，蒸汽伴热，有效容积为 $4000m^3$。

脱盐水泵 5 台，3 用 2 备。其中 2 台每台泵能力为：$Q=1130m^3/h$，$H=60m$。另外 3 台每台泵能力为：$Q=800m^3/h$，$H=180m$。

反洗水箱 1 座，钢制，内刷环氧树脂漆，室外设置，蒸汽伴热，有效容积为 $700m^3$。

反洗水泵 2 台，1 用 1 备，每台泵能力为：$Q=350m^3/h$，$H=25m$。

酸、碱贮存在厂内的酸、碱罐区，由地上管道将 31%的 HCl 和 32%的 NaOH 送至脱盐水站内，站内仅设置酸、碱计量箱，FRP 制，其中酸计量箱 3 个，碱计量箱 2 个，分别配备酸、碱喷射器。

设置中和水池 1 座，混凝土制，池内壁做酸、碱防腐处理，有效容积为 $250m^3$。

中和水泵 2 台，每台能力为：$Q=100m^3/h$，$H=20m$。

RO 浓水池 1 座，混凝土制，池内壁做防腐处理，有效容积为 $250m^3$。

RO 浓水泵 2 台，每台能力为：$Q=700m^3/h$，$H=20m$。

三、废水来源及组成

煤制气化工废水来源主要分为两类：一是工艺废水（有机物污染废水）；二是含盐废水

(无机物污染废水)。按零排放设计要求,全部废水经有机污染物处理后进行回用水处理。

1. 有机物污染废水

工艺废水主要为鲁奇工艺煤气化废水、生活废水、地面冲洗水以及初期雨水,这部分废水 COD 浓度高,属有机物污染废水,具有如下特点:

① 废水中有机物浓度高,COD 为 3500mg/L,BOD_5/COD 值一般,可采用生化处理工艺,在好氧环境下比较容易分解。

② 废水中含有难降解有机物如单元酚、多元酚等含苯环和杂环类物质,有一定的生物毒性,在好氧环境下难以分解,需要在厌氧/兼氧环境下开环和降解。

③ 废水中氨氮浓度高达 200mg/L 以上,处理难度较大,需要选用硝化和反硝化能力均很强的组合处理工艺。

④ 废水中含有浮油、分散油、乳化油类和溶解油类物质。溶解油的主要组分为苯酚类的芳香族化合物。乳化油需要用气浮方式加以去除。溶解性的苯酚类物质需要通过生化、吸附的方法去除。

⑤ 废水中含有单元酚、多元酚等毒性抑制物质,需要通过驯化提高微生物的抗毒能力,选择合适的组合工艺提高系统抗冲击能力。

⑥ 当工艺生产过程出现问题时,会导致污染物浓度极高的非正常废水排放,该废水不能直接进入生化处理系统,需要设置事故调节池等。

⑦ 废水色度较高,含有一部分带有显色基团的物质。

2. 无机物污染含盐废水

废水中的硬度、溶解性固体含量高,不能满足循环水补水水质的要求,在经以去除 COD、BOD_5、氨氮等为主的生化处理工艺,以除油、脱色为主的预处理工艺,以物化为主的后处理强化工艺外,还要在回用水处理站进行全部除盐处理。这类废水具有如下特点:

① 废水中的盐分来自工艺废水处理过程投加药剂产生的盐、废水回用系统中循环积累的盐。

② 废水来自循环水系统排污、热电站排污、脱盐水站排污,废水中含有盐和少量 SS,有机污染物含量较少,要对废水中的盐分、SS 等进行处理,脱除盐分和少量有机物,防止循环水系统内盐分循环积累。

③ 含盐废水的溶解性固体含量约 1600mg/L,含盐废水应按照回用水中溶解性固体、氯离子等指标要求,按照全部水量脱盐考虑。

四、废水处理站、回用水处理站

1. 废水处理站

对含有机污染物的工艺废水(含地面冲洗水以及初期雨水)及生活废水进行生化处理,设工艺废水生化处理站装置(简称废水处理装置)1 套。

2. 回用水处理站

废水生化处理装置出水和含盐废水合并进行回用水处理,设置废水回用处理装置(简称废水回用装置)1 套,包括:①生化废水回用单元,对生化处理装置的出水进行全水量除盐处理。②含盐废水回用单元,对含盐废水进行全水量除盐处理。根据废水处理系统各装置间实际水量平衡,工艺废水未预见废水量按 20% 考虑,则工艺废水生化装置进水量为

$1147.3m^3/h$，工艺废水回用装置按全部除盐考虑。含盐废水回用装置规模按 $1200m^3/h$ 考虑（含内部反冲洗水量）。煤化工废水处理各装置规模见表 5-8。

表 5-8　煤化工废水处理各装置规模

序号	项目名称		设计规模/(m^3/h)	备注
1	废水处理装置		1200	
2	废水回用装置	生化废水回用	1200	含在废水回用装置内
		含盐废水回用	1200	含在废水回用装置内
3	多效蒸发		300	

五、废水生化处理

项目煤气化处理废水中含 COD、油、色度、NH_3-N，对于该类废水，目前国内主要采用以沉淀除油、气浮为主体的预处理工艺路线，以去除 COD、提高可生化性、脱氮为目的的生物处理主流程；选择酸化水解、AO 工艺、SBR 工艺等，采用以混凝、过滤、臭氧氧化、高效生物滤池（BAF）、活性炭吸附及其组合的三级处理工艺，以及采用膜分离如 UF、RO 等技术组合的除盐处理工艺。

1. 预处理

废水预处理的目的是去除生化处理不能去除的、对生化处理有影响的物质。该废水中含有油，是预处理的重点。含油废水多采用平流隔油、斜板隔油、气浮的组合工艺。近年来，含油废水处理已有专用设备，诸如调节罐、油水分离、高效气浮等除油、环保型设备，已形成了以调节均质罐、油水分离器、气浮为主的预处理工艺。调节罐和油水分离器的组合在工程上特别在石化行业已广泛采用，与传统的调节均质池相比，调节均质罐具有密闭化程度高、现场作业环境好、节省占地面积、操作简便等优点，可去除浮油和粗分散油。乳化油、溶解油和细分散油的去除需要加药沉淀或气浮。本项目采用沉淀隔油＋气浮工艺。

2. 生化处理

生化处理工艺有多种，常规的活性污泥法处理工艺有氧化沟、SBR、MBR 等；生物膜法处理工艺有接触氧化法、BAF、生物转盘、生物滤池等。各工艺有其各自特点，适合不同的水质场合。上述工艺中生物转盘、生物滤池因环境卫生条件较差在工业废水中应用较少；BAF 用作废水一级生化处理工艺，由于 COD 负荷高，产生的生物污泥量多，容易堵塞填料（滤料）；接触氧化法中的填料等膜法工艺对油的含量要求较高。

该项目不推荐膜法处理工艺作为废水生化的一级处理工艺。由于废水中含有氨氮，且废水中难降解物质多，BOD_5/COD 值一般，故选择的工艺应能改善废水生化性能，具有脱氮功能，适合处理浓度较高的废水，有利于长期稳定运行，且操作方便。推荐具有脱氮功能的 AO 法和氧化沟工艺，可提高 BOD_5/COD 值，解决某些好氧不可生化有机物的最终去除问题。目前，AO 工艺在煤气化废水处理中有广泛应用，一段 AO 选择鼓风曝气式氧化沟工艺（完全混合式池型），二段选择常规前置反硝化 AO 工艺。

3. 三级处理

工艺废水生化出水中还有少量 NH_3-N、COD、BOD_5、SS，其中 COD、NH_3-N 不能达到排放标准和回用水要求，需要对其进行三级处理。为实现废水回用和排放指标的要求，目前国内大多对二级生化处理后的废水进行深度处理。处理后出水可作为循环冷却水补充水、生产和生活杂用水、绿化用水，同时满足当地排放标准的要求。三级处理工艺主要根据处理对象、处理水量、处理要求选择和设置，有曝气生物滤池（BAF）/接触氧化、过滤、臭氧氧化、生物炭/活性炭、消毒、膜处理、生物氧化塘等组合工艺。处理后的废水根据出水水质、不同目的用作回用水或达标外排。废水深度处理工艺技术及系统主要有：

① 混凝过滤　属简单的工艺过程，其特点是工艺流程短、投资少、运行费用低、操作简单，但仅能去除水中的SS和胶体物质，处理出水水质相对较差，对水中盐分没有去除作用。

② 曝气生物滤池（BAF）　是一种新型的废水处理工艺，集生物降解、固液分离于一体，在处理可生化性较低的废水中具有较好的性能，可获得较好的出水水质，水质稳定，适合低COD浓度、低SS的废水处理。目前，在我国工业和城市废水的深度处理中广泛采用。

③ MBR、CMF工艺　MBR（膜生物反应器）和CMF（连续微滤）工艺的特点是分离效率高、出水水质好、占地面积小，为生化＋物理分离过程或纯物理分离过程，目前在工程上应用不多。

④ 高级氧化技术　由于生化处理出水的BOD_5/COD值低，可生化性差，需要通过臭氧、双氧水等化学氧化工艺技术进行深度处理。因此工程上采用臭氧氧化技术较多。在臭氧氧化和生物氧化相结合的联合处理工艺中，臭氧氧化改善废水可生化性，生物氧化可进一步去除COD。采用臭氧氧化，参与反应的仅为O_3，反应过程中不加任何药剂，不增加废水中的盐分，工艺流程简单。虽然投加双氧水＋硫酸亚铁的Fenton法可改善废水的可生化性能，去除水中的有机物，但Fenton氧化法最佳控制条件为pH值4以下，需要投加大量酸调整pH值，处理后还需要反调pH值，耗碱，不仅增加处理成本，而且废水中增加了大量的盐分，不利于后续除盐回用。目前国内深度水处理多采用化学氧化、BAF/接触氧化、过滤、消毒等深度处理及组合工艺，故采用臭氧氧化法去除部分COD，达到改善废水可生化性的目的。因此废水的三级处理采用絮凝沉淀、臭氧氧化、曝气生物滤池（BAF）、过滤吸附工艺流程，可通过絮凝沉淀、氧化、过滤吸附去除色度和难降解COD，通过臭氧氧化改性提高废水生化性能，通过BAF进一步去除废水中的NH_3-N、COD，通过吸附过滤去除水中的COD、SS，满足后续处理要求。

4. 污泥处理

国内目前大多采用机械脱水方法，该技术已相当成熟，主要有真空过滤机、板框式压滤机、离心机、带式压滤机等。在工程上应用的主要有带式压滤机和离心脱水机、箱式板框压滤机，污泥脱水选用机械脱水方法。废水处理生化系统产生的污泥主要为絮凝沉淀污泥、生物剩余污泥，目前国内常用带式压滤机，设备运行成熟，电耗较低。废水回用装置石灰软化产生的污泥为无机污泥，含有无机颗粒物，对设备的磨损较大，适合选用箱式板框压滤机，提高泥饼中含固率。

5. 废气处理

工艺废水生化处理装置预处理单元、污泥处理单元会产生一些气味，主要发生在调节池、废水调节罐、酸化水解池、生物污泥脱水间等工艺处理单元，导致恶臭气味的主要成分是H_2S、NH_3等，其中H_2S气味尤为敏感。控制恶臭应根据产生恶臭物质的性质、来源及具体情况选择不同的处理方法。脱除以H_2S为主的恶臭气体的方法主要有活性炭吸附法、液体吸收法、吸收氧化法、生物除臭法等。

活性炭吸附法是将气体通入装有活性炭的吸附器中，气体中的 H_2S 被活性炭吸附，通氧气使 H_2S 转化为元素硫和水，再用5%硫化铵水溶液洗去硫黄，活性炭可以继续使用。活性炭吸附法的优点在于 H_2S 与活性炭的反应快、接触时间短、处理气量大。

液体吸收法中，工业上广泛应用的弱碱溶液化学吸收法是乙醇胺法，乙醇胺法可以脱除 H_2S 等酸性气体。液体吸收法流程复杂，化学溶剂不易再生。

吸收氧化法，一般是在吸收液中加入氧化剂或催化剂，使吸收的 H_2S 在氧化塔中氧化成硫而使溶液再生。常用的吸收液有碳酸钠、碳酸钾和氨水溶液；常用的氧化剂有氧化铁、硫代砷酸盐等。

生物除臭法，是指人工利用自然界中微生物的净化能力，将生物群控制在特定的设施内去除臭气的方法。其过程实质也就是利用微生物的生命活动将气流中产生气味的物质转化为简单的有机物（如二氧化碳、水、无机盐等）、少臭物质及细胞质。微生物除臭通常在常温、常压下进行，运行时产生使恶臭物质与微生物相接触的动力费和少量调整微生物营养环境的药剂费用。用生物法处理恶臭气体一般不会产生二次污染，属环境友好技术。

在以上处理方法中，活性炭吸附法、液体吸收法、吸收氧化法由于设备投资大，处理成本高，适用于气体中含硫化氢浓度较高的操作场所，如天然气净化、炼焦、医药、农药、制革等行业。生物脱臭装置设备简单、药剂用量少，可适用于废水泵站、废水处理厂等场所的气体除臭。该项目采用生物除臭法。

六、回用水除盐处理

工艺废水虽然经过预处理＋生化处理＋三级处理，但盐分并未去除，不能满足回用要求，需要对其进行脱盐处理。目前在我国已经应用的水的除盐工艺方法有化学除盐（即离子交换除盐）、膜分离除盐（锅炉补给水的预除盐）、蒸馏法除盐以及膜法和离子交换法结合的脱盐工艺等。

1. 除盐工艺技术

① 离子交换除盐　离子交换除盐是指水中所含的各种离子和离子交换树脂进行离子交换反应而被除去的过程，又称为化学除盐。离子交换除盐技术已相当成熟，适合用于水中含盐量不高的场合，但在处理高氯高盐高硬水、苦咸水、海水时，该技术在树脂再生过程中需消耗大量酸、碱，其排放液又会污染环境，显然对于高盐废水单纯采用离子交换方法进行一级除盐是不合适的。

② 膜分离除盐　随着膜研究的进展，膜分离技术已迅速发展，膜使用领域愈来愈广，现已成为产业化的高新技术，它有操作方便、设备紧凑、工作环境安全、节约能耗和药剂的优点，其主体分离工艺是反渗透技术，为反渗透作预处理工艺的有超滤和精滤技术。可以根据原水不同的水质组合成各种不同的流程。

③ 膜法和离子交换法结合的脱盐工艺　反渗透膜法与离子交换法联合组成的除盐系统是目前使用较为广泛的除盐水处理系统。在这种系统中，反渗透作为离子交换的预脱盐系统，可以除去原水中约95%以上的盐分和绝大部分的其他杂质，如胶体、有机物、细菌等；反渗透产水中剩余的盐分则通过后续的离子交换系统除去。

2. 生化废水回用除盐工艺选择

膜分离法和离子交换法结合的脱盐工艺出水水质虽能满足要求，水质优良，可作锅炉补水，但膜除盐工艺明显比膜法和离子交换法结合的脱盐工艺管理简单、方便。由于膜法和离子交换法结合的脱盐工艺流程长，操作烦琐，是否选择取决于对最终出水水质的要求。回用水装置出水并不直接作为除盐水提供给锅炉或是工艺装置，而是作为循环水的补充水，对出水含盐量的要求并不高，采用一级反渗透除盐工艺完全可满足要求。生化废水回用处理采用的原水是经过生化处理后的出水，含有一定的污染物，主要包括悬浮物、盐分、菌体以及少量残留的COD，故在流程选择上需要考虑对这些污染物质的去除能力和适用性。超滤膜对细菌和大多数病毒、胶体、淤泥等具有极高的去除率，它是反渗透系统的重要预处理装置，也是预处理中过滤精度最高的膜品种。由于其优异的出水水质，极低的SDI数值，可明显降低反渗透膜污染，延长RO膜使用寿命。从水质来看，废水中包含有一定的硬度，为减少后续预处理设施，保护反渗透膜，有必要降低来水的硬度，采用石灰软化法。

超滤、反渗透膜对油含量的要求很高。由于工艺废水进水油含量很高，尽管处理流程中设置了除油设施（如气浮或隔油池），但高含油废水若未经有效预处理直接进入系统，残留的油类物质会吸附在超滤膜表面形成油膜，导致膜通量急剧下降，甚至穿透膜层进入反渗透系统，造成膜元件的不可逆污染。因此，需在超滤前增设核桃壳过滤器作为安全屏障，通过其吸附截留作用进一步降低油含量，确保后续膜系统稳定运行。

综合以上内容，生化废水回用除盐工艺选用石灰软化＋核桃壳过滤器＋气水反冲滤池＋超滤＋一级反渗透处理工艺。为减小蒸发单元规模，一级RO浓盐水进行再脱盐浓缩。

七、多效蒸发浓缩处理

生化废水回用单元和含盐废水回用单元产生的浓盐水，含盐量高，难以回收利用，要想实现废水“零排放”，需要进一步进行蒸发浓缩处理，以减少废水外排量。浓盐水浓缩工艺如下。

1. RCC盐水浓缩器降膜晶种法工艺

RCC盐水浓缩器采用降膜式机械蒸汽再压缩（MVR）技术，其核心专利“盐种法”通过向蒸发器内投加晶种（如氯化钠晶体），为废水中的溶解性盐类提供结晶核心，避免盐分直接附着在换热管内壁形成硬垢，从而维持蒸发器的高效传热性能。该设备作为目前世界上先进的工业废水浓缩装置，可通过下降水膜式蒸发工艺，将高盐废水浓缩至接近饱和状态，同时产出高质蒸馏水回用。RCC蒸发器和结晶器组成的工业废水处理系统，实现了工业废水的“零排放”。至今世界各地有一百多座RCC盐卤蒸发器、结晶器组成的零排放系统。蒸发器是下降水膜型机械蒸汽压缩循环蒸发器，结晶器采用强制循环技术。蒸发器的目的是减少废水的体积，产生高质的蒸馏水，循环使用，把排放的废水减至最少，或对废水做最大程度的浓缩。浓缩后的废水经过结晶器或干燥器，把溶解在其中的各种盐类结晶，做固体处置。RCC的零排放系统主要应用在电厂中，在炼油厂也有应用。该技术需要引进技术和关键设备，投资较大。

2. 降膜式多效蒸发工艺

降膜式蒸发器是利用重力作用成膜，能蒸发黏度较大的料液，且受热时间短，适用于热敏性强的物料，以及浓度较大，不易结晶、结垢的物料。具有料液沸点均匀、有效温差较大、清洗方便、传热效果好、节约蒸汽的特点。由于蒸发管较长，沸腾泡沫易受热破裂，因此适用于蒸发易生泡沫的物料。采用多效蒸发工艺可大大减少蒸汽消耗。多效蒸发工艺及设备在国内海水淡化、化工、轻工行业有着广泛的应用。本装置选择多效（四级）蒸发对浓水进行脱盐处理，浓缩后的高盐残液含盐量约25%送至蒸发塘处理，蒸发冷凝液回用。多效蒸发设计规模 300m^3/h，有 30～45t/h（视残液含盐量而定）蒸发残液需要送至界区外蒸发塘进行蒸发处理。

通过选择比较，废水生化处理、废水回用处理、含盐废水回用处理及反渗透浓盐水处理工艺总流程如下。

① 废水生化处理：采用以匀质—隔油沉淀池—气浮池—酸化水解池——级生化池—中沉池—二级生化池—二沉池—絮凝沉淀—臭氧氧化—曝气生物滤池—碳吸附为主体的工艺路线和技术。

② 废水回用处理：采用以软化—核桃壳过滤器—气水反冲滤池—超滤—反渗透为主的除盐工艺技术。

③ 含盐废水回用处理：采用软化—气水反冲滤池—超滤—高效反渗透除盐工艺技术。

④ 反渗透浓盐水处理：采用多效蒸发结晶分盐工艺技术。

第六章 生物氧化沟法工艺

煤化工废水经预处理单元后进入生化处理单元。作为活性污泥法的一种改进型工艺，氧化沟工艺因其独特的工艺特点和较好的废水净化处理能力而得到关注和发展。生物氧化沟法因其构筑物呈现封闭环形沟状，废水与活性污泥在曝气沟（渠）内不断循环流动。生物氧化沟法作为与活性污泥法平行的同类工艺，其在发展过程中也在不断改进和完善，新型氧化沟工艺也在不断推出，能更好地去除废水中有机污染物，因此在煤化工废水处理中得到一定范围的应用。

第一节 氧化沟概述

一、氧化沟定义

氧化沟（oxidation ditch，OD）又称为连续循环式反应器，是活性污泥法的一种变型，属于延时曝气活性污泥法。氧化沟工艺又名氧化渠工艺，因其构筑物呈封闭的环形沟渠而得名。

1920 年，在英国 Sheffield 建成了早期氧化沟废水处理厂，采用桨板曝气机充氧的沟渠形结构，但曝气效果并不理想。第一座氧化沟废水处理厂于 1954 年在荷兰海牙北部的沃绍本（Voorschoten）建造并试验成功，是一个小规模的间歇运行的氧化沟。将曝气、沉淀和污泥稳定等过程集于一体，在一个类似于跑道型的循环混合曝气构筑物内完成。该技术由荷兰应用科学研究组织（TNO）的帕斯维尔（A&dot；Pasveer）教授发明，被命名为帕斯维尔（Pasveer）氧化沟。

20 世纪 50 年代以来，氧化沟经过长期的应用和完善，因独特的特点和处理效果而得到广泛的应用，特别在欧洲、北美、南非、澳大利亚等地得到了迅速推广。这些氧化沟已与传统的氧化沟大不相同，都是连续运行的，BOD_5 去除率可高达 97%，运行效果稳定，特别适用于中、小型废水处理装置。这种类型的氧化沟通常被命名为“帕斯维尔沟”。据不完全统计，目前英国已兴建了 300 多座氧化沟废水的处理厂，美国已有 500 多座氧化沟废水处理厂，该工艺既能用于城市废水的处理，也能用于工业废水的处理。

二、氧化沟特点

因为废水和活性污泥的混合液在环状的曝气渠道中不断循环流动，因此氧化沟也被称为

"循环曝气池""无终端曝气池"。氧化沟具有如下特点：

1. 预处理简化

氧化沟的水力停留时间和污泥龄比一般生物处理法要长，悬浮有机物可与溶解性有机物同时得到较彻底的去除，排出的剩余污泥已得到高度稳定。氧化沟可不设初沉池，污泥也不需要进行厌氧消化。

2. 工艺流程简化

氧化沟与二沉池可以合建为一体式氧化沟。近年来发展的交替工作的氧化沟，就是减少和不用二沉池，从而使水处理工艺流程更为简化。

3. 具有推流式流态的特征

氧化沟具有推流特性，使得溶解氧浓度在沿池长方向形成浓度梯度，形成好氧、缺氧和厌氧条件。通过对水处理全系统合理的设计控制，可以取得较好的脱氮除磷效果。

4. 曝气设备多元化

氧化沟常用的曝气装置有转刷、转盘和微孔曝气器等，形成曝气设备多元化的发展趋势。

5. 曝气强度可调节

氧化沟通过调节出水溢流堰的高度来改变沟渠内水深，进而改变曝气装置的淹没深度，从而改变曝气氧量以适应运行的需要。淹没深度的变化对曝气设备的推动力会产生影响，从而对水的流速起到一定的调节作用。另外，通过对曝气器的转速进行调节，也可以调整曝气强度和推动力。

6. 构造结构多元化

氧化沟的基本形式为封闭的沟渠形，其形状和构造可以多元化。沟渠既可呈圆形和椭圆形等形状，也可以是单沟或多沟。多沟系统既可以是一组同心的互相连通的沟渠，也可以是互相平行、尺寸相同的一组沟渠。氧化沟既可以与二沉池分建，也可以合建。

7. 占地面积相对较小

氧化沟法在废水处理流程中省略了初沉池、污泥消化池，有时也省略二沉池和污泥回流装置，使废水处理装置总占地面积相对减小。

第二节　氧化沟技术发展

1954 年荷兰建成了世界上第一座氧化沟废水处理厂，其原型为一个环状跑道式的斜坡池壁的间歇运行反应池，白天用作曝气池，晚上用作沉淀池，其生化需氧量（BOD_5）去除率可达 97%，由于其结构简单，处理效果好，从而引起了世界各国广泛的兴趣和关注。

氧化沟工艺自诞生以来，其发展过程可分为四个阶段。

一、第一代氧化沟

第一代氧化沟属于早期氧化沟，主要采取交替式工作方式。所谓交替式工作氧化沟主要是指在一沟或多沟中按时间顺序对氧化沟的曝气操作和沉淀操作进行调整换位，交替进行，以取得最佳的生物处理效果。交替式工作氧化沟的主要特点是氧化沟曝气、沉淀交替轮作，不设二沉池，也没有污泥回流装置。基本类型如 A 型氧化沟。

单沟运行 A 型氧化沟工作过程见图 6-1。

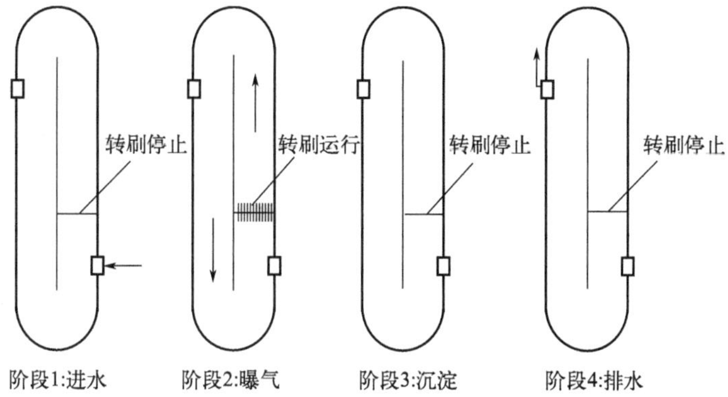

图 6-1 单沟运行 A 型氧化沟工作过程示意图

二、第二代氧化沟

第二代氧化沟由于采用直径 1m 的曝气刷（Mammoth Rotor 系由 Passavant 公司生产）和立式曝气器（DHV 公司），氧化沟的沟深逐步扩大。使用 Mammoth Rotor 沟深可达 3.5m，沟宽可达 20m。而使用立式曝气器的氧化沟，后来被称为卡鲁塞尔（Carrousel）氧化沟，沟深可达 4.5m。这一阶段的氧化沟考虑到了硝化和反硝化（simultaneous nitrification/denitrification）。

第二代氧化沟工艺流程见图 6-2。

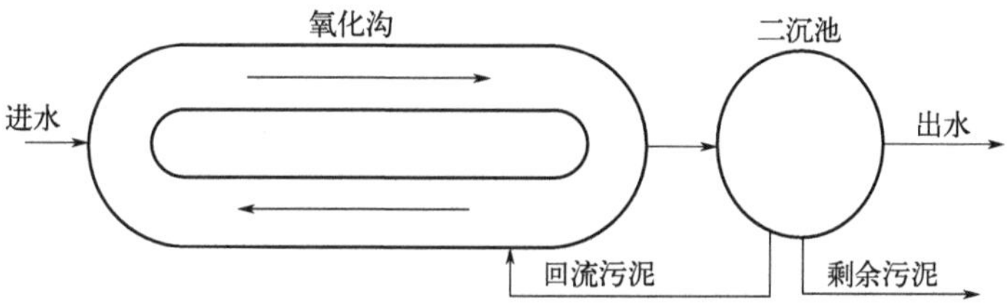

图 6-2 第二代氧化沟工艺流程示意图

三、第三代氧化沟

随着氧化沟技术的发展，人们从不同的角度对氧化沟作了深入细致的研究，出现了许多种新型的氧化沟，如：DHV 公司的 Carrousel 2000 型、Carrousel Dlenit 型、DHV-EIMCO Carrousel 氧化沟，丹麦 Kruger 公司的双沟，三沟式氧化沟、德国 Passavant 公司的 Mammoth Rotor 深型氧化沟，美国 Envirex 公司的 Orbal 多环型氧化沟等。

四、氧化沟的发展趋势

氧化沟技术的发展在于氧化沟环流效应的发展，这种环流效应是使氧化沟长久不衰的内在原因。由于具有多功能性、污泥稳定、出水水质好和易于管理等特征，其发展和应用的空间较大。

随着氧化沟废水处理技术的不断发展，采用氧化沟法生物脱除有机物以及脱氮除磷的工艺有很多类型，并在不断地进行改良。第四代氧化沟技术，主要表现在引入一体化的理念上，如将氧化沟的侧沟固液分离技术融合、硝化反硝化、三沟串联，以及将氧化沟与倒置A^2O的优势集约组合等。

第三节　氧化沟特征、反应原理及工作过程

一、氧化沟特征

氧化沟技术是在活性污泥法利用生物反应原理去除废水中的有机物的基础上发展起来的一种工艺，与活性污泥法相似，其主要技术特征如下。

1. 氧化沟混合推流功能显著

氧化沟的构造特点使得废水与污泥在沟渠内具备充分混合和推流的功能，使得废水与污泥能够完全混合。在一个循环周期过程中呈现出废水与污泥能够实现完全充分的混合，同时又表现出一种推流循环的特点。这种封闭环形氧化沟渠中的推流功能非常有利于提高沟渠内的生物氧化强度与反应接触时间。

2. 氧化沟混合分离效率高

由于在氧化沟内进行曝气和推流的过程中，既发生相互混合，又发生一定的分离，在不断地混合、分离及再混合的循环过程中，提高了氧化沟内废水与污泥充分混合的效率，加快了细菌与有机物的结合与反应速度，因此氧化池的运行尤为灵活。有效解决了曝气设备既满足曝气量控制，又满足推流速度控制大小的要求，因此增加了脱氮除磷效果，提高了氧化沟的处理能力。

3. 氧化沟溶解氧浓度梯度明显

由于氧化沟内曝气设备是按分区布置的，沟内沿水流方向存在明显的溶解氧浓度梯度，既兼顾了好氧区的高浓度需氧量需求，又兼顾了缺氧区的低浓度需氧量需求，较好地呈现出了好氧区和缺氧区的含氧量交替变化的特点。

4. 溶解氧浓度梯度利于硝化/反硝化

混合液在氧化沟的曝气区（上游区）内溶解氧浓度高，随后溶解氧浓度在循环流动过程中逐步下降，到下游区溶解氧浓度就很低了，处于一种近似缺氧的状态。由于明显的溶解氧浓度梯度，在氧化沟内（下游区）形成了硝化-反硝化的环境，有利于满足硝化-反硝化的生物条件，缺氧区内，在污泥中反硝化细菌的作用下，硝态氮被还原为氮气，有利于废水中氮的去除；在好氧区内进行有机物去除以及聚磷菌吸磷等多项反应，硝化作用、反硝化作用很好地补充了硝化过程中消耗的碱度，从而实现了氧化沟处理废水的脱氮除磷。

5. 氧化沟具备两个能量区

氧化沟内同时具备高能区和低能区两个能量区。在高能区和低能区的能量进行交替变化的过程中，曝气设备附近处为高能区，有利于氧与混合液的充分混合以及氧气的迁移。在环流的低能区，增加了污泥絮凝的机会，使污泥更好地呈悬浮状态。

二、氧化沟反应原理

氧化沟实质上是一种改性的活性污泥系统，充分利用活性污泥在首尾相连的闭合的曝气

沟渠中的循环，使其中的微生物与细菌对废水中的有机物进行降解去除，从而达到净化废水的目的。

氧化沟在反应原理上一般采用延时曝气的方式，保持进、出水连续，取消初沉池（改进型的氧化沟有的甚至取消二沉池等），在沟中所产生的微生物在污泥中能够稳定地存活生长，在废水曝气净化过程中发生生物反应，简化一般生物处理废水工艺流程和设备。氧化池一般呈狭长的首尾相连的环形沟渠形状，曝气装置多采用表面曝气器等多种形式的曝气装置。

废水进入氧化沟和活性污泥进行充分的混合，然后通过曝气装置特定的定位作用产生曝气推动，使得废水与污泥在闭合渠道内呈悬浮状态，不停地做推流循环，污泥在循环过程中又进一步与废水充分混合，其中微生物与有机物充分反应，然后混着污泥的废水进入二沉池，进行固液分离，使废水得到净化。

三、氧化沟工作过程

三沟式氧化沟是一种构造型式典型的氧化沟，最初由丹麦在间歇式氧化沟运行的基础上开创。分析间歇式三沟式氧化沟工艺，整体上它仍然是一种连续的活性污泥法工艺。该工艺本质上是将曝气、沉淀集于一体，并按时间顺序交替轮换运行。运转周期可根据处理水质状态进行调整，从而使运行操作灵活方便。

三沟式氧化沟分为三个沟，分别称其为沟 A、沟 B 和沟 C。每个沟分为六个过程交替运行。三沟六过程的运行工作机理如下。

过程 1：废水经配水井进入沟 A，沟 A 内转刷以低速运转，转速控制仅能维持废水和污泥混合，并推动水循环流动，但不足以供给微生物降解有机物所需的氧。沟 A 这时处于缺氧状态，沟 A 内的活性污泥利用废水中的有机物作为碳源，活性污泥中的反硝化菌则利用前一过程产生的硝酸盐中的氧来降解有机物，释放出氮气，完成反硝化过程。同时沟 A 的出水堰自动升起，废水和污泥混合液进入沟 B。沟 B 内的转刷以高速运行，保证沟内有足够的溶解氧来降解有机物，并使氨氮转化为硝酸盐，完成硝化过程。处理后的废水流入沟 C，沟 C 中的转刷停止运转，这时沟 C 发挥沉淀池的作用，进行泥水分离，由沟 C 处理后的水经自动降低的出水堰排出。

过程 2：废水改从处于好氧状态的沟 B 流入，并经沟 C 沉淀后排出。同时沟 A 中的转刷开始高速运转，使其从缺氧状态变为好氧状态，并使由过程 1 进入沟 A 的有机物和氨氮得到好氧处理，待沟内的溶解氧上升到一定值后，该过程结束。

过程 3：进水仍然从沟 B 注入，由沟 C 排出。但沟 A 中的转刷停止运转，开始进行泥水分离，待分离完成，该过程结束。过程 1～过程 3 组成了上半个工作循环。

过程 4：进水改从沟 C 流入，沟 C 出水堰升高，沟 A 出水堰降低，并开始出水。同时，沟 C 中转刷开始低速运转，使其处于缺氧状态，沟 B 则仍然处于好氧状态，沟 A 起沉淀池作用。过程 4 与过程 1 的水淹方向恰好相反，沟 C 起反硝化作用，出水由沟 A 排出。

过程 5：类似于过程 2，进水又从沟 B 流入，沟 A 仍然起沉淀池的作用。沟 C 中的转刷开始高速运转，并从缺氧状态变为好氧状态。

过程 6：类似于过程 3，沟 B 进水，沟 A 沉淀出水。沟 C 中的转刷停止运转，开始泥水分离，待分离完成，该过程结束。过程 4～过程 6 组成了下半个工作循环。

由过程 1 至过程 6，至此完成整个循环过程。

通常一个工作循环需 4～8h。在整个循环过程中，中间的沟 B 始终处于好氧状态，而外侧两沟中的转刷则处于交替运行状态。当转刷低速运转时进行反硝化过程，当转刷高速运转时进行硝化过程，而转刷停止运转时，氧化沟起沉淀池作用。若调整各过程的运行时间，就可达到不同的处理效果，以适应不同水质和水量的变化。

第四节　氧化沟工艺类型

我国在20世纪引进了氧化沟技术，其发展速度较快。据有关资料公布的数据，在全国范围内已建成运营的废水处理厂约4000座，采用的废水处理工艺有30多种，而排名第一的是氧化沟工艺，约占市场的20%。随着现代工业及煤化工的发展，氧化沟工艺也逐渐在煤化工行业中占据一定的市场，逐渐用于煤化工废水的处理中。

一、交替式工作过程氧化沟

1. PI（Phase Isolation）型氧化沟

即交替式和半交替式氧化沟，这是在20世纪70年代由丹麦发展起来的，其中包括DE型、T型和VR型氧化沟。随着各国对废水处理厂出水氮、磷含量的要求越来越严，功能加强型的交替式工作过程PI型氧化沟工艺被开发出来，主要由Kruger公司与Demmark技术学院合作开发，称为Bio-Denitro和Bio-Denipho工艺，这两种工艺都是根据AO和A^2O生物脱氮除磷原理，创造缺氧/好氧、厌氧/缺氧/好氧的工艺环境，达到生物脱氮除磷的目的。但PI型氧化沟除磷效果不明显，为了达到除磷效果，通常在氧化沟前设置相应的厌氧区或构筑物，或改变其运行方式。据国内外实际运行经验，这种同时脱氮除磷的工艺只要运行时控制得好，可以取得较好的脱氮除磷效果。

2. 交替式D型氧化沟

D型氧化沟是双沟交替运行系统，一般由池容完全相同的2个氧化沟组成，2个池串联运行，交替作为曝气池和沉淀池。通常以8h为1个工作周期，也分为4个过程。在2个串联运行的沟渠中交替完成进水过程、曝气过程、沉淀过程和排水过程4个过程，控制运行工况可以实现硝化和一定的反硝化。该系统出水水质稳定，不需设污泥回流装置。但在2个池交替作为曝气池和沉淀池的过程中，存在一个过渡轮换期，此时转刷全部停止工作，因此转刷的实际利用率低，仅为37.5%。双沟运行D型氧化沟工作过程见图6-3。

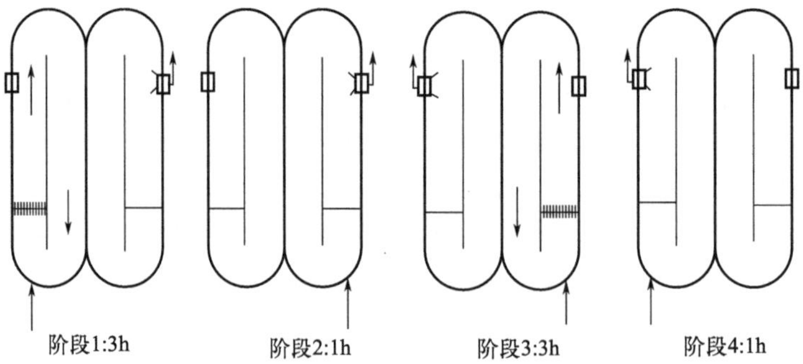

图6-3　双沟运行D型氧化沟工作过程示意图

3. 交替式T型氧化沟

T型氧化沟是3沟交替运行系统，由3个池容相同的氧化沟组建在一起，3沟连通，进水交替进入各沟，从两侧的边沟出水，两侧氧化沟起曝气和沉淀双重作用，中间的氧化沟始终进行曝气，不设二沉池及污泥回流装置，具有去除 BOD_5 及硝化脱氮的功能。T 型氧化沟可按 6 个或 8 个阶段运行，运行周期一般为 8h。在 3 个串联运行的沟渠中 2 个侧沟交替完成进水过程、曝气过程、沉淀过程和排水过程 4 个过程，交替作为曝气池和沉淀池运行，而中沟则始终作为曝气池使用，提高了转刷的利用率。T 型氧化沟工作过程见图 6-4。

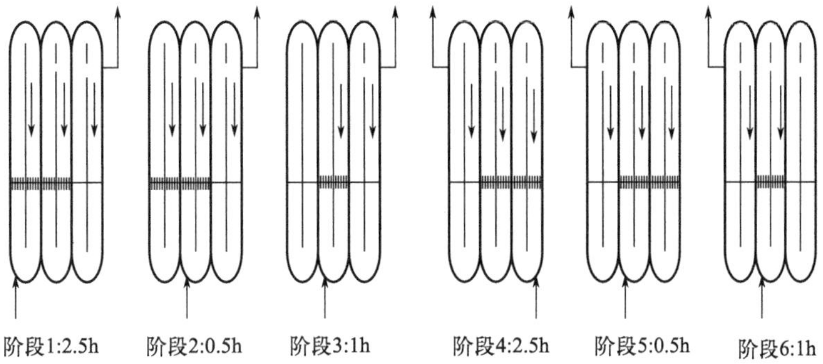

图 6-4 T 型氧化沟工作过程示意图

T 型氧化沟为三沟系统，其运行方式为：通过配水井对水流流向的切换、堰门的启闭以及曝气转刷的调速，在沟中创造交替的硝化、反硝化条件，为达到脱氮的目的，T 型氧化沟的两侧沟轮流作为沉淀池。

4. 交替式 VR 型氧化沟

VR 型氧化沟是单沟交替运行系统，其构造特点是将氧化沟分成容积基本相等的 2 个部分，其间由单向活拍门相连，通过定时改变曝气转刷的旋转方向来改变沟内水流方向，使 2 部分氧化沟交替作为曝气区和沉淀区，不需设二沉池和污泥回流装置。VR 型氧化沟有 2 道单向活拍门和 2 道出水堰，可实现连续进水或间歇进水。一个工作周期设置为 8h，交替完成进水过程、曝气过程、沉淀过程和排水过程 4 个过程，操作简便，机械设备少，出水水质稳定、良好，其转刷的实际利用率可达到 75.0%。VR 型氧化沟工作过程见图 6-5。

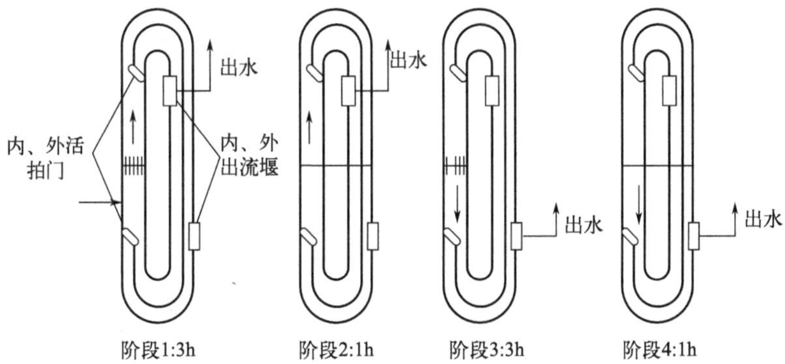

图 6-5 VR 型氧化沟工作过程示意图

VR 型氧化沟脱氮工艺如通常的环形跑道，中央有一小岛的直壁结构，氧化沟分为两个容积相当的部分，其水平形式如反向的英文字母“C”，废水处理通过二道拍门和二道出流堰交替启闭进行连续和恒水位运行。

二、半交替连续工作式氧化沟

半交替连续工作式氧化沟系统设有单独的二沉池，实现曝气和沉淀的完全分离。典型的半交替连续工作式氧化沟就是 DE 型氧化沟。它是由 2 个相同容积的氧化沟组成的双沟半交替工作系统，具有良好的生物除氮功能。2 个氧化沟相互连通，串联运行，可交替进、出水，二沉池与氧化沟分建，有独立的污泥回流系统。氧化沟内曝气转刷一般进行高速和低速双速转换，高速工作时为曝气充氧，低速运行时只推动水流，不充氧。通过 2 个沟内转刷交替处于高速和低速运行，使 2 个沟交替处于缺氧和好氧状态，从而达到脱氮的目的。它与 D 型、T 型氧化沟的不同之处是氧化沟与二沉池分建，有独立的污泥回流系统。半交替连续工作式氧化沟工艺见图 6-6。

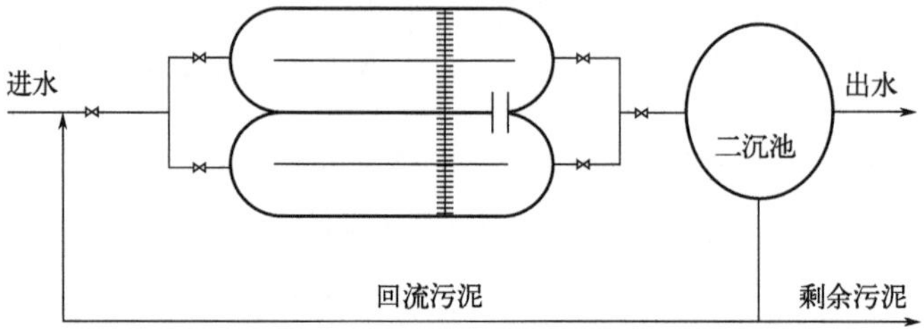

图 6-6 半交替连续工作式氧化沟工艺示意图

如某煤化工水处理装置采用具有脱氮除磷功能的 DE 型氧化沟系统（前加厌氧池），一期工程处理能力为 1.44 万 m^3/d，对各过程处理效果的实测结果表明，DE 型氧化沟处理该废水效果较显著。COD、TN、TP 的总去除效率可以分别达到 87.5%～91.6%、63.6%～66.9%、85.0%～93.4%；出水 TN 为 9.0～10.1mg/L，TP 为 0.42～0.45mg/L，出水水质可达到国家二级出水排放标准。

三、连续工作分建式氧化沟

连续工作分建式氧化沟（Pasveer），简称 P 型氧化沟，只作曝气池使用，且进、出水流向不变，另设单独的沉淀池。P 型氧化沟是早期开发的传统氧化沟型式，属于第 1 代氧化沟，最先用于处理小型废水，间歇运行，后来发展为连续运行，具有分建的沉淀池。氧化沟为跑道形的沟渠，沟上装设 1 个或数个曝气器，推动混合液在沟内循环流动，曝气器主要采用的是水平卧式曝气转刷。连续工作分建式氧化沟工艺见图 6-7。

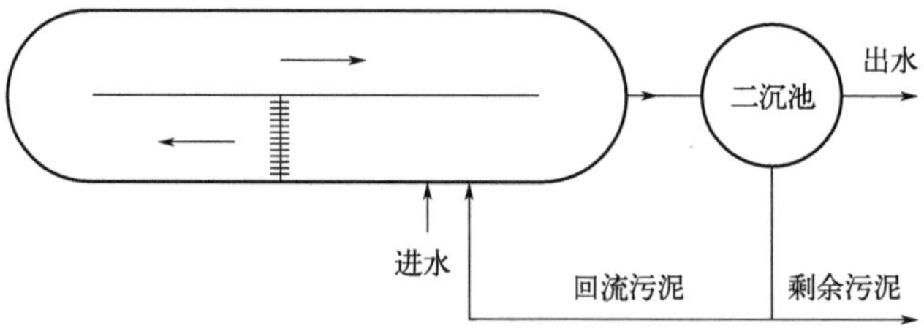

图 6-7 连续工作分建式氧化沟工艺示意图

四、奥贝尔氧化沟

奥贝尔（Orbal）氧化沟属于连续工作分建式氧化沟类型，且氧化沟只作曝气池使用，进、出水流向不变，另设单独的沉淀池。

奥贝尔氧化沟是在P型氧化沟的基础上发展起来的一种改进型工艺，属于多级氧化沟，采用多孔曝气转盘进行传氧和混合。典型的Orbal氧化沟由3个椭圆形沟渠构成，废水先引入外沟，在其中不断循环的同时，依次引入下一个沟渠，最后从内沟排水。奥贝尔氧化沟采用转碟曝气机（如OXYRATOR-3500型），通过可调转速的碟片叶轮实现充氧与推流，其充氧能力可达3～5kg O_2/(kW·h)，较传统转刷提升30%～50%，且能通过调节碟片数量适应不同脱氮负荷需求。

奥贝尔连续工作分建式氧化沟工艺流程见图6-8。

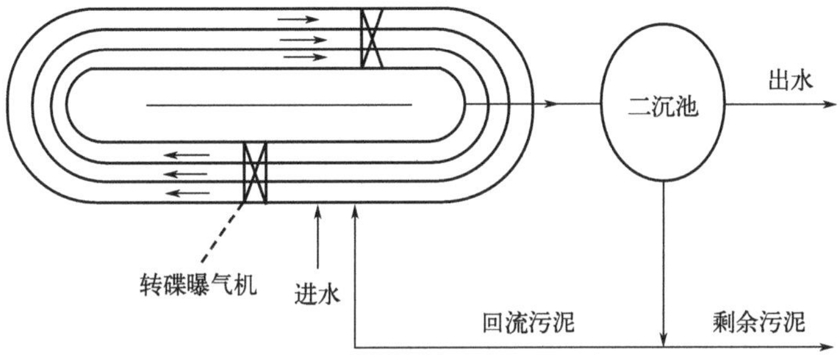

图6-8 奥贝尔连续工作分建式氧化沟工艺流程

奥贝尔氧化沟具有脱氮除磷功能，也可简称为同心圆式氧化沟。奥贝尔氧化沟是分建式结构，有单独的二沉池。采用转碟曝气，沟深较大，其脱氮效果较好，但除磷效率不够高，若要求除磷时，还需在前面加厌氧池。工程应用中，多采用椭圆形的三环道组成，三个环道用不同的DO（如外环为0，中环为1，内环为2），有利于脱氮除磷。采用转碟曝气，水深一般在4.0～4.5m，动力效率与转刷接近。奥贝尔氧化沟技术特征如下：

① 奥贝尔氧化沟通常由三个同心椭圆形的沟道组成，废水由外沟道进入，与回流污泥混合后，由外沟道进入中间沟道再进入内沟道，在各沟道循环达数十次。

② 经生物处理后的废水最后经中心岛的可调堰门流出，至二次沉淀池。

③ 在各沟道横跨安装有不同数量的水平转碟曝气机，进行供氧，兼有较强的推流搅拌作用。

④ 三个廊道的溶解氧分别控制为0～0.3mg/L、0.5～1.5mg/L、2～3mg/L。第一沟（外沟）处于少氧或厌氧环境条件下，将含碳有机物氧化、反硝化及大部分硝化；第二沟（中沟）处于少氧环境条件下，进一步去除剩余的BOD或继续完成硝化；第三沟（内沟）处于好氧环境条件下，保证出水中有足够的溶解氧。溶解氧浓度呈梯度分布的方式使氧化沟具有脱氮性能。

五、卡鲁塞尔氧化沟

卡鲁塞尔（Carrousel）氧化沟属于连续工作分建式氧化沟类型，且氧化沟只作曝气池使用，进、出水流向不变，另设单独的沉淀池。卡鲁塞尔氧化沟也是一种多沟串联系统。采用垂直安装的低速表面曝气器，每组沟渠安装一个，安装在一端或中间。靠近曝气器下游为富氧区，靠近曝气器上游为缺氧区。进水与回流活性污泥混合后，沿一定方向在沟内循环流动。沟内流速约0.3m/s。废水多次经富氧区和缺氧区循环，可创造良好的生物脱氮环境。卡鲁塞尔氧化沟对BOD_5的去除率可达95%～99%，脱氮率可达90%，除磷率约50%，如投加铁盐除磷率可达 95%。

1. 卡鲁塞尔氧化沟流程

卡鲁塞尔氧化沟为多沟串联系统，其特点是表面曝气器设于每沟的端头，采用立式低速表面曝气器供氧并推动水流前进。在系统中形成好氧区、缺氧区，有利于生物脱氮。由于倒伞形立式表曝机搅拌能力强，传氧效率高，设备数量少，易于管理和维护，所以节能效果显著。因此，卡鲁塞尔氧化沟适用于处理规模较大的废水，在氧化沟处理工艺中应用最为广泛。

卡鲁塞尔氧化沟工艺流程见图 6-9。

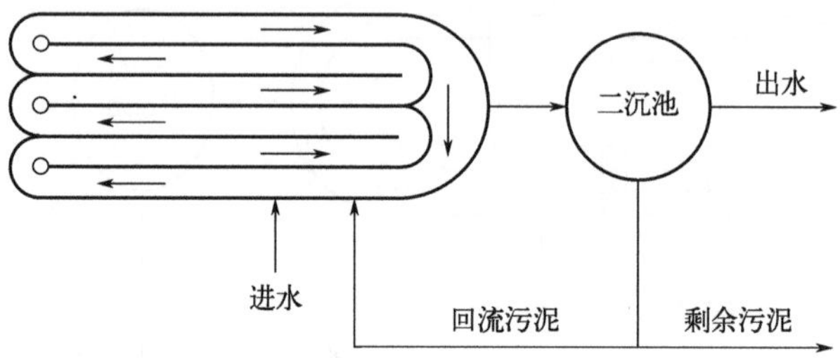

图 6-9 卡鲁塞尔氧化沟工艺流程示意图

2. 传统卡鲁塞尔氧化沟工艺

卡鲁塞尔氧化沟是 1967 年由荷兰的 DHV 公司开发研制的。它的研制目的是为了满足在较深的氧化沟沟渠中使混合液充分混合，并能维持较高的传质效率，以克服小型氧化沟沟深较浅、混合效果差等缺陷。

卡鲁塞尔氧化沟使用立式表曝机，曝气机安装在沟的一端，因此形成了靠近曝气机下游的富氧区和上游的缺氧区，有利于生物絮凝，使活性污泥易于沉降，设计有效水深 4.0～4.5m，沟中的流速为 0.3m/s，BOD_5 的去除率可达 95%～99%，脱氮效率约为 90%，除磷效率约为 50%，如投加铁盐，除磷效率可达 95%。

3. 单级卡鲁塞尔氧化沟脱氮除磷工艺

单级卡鲁塞尔氧化沟有两种形式：一种是有缺氧段的卡鲁塞尔氧化沟，可在单一池内实现部分反硝化作用，适用于有部分反硝化要求，但要求不高的场合；另一种是卡鲁塞尔 A/C 工艺，即在氧化沟上游加设厌氧池，可提高活性污泥的沉降性能，有效控制活性污泥膨胀，出水磷的含量通常在 2.0mg/L 以下。以上两种工艺一般用于现有氧化沟的改造，与标准的卡鲁塞尔氧化沟工艺相比变动不大，相当于传统活性污泥工艺的 AO 和 A^2O 工艺。

4. 卡鲁塞尔 2000 型氧化沟

合建式卡鲁塞尔氧化沟，将缺氧区与好氧区合建在一起，是美国 EIMCO 公司专为卡鲁塞尔系统设计的一种先进的生物脱氮除磷工艺，也称为卡鲁塞尔 2000 型氧化沟。它在构造上主要在氧化沟内设置一个独立的缺氧区。缺氧区回流渠的端口处装有一个可调节的活门。根据出水含氮量的要求，调节活门张开程度，可控制进入缺氧区的流量。

缺氧区和好氧区合建式氧化沟的关键在于对曝气设备充氧量的控制，必须保证进入回流渠处的混合液处于缺氧状态，为反硝化创造良好环境。缺氧区内有潜水搅拌器，具有混合和维持污泥悬浮的作用。

在卡鲁塞尔2000型基础上增加前置厌氧区，可以达到脱氮除磷的目的，被称为 A^2/C 卡鲁塞尔氧化沟。

四阶段卡鲁塞尔 Bardenpho 系统在卡鲁塞尔2000型系统下游增加了第二缺氧池及再曝气池，实现更高程度的脱氮。

五阶段卡鲁塞尔 Bardenpho 系统在 A^2/C 卡鲁塞尔系统的下游增加了第二缺氧池和再曝气池，实现更高程度的脱氮和除磷。

六、合建式一体氧化沟

合建式一体氧化沟是指集曝气、沉淀、泥水分离和污泥回流功能于一体，无须建造单独二沉池的氧化沟。这种氧化沟设有专门的固液分离装置和措施。它既是连续进、出水，又是合建式，且不用倒换功能，从理论上讲最经济合理，且具有很好的脱氮除磷效果。合建式一体氧化沟工艺流程见图6-10。

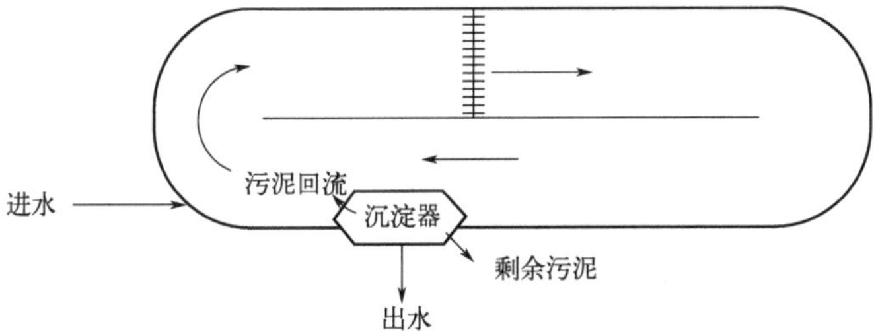

图6-10 合建式一体氧化沟工艺流程示意图

合建式一体氧化沟按照沉淀器置于氧化沟内的不同部位，可分为沟内式、侧沟式和中心岛式三种类型。

1. 沟内式一体氧化沟

该类型将固液分离器设置于氧化沟主沟内，其主要优点是较为节省占地，但由于主沟水流要从固液分离器的底部组件通过，流态复杂，不利于固液分离与污泥回流，主要形式有BMTS式、BOAT式、C型沟内式、D型沟内式、管式和多斗式等。

2. 侧沟式一体氧化沟

该类型将固液分离器设置在氧化沟的边墙上或外侧，由于减小了水头损失和主沟紊动对分离器的影响，其水力条件和水流流态都比沟内式一体氧化沟优越，使得氧化沟整体效率更高，主要型式有边墙和中心隔墙式、竖向循环式、侧渠式和斜板式等。

3. 中心岛式一体氧化沟

该类型将固液分离器设置在氧化沟的中心岛处，由于消除了分离器对主沟中流态的影响，减小了水头损失，故节省了曝气设备的能量，同时充分利用了氧化沟中心岛部分的空间，故减少了占地。

一体氧化沟除具有一般氧化沟的优点外，还有以下一些独特的优点：

① 工艺流程短，构筑物和设备少，不设初沉池、调节池和单独的二沉池；

② 污泥自动回流，投资少，能耗低，占地少，管理简便；

③ 造价低，建造快，设备事故率低，运行管理工作量少；

④ 固液分离效果比一般二次沉淀池高，使系统能在较大的流量、浓度范围内稳定运行。

第五节 氧化沟工艺及曝气设备

一、氧化沟工艺参数

氧化沟因其构筑物呈封闭的环形沟渠而得名。它是活性污泥法的一种变型，具有水力停留时间长、有机负荷低的特点，其本质上属于延时曝气系统。以下为一般氧化沟法的主要设计参数：

① 水力停留时间：10～40h。

② 污泥龄：一般大于 20d。

③ 有机负荷：0.05～0.15kg BOD_5/(kg MLSS·d)。

④ 容积负荷：0.2～0.4kg BOD_5/(m^3·d)。

⑤ 活性污泥浓度：2500～4500mg/L。

⑥ 沟内平均流速：0.3～0.5m/s。

二、工艺主要特点

氧化沟工艺通过一种定向控制的曝气和搅动装置，向混合液传递水平速度，从而使被搅动的混合液在氧化沟封闭渠道内循环流动，具有特殊的水力学流态和独特的优点。

1. 功率密度低，利于节能

氧化沟中的曝气装置不是沿氧化沟长均匀分布的，而是集中布置在几处，所以氧化沟可比其他系统以低得多的整体功率密度来维持液体流动、固体悬浮和充氧，能量消耗低。依据动量守恒原则，一旦池内混合液被加速到所需流速，维持循环所需要的水力动力只要克服沿程和弯道的水头损失即可，在循环流动中产生的循环或对流混合能够增强其自身的搅动作用。为了保持使固体悬浮的速度，所需要的单位容积动力就低于其他系统。

2. 功率密度分布梯度利于絮凝、沉淀

氧化沟曝气设备的不均匀设置使氧化沟内存在 2 个能量区：一个是设有曝气装置的高能量区；另一个是非曝气区的低能量区。在这两者之间的过渡区，可以认为是能量由高变低的消散区。高能量区一般具有大于 $100s^{-1}$ 的平均速度梯度（G），低能量区平均速度梯度通常小于 $30s^{-1}$。当系统中的 G 值较低时，有利于氧的传质、液体混合和污泥絮凝。由于氧化沟中的非曝气部分提供了对絮凝有利的条件，因此氧化沟的处理能力要高于其他生物处理系统。

3. 推流与完全混合组合

采用定向控制曝气和搅动装置的方法可有力地克服废水短流以及提高水流缓冲能力。由于混合液在反应池中循环流动，在一个循环周期内呈推流状态，而在多次循环过程中呈混合状态，实现了推流式和完全混合的最佳组合。由于废水在氧化沟内停留时间较长，这就要求在氧化沟内有较大的循环流量，通常情况下，是废水进水流量的数倍乃至数十倍，这样进入氧化沟内的废水立即被大量的循环液所混合稀释，既杜绝短流又可以提供很大的稀释倍数，从而提高了系统对废水的缓冲能力，使系统有很强的耐冲击负荷能力，对不易降解的有机物也有较好的处理能力。

4. 构造形式多元化，操作可控灵活

氧化沟内的曝气池呈封闭的沟渠形，而沟渠的形状和构造可以多样化。沟渠既可以是圆形和椭圆形等，也可以是单沟系统或多沟系统；多沟系统既可以是互相平行、尺寸相同的一组沟渠，也可以是一组同心的互相连通的环形沟渠；氧化沟既能与二次沉淀池分建，也能合建。氧化沟运行操作的灵活性还表现在可以通过自由改变出水堰的高度来调节曝气机的曝气强度，达到不同的充氧效果。

5. 流程简单，构筑物少，投资省

氧化沟的水力停留时间和污泥龄都比一般生物处理法长，悬浮态有机物可以与溶解性有机物同时被较彻底地稳定，所以氧化沟不要求设置初沉池。由于氧化沟工艺的污泥龄长、负荷低，排出的剩余污泥已被高度稳定，剩余污泥量也较少，因此不再需要消化池消化。虽然氧化沟采用的水力停留时间较长，但总占地面积不仅没有增大，相反还可缩小。

三、工艺主要缺陷

1. 占地面积大

氧化沟是一种延时曝气活性污泥法，负荷低，曝气池的池容大，所需相关设备投资大，应用受到场地、设备等限制。

2. 污泥易沉积

由于氧化沟一般都采用表面曝气器，且气体分布不均匀，由此产生不同的能量区域，在低能量区就会因混合液流动缓慢发生污泥沉积。

3. 易产生浮泥和漂泥等

在氧化沟工艺中，水力停留时间较长，发生高度的硝化作用，在二沉池中容易发生反硝化作用，导致污泥上浮。同时，氧化沟的负荷低、污泥龄长，使氧化沟内活性污泥（微生物）大多处于内源呼吸状态，污泥老化，老化的污泥絮体易被曝气打碎，从而在二沉池中形成漂泥。

4. 氧化沟好氧区和缺氧区的设计不完善

目前仍然根据经验计算法或动力学计算法计算所需好氧区和缺氧区的总容积，然后根据曝气设备的数量在单沟中均匀分布。这样，在单沟循环中容易导致好氧区和缺氧区的分布不合理，从而影响脱氮效果。

5. 污泥膨胀问题

当废水中的碳水化合物较多时，N、P 含量不平衡，pH 值偏低，氧化沟中污泥负荷过高，溶解氧浓度不足，排泥不畅等易引发非丝状菌性污泥膨胀。非丝状菌性污泥膨胀主要发生在废水水温较低而污泥负荷较高时。微生物的负荷高，细菌吸取了大量营养物质，由于温度低，代谢速度较慢，积贮起大量高黏性的多糖类物质，使活性污泥的表面附着水大大增加，SVI 值很高，形成污泥膨胀。

针对污泥膨胀的起因，可采取不同对策：由缺氧、水温高造成的，可加大曝气量或降低进水量以减轻负荷，或适当降低 MLSS（控制污泥回流量），使需氧量减少；如污泥负荷过高，可提高 MLSS，以调整负荷，必要时可停止进水，闷曝一段时间；可通过投加氮肥、磷肥，调整混合液中的营养物质平衡（BOD_5∶N∶P＝100∶5∶1）；pH 值过低，可投加石灰调节；漂白粉和液氯（按干污泥的0.3%～0.6%投加）能抑制丝状菌繁殖，控制结合水性污泥膨胀。

6. 泡沫问题

由于进水中带有大量油脂，处理系统不能完全有效地将其除去，部分油脂富集于污泥中，经转刷充氧搅拌，产生大量泡沫；污泥龄偏长，污泥老化，也易产生泡沫。用表面喷淋水的方法或除沫剂去除泡沫，常用除沫剂有机油、煤油、硅油，投量为0.5～1.5mg/L。通过增加曝气池污泥浓度或适当减小曝气量，也能有效控制泡沫的产生。当废水中含表面活性物质较多时，应预先用泡沫分离法或其他方法去除。另外也可考虑增设一套除油装置。但最重要的是要加强水源管理，减少含油过高废水及其他有毒废水的进入。

7. 污泥上浮问题

当废水中含油量过大时，整个系统泥质变轻，在操作过程中不能很好地控制其在二沉池的停留时间，易造成缺氧，导致腐化污泥上浮；当曝气时间过长时，在池中发生高度硝化作用，使硝酸盐浓度高，在二沉池中易发生反硝化作用，产生氮气，使污泥上浮；另外，废水中含油量过大，污泥也可能挟油上浮。

发生污泥上浮后应暂停进水，打碎或清除污泥，判明原因，调整操作。如污泥沉降性差，可投加混凝剂或惰性物质，改善其沉淀性；如进水负荷大，应减小进水量或加大回流量；如污泥颗粒细小，可降低曝气机转速；如发现反硝化，应减小曝气量，增大回流或排泥量；如发现污泥腐化，应加大曝气量，清除积泥，并设法改善池内水力条件。

8. 流速不均及污泥沉积问题

在氧化沟中，为了获得其独特的混合和处理效果，混合液必须以一定的流速在沟内循环流动。一般认为，最低流速应为0.15m/s，不发生沉积的平均流速应达到0.3～0.5m/s。氧化沟的曝气设备一般为曝气转刷和曝气转盘，转刷的浸没深度为250～300mm，转盘的浸没深度为480～530mm。与氧化沟水深（3.0～3.6m）相比，转刷只占了水深的1/12～1/10，转盘也只占了1/7～1/6，因此导致氧化沟上部流速较大（0.8～1.2m，甚至更大），而底部流速很小（特别是在水深的2/3或3/4以下，混合液几乎不流动），致使沟底大量积泥（有时积泥厚度达1.0m），大大减少了氧化沟的有效容积，降低了处理效果，影响了出水水质。

加装上、下游导流板是改善流速分布、提高充氧能力的有效方法和最方便的措施。上游导流板安装在距转盘（转刷）轴心4.0m处（上游），导流板高度为水深的1/6～1/5，并垂直于水面安装；下游导流板安装在距转盘（转刷）轴心3.0m处。导流板的材料可以用金属或玻璃钢，但以玻璃钢为佳。导流板与其他改善措施相比，不仅不会增加动力消耗和运转成本，而且还能够较大幅度地提高充氧能力和理论动力效率。

四、主要曝气设备

曝气设备的主要功能是向水中提供氧气；推进水流前进，促进水流在池内循环流动；保证氧化沟内活性污泥处于悬浮状态，使氧、有机物、微生物充分混合。因此曝气设备是一个关键设备，一直处于改进和完善过程中。通常氧化沟曝气设备主要有横轴曝气装置及竖轴曝气装置。

1. 横轴曝气装置——转刷和转盘

转刷单独使用时通常只适用于水深较浅的氧化沟，有效水深不能大于2.0～3.5m。从而造成传统氧化沟较浅、占地面积较大的弊端。开发的水下推进器配合转刷，较好地解决了这个问题。如某废水处理厂，有效水深为4.5m，为了保证氧化沟内平均流速大于0.3m/s，沟底流速不低于0.1m/s，采用水下推进器配合转刷，虽然氧化沟占地面积减少，但因其供氧率低，能耗大，逐渐被其他先进的曝气技术所取代。

2. 竖轴式表面曝气机

各种类型的表面曝气机均可用于氧化沟，一般安装在沟渠的转弯处，这种曝气装置有较大的提升能力，氧化沟水深可达4～4.5m。如卡鲁塞尔氧化沟在一端的中心设垂直轴的一定方向的低速表曝叶轮，叶轮转动时除向废水供氧外，还能使沟中水体沿一定方向循环流动。表曝设备价格较便宜，但能耗大，易出故障，且维修困难。

3. 射流曝气设备

在1969年Lewrnpt等创建了第一座试验性射流曝气氧化沟（JAC)。国外的射流曝气设备多为压力供气式，而国内通常是自吸空气式。JAC的优点是氧化沟的宽度和水的深度不受限制，可以深水曝气，且氧的利用率高。目前最大的JAC在奥地利的林茨，处理流量为17.2万t/d，水深为7.5m。

4. 微孔曝气设备

现在应用较多的微孔曝气装置通常采用多孔性空气扩散装置，克服了以往装置气压损失大、易堵塞的缺点，且氧利用率较高，在氧化沟中的应用越来越广泛。

5. 其他曝气设备

一些新型的曝气推动设备也在开发和应用推广过程中，如复叶节流新型曝气器，氧利用率较高，浮于水面，易检修，充氧能力可达水下7m，推动能力强，能够满足氧化沟的曝气推动一体化要求，同时能够满足氧化沟底部充氧和推动的要求。

第六节 氧化沟工艺计算

一、概述

1. 延时曝气

氧化沟属延时曝气活性污泥工艺，在计算过程中除了要考虑碳源污染物的去除外，还要考虑废水硝化和污泥稳定化问题。去除不同的污染物，计算参数和采用的方法还是有些区别的。由氧化沟的特点和运行方式可知，正是由于氧化沟的封闭环流和曝气设备分散布置的特点，其具有去除有机物、SS及脱氮除磷的效果。通过氧化沟结构布置的合理安排使其运行方式呈现多元化的发展趋势，其被广泛应用于城市废水或工业废水的处理中。

全面了解和掌握氧化沟的水力学特性尤为重要。必须把握好有关设备的水力学特性及厂家产品的性能，若对设备型号和参数理解不足，会导致设计计算达不到预期效果。对于制定氧化沟分区，建立合理的分区从而优化供氧设计是十分必要的，尤其是对提高硝化、反硝化和除磷效率有明显作用。在进行污泥稳定化设计时，应首先考虑污泥龄和微生物内源呼吸速率，不能简单套用传统活性污泥设计中的污泥负荷；其次，氧化沟的专用曝气设备需要同时满足池内充氧和推动水沿沟渠流动的要求。

2. 氧化沟内水流速范围

氧化沟内水流保持一定速度是为了保证活性污泥处于悬浮状态，并且和废水充分接触。国内外普遍采用的沟内平均流速为0.25～0.35m/s，一般不应低于0.25m/s，若沟内平均水平流速小于0.25m/s，宜设潜水推进器。设置推进器的目的是保证氧化沟内特别是池下部的水流速度。曝气转蝶、曝气转刷、表面曝气叶轮、鼓风曝气器等是氧化沟常用的曝气充氧设备，氧化沟有效水深应根据曝气设备的性能确定。当采用转刷曝气机时，有效水深不宜大于3.5m；采用转碟曝气机时，有效水深不宜大于4.0m；采用竖轴表面曝气机时，有效水深不宜大于5.0m；采用鼓风曝气器时，有效水深宜为4～6m。氧化沟内宜设导流设施，由此可改善沟内水力条件，使沟内流速分布均匀。出水应设可调节出水堰板，这是为了控制沟内设计水位，调整机械曝气设备的充氧能力。

3. 卡鲁塞尔氧化沟计算原则

① 进水与活性污泥混合后在沟内不停地循环运动，污水和回流污泥在第一个曝气区中混合。由于曝气器的泵送作用，沟中的流速保持在0.3m/s左右。水流在连续经过几个曝气区后，便流入外边最后一个环路，出水从这里通过出水堰排出，出水位于第一曝气区的前面。

② 采用垂直安装的低速表面曝气器，每组沟渠安装一个，均安装在同一端，因此形成了靠近曝气器下游的富氧区和曝气器上游以及外环的缺氧区。这不仅有利于生物凝聚，还使活性污泥易于沉淀，BOD_5 去除率可达95%～99%，脱氮效率约为90%，除磷率约为50%。

③ 在正常的设计流速下，卡鲁塞尔氧化沟渠道中混合液的流量是进水流量的50～100倍，曝气池中的混合液平均每5～20min完成一个循环。具体循环时间取决于渠道长度、渠道流速及设计负荷。这种状态不仅可以防止短流，还通过完全混合作用产生很强的耐冲击负荷能力。

④ 卡鲁塞尔氧化沟的表面曝气机单机功率大（可达150kW），其水深可达5m以上，使氧化沟占地面积减小，土建费用降低。同时，其具有极强的混合搅拌和耐冲击负荷能力。当有机负荷较低时，可以停止某些曝气器的运行，或者切换较低的转速，在保证水流搅拌混合循环流动的前提下，节约能量。由于曝气机周围局部地区的能量强度比传统活性污泥中曝气池强度高得多，氧的转移效率大大提高，平均传氧效率达到2.1kg/(kW·h)。

二、氧化沟 BOD_5 的去除计算

氧化沟中碳源基质去除机理的动力学与活性污泥法动力学基本是一致的。对于完全混合系统在稳定状态下，需要去除的 BOD_5 的计算式如下：

$$1/\theta_c = YQ(S_o - S_t)/(XV) - K_d \tag{6-1}$$

$$1/\theta_c = \mu(S)/(K_s + S) - K_d \tag{6-2}$$

将式（6-2）代入式（6-1），可写为：

$$XV = Y\theta_c Q(S_o - S_t)/(1 + K_d\theta_c) \tag{6-3}$$

或

$$S_t = K_s(1/\theta_c + K_d)/[\mu_{max} - (1/\theta_c + K_d)] \tag{6-4}$$

式中 θ_c——污泥龄，d；

Y——污泥产率系数，kg VSS/kg BOD_5；

Q——处理污水量，m^3/d；

S_o——进水 BOD_5 浓度，mg/L；

S_t——出水 BOD_5 浓度，mg/L；

X——曝气池中活性污泥的总浓度，mg/L；

V——曝气池有效容积，m^3；

K_d——单位生物量的生长速率，底物浓度 S 的函数，d^{-1}；

S——曝气池底部 BOD_5 浓度，mg/L；

$\mu(S)$——单位生物量的生长速率，是底物浓度 S 的函数，d^{-1}；

μ_{max}——单位生物量最大生长速率，d^{-1}；

K_s——微生物比增长速率达到最大速率一半时的底物浓度，mg/L。

一般情况下，当采用卡鲁塞尔氧化沟工艺时，其对 BOD_5 的去除也可按下式计算：

$$S_r = S_e - 1.42(VSS_o/TSS_o)TSS_{in} \times (1 - e^{-kt}) \tag{6-5}$$

式中　S_r——BOD_5 去除量，mg/L；

S_e——进水 BOD_5 浓度，mg/L（此处取 20mg/L）；

VSS_0/TSS_0——初始挥发性悬浮固体与总悬浮固体比值（此处取 175/250=0.7）；

TSS_{in}——进水总悬浮固体浓度，mg/L（此处取 20mg/L）；

k——衰减常数，d^{-1}（此处取 $0.23d^{-1}$）；

t——反应时间，d（此处取 5d）。

以采用卡鲁塞尔氧化沟 2000 工艺为例，氧化沟出水溶解 BOD_5 去除计算如下。

已知条件如下：

$$S_e = 20mg/L$$

$$VSS_o = 175mg/L$$

$$TSS_o = 250mg/L$$

$$TSS_{in} = 20mg/L$$

$$k = 0.23d^{-1}$$

$$t = 5d$$

根据式（6-5）计算氧化沟出水去除 BOD_5 含量，将上述数据代入得：

$$\begin{aligned} S_r &= S_e - 1.42(VSS_o/TSS_o)TSS_{in} \times (1 - e^{-kt}) \\ &= 20 - 1.42 \times (175/250) \times 20 \times (1 - e^{-0.23 \times 5}) \\ &= 6.51(mg/L) \end{aligned}$$

三、硝化和反硝化氮气、碱度计算

1. 硝化反应一般规定

有关标准规范提出，生物脱氮是反硝化菌在缺氧条件下，以可降解有机物为电子供体，以硝态氮为电子受体，将硝态氮异化还原成氮气的过程。只有当 BOD_5/TN 大于 4 时，才能达到理想的脱氮效果。

A^2O 工艺中氨氮的硝化是在好氧段（池）完成的，由于回流污泥带入厌氧段（池）的硝态氮会消耗可快速降解的有机底物，碳源不足时，反硝化菌与聚磷菌争夺碳源，会竞争性抑制放磷，影响系统的除磷效果。当 BOD_5/TN 大于 4，BOD_5/TP 大于 17 时，污泥携带的硝态氮才不会影响除磷效果。

2. 硝化反应影响因素

硝化反应的最适宜温度范围是5～45℃，25～32℃是最佳温度范围。最佳pH值范围为7.8～9.2。

虽然硝化过程可在低溶解氧的条件下发生，但硝化菌的生长速率较低。为了避免氧含量不足的限制，氧化沟中的溶解氧应控制在3～4mg/L。温度对生长速度的影响公式可以用阿伦尼乌斯公式表示，其中温度常数$\theta=1.12$（5～20℃）。污泥龄可参照硝化工艺在不同温度下采用的污泥龄进行选择，见表6-1。

表6-1 硝化工艺在不同温度下采用的污泥龄

序号	废水温度/℃	完全硝化θ_c值
1	5	12
2	10	9.5
3	15	6.5
4	20	3.5

在冬季，当水温低于10℃时，若选择$\theta_c<10$d，硝化反应一般进行得较差；若选择$\theta_c>10$d，只要氧化沟的曝气能力可满足总氧化的需求，且保持较高的溶解氧，即可取得较好的硝化率。在北欧国家，硝化负荷一般选择0.05～0.10kg BOD_5/kg MLSS，硝化速率大约为1.6mg NH_3-N/(g VSS·d)（10℃）。

3. 脱氮反应一般计算表达式

在没有溶解氧（缺氧）条件下，虽然在氧化沟的主体溶液中存在溶解氧，但缺氧条件事实上是指微生物生长的微环境（即生物絮体中或生物膜中）。除碳的异养微生物可以利用硝酸盐和亚硝酸盐作为电子受体，将其还原成氮。还原1.0mgN_2产生2.86kg O_2。废水（Q_d）如需脱氮，需要去除的氮量的一般计算式如下：

$$N_r=Q_d(N_0-N_e)-\Delta x f_n \tag{6-6}$$

式中 N_r——混合液去除的氮量；

N_0——进水总氮浓度；

N_e——出水总氮浓度；

Δx——剩余污泥量；

f_n——剩余污泥的含氮量，一般取值为0.07kg N/kg MLVSS。

脱氮需要考虑排放污泥中细胞的氮含量。按照细胞合成的碳、氮、磷的比例为C∶N∶P=106∶16∶1，即污泥中最多包含12.4%的N和2.81%的P。

一般在内源呼吸阶段，不可生物降解部分仅包含7%的N和<1%的P，剩余污泥中的其他N、P回到主体溶液中。因此污泥中的含氮量依赖于污泥龄（θ_c），污泥龄越长，污泥中的含氮量越小。由需要去除的氮量确定反硝化的污泥量。

反硝化的污泥量的一般计算式如下：

$$VX_{dn}=N_r/K_{dn} \tag{6-7}$$

式中 VX_{dn}——参与脱氮反应的污泥量；

N_r——混合液去除的氮量；

K_{dn}——污泥脱氮负荷，kg NO_3^--N/(kg MLSS·d)。

采用硝化反硝化动力学方法，涉及动力学的一些参数，如 Y、K_d、μ、K_{de} 等的确定，这些参数与水质、水温等多种因素有关，宜通过试验确定或根据相似废水的运行经验确定。

4. 硝化（氧化 BOD_5）所需要氮气 N_1 的计算

由上述可知，氧化沟产生的剩余污泥量含氮率为 $Y_n=12.4\%$，因此，用于生物合成的需氮量 N_1 的计算公式如下：

$$N_1=TKN_o-(NH_3\text{-}N)_e-N_o \tag{6-8}$$

式中 N_1——硝化所需要氮量，mg/L；

TKN_o——进水凯氏氮含量，即氨氮与有机氮的总和，mg/L；

$(NH_3\text{-}N)_e$——出水氨氮含量，mg/L；

N_o——生物合成所需氮量，mg/L。

上式中生物合成所需氮量 N_o 由下式计算得到：

$$N_o=Y_n\times VX_s\times 1000/Q_d \tag{6-9}$$

式中 N_o——生物合成所需氮量，mg/L；

Y_n——剩余污泥含氮量（最大），%；

VX_s——氧化沟剩余污泥量，kg/d；

Q_d——废水进氧化沟设计流量，m^3/d（不考虑变化系数）。

根据前述已知条件：$VX_s=3810.35$kg/d；$Q_d=100000m^3/d$；$Y_n=12.4\%$；$TKN_o=45$mg/L；$(NH_3\text{-}N)_e=15$mg/L。

由式（6-9）计算得到生物合成所需氮量为：

$$N_o=Y_n\times VX_s\times 1000/Q_d$$
$$=0.124\times 3810.35\times 1000/100000=4.72\ (mg/L)$$

由式（6-8）计算得到硝化所需要的氮含量：

$$N_1=TKN_o-(NH_3\text{-}N)_e-N_o$$
$$=45-15-4.72=25.28\ (mg/L)$$

5. 反硝化需要氮量 N_t 的计算

在反硝化过程中，需氮量由下式计算：

$$N_t=TKN_o-TN_e-N_o \tag{6-10}$$

式中 N_t——反硝化过程需氮量，mg/L；

TKN_o——进水凯氏氮含量，即氨氮和有机氮总和，mg/L；

TN_e——出水总氮含量，即凯氏氮、亚硝态氮和硝态氮总和，mg/L；

N_o——生物合成需氮量，mg/L。

上式中生物合成需氮量 N_o 由式（6-9）计算得到。已知：$TKN_o=45$mg/L；$TN_e=20$mg/L，$N_o=4.72$mg/L。在反硝化过程中，需氮量由式（6-10）计算得到：

$$N_t=TKN_o-TN_e-N_o$$
$$=45-20-4.72=20.28\ (mg/L)$$

6. 碱度平衡

聚磷菌、反硝化菌和硝化菌增长的最佳 pH 值在中性或弱碱性，碱度起缓冲作用，当

pH 值偏离最佳值时，反应速度下降。好氧段（池）氨氮硝化时，一般认为，剩余碱度达到 100mg/L（以 $CaCO_3$ 计）即可保持 pH≥7.2，生物反应能够正常进行，每氧化 1mg NH_3-N 需要消耗 7.14mg 碱度（以 $CaCO_3$ 计），每去除 1mg BOD_5 可产生 0.3mg 碱度；缺氧段（池）反硝化时，还原 1mg 硝态氮成氮气，理论上可产生 3.57mg 碱度（以 $CaCO_3$ 计），因此硝化、反硝化时碱度会发生变化。当进水碱度不足时，将会产生 pH 抑制，抑制微生物的生长。试验和工程运行表明，在处理高浓度氨氮污水或反硝化菌受到抑制时，会导致碱度严重不足，池内混合液的 pH 值会下降到 6 以下，甚至达到 5，会导致系统瘫痪。

出水剩余碱度可按下式计算：

$$SalK1=SalK-0.3(S_o-S_r)+3.57N_t-7.14N_1 \tag{6-11}$$

式中 SalK1——混合液中剩余碱度，mg/L；

SalK——进水总碱度，mg/L；

S_o——进水 BOD_5 浓度，mg/L；

S_r——出水去除 BOD_5 浓度，mg/L；

N_t——反硝化过程需氮量，mg/L；

N_1——硝化过程需氮量，mg/L。

已知：SalK＝280mg/L；S_o＝190mg/L，S_r＝6.41mg/L，N_t＝20.28mg/L，N_1＝25.28mg/L。由式（6-11）计算剩余碱度得：

$$\begin{aligned}SalK1&=SalK+0.3(S_o-S_r)+3.57N_t-7.14N_1\\&=280+0.3\times(190-6.41)+3.57\times20.28-7.14\times25.28\\&=280+55.08+72.40-180.50=226.98(mg/L)>100(mg/L)\end{aligned}$$

第七节 氧化沟法在煤化工废水处理中的应用

在氧化沟里，主要作用是污泥中的生物脱氮除磷反应。反应是否有效或效果好坏，主要通过混合液内回流比、污泥回流比、污泥龄三个参数来确定。而影响因素还有温度、溶解氧浓度等。水温一般是根据季节而变的，在实际操作中，根据不同的温度来设置混合液内回流比、污泥回流比、污泥龄三个参数来控制有效的脱氮除磷效果。反硝化指硝酸盐氮和亚硝酸盐氮在反硝化菌的作用下，被还原为气态氮的过程。进水碳源浓度是影响系统反硝化效率的限制性因素，碳源浓度越高，系统的反硝化效率越高，反硝化效率的升高有利于除磷去氮。

一、Carrousel 2000 氧化沟应用

某废水处理装置采用 Carrousel 2000 氧化沟处理工艺，处理废水量为 60000m^3/d，氧化沟 3 组，每组 4 条沟，每条沟有效容积 12500m^3，前反硝化区容积 2500m^3，设计水力停留时间 15h，沟内有效水深 4.3m，渠道宽度 9m。氧化沟由于其特殊的前反硝化区设计（占氧化沟体积的 20%），在缺氧条件下，进水与一定量（该量可通过内部回流控制阀调节）的混合液混合。剩余部分（占氧化沟体积的 80%）包括有氧区和缺氧区，用于进行同时硝化反硝化，也用于磷的富集吸收。每座 Carrousel 2000 氧化沟中配有 2 台 OXYRATOR 表曝机，实现沟内水体的推流、混合和充氧。每座池中装有在线溶解氧测定仪 1 套，实时测定水中 DO 水平，并用于对表曝机的运行（开停、转速）进行控制，使供氧量符合实际的进水状况和运行条件。氧化沟工艺构筑物配置见表 6-2。

表 6-2 氧化沟工艺构筑物配置

<table>
<tr><th>名称</th><th>结构参数</th><th>构筑物与设计参数</th><th>工艺设备</th><th>设备参数</th></tr>
<tr><td rowspan="3">选择池</td><td rowspan="3">平面尺寸 6050mm×9200mm；间隔数:3</td><td>容积 208m³</td><td rowspan="3">3 台潜水搅拌机</td><td>电机功率:3.2kW</td></tr>
<tr><td>水深 4.1m</td><td rowspan="2">桨叶直径 315mm</td></tr>
<tr><td>停留时间 12min</td></tr>
<tr><td rowspan="3">厌氧池</td><td rowspan="3">平面尺寸 13550mm×11750mm；间隔数:2</td><td>容积 627m³</td><td rowspan="3">2 台潜水搅拌机</td><td>电机功率 3.2kW</td></tr>
<tr><td>水深 4.1m</td><td rowspan="2">桨叶直径 315mm</td></tr>
<tr><td>停留时间 0.5h</td></tr>
<tr><td rowspan="3">氧化沟</td><td rowspan="3">平面尺寸 88100mm×38000mm；h(反应器深度或高度)=4800mm;间隔数:4</td><td>容积 15000m³</td><td>2 台 OXYRATOR-3500 表曝机</td><td>表曝机功率 132kW</td></tr>
<tr><td>水深 4.3m</td><td rowspan="2">2 台 AmapropP40-1800 潜水推进器</td><td rowspan="2">推进器功率 4.8kW</td></tr>
<tr><td>停留时间 15h</td></tr>
</table>

二、 Carrousel 3000 氧化沟应用

某废水处理装置采用了 Carrousel 3000 氧化沟处理工艺，氧化沟有效水深达到 7m，处理废水量为 20000m^3/d。Carrousel 3000 氧化沟是在 Carrousel 2000 氧化沟系统前再加一个生物选择区，利用高有机负荷筛选菌种，抑制丝状细菌的增长，提高各污染物的去除率。其余工艺原理与 Carrousel 2000 氧化沟系统相同。Carrousel 3000 系统采用圆形一体化设计，使得氧化沟不需额外的管线，即可实现回流污泥在不同工艺单元间的分配。从中心开始，环状连续工艺单元包括进水井和用于回流活性污泥的分水器、选择池和厌氧池。

Carrousel 3000 系统，池深可达 7.5～8m；同心圆式，池壁共用，减少了占地面积，降低造价，同时提高了耐低温能力（可达 7℃）；使用了先进的曝气控制器 QUTE（它采用一种多变量控制模式），表曝机下安装导流筒，抽吸缺氧的混合液；采用水下推进器解决流速问题。

Carrousel 3000 氧化沟的特点是水深较大，减少了占地面积，同时也具备脱氮除磷功能。

第七章

生物序批式活性污泥法工艺

本章重点介绍煤化工废水经预处理后进入生物序批式活性污泥法单元的生化处理。生物序批式活性污泥法作为活性污泥法的一种改进工艺，因其将曝气池和沉降池合为一体放在同一反应器内，拓展了反应器的功能，在运行过程中将进水、反应、沉淀、排水和闲置组成一个周期，是在单一反应器内的不同时段进行不同功能操作的间歇运行的废水处理工艺。序批式活性污泥法与活性污泥法是平行工艺，在其发展过程中，不断改进和完善，各种新型序批式活性污泥工艺不断推出，功能更齐全，去除废水中有机污染物的效果更好，特别是改进型序批式活性污泥工艺，在煤化工废水处理中得到广泛的应用。

第一节 概述

序批式活性污泥工艺（sequencing batch reactor activated sludge process ，SBR）是活性污泥法的一种改进工艺，是按照间歇曝气方式运行的活性污泥法，仍然依靠活性污泥中微生物的活动来达到净化废水的目的。SBR 的工艺原理与连续活性污泥法完全一致，只是运行方式不同。连续活性污泥法采用连续运行方式，即废水连续进入处理系统并连续排出，系统内各单元功能不变，废水依次流过各单元，由此完成废水处理过程。SBR 的特点是在运行上的有序和间歇操作，SBR 反应池集均化、初沉、生物降解、二沉等功能于一池，无污泥回流系统，适用于间歇排放和流量变化较大的场合。

一、早期 SBR 法

早期活性污泥法是采用间歇进水、排水的方式运行的，由于运行操作烦琐，很快被连续式活性污泥法所取代。直到 20 世纪 80 年代后，自动监测与控制的硬件设备与软件技术飞速发展，为 SBR 法的应用提供了机遇。SBR 法的主体构筑物是 SBR 反应池，污水在这个反应池中完成反应、沉淀、排水剩余污泥排除等工序，使处理过程得以简化。

SBR 法以其独特优点引起广泛注意，近年来迅速推广，并不断得到改进、完善，成为煤化工废水处理中常用的一种工艺。目前大中型废水处理厂也采用此种工艺，处理效果较好。

二、 SBR 法特征

在一般情况下，序批式活性污泥法无须设置调节池，SVI 值较低，污泥易于沉淀，不产生污泥膨胀现象，在单一的曝气池内能够进行脱氮和除磷反应。若运行管理得当，处理水质优于连续式活性污泥法。当加深池深时，与同样的 BOD_5、SS 负荷的其他工艺比较，占地面积较小，耐冲击负荷、处理有毒或高浓度有机废水的能力较强。当采用电动阀、液位计、自动计时器及可编程控制器等控制仪表时，可使序批式活性污泥法处理过程实现自动化，由煤化工废水处理中心控制室进行控制。

序批式反应器是在封闭式反应器内，进行物料反应操作，反应完成卸料后，再进料进行下一批次的生产，故称其为序批式操作。序批式反应器是在非稳态条件下操作的，尽管容器中的成分随反应时间而变化，但反应器内的成分在任一时刻都是均匀的，浓度及温度相等。

近年来，序批式活性污泥法相比其他工艺相对简单、剩余污泥处置少、占地少、节约投资、运行费用低、耐有机负荷和毒物负荷能力强。由于是静止沉淀，因此出水效果较好，厌（缺）氧和好氧过程交替发生，污泥龄短，污泥活性高，有较好的脱氮除磷效果。

第二节 SBR 法分类

根据不同的分类方法，序批式活性污泥法有如下分类。

一、按进水方式分类

按进水方式可分为序批进水式和连续进水式两种类型。

1. 序批进水式

由于沉淀过程和排水过程不进水，所以比较容易保证出水的水质，但需几个反应池组合起来运行，以处理连续流入废水处理厂的废水。

2. 连续进水式

虽可采用一个反应池连续地处理废水，但由于在沉淀过程和排水过程中有废水流入，会导致活性污泥上浮或与处理水相混合，故可能使处理水质变差。如果在沉淀过程和排水过程中减少进水水量，可减少其影响。

完全混合序批式反应器内有机物浓度、MLSS 浓度以及溶解氧浓度较为均匀。循环式水渠型反应器内溶解氧浓度随混合液的流向变化而变化，但有机物浓度、MLSS 浓度在各点大致也是均匀的。

二、按反应器类型分类

按反应器类型可分为全混序批式反应器、连续全混反应器、平推流反应器和循环式水渠型反应器。

1. 全混序批式反应器

全混序批式反应器（SBR）的运行过程为：废水在封闭式反应器内按批次处理，一个完整周期包括进水、反应、沉淀、排水、闲置等阶段。反应阶段内无水流进出，通过曝气或搅拌使废水与活性污泥充分混合反应；反应结束后排水，再进入下一周期循环。该工艺具有以下特点：

① 操作灵活　可通过调整各阶段时间，适应不同水质（如高浓度有机废水、含氮磷废水）的处理需求。

② 设备紧凑　无需独立的二沉池，反应器兼具反应与沉淀功能，节省占地面积与投资。

③ 处理高效　完全混合流态（反应器内水质均匀）可提高微生物与污染物的接触效率，出水水质稳定，且易于控制污泥膨胀。

2. 连续全混反应器

由一个有进流和出流的容器组成，反应物连续流入反应器，混合物连续流出反应器，是一种开放式的反应器。通常在稳态条件下运行，反应器内物料充分混合，物质含量在整个反应器内均匀一致，排出物的成分与反应器中的成分相同，反应器内的反应物浓度既不随时间变化，也不随空间变化。

3. 平推流反应器

平推流反应器也称活塞流反应器，连续稳定流入反应器的流体，在垂直于流动方向的任一截面，各质点的流速完全相同，平行向前流动。进入反应器的物料之间完全没有混合，并且沿反应器轴向上物料之间也完全没有混合，而径向上物料之间混合均匀。这种流动形式近似于很少或没有纵向分散的、长宽比很大的长形敞开池或封闭的管式反应器中的流动形式。稳态操作时，反应器内物料的参数，如浓度、温度等，不随时间发生变化，而沿长度方向发生变化，即反应器内物系参数可随位置而变。

4. 循环式水渠型反应器

循环式水渠型反应器以氧化沟为典型代表，采用封闭环形沟渠结构，通过曝气设备推动水流循环，兼具有机物降解与脱氮除磷功能。其核心特点包括：

① 流态特性　水流呈混合流态，兼具推流与完全混合优势，循环周期短（10～30min），微生物与污染物接触充分。

② 工艺集成　可省略初沉池，通过调整曝气量实现好氧、缺氧环境切换，如奥贝尔氧化沟通过多渠道分区实现同步硝化反硝化，脱氮效率达70%～85%。

③ 设备简化　采用转碟或转刷曝气机，兼具充氧与推流功能，设备紧凑且能耗低［如转碟曝气机充氧能力3～5kgO_2/(kW·h)］。

④ 应用场景　适用于中小型污水厂及煤化工废水处理，耐冲击负荷，如某氧化沟处理煤化工废水时，COD去除率超90%，总氮去除率达82%。

该工艺通过灵活调控流态与参数，可实现高效稳定的废水处理效果。

三、按污泥负荷分类

按污泥负荷SBR可分为高负荷和低负荷两种。

1. 高负荷

高负荷SBR与普通活性污泥法相当，负荷一般为0.1～0.4kg BOD_5/(kg SS·d)。

2. 低负荷

低负荷SBR与氧化沟或延时曝气法相当，负荷为0.03～0.05kg BOD_5/(kg SS·d)。

四、按进水段曝气与否分类

按进水段曝气与否可分为限制曝气、非限制曝气和半限制曝气。

1. 限制曝气

进水阶段不曝气，多用于处理易降解有机废水，如生活废水。限制曝气的反应时间较短。

2. 非限制曝气

进水的同时进行曝气，多用于处理较难降解的有机废水。非限制曝气的反应时间较长。

3. 半限制曝气

进水一定时间后开始曝气，常用于处理城市生活废水。

第三节 SBR 法工作原理

SBR 法是以序批操作为主要特征的。一是运行操作在空间上按序批方式运行。一般情况下，废水是连续排放的，且流量波动较大。SBR 处理系统至少需要两个反应器交替运行，废水按序列连续进入不同反应器，它们运行时的相对关系是有次序和序批的。二是对每一个 SBR 来说，在时间操作上也是按次序排列和序批的。SBR 法典型运行周期分 5 个过程，依次为进水、反应、沉淀、排水和闲置，所有的操作都在一个反应器中完成。SBR 法五过程见图 7-1。

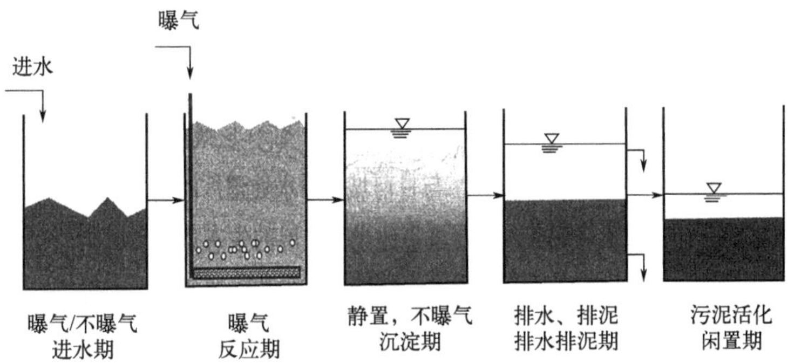

图 7-1 SBR 法五过程示意图

一、进水过程

运行过程是从废水进入 SBR 反应器开始的。进水时间由操作人员控制，取决于多种因素，包括设备特点和处理目标等。进水过程的主要作用在于确定 SBR 反应器的水力特征。若进水过程时间太短，其过程是瞬时负荷，系统类似于多级串联构型的连续流处理工艺。所有微生物在短时间内接触高浓度的有机物及其他组分，随后各组分的浓度随着时间逐渐降低。若进水过程时间太长，瞬时负荷就小，系统性能类似于完全混合式连续流处理工艺，微生物接触到的是浓度比较低且相对稳定的废水。

二、反应过程

进水过程完成后是反应过程，微生物在这一过程中与废水各组分进行反应。事实上，这些反应（即微生物的生长和基质的利用过程）在进水过程中也是一直进行的，随着废水流入，微生物对污染物的利用也即开始。所以进水过程也应该被看作"进水+反应"过程，反应在进水过程结束后继续进行。完成一定过程的处理目标，需要一定的反应过程。如果进水过程太短，单独的反应过程就会太长。由于这两个过程对系统性能的影响是不同的。在进水过程和反应过程所建立的环境条件决定着发生反应的性质。

如果进水过程和反应过程都是好氧的，则只能发生碳氧化和硝化反应。此时 SBR 的性能介于传统活性污泥法和完全混合活性污泥法之间，这取决于进水过程的长短。如只进行混合而不曝气，在硝态氮存在的条件下就会发生反硝化反应。如反应过程发生硝化，产生硝酸盐，并且在周期过程结束时仍留在 SBR 反应器中，那么在进水过程和反应过程初期增加一个只混合而不曝气的间隙，就可以使 SBR 法类似于连续流 AO 系统。如在反应过程后期增加一个只混合而不曝气的间隙，SBR 法就变得与 Berdenpho 工艺类似。

三、沉淀过程

反应过程完成之后，停止混合和曝气，使生物污泥沉淀，完成泥水分离。与连续处理工艺相同，沉淀有两个作用：一是澄清出净水达到排放要求以及保留微生物以控制 SRT；二是剩余污泥在沉淀过程结束时排除，类似于传统的连续处理工艺。

四、排水过程

不管剩余污泥在什么过程排出，经过有效沉淀后的上清液作为出水在排放过程被排出，留在 SBR 反应器中的混合液用于下一个循环。若为了向进水过程的反硝化提供硝酸盐而保留了相对于进水大得多的液体和微生物，那么所保留的这部分就类似于连续流处理中的污泥回流和内循环工艺。

五、闲置过程

SBR 法的关键是提高每个运行周期的灵活性。闲置过程对于多池 SBR 系统尤其重要。它可以协同进行几项操作以达到最佳处理效果。闲置过程是否进行混合和曝气取决于整个工艺的目的。闲置过程的长短可以根据系统的需要而变化，然后就是新一轮循环启动。

在一个运行周期过程中，各个过程的送行时间、反应器内混合液体积的变化以及送行状态等都可以根据具体废水性质、出水质量与送行功能要求等灵活掌握。

第四节 SBR 工艺特点

一、流程简单

SBR 法只有一个间歇反应器。与普通活性污泥法工艺流程相比，减少了二沉池、回流污泥系统及其他设备等。采用 SBR 法工艺的废水处理系统还有布置紧凑、节省占地面积的优点。

一般情况下，可不设调节池，多数情况下可省初沉淀。采用 SBR 法处理小型废水的装置，可节省基建投资 30%左右。

对于不同的净化目的，通过不同的调节控制手段，灵活地运行，为实现脱氮除磷提供了极为有利的条件，较好地实现好氧、缺氧与厌氧状态交替的环境条件。在缺氧条件下，更加方便地投加废水或通过提高污泥浓度等方式来提供有机碳源，促进反硝化过程更快地完成，也可以在进水阶段通过搅拌维持厌氧状态，促进聚磷菌充分地释放磷。在好氧条件下增大曝气量，延长反应时间与污泥龄，强化硝化反应，使聚磷菌过量摄取磷过程顺利完成。

对于脱氮除磷过程，一般只在 A^2O 工艺中才能实现这个过程，而单一 SBR 法反应器在一个运行周期中即可以全部完成上述过程。其操作全过程为：在进水过程搅拌（厌氧状态释放磷）→反应过程曝气（好氧状态降解有机物、硝化与摄取磷）、排泥（除磷）、搅拌与投加少量有机碳源（缺氧状态反硝化脱氮）、再曝气（好氧状态去除剩余的有机物）→排水过程→闲置过程，然后进水再进入另一个运行循环周期。此外，在进水与反应过程，还可采用曝气与搅拌交替进行的运行方式实现脱氮的目的，其脱氮效率会更高。当废水中的 P/BOD_5 值太高，用普通厌氧/好氧法难以提高除磷率时，可根据 Phostrip 法除磷的原理，只增加一个混凝沉淀池即可在 SBR 法中实现。因此，SBR 法很容易满足脱氮除磷的工艺要求并提高脱氮除磷的效果。

二、防污泥膨胀及耐冲击能力

在活性污泥法中，间歇式最不易发生污泥膨胀，完全混合式最易引起污泥膨胀。污泥膨胀主要表现为丝状菌性膨胀。发生膨胀难易程度的排列顺序是：间歇式、传统推流式、过程曝气式和完全混合式。同时，降解有机物（对易降解废水）速率或效率的高低，也遵循这个排列顺序。

1. 影响污泥膨胀的要素

污泥膨胀主要是由丝状菌的过量繁殖引起的。由于 SBR 反应器中底物浓度大，在 SBR 法的整个反应过程中，不仅底物浓度高、梯度大，而且丝状菌比絮凝菌胶团的比表面积大，摄取低浓度底物的能力强。而 SBR 法不具备有利于丝状菌竞争的环境，故能有效地控制丝状菌的过量繁殖。因此 SBR 法与完全混合式曝气池的低底物浓度环境相比占有绝对的优势。在 SBR 反应过程中，只有在反应进入沉淀过程前，其底物浓度才与完全混合式曝气池浓度基本相同。

2. 池底存在底物浓度梯度

SBR 反应池在池底存在底物浓度梯度（即 F/M 梯度），这是有效控制污泥膨胀的一个重要条件。推流式曝气池梯度大，不易膨胀。而 SBR 法在反应过程中与时间上均属于理想推流状态，使得 F/M 梯度达到理想的最大化，因此比普通推流式还不易发生膨胀。完全混合式无浓度梯度，所以容易发生污泥膨胀。若缩短 SBR 法的进水时间，反应前底物浓度会更高，其后的梯度会更大，SVI 值更低，更不易膨胀。

3. 丝状菌比增长速率低

一般丝状菌的比增长速率比其他细菌小。在稳定状态下，污泥龄的倒数数值等于污泥比增长速率，故污泥龄长的完全混合法易于繁殖丝状菌。而 SBR 法具有理想推流状态与快速降解有机物的特点，因此它在污泥龄短的条件下就能满足出水质量要求，而污泥龄短又促进剩余污泥的排放速率大于丝状菌的增长速率，所以丝状菌无法大量繁殖。

4. 缺氧、厌氧、好氧状态并存

对于绝大多数丝状菌，如球衣菌等均属于好氧菌的范畴，而活性污泥中的细菌有半数以上是兼性菌。而 SBR 工艺中的进水与反应过程是一个缺氧、厌氧与好氧状态交替进行的过程，这就能够较好地抑制喜好好氧环境的丝状菌的大量繁殖，这种环境对多数微生物又不会产生太大的不利影响。这就是 SBR 工艺（限制曝气）比非限制曝气的活性污泥工艺更不易产生污泥膨胀的主要原因。

5. 耐冲击负荷能力强

完全混合式曝气池比推流式曝气池的耐冲击负荷以及处理有毒或高浓度有机废水的能力

强。SBR法从时间上来说是一个理想的推流过程，但就反应器的混合状态而言，仍属于完全混合式，因此具有耐冲击负荷和反应推动力大的特点。由于SBR法的沉淀过程属于静止沉淀，加之污泥沉降性能好且不需要污泥回流，进而使反应器能够维持较高的MLSS浓度。在同样条件下，较高的MLSS浓度能降低F/M值，显然使SBR具有更强的耐冲击负荷和处理有毒或高浓度有机废水的能力。

三、理想推流提高生化效率

SBR反应器中的底物和微生物浓度是不断变化的，而且不连续，所以它的运行是非稳定状态。而底物和微生物的浓度变化是连续的过程，则连续曝气的反应过程也属于非稳定状态。虽然反应器内的混合液呈完全混合状态，但是其底物与微生物浓度的变化在时间上是一个推流过程，并且呈现出理想的推流状态。

根据生化反应动力学，由于曝气池中的底物浓度很低，其生化反应推动力也较小，反应速率与去除有机物的效率都低。在理想的推流式曝气池中，废水与回流污泥形成的混合液从池首端进入，呈推流状态沿曝气池流动，至池末端流出，此间在曝气池的各断面上只有横向混合，不存在纵向的“返混”。作为生化反应推动力的底物浓度，从进水的最高浓度逐渐降解至出水时的最低浓度，整个反应过程底物浓度没有被稀释，尽可能地保持了最大的推动力。

完全混合式曝气池所需要的水力停留时间或有效容积，一般要比间歇式反应器相应的水力停留时间或有效容积大3倍。

根据活性污泥法动力学，在DO浓度很低的条件下，利用游离氧作为最终电子受体的污泥产率较低。在缺氧环境中，反硝化以NO作为电子受体进行无氧呼吸时，其污泥产率会更低，减少了剩余污泥的处理费用。还有DO浓度低时，反应过程氧的浓度梯度大，氧转移效率会提高。

第五节　SBR工艺流程

SBR工艺是一种按间歇曝气方式来运行的活性污泥污水处理技术，它是基于悬浮生长的微生物在好氧条件下对有机物、氨氮等污染物进行降解的废水生物处理活性污泥工艺。SBR工艺过程是按时序来完成的，一个操作过程分为五个阶段：进水、反应、沉淀、排水、闲置。这五个阶段都是单池运行，当处理污水量较大时，可以进行多池多组的交替运行处理，此时人工操作难以发挥它的优点，需要由高度自动化的控制系统进行管理。

SBR的运行周期由进水、反应（曝气）、沉淀、排水排泥、闲置五个阶段组成，总周期时间（T）需满足：

$$T \geqslant T_a + T_s + T_d + T_x$$

式中　T_a——反应（曝气）时间，与BOD_5和SS负荷相关，通常为4～8h；

T_s——沉淀时间，通过污泥界面沉降速度计算，一般取2h；

T_d——排水排泥时间，设计为1～2h；

T_x——闲置时间，取0.5～1h。

关键参数如排出比（$1/m$，通常取1/3～1/2）和污泥容积指数（SVI，宜控制在80～150mL/g）需结合水质调整。例如，某煤化工废水处理项目采用SBR工艺，设计周期24h，其中曝气16h、沉淀4h、排水1h、闲置1h，排出比为1/3，处理后COD去除率超过90%。

SBR 工艺可以根据脱氮除磷效果的要求，将预反应区分成厌氧、缺氧两段。在工艺运行过程中，可根据实际污泥性状和除磷要求选择回流装置的启停时间。SBR 法处理煤化工废水工艺流程见图 7-2。

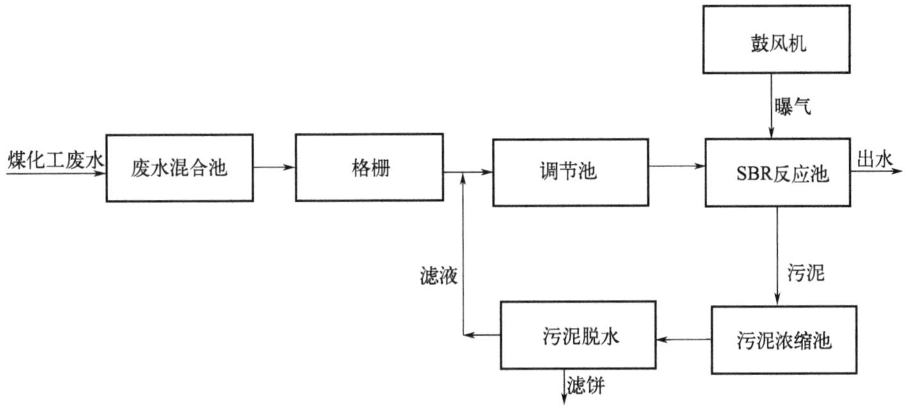

图 7-2 SBR 法处理煤化工废水工艺流程示意图

第六节 SBR 工艺计算

对 SBR 法进行计算，在单一的反应池内进行活性污泥处理过程，并使废水处理的单元操作以时间的形式连续地进行考虑。工序组成按进水→曝气→沉淀→排水考虑。

一、周期时间计算

SBR 法的一个运行周期所需的时间就是各工序所需时间的总和。各工序所需的时间必须满足下列条件：

$$T \geqslant T_a + T_s + T_d$$

$$T_f = T/N$$

$$T_s + T_d \leqslant T - T_f$$

式中，T 为一个周期所需的时间，h；T_f 为进水时间，h；T_a 为曝气时间，h；T_s 为沉淀时间，h；T_d 为排水时间，h；N 为每一个系列的反应池数量，个。

1. 进水时间 T_f

根据每一系列的反应池数、总进水量、最大变化系数和反应池的有效容积等因素确定。

2. 曝气时间 T_a

根据 MLSS 浓度、BOD_5-SS 负荷、排出比、进水 BOD_5 浓度来确定。

$$BOD_5\text{-SS 负荷} = Q_s C_s / (e C_a V) [\text{kg } BOD_5 / (\text{kg SS} \cdot \text{d})]$$

式中，Q_s 为污水进水量，m^3/d；C_s 为进水平均 BOD_5，mg/L；C_a 为反应池内平均 MLSS 浓度，mg/L；V 为反应池容积，m^3；e 为曝气时间比。

$$e = nT_a/24$$

式中，n 为周期数；T_a 为 1 个周期的曝气时间，h。

$$Q_s = V \times 1/m \times n$$

式中，$1/m$ 为排出比。

BOD_5-SS 负荷（L_s）$=nC_s/(emC_a)$［kg BOD_5/（kg SS·d）］

将 $e=nT_a/24$ 代入得：

$$T_a=24C_s/(L_s mC_a)$$

3. 沉淀时间 T_s

根据活性污泥界面的沉降速度、排出比确定。活性污泥界面的沉降速度和 MLSS 浓度有关。由经验公式得出：

当 MLSS≤3000mg/L 时，$V_{max}=7.4\times10^4\times tC_a^{1.7}$

当 MLSS>3000mg/L 时，$V_{max}=4.6\times10^4\times C_a^{-1.26}$

式中，V_{max} 为活性污泥界面的最大沉降速度，m/h；t 为水温，℃；C_a 为开始沉降时的 MLSS 浓度，mg/L。

沉淀时间由下式计算：

$$T_s=H\times(1/m)+\varepsilon/V_{max}$$

式中，H 为反应池水深，m；$1/m$ 为排出比；ε 为活性污泥界面上的最小水深，m；V_{max} 为活性污泥界面的初期最大沉降速度，m/h。

T_s 与污泥的沉降性能及反应池的表面积有关，由于 SBR 系统污泥沉降性能良好，根据运行经验 SVI 一般在 100mg/L 左右，且为静止沉淀，沉淀时间一般为 1～2h。

4. 排水时间 T_d

每一周期的排水时间可根据上清液排水装置的溢流负荷、排出比确定，通过增加排水装置的台数或扩大溢流负荷来缩短。反之，减少排水装置的台数，需将排水时间延长。

排水时间可用下式计算：

$$T_d=Q_d T_f/q_d$$

式中，q_d 为滗水器的排水速度，排水时间不宜太短，否则会扰动泥层，降低出水质量。

5. 排泥时间 T_w

排泥时间 T_w 根据每周期要排放的剩余污泥量及排泥设备的排泥速度计算。排泥时间可用下式计算：

$$T_w=Q_w/q_w$$

式中，T_w 为排泥时间；Q_w 为每周期要排放的剩余污泥量；q_w 为排泥设备的排放速度。

二、 SBR 反应池计算

一般情况下，SBR 工艺的反应池有圆形和矩形两种类型。SBR 反应池的设计参数主要有：BOD_5-SS 负荷、反应池内的污泥浓度（MLSS）、排出比等。

反应池容积 $V=mq/(nN)$

式中，V 为各反应池的容积，m^3；$1/m$ 为排出比；n 为周期数；N 为每一系列反应池数量，个；q 为每一系列废水进水量。

周期数可由下式算得：

$$n=24/(T_a+T_s+T_d)$$

三、需氧量计算

在SBR工艺中，每一周期的需氧量可由下式求得：

$$O_d = 0.54L_r + 0.0033C_aT_a + 4.57N_o - 2.86N_d$$

式中，O_d为需氧量；L_r为BOD_5去除量；C_a为反应池内的生物量；T_a为曝气时间；N_o为硝化量；N_d为脱氮量。

根据上式，虽可求出需氧量，但在设计中，一般采用下列数据：

① 当高负荷运行时，需氧量为0.5～1.5kg O_2/kg BOD_5；

② 当低负荷运行时，需氧量为1.5～2.5kg O_2/kg BOD_5。

四、曝气设备选择

在SBR法中，由于在同一反应池进行曝气、沉淀，所以要求曝气装置具备不易堵塞，既能供氧又能对混合液进行充分搅拌的性能。

1. 微孔曝气器

根据混合状态分析，微孔曝气器分散的气泡直径小，主要是在垂直方向上起混合作用，因此对周围混合液的混合搅拌强度低，不能有效地利用反应池内的活性污泥降解有机物。

2. 中粗气泡曝气器

中粗气泡曝气器克服了微孔曝气器的缺点，并在混合能力上有所提高，其氧转移效率在6%～12%，是目前应用较多的曝气器之一。

3. 自吸式射流曝气器

自吸式射流曝气器适用于小型工程，安装方便，运行灵活，且因设备可直接设于池内，省去了鼓风设备、管道和曝气设备的投资。

4. 喷射式混合搅拌曝气器

喷射式混合搅拌曝气器能灵活地实现AO、A^2O等工艺操作，实现在去除有机物的同时除磷脱氮。

五、滗水器选择

由于SBR工艺是周期排水，且排水时池中水位是不断变化的，为了保证排水时不扰动池中各层清水，且排出的总是上层，同时为了防止水面上的浮渣溢出，排水堰口始终处于淹没流状态，因此，SBR工艺要求使用滗水器（浮动式排水堰）。

六、煤化工废水处理案例计算

某煤化工废水采用SBR法进行处理，已知废水处理参数如下：

① 进水水质：Q_d=2500m^3/d，BOD_5=650mg/L，COD=800mg/L，SS=120mg/L。

② 出水水质：BOD_5≤60mg/L，COD≤100mg/L，SS≤20mg/L。

工艺计算如下：

(1) 调节池

用于调节水质、水量。采用水下搅拌器搅拌，防止污泥沉淀。水力停留时间6h；外形尺寸15m×10m×5m；有效水深4.2m。

(2) SBR 反应池

设计条件：反应池池数 $N=2$，反应池有效水深 $H=6.0\text{m}$，安全高度 $\varepsilon=0.5\text{m}$，排出比 $1/m=1/3$MLSS，浓度 $C_a=4000\text{mg/L}$，BOD_5-SS 负荷 $L_s=0.25\text{kg } BOD_5/(\text{kg SS}\cdot\text{d})$。

① 曝气时间 T_a：

$$T_a=24C_s/(L_s mC_a)=24\times650/(0.25\times3\times4000)=5.2(\text{h})$$

② 沉淀时间 T_s：

$$T_s=H(1/m)+\varepsilon/V_{max}$$

当 MLSS≤3000mg/L 时，$V_{max}=7.4\times10^4\times tC_a^{1.7}$；当 MLSS>3000mg/L 时，$V_{max}=4.6\times10^4\times tC_a^{-1.26}$。

则 $T_s=H(1/m)+\varepsilon/(4.6\times10^4\times tC_a^{-1.26})=5\times(1/3)+0.5/(4.6\times10^4\times t\times4000^{-1.26})$
$=1.7(\text{h})$

③ 排水时间 T_d：选滗水器的排水速度 $450\text{m}^3/\text{h}$，则排水时间 $T_d=1.1\text{h}$。

④ 一个周期所需要的时间 T：

$$T\geqslant T_a+T_s+T_d=5.2+1.7+1.1=8.0(\text{h})$$

周期数 $n=24/(T_a+T_s+T_d)=24/8=3$

进水时间 $T_f=T/N=8/2=4(\text{h})$

⑤ 反应池容积 V：

$$V=mq/(n\times N)=3\times2500/(3\times2)=625(\text{m}^3/\text{池})$$

⑥ 需氧量　当低负荷运行时，需氧量为 $1.5\sim2.5\text{kg } O_2/\text{kg } BOD_5$。

此处，以 $2.0\text{kg } O_2/\text{kg } BOD_5$ 计算，则 $O_d=2500\times650\times10^{-3}\times2.0=3250\ (\text{kg } O_2/\text{d})$

当周期数 $n=3$，反应池数量 $N=2$ 时，则每一周期需氧量为：$O_d=3250/(3\times2)=541.7\ [\text{kg } O_2/(\text{周期}\cdot\text{池})]$。

曝气时间前面计算为 5.2h，则 $O_d=541.7/5.2=104.2\ (\text{kg } O_2/\text{h})$

⑦ 标准需氧量　根据需氧量、废水温度以及大气压的换算可求出标准需氧量 S_{OR}。当混合液水温为 200℃，混合液的 DO 浓度为 2mg/L，反应池水深为 6m 时，$S_{OR}=142.2\text{kg } O_2/\text{h}$。

第七节　SBR 法改进型工艺

由于 SBR 法存在一些不足，SBR 反应器容积利用率较低，不宜大规模化运行；控制设备较复杂；变水位运行，水头损失大，与后续处理工序难协调等。针对 SBR 法存在的不足，一些改进型的 SBR 法工艺也被不断推出，主要有：UNITANK 工艺、CASS 工艺、CAST 工艺、ICEAS 工艺和 DAT-IAT 工艺等。各种改进型 SBR 法工艺特征见表 7-1。

表 7-1　各种改进型 SBR 法工艺特征

特征内容	传统 SBR	UNITANK	CASS	CAST	ICEAS	IAT-DAT
进水	间接	连续	连续	间接	连续	连续
曝气	间接	中池连续，边池间接	间接	间接	间接	DAT 连续，IAT 间接
沉淀	静态	半静态	静态	静态	半静态	半静态

续表

特征内容	传统 SBR	UNITANK	CASS	CAST	ICEAS	IAT-DAT
出水	间接	连续	间接	间接	间接	间接
容积利用率	50%～60%	50%	58%		50%～58%	60%～70%
污水回流	无	无	有	部分有	有	有
水位变化	1～2m	固定水位	1～2m	1～2m	1～1.5m	<1m
脱氮	稍有	一般	较好	较好	稍有	较好
除磷	一般	较差	一般	较好	一般	较好
防污泥膨胀	较不易	较不易	不易	非常不易	不易	不易
适用范围	小型	布置紧凑	脱氮除磷	较大型	较大型	大型

一、 UNITANK工艺

1987 年，UNITANK 工艺由比利时史格斯清水公司提出，此工艺结合了传统 SBR 工艺和传统活性污泥法的优点，使进、出废水连续且减少了二沉池，实现了沉淀池和生物处理单元的一体化，而单个 UNITANK 曝气池则为间歇进、出水，通过灵活控制 UNITANK 单个反应池的曝气、搅拌以及增大水力停留时间，可以达到较好的脱氮除磷效果。

1. UNITANK 结构单元

UNITANK 又称交替式生物处理池，其基本单元由三个矩形池组成（A 池、B 池、C 池），相邻池通过公共墙开洞或池底渠连通。每个池均设有供氧设备，可采用鼓风机曝气，也可以采用微孔曝气头、表曝机或潜水曝气机。其中中间的池子（B 池）只能作为曝气反应池，两个边池交替作为曝气池和沉淀池，边池设有固定出水堰和剩余污泥排放口。另外，废水通过闸门控制可以进入任意一个池子，采用连续进水的方式，周期性交替运行。

2. UNITANK 运行方式

由于 UNITANK 工艺是传统 SBR 工艺的一种变型，具有 SBR 工艺运行方式灵活的优点，可以通过时间及空间上的过程控制及曝气、搅拌过程的控制，使 3 个池内形成好氧、缺氧或厌氧环境，以实现多种废水处理的目的。

好氧 UNITANK 系统是按周期运行的，一个周期包括两个主过程和两个中间过程，一般一个周期的时间为 7h，主过程 2×3h，中间过程 2×30min。

（1）主过程

第一个主过程，废水首先进入 A 池，该池处于曝气状态，因上个过程进行沉淀操作，积累了大量活性污泥，且浓度较高。进水与活性污泥混合，有机物被吸附，部分被降解。混合液继续流入 B 池，该池通常连续曝气，有机物得到进一步的降解，同时在推流过程中，A 池的活性污泥进入中间池，再进入 C 池，实现污泥在各池的重新分配。最后，混合液进入处于沉淀状态的 C 池，进行泥水分离，处理后的出水通过溢流堰排放，剩余污泥由该池排出。为了防止 A、B 池的污泥被冲至 C 池，过量积累，每 120～180min 改变水流方向，即进入下一个主过程。

第二个主过程，废水先进入 C 池，废水及混合液的流动方向与第一个主过程相反。

（2）中间过程

中间过程的作用是完成从曝气池到沉淀池的转换。在第一个主过程的中间过程，废水进入B池，C池仍处于沉淀出水状态，同时A池开始进入沉淀状态，为出水做准备。在第二个主过程的中间过程，废水进入B池，A池仍处于沉淀出水状态，同时C池开始进入沉淀状态，为出水做准备。

因为边池在曝气状态时，出水槽内进满混合液，所以边池进入沉淀状态后，开始的出水不能作为处理后的出水直接排放，需用冲洗排入处理系统。待出水澄清后，方可外排。

3. UNITANK 工艺特点

UNITANK 工艺具有 SBR 工艺的特点，但又在其基础上有改进，主要改进如下：

① 与传统活性污泥法相比，UNITANK 工艺省去了污泥回流，节省了投资，运行费用较低。

② 所有池体均采用矩形池，可以共用池壁，且 3 个池之间水力连通，中间池壁水受单向水压，占地面积小，因而节省土建费用。

③ 系统在恒定水位下运行，曝气系统可以采用表面曝气设备，使曝气系统的管理和维护较为方便；水力负荷稳定，可以充分利用反应池的有效容积，降低对管道阀等设备的要求；采用简单的固定出水堰代替价格昂贵的滗水器，节省了设备费用。

④ 根据反应池内的溶解氧、氧化还原电位等在线监测数据，通过改变供氧量，切换进、出水阀门，以及改变好氧、缺氧及厌氧反应时间等控制手段，在整个周期内对中间池B始终进行曝气。当脱氮除磷时，UNITANK 系统的曝气池内除了设有曝气设备外，还设有搅拌设备等，根据工艺要求，通过对曝气设备和搅拌设备的控制使池内形成交替的好氧、缺氧、厌氧状态，高效地去除废水中的碳源有机物，以及脱氮除磷。

4. UNITANK 工艺流程

以某废水处理厂为例，其 UNITANK 工艺流程设置为：原废水首先进入粗格栅，拦截废水中大颗粒漂浮物后由废水泵提升，经细格栅进一步去除水中杂质，进入沉砂池去除砂粒，然后进入 UNITANK 池，去除 BOD_5 等污染物，混合液经沉淀分离，澄清液进入接触池加氯消毒（季节性）后排出。剩余污泥经污泥泵送至储泥池，由带预浓缩功能的脱水机处理后，泥饼外运。UNITANK 工艺流程见图 7-3。

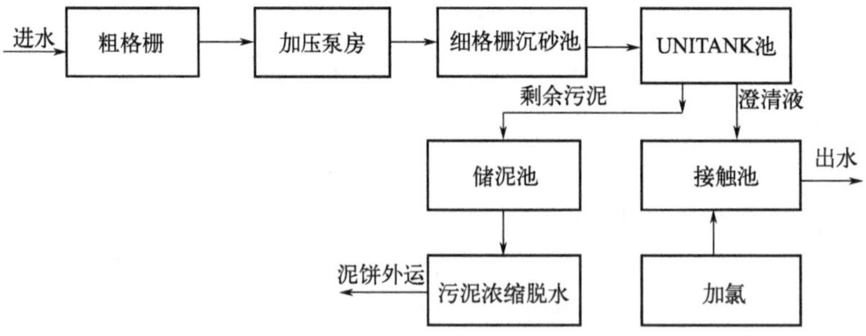

图 7-3 UNITANK 工艺流程示意图

5. UNITANK 反应池型选择

UNITANK 反应池通常设计成三个等尺寸的矩形池，根据两侧池出水堰的形式即单侧堰或周边堰出水，可决定池子是否为正方形。一般当池子边长较小（小于 25m）时两侧池采用单侧堰出水，池形可为长方形，池间连通采用池壁开洞方式，洞口在边池一侧加导流板，目的是使进水沿池底流动，流态接近平流式沉淀池，导流板同时可防止中间池的曝气扰动侧池的沉淀。当池子尺寸较大时，两侧池可采用周边出水堰，池型为正方形，中间池的池间连通管出口设在侧墙池底边，两侧池的池间连通管出口设在池中心，外加稳流筒。出水沿池底流动，流态接近中心进水、周边出水的辐流式沉淀池。UNITANK 池共为六组，分三个系列，每个组由三个正方形反应池组成，单池净尺寸为长×宽×高＝35m×35m×7m，有效水深为 6m。两侧池采用周边堰出水。每组内三个反应池由池底渠道连通，两侧池的连通渠出水口位于池中心，设有稳流筒，防止进水对沉淀污泥的扰动。

6. 反应池进、出水渠道配置

UNITANK 废水由配水井均匀分给三条位于池底的配水渠道，一条配水渠负责一个系列两组池的配水。UNITANK 交替式生物池配水渠见图 7-4。

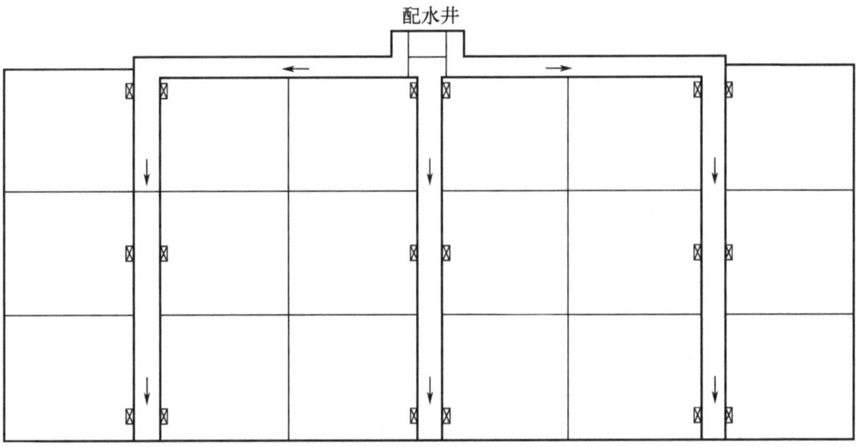

图 7-4 UNITANK 交替式生物池配水渠示意图

在同一系列中的两组池同步运行，不同系列的运行时序可不同步。每组池的出水汇入池底的出水总干管，直接排出废水处理厂。

7. 反应池有效容积选择

由于 UNITANK 系统连续进水，连续出水，中间池连续曝气，其容积利用率为 100%。两个边池交替作为曝气池和沉淀池，这样在一个运行周期内，实际上相当于一个边池完全起着沉淀池的作用，进行泥水分离。另外，在排水之前还必须安排沉淀时间，因此，边池的有效容积不足 50%。实际上边池和中间池一般容积相等，导致整个系统的有效容积与总池容之比小于 66.7%。若某个好氧 UNITANK 系统的运行周期为 8h，每个边池废水的沉淀时间为 3h，则每个边池的实际曝气时间为 3h，其余 5h 用于排水，则系统的有效容积仅为 58.3%。意味着该 UNITANK 系统 41.7%的池容用于沉淀和排水，而传统的二沉池废水的水力停留时间仅为 2 ～3h。当传统活性污泥系统（包括曝气池和二沉池）的水力停留时间较长时，假定为 10h，则系统的容积利用率可达 70%以上。

因此，在本案例中必须对 UNITANK 系统的有效容积加以考虑。为了提高 UNITANK 系统的有效容积，可以采取加大中间池容积的办法，以提高系统的经济性。例如，可将边池容积设计为中间池容积的 1/2。还必须考虑其他有关问题，比如反应池的平面布置、进水点的布置以及边池承受的水力负荷等。

8. 冲洗水系统选择

由于在曝气阶段，两侧池的出水堰内进入了混合液，沉淀初期被污染的出水不能直接排放，需经冲洗水系统外排。冲洗水排放系统一般有两种形式：第一种，由电动闸门控制，冲洗出水经管渠排入处理厂进水泵房。该方法运行管理较简单，不用添加设备，但对进水泵房会产生一定的水力冲击负荷，如果 UNITANK 运行系列较多，运行时序错开，那么冲击负荷相对较低，对进水泵房影响较小。第二种，由电动闸门控制，冲洗出水直接进入冲洗水池，池内设潜水泵，将冲洗水送至中间池。该方法不会对进水泵房产生影响，但需加设冲洗水池和冲洗水泵，运行管理较复杂，如果 UNITANK 运行系列较少，该种方法较适合。

9. 曝气系统选择

UNITANK 工艺可以采用表面曝气机曝气和微孔曝气器曝气两种形式。针对两种工艺在 UNITANK 工艺中的特点进行比较分析，见表 7-2。

表 7-2　表面曝气机和微孔曝气器性能比较

序号	项目	表面曝气机	微孔曝气器
1	电耗	高	低,不稳定
2	曝气系统工程造价	低,10%～20%	高
3	曝气器充氧效率	低,稳定	高,随使用时间增长,效率逐渐降低
4	维修管理	电机维修在水面,不影响正常运行	维修时需将全池放空,且随运行时间加长,维修频率提高
5	池底沉泥	极少	有,且不均匀
6	沉淀池表面负荷	低	较高,一般需加设斜板,降低表面负荷。运行时斜板上容易形成生物膜;维修曝气头时,需拆掉斜板
7	缺氧/厌氧/好氧运行模式	开/关曝气机,易操作	开/关单池曝气管,会给其他池中曝气头带来气量冲击,不易操作

由表 7-2 中对比分析可知，采用表面曝气机更适合 UNITANK 工艺。如果工程占地允许，应尽量采用表面曝气机曝气。本案例采用表面曝气机和潜水搅拌机相结合的方式，每个池中安装 2 台表面曝气机、2 台水下搅拌机，表面曝气机运行充氧。当水中溶解氧到达高限设定值时，表面曝气机停止工作，水下搅拌机运行；当水中溶解氧低于低限设定值时，水下搅拌机停止工作，表面曝气机开始运行。

二、 CASS 工艺

1. CASS 工艺工作原理

周期循环活性污泥法（cyclic activated sludge system，CASS）工艺最早由美国川森维柔废水处理公司于 1975 年研究成功，是在间歇式循环延时曝气活性污泥法（ICEAS）工艺的基础上推出来的一种改进型 SBR 新工艺。

CASS 池也称为周期循环活性污泥系统反应池，是集曝气、沉淀功能于一体的 SBR 改进型工艺，其过程是曝气、沉淀、排水在同一个池子内依次进行，周期循环，取消了常规活性污泥法的二沉池，并实现程序化控制，方便操作。CASS 工作原理见图 7-5。

循环式活性污泥工艺是废水处理过程中最为关键的一个环节，并且是以环保和节能为基

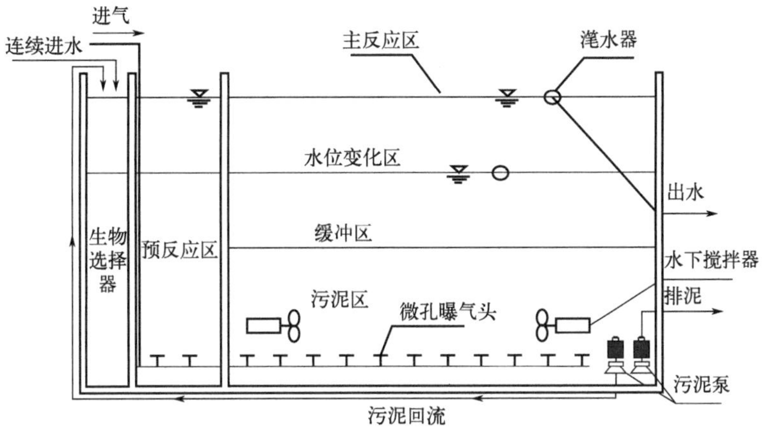

图 7-5　CASS 工作原理示意图

础进行改进和优化的工作体系和工作流程。基本结构是反应池沿着池长方向分为两部分，其中，前半部分为生物选择区也称为预反应区，主反应区在后半部分。装置设置了一定的可升降自动滗水装置，使得整个工艺曝气、沉淀和排水等过程能够循环运行。由此，省去了常规活性污泥法中的二沉池，从而达到污泥回流的目的，是一种可持续进水、间接排水的工作体系。

2. CASS 结构单元

CASS 反应池分为预反应区和主反应区，经过预反应区后废水中可溶性污染物得到迅速吸附，进入主反应区后废水中的有机污染物被降解。CASS 为连续进水，间歇出水，集反应、沉淀、排水等功能于一身，且通过对反应器中 DO 的控制，使 CASS 反应器处于好氧、厌氧、缺氧交替环境，起到对废水脱氮除磷的作用。CASS 结构单元见图 7-6。

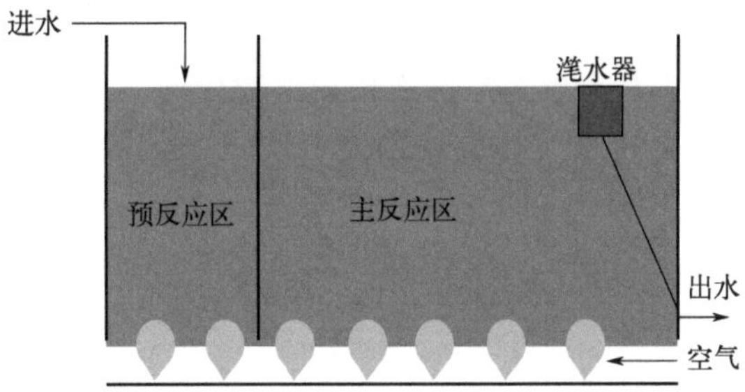

图 7-6　CASS 结构单元示意图

CASS 的核心构筑物为反应池，没有二沉池及污泥回流设备。一般情况下不设调节池及初沉池。因此，废水处理设施布置紧凑、占地省、投资低。

3. CASS 运行方式

(1) 进水-曝气过程

边进水边曝气，同时将主反应区的污泥回流至生物选择区，一般回流比为 20%。在此阶段，曝气系统向反应池内供氧，一方面满足好氧微生物对氧的需要，另一方面有利于活性污泥与有机物的充分混合与接触，从而有利于有机污染物被微生物氧化分解。同时，污水中的氨氮通过微生物的硝化作用转变为硝态氮。

（2）沉淀过程

停止曝气后，微生物继续利用水中剩余的溶解氧进行氧化分解。随着反应池内溶解氧的进一步降低，微生物由好氧状态向缺氧状态转变，并发生一定的反硝化作用。与此同时，活性污泥在几乎静止的条件下进行沉淀分离，活性污泥沉至池底，下一个周期继续发挥作用，处理后的水位于污泥层上部，静置沉淀使泥水分离。

（3）滗水过程

沉淀过程完成后，置于反应池末端的滗水器开始工作，自上而下逐层排出上清液，排水结束后滗水器自动复位。滗水期间，污泥回流系统照常工作，其目的是提高缺氧区的污泥浓度，随污泥回流至该区内的污泥中的硝态氮进一步进行反硝化，并进行磷的释放。

（4）闲置过程

闲置过程的时间一般比较短，主要保证滗水器在此阶段内上升至原始位置，防止污泥流失。

4. CASS 工艺特点

（1）生化反应推动力大

从污染物降解过程分析，当废水以相对较低的水量连续进入 CASS 池时即被混合液稀释，从空间上看 CASS 法属于完全混合式活性污泥法范畴。在完全混合式连续流曝气池中的底物浓度等于二沉池出水底物浓度，底物流入曝气池的速率即为底物降解速率。从 CASS 法开始曝气到排水结束整个周期分析，基质浓度由高到低，浓度梯度从高到低，基质利用速率由大到小，因此，CASS 工艺属理想的时间顺序上的推流式反应器，生化反应推动力较大。在理想的推流式曝气池中，废水与回流污泥所形成的混合液从池进口端开始，呈推流状态沿曝气池流动，至池出口端流出为止，作为生化反应推动力的底物浓度，从进水的最高浓度逐渐降解至出水时的最低浓度，整个反应过程中底物浓度没被稀释，尽可能地保持了较大推动力。在此，曝气池的各断面上只有横向混合，不存在纵向的返混。

（2）沉淀效果好

CASS 工艺在沉淀过程中几乎整个反应池均起沉淀作用，沉淀过程的表面负荷比普通二次沉淀池小得多，虽有进水的干扰，但其影响很小，沉淀效果较好。当冬季温度较低，污泥沉降性能差时，或在处理一些特种工业废水污泥凝聚性能差时，也不会影响 CASS 工艺的正常运行。在工程案例中曾遇到过 SV_{30} 高达 96%的情况，只要将沉淀过程的时间延长，系统运行不受影响。

（3）运行灵活，抗冲击能力强

CASS 工艺在设计时已考虑流量变化的因素，在流量冲击和有机负荷冲击超过设计值 2～3 倍时，处理效果仍然较好。而传统 SBR 处理工艺虽然已设有辅助的流量平衡调节设施，但还是有可能因水力负荷变化而使活性污泥流失，严重影响排水质量。当采用脱氮除磷功能时，CASS 工艺可通过调整工作周期以及控制反应池的溶解氧水平，提高脱氮除磷的效果。采用不同的运行方式，可以达到不同的处理结果。当进水浓度较高时，也可通过延长曝气时间来实现达标排放，达到抗冲击负荷的目的。在暴雨时，可经受平常平均流量 6 倍的高峰流量冲击，而不需要独立的调节池。

（4）不易发生污泥膨胀

一般活性污泥法运行过程中常会遇到污泥膨胀的问题，由于污泥沉降性能差，与水无法在二沉池进行有效分离，造成污泥流失，导致出水水质变差。而控制并消除污泥膨胀则需要一定的时间，具有滞后性。由于CASS反应池中存在着较大的浓度梯度，而且处于缺氧、好氧交替变化之中，这样的环境条件可选择性地培养出菌胶团细菌，使其成为曝气池中的优势菌属。由于丝状菌的比表面积比菌胶团大，因此，有利于摄取低浓度底物。但一般丝状菌的比增殖速率比非丝状菌小，在高底物浓度下菌胶团和丝状菌都以较大速率降解底物与增殖，正是由于菌胶团细菌比增殖速率较大，其增殖量也较大，从而较丝状菌占优势，有效地抑制丝状菌的生长和繁殖，避免污泥膨胀，从而提高系统的运行稳定性。

(5) 剩余污泥量低

传统活性污泥法的污泥龄仅2～7天，而CASS法污泥龄为25～30天，所以污泥稳定性好，脱水性能也好，产生的剩余污泥少。去除1.0kg BOD_5产生0.2～0.3kg剩余污泥，仅为传统法的60%左右。由于污泥在CASS反应池中已得到一定程度的消化，所以剩余污泥的耗氧速率在10mg O_2/(g MLSS·h)以下，一般不需要再经稳定化处理，可直接脱水。而传统法剩余污泥不稳定，沉降性差，耗氧速率大于20mg O_2/(g MLSS·h)，必须经稳定后才能处置。

(6) 经济性较好

CASS工艺在处理大型废水的投资方面比传统活性污泥法节省20%～30%，节省土地30%以上。由于CASS工艺的曝气是间断的，利于氧的转移，曝气时间还可根据水质、水量变化灵活调整，均为降低运行成本创造了条件。总体而言，CASS工艺的运行费用比传统活性污泥法稍低。

但在多种工艺串联使用时，通常需要增加中间水池和提升设备，这将会影响项目的经济性，因此需要进行多方案的技术经济比较后再确定。

CASS法与传统SBR相比，反应池是由预反应区和主反应区组成，对难降解有机物的去除效果更好。考虑到进水过程是连续的，因此，进水管道上无需设置电磁阀等控制元件，单个池子可独立运行。而SBR进水过程是间歇的，一般情况下，设置2个或2个以上的池子交替使用。CASS法排水是由可升降的堰式滗水器完成的，随水面逐渐下降，均匀将处理后的清水排出，最大限度降低了排水时水流对底部沉淀污泥的扰动。CASS法每个周期的排水量一般不超过池内总水量的30%左右，而SBR则为70%左右，所以，CASS法比SBR法的抗冲击能力更强。

5. CASS工艺流程

CASS工艺具有工艺流程简单、设置合理、操作灵活的处理模式。以某废水处理厂为例，其CASS工艺流程为：原废水首先进入格栅，拦截废水中颗粒漂浮物后，进入调节池进行均质稳定处理后，由废水泵提升，进入CASS池，去除BOD_5等污染物，混合液经沉淀分离，澄清液进入接触池加氯消毒（季节性）后排出。剩余污泥经污泥泵送至储泥池，由带预浓缩功能的脱水机处理后，泥饼外运，而上清液返回到CASS池。工艺流程如图7-7所示。

6. CASS反应池参数选择

最大设计水深可达5～6m，MLSS为3500～4000mg/L，充水比为30%左右，最大上清液滗除速率为30mm/min，固液分离时间为60min，设计SVI为140mL/g，单循环时间（即1个运行周期）通常为4h（标准处理模块）。处理某煤化工废水时，CASS中生物选择器、缺氧区和主反应区的容积比一般为1∶5∶30，可根据水质和“模块”试验加以确定。

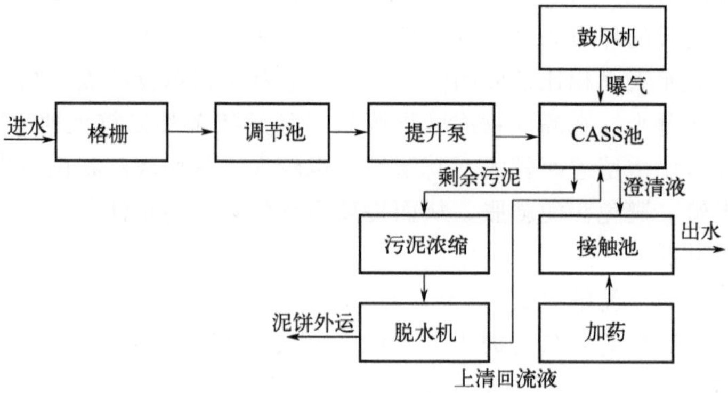

图 7-7　CASS 工艺流程示意图

7. 水量平衡选择

在处理煤化工废水时，应充分考虑煤化工生产废水的波动因素。由于煤化工废水排放量的不均匀性，选择本工艺会对水平衡有较大的影响。为充分发挥 CASS 反应池的作用，要慎重选择废水设计流量，如果设计流量不合适，进水高峰时水位会超过上限，进水量小时反应池不能充分利用。当水量波动较大时，应考虑设置调节池。

8. 控制方式选择

CASS 工艺的特点是程序化，可根据进水及出水水质变化调整工作程序，保证出水效果。整套控制系统可采用现场可编程逻辑控制器（PLC）与微机集中控制相结合的方式。为了保证 CASS 工艺的正常运行，所有设备采用手动、自动两种操作方式，后者便于手动调试和在自控系统故障时使用，前者供日常工作使用。

（1）曝气方式选择

选择曝气头时，尽量采用不堵塞的曝气形式，如穿孔管、水下曝气机、伞式曝气器、螺旋曝气器等。采用微孔曝气方式时应采用强度高的橡胶曝气盘或管，当停止曝气时微孔闭合，曝气时开启，不易造成微孔堵塞。在选用水下曝气机时，还要根据运行周期和 DO 等情况适当开启不同的台数，达到在满足处理废水要求的前提下节约能耗的目的。

（2）排水方式选择

CASS 工艺排水要求与 SBR 基本相同。常用设备为旋转式撇水机，具有排水均匀、排水量可调节、对底部污泥干扰小的优点，还能防止水面漂浮物随水排出。CASS 工艺沉淀结束时，需及时将上清液排出。排水时尽可能均匀排出，不扰动沉淀在池底的污泥层。同时，还应防止水面的漂浮物随水流排出，影响出水水质。

常见的排水方式有：固定式排水装置，即在水池不同深度设置出水管，按水位高低依次开启，优点是设备简单、投资少，缺点是排水管中容易积存污泥，导致初期排水时污泥随水流排出，影响出水水质；浮动式排水装置和旋转式排水装置，虽然价格高，但排水均匀，排水量可调，对底部污泥干扰小，而且能防止水面漂浮物随出水排出，尤其旋转式排水装置，又称滗水器，操作灵活、运行稳定性高。

9. CASS 工艺应用案例

某工业废水处理装置采用 CASS 工艺，设计废水处理量 $7200m^3/d$，包括生活污水等。混合废水主要污染物包括：有机物、悬浮物和油类等。设计进、出水水质及排放标准见表 7-3。

表 7-3　设计进、出水水质及排放标准

项目	COD/(mg/L)	BOD_5/(mg/L)	SS/(mg/L)	pH	矿物油/(mg/L)
进水	350	250	220	6.5～8.5	5.8
出水	<50	<15	<30	6.0～8.5	<3
排放标准	60	20	50	6.0～8.5	4

工业混合废水中含有较大颗粒的悬浮物和漂浮物，经过格栅截留，去除污染物，以防止后续处理构筑物管道、阀门和水泵机组堵塞。废水经集水池用潜污泵抽至沉砂池，在沉砂池中可去除密度较大的无机颗粒，污水经沉砂池后由配水管自流进入 CASS 池进行生物处理，出水达标后排出。工艺流程见图 7-8。

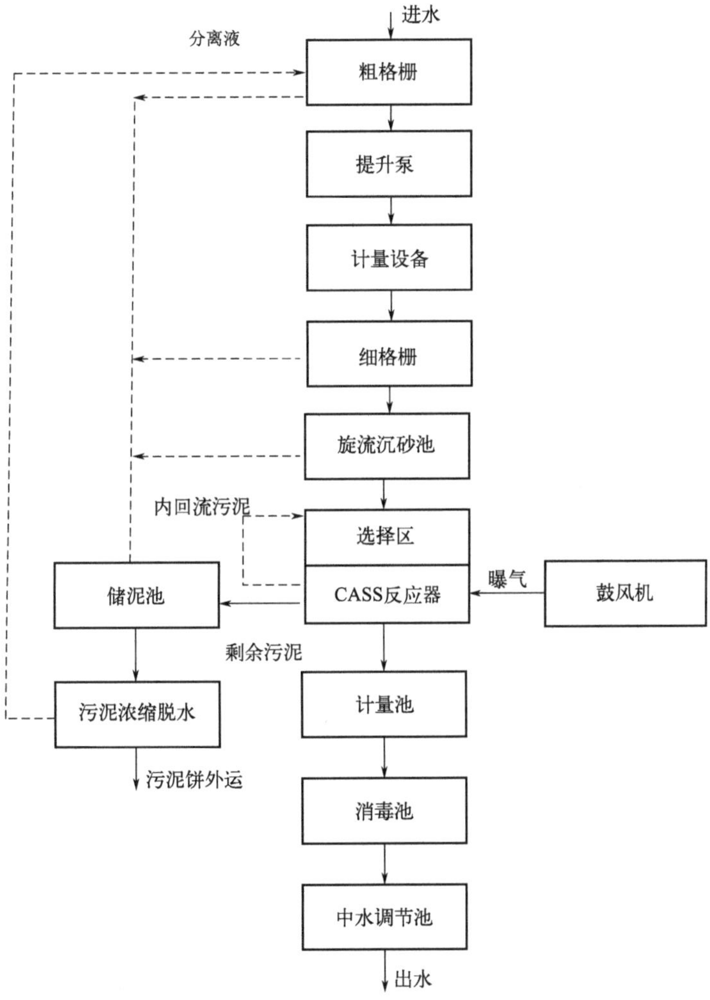

图 7-8　CASS 反应池工艺流程示意图

CASS 池是废水处理厂的核心，它在 SBR 的基础上，前部设置了生物选择区，后部安装了可升降的自动滗水器进行曝气、沉淀及排水，这些过程均在一个池子内周期性循环进行。生物选择区和主反应区之间由隔墙隔开，废水由生物选择区通过隔墙下部进入主反应区，托动水层缓慢上升。整个 CASS 池平面 24m×24m，主反应区和预反应区长度分别为 19.25m 和 3.75m，宽度方向分 4 格，每格可独立运行，池深 5m，有效水深 4.5m（污泥区高 1.3m，缓冲区高 1.7m），活性污泥界面以上最小水深为 1.34m，每周期排水比约为 1/3。

CASS 反应池构造见图 7-9。

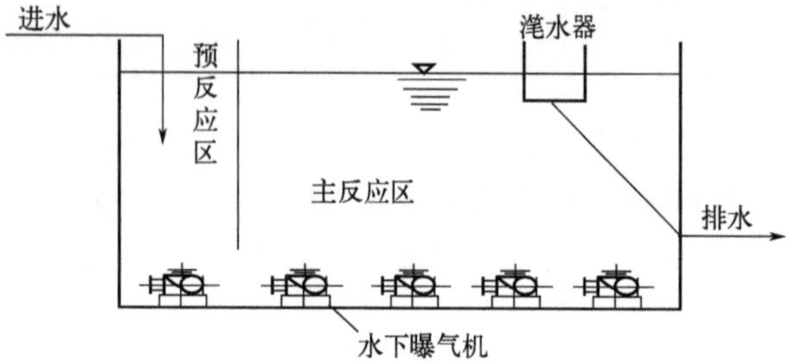

图 7-9　CASS 反应池构造简图

在废水处理中，CASS 工艺经过调试和试运行，取得了较好的效果。进水水质：COD＝70～80mg/L，BOD_5＝30～35mg/L，pH＝6.8～7.5。出水水质：COD 在 20mg/L 以下，BOD_5 在 7mg/L 左右，SVI＝80～100mL/g，SV＝18%～20%，pH＝6.8～7.5，满足国家排放标准。CASS 工艺产生的污泥量少，性质稳定，具有良好的沉降、絮凝、脱水性能。

三、 CAST 工艺

CAST（cyclic activated system technology）工艺，即循环式活性污泥法工艺，是利用不同微生物在不同负荷条件下生长速率差异和废水生物除磷脱氮机理，将生物选择器与传统 SBR 反应器相结合的产物。CAST 工艺是在一个反应器中完成有机污染物的生物降解和泥水分离过程。

CAST 反应器通过曝气和闲置可以恢复污泥活性，综合了推流式活性污泥法的初始反应条件（具有基质浓度梯度和较高的絮体负荷）以及完全活性污泥法的优点（较强的耐冲击负荷能力），是一种有效的废水处理方法，同时能有效地防止污泥膨胀。CAST 工艺是在传统 SBR 工艺基础上发展起来的一种新型水处理工艺。

1. CAST 结构单元

由于 CAST 工艺的关键设备部分是由三个区组成，即生物选择区、兼氧区和主反应区，CAST 工艺区域组成示意图见图 7-10。

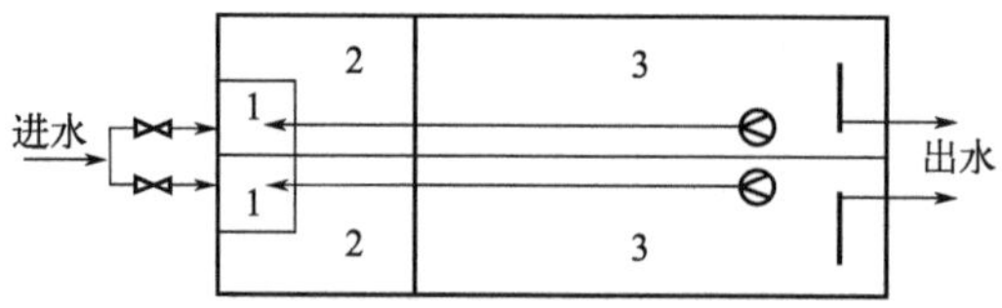

图 7-10　CAST 工艺区域组成示意图

1—生物选择区；2—兼氧区；3—主反应区

CAST 反应器结构是由曝气池与沉淀池合二为一，即生化反应和泥水分离是在同一个反应池中进行。废水分批次进入反应池，然后按反应、沉淀、排出上清液和闲置过程完成一个操作周期。一般情况下，CAST 工艺中三区容积之比一般为 1∶5∶30。

CAST 工艺可以连续进水，处理规模可达 $2\times10^5m^3/d$ 及以上，可用于处理各类废水（包括煤化工废水），并在同一个池子中完成生物处理过程和泥水分离过程。无须设置初沉池和二沉池，当出现水力冲击负荷时，可通过调整运行周期中各阶段的时间分配（如延长进水曝气时间、增加闲置阶段）予以缓冲。池容积也小于传统活性污泥法中的初沉池、曝气池及二沉池的总和。处理出水无须经过砂滤池或絮凝滤池等处理就可达到很高的出水水质。

2. CAST 运行方式

CAST 净水过程是在一个反应器中完成，按“进水—出水”“曝气—非曝气”顺序进行，属于序批式活性污泥工艺，是 SBR 工艺的改进。它在 SBR 工艺基础上增加了生物选择器和污泥回流装置，并对时序做了调整，从而提高了 SBR 工艺的可靠性及处理效率。

CAST 工艺为间歇式反应器，在此反应器中活性污泥法过程按曝气和非曝气阶段重复，将生物反应过程和泥水分离过程结合在一个池子中进行。从进水至出水结束作为一个周期，每一过程均按所需的设计时间进行切换操作。

CAST 工艺反应池的运行操作与 SBR 法类似，由进水反应过程、沉淀过程、排水过程（滗水）和闲置过程四个过程组成。

（1）进水反应过程

CAST 进水在生物选择区中与来自上一周期沉淀段的污泥进行混合，吸收易溶性基质中的易降解部分，并促使絮凝性微生物生长。在该段内形成较大的基质浓差梯度，通过渗透酶使来水中的 BOD_5 在高浓度污泥条件下很快被利用，形成较好的缺氧/厌氧环境。通过调节进水段的反应模式（进水时间、进水量、缺氧/厌氧反应时间）进行有效的生物脱氮、除磷。废水在选择区厌氧状态下停留一段时间后从选择区与反应区之间隔墙下部的入口以低速流入反应区，这样避免了水力短路。进水段的废水在足够的曝气条件下进行充分的好氧除碳和生物硝化。在这个过程中，可以只混合不曝气，或既混合又曝气，使废水处在好氧或缺氧状态中，反应过程的长短一般由进水水质及所要求的处理程度而定。

（2）沉淀过程

沉淀过程是对上一过程反应器内混合液进行固液分离，因该过程在完全静止的情况下进行，表面水力负荷和固体负荷低，沉淀效率高于一般沉淀池的沉淀效率。沉淀时间一般采用一小时左右，形成凝絮层，上层为上清液，高水位时 MLSS 为 3.5～4.5g/L，沉淀后的剩余污泥浓度可达 7～12g/L。在沉淀过程中不进水、不曝气、不回流，使废水混合液获得一个静止的絮凝沉淀环境。

（3）排水过程（滗水）

沉淀过程结束，设置在反应池末端的表面滗水器开启，将上清液缓缓滗出池外。在排水过程中不进水、不曝气、不回流，通过浮动撇水器将上清液排出，当液面降至最低控制水位时，排水停止。

（4）闲置过程

即为待机过程，可视废水的水质、水量和处理要求决定其长短或取消。也可在此过程中从反应池排除剩余活性污泥。在闲置过程中可以进水，但不曝气、不回流，视具体运行情况定。

CAST 工艺通常以 4h 为一个周期，其中 2h 同时进水反应，1h 沉淀，1h 滗水。在进水反应时段，池内连续曝气，但曝气量需严格控制，一般确保反应时段的前 1h 池中溶解氧小于 0.5mg/L，并接近 0，后 1h 前期溶解氧为 1mg/L，后期溶解氧达到 2mg/L。

3. CAST 工艺特点

CAST 工艺是在 SBR 工艺基础上发展起来的，因此既有 SBR 工艺的特点，同时又具有自身独特的特点。

SBR 工艺最根本的特点是在单一的反应池内处理废水，采用间歇的运行方式。一般说来，间歇运行方式不如连续运行方式简单、便于操作，但 SBR 工艺只需要一个反应池就能完成全部废水处理过程，无须设置二沉池、污泥回流泵房等设施，使得工序简单，处理构筑物简化，降低了工程投资。由于 SBR 反应池为间歇进水、排水，间歇运行要比连续运行更耐冲击负荷。废水也是逐渐进入反应池，并立即与大量池液混合，且每个周期进入池内的废水只占反应池容积的 20%～35%，有较大的稀释作用，故更耐水质的冲击负荷。

(1) 前端设置生物选择器

CAST 工艺在反应池前端设置了平均水力停留时间为 1～1.5h 的高负荷生物选择器，将主反应区大约 20%的活性污泥回流到选择器，选择器采用厌氧运行方式，在厌氧条件下，进入选择器的污水中的发酵产物（进水中溶解性 BOD_5 所转化的 VFAs）能在起始反应过程中迅速被聚磷菌所吸附吸收并转化成 PHBs（聚 β-羟基丁酸），在 VFAs 的诱导下细胞内聚磷水解成正磷酸盐释放到水溶液中。这个环境条件使聚磷菌在生存竞争中占优势并得以大量繁殖，从而实现了菌种的选择性要求。

聚磷菌在好氧条件下（主反应区）发生 PHBs 的降解和磷的充分吸收，形成聚磷污泥，通过剩余污泥排放实现废水中磷的去除。上述反应不断重复进行，由此提高了生物除磷效果。

(2) 微生物环境改善

选择器为微生物提供了一个高污泥负荷的环境，并处在厌氧状态，丝状菌受到抑制，菌胶团成为优势菌种，因而能有效克服污泥膨胀的问题，可有效地控制污泥膨胀。这种设置使反应池的运行更加稳定可靠，提高了反应池的混合液浓度，减小了池容，降低了造价。

(3) 反应池的硝化与反硝化

CAST 反应池的主反应区存在同时硝化、反硝化作用。在不设定单独缺氧池的条件下，可以实现硝化和脱氮。CAST 工艺是按时序控制池内溶解氧浓度梯度，废水先在厌（缺）氧条件下发生同步硝化、反硝化，然后再经充分好氧，改善废水的沉降性能和水质，确保出水水质达标。

(4) 组合式模块结构

CAST 工艺简单，采用组合式模块结构设计，方便分期建设和扩建工程。自动化程度高，使得复杂的运行管理程序化。

(5) 活性污泥产量低

CAST 工艺与传统活性污泥法相比，仅产生较少的活性污泥，因此外排的剩余污泥量就少，使得污泥的处理成本相对较低。所以 CAST 工艺与 AO 工艺及氧化沟工艺相比，在运行费用、占地面积、投资造价等方面都具有一定的竞争优势。

4. CAST 工艺流程

CAST 工艺的核心部分是在一个反应器中完成有机污染物的生物降解和泥水分离过程。生物选择区在厌氧和兼氧条件下运行，使废水与回流污泥接触。充分利用活性污泥的快速吸附作用加速对溶解性底物的去除，并对难降解有机物起到酸化水解作用，同时使污泥中过量吸收的磷在厌氧条件下得到有效释放。兼氧区主要是通过再生污泥的吸附作用去除有机物，同时促进磷的进一步释放，强化氮的硝化、反硝化，通过曝气和闲置还可以恢复污泥活性。

某工业废水处理厂采用 CAST 工艺，其流程为：原废水首先进入粗格栅，拦截废水中大颗粒漂浮物后，通过废水提升泵提升进入减量井，然后再进入细格栅，拦截废水中小颗粒漂浮物后进入旋流沉砂池沉淀分离后去 CAST 池，去除 BOD_5 等污染物，混合液经沉淀分离，澄清液进入接触池消毒后排出。剩余污泥经污泥泵送至储泥池，由带预浓缩功能的脱水机处理后，泥饼外运，部分回流液返回到粗格栅与进水混合。CAST 工艺流程如图 7-11 所示。

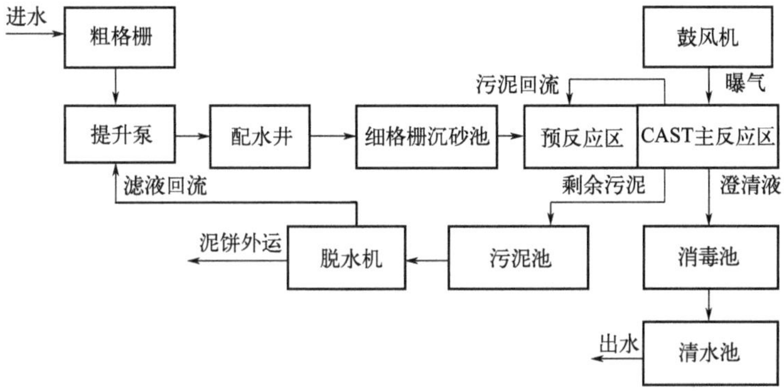

图 7-11 CAST 工艺流程示意图

(1) 生物选择器

在 CAST 生物选择器中的废水中的溶解性有机物能通过酶机理被迅速去除，选择器可选择恒定容积运行也可选择变容积运行，多池系统的进、配水池也可用作选择器。污泥回流液中所含有的硝酸盐可在选择器中得以反硝化，选择器的最基本功能是调节活性污泥的絮体负荷，防止发生污泥膨胀。

(2) 主曝气区

在 CAST 工艺的主曝气区进行曝气供氧，完成降解有机物和同时进行硝化、反硝化的过程。

(3) 污泥回流、剩余污泥排放系统

在 CAST 池的末端设有潜水泵，潜水泵不断地从主曝气区抽送污泥至生物选择器中，所设置的剩余污泥泵在沉淀过程结束后将工艺过程中产生的剩余污泥排出系统。

(4) 滗水装置

在池末端设有由电机驱动的可升降的滗水堰，以排出处理后的废水。滗水装置及其他操作过程，如溶解氧和排泥等均采取中央自动控制方式。

5. CASS 与 CAST 工艺区别

循环式活性污泥法凭借其所具有的系统组成简单、运行灵活、可靠性高等优点，在水处理行业中得到广泛的应用。目前由 SBR 工艺改进的两种工艺，即 CASS 工艺和 CAST 工艺就属于循环式活性污泥法的改进型工艺，但在使用过程中又非常容易混用。其实这两种工艺在具体细节和关键设备等方面还是有非常大的差异的，尽管都属于循环式活性污泥法的范畴，但存在以下几个方面的区别：

(1) 间歇与连续区别

CAST 法属于间歇进水周期循环式活性污泥工艺。CAST 是间歇进水，间歇排水。该工艺由进水反应过程、沉淀过程、排水（滗水）过程和闲置过程等组成。沉淀过程是不进水的，故污泥在沉降过程中无进水水力干扰，属于理想沉淀，泥水分离效果较稳定。反应池在时间上为理想推流，有机物去除率高。从实际运行工程分析，对于采用间接进水工艺的工况，一般选择CAST工艺的要多一些。

CASS属于连续进水周期循环曝气活性污泥工艺。CASS是连续进水，间歇排水，实际上废水排放是连续的。因为CASS工艺为多组CASS池组合运行，通过时间上的交叉排序，互相交替进水及出水来实现整个工艺过程是连续地进水和排水，而对单个CASS池，可能是间歇进、排水。由于连续进水，该工艺也基本丧失了经典的SBR工艺理想推流的特点，丧失了高去除率和对难降解物质去除的一些特点。CASS工艺保留了ICEAS工艺的部分优点，连续进水，间歇排水，在沉淀过程也仍然进水，对此只能是非理想状态的半静止沉淀，泥水分离效果就不太稳定。

（2）反应池构成区别

CAST反应器是单池三区，即生物选择区、兼氧区和主反应区。生物选择区在厌氧和兼氧条件下运行，使废水与回流污泥接触，充分利用活性污泥的快速吸附作用，并对难降解有机物起到酸化水解作用，可使污泥中过量吸收的磷在厌氧条件下得到有效释放。兼氧区主要是通过再生污泥的吸附去除有机物，同时促进磷的释放，强化氮的硝化/反硝化，并通过曝气和闲置可恢复污泥活性。

CAST工艺的整个运行过程在一个反应器中完成，按"进水—出水""曝气—非曝气"顺序进行有机污染物的生物降解和泥水分离过程。

CASS反应器是单池二区和多池二区系列组合。CASS反应池沿池长方向设计为两部分，前部为生物选择区也称预反应区，在预反应区内，微生物能通过酶的快速转移机理迅速吸附废水中的大部分可溶性有机物，经历一个高负荷的基质快速积累过程，这对进水水质、水量、pH和有毒有害物质起到较好的缓冲作用。同时对丝状菌的生长起到抑制作用，可有效防止污泥膨胀。后部为主反应区，其后安装了可升降的自动撇水装置。

CASS反应器整个工艺中的进水-曝气、沉淀、排水和闲置过程是在同一个池子内周期性循环运行的。

（3）过程运行区别

CAST反应器在运行上由进水反应过程、沉淀过程、排水（滗水）过程和闲置过程等组成。在进水反应（曝气）过程中，生物选择区中CAST进水与沉淀过程中来的污泥混合，吸收易溶性基质中的易降解部分，并促使絮凝性微生物生长。进水段的废水在足够的曝气条件下进行充分的好氧除碳和生物硝化。在这个过程中，可以只混合不曝气，或既混合又曝气，使废水处于好氧与缺氧交替的状态中。在沉淀过程中对上一过程反应器内混合液进行固液分离，不进水、不曝气、不回流，使废水混合液获得一个静止的絮凝沉淀环境。在排水（滗水）过程中，设置在反应池末端的表面滗水器开启，将上清液缓缓滗出池外，不进水、不曝气、不回流，当液面降至最低控制水位时，排水停止。在闲置过程中，可根据废水水质、水量波动及处理要求，灵活调整该阶段的时长或取消该阶段。此阶段可仅进水但不曝气、不回流，通过暂存废水或调整污泥活性，实现对整个CAST系统的水量平衡调节与工艺缓冲，确保后续阶段稳定运行。

CASS反应器运行上由进水-曝气过程、沉淀过程、排水（滗水）过程和闲置过程等组成。在进水-曝气过程中，由曝气装置向反应池内充氧，有机污染物被微生物氧化分解，同时废水中的NH_3^--N通过微生物的硝化作用转化为NO_3^--N。在沉淀过程中停止曝气，微生物利用水中剩余的DO进行氧化分解。反应池逐渐由好氧状态向缺氧状态转变，开始进行反硝化反应。活性污泥逐渐沉到池底，上层水变清。在滗水过程中，置于反应池末端的滗水器开始工作，水位降至最低位后排水停止。滗水期间，污泥回流系统照常工作。闲置过程的时间一般比较短，实际滗水时间往往比设计时间短，其剩余时间用于反应器内污泥的闲置以及污泥吸附能力的恢复。

四、 ICEAS工艺

1. ICEAS 反应器分布

ICEAS（intermittent cycle extended aeration system）工艺，全称为间歇式循环延时曝气活性污泥法工艺，属于连续进水、间歇出水工艺，无明显的反应阶段和闲置阶段。ICEAS工艺于1968年由澳大利亚新南威尔士大学与美国ABJ公司合作开发。该工艺最大的特点是在反应器进水端增加了一个预反应区。ICEAS反应器分布见图7-12。

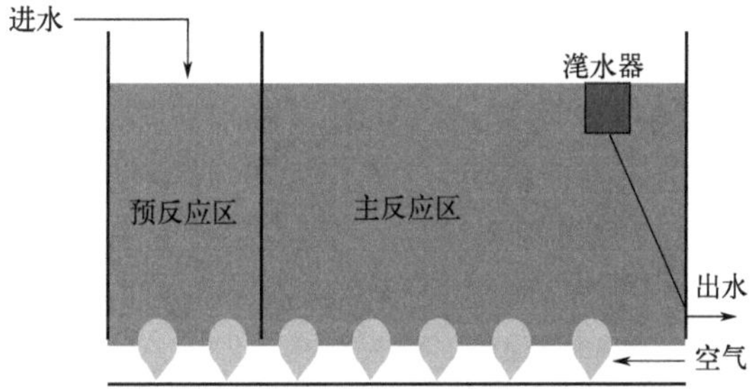

图7-12 ICEAS反应器分布示意图

由于在反应器的进水端增加了一个预反应区，经过预处理的废水在预反应区内吸附去除BOD_5后，以很低的流速进入主反应区，对主反应区的泥水分离不会产生明显影响。之后废水进入与前置预反应区相连接的主反应区，对主反应区中废水进行间歇曝气，使活性污泥处于厌氧、好氧交替的环境之中，起到良好的脱氮除磷效果，处理后的废水在反应池中沉淀后在滗水器的作用下出水，这样使整个反应池处于曝气-闲置-沉淀-滗水的周期之中。

由于ICEAS设施简单、管理方便，在处理废水方面比经典的SBR系统费用更省，它是一种完全自动化的、基于“时控”的、可以有效防止流量和冲击负荷的工艺，容易扩建，出水水质良好。最早于20世纪80年代初在澳大利亚兴起，因其工艺设施简单，管理方便，目前在全球得到广泛应用，全球已有超过500个的连续进水ICEAS工艺废水处理设施。

2. ICEAS 构造单元

ICEAS是连续进水工艺，不但在反应阶段进水，在沉淀阶段和滗水阶段也进水。ICEAS工艺结构集反应、沉淀、排水于一体，运行时，污水连续不断地进入反应池前部的预反应区，并从主、预反应区隔墙下部的孔眼以低速（0.03～0.05m/min）进入主反应区，在主反应区按照反应、沉淀、排水的周期性运行程序，完成对含碳有机物和氮、磷等营养元素的去除。

ICEAS工艺的优点是连续进水，可以降低运行操作的复杂性，在处理废水方面比传统SBR工艺费用更低、出水效果更好。其缺点是进水贯穿于整个周期，沉淀期进水在主反应区底部造成水力紊动，从而影响分离时间，因此水量受到限制，且容积利用率低，脱氮除磷有一定难度。

ICEAS系统一般由两个以上反应池构成。每个反应池由预反应区和主反应区组成，在主反应区内分水位变化区、缓冲区、污泥区三部分，按曝气、沉淀、排水、排泥的程序，在计算机自动控制下，周期性地运行，使废水在好氧、缺氧、厌氧交替的条件下完成生物降解过程。其结构见图 7-13。

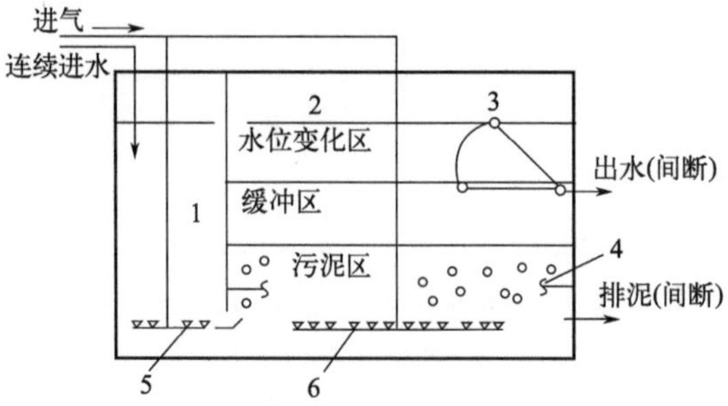

图 7-13 ICEAS 工艺反应器结构示意图

1—预反应区；2—主反应区；3—滗水器；4—水下搅拌器；5—大气泡扩散器；6—微孔曝气器

以一个二池典型系统为例：曝气 2h，沉淀 1h，排水和排泥 1h，一个运行周期为 4h。当第一个反应池进行 2h 曝气时，第二个反应池进行沉淀和排水也是 2h；当第一个反应池进行沉淀和排水 2h 时，第二个反应池进行 2h 曝气。因此，两个池子交换周期运行，风机可以连续工作，设备闲置率低，操作管理十分方便。

3. ICEAS 运行方式

ICEAS 将反应池沿长度方向分为两个部分，前部为预反应区，后部为主反应区。预反应区可起调节水流的作用，主反应区是曝气、沉淀的主体。污水进入预反应区后，通过隔墙底部的连接口以平流流态进入主反应区，在主反应区中进行间歇曝气和沉淀滗水，主反应池成为连续进水、间歇出水的 SBR 反应池，使配水大大简化，运行也更加灵活。

（1）曝气过程

由曝气系统向反应池内间歇供氧，此时有机物经微生物作用被生物氧化，同时废水中的氨氮经微生物硝化、反硝化作用变为氮气，达到脱氮的效果。

（2）沉淀过程

此时停止向反应池内供氧，活性污泥在静止状态下沉降，实现泥水分离。

（3）滗水过程

在污泥沉淀到一定深度后，滗水器系统开始工作，排出反应池内上清液。在滗水过程中，由于污泥沉降于池底，浓度较大，可根据需要启动污泥泵将剩余污泥排至污泥池中，以保持反应器内一定的活性污泥浓度。滗水结束后，进入下一个新的周期。

4. ICEAS 工艺特点

ICEAS 工艺是由两个矩形池为一组的反应器组成的。每个池子分为预反应区和主反应区两部分，预反应区一般处于缺氧状态，主反应区是曝气反应的主体。ICEAS 工艺的优点是采用连续进水系统，减少了运行操作的复杂性，适用于大型废水处理工况。但在工艺改进的同时仅保留了 SBR 反应器的一些结构特征。与经典 SBR 工艺相比，ICEAS 具有以下工艺特点：

（1）沉淀特性不同

ICEAS 的沉淀会受到进水扰动的影响，破坏其成为理想沉淀的前提条件。为了减少进水带来的扰动，一般将池子设计成长方形，出水近似于平流沉淀池的出水。

(2) 理想推流性能和污泥膨胀控制

由于连续进水，ICEAS 丧失了经典 SBR 的理想推流和对难降解物质去除率高的优势，且不能控制污泥膨胀的发生，需要设置选择区。

(3) 适用于较大型废水处理装置

连续进水，不用切换进水阀门，控制简单，从而可应用于较大型的废水厂。

ICEAS 工艺与其他工艺相比，还具有以下特点：

(1) 占地面积小，基建投资少

ICEAS 工艺的反应过程都是在同一个反应池中连续进行的，减少了初沉池、二沉池、污泥消化池等构筑物，使得占地面积小，池体容积少，因而土建投资低。

(2) 设备少，维护费用省，能耗低

ICEAS 工艺是一种改进的延时曝气系统，运行时曝气时间短，氧利用率高。也可不需要污泥回流及再循环管路系统、回流泵和回流污泥控制设备，因此能耗较其他工艺低。

(3) 沉淀效果好

ICEAS 反应池在沉淀过程中起沉淀池作用。由于此过程已停止曝气，只有进水而无出水，沉淀过程处于半静止状态，污泥沉淀时间充分，固液分离效率高。

(4) 耐冲击负荷能力强

ICEAS 工艺由于是连续进水，每个反应池所承受的水质、水量是均等的，因此耐冲击负荷能力强，可以通过调节周期来适应进水量和水质的变化。

5. ICEAS 工艺流程

ICEAS 工艺灵活的运行操作模式使其可以在节能降耗的前提下，具有较好地适应进水浓度低、水量波动大的特点。在流程的设置上应充分考虑这些特点。ICEAS 工艺流程见图 7-14。

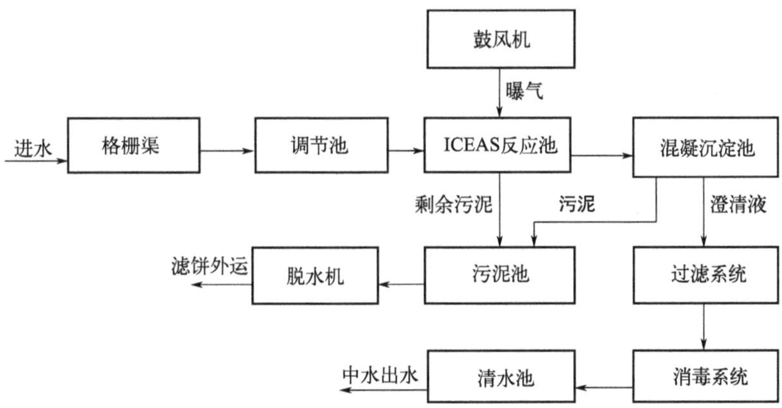

图 7-14 ICEAS 工艺流程示意图

废水经过格栅由进水泵房的潜水泵提升进入厂区配水系统，由细格栅去除水中较小的颗粒物后，通过旋流沉砂池将水中的泥砂沉淀除去，保证后续处理设备的安全和处理效果。废水通过调节池、提升泵以及 ICEAS 反应池的配水渠道进入 ICEAS 反应池。经过一系列生化处理后，再经过混凝沉淀池、过滤系统、消毒系统处理，进入清水池作为回用水；生化反应过程中的剩余污泥被抽至污泥池，经过带式压滤机脱水后外运。

6. ICEAS 工艺应用案例

某煤化工废水处理装置，废水规模为 $30000m^3/d$，进水 COD≤100mg/L，氨氮≤20mg/L，TP≤2mg/L，水量波动大。

(1) ICEAS 反应池构造

ICEAS 反应池集初沉池、曝气池、沉淀池于一体，处理过程往复进行，4 个反应池结构和尺寸完全一样，每个 ICEAS 反应池（40m×25m）内有 2115 个盘式曝气盘（盘径 270mm）、1 个进水阀门、2 台滗水器、1 台剩余污泥泵、1 台溶氧仪、1 台压力式液位计。曝气采用 4 台罗茨风机，压缩空气经过空气总管送至 4 个生化池。ICEAS 运行周期 4.8h，其中注水沉淀 1h，注水滗水 0.8h，静态注水 0.6h，曝气注水 2.4h。

(2) 注水沉淀过程

每个周期由注水沉淀开始。在正常设计水量时，沉淀时间为 60min，在沉淀过程结束时，SBR 池的液位达到设定最高水位，随后进入注水滗水过程。在高峰流量长时间持续时，液位升至设定最高液位的时间会缩短，此时沉淀时间会缩短，注水滗水过程会提前开始。

(3) 注水滗水过程

采用独特的漂浮式滗水器，在滗水前各过程，滗水器漂浮于水面之上，滗水口脱离水面，避免未经完全处理的废水排出，当进入滗水状态时，滗水器收集管下沉到水面以下，靠上部浮筒的浮力使滗水器悬浮于液面上，排水口始终保持与液面相同的距离，保证排出的是上部的澄清液。为避免进水对排水造成冲击，ICEAS 池型采用适当的长宽比，并在进水端设有水力分配和缓冲墙。

(4) 静态注水过程

滗水过程在液面达到低液位时停止，压缩空气管道的电磁阀开启，给滗水器进行充气，使集水管上浮，排水口脱离液面，随后进入静态注水过程。

在注水、注水沉淀、注水滗水过程，水中溶解氧处于低值，能有效抑制活性污泥丝状菌的生长，有助于保持活性污泥良好的沉降性能。反硝化作用也同时在此阶段进行，反硝化菌以刚进入的污水中的有机物作为电子供体，将池内 NO_3^--N 还原为 N_2 逸出水面，并且消耗内碳源，减少氧气的需要量，缩短鼓风机的运行时间，降低运行费用。

(5) 曝气注水过程

鼓风机开始运行，通过微孔曝气头向污水提供微生物增长繁殖所需要的氧气。鼓风机的运行同时受时间和溶解氧参数联合控制，在溶解氧达到设定运行参数时停止鼓风机的运行，在溶解氧低于设定参数时重新启动投入运行。

7. ICEAS 改进与优化

(1) 优化进水阀门开度控制

由于 ICEAS 是 4 池同时连续进水，存在水量分配不均问题，会对生化系统造成一定的影响，由于自控程序设有单池每个周期进水量的统计，若自控程序根据单池进水量数据反馈来控制各个池子进水量的差值，自动调整阀门开度，会使各池进水量更加均衡。

(2) 进水口设置多个配水口

目前进水口是上端开孔，应设置多个配水口并通过管道连接到 ICEAS 的污泥区，然后通过自然落差跌入 ICEAS 池，跌水会对预反应区起到增氧作用，提高生物除磷效果。

(3) 预、主反应区中间管道连接

预反应区和主反应区中间最好用管道连接。目前两个区域是通过底部开孔连接的，底部开孔会造成两区出现污泥和溶解氧的反混现象，会对生物除磷造成影响，如果用管道连接可以减轻反混现象。

(4) 强化静态注水

ICEAS生化池布置搅拌装置，搅拌装置可以采用有盘管式曝气装置的设备（用于曝气和搅拌），单池增加两台循环水泵。由于没有安装搅拌装置，脱氮除磷功能有限。在低进水浓度情况下，如果在曝气过程延长静态注水时间，就可以缩短曝气时间，促进节能减排，降低运行费用。

(5) 各曝气支管阀门采用可控开度的菱形阀门

各曝气支管阀门采用可控开度的菱形阀门，这样可以与DO仪表及出水数值联动，也可以根据实测DO值控制阀门开度，做到渐减曝气和按需曝气。由于ICEAS类似于推流式反应器（前端进水，后端出水），会出现前端进水瞬时浓度高，后端出水浓度低，前端需要DO高，后端需要DO低的情况。曝气装置也是等距离均量布置，会造成溶解氧需求不均衡，若能自动微调控制，就可做到渐减曝气和按需曝气，强化节能减排效果。

(6) 生化池末端设置静压排泥装置

进水泵房设置搅拌装置，强化预处理区的进水泵房、细格栅区域、沉砂池区域的作用：利用静压排泥原理，在高水位，即沉淀中后期和排水前期将生化池污泥回流到预处理区域（进水泵房、细格栅区域、沉砂池区域），这样会减少DO对预反应区的干扰，降低生化池进水负荷，降低能耗，同时无形中扩大了厌氧区的有效容积，延长了反应时间。

(7) 漂浮式滗水器改造成无动力滗水器

利用虹吸力与浮力的关系，在滗水器虹吸口增加一个浮球，利用浮球浮力与虹吸力的关系，即非排水过程时浮球的浮力远大于其重力，浮球就会挡住虹吸口，泥水无法进入，排水过程时排水阀门打开，虹吸力大于浮力，浮球会自动下落，虹吸口打开，由此可以去掉空压机系统，降低能耗，减少运行费用和维护费用。

(8) 储泥池用空气搅拌替换搅拌机搅拌

利用空气搅拌器系统可减少储泥池磷释放的概率。低进水浓度的水质，可以用富余的空气进一步氧化污泥中的有机成分，提高污泥的含水率。

(9) 风机时间控制模式

设置风机运行时间的开和停及计时模式。低进水浓度的进水在曝气过程应采取曝气—闲置—曝气—闲置循环的方式，控制风机运行时间应根据出水水质状况，微调整曝气时间。若进水水质没有发生大的变化，出水水质又很稳定，则可以稍微延长风机停顿时间，减少风机开机时间，节省能耗；反之亦然。

(10) 剩余污泥泵控制模式

设置单个周期排泥时间、排泥量和剩余污泥泵运行时间的累计模式，便于自动排泥和合理地控制各个生化池的污泥量，避免不均匀排泥。

五、 DAT-IAT工艺

DAT-IAT是传统活性污泥法与传统SBR法相结合的一种新型工艺，既继承了SBR工艺的优点，又改进了SBR工艺的不足，其生物反应机理及污染物去除机制与连续活性污泥法相同。其中DAT（demand aeration tank）池为预反应池，也称为连续曝气池，池中水流呈完全混合流态，绝大部分有机物在这个池中降解。IAT（intermittent aeration tank）池相当于一个传统的SBR池，而进水又为连续流。因此DAT-IAT工艺主体由一个连续曝气池和一个间歇曝气池串联组成，一般情况下，DAT 连续进水、连续曝气，出水连续流入 IAT，在 IAT 内完成反应、沉淀、出水等工序。

1. DAT-IAT 结构单元

A/DAT-IAT 结构单元是在 DAT 池和 IAT 池前加了一个缺氧池，由三部分串联组成的，废水通过粗格栅、沉砂池等预处理设施后进入缺氧池，与 DAT 池回流硝化液混合，并完成微生物反硝化反应，生成 N_2 和 N_2O，逸出废水。缺氧池不曝气，只搅拌，使污泥保持悬浮状态。随后上面的废水进入主曝气 DAT 池，DAT 池连续曝气，在供氧充足的条件下，废水中有机物和氨氮得到有效降解。DAT 池中的大部分混合液通过内循环回流至前端的缺氧池，回流比控制在 100%～500%范围内，少部分混合液流入 IAT 池。IAT 池通过间歇曝气、间歇沉淀和间歇滗水，有机物和氨氮被进一步降解。

IAT 池中底部沉降的活性污泥大部分供该池下个处理周期使用，一部分污泥用污泥泵连续打回 DAT 池作为 DAT 池的回流污泥，多余的剩余污泥引至污泥处理系统进行处理。

2. DAT-IAT 控制过程

DAT-IAT 工艺过程控制量较多，有格栅、进水泵房、沉砂池、鼓风机以及缺氧池、DAT 池和 IAT 池等。

（1）格栅控制

格栅有粗、细两道，废水由废水井进入粗格栅，主要拦截较粗大的悬浮物，保证进水泵正常运行。然后流入细格栅，以去除废水中较小颗粒的悬浮物。在现场设有就地控制器，可以手动和自动转换控制。对格栅进行自动控制：一是根据格栅前和格栅后液位差进行控制运行，当液位差达到设定值时，说明格栅上的悬浮物较多，启动格栅，刮去格栅上的悬浮物；二是定时运行，当液位计失灵时，格栅由液位控制转为定时运行，运行时间和运行间隔可根据废水厂运行经验来设定。另外还可实现自动控制栅渣输送，处理与格栅联动，延时停机，各设备运行工况指示及事故报警，重要运行参数远传至中央控制室。

（2）进水泵房控制

水泵是废水处理厂的关键设备之一，可将粗格栅流出的废水提升到细格栅间。在进水房里，设有四台水泵，其中一台为变频泵，另外三台两用一备。在进水泵房里设有就地控制箱，可进行手动与自动控制转换。自动控制过程如下：先将进水泵房水位设置为超低、低、较低、中、较高、高、超高。一般水位维持在中水位，只启动变频泵就可以。当水位上涨时，加大变频泵转速，超过较高水位并维持 10s 时间，则启动一台固定水泵，如果水位继续上升，并达到高水位时，再启动一台固定水泵，当水位超过超高水位并维持 10s 时间时就会报警。若水位下降，降至较低水位时，先运行的固定水泵停止运行，若水位继续下降，降至低水位时，则关掉另一台固定水泵。如果水位继续下降，调小变频泵转速，至超低水位停泵报警。

（3）沉砂池控制

沉砂池主要用来沉淀一些密度较大、易沉淀分离下来的颗粒物质，主要包括无机性的砂粒、砾石和少量较重的有机性的颗粒。上述颗粒物质表面还附着一些黏性的有机物质，这些黏性有机物是极易腐败的污泥。废水中的砂如不去除，会在后继处理单元或渠道内沉积，并使设备过度磨损。排砂时间过短会使排出来的砂含水率增大，增加处置的难度。排砂间隔时间的安排主要取决于上游排水系统的情况，如排水系统是合流制还是分流制，管道腐蚀程度，是否有明渠直接汇入，排水范围内是否有太多工业废水比例等。对于合流制来说，下雨天砂量要比平时大得多，一方面是因为雨水带入较多的泥砂，另一方面是因为平时沉积在管道中的泥砂由于水流流速较大被冲刷进入废水厂，因此要增加排砂次数或连续排砂。现场PLC控制可以根据运行经验设置多种运行方式，灵活运行。

上面废水进入巴歇尔计量槽，在计量槽里安装有pH计、温度计、超声波液位计。水量可以根据液位计测的液位计算得到。当测的pH值小于5.5或大于8.5时，关闭进水阀门，保护活性污泥。

(4) 鼓风机控制

目前采用鼓风曝气的废水厂较多。对于鼓风曝气废水厂来说，鼓风机既是废水生化工艺的心脏，又是废水处理过程中最大的电耗设备。罗茨式鼓风机是使用最广泛的鼓风机，其主要性能特点就是节能。当相对压力低于或等于48kPa时，罗茨鼓风机的效率高于相同规格的离心鼓风机的效率。鼓风机由第二子站PLC、供气管道压力传感器、PID调节器、变频调速器、电控单元和多台鼓风机构成。其中PID调节器对压力传感器检测到的压力信息转换的电信号与用户设定信号进行比较，得到频率信号，控制变频器的输出频率，从而控制鼓风机转速和出气量。第二子站PLC负责变频器的起制动以及鼓风机运行环境、运行状况和运行准备的监控，并能自动报警停机。当压力低于预设定值时，增大鼓风机频率，转速加快，气压上升。如果压力还低于设定值，将频率增至工频。如果压力依然不满足设定值，则启动另一台鼓风机。在启动过程中，先将前一台的频率降到启动频率，待后一台完全启动时一同增大频率至管道压力为设定值。

(5) DAT-IAT池控制

DAT-IAT池整个设备的开停和运行状态主要由第二子站的PLC控制。缺氧池中安装了pH计和污泥计，DAT池和IAT池中分别安装pH值计、DO仪、污泥浓度计。DAT-IAT池自动控制过程为：缺氧池连续进水；DAT池连续曝气，曝气量由空气闸阀控制，而闸阀开启度与DO仪反馈信号有关；IAT池间歇曝气、间歇搅拌、间歇沉淀、间歇滗水，IAT池在曝气阶段的控制与DAT池的控制一样。

3. DAT-IAT工艺特点

DAT-IAT工艺具有以下特点：

① 组合反应池结构　DAT-IAT工艺是一种组合反应池结构，代替传统工艺中的调节池、初沉池、曝气池及二沉池，组合结构紧凑，没有复杂的管线传输，操作更具有灵活性。

② 类似完全混合式流态　DAT池连续曝气使整个系统更接近完全混合式，加强了系统对难降解有机物的降解，相对缩短了运行周期，有利于消除高浓度工业废水中毒性物质或COD浓度过高积累带来的不良影响，不用添加化学药剂就可实现硝化、反硝化及除磷的功效。

③ 低曝气强度、高利用率　由于DAT池连续进水，不需要设置顺序进水的闸阀及自控装置。DAT池连续曝气，减小了系统的曝气强度，提高了曝气设备的利用率，也使得鼓风机的额定风量和功率相应减少。DAT池起到了水力均衡和防止连续进水对出水水质的影响，增加了工艺系统处理的稳定性。

④ 系统调节灵活　DAT-IAT系统可以根据进水和出水的水量、水质变化调节DAT池的工作状态和IAT池的运转周期，也可以根据脱氮除磷要求，调整曝气时间，创造缺氧或厌氧环境。

⑤ 污泥不易膨胀　组合反应池因反应条件的循环变化，有利于抑制引起污泥膨胀的丝状细菌的生长，该工艺不易发生污泥膨胀。

⑥ 池容利用率高　DAT-IAT工艺提高了池容的利用率，与传统SBR法比较，由于

DAT 池连续曝气，该工艺的曝气容积比更高。

4. DAT-IAT 工艺流程

A/DAT-IAT 工艺可看作是由 AO 法和 SBR 法串联组合而成，工艺流程与 AO 法类似，连续进水，避免了进水控制烦琐，提高了反应池的容积利用率。DAT-IAT 典型工艺流程见图 7-15。

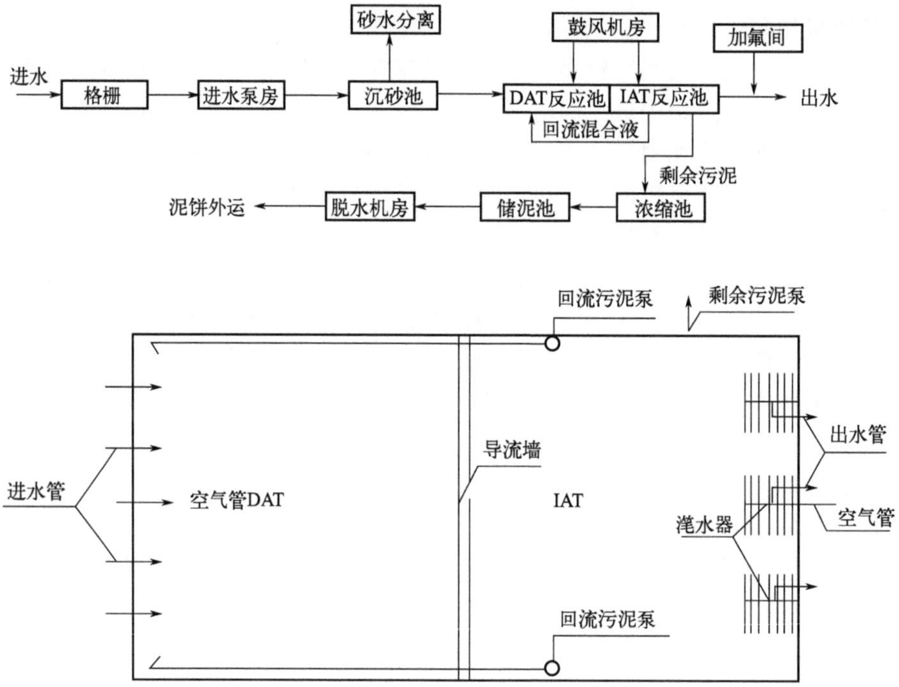

图 7-15 DAT-IAT 典型工艺流程示意图

废水经过格栅由进水泵提升进入沉砂池，由细格栅去除水中较小的栅渣后，通过沉砂池将水中的泥砂沉淀除去，保证后续处理设备的安全和处理效果。然后废水进入 DAT-IAT 反应池。首先 DAT 池中的硝化液是通过 IAT 反应池的内循环回流至 DAT 池的缺氧段，并在此完成反硝化反应。该过程充分利用原废水中的有机物碳源，节省了外加补充碳源。由于反硝化是产碱反应，而硝化是耗碱反应，有利于碱平衡，因而减少了对 DAT 池的碱投加量；IAT 池可视为延时曝气，溶解氧浓度一般保持在 0.5～1.5mg/L 内。DAT-IAT 反应池由此形成了好氧、缺氧、厌氧环境，在组合反应池不同时间段可以发挥不同的作用，按时间顺序进行不同功能的处理，在经过一系列生化反应后，出反应池的清水经消毒系统处理后排出，可作为回用水。生化反应过程中的剩余污泥，被抽至浓缩池、储泥池，经过带式压滤机脱水后，滤饼外运。

第八节　SBR 法在煤化工废水处理中的应用

一、煤制烯烃废水生化处理

1. 项目概况

陕西某煤制 70 万 t 烯烃项目采用德士古气化炉和大连化学物理研究所的 DMTO 二代甲

醇制烯烃技术。项目废水以气化废水及 DMTO 装置排水为主，具有高氨氮、高硬度的特点。由某环保公司承接了该公司年产 180 万 t 甲醇、70 万 t 烯烃项目的废水装置、回用水装置和脱盐水装置设计建设。

项目规模：煤化工废水 $1300m^3/h$；回用水 $2400m^3/h$；浓水处理系统 $600m^3/h$；一级脱盐水 $1600m^3/h$；工艺凝液 $600m^3/h$；透平凝液 $1200m^3/h$。

2. 废水处理工艺

废水处理工艺：采用调节＋混凝＋沉淀＋SBR 组合工艺，该系统将多级串联技术与 SBR 工艺相结合，把 SBR 反应工序以时间分隔为多次交替出现的缺氧、好氧转换阶段，限制丝状菌导致的污泥膨胀，提高污泥沉降率，同时充分利用快速反硝化阶段，促使硝化与反硝化反应彻底进行，提高有机物去除效率，实现高氨氮污水污染物的达标处理。

回用水工艺：采用曝气生物滤池（BAF）＋微涡流高效沉淀＋流砂过滤器＋超滤＋反渗透工艺。浓盐水处理主要考虑 COD 的去除，采用异相催化氧化＋高效生化工艺。

处理效果：实际运行结果表明，进水电导率在 1.8～3.5mS/cm 时，RO 产水电导平均为 65μS/cm，脱盐率在 96%以上，所有指标满足中石油《炼油化工企业污水回用管理导则》优质再生水的相关标准，浓盐水排水满足 DB 61/224—2011 的一级标准。

3. 主要技术特点

① 废水系统将多级串联技术与 SBR 工艺相结合，将 SBR 反应工序按时间分隔为多次交替出现的缺氧、好氧转换阶段，这种环境下丝状菌导致的污泥膨胀会被限制，污泥沉降率就会提高；同时，分隔出的各个反应段时长与微生物活性相契合，充分利用快速反硝化阶段，创造良好的生物环境，促使硝化与反硝化反应彻底地进行，提高有机物去除效率，实现高氨氮废水污染物的达标处理。

② 浓水采用异相催化氧化处理技术，使用高活性异相催化填料与反应生成的 Fe^{3+} 生成 FeOOH 异相结晶体，催化生成更多羟基自由基，具有极强的氧化能力，减少药剂投加量和污泥生成量。

二、煤制合成氨、尿素废水生化处理

1. 项目概况

内蒙古某煤制 50 万 t 合成氨、80 万 t 尿素项目位于呼伦贝尔，该项目是亚洲首个采用 BGL 炉（British Gas-Lurgi 炉，英国燃气-鲁奇炉）煤制气生产合成氨、尿素的项目，生产过程中产生的废水成分复杂、污染程度高、处理难度大。项目规模：煤气水 $80m^3/h$；废水生化处理 $100m^3/h$；回用水处理 $500m^3/h$；除盐水 $540m^3/h$；冷凝液 $100m^3/h$。

2. 废水处理工艺

煤气水系统：除油＋水解酸化＋SBR（序批式活性污泥法）＋混凝沉淀＋BAF＋机械搅拌澄清池＋砂滤。废水生化处理系统：气浮＋AO。除盐水系统：原水换热＋UF＋RO＋混床。冷凝水系统：换热＋除铁过滤器＋混床。回用水处理系统：澄清器＋多介质过滤＋超滤＋一级反渗透＋浓水反渗透。

3. 主要技术特点

① 预处理：煤气化废水含大量油类，含量高达 500mg/L，以重油、轻油、乳化油等形式存在，项目中设置隔油和气浮单元去除油类，其中气浮采用纳米气泡技术，纳米级微小气

泡直径 30～500nm，与传统溶气气浮相比，气泡数量更多，停留时间更长，气泡的利用率显著提升，因此大大提高了除油效果和处理效率。

② 煤气化废水特性为高 COD、高酚、高盐类，BOD_5/COD 比值低，含大量难降解物质，采用水解酸化工艺，不产甲烷，利用水解酸化池中水解和产酸微生物，将废水在后续的生化处理单元以较少的能耗，在较短的停留时间内得到处理。

③ 煤气化废水氨氮含量高，设置 SBR 可同时实现脱氮除碳的目的。

④ 双膜法在除盐水和回用水处理工艺中的成熟应用，可有效降低吨水酸碱消耗量，且操作方便。运行三年后，目前的系统脱盐率仍可达到 98%。

第八章

生物膜法工艺

煤化工废水经预处理后进入生物膜法处理单元，含有营养物质和接种微生物的废水在填料的表面流动，一定时间后，微生物会附着在填料表面而增殖和生长，形成一层薄的生物膜。膜上生物类型种属繁多，食物链长且复杂，存活世代时间较长，无污泥膨胀，有利于硝化作用。由于生物膜法与活性污泥法是并列的另一类废水好氧生物处理工艺，主要去除水体中溶解性和胶体状的有机污染物。本章将重点介绍该法去除废水中有机污染物的基本原理、运行方式、主要性能、关键设备以及工艺流程和方案比较。该工艺可与活性污泥法组合或单独运行，由于其独特性能和净水能力，在煤化工废水处理中得到一定范围的应用。

第一节 概述

生物膜法是将生物法与膜法相结合的废水处理工艺，在充分供氧条件下，用生物膜稳定和澄清去除废水中溶解性及胶体状的有机污染物。而生物膜又是由高度密集的好氧菌、厌氧菌、兼性菌以及藻类等组成的生态系统，它们附着的固体介质为滤料或载体。将滤料或载体安装在生物滤池内，利用滤料上所附生物膜中的微生物对废水中的有机污染物进行氧化分解，并通过滤料及微生物膜的吸附阻留作用将废水中的 COD 脱除，与活性污泥法相比，具有更好的污水净化性能。

生物膜法工艺对废水处理的应用具有悠久的历史。早在 1914 年，生物膜法就已经应用于废水处理的工业应用中。从第一代生物膜，即低负荷生物滤池、高负荷生物滤池、塔式生物滤池等逐步发展到以生物接触氧化法、淹没式生物滤池、生物流化床为代表的第二代生物膜工艺。直到 20 世纪 80 年代末到 90 年代初，第三代生物膜工艺才出现，即曝气生物滤池技术。曝气生物滤池工艺于 1981 年在法国投产，这是世界首套曝气生物滤池在工业上的应用，在中国部分工业废水的处理也采用了此项技术，尤其是在煤化工废水的处理应用上有成功的案例。随着曝气生物滤池在世界范围内不断推广和普及，其在结构形式、功能、启动和滤料等方面取得了巨大的成果。

生物膜法技术主要包括曝气生物滤池、生物转盘、生物接触氧化设备和生物流化床等。曝气生物滤池是一种采用颗粒滤料固定生物膜的好氧或缺氧生物反应器，是集生物接触氧化与悬浮物滤床截留功能于一体的废水处理新工艺。具有去除 SS、COD、BOD_5、硝化与反硝化、脱氮除磷的作用，并节省了后续二沉池，使工艺流程简化。该工艺具有有机物容积负荷高、水力负荷大、水力停留时间短、出水水质高、所需占地面积小、基建投资少、能耗及运行成本低等特点，受到了广泛的关注。

生物膜法工艺在应用中也存在一些问题，如生物膜的快速启动方式、生物氧化功能和过滤功能的相互关系、反冲洗过程中生物膜的脱落、难降解有机物处理、曝气生物滤池中核心介质、滤料的发展应用特别是特种滤料的研究等。

第二节　曝气生物滤池工艺

一、概况

曝气生物滤池（biological aerated filter，BAF）是在早期生物滤池基础上发展起来的一种技术，使用一种新型的球形陶粒填料，在其表面及开口内腔空间生长着微生物膜，废水由下向上流经滤料层时，微生物膜吸收废水中的有机污染物作为其自身新陈代谢的营养物质，并在滤料层下部提供曝气供氧的条件。曝气生物滤池综合了过滤、吸附和生物代谢等多种净化功能。

曝气生物滤池的基本原理是利用反应器内滤料上所附生物膜中的微生物氧化分解作用，滤料及微生物膜的吸附阻留作用，沿水流方向形成的食物链分级捕食作用，以及微生物膜内部微环境的反硝化作用，使气、水同为上向流态，使废水中的有机物被好氧降解，并进行硝化脱氮。同时也定期利用处理后的出水对滤池进行反冲洗，清除滤料表面增殖的老化微生物膜，以保证微生物膜的活性。

曝气生物滤池与普通活性污泥法相比，具有有机负荷高、占地面积是普通活性污泥法的1/3、投资少、不会产生污泥膨胀、氧传输效率高、出水水质好故省去了二沉池等特点。根据曝气生物滤池中的水流流向，其可分为上向流曝气生物滤池和下向流曝气生物滤池，由于上向流曝气生物滤池接近理想滤池，所以在煤化工废水处理中应用较多。

二、 BAF主要类型

BAF工艺可以分为Biocarbone工艺、Biostyr工艺、Biofor工艺、Biosmedi工艺、UBAF等类型，简介如下。

BAF工艺根据水流流向可以分为下向流和上向流两种，其中下向流以法国OTV公司的Biocarbone工艺为代表；上向流以OTV公司的Biosty工艺为代表。Biostyr和Biocarbone工艺流程见图8-1。

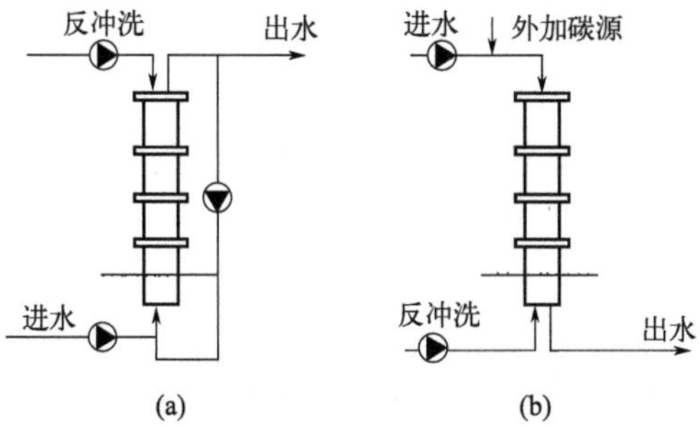

图8-1　Biostyr（a）和Biocarbone（b）工艺流程示意图

1. Biocarbone 工艺

Biocarbone 工艺是下向流生物滤池，废水从滤池顶部进入，在滤池底部进行曝气，气、水逆流。在无脱氮要求的情况下，滤池底部的出水可直接排出系统，一部分留作反冲洗之用。如果有脱氮要求，出水需进入下一级后置反硝化阶段，同时需外加碳源，因为内环境反硝化不能使出水 TN 达到排放要求。

随着过滤的进行，填料表面新产生的生物量越来越多，截留的 SS 不断增加，在开始过程水头损失增加缓慢。当固体物质积累达到一定程度后，堵塞滤层的上表面，并且阻止气泡的释放，将会导致水头损失很快达到极限。此时应立即进入反冲洗再生阶段，以去除滤床内过量的生物膜及 SS，恢复处理能力。

由于正常过滤和反冲时水流方向相反，填料层顶部的高浓度污泥不经过整个滤床，而是以最快的速度离开滤池，这对保证滤池的出水是有利的。

2. Biostyr 工艺

Biostyr 是在 Biocarbone 基础上进行改进后的一个工艺，采用新型轻质悬浮填料，主要成分是聚苯乙烯，密度小于 $1g/cm^3$，是一种具有去除 BOD_5、SS、硝化脱氮功能的反应器。从 Biocarbone 工艺到 Biostyr 工艺的运用是一个逐步发展的过程。相比较而言，Biostyr 工艺有如下特征：重力流反冲洗无需反冲泵，节省了动力；滤头布置在滤池顶部，与处理水接触不易堵塞，便于更换；硝化、反硝化在同一池内完成。

在 Biostyr 工艺中，核心池为上向流生物滤池，是运行可靠、自动化程度高、出水水质好、抗冲击能力强和节约能耗的新型工艺。废水与经硝化的滤池出水按一定回流比混合后进入滤池底部。在滤池中进行曝气，曝气系统将滤池分为好氧和缺氧两部分。在缺氧区，一方面反硝化菌利用进水中的有机物作为碳源，将滤池中的 NO_3^--N 转化为 N_2，实现反硝化；另一方面填料上的微生物利用进水中的溶解氧和反硝化产生的氧降解 BOD_5。同时，一部分 SS 被吸附截留在滤床内，这样便减轻了好氧段的固体负荷。经过缺氧段处理的废水进入好氧段，而好氧段的微生物利用从气泡转移到水中的溶解氧进一步降解 BOD_5，硝化菌将 NH_3-N 氧化为 NO_3^--N，滤床继续截留在缺氧段没有被去除的 SS。流出滤层的水经上部滤头排出滤池，出水按需求分为：安排出处理系统；按回流比与原水混合进行反硝化；用作反冲洗水。随着过滤的进行，滤层中新产生的生物膜和 SS 不断增加，水头损失与时间呈线性正相关。当水头损失达到极限水头损失时，应及时进行反冲洗以恢复滤池的处理能力。

Biostyr 工艺的废水通过滤料层，水体含有的污染物被滤料层截留，并被滤料上附着的生物降解转化。这个转化过程可在一个密闭的反应器中全部实现，而不需要在下游再设置二沉池进行污泥沉降，溶解态的有机物被去除，产生的污泥仍然保留在过滤层中，仅让净化过的水通过。滤池底部设有进水管和排泥管，中上部是填料层，厚度一般为 2.5～3.5m。

为防止滤料流失，滤床上方设置装有滤头的混凝土挡板，滤头可从板面上拆下，不用排空滤床，以方便维修。挡板上部的空间则用作反冲洗水的储水区，其高度根据反冲洗水头确定。

该区内设有回流泵，用于将滤池出水泵至配水廊道，继而回流到滤池底部实现反硝化，在不需要反硝化的工艺中没有该回流系统。填料层底部与滤池底部的空间留作反冲洗再生时填料膨胀之用。

采用 Biocarbone 及 Biostyr 的 BAF 工艺与活性污泥法相比，具有以下特点：

① 具有更高的生物浓度和有机负荷。该工艺采用粗糙多孔的粒状填料为微生物提供了

更佳的生长环境，易于挂膜及稳定运行，可在填料表面保持较多的生物量，单位体积内微生物量要远大于活性污泥中的微生物量，可达10～15g/L。

② 高浓度的微生物量使得该工艺的容积负荷增大，该工艺中反应器的处理效果与填料高度呈正关系，因此，可通过增加填料高度来减少占地面积，进而减少了池容积和占地面积，降低了建设费用。

③ 工艺简单，菌群结构合理。由于在传统的活性污泥法中，微生物的分布是相对均匀的，而在该工艺中从上到下形成了不同的优势生物菌种，因此除C、硝化、反硝化能在同一个池子中发生，简化了工艺流程。由于填料的机械截留作用以及滤料表面的微生物和代谢中产生的黏性物质形成的吸附架桥作用，可省去二沉池，减少了设备费用。在稳定运行工况时，去除SS的机理类似于普通滤池，只要未发生穿透，出水SS均较为理想。

④ 受气温影响小。由于反应器滤池为半封闭或全封闭构筑物，其生化反应受外界温度影响较小，适合于寒冷地区进行废水处理。

⑤ 耐冲击能力强。BAF滤池对有机负荷、水力负荷、温度的变化不像活性污泥法那么敏感。

3. Biofor 工艺

Biofor（生物过滤氧化反应池）是法国得利满公司的专利技术，是由法国Degremont（得利满）公司开发出来的国际先进的废水处理工艺。具有处理效率高、构筑物少而简单、充氧效率高、占地面积少、对周围环境影响小等特点，逐渐受到国内外废水处理厂的重视、推广和应用。

Biofor与Biostyr相比，不同之处在于采用密度大于水的滤料，自然堆积，滤板和专用长柄滤头在滤料层下部，以支撑滤料的重量；而Biostyr中的滤板和滤头在滤料层顶部，以抵抗滤料层的浮力。Biofor其余的结构、运行方式、功能等与Biostyr基本相同。

改进型的Biofor工艺是在DN（反硝化曝气生物滤池）＋CN（硝化曝气生物滤池）组合的基础上代替了CN＋DN的组合。进水先入DN（反硝化）池，保证了反硝化所需碳源，使得TN去除率明显提高，且生物除磷的效果也有所改善。与CN＋DN池的后置反硝化工艺比较，前置反硝化克服了碳源不足而需投加大量甲醇的缺陷，且前置反硝化增设回流系统，使滤池的滤速增加，从而减少了CN（硝化）池的数量，节省了投资。另外前置反硝化生物滤池出水水质不受CN池的控制，能有效去除废水中的各种有机物，出水水质稳定。而后置反硝化则需要投加甲醇，且出水水质受DN池的影响较大。Biofor生物滤池工艺流程见图8-2。

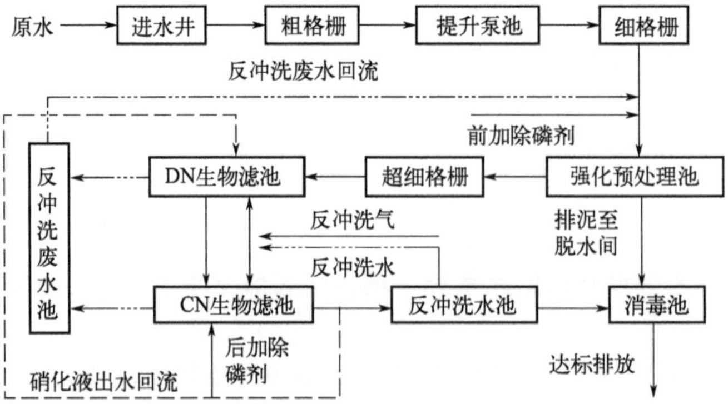

图8-2 Biofor生物滤池工艺流程示意图

Biofor 主要特点：

① 上向流生物过滤。进水自滤池底部流向顶部，上流过滤在滤池的整个高度上持续提供正压条件，与下向流过滤相比有许多优势。

② 使用特制的过滤及生物膜支持 Biolite 生物滤料，确保获得较高的生物膜浓度和较大的截留能力，并加长了运行周期。

③ 高性能曝气，采用了特制的曝气头，不仅能高效地供氧，且节约能源、使用安全、易于操作和维护。

④ 流体呈均匀分布，空气和水流为同向流。生物滤池的滤板配有 25UB33e 滤头，该滤头的防阻塞设计通过均匀配水使过滤效果良好。

4. 升流式曝气生物滤池

升流式曝气生物滤池（UBAF）属于上向流曝气生物滤池。该工艺是在曝气生物滤池（BAF）的基础上发展起来的一种废水处理工艺，其最大特点是使用一种新型的类球形轻质陶粒填料，并在表面及内腔空间生长着微生物膜。当废水由下向上流经滤料层时，微生物膜会吸收废水中的有机物，作为其自身新陈代谢的营养物质。当在滤料层下部实行强制曝气供氧的条件时，气与水为同向、上向流，使废水中的有机物得到好氧降解，并进行硝化作用。

曝气生物滤池的生物除磷效果有限，只通过微生物的同化作用（即微生物将磷酸盐摄入体内合成细胞物质）实现少量除磷，基本无其他生物除磷功能，故一般需采用化学除磷方法。

曝气生物滤池化学除磷药剂投加点有两种选择：一是采用高效沉淀预处理工艺，其化学除磷方法为前置沉淀法，即在高效沉淀池入口处投加化学药剂，经混合、絮凝、沉淀作用，磷的积聚体被分离到沉淀池的污泥中，达到废水除磷的目的。二是同步沉淀与絮凝过滤，即在曝气生物滤池中投加化学药剂，在滤床填料的作用下诱发了絮凝，沉淀物截留于滤床上，利用滤池本身存在的周期性的反冲洗，将磷排除至系统外，达到废水除磷的目的。

UBAF 工艺主要特点：

① 较小的池容和占地面积。曝气生物滤池的 BOD_5 容积负荷大，一般可达到 5～6kg $BOD_5/(m^3 \cdot d)$，是常规二级生物处理的 6～12 倍，所以它的池容和占地面积较常规二级生物处理工艺要小，同时在滤池后不需设二沉池，节省了占地面积和土建费用。采用曝气生物滤池工艺的城市废水处理厂的工艺构筑物占地面积只有氧化沟工艺的 1/5 左右。

② 抗冲击负荷能力强，处理出水水质好。由于整个滤池中分布着较高浓度的微生物，反应速率高，而高浓度的微生物以膜状存在于滤池中的陶粒表面，其本身就耐水量的冲击，即使滤速增大较多也不会使微生物流失。

③ 对低浓度废水适应性强。不会产生由于营养物过低微生物无法培养的情况，且该工艺启动时间相对较短。

④ 氧的利用率高。硝化速率高，效果好，若增加回流等设施，可以实现较好的脱氮效果。

三、 BAF 工艺原理

1. 生物膜吸附

曝气生物滤池是一种膜法生物处理过程，在生物膜的表面附着一层薄薄的水层，水中的有机物被生物膜所氧化，其浓度要比滤池进水中有机物的浓度低很多，微生物附着在载体表面，当废水流经载体表面时，其中的有机营养物质被吸附，此时，氧向生物膜内部扩散，生物膜中发生生物氧化等作用，污染物质被氧化分解。

当废水在滤料表面流动时，有机物会从运动着的废水中转移到附着在生物膜表面的水中去，被生物膜所吸附。空气中的氧通过水层进入生物膜。生物膜上的微生物在氧的参与下对有机物进行分解和机体的新陈代谢，产生了二氧化碳等无机物，它们沿着相反的方向，即从生物膜经过附着水层排到流动着的废水及空气中去。

这一过程非常复杂，包括了废水中复杂的传质过程、生物膜形成以及在载体表面的固定等。生物膜发育形成过程大致为：

① 存在可用于细菌聚居的固体表面；

② 一种有机分子膜快速形成；

③ 聚结的细胞松散地附着以及聚居的细菌牢固地附着；

④ 微生物群落形成，产生胞外聚合物，群落向上和向外扩展，形成规则和不规则结构；

⑤ 生物膜成熟，新的菌种进入生物膜并生长，有机和无机碎片被结合，并且溶解度提高，导致了生物膜空间的异相结构；

⑥ 生物膜可能被吞噬细菌的原生动物捕食；

⑦ 成熟的生物膜脱落，循环交替地重复进行；

⑧ 形成一种顶级群落。

2. 生物滤池工作机理

废水在滤池内通过滤料上生长的生物膜时，其中的有机物在滤料及生物膜的吸附截留作用、沿水流方向形成的食物链分级捕食作用，以及生物膜内部微环境和厌氧段的反硝化作用中被微生物氧化分解。

当废水流经滤料时，滤料表面附着生长高活性的生物膜，滤池内部进行曝气。待生物膜成熟后，废水中的有机污染物被生物膜中的微生物吸附、降解，从而得到净化。生物膜表层生长的是好氧微生物和兼性微生物，有机污染物经微生物好氧代谢而被降解，终产物是 H_2O、CO_2、NO_3^- 等。

当氧在生物膜表层被耗尽后，生物膜内层的微生物处于厌氧状态，此时进行的是有机物的厌氧代谢，终产物为有机酸、乙醇、醛和 H_2S、N_2 等。滤料自身对废水中的悬浮物具有截留和吸附作用。经培养菌后，滤料上生长着大量的微生物。而微生物的新陈代谢作用产生的黏性物质如多糖类、酯类等起到吸附架桥作用，与悬浮颗粒及胶体粒子黏结在一起，形成细小絮体，通过接触絮凝作用而被去除。

由于微生物的不断繁殖，生物膜逐渐增厚，超过一定厚度后，吸附的有机物在传递到生物膜内层的微生物以前，已被代谢掉。此时，内层微生物因得不到充分的营养而进入内源代谢期，失去黏附在滤料上的性能，脱落下来随水流出滤池，滤料表面再重新长出新的生物膜。

3. 影响 BAF 的主要因素

曝气生物滤池反应器净化有机污染物的过程是由附着生长在载体表面的微生物来完成的，因此微生物的自身性质如种类、培养条件、浓度、活性等是一个重要的内部因素。而这些微生物又都生活在各自形成的特定环境中，特别是载体滤料是关键因素，如载体表面性质、表面亲水性、表面负荷、表面化学组成、表面粗糙度等对微生物的影响非常大。另外，与环境条件关系极为密切，如进水底物浓度、营养物质、溶解氧、酸碱度、温度、毒性抑制、水力停留时间与负荷率等外部环境对曝气生物滤池反应器的高效运行至关重要。归纳起来，影响反应器运行的最主要因素如下：

（1）载体滤料

对于曝气生物滤池工艺而言，载体即滤料是工艺的核心，对滤料的选择和采用有着非常严格的要求，如机械强度、物理形态、稳定性、密度、亲水性、表面电性、孔隙率、表面粗糙度、价格等。当载体已通过优化确定后，在微生物调试过程中，主要需为微生物在载体表面的附着、生长及繁殖提供良好的环境条件。

（2）水温

水温是影响微生物生长和生命代谢活性的主要因素，大多数微生物的新陈代谢活动随着温度的升高而增强，随着温度的降低而减弱，水温越低，活性越小。根据 Airheniuslls 公式，温度下降 10℃，生化反应速率将下降 1/2。细菌生长繁殖的适宜温度在 25～35℃之间，因此在温度较高的夏季，曝气生物滤池的处理效果最佳，而在冬季水温低，生物膜活性受抑制，处理效果受到影响，出水水质较差。

（3）pH 值

微生物的生长和繁殖与废水的 pH 值有密切关系。pH 值的改变可能会引起细胞膜电荷的变化，进而影响微生物对有机物的吸收和微生物代谢过程中酶的活性。对于好氧微生物来说，进水的 pH 值在 6.5～8.5 之间较为适宜。硝化反应是一个耗碱过程，其适宜 pH 值范围为 7.0～8.5，超出其适宜范围，硝化细菌的活性急剧下降，氨氮的去除率也随之降低。

（4）水力负荷

水力负荷的大小直接影响废水在滤池中的停留时间，水力负荷越小，水力停留时间越长，处理效果越好，反之亦然。但水流紊动能加快生物膜的更新、滤池内的传质及溶解氧的利用，并且水力负荷过小会导致滤料堵塞。因此水力负荷在运行中通常为 $0.5\sim1.5m^3/(m^2 \cdot h)$。

（5）溶解氧

溶解氧是影响生物膜生长和出水效果的重要因素。在好氧处理工艺中需氧量是工艺控制的重要指标。滤池处理水中溶解氧以 4～6mg/L 为宜。当溶解氧低于 2mg/L 时，好氧微生物的生命活动受到限制，从而降低有机物氧化分解和氨氮转化的速度。因此，控制曝气量就显得尤为重要，曝气量大，滤池中溶解氧高，就会提高好氧微生物氧化分解有机物的速率，同时气流产生的剪切力有助于老化的生物膜脱落。

四、 BAF 结构单元

BAF 曝气生物滤池主要由池体、滤料、承托层、布水系统、布气系统、反冲洗系统和出水系统等构成。

（1）池体

其作用是容纳被处理的水以及围挡滤料，并承托滤料和曝气装置的重量。其形状有圆形、正方形和矩形三种，对矩形结构而言，一般情况下，长宽比为 1.2～1.5。结构形式主要有钢制结构（适用于处理水量小的工况）和钢筋混凝土结构（适用于处理水量大的工况）。为保证反冲洗效果，单池设计面积以 $\leqslant 100m^2$ 为宜。池壁的构筑物主体起支撑作用，池底设有通风系统、排泥系统、支撑渗水结构等。

（2）滤料

滤料是生物滤池的主体，对生物滤池的净化功能有重要影响。对滤料的基本要求是比表面积要大，孔隙率高，材质强度高，稳定以及价廉等。对滤料的质量要求是质坚、强度高、耐腐蚀、抗冰冻。另外，应能就地取材，便于加工及运输等。

材质可用轻质陶粒、炉渣、石英砂、焦炭、沸石等，以圆形陶粒为佳。粒径为3～6mm，滤层厚度为2.5～4.5m。各种滤料的基本参数见表8-1。

表8-1 各种滤料的基本参数

滤料种类	比表面积/(m^2/g)	总孔体积/(cm^3/g)
陶粒	3.99～4.11	0.103
石英砂	0.76	0.0165
炉渣	0.91	0.0488
焦炭	1.27	0.063
沸石	0.46	0.0269

(3) 承托层

承托层的作用是支撑滤料，防止滤料流失和堵塞滤头，同时保证反冲洗稳定进行。为保证承托层的稳定和配水的均匀性，要求材质具有良好的机械强度和化学稳定性，其形状尽量接近圆形，常用材质为卵石。

(4) 布水系统

包括滤池最下部的配水室和滤板上的配水滤头。对于上流式滤池，配水室的作用是使某一短时段内进入滤池的废水均匀混合。依靠承托滤板和滤头的阻力作用使废水在滤板作用下均匀、均质分布，并通过滤板上的滤头均匀流入滤料层。除了滤池正常运行时布水外，可供定期对滤池进行反冲洗时布水用。对于下流式滤池，布水系统主要供滤池反冲洗布水和收集净化水用。配水室由缓冲配水区和承托滤板组成。缓冲配水区初步混匀废水，然后依靠承托板的阻力作用使废水在滤板下均匀、均质分布，并通过滤板上滤头将废水均匀送入滤料层。缓冲配水区在气-水联合反冲洗时起到均匀配气的作用。

(5) 布气系统

工艺布气系统主要是进行充氧曝气和气-水联合反冲洗时供气即反冲洗曝气。通过工艺布气系统，保持曝气生物滤池中充足的溶解氧，并维持滤池内生物膜的高活性。

曝气生物滤池一般采用鼓风曝气形式，空气扩散系统一般有穿孔空气管空气扩散系统和专用空气扩散系统两种，该装置按一定间隔安装在空气管道上，距承托板0.1～0.15m，空气通过扩散器并流过滤料层时氧利用率可达30%以上，且不易堵塞。

(6) 反冲洗系统

由反冲洗供水系统和反冲洗供气系统组成。采用气-水联合反冲洗，目的是去除滤池运行过程中截留下来的各种颗粒、胶体污染物及老化脱落的微生物膜。联合反冲洗系统的配水、配气是通过滤板及固定在其上的长柄滤头实现的。反冲洗时，反冲洗进气于滤板下形成气垫层，随后空气便从长柄滤头上端的进气孔进入，反冲洗水则由长柄滤头下端进水孔进入。反冲洗过程一般分为三步：气洗，气、水同时反洗，水漂洗。

气洗的目的是松动滤料层，使滤料层膨胀。气洗强度一般为10～15L/(m^2·s)，时间为5min。气、水同时反洗的目的是将滤料上截留的悬浮物和老化的生物膜冲洗出去，强度为5.0～8.5L/(m^2·s)，时间为5～8min。水漂洗的目的是将滤料上表面的悬浮物和老化的生物膜冲洗出去，时间为5～8min。滤层膨胀率约为10%。

(7) 出水系统

出水分为周边堰出水和单侧堰出水两种。大中型废水处理厂一般采用单侧堰出水的形式，并将出水堰口处设计成60°斜坡，以降低出水流速。在出水堰口设置栅形稳流板以拦截反冲洗时被出水带出的滤料。

五、 BAF运行方式

曝气生物滤池的运行方式采用废水自上而下、曝气自下而上的逆流工艺，经沉淀预处理后的废水由BAF上部进入池内，通过滤头的均匀布水，同时通过曝气头或穿引管曝气，气自下而上穿过滤层，实现对废水中含碳有机物（BOD_5）的降解，硝化氨氮、截留随废水进入的SS和脱落的生物膜，使最终出水满足排放要求。该工艺是典型的将生物氧化和过滤组合在一起的工艺，并在滤池后不设二沉池，通过反冲洗再生实现滤池的周期性运行。曝气生物滤池的运行方式见图8-3。

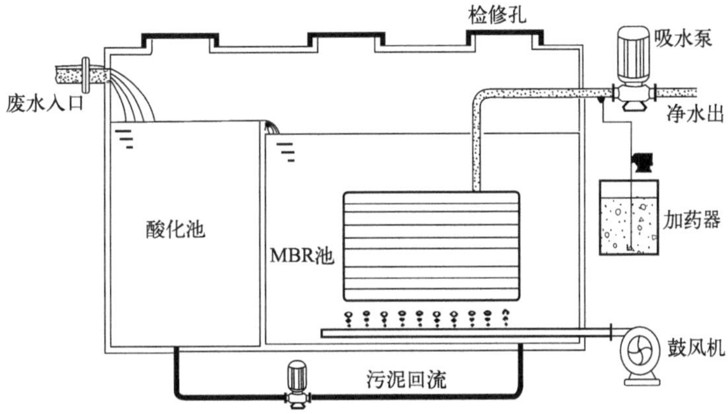

图8-3 曝气生物滤池的运行方式示意图

曝气生物滤池反应器周期运行，从开始过滤到反冲洗完毕为一个完整的周期。经预处理的废水从滤池底部进入滤料层，滤料层下部设有供氧的曝气系统进行曝气，气、水为同向流。在滤池中，有机物被微生物氧化分解，NH_3-N被氧化成NO_3^--N；另外，由于在堆积的滤料层内和微生物膜的内部存在厌氧/缺氧环境，在硝化的同时实现部分反硝化，滤池上部的出水可直接排出系统。

随着过滤的进行，由于滤料表面新产生的生物量越来越多，截留的SS不断增加，在开始阶段滤池水头损失增加缓慢，当固体物质积累达到一定程度时，水头损失达到极限水头损失或导致SS发生穿透，此时就必须对滤池进行反冲洗，以除去滤床内过量的微生物膜及SS，恢复其处理能力。

曝气生物滤池的反冲洗采用气水联合反冲工艺，反冲洗水为经处理后的达标水，反冲洗空气来自滤板下部的反冲洗气管。反冲洗时关闭进水和工艺空气，先单独气冲，然后气水联合冲洗，最后进行水漂洗。反冲洗时滤料层有轻微膨胀，在气水剪切冲刷和滤料间相互摩擦的作用下，老化的生物膜和被截留的SS从滤料表面分离，冲洗下来的生物膜及SS随反冲洗排水排出滤池，反冲洗排水回流至预处理系统。

1. 曝气生物滤池预处理

为了延长曝气生物滤池的运行周期，减少反冲洗次数，降低能耗，采用BAF工艺时均需对进水进行预处理，脱除原水中的大量杂质和SS，以防其进入滤池后堵塞曝气、布水系统，影响滤池正常运行，甚至造成严重后果。

2. 曝气生物滤池除P脱N

在生物除P技术中，将脱N和除P相结合的系统对除P不利，因为除P和脱N本身是一对矛盾。当DO太低时，除P效率会下降，硝化反应将受到限制，污泥沉降性能差。当DO太高时，回流到厌氧区的DO会增加，反硝化将受到限制，同时NO_3^--N的浓度高可影响厌氧区P的释放。因为P的释放以在厌氧环境中进行为宜。当有NO_3^--N存在时，就表明环境为兼氧环境。

六、BAF工艺流程

1. 工艺流程类型

BAF工艺流程可以根据废水的类型和目的进行设置。一般曝气生物滤池工艺有以下几种流程。

（1）DC-BAF工艺流程

该工艺主要适用于可生化性较好的煤化工废水和对氨氮没有特殊要求的工业及生活废水，主要去除废水中的碳化有机物，截留废水中的悬浮物，即以去除BOD_5、COD、SS等为主。宜采用单级碳氧化曝气生物滤池（以下简称碳氧化滤池或DC-BAF）工艺。碳氧化滤池工艺流程见图8-4。

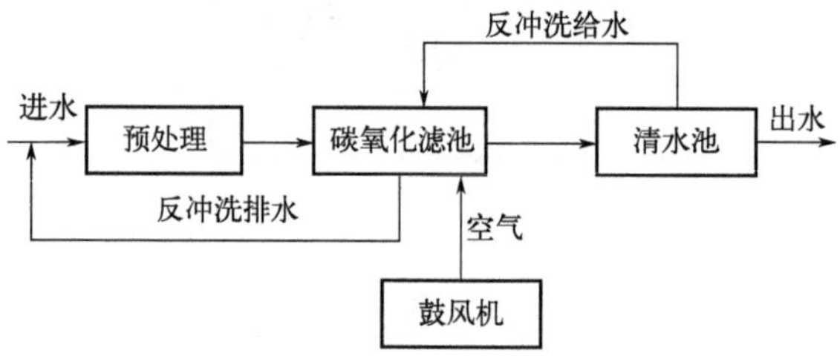

图8-4 DC-BAF（碳氧化滤池）工艺流程示意图

（2）N-BAF工艺流程

该工艺仅适用于对氨氮排放有要求的煤化工废水及生活废水，在总氮没有要求的工况下，需要进行硝化反应。过程供气较为充足，整个滤池处于好氧状态，微生物以自养性硝化菌为主。要求去除煤化工废水中含碳有机物并完成氨氮的硝化，可采用硝化曝气生物滤池（以下简称硝化滤池或N-BAF）工艺流程，并适当降低负荷；也可采用碳氧化滤池+硝化曝气生物滤池两级串联工艺。碳氧化滤池+硝化曝气生物滤池两级组合工艺流程见图8-5。

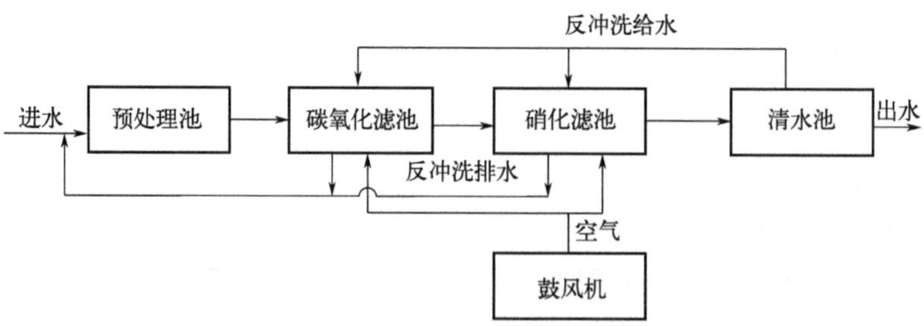

图8-5 DC+N-BAF两级组合工艺流程示意图

(3) DN-BAF 工艺流程

该工艺适用于对总氮有要求的工况。滤池不设曝气管道，滤池处于厌氧状态，在厌氧条件下，NO_3^--N 和 NO_2^--N 在反硝化菌的作用下被还原成 N_2。前置反硝化滤池＋硝化滤池组合工艺流程见图 8-6。

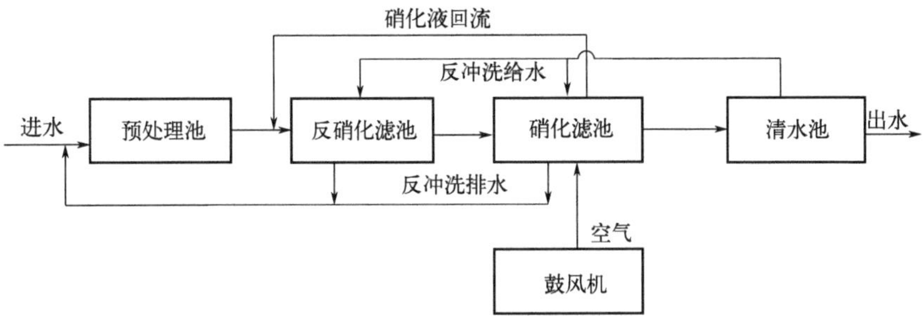

图 8-6 前置反硝化滤池＋硝化滤池组合工艺流程示意图

当进水总氮含量高、碳源不足，而出水对总氮要求较严时可采用后置反硝化工艺，同时外加碳源。外加碳源后置反硝化滤池工艺流程见图 8-7。

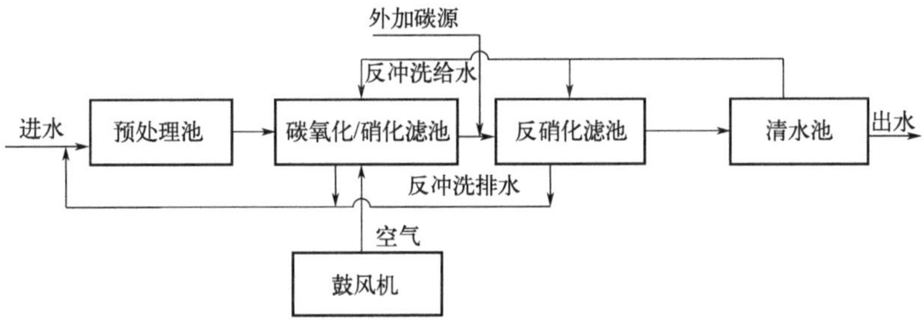

图 8-7 外加碳源后置反硝化滤池工艺流程示意图

也可采用前置反硝化滤池同时外加碳源。前置反硝化的生物滤池工艺中硝化液回流率可具体根据设计 NO_3^--N 去除率以及进水碳氮比等确定。外加碳源前置反硝化滤池工艺流程见图 8-8。

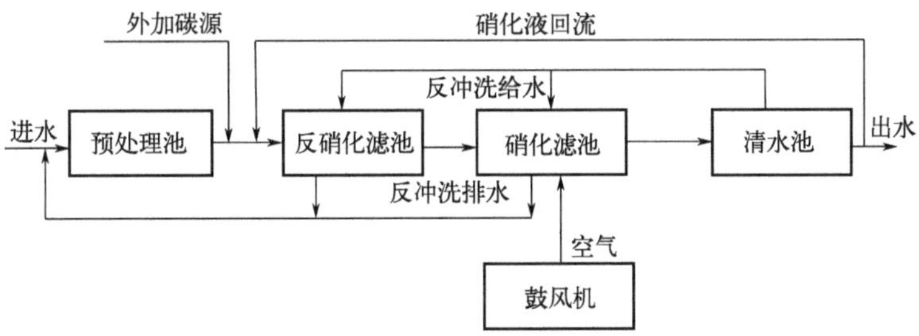

图 8-8 外加碳源前置反硝化滤池工艺流程示意图

2. 流程适用范围

对不同煤化工废水处理的目标要求不同时，选择的 BAF 工艺流程是有区别的，若选择不正确，则达不到废水处理的目标。

① 当以去除废水中含碳有机物为主时，宜采用单级碳氧化曝气生物滤池。

② 当要求去除废水中含碳有机物并完成氨氮的硝化时，可采用单级碳氧化曝气生物滤池，并适当降低负荷；也可以采用碳氧化滤池和硝化曝气滤池的两级串联工艺。

③ 当进水碳源充足且出水水质对总氮要求高时，宜采用前置反硝化滤池＋硝化滤池组合工艺。

④ 当进水总氮浓度高、碳源不足而出水又对总氮要求严格时，可采用后置硝化工艺，并补充碳源；或采用前置反硝化滤池并外加碳源，前置反硝化滤池的硝化液回流率可具体根据 NO_3^--N 去除率以及进水碳氮比确定，外加碳源的投加量需经计算后确定。

曝气生物滤池与普通滤池工艺比较见表 8-2 所示。

表 8-2 曝气生物滤池与普通滤池工艺比较

序号	项目	普通滤池	曝气生物滤池
1	适用范围	可生化性较好的废水，进水 COD 浓度＜200mg/L	可生化性较好的废水，进水 COD 浓度 1000～1500mg/L，SS≤100mg/L，可设 CN 池、N 池、P 池
2	系统启动	利用废水中微生物进行启动，初次启动时间为 4～6 周，受温度影响大	利用废水中微生物进行启动，初次启动时间为 2～3 周
3	组成	池体、滤料、承托层、布水系统及排水系统	池体、滤料、承托层、布水系统、布气系统、反冲洗系统及排水系统
4	滤料	一般采用碎石、矿渣、塑料等，粒径在 40～70mm，比表面积较小，滤层高度一般小于 1.8m，水头损失为 $1mH_2O$ 柱/m 滤料	一般采用轻质陶粒，粒径在 3～6mm，比表面积大，易挂膜和反冲洗，截污能力强，阻力小。滤层高度大于 3m，水头损失为 $0.1mH_2O$ 柱/m 滤料
5	布水方式	从滤池上部用喷嘴喷淋	从滤池底部通过滤头均匀布水，活塞状向上流
6	供氧方式	自然通风供氧，氧利用率低	强制鼓风曝气专用空气扩散器，氧利用率高
7	负荷	水力负荷 $0.5\sim1.5m^3/(m^2\cdot h)$，$BOD_5$ 负荷＜$1.0kg/(m^3\cdot d)$	水力负荷 $4\sim10m^3/(m^2\cdot h)$，BOD_5 负荷 $5\sim6kg/(m^3\cdot d)$
8	处理效率	BOD_5 去除率 70%～75%，NH_3-N 去除率 50%～60%，出水 BOD＞30mg/L	BOD_5 去除率＞90%，NH_3-N 去除率 70～80%，出水 SS、BOD_5＜15mg/L

3. 工艺流程说明

废水经格栅去除粗大漂浮物、悬浮物后，进入初沉池或水解酸化池进行沉砂、除油和沉淀，同时去除部分 SS、COD、BOD_5 等物质；经预处理的废水进入 C/N-BAF 滤池（或 DN 沉淀池），绝大部分 COD、BOD_5 在此进行降解，部分氨氮进行硝化（或反硝化），接着废水进入 N-BAF 滤池（或 C/N 滤池），进行氨氮完全硝化以及 COD、BOD_5 的进一步降解，同时进行化学除磷，以保证出水总磷≤0.5mg/L，NH_3-N≤5mg/L，TN≤10mg/L。在运行过程中，在 BAF 底部进行供氧滤池运行。一段时间后，需对滤池进行反冲洗，反冲洗采用气-水联合反冲洗方式。反冲洗废水通过排水缓冲池返回到初沉池或水解酸化池，与原废水混合。初沉池或水解酸化池的剩余污泥进行脱水处理，泥饼外运处置。若选用 DN 滤池＋C/N 滤池的脱氮工艺，则需将 C/N 滤池的出水回流。曝气生物滤池废水处理工艺流程见图 8-9。

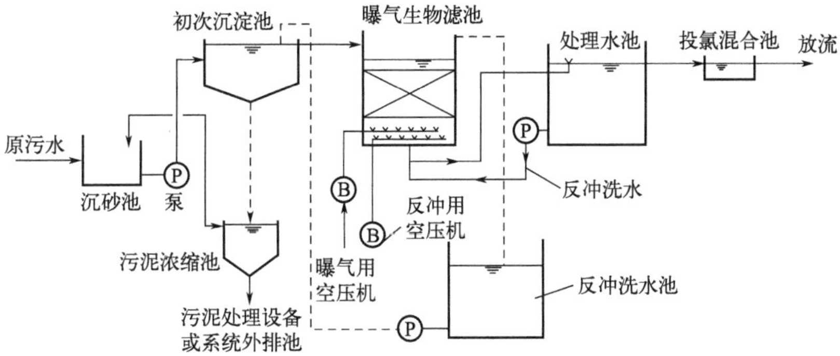

图 8-9 曝气生物滤池废水处理工艺流程示意图

七、 BAF 工艺主要特点

曝气生物滤池不仅具有生物膜工艺技术的优势，同时还起着有效的过滤作用。通过使用特殊的滤料和正确的配气设计，曝气生物滤池与普通生物滤池相比，具有有机负荷高、占地面积小、投资少、不会产生污泥膨胀、氧传输效率高、出水水质好等优点。其主要特点如下。

1. 工艺组合优势

(1) 膜法与活性污泥法处理组合

曝气生物滤池是集生物膜法与活性污泥法于一身的反应器，充分利用膜的优势和活性污泥的优势，进行强强联合，实现出水水质高、处理负荷大的目的。

(2) 生物法与过滤法处理组合

采用粒径小、比表面积大的滤料，提高了生物浓度。将生物处理与过滤处理组合，省去了二次沉淀池。采用生物膜加生物絮体组合处理的方式，同时发挥了生物膜法和活性污泥法的特点，使得曝气生物滤池同时具有生物氧化降解和过滤的作用，因而可获得较高的出水水质，达到回用水水质标准。

曝气生物滤池的过滤作用体现在：不仅可截留粒径较大的悬浮物，还能通过生物吸附去除部分可生化性较差的物质。

由于填料本身的截留作用及表面生物膜的生物絮凝作用，出水 SS 很低，一般不超过 10mg/L，出水非常清澈透明。因不断地反冲洗，生物膜得以有效更新，表现为生物膜较薄，一般为 110μm 左右，高活性的生物膜不仅体现在生物氧化、降解方面，更表现在生物絮凝、吸附作用方面。对一些难降解的物质，可将其吸附、截留在池中去掉。

(3) 强制曝气

曝气生物滤池对生物滤池进行了全面的革新，即采用人工强制曝气代替自然通风。强制曝气使得氧的传输效率高，滤池中氧的利用率达 20%～30%，曝气量明显低于一般生物处理。其主要原因是：滤料粒径小，气泡在上升过程中不断被切割成小气泡，加大了气液接触面积，提高了氧的利用率；同时由于滤料的阻挡和分割作用，气泡经过滤料的缝隙，延长了其停留时间，有利于氧的传质；在 BAF 中氧气可直接渗入生物膜，加快了氧气的传输速度，减少了供氧量。

(4) 菌群分布合理

在传统活性污泥法中，微生物分布相对均匀。而在 BAF 中则从上到下形成了不同的优势菌种分布，在滤池不同部位生长着许多不同性质的菌群。如在距进水端较近的滤层中，废水中的有机物含量较高，各种异养菌占优势，以去除 BOD_5 为主；在距出水口较近的滤料层中，废水中的有机物含量已经很低，自养型的硝化菌占优势，以进行氨氮的硝化反应为主。因此，除碳、硝化/反硝化能在同一个池子中发生。

（5）易挂膜、启动快

BAF 调试时间短，一般只需 7～12 天，而且不需接种污泥，采用自然挂膜驯化方式。由于微生物生长在粗糙多孔的滤料表面，不易流失，BAF 的运行管理简单。BAF 在短时间内不使用的情况下可关闭运行，微生物能够依靠填料中的有机质生长，无须另外投加营养剂。因此，停工后再使用启动速度快，停机或停工 1～2 周后再启动几小时后就能达到较好的处理效果。一旦通水并曝气，可在很短时间内恢复正常运行。该曝气生物滤池非常适合一些水量变化大的废水处理工况。

2. 滤料优势

（1）小颗粒滤料

曝气生物滤池主要采用粒径较小的材料作为滤料，滤料浸没在水中，利用鼓风机曝气供氧。滤料层起两方面作用：一是作为微生物的载体，与一般的生物滤池相比，由于具有更大的比表面积，废水与生物膜实际接触的时间长，使生化反应进行得更彻底；二是可作为过滤介质，截留进水中的悬浮固体和新形成的生物固体，从而省去其他生物处理法中的二次沉淀池，获得优质出水。

（2）高生物浓度和高有机负荷

曝气生物滤池采用的为粗糙多孔的球状滤料，为微生物提供了较佳的生长环境，易于挂膜及稳定运行，可在滤料表面和滤料间保持较多的生物量，单位体积内微生物量远远大于活性污泥法中的微生物量（可达 10～15g/L），高浓度的微生物量使得 BAF 的容积负荷增大，进而减小了池容积和占地面积，使基建费用大大降低。

（3）滤料附着力强

硝化菌存在于生物膜内侧，在滤料上有很强的附着力，一旦形成，不易脱落，故曝气生物滤池具有很强的硝化去除氨氮的能力。

（4）滤料工艺设置简单

由于滤料的机械截留作用以及滤料表面的微生物和代谢中产生的黏性物质形成的吸附作用，出水的 SS 很低，一般不超过 10mg/L，省去二沉池，进而降低基建费用。生物滤池反应器布置见图 8-10。

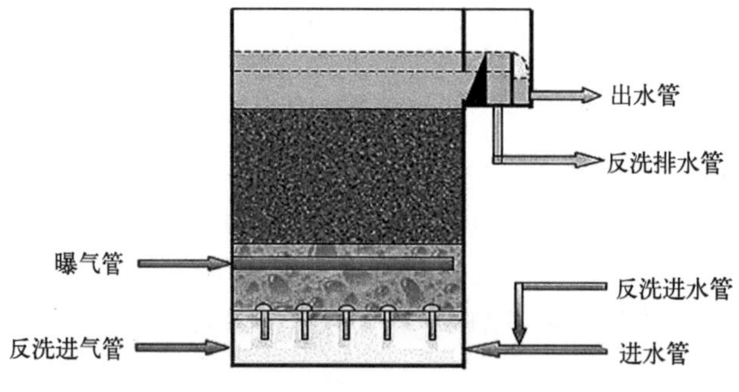

图 8-10　生物滤池反应器布置示意图

（5）周期性反冲洗

周期性反冲洗使得生物膜得以有效更新，表现为生物膜较薄，活性较高。有时即使生物处理发生故障，短期内的物理作用机理仍可保证高质量的出水，满足排放标准，同时也可回用。

3. 工艺流程布置优势

（1）气、水平行上流式

采用气、水同向流（均自下而上）或逆流（水自上而下，气自下而上）工艺，使气、水充分混合并均匀分布，防止了气泡在滤料层中凝结和气堵等现象，且滤料层对气泡的切割作用使气泡在滤料层中的停留时间延长，使氧的利用率高，能耗低。与下向流过滤相反，上向流过滤维持在整个滤池高度上提供正压条件，防止水流出现偏流或短流，从而避免沟流导致过滤效率下降和气阱形成。

（2）上向流工艺平稳

采用上向流形成了对工艺有好处的半柱推条件，即使采用高过滤速度和负荷，仍能保证BAF工艺的持久稳定性和有效性。由此使得空间过滤被较好地运用，空气能将固体物质带入滤床深处，在滤池中能得到高负荷、均匀的固体物质，从而延长了反冲洗周期，减少清洗时间和清洗时用的气、水量。抗冲击负荷能力强，这是由于整个滤池中分布着较高浓度的微生物，其对有机负荷、水力负荷的变化不像传统活性污泥那样敏感，也无污泥膨胀问题。

（3）截污能力强

滤料层设置对气泡的切割作用，使得气泡在滤池中的停留时间延长，提高了氧的利用率。由于滤池具有极好的截污能力，BAF后面不需再设二次沉淀池。BAF具有生化处理和过滤的双重功能，可以同步去除废水中的有机物、氮、磷和悬浮物。

（4）控制程度高

一些先进的自动化设备如液位传感器、在线溶氧测定仪、定时器、变频器及微电脑等的出现，使得曝气生物滤池系统运行管理自动化得以顺利实现。曝气生物滤池系统可以对进水水质、水量以及废水中溶解氧浓度进行在线检测，并通过PLC控制系统方便地调整曝气时间的长短，控制风机的供氧量，优化运行。此外，还能利用PLC系统对滤池进行自动反冲洗。

（5）脱氮效果好

通过不同功能的滤池组合或同一滤池中的不同功能区分布，使滤池在除碳的同时可进行硝化和反硝化。其原理是通过对两组滤池或同一座滤池内分别人为地造成好氧、兼氧的生物环境，不仅能去除一般有机物和悬浮固体，而且具有较好的脱氮功能。为了实现硝化、反硝化，必须在各段滤池中连续测定溶解氧数值，并加以控制调节。在C/N池和N池中的曝气阶段需要不断调节溶解氧水平，使溶解氧达到较高水平，即2～3mg O_2/L，而在DN池中使溶解氧达到较低水平，即0.2～0.5mg O_2/L。

4. 主要工艺性能

一般情况下过滤速度2～8m/h，反硝化时>10m/h；反冲洗空气速度60～90m/h；固体负荷4～7kg BOD_5/d；有机负荷2～6kg/d，COD负荷4～12kg/d；系统氧利用效率30%～35%；硝化（10℃）能力0.6～1.0kg/d；脱氮（10℃）能力1.5～2.5kg/d；反冲洗水量5～6L/(m^2·s)；产泥量0.6～0.7kg/(kg BOD_5·d)；一次性投资比传统方法低20%左右；占用面积为常规工艺的1/10～1/5；运行费用比常规工艺低1/5。

第三节　生物转盘工艺

一、概述

生物转盘净水与生物滤池净水基本类似，生物转盘是用转动的盘片代替固定的滤料。通过转盘交替地与废水和空气接触，氧化槽内废水中的有机物逐渐减少，废水得到净化。转盘上的生物膜也同样经历挂膜、生长、增厚和老化脱落的过程，脱落的生物膜可在二次沉淀池中去除。生物转盘系统除有效地去除有机污染物外，还具有一定的硝化、脱氮与除磷的功能。

当转盘转出反应槽时，与空气接触，空气不断地溶解到水膜中去，增加其溶解氧浓度。在转盘上附着的生物膜与废水以及空气之间，除进行有机物（BOD_5、COD）与 O_2 的传递外，还有其他物质如 CO_2、NH_3 等的传递，形成一个连续的吸附、氧化分解、吸氧的过程。随着生物转盘技术的发展，好氧生物转盘出现了多种形式，如电力机械驱动生物转盘、空气驱动生物转盘、曝气池组合式生物转盘、藻类生物转盘和水动生物转盘等。

1. 空气驱动生物转盘

空气驱动生物转盘是利用空气作为动力来驱动转盘转动的。在转盘的外周设有空气罩，在转盘下侧设有曝气管，在管上均等地安装扩散器，空气从扩散器均匀地吹向空气罩，均生浮力使转盘转动。这种转盘的主要特点是氧化槽内废水溶解氧浓度高，在相同的负荷条件下，BOD_5 的去除率较高。而生物膜较薄，有较强的生化活性。驱动装置简单，可通过调节阀改变空气流量，从而改变转盘的转速，操作维护和管理也比较方便。

2. 曝气池组合式生物转盘

曝气池组合式生物转盘是在曝气池上侧设置生物转盘，转盘利用空气驱动，盘片的40%浸没于水中，可提高原有设备处理能力和处理效率，减少占地面积，生物量高，活性强。污泥量少，易于沉淀，动力消耗少。曝气池组合式生物转盘是一种处理效率高、比较经济的曝气转盘处理技术。

3. 水动生物转盘

水动生物转盘通过水流动力（如废水落差或射流冲击）驱动转盘旋转，可减少电能消耗，在合理的设计条件下实现低能耗运行，同时通过优化生物膜接触效率提升净化效果，降低运行成本。

二、生物转盘原理

生物转盘的基本原理：转盘在旋转过程中，将浸入或部分浸入充满废水的接触反应槽内，在驱动装置的驱动下，转轴带动转盘一起，以一定的线速度不停地转动。当盘面某部分浸没在废水中时，盘上的生物膜便对废水中的有机物进行吸附；当盘片离开液面暴露在空气中时，盘上的生物膜从空气中吸收氧气对有机物进行氧化。转盘交替地与废水和空气接触，经过一段时间的转动后，盘片上将附着一层生物膜。在转入废水的过程中，生物膜吸附废水中的有机污染物，同时吸收生物膜外水膜中的溶解氧，对有机物进行分解，微生物自身在这一过程中得以繁殖。

生物转盘借助于旋转浸入废水中的多组盘片供微生物附着生长，形成生物相丰富的生物膜。生物膜主要依靠附着在固体介质表面生长繁殖的微生物群落发挥作用，附着于固体介质表面上的微生物对水质、水量的变化有较强的适应性，同时有利于微生物形成稳定的生态系统，栖息微生物的种类较多，将废水中有机物降解，处理效率高，降解产物污泥量少。

当生物转盘运行时，废水流过水槽，电动机转动转盘，生物膜与大气和废水交替接触，浸没时吸附废水中的有机物，敞露时吸收大气中的氧气。转盘的转动，带进空气，并引起水槽内废水紊动，使槽内废水的溶解氧均匀分布。生物膜的厚度为0.5～2.0nm，随着膜的增厚，内层的微生物呈厌氧状态，当其失去活性时则使生物膜自盘面脱落，并随同出水流至二次沉淀池。

生物转盘的原理归纳起来为以下四个过程：

① 当转盘浸没于水中时，有机物会被生物膜吸附；

② 当转盘离开水面时，固着水层从空气中吸收氧，固着水层氧过饱和，转移到生物膜和废水中；

③ 圆盘搅动使空气中的 O_2 进入水中；

④ 盘上的生物膜与废水及空气交替接触，进而去除 BOD_5、COD 等。

三、生物转盘构造

生物转盘是由水槽和部分浸没于废水中的旋转盘体组成的生物处理构筑物，主要包括：转动轴、旋转圆盘（盘体）、接触氧化槽和驱动装置。生物转盘的主体是垂直固定在水平轴上的一组圆形盘片和一个同它配合的半圆形水槽。微生物生长并形成一层生物膜附着在盘片表面，40%～45%的盘面（转轴以下的部分）浸没在废水中，上半部敞露在大气中。

1. 转盘盘体

转盘可以是平板或由平板与波纹板等交替组成。盘片的形状一般为圆形，为提高表面积也有正多角形、同心圆、放射形等。盘体由装在水平轴上的一系列间距很近的圆盘所组成。其中一部分浸没在氧化槽的废水中，另一部分暴露在空气中。作为生物附着的载体，转盘除平板、波纹板外，还有凹凸板、蜂窝板、网状板或组合板等，组成的转盘外缘形状有网形、多角形和圆筒形。

盘片串联成组，固定在转轴上并随转轴旋转。盘片直径一般为2～5m，盘片厚度为1～15mm，轴长小于7.6m。

盘片间必须有一定的间距，以保证转盘中心部位的通气效果。标准盘间距为30mm，若为多级转盘，则进水端盘片间距为25～35mm，出水端一般为10～20mm，具体根据工艺需要进行调节。

当要求盘片总面积较大时，可分组安装，一组称一级，串联运行。转盘分级布置使其运行较灵活，可以提高处理效率。

盘片材料要求质轻、耐腐蚀、强度高且不易变形。常用的转盘材质包括聚丙烯（PP）、聚乙烯（PE）、聚氯乙烯（PVC）、不饱和树脂玻璃钢等。其中，聚丙烯和聚乙烯耐化学腐蚀性能优异且质轻；聚氯乙烯耐酸碱性强但韧性需根据工艺要求优化；不饱和树脂玻璃钢兼具高强度与耐腐蚀性，适用于负荷较高的场景。此外，聚苯乙烯（PS）因脆性较大，通常需与其他材料复合使用。实际选材需结合废水水质、运行条件及成本综合考量。

2. 转盘接触氧化槽

氧化槽一般做成与盘体外形基本吻合的半圆形，槽底设有排泥和放空管与闸门，槽的两侧设有进出水设备。常用进出水设备为三角堰。对于多级转盘，氧化槽分为若干格，格与格之间设有导流槽。大型氧化槽一般采用钢筋混凝土浇筑，中小型氧化槽可用钢板焊制。氧化槽断面直径需比转盘略大（一般为20～40mm），确保转盘自由转动，且脱落的残膜不滞留。驱动装置通常采用附有减速装置的电动机（转速控制在1～3r/min），适用于常规市政废水处理；在水电资源丰富或需同步曝气的场景，也可采用水轮驱动（利用水流落差）或空气驱动（通过曝气反作用力旋转），以降低电能消耗。中小型氧化槽多用钢板焊制。盘片边缘与槽内面间距>100mm，槽的两侧进出水，锯齿形堰，槽地放空管，多极槽，格与格之间设导流槽。

3. 转盘转动轴

转动轴是支撑盘体并带动其旋转的重要部件，转动轴两端固定安装在氧化槽两端的支座上。一般采用实心钢轴或无缝钢管，其长度应控制在0.5～7.0m之间，直径50～80mm。转动轴不能太长，否则往往由于同心度加工不良，容易扭曲变形，发生磨断或扭断情况。

轴中心高于槽液面150mm，$b/D=0.06\sim0.1$，b为轴心与液面的距离，D为转盘直径。转盘面积的20%～40%浸没在槽内的废水中。在电动机驱动下，经减速传动装置带动转轴进行缓慢的旋转，转速一般为0.8～3.0r/min。

4. 转盘驱动装置

驱动装置包括动力设备和减速装置两部分。动力设备分为电力机械传动、空气传动和水力传动等，国内多采用电力机械传动或空气传动。电力机械传动以电动机为动力，用链条传动或直接传动，转速为0.8～3.0r/min，外缘线速度为15～18m/min。对于大型转盘，一般一台转盘设一套驱动装置；对于中、小型转盘，可由一套驱动装置带动一组（3～4级）转盘工作。

四、生物转盘特征

生物转盘作为废水处理反应器，总体具有结构简单、运转安全、处理效果较好、维护管理方便、运行费用低等特点。

1. 生物转盘的主要优点

① 由于转盘上的生物膜从水中进入空气中时充分吸收了有机污染物，生物膜外侧的附着水层可以从空气中吸氧，接触反应槽不需要曝气，因此，生物转盘运转时较节能。

② 接触反应时间短。对于处理生活废水的生物转盘，第一段生物膜的生物量可达194g/m^2。如果以氧化槽容积折算此值，相当于40000～60000mg/L的MLVSS。F/M值为0.05～0.1。故生物转盘能在较短的接触时间内取得较高的净化率。

③ 产生污泥量少。在生物膜上存在较长的食物链，微生物逐级捕食，污泥产量少，约是活性污泥的1/2。产生的污泥量与原水的SS浓度、水温、转盘转数以及BOD_5去除率有关。在水温为5～20℃，转速为2～5r/min的条件下，BOD_5去除率达90%，去除1kg BOD_5的污泥产量约为0.25kg。

④ 生物相分级。在每段转盘上生长着适应于流入该级废水性质的生物相，在后段可以出现原生动物、藻类和后生动物。同时在转盘上可以生长污泥龄长、增殖世代时间长的微生物，硝化菌即属此类微生物。具有硝化和反硝化的功能。

⑤ 能够处理高浓度及低浓度的废水。能够处理10～40000mg/L的废水，并能取得较好的处理效果。多段生物转盘最适合处理高浓度废水。当BOD_5浓度低于30mg/L时，就能产

生硝化反应。

⑥ 具有除磷功能。生物转盘无需回流污泥，可直接向二沉池投加混凝剂去除磷（能去除80%以上的磷）和胶体性污染物质。

2. 气动转盘微生物特征

① 参与净化反应的微生物多样化。气动生物转盘通过空气驱动转盘旋转，在氧化槽内形成气、液、固三相混合环境，适合兼性菌和专性好氧菌的生长繁殖。

② 生物膜固定在填料上，其污泥龄较长。由于生物转盘的生物膜附着生长特性，硝化菌等世代时间较长的微生物能在载体表面富集并稳定代谢，生物转盘上有时还会出现丝状菌，且不会发生污泥膨胀。当气动生物转盘分级处理时，每级都生长繁育与进入本级废水水质相适应的微生物，并自然地成为优势种属。这种现象对有机污染物的降解十分有利。

③ 微生物浓度高。特别是最初几级的生物转盘上的生物膜如折算成曝气池的MLVSS，可达40000～60000mg/L，F/M值为0.05～0.1。而活性污泥法的MLVSS一般为1500～3000mg/L，F/M值为0.2～0.4。这是气动生物转盘效率较高的一个主要原因。

3. 转盘工艺特征

① 微生物浓度高。折成MLVSS可达40000～60000mg/L，F/M为0.05～0.1，这是其生化效率高的一个因素。

② 耐冲击负荷。BOD_5值10～10000mg/L，可适应负荷变化。

③ 无须曝气、污泥回流以及调节污泥量，不会发生污泥膨胀。

④ 生物有分级，污泥龄长，食物链长，流态为完全混合式或推流式。

4. 转盘系统特征

① 转盘中生物膜生长表面积大。一般不会发生滤料堵塞的现象，即使堵塞也易清洗。生物转盘不会发生污泥膨胀的现象，允许进水中的有机物浓度较高，适宜于处理浓度较高的有机废水。

② 废水在生物转盘中的停留时间比活性污泥法及生物滤池法要长，生物转盘承受冲击负荷的能力比活性污泥法和生物滤池要高。当长时间超负荷运行引起工作效率降低后，恢复转盘正常运行的速度很快。

③ 污泥龄长。在转盘上能够增殖世代期很长的微生物，如硝化菌、反硝化菌等。生物转盘也具有一定的硝化、反硝化功能。

④ 生物转盘的流态，一个生物转盘单元属于完全混合式，在转盘不断转动的条件下，接触氧化槽内的废水能够得到良好的混合；多级生物转盘属于推流式。

5. 生物转盘进水方式

进水方式取决于进水水质。

① 当进水方向与转盘旋转方向一致时，废水在槽中混合均匀，水头损失小，但剥落的膜不易随水流出。

② 当进水方向与转盘旋转方向相反时，混合较差，水头损失大，但剥落膜易流出。

③ 当进水方向与盘片垂直且平行于转轴时，可通过多段式布置实现“一轴多极”的工艺效果，但前端（进水端）因有机物浓度高，生物膜生长得更为厚实，易导致转动轴受力不均。

6. 转盘负荷与供氧量

① 当水力负荷低时，BOD_5去除速度与BOD_5浓度之间成直线关系；当水力负荷高时，

BOD_5 去除速度与 BOD_5 浓度之间不成直线关系。

② DO 供给。当转速上升时，DO 上升，去除率上升，但动力上升，应力上升。不宜采用增加转速的方式来提高 DO。

③ 转盘分级，改进停留时间，防止短路，从而提高处理效果。但对毒性强的工业废水分级过多，效果增加不明显。一般每池不少于 2 级，但不多于 4 级。

7. 生物转盘的缺点

① 盘片材料价格较高，增加生物转盘盘片的建造费用高。

② 受盘片材料限制，转盘直径不宜做得太大。当水量较大时，将需要很多盘片，且转盘水深较浅，占地面积相对较大。故生物转盘适宜处理水量较小的有机废水。

五、生物转盘工艺流程

生物转盘工艺是使细菌等微生物、原生动物一类的微型动物在生物转盘填料载体上生长繁育，形成附着于载体表面的生物膜。废水经沉淀池初级处理后与生物膜接触，生物膜上的微生物摄取废水中的有机污染物作为营养物质，从而使废水得到净化。生物转盘工艺流程见图 8-11。

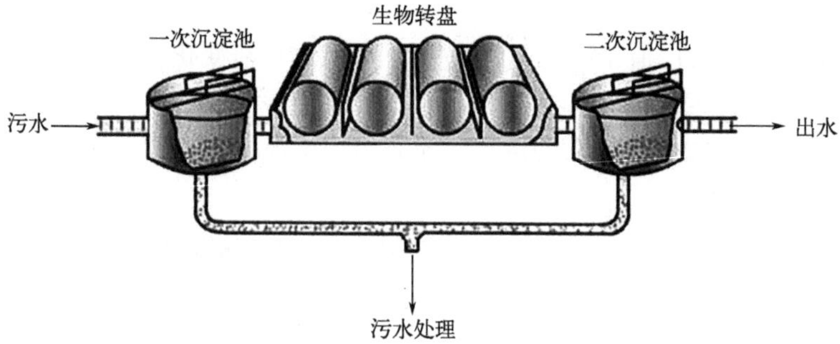

图 8-11 生物转盘工艺流程示意图

在气动生物转盘中，微生物代谢所需的溶解氧通过设在生物转盘下侧的曝气管供给。转盘表面覆有空气罩，从曝气管中释放出的压缩空气驱动空气罩使转盘转动，当转盘离开废水时，转盘表面上形成一层薄薄的水层，水层也从空气中吸收溶解氧。气动生物转盘由接触反应槽、填料、转轴、空气罩等组成。一般填料为蜂窝状塑料，由钢结构支撑，中心贯以转轴。填料四周的空气罩由环氧玻璃钢构成。转轴两端安放在半圆形接触反应槽（即氧化槽）的支座上。转盘的 40%～50%浸渍在槽内废水中，转轴高出水面 10～25cm。一般情况下，3～4 个转盘串联成一个系列，多个系列转盘之间并联。

六、生物转盘运行

生物转盘运行过程中要通过日常监测严格控制废水的 pH 值、温度、营养成分等指标，尽量不要发生剧烈变化。

① 反应槽内 pH 值必须保持在 6.5～8.5 范围内；进水 pH 值一般要求调整在 6～9 范围内，经长期驯化后范围可略扩大，超过这一范围处理效率将明显下降。硝化转盘对 pH 值和碱度的要求比较严格，硝化时 pH 值应尽可能控制在 8.4 左右，进水碱度至少应为进水 NH_3-N 浓度的 7.1 倍，以使反应完全进行而不影响微生物的活性。

② 反应槽中混合液的溶解氧值，在不同级上有所变化。用以去除 BOD_5 的转盘，第一级 D0 为 0.5～1.0mg/L，后几级可增高至 1.0～3.0mg/L，通常为 2.0～3.0mg/L，最后一级达 4.0～8.0mg/L。此外，混合液 DO 值随水质和水力负荷的变化而发生相应变化。

③ 沉砂池或初沉池中固体物质去除不佳，会使悬浮固体在反应槽内积累并堵塞进水通道，产生腐败，逸出臭气，影响系统的运行。应采用泵将它们抽出，并检验固体物的类型，针对产生的原因加以解决。

④ 二沉池中污泥不回流，应定期排除二沉池中的污泥，通常每隔 4h 排一次，使之不腐化。

⑤ 为了保证生物转盘正常运行，应定期对所有设备进行检查维修。

第四节　生物接触氧化法工艺

一、概况

生物接触氧化法是废水与生物膜相接触，以附着在载体（俗称填料）上的生物膜为主，在生物膜上微生物的作用下，净化有机废水的一种高效水处理工艺。该法又称“淹没式生物滤池”。该工艺采用与曝气池相同的曝气方法提供微生物所需要的氧量，并起搅拌与混合的作用，同时在曝气池内投加填料，以供微生物附着生长，故称为接触曝气法。该工艺介于活性污泥法与生物膜法之间，兼具活性污泥法和生物膜法的特点和优点。

该工艺因具有高效节能、占地面积小、耐冲击负荷、运行管理方便等特点而被广泛应用于各行各业的废水处理中。

在经过物化处理后，生物接触氧化过程是整个废水处理循环流程中的一个关键环节，在这个过程中各种氨氮、亚硝酸盐、硝酸盐等有害物质将得到去除，对以后流程中水质的进一步处理将发挥重要作用。

二、工作原理

生物接触氧化法是在池内设置填料，池底曝气对废水进行充氧，并使池体内废水处于流动状态，以保证废水与废水中的填料充分接触，避免生物接触氧化池中存在废水与填料接触不均的缺陷。其净化废水的基本原理与一般生物膜法类似。以生物膜吸附废水中的有机物，在有氧的条件下，由微生物将有机物氧化分解，废水得到净化。

生物接触氧化法中微生物所需氧由鼓风曝气设备供给，生物膜生长至一定厚度后，填料壁上的微生物会因缺氧而进行厌氧代谢，产生的气体及曝气形成的冲刷作用将会造成生物膜的脱落，并促进新生物膜的生长，此时，脱落的生物膜将随出水流出池外。

生物接触氧化池内的生物膜由菌胶团、丝状菌、真菌、原生动物和后生动物组成。在活性污泥法中，丝状菌是影响正常生物净化作用的因素；而在生物接触氧化池中，丝状菌在填料空隙间呈立体结构，增加了生物相与废水的接触面积，同时因为丝状菌对多数有机物具有较强的氧化能力，对水质负荷变化有较大的适应性，是提高生物接触氧化池净化能力的有利因素。

三、主要工艺特点

生物接触氧化法相比于传统活性污泥法及生物滤池法，具有比表面积大、污泥浓度高、污泥龄长、氧利用率高、节省动力消耗、污泥产量少、运行费用低、设备易操作和易维修等优点。同时，处理废水所需时间短，对进水有机负荷的变动适应性较强，不必进行污泥回流，且没有污泥膨胀问题，运行管理方便。

存在的问题主要是池内填料间的生物膜有时会出现堵塞现象，因此首先要针对不同的进水负荷控制曝气强度，以消除堵塞；其次是选择适合的氧化池池型、形状、尺寸和材质，以及合适的填料。

① 采用分段法将生化过程划分为两个阶段，以提高净化能力。第一阶段是有机物被吸附在污泥上或微生物细胞内进行生物合成，这个吸附合成的速度很快；第二阶段的生化过程以氧化为主，速度较慢。

② 接触氧化工艺仅需要 0.5～1.0h 就可以达到活性污泥工艺 8h 的效果。主要依靠生物膜，把氧化池分为两段，即沉淀池和接触层。接触氧化池分离下来的污泥含有大量气泡，宜采用气浮法进行分离。

③ 用加接触层的办法来提高沉淀池效率。对沉淀池的生物膜采取沉淀的办法，而对细小的悬浮物采取滤层截留的办法，沉淀池取上升流速 6.5～7.5m/h；澄清区停留 15min。

四、主要影响因素

1. 填料

填料是微生物的载体，填料的选择决定了反应器内可供生物膜生长的比表面积的大小和生物膜量的大小。在一定的水力负荷和曝气强度下，填料又决定了反应器内传质条件和氧的利用率，从而对工艺运行效果影响很大。

选用适当的填料以增加生物膜与废水的接触表面积是提高生物膜净化废水能力的重要手段。一般采用蜂窝状填料。蜂窝状填料的孔径须根据废水水质（BOD_5、悬浮物等浓度）、BOD_5 负荷、充氧条件等因素进行选择。在一般情况下，BOD_5 在 100～300mg/L，孔径可选用 32mm；BOD_5 在 50～100mg/L，孔径可选用 15～20mm；BOD_5 在 50mg/L 以下，孔径可选用 10～15mm。填料要质量轻，强度好，抗氧化腐蚀性强，不带来新的毒害。采用较多的有玻璃布、塑料等蜂窝状填料，此外，也可采用绳索、合成纤维、焦炭等作填料。填料类型有蜂窝状、网状、斜波纹板等。

性能良好的填料应具有以下特点：填料上生物膜分布均匀，不产生明显积泥、凝团现象；孔隙率较大，不会被生物膜堵塞，不易被水中油污黏住而影响处理效果；抗压强度高，有较高的耐盐、耐腐蚀性；有高的比表面积和良好的亲水性能，使尽可能多的生物膜附着在填料上；充氧动力效果好，可降低运行费用，节省能源；水流阻力小，对化学和生物稳定性强，不溶出有害物质产生二次污染，在填料间能形成均一的流速，且便于运输和安装。

2. 水温

水温在生物接触氧化中影响生物酶的催化反应速率和污染物质向微生物细胞扩散的速率。水温的适宜范围在 10～35℃。水温过低，生物膜的活性受到抑制，导致反应物质扩散速率下降；水温过高，导致出水 SS 和 BOD_5 增加，还会使溶解氧降低，氧的传质速率下降，导致溶解氧不足，以及污泥缺氧腐化从而影响处理效果。

3. pH 值

pH 值对大多数微生物来说是一个重要的环境因素，最适宜的 pH 值在 7 左右。当 pH 值过高或过低时，都应调整 pH 预处理，控制生物接触氧化池进水的 pH 值在 6.5～9.5。有关研究表明，在 pH 值为 5.0～9.0 范围内，pH 值每增加一个单位，消化效率将增加 13%，硝化生物膜量在 pH 值为 8.2 时获得最大值。

4. 溶解氧

生物接触氧化池中曝气的目的是供给生物氧化所需的氧和提供反应器内良好的水流紊动程度，有利于污染物、微生物和氧的充分接触，保证传质效果。通过曝气对水体的扰动强制脱膜，防止填料积泥，保持生物活性。溶解氧浓度一般应维持在 2.5～3.5mg/L 之间，气水比为（15～20）∶1。

当溶解氧不足时，会使生物膜附着力下降及脱落，导致水黏度增加，氧转移效率下降，进而造成缺氧，形成恶性循环，使处理效果恶化；当溶解氧过高时，气水比高，也会对生物膜造成强烈冲刷，导致生物膜大量脱落，从而影响处理效果。

5. 水质条件

废水在进入接触氧化池之前，应对废水中的无机悬浮物和泥砂进行预处理。若无机悬浮物和泥砂得不到有效的截留和沉淀，会直接影响充氧和微生物生长。若悬浮物沉降或黏附于填料生物膜上，就会影响微生物与水中污染物、溶解氧的传质过程，降低生物膜的活性。当悬浮物在填料上积累到一定程度后，会使填料的比表面积减少，导致生物处理效果下降。

6. 水力停留时间（HRT）

选择适宜的水力停留时间，不仅可以达到理想的处理效果，而且可以节省基建投资。一般停留时间选择在 0.8～1.2h；但对含酚废水，若 COD 在 500mg/L 左右时，停留时间应控制在 3.0～4.0h；对微污染水源，停留时间以 1.2～2.0h 为宜。

7. 曝气装置

分流式的曝气装置在池的一侧，填料装在另一侧，依靠泵或空气的提升作用，使水流在填料层内循环，给填料上的生物膜供氧。此法的优点是废水在隔间充氧，氧的供应充分，对生物膜生长有利。缺点是氧的利用率较低，动力消耗较大；因为水力冲刷作用较小，老化的生物膜不易脱落，新陈代谢周期较长，生物膜活性较小；同时生物膜不易脱落会引起填料堵塞。

直接式的曝气装置是在氧化池填料底部直接进行鼓风曝气。生物膜直接受到上升气流的强烈扰动，更新较快，保持较高的活性；同时在进水负荷稳定的情况下，生物膜能维持一定的厚度，不易发生堵塞现象。一般生物膜厚度以 1mm 左右为宜。

生物接触氧化法的 BOD_5 负荷与废水的基质浓度有关。BOD_5 浓度在 50～300mg/L 时，废水每日每立方米的填料采用 2～5kg BOD_5 负荷，废水停留时间为 0.5～1.5h，氧化池内耗氧量为 1～3mg/L。由于氧化池内生物量较大，处理负荷高，可控制较高溶解氧量，一般要求氧化池出水中剩余溶解氧为 2～3mg/L。

第五节 生物滤池工艺计算

一、生物滤池计算

曝气生物滤池主要由生物反应过滤区、曝气装置、反冲洗装置三部分组成。其工作原理、计算方法、设计参数（有机负荷、过滤滤速、水力停留时间、滤料性能、生物氧化需氧量、气水反冲洗强度等)、池容大小等因素的确定，是工艺设计计算中要解决的主要问题。

1. 已知某废水处理设计参数

废水流量：$Q=20000m^3/d$。

废水原水水质：COD＝400mg/L，$BOD_{5进口}=200mg/L$，SS＝200mg/L，TKN＝30mg/L，pH值为7～9。

要求出水水质：COD≤60mg/L，$BOD_{5出口}\leqslant 20mg/L$，SS≤20mg/L，$NH_3$-N≤15mg/L。

该废水经预处理后，其水质为：$BOD_5=150mg/L$（$S_{BOD_5}=101mg/L$，$P_{BOD_5}=49mg/L$），SS＝100mg/L，TKN＝28mg/L。

2. 生物反应过滤区

生物反应过滤区由两部分组成，即生物过滤层和承托层。生物过滤层由颗粒状滤料组成。轻质陶粒与其他滤料相比，由于其表面粗糙，微孔发达，比表面积大（100～400m^2/m^3），吸附能力强，适用于废水处理中。因此，曝气生物滤池多选用轻质陶粒作为滤料。

滤料粒径宜采用3～5mm，滤层高度一般为115～215mm，滤速1.8～3.0m/h。

在生物过滤层底部铺有卵石承托层，其作用是防止过滤层的滤料进入底部配水系统从而流失，并保证反冲洗配水均匀。卵石的粒径自上而下逐渐增大。气水反冲洗系统都设在承托层中，其厚度大小由气水反冲洗所需干管管径和布水布气支管的设置情况计算确定。

二、设计参数控制

1. 碳氧化滤池控制

当用于碳氧化时，推荐BOD_5容积负荷为2～4kg $BOD_5/(m^3\cdot d)$；当要求出水的BOD_5在10～20mg/L时，容积负荷推荐采用3.5～5.0kg $BOD_5/(m^3\cdot d)$，当要求出水的BOD_5在5～10mg/L时，容积负荷推荐采用2.5～3.2kg $BOD_5/(m^3\cdot d)$。碳氧化滤池与硝化滤池的出水中的溶解氧宜控制在3.0～4.0mg/L。

2. 硝化滤池控制

当用于硝化时，进水BOD_5浓度不宜大于30mg/L，设定硝化容积负荷（以NH_3-N计）为0.3～0.8kg $NH_3\text{-}N/(m^3\cdot d)$。

3. 反硝化滤池控制

设定反硝化容积负荷（以NO_3^--N计）为0.8～4.0kg $NO_3^-\text{-}N/(m^3\cdot d)$；当推荐反硝化负荷为0.4～0.5kg $NO_3^-\text{-}N/(m^3\cdot d)$时，滤速≥10m/h，进水$BOD_5/NO_3^-\text{-}N\geqslant 6$，通常DN池对$BOD_5$的去除率≤60%，对COD的去除率≤70%，剩余的COD会进入硝化反应器，为确保N池的硝化能力［大于0.5kg $NO_3^-\text{-}N/(m^3\cdot d)$］，COD的负荷≤2.0kg $COD/(m^3\cdot d)$。

4. 前置反硝化控制

当以脱氮为主，且碳源不足时，可将反硝化池置于硝化池之前，将硝化池部分出水回流到反硝化池，做成前置反硝化。可以充分利用废水中的有机物作为碳源，减少外加碳源。有机质在反硝化池中被去除，确保了碳氧化/硝化池中的硝化能力。此外，系统的曝气量相对较少，污泥量较少，对于BOD_5充足且需脱氮的废水具有明显的优势。

5. 后置反硝化控制

对于 BOD_5 含量明显偏低的废水，以及废水处理之前未考虑硝化指标和出水 BOD_5 偏低，但在氨氮含量较高的工况时，宜采用后置反硝化。为避免除碳对硝化的影响，后置反硝化应在预处理时去除一部分 BOD_5，C/N 池设计滤速以 6～10m/h 为宜，硝化负荷应满足：进水 BOD_5≥60mg/L，约为 0.3kg NO_3^--N/(m^3 · d)；BOD_5 在 20～50mg/L，约为 0.6kg NO_3^--N/(m^3 · d)；BOD_5≤20mg/L，约为 1.0kg NO_3^- N/(m^3 · d)。若以甲醇为外加碳源，则投加量为 3.3kg CH_4O/kg NO_3^--N。

6. 硝化和反硝化控制

当滤池有硝化、反硝化脱氮要求时，应核算硝化和反硝化的容积负荷。当容积负荷分别小于 2.0kg NO_3^--N/(m^3 · d) 和 5.0kg NO_3^--N/(m^3 · d) 时，推荐采用 0.3～0.8kg NO_3^--N/(m^3 · d) 和 0.8～4.0kg NO_3^--N/(m^3 · d)。

7. 滤速控制

滤速增加对碳氧化不利，推荐滤速为 6m/h。但在一定的容积负荷范围内，滤速增加不仅不会降低曝气生物滤池的去除率，还会增大硝化、反硝化效率。由于高滤速增强了滤池内部的传质效率，使得空气、废水、生物之间接触更多，使得生物膜更新加快，故增强了生物的活性。而在低滤速下，滤料容易堵塞，使得反冲洗的周期缩短，而频繁地反冲洗对繁殖速度较慢的硝化细菌极为不利。

8. 滤池及滤料控制

池体高度宜为 5～7m，滤料层高度宜为 2.5～4.5m；滤池应采用均匀的布水、布气系统。曝气生物滤池并联运行组数不宜少于 2 组，当一组反冲洗时，其他滤池的过流量应满足进水水量的要求。滤料应具有机械强度高、不易磨损、孔隙率高、比表面积大、化学稳定性好、生物附着性强、质轻和不易堵塞的性质，宜选用球形轻质多孔陶粒或塑料球形颗粒，滤料承托层宜选择机械强度高和化学稳定性好的材料。

9. 反冲洗供气和曝气控制

曝气生物滤池的反冲洗供气和曝气充氧系统宜分别设置。曝气装置可采用单孔膜空气扩散器或穿孔管曝气器。曝气器可设在承托层或滤料层中。曝气充氧系统的气水比不宜小于 2。曝气生物滤池的反冲洗宜采用气-水联合反冲洗。反冲洗空气强度宜为 10～15L/(m^2 · s)；反冲洗水强度宜为 5～8L/(m^2 · s)。冲洗时间宜为 8～12min。曝气生物滤池反冲洗排水不宜直接排放。

曝气生物滤池主要设计参数见表 8-3。

表 8-3　曝气生物滤池主要设计参数

种类	容积负荷	水力负荷(滤速)	空床水力停留时间
碳氧化滤池	3.0～6.0kg BOD_5/(m^3 · d)	2.0～10.0m/h	40～60min
硝化滤池	3.0～6.0kg NH_3-N/(m^3 · d)	3.0～12.0m/h	30～45min
反硝化生物滤池	3.0～6.0kg NH_3-N/(m^3 · d)	6.0～12.0m/h	20～30min
碳氧化/硝化滤池	1.0～3.0kg BOD_5/(m^3 · d) 0.4～0.6kg NH_3-N/(m^3 · d)	1.5～3.5m/h	80～100min

续表

种类	容积负荷	水力负荷(滤速)	空床水力停留时间
前置反硝化生物滤池	0.8～1.2kg NH_3-N/(m^3·d)	8.0～10.0m/h	20～30min
后置反硝化生物滤池	1.5～3.0kg NH_3-N/(m^3·d)	8.0～12.0m/h	20～30min

三、过滤面积及滤层厚度计算

1. 生物反应过滤区的过滤面积

过滤面积由下式计算：

$$S=Q/(vTn) \tag{8-1}$$

式中 S——滤池过滤面积，m^2；

Q——废水处理量，m^3/h，已知 $Q=20000m^3/d$；

v——过滤速度，m/h，取值 $v=1.5m/h$；

T——运行时间，一个运行周期为 24h，设置滤池反冲洗时间 10min，运行时间为 $T=24-10/60=23.8$ (h)；

n——滤池分格数，设置一座曝气生物滤池分为 4 格，取值 $n=4$。

过滤面积由上式计算得；

$$S=Q/(vTn)=20000/(1.5\times23.8\times4)=140(m^2)$$

2. 生物反应过滤区过滤厚度

过滤厚度 H_b 由下式计算：

$$H_b=H_1+H_2 \tag{8-2}$$

式中 H_b——过滤区过滤厚度，m；

H_1——过滤层运行周期结束时有机物穿透深度，m；

H_2——过滤层保护厚度，m，取值 $H_2=0.45m$。

过滤层有机物穿透深度 H_1 由下式计算：

$$H_1=V/(Sn) \tag{8-3}$$

式中 H_1——过滤层运行周期结束时有机物穿透深度，m；

V——每格滤池中过滤层的体积，m^3；

S——滤池过滤面积，m^2；

n——滤池分格数，设置一座曝气生物滤池分为 4 格，取值 $n=4$。

每格滤池中过滤层的体积由式 (8-4) 计算：

$$V=\Delta BOD_5/R_O \tag{8-4}$$

式中 ΔBOD_5——曝气生物滤池每天去除的有机物量，kg BOD_5/d；

R_O——BOD_5 容积负荷，kg BOD_5/(m^3·d)，取值 $R_O=3.0$kg BOD_5/(m^3·d)。

曝气生物滤池每天去除的 ΔBOD_5 由式 (8-5) 计算：

$$\Delta BOD_5=Q(BOD_{5进口}-BOD_{5出口})\times1/1000 \tag{8-5}$$

式中 Q——废水处理量，m^3/h，已知 $Q=20000m^3/d$；

$BOD_{5进口}$——进水 BOD_5 浓度，mg/L，已知 $BOD_{5进口}=200mg/L$；

$BOD_{5出口}$——出水 BOD_5 浓度，mg/L，已知 $BOD_{5出口}=20mg/L$。

由式（8-5）计算得：

$$\Delta BOD_5=20000\times(200-20)\times1/1000=3600(kg\ BOD_5/d)$$

因此过滤层体积 V 由式（8-4）计算得：

$$V=\Delta BOD_5/R_O=3600/3=1200(m^3)$$

过滤层有机物穿透深度 H_1 由式（8-3）计算得：

$$H_1=V/(Sn)=1200/(140\times4)=2.14(m)$$

过滤区的过滤厚度 H_b 由式（8-2）计算得：

$$H_b=H_1+H_2=2.14+0.45=2.59(m)$$

四、曝气空气量计算

为保证曝气生物滤池正常运行，需供给足够的空气量，以满足生化反应所需的氧量。废水中有机物、悬浮物的去除，氨氮的硝化都是在生物过滤层中进行的，所需要的氧量主要包括有机物降解所需氧量和氨氮硝化所需氧量。

生化反应需要的空气量由下式计算：

$$Q_{曝气}=A\times\Delta S_{BOD_5}+B\times\Delta P_{BOD_5}+4.57X_N/(0.3\times0.6E_A) \tag{8-6}$$

式中 $Q_{曝气}$——生化反应需要的空气量，m^3/h；

ΔS_{BOD_5}——溶解性 BOD_5 去除量，kg/h；

ΔP_{BOD_5}——颗粒性 BOD_5 去除量，kg/h；

A——去除每千克溶解性 BOD_5 需要的空气量，m^3/kg，由测定确定 $A=49m^3/kg$；

B——去除每千克颗粒性 BOD_5 需要的空气量，m^3/kg，由测定确定 $B=28m^3/kg$；

X_N——废水中氨氮去除量，kg/h；

E_A——氧利用率，%，一般取值 $E_A=20\%$；

0.3——空气中氧含量近似值；

0.6——空气转化系数。

（1）溶解性 BOD_5 去除量 ΔS_{BOD_5}

溶解性 BOD_5 去除量 ΔS_{BOD_5} 由下式计算：

$$\Delta S_{BOD_5}=QS_{BOD_5}\times0.87/(1000\times24) \tag{8-7}$$

式中 ΔS_{BOD_5}——溶解性 BOD_5 去除量，kg/h；

Q——废水处理量，m^3/h，已知 $Q=20000m^3/d$；

S_{BOD_5}——预处理后溶解性 BOD_5 含量，mg/L，已知 $S_{BOD_5}=101mg/L$；

0.87——溶解性 BOD_5 去除率。

溶解性 BOD_5 去除量由式（8-7）计算得：

$$\Delta S_{BOD_5}=QS_{BOD_5}\times0.87/(1000\times24)=20000\times101\times0.87/(1000\times24)=73(kg/h)$$

（2）颗粒性 BOD_5 去除量 ΔP_{BOD_5}

颗粒性 BOD_5 去除量 ΔP_{BOD_5} 由下式计算：

$$\Delta P_{BOD_5}=QP_{BOD_5}\times0.87/(1000\times24) \tag{8-8}$$

式中 ΔP_{BOD_5}——颗粒性 BOD_5 去除量，kg/h；

P_{BOD_5}——预处理后颗粒性 BOD_5 含量，mg/L，取值 $P_{BOD_5}=49mg/L$。

0.87——颗粒性 BOD_5 去除率。

颗粒性 BOD_5 去除量由式（8-8）计算得：

$$\Delta P_{BOD_5}=QP_{BOD_5}\times 0.87/(1000\times 24)=20000\times 49\times 0.87/(1000\times 24)=36(kg/h)$$

（3）废水中氨氮去除量 X_N

氨氮去除量 X_N 由下式计算：

$$X_N=Q(TKN-NH_3\text{-}N)/(1000\times 24) \tag{8-9}$$

式中 X_N——废水中氨氮去除量，kg/h；

TKN——预处理后总氮量，mg/L，取值 TKN=28mg/L；

NH_3-N——出水后氨氮控制量，mg/L，取值 NH_3-N≤15mg/L。

氨氮去除量 X_N 由式（8-9）计算得：

$$X_N=Q(TKN-NH_3\text{-}N)/(1000\times 24)=20000\times(28-15)/(1000\times 24)=10.83(kg/h)$$

因此，曝气空气量由式（8-6）计算得：

$$\begin{aligned}Q_{曝气}&=A\times\Delta S_{BOD_5}+B\times\Delta P_{BOD_5}+4.57X_N/(0.3\times 0.6E_A)\\&=49\times 73+28\times 36+4.57\times 10.83/(0.3\times 0.6\times 0.2)\\&=5960(m^3/h)\end{aligned}$$

每格滤池曝气量为 5960/4=1490（m^3/h）；每格滤池设置二根空气进气管，每根进气管空气量=1490/2=745（m^3/h）；管径为 150mm。

五、气水反冲洗计算

在运行周期内，随着时间的延续，滤层中的空隙逐渐被新生长的生物固体和悬浮固体堵塞，滤层水头损失增加，当达到一定程度（过滤水位升高 0.13～0.15m）时，需进行反冲洗。为保证有效冲洗，必须有合理的配水、配气系统，并保证其均匀性。因此，反冲洗装置采用大阻力配水系统和均匀的配气系统，在承托层中均匀地布置多排穿孔配水管和配气管。

1. 反冲洗空气量

反冲洗空气量由下式计算：

$$Q_{反冲气}=Sq_1 \tag{8-10}$$

式中 $Q_{反冲气}$——反冲洗空气量，m^3/h；

S——需要冲洗的滤池面积，m^2，由前计算得 $S=140m^2$；

q_1——反冲洗空气强度，L/(s·m^2)，范围 10～20L/(s·m^2)，取值 q_1=15L/(s·m^2)。

反冲洗空气量由式（8-10）计算得：

$$Q_{反冲气}=3600Sq_1/1000=3600\times 140\times 15/1000=7560(m^3/h)$$

单格滤池反充气量为 7560m^3/h，每格滤池设置二根空气进气管，每根进气管空气量=7560/2=3780（m^3/h），管径为 350mm。

2. 曝气滤池空气总需求量

生物曝气滤池空气总需求量=曝气量+反充气量，由下式计算得：

$$Q_{空气}=Q_{曝气}+Q_{反冲气}=5960+7560=13520(m^3/h)$$

故生物曝气滤池需要空气总量为 13520m^3/h，设置管径为 700mm。

3. 反冲洗水量

反冲洗水量由下式计算：

$$Q_{反冲水}=3600Sq_2/1000 \tag{8-11}$$

式中 $Q_{反冲水}$——反冲洗水量，m^3/h；

S——需要冲洗的滤池面积，m^2，由前计算得 $S=140m^2$；

q_2——反冲洗水强度，$L/(s\cdot m^2)$，范围 $5\sim10L/(s\cdot m^2)$，取值 $q_2=8L/(s\cdot m^2)$。

反冲洗水量由式（8-11）计算得：

$$Q_{反冲水}=3600Sq_2/1000=3600\times140\times8/1000=4032(m^3/h)$$

生物曝气滤池反冲洗水量为 $4032m^3/h$，设置管径为 900mm，每格滤池反冲洗水管管径 700mm。

4. 反冲洗水头

反冲洗设备正常工作时出水由水泵加压供给，反冲洗水头由下式计算：

$$H=h_0+h_1+h_2+h_3+h_4+h_5 \tag{8-12}$$

式中 H——反冲洗水头，m；

h_0——冲洗排水槽顶与反冲洗水池最低水位高程差，m；

h_1——反冲洗水池与滤池间冲洗管道的沿程和局部水头损失之和，m；

h_2——管式大阻力配水系统水头损失，m；

h_3——承托层水头损失，m；

h_4——过滤层在冲洗时的水头损失，m；

h_5——备用水头损失，m，范围 1.5～2m，取值 $h_5=2m$。

（1）h_0+h_1

确定 $h_0+h_1=6.7m$。

（2）管式大阻力配水系统水头损失

配水系统水头损失 h_2 由式（8-13）计算：

$$h_2=[q_2/(10\alpha\mu)]\times1/(2g) \tag{8-13}$$

式中 h_2——管式大阻力配水系统水头损失，m；

α——配水系统开孔比，%；取值 $\alpha=0.25\%$；

μ——孔口流量系数，取值 $\mu=0.68$；

q_2——反冲洗水强度，$L/(s\cdot m^2)$，范围 $5\sim10L/(s\cdot m^2)$，取值 $q_2=8L/(s\cdot m^2)$。

系统水头损失由式（8-13）计算得：

$$h_2=[q_2/(10\alpha\mu)]\times1/(2g)=[8/(10\times0.25\times0.68)]\times1/(2\times9.81)=0.271(m)$$

（3）承托层水头损失

承托层水头损失 h_3 由式（8-14）计算：

$$h_3=0.022h_aq_2 \tag{8-14}$$

式中 h_3——承托层水头损失，m；

h_a——承托层厚度，m，取值 $h_a=1.6m$；

q_2——反冲洗水强度，$L/(s\cdot m^2)$，范围 $5\sim10L/(s\cdot m^2)$，取值 $q_2=8L/(s\cdot m^2)$。

由上式计算得：

$$h_3=0.022h_aq_2=0.022\times1.6\times8=0.28(m)$$

（4）过滤层冲洗水头损失

过滤层冲洗水头损失 h_4 由下式计算：

$$h_4=[(\rho_1/\rho)-1](1-m_a)H_b \tag{8-15}$$

式中 h_4——过滤层在冲洗时的水头损失，m；

ρ_1——滤料密度，t/m^3，取值 $\rho_1=1.2\text{t/m}^3$；

ρ——水密度，t/m^3，取值 $\rho=1.0\text{t/m}^3$；

m_a——滤料（陶粒）膨胀前孔隙率，取值 $m_a=0.55$；

H_b——滤料层膨胀前厚度，m，取值 $H_b=2\text{m}$。

过滤层冲洗水头损失由式（8-15）计算得：

$$h_4=[(\rho_1/\rho)-1](1-m_a)H_b=[(1.2/1.0)-1](1-0.55)\times 2=0.18(\text{m})$$

因此，反冲洗水头 H 由式（8-12）计算得：

$$H=h_0+h_1+h_2+h_3+h_4+h_5=6.7+0.271+0.28+0.18+2=9.43(\text{m})$$

曝气生物滤池可分为若干个可以单独操作运行和轮流反冲洗的单元，分格的数量应不低于两格。处理的水量越大，分格的数量相应越多。当一格因反冲洗停止工作时，其他各格的负荷增加不多，仍能保持正常工作。反冲洗排水经收集后，进入冲洗排水池，由潜水泵均匀地输送到预处理构筑物中进行处理。

六、滤池高度计算

曝气生物滤池高度由下式计算：

$$H_1=H_a+H_b+H_c+H_d \tag{8-16}$$

式中 H_1——曝气生物滤池高度，m；

H_a——滤料上的水深，含过滤水头，m，取值 $H_a=1.6\text{m}$；

H_b——滤料高度，m，取值 $H_b=2.0\text{m}$；

H_c——反冲洗时滤料层膨胀高度，m，取值 $H_c=0.9\text{m}$；

H_d——滤池保护高度，m，取值 $H_d=0.3\text{m}$。

滤池高度由式（8-16）计算得：

$$H_1=H_a+H_b+H_c+H_d=1.6+2.0+0.9+0.3=4.8(\text{m})$$

设置一座滤池分 4 格，每格滤池尺寸为：10m×15.3m×4.8m。

第六节 生物膜法在煤化工废水处理中的应用

内蒙古某煤制 50 万 t 丙烯全厂水处理（包括取水、生产废水处理、生活废水处理、消防用水处理、循环水处理、除盐水处理、回用水处理、废水处理）零排放项目，其中的废水生化处理就采用生物膜法中的生物接触氧化池工艺。

一、概况

全厂新鲜水用量 2000m^3/h（其中生活用水 50m^3/h），全厂除盐水用量 1154m^3/h，全厂排水量正常 702.46m^3/h，处理后全部回用。其中将化工装置排放的生产废水和生活废水 265.46m^3/h 经处理后回用作化工循环水补充水；化工循环水装置排废水和冷凝液精制排水 337m^3/h 经脱盐后作化工区循环水补充水；动力车间化学水处理排水 60m^3/h 经处理后作煤水处理站干灰拌湿用水。循环水 84076m^3/h，分建两个循环水系统，化工循环水系统能力为 81520m^3/h，动力车间循环水能力为 2556m^3/h。全厂一次水水质分析见表 8-4。

表 8-4 全厂一次水水质分析

采样地点	西拉木伦河	龙口电站河水	响水电站库水
pH 值	8.34	8.35	7.74
全盐/(mg/L)	121.535	99.653	92.819
总硬度(德国度)	4.907	4.346	3.645
碳酸根/(mg/L)	1.501	1.501	0.000
重碳酸根/(mg/L)	106.051	88.478	76.274
氯离子/(mg/L)	8.864	7.978	7.978
硫酸根/(mg/L)	13.209	10.807	14.410
硝酸根/(mg/L)			
钙/(mg/L)	24.048	20.040	19.083
镁/(mg/L)	6.688	6.688	4.250
钾/(mg/L)	2.500	0.000	0.000
钠/(mg/L)	11.700	8.400	9.00
氟/(mg/L)			

全厂装置给排水水量见表 8-5。

表 8-5 全厂装置给排水水量一览表

序号	装置名称(或水类型)	一次水/(m^3/h)	循环水/(m^3/h)	除盐水/(m^3/h)	排水/(m^3/h)	备注
1	煤气化装置	50	3000		51	处理后回用
2	空分装置	40	12000			
3	冷冻装置		5000			
4	硫回收装置		100			
5	甲醇装置		32820		32	处理后回用
6	MTP 装置		19330		127	处理后回用
7	聚丙烯装置		9070		5.46	处理后回用
8	空压站		200			
9	循环水站	1071			327	处理后回用
10	冷凝液精制				10	处理后回用
11	回用水处理站				30	回用
12	动力车间锅炉汽机		2556	1148.5		
13	动力车间循环水	51			10	回用
14	化学水处理	289.9			60	处理后回用
15	动力车间脱硫	122				
16	杂用水	21				
17	未预见水量	127.1				
18	生活用水	50			50	处理后回用
19	输水管渗漏损失	178				
合计		2000	84076	1148.5	702.46	

二、全厂给水系统

全厂给水系统根据工艺及供水要求划分为：动力车间给水系统和化工装置区给水系统。

1. 动力车间给排水及废水处理系统

（1）动力车间辅机循环水系统

动力车间机组辅机冷却水采用单母管制串联逆流式机力通风冷却塔的循环供水系统。2台发电机组配一座逆流式机力通风冷却塔、3台循环水泵及相应的构筑物，2台机组的循环水泵共用1座循环水泵房。机力塔分2格，每格的处理水量约为1500m^3/h，单格外形尺寸为10.2m×10.2m，高10.52m。每格内的冷却风机叶片直径为7m，其电机功率N=75kW。根据总平面布置，泵房设于冷却塔附近，同时采取合理布置方式，避免循环水主干管交叉。2台机组配3台循环水泵，2用1备。循环水泵房平面尺寸约为15.5m×11m，地面以上部分高7.3m，地下部分深3m，安装1台电动单梁桥式起重机，起重量为5t，电机功率为10kW。每台循环水泵的设计参数：流量Q=1335.6m^3/h，扬程H=26.3m。配套电机：功率N=132kW，电压V=380V。机组辅机循环水干管管径为DN900，采用钢管。从冷却塔自流到循环水泵房的沟道采用钢筋混凝土结构单孔沟，沟道断面为1000mm×1000mm。

（2）动力车间生产给水系统

动力车间生产给水系统由综合给水部分内工业水泵提供，主要包括化学生水用水和空调用水。其中化学生水安装2台水泵，1用1备，每台泵的性能参数暂定为：Q=600m^3/h，H=40m，N=132kW。

（3）动力车间工业废水排水系统

动力车间区域构建完善的工业废水排水管网，实现废水分类收集与处理。机组产生的化学废水、含油废水等，通过专用管道输送至对应废水处理站。含煤废水则经管网汇入煤泥沉淀池，经沉淀预处理后，再输送至煤水处理站进行深度净化。煤水处理站占地尺寸为25m×15m，地上建筑高度6m、地下结构深度4m，配置2套处理能力达10m^3/h的专业设备，处理达标后的中水回用于煤场喷洒等环节，实现水资源循环利用。

2. 化工装置区给水系统

化工装置区给水系统包括：厂外补给水系统、全厂生产消防给水系统、全厂生活给水系统、高压消防水系统、循环冷却水系统、冷凝液精制水站系统、回用水处理系统、废水处理系统等。

（1）厂外补给水系统

厂外补给水系统包括：取水泵站、厂外补充水管线。全厂需水量约为2000m^3/h。泵站主要取水设施包括：取水泵房、取水头部和泵站管理区。自流引水管采用2根DN800钢管。取水泵房内安装5台立式多级取水泵，4台运行，1台备用。立式多级取水泵的性能参数为：Q=500m^3/h，H=220m，N=500kW。立式排泥砂泵5台，4台运行，1台备用。立式排泥砂泵的性能参数为：Q=100m^3/h，H=40m，N=75kW。取水泵房采用半地下式，平面尺寸为30m×18m，地上部分高12.5m，地下部分深10.0m。取水泵房外设置阀门间一座，其平面尺寸为18.5m×11.3m，地上部分高12.5m，地下部分深10.0m。从取水泵站至工程厂址的输水管道采用2根DN600钢管，长度约10km。

（2）全厂生产消防给水系统

全厂生产用水量为1772m^3/h，供水压力0.45MPa（表压），主要用作各生产装置工艺水、地坪冲洗水、循环水补充水等。生产用水由厂区生产供水管网送入装置区各用水点。全厂消防给水系统由低压消防水系统、高压消防水系统组成。低压消防水系统主要供给辅助生产装置消防用水。消防流量为60L/s，消防管网与生产用水管网合建，供水管网环状布置。室外消火栓布置间距不大于120m。高压消防水系统主要供给甲醇装置用水、煤气化装置用水、动力车间用水、罐区消防冷却用水和泡沫灭火用水，全厂按一处着火考虑，最大消防用水量为贮罐区消防，消防水量按1800m^3/h计，火灾持续时间按6h计。消防系统压力为1.2MPa。消防水池有效容积$V=11000m^3$。为避免消防水池的水成为“死水”，消防水池拟与综合给水泵房的清水池合建，合建后总有效容积$V=11500m^3$。高压消防给水系统设置2台稳压泵（1开1备），流量为50m^3/h，扬程1.2MPa。3台消防主泵（2开1备），单台流量900m^3/h，扬程1.2MPa，电机功率560kW。消防管网上设室外地上式消火栓及直流、喷雾两用水炮，室外地上式消火栓间距不大于60m。

（3）全厂生活给水系统

全厂生活用水量为50m^3/h，供水压力为0.4MPa（表压），水质要求符合饮用水国家标准。生活用水由一次水站综合给水泵房内的生活给水设施提供。

（4）循环冷却水系统

化工装置区循环水量在正常工况下为81520m^3/h，给水压力0.45MPa（表压），回水压力≥0.2MPa（表压），给水温度30℃，回水温度40℃，温差10℃。循环水冷却塔采用$\phi=10m$的风机钢筋混凝土逆流式冷却塔，20座，冷却塔设计进水温度40℃，设计出水温度30℃，设计浓缩倍数为4。单塔冷却水量4100m^3/h，风机为L9.14型轴流风机，直径10.0m，风量$373\times10^4m^3/h$。单塔平面尺寸18m×18m。循环水泵采用双吸离心水泵，12台，10开2备，单台流量8200m^3/h，扬程0.5MPa。水质稳定处理根据循环水水质采用磷系配方。杀菌灭藻采用二氧化氯发生器。冲击式加氯。为降低循环水中悬浮物的含量，设置旁滤，旁滤水量为循环水量的5%左右，循环水旁滤选用钢制重力式无阀过滤器，16座，单台处理能力250m^3/h。在循环水管的给水管道上接一根管道至过滤器进行旁滤，过滤后的旁滤水直接进入循环水水池，以此构成循环水系统的旁滤系统。循环水装置排废水和过滤器反洗水送回用水处理装置处理后回用。

（5）回用水处理系统

回用水处理设备主要处理全厂循环水站排废水、冷凝液精制水站酸碱废水，废水量为337m^3/h，设计能力为360m^3/h。处理后的水用作循环水站补充水。根据废水进水水质，回用水处理采用反渗透处理工艺脱除废水中的有机物和盐类。系统脱盐率为80%，废水回收利用率为90%。废水回用处理工艺流程说明如下：废水首先进入调节池，以调节水质和水量。废水在调节池中停留2h。为防止细小悬浮物在调节池内沉淀，池中安装高速潜水推流器。再用泵提升到预处理装置，去除水中悬浮物，再用泵送入超滤和一级反渗透系统去除废水中的盐类，经脱盐后的废水回用作循环水站补充水。一级反渗透浓水进入二级反渗透装置进一步脱盐，脱盐后淡水与一级反渗透淡水一起作为循环水补充水，浓水作为煤场冲洗水和灰场喷洒用水。回用水处理采用2套设备，一级反渗透单套处理能力180m^3/h，二级反渗透单套处理能力40m^3/h。

（6）冷凝液精制水站系统

冷凝液来自化工装置区透平蒸汽冷凝液和工艺冷凝液，水量为1767.6m^3/h，精制后返回装置使用。冷凝液精制装置设计能力为2000m^3/h。冷凝液处理系统流程如下：冷凝液→冷凝液水槽→换热器→精密过滤→混合离子交换→精制水箱→用户。本流程采用强酸强碱混合离子交换树脂，阳阴树脂比为 0.5∶1，再生剂为 HCl 和 NaOH。

再生系统：酸、碱槽车来的盐酸、烧碱由装置内卸酸、碱泵送入酸、碱贮槽贮存，酸、碱通过贮槽进入酸、碱计量箱，再生时，酸、碱经贮槽进入计量箱，然后通过酸、碱喷射器与除盐水混合后配制成再生液，送入混合离子交换器再生使用。阳离子交换剂采用盐酸（浓度 31%），阴离子交换剂采用烧碱（浓度 40%）。再生液浓度 1.5%～3.0%；酸、碱药剂贮槽有效容积不小于 20 天的药剂使用量；酸、碱计量箱容积为离子交换器再生一次用量的 1.5 倍。

离子交换器再生过程中排放的酸、碱废水通过明沟汇入酸、碱中和池，经压缩空气搅拌中和均匀达标后送回用水装置处理后回用。酸、碱中和池采用两格，1 用 1 备，容积能满足阴阳离子交换器同时再生一次排放废水量的需求。过滤器采用 $\phi=3000$mm 的精密过滤器，单台能力 170m^3/h，12 用 1 备；混床采用 $\phi=3000$mm 的混床，5 台，4 用 1 备，每台设备出力均为 500m^3/h。精制水泵采用 5 台，4 用 1 备，每台出力均为 500m^3/h，扬程 0.6MPa。精制水箱 1 座，单座容积 3000m^3。

三、全厂排水系统

1. 动力车间排水系统

动力车间排水系统包括生活废水排水系统、雨水排水系统和工业废水排水系统。

（1）动力车间生活废水排水系统

动力车间生活废水通过自流管网排到全厂废水系统，集中处理。

（2）动力车间雨水排水系统

动力车间雨水自流到全厂雨水系统，集中外排。

（3）动力车间工业废水排水系统

工业车间区域设有工业水排水管网。机组的化学废水、含油废水等送至相应废水处理站，关于电厂工业废水的处理见化学专业和环保专业说明书。含煤废水经煤泥沉淀池沉淀和煤水处理站处理。煤水处理站占地长 25m，宽 15m，地上部分高 6m，地下部分深 4m。选用 2 套处理水量为 10m^3/h 的煤水处理设施，处理后的水再重复使用。

2. 化工装置区排水系统

化工装置区排水系统包括生产和生活废水系统、洁净废水系统、雨水系统。

（1）生产和生活废水系统

生产和生活废水系统主要收集工艺装置生产废水、装置地面冲洗水、洗罐水、生活废水，废水量为 265.46m^3/h。生活废水先经化粪池处理后与其他废水经管道一起收集，送至废水处理装置处理后达到循环水补充水水质标准后回用。

（2）洁净废水系统

装置区内循环水站和冷凝液精制水站排放的洁净废水共 337m^3/h，经管道收集后送回用水处理装置处理达标后作为循环水补充水，以节约用水。

（3）雨水系统

厂区洁净雨水经管道收集后就近排入厂外沟渠。

四、废水处理系统

废水处理站主要处理化工装置区工艺装置排放的生产废水及全厂生活排水，设计能力为

$280m^3/h$。根据排水去向，处理后废水达到循环水补充水水质标准。根据废水进水水质，废水处理采用厌氧-好氧（AO法）工艺。先对废水进行厌氧处理，利用厌氧菌将大分子有机化合物酸性发酵，降解成小分子有机化合物，再通过后续的好氧处理，利用好氧菌将酸化产生的小分子有机化合物分解。出水经深度处理（采用生物接触氧化池工艺）后，作为循环水补充水回用。废水处理工艺流程说明如下：调节池→UASB→集水池→AO生化池→二沉池→生物接触氧化池→混凝反应沉淀池→过滤池→回用水箱→用户。

来自MTP装置的高浓度废水首先进入酸化调节池和UASB反应池进行预处理后，与其他废水在集水池中混合，废水在集水池中停留3h。为防止细小悬浮物在调节池内沉淀，池中安装高速潜水推流器。然后用泵提升到AO池，进行生化处理。为了提高废水脱氮率，好氧池按回流比150%～200%回流至厌氧段，以达到脱氮目的。在好氧段采用中孔曝气器进行曝气。AO池出水经二次沉淀池沉淀后进生物接触氧化池，进一步进行生化处理，经生化处理后的废水经混凝沉淀过滤后送回用水箱，加氯接触消毒后送循环水系统作补充水。二次沉淀池的污泥一部分回流到AO池，一部分与混凝沉淀池污泥一起到浓缩池，污泥在浓缩池中经浓缩后，用泵抽升至带式过滤机进一步脱水。泥饼用车外运。为防止pH值过低影响生化进程，备有碱液贮槽及投加设备。为满足生物氧化对养分的需要，在A池中补充必要的磷酸盐。为提高沉淀池沉淀效率，在废水进入沉淀池前投加混凝剂，以降低沉淀池出水悬浮物含量。

AO池总容积$8000m^3$，分两格。每格尺寸为40m×20m，有效水深4.5m。A池水力停留时间为9h。O池水力停留时间为18h。为防止A池中污泥沉淀，选4台水下搅拌机进行搅拌。鼓风机选用3台，2用1备，风量$90m^3/min$，风压5000mm H_2O（1mm H_2O=9.8Pa）。

沉淀池为辐流式沉淀池，水力负荷为$1.0m^3/(m^2 \cdot h)$。池直径19000mm，有效水深3m。配备刮泥机刮泥。反应沉淀池2座；过滤器4台，每台能力$70m^3/h$；浓缩池直径4.5m，浓缩后污泥含水率95%～97%；带式过滤机，选用带宽1m的带式过滤机1台。

五、新增废水处理站

项目废水处理“零排放”的关键在于气化工艺废水预处理、含盐废水生化处理及浓液蒸发结晶处理三个方面，主要从低盐废水分质处理、浓盐废水预处理及生化处理系统和浓盐废水处理系统来解决“零排放”的技术难点。新增废水处理站主要原料为低盐废水（总量$669m^3/h$）、浓盐废水（总量$200m^3/h$）。该项目从2011年7月开始动工建设，2013年6月成功结晶出盐，项目总投资3.23亿元。废水处理站接纳处理全厂甲醇、MTP、PP、气化、脱硫等生产装置及辅助设施的生产、生活废水。其水质成分复杂、有机物含量高（COD=1500～3000mg/L）、含油浓度高（石油类100～200mg/L）、含盐量高（TDS=10000～50000mg/L），并且出水全部回用，出水水质标准为COD≤20mg/L、BOD_5≤20mg/L、SS≤10mg/L。

废水处理站的工艺流程共包括三大系统，分别为：低盐废水处理系统，规模$700m^3/h$（日处理量$16800m^3$），采用“分质预处理+膜生物反应+深度处理”的工艺技术，主要处理甲醇、MTP等装置高浓度、高含油的低盐废水，出水回用至循环水装置作补充水；浓盐废水处理系统，规模$200m^3/h$（日处理量$4800m^3$），采用“二级破氰除氟+膜生物反应+反渗透+纳滤”的工艺技术，主要处理气化、脱硫等装置高含盐、高悬浮物的废水，处理后净水回用，浓水继续处理；蒸发结晶处理系统，规模$70m^3/h$（日处理量$1680m^3$），采用“机械压缩再循环蒸发＋机械压缩降膜结晶”的工艺技术，主要处理浓缩后的浓盐水，最终形成的结晶盐与脱水后的污泥一同外运堆埋。

1. 处理效果

该装置低盐系统2012年7月5日开始进水调试运行，目前已经稳定运行多年，在一段时间内进水水质超出设计水质2倍的情况下，能保证出水水质优于设计水质指标，出水COD平均在10～20mg/L，出水含油量在2.0mg/L以下。进水负荷达到100%。

浓盐系统于2012年12月2日开始逐个系列进水运行调试，2013年1月19日系统出水合格。在气化废水水质不稳定、水量过大的情况下，经过几个月的稳定运行，出水持续保持稳定，COD在5～10mg/L，出水TDS等指标符合设计要求。处理水量最大负荷可达到120%。

蒸发结晶系统2013年3月15日开始晶种培养，调试运行，2013年6月26日结晶系统成功出盐。整个运行过程中，蒸发、结晶出的蒸馏水COD＜20mg/L，总碱度＜20mg/L，悬浮物＜10mg/L，含盐量40～120mg/L，满足回用要求。受实际来水水量限制，蒸发结晶系统目前处理水量为30～50m^3/h。

2. 成本分析

整个水处理过程中，主要成本消耗为电、药剂和蒸汽。三大系统的单位运行成本（不包括人工和折旧）经核算分别为：低盐系统＜1.0元/m^3；浓盐系统＜5.0元/m^3；蒸发结晶系统为20～25元/m^3。

3. 技术特点

作为国内首座成功运行的煤化工废水零排放项目，填补了技术空白，积累了宝贵经验；针对不同水质分别采用了分质预处理工艺，提高后续处理效率和效果；生化处理核心工艺采用具有自主技术的AO工艺，该工艺具有工艺先进、处理效果良好、运行稳定等优点；浓盐水处理采用自主研发的破氰除氟工艺，结合膜生物反应器和纳滤反渗透工艺，出水水质达到回用要求；蒸发结晶工艺采用国内降膜结晶技术与GE公司的机械蒸汽再压缩技术相结合形成的组合工艺。

六、 BAF工艺在废水处理中的应用

采用BAF工艺及组合工艺进行硝化和反硝化，运行方式采用水、气同向的上流式时的运行效果见表8-6。

表8-6 BAF工艺的几种工程运行效果

水质指标	COD/(mg/L)	BOD_5/(mg/L)	SS/(mg/L)	氨氮/(mg/L)	总氮/(mg/L)	总磷/(mg/L)
一级A标准	≤50	≤10	≤10	≤5(8)	≤15	≤1(0.5)
一级B标准	≤60	≤20	≤20	≤8(15)	≤20	≤1.5(1.0)
项目A 12万t BAF废水处理厂平均进、出水水质						
进水水质	480	216	350	40	49.40	—
出水水质	≤40	≤10	≤10	≤5	21.73	—
项目B 1万t BAF废水处理厂平均进、出水水质						
进水水质	194.12	59.30	117.50	35.62	35.62	3.79

续表

水质指标	COD/(mg/L)	BOD_5/(mg/L)	SS/(mg/L)	氨氮/(mg/L)	总氮/(mg/L)	总磷/(mg/L)
出水水质	28.97	8.19	6.61	2.53	29.32	1.46
项目C 4万t BAF污水处理厂平均进、出水水质						
进水水质	206	102	357	18.1	19.0	3.02
出水水质	33.7	18.4	18.6	2.83	15.7	1.36
项目D 4万t BAF污水处理厂平均进、出水水质						
进水水质	206.50	76.80	79.00	14.15	30.60	1.77
出水水质	11.99	3.18	11.00	0.52	23.10	1.10

表8-6中的数据表明，BAF系统显示出较好的水质净化效果，BAF池平均出水的COD小于30mg/L，BOD_5、SS均在10mg/L以下，氨氮小于5mg/L，基本达到回用水标准，可予以回用。

第九章

膜生物反应器工艺

本章重点介绍煤化工废水经预处理后进入膜生物反应器进行生化处理的工艺。膜生物反应器工艺是将膜技术与废水生化反应技术相结合的生物处理工艺，膜分离使废水中的大分子难降解成分在反应器内停留时间延长，提高了难降解有机物的降解效率，水力停留时间和污泥龄可通过膜分离实现有效分离调控，出水 COD 去除率高，水质好，操作控制稳定。该法在反应池内分为生化区和膜区。膜生物反应器工艺是与生物膜工艺平行的一种废水生物膜分离工艺，对水体中难溶解性大分子和胶体状的有机污染物有独特的效果。该法既可与活性污泥法组合运行，也可单独运行，在煤化工难降解废水处理中得到一定范围的应用。

第一节　概述

膜生物反应器（membrane bio-reactor，MBR）是膜分离技术与废水生物技术相结合的一种组合工艺。将生物活性污泥法与膜分离技术相融合，以膜组件取代生物法中的二沉池，保持高活性污泥浓度，提高生物处理有机负荷，从而减少废水处理投资，降低运行成本，在煤化工废水处理行业中也得到推广应用，并取得了明显的效果。

MBR 工艺起源于美国。在 20 世纪 60 年代，美国 Dorr-Oliver 公司将膜分离与生物处理工艺用于废水处理领域，是一个日处理能力为 $14m^3/d$ 的小型装置。该工艺初期为侧流式，即膜过滤系统独立于生物反应池外，污泥通过循环泵回流至生物反应池内。受当时膜分离技术、膜组件价格昂贵等制约，MBR 工艺主要处于小试或中试阶段。

20 世纪 80 年代末，浸没式 MBR 工艺首次将膜过滤系统集成于生物反应池内部，无需侧流式循环泵，设备结构更紧凑，平均能耗从早期的 $5kW·h/m^3$ 降至 $2kW·h/m^3$。内置式膜组件因结构紧凑、能耗低等优势，逐渐成为 MBR 工程的主流工艺并在全球范围内推广应用。

20 世纪 90 年代之后，随着新型膜材料的出现，MBR 工艺运行得到进一步稳定，能耗也进一步降低。加拿大 Zenon 公司先后推出超滤管式和浸入式中空纤维膜组件；日本 Kubota 公司研制的平板式浸没膜组件等被用于生活废水和工业废水处理领域。随着低能耗内置浸没式 MBR 工艺的出现，MBR 运行能耗进一步降低，其处理规模逐渐增大，超过 $1000m^3/d$ 的工程应用在 1995～2000 年间已开始出现。

北京温榆河废水处理厂规模 10 万 m^3/d；瑞典斯德哥尔摩的 Henriksdal 废水处理厂于 2018 年完成 MBR 升级改造并投入运行，其处理规模达到 86.4 万 m^3/d，成为世界 MBR 工程应用中的“巨无霸”；北京槐房废水再生处理厂，处理规模也达 60 万 m^3/d。从 2008 年起，MBR 工艺随着膜技术水平的提高、膜组件成本的降低，应用规模已今非昔比，世界范围内超 20 万 m^3/d 的大型 MBR 工程应用见表 9-1。

表 9-1 世界大型 MBR 工程应用

项目	地区	规模/(万 m^3/d)	投运年份	建设目的
Henriksdal 污水处理厂	瑞典斯德哥尔摩	86.4	2018	升级
Tuas 污水再生水厂	新加坡	80	2025	新建
武汉北湖污水厂	中国湖北	80	2019	新建
槐房污水再生处理厂	中国北京	60	2016	新建
深圳罗芳污水处理厂	中国广东	40	2018	升级
Seine Aval 污水处理厂	法国巴黎	35.7	2016	升级

进入 21 世纪后，随着膜分离技术以及材料、组装结构和设备制造技术的创新发展，以及废水处理排放标准的收紧，MBR 工艺迅速得到推广应用。但 MBR 工艺也存在一些不足，如膜污染或堵塞导致通量下降，为维持设计通量就必须加压；曝气池因生物量高（MLSS>8000mg/L)，需要维持较高溶解氧浓度（DO＝3～4mg/L)，增大了曝气量。加压维持膜通量和曝气是 MBR 能耗高的主要原因，这部分能耗占总能耗的 40%～50%，其中，膜池内曝气能耗占总能耗的 30%～40%。

第二节 MBR 工艺类型

在 MBR 技术发展过程中，在 20 世纪 60～80 年代，MBR 为分置式流程，普遍采用板式超滤膜（如聚丙烯腈膜)，及管式超滤膜（如各种有机膜及无机膜)。由于膜成本高，运行费用大且应用受到限制，这种 MBR 工艺被称为第一代 MBR 工艺。

在 20 世纪 80 年代末以后，MBR 工艺采用一体化浸没式流程，主要特点是浸没放置，低压（抽吸或重力）出水，气、液两相流扰动，间歇运行，稳定运行时间长，运行能耗低。浸没式 MBR 包括内浸没 MBR（与好氧反应器一体）和外浸没 MBR（与好氧反应器分置)，这种 MBR 工艺被称为第二代 MBR 工艺。

MBR 包括四个基本结构，即进水系统、生物反应池、膜组件、自控系统。由于各环节的多样性，MBR 有不同的分类。由于膜的种类繁多，按分离机理分类，有反应膜、离子交换膜、渗透膜等；按膜的性质分类，有天然膜（生物膜）和合成膜（有机膜和无机膜)；按膜的结构型式分类，有平板型、管型、螺旋型及中空纤维型等。从整体上来讲，膜生物反应器可以分为以下几种：膜分离生物反应器，用于废水处理中的固、液分离；膜曝气生物反应器，用于气体质量传递，通常为好氧工艺供氧，可以实现生物反应器的无泡曝气，提高反应器的传氧效率；萃取膜生物反应器，用于工业中优先污染物的处理，选择性透过膜被用于萃取特定的污染物。

按照膜组件的放置方式可分为分体式膜生物反应器和一体式膜生物反应器。其中分体式膜生物反应器把生物反应器与膜组件分开放置，膜生物反应器的混合液经增压后进入膜组件，在压力作用下混合液中的液体透过膜得到系统出水，活性污泥则被截留，并随浓缩液回流到生物反应器内；而一体式系统则直接将膜组件置于生物反应器内，通过抽吸得到过滤液，膜表面清洗所需的错流由空气搅动产生，设置在膜的正下方，混合液随气流向上流动，在膜表面产生剪切力，以减少膜的污染。

第三节　膜分离技术

膜分离技术作为一种新型的分离工艺已广泛应用于水处理行业，膜产品的需求量也非常大。经过多年发展，我国膜产业也步入了快速成长期。超滤膜、微滤膜、纳滤膜、反渗透膜等在煤化工废水处理、给水处理等方面的工程应用规模迅速扩大，一批采用膜分离技术的煤化工废水处理、回用水处理、高浓盐水处理及零排放等项目已相继建成。随着国家绿色环保、节能减排、零排放的提出和对水质量要求的不断提高，煤化工废水处理尤其是深度水处理对膜分离技术的需求越来越大，膜作为水处理的核心元件，其应用将越来越广泛。

一、膜分离概述

膜分离即是以天然或人工合成的高分子薄膜为介质，以外界能量或化学位差为推动力，对双组分或多组分溶质和溶剂进行分离、提纯和浓缩的方法。膜分离可用于液相和气相。对于液相分离，可用于水溶液体系、非水溶液体系、水溶胶体系以及含有其他微粒的水溶液体系。

膜分离按膜的不同可分为固膜分离及液膜分离两大类。固膜分离包括气体渗透、反渗透、超滤、渗析、电渗析。液膜可分为普通液膜和固定液膜（或支撑液膜）两类。普通液膜：以液体为膜相，无固体支撑，如乳液型液膜。固定液膜：将液膜固定在多孔固体支撑体上，形成稳定的分离界面。

① 气体渗透的推动力为分压差，常应用于空气中氧气的分离、富集。

② 反渗透的推动力为压力差（1～10MPa），应用于海水淡化、煤化工废水处理等。

③ 超滤的推动力也是压力差，为0.1～1MPa，应用于高分子化合物、胶体溶液或气溶胶的分离以及液体的提纯、澄清和浓缩。其有效分离范围是0.0015～0.2μm，截留分子量为500～3000000。

④ 电渗析的推动力为电位差，应用于海水淡化、高纯水的制备等。分离溶质时一般叫渗析；分离溶剂时一般叫渗透。

根据推动力的不同，膜分离可以分为：

① 扩散渗析，推动力为浓度差。

② 电渗析，推动力为电位差。

③ 反渗透（reverse osmosis，RO，推动力为压力差），截留分子量＜100，操作压力为0.2～1.6MPa。

④ 纳滤（nanofiltration，NF），截留分子量100～1000，操作压力为0.5～2.0MPa。

⑤ 超滤（ultrafiltration，UF），截留分子量1000～1000000，截留粒径为0.001～0.1μm，操作压力为0.05～0.5MPa。

⑥ 微滤（microfiltration，MF），截留粒径0.1～10μm，操作压力为0.01～0.2MPa。

由于膜具有选择性，它能选择性地透过某些物质，而阻挡另外一些物质的透过。选择合适的膜，可以有效地进行物质的分离、提纯和浓缩。其分离颗粒小至纳米级，分离系数高达三位数。膜在分离过程中不会发生相变化，与有相变化的分离法和其他分离法相比，能耗较低。膜分离是在密闭的系统中进行的，无须加热，无化学变化，避免和减轻了热和氧对被分离物质的影响。膜分离技术不仅适用于有机物和无机物，有从病毒、细菌到微粒的广泛的分离范围，而且还适用于许多特殊溶液体系的分离，如溶液中大分子与无机盐等的分离。

由于膜的选择性，可以实现料液中不同组分的分离、纯化和浓缩。它与传统过滤的不同之处在于膜可以在分子范围内进行分离，并且这个过程是一种物理过程，不需发生相的变化以及添加助剂。膜技术的发展主要体现在以下几个方面。

(1) 低污染膜

膜污染是反渗透膜技术应用中的最大危害。目前已有几种抗污染性能强、使用寿命长、清洗频度低且易清洗的低污染膜在膜技术领域得到应用。

(2) 超低压膜

由于节省电耗和降低相关机械部件的压力等级使材料费下降等优点，超低压膜在膜技术领域的应用比重日益增大，这在使用以 4in (1in=0.0254m) 膜为主的小型装置中应用最为突出，大型装置中超低压膜的应用比重也呈上升趋势。

(3) 带正电荷的反渗透膜

现在广泛应用的低压、超低压复合膜的材质均为芳香族聚酸胺，其膜表面均带有负电荷。膜技术的发展带来了表面带正电荷的低压复合膜，这种膜目前主要应用于制备高电阻率的高纯水系统中。

(4) 耐高温、卫生级反渗透膜

普通水处理膜技术采用的反渗透膜的使用温度均为 0～45℃，但在需要耐 90℃高温杀菌的特殊场合，可使用耐高温、耐化学药品的反渗透膜。此外，各种有特殊膜元件结构的卫生级的反渗透膜技术也开始在国内应用。

二、膜分离类型

膜本质上是一种分子级别的起分离过滤作用的介质，当溶液或混合气体与膜接触时，在压力作用下，或电场作用下，或温差作用下，某些物质可以透过膜，而另一些物质则被选择性地拦截，从而使溶液中的不同组分或混合气体中的不同组分被分离。

膜的孔径一般为微米级，依据其孔径的不同（或称为截留分子量），可将膜分为微滤膜、超滤膜、纳滤膜和反渗透膜。根据材料不同，可分为无机膜和有机膜。无机膜主要是陶瓷膜和金属膜，其过滤精度低，选择性小。有机膜是由高分子材料做成的，如醋酸纤维素类、聚砜类、芳香族聚酰胺类、含氟聚合物类等。错流膜工艺中各种膜的分离与截留性能依据膜的孔径和截留分子量来区别。

1. 微滤

微滤（MF）属于精密过滤，其基本原理是筛孔分离过程。微滤膜的材质分为有机物和无机物两大类。有机聚合物有醋酸纤维素、聚丙烯、聚砜、聚酰胺等。无机膜材料有陶瓷和金属等。鉴于微孔膜的分离特征，微孔膜的应用范围主要是从气相和液相中截留微粒、细菌以及其他污染物，以达到净化、分离、浓缩的目的。对于微滤而言，膜的截留特性是以膜的孔径来表征的，通常孔径范围为 0.1～1μm，故微滤膜能对大直径的菌体、悬浮物固体等进行分离。

2. 超滤

超滤（UF）是介于微滤和纳滤之间的一种膜过程，膜孔径在 0.05～1000μm 之间。超滤是一种能够对溶液进行净化、分离、浓缩的膜分离法，超滤过程通常可以理解成与膜孔径大小相关的筛分过程。以膜两侧的压力差为驱动力，以超滤膜为过滤介质，在一定的压力下，当水流过膜表面时，只允许水及比膜孔径小的小分子物质通过，达到溶液净化、分离、浓缩的目的。对于超滤而言，膜的截留特性是以对标准有机物的截留分子量来表征的，通常截留分子量范围为1000～300000，故超滤膜能对大分子有机物（如蛋白质、细菌）、胶体、悬浮物固体等进行分离，广泛应用于大分子有机物的分离纯化等。超滤既可除去水中病菌、病毒、热源、胶体、COD等有害物质，又可透析对人体有益的无机盐等。

3. 纳滤

纳滤（NF）是介于超滤与反渗透之间的一种膜分离技术，其截留分子量在80～1000的范围内，孔径为几纳米，因此称纳滤。对于纳滤而言，膜的截留特性是以对标准NaCl、$MgSO_4$、$CaCl_2$溶液的截留率来表征的，通常截留率范围在60%～90%，相应截留分子量范围为100～1000，故纳滤膜能将小分子有机物等与水、无机盐分离，实现同时脱盐与浓缩。浓缩提纯工艺中主要采用截留分子量在100～1000的纳滤膜。该技术常被用于取代传统的冷冻干燥、薄膜蒸发、离子交换除盐、中和及树脂再生废液浓缩等工艺过程。

三、膜材料选择

膜是一种具有特殊选择性分离功能的无机或有机或高分子材料，它能把流体分隔成不相通的两个部分，使其中的一种或几种物质能透过，而将其他物质分离出来。膜是膜分离的核心，膜材料的性质和化学结构对膜分离性能起着决定性的影响。

（1）按膜材料来源划分

膜按材料来源可划分为二类，即为天然膜和合成膜，其中合成膜又可分为有机膜与无机膜。

（2）按膜材料结构划分

膜按材料结构可划分为七类，即：

① 均质膜或致密膜。为结构均匀的致密膜。

② 对称微孔膜。平均孔径为0.02～10μm。按成膜方法不同，有三种类型的微孔膜，即核孔膜、控制拉伸膜和海绵状结构膜。

③ 非对称膜。膜断面为不对称结构，是工业上应用最多的膜。

④ 复合膜。在多孔膜表面加涂另一种材料的致密复合层。

⑤ 离子交换膜。

⑥ 荷电膜。

⑦ 液膜。包括支撑液膜和乳状液膜。

（3）按膜形状划分

膜按形状可以分为平板膜、管式膜、中空纤维膜和卷式膜四类。

合成膜中高分子有机膜的材质有：聚烯烃类、聚乙烯类、聚丙烯腈、聚砜类、芳香族聚酰胺、含氟聚合物等。主要特点是这类膜材料成本相对较低，造价便宜，膜的制造工艺也比较成熟，膜孔径和形式也较为多样，应用广泛。主要缺点是在运行过程中容易受到污染。

合成膜中无机膜材料的材质有：金属、金属氧化物、陶瓷、多孔玻璃、沸石、无机高分子材料等。主要特点是（以陶瓷膜为例）：耐酸、抗压、抗温，其通量高、能耗相对较低。主要缺点是造价昂贵、不耐碱、弹性小、膜的加工制备有一定难度。

第四节 MBR 膜组件类型

一、中空纤维组件

中空纤维膜组件具有高压下不变形的强度，无需支撑材料。把大量中空纤维膜装入圆筒形耐压容器内。纤维束的开口端用环氧树脂铸成管板。外径一般为 40～250μm，内径为 25～42μm。通常把 MBR 组件直接装入 MBR 反应器中，不需耐压容器，构成浸没式膜生物反应器。一般为外压式膜组件。中空纤维膜反应器见图 9-1。

中空纤维膜反应器的特点是装填密度高，一般可达 16000～30000m^2/m^3；造价相对较低；寿命较长；可采用物化性能稳定、透水率低的尼龙中空纤维膜，膜耐压性能好，不需要支撑材料；主要缺点是对堵塞敏感，污染和浓差极化对膜的分离性能有较大的影响，压力降大，再生清洗困难，原料的前处理成本高。

二、板框式组件

板框式膜元件是 MBR 最早应用的一种膜元件形式，外形类似于普通的板框式压滤机。板框式纤维膜反应器见图 9-2。

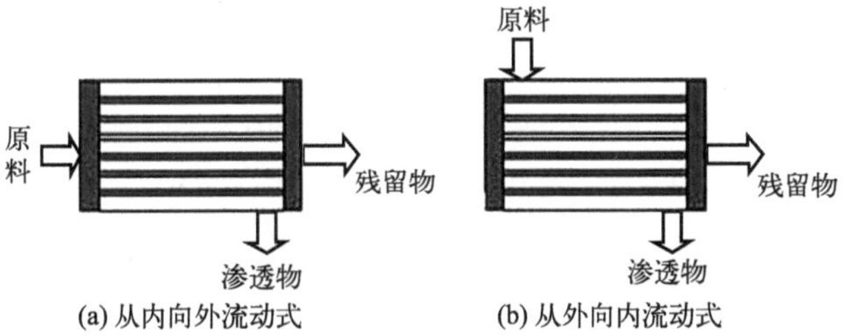

图 9-1 中空纤维膜反应器示意图

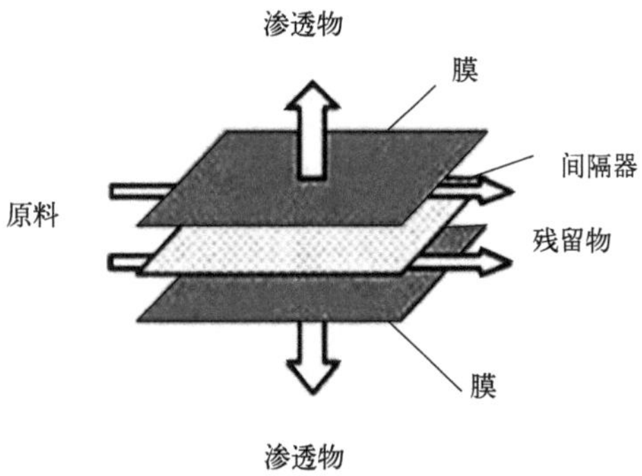

图 9-2 板框式纤维膜反应器示意图

板框式纤维膜反应器的主要特点是制造组装简单，操作方便，易于维护、清洗和更换；主要缺点是密封较复杂，压力损失大，装填密度小。

三、管状膜组件

管状膜组件由膜和膜的支撑体构成，有内压型和外压型两种运行方式。通常采用内压型，即进水从管内流入，渗透液从管外流出。膜直径在 6～24mm 之间。管状膜被放在一个多孔的不锈钢、陶瓷或塑料管内，每个膜器中膜管数目一般为 4～18 根。管状膜目前主要有烧结聚乙烯微孔滤膜、陶瓷膜、多孔石墨管膜等，价格较高，但耐污染且易清洗，尤其对高温介质适用。管状膜反应器见图 9-3。

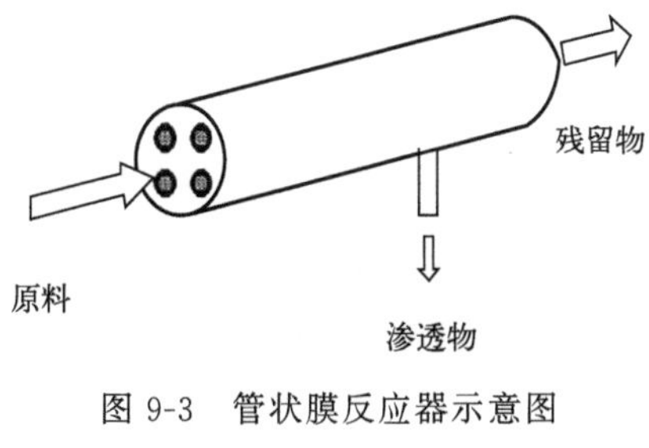

图 9-3 管状膜反应器示意图

管状膜反应器的主要特点是料液可以控制为湍流流动，不易堵塞，易清洗，压力损失小；主要缺点是装填密度小，一般低于 $300m^2/m^3$。

四、螺旋卷式膜组件

螺旋卷式膜组件由多孔支撑材料、两侧膜片及三边密封结构组成，其开放边与一根多孔中心产品水收集管密封连接。在膜袋外部的原水侧垫一层网眼型间隔材料，把膜袋与隔网依次叠合，绕中心集水管紧密地卷起来，形成一个膜卷，装进圆柱形压力容器内，就制成了一个螺旋卷式膜组件。螺旋卷式膜组件见图 9-4。

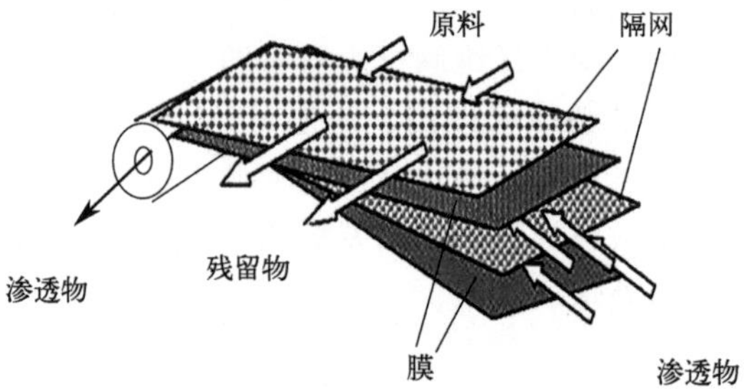

图 9-4 螺旋卷式膜组件示意图

螺旋卷式膜组件的主要特点是膜的装填密度高，膜支撑结构简单，浓差极化小，容易调整膜面流态；主要缺点是中心管处易泄漏，膜与支撑材料的黏结处膜易破裂而泄漏，膜的安装和更换难度大。

五、 MBR 膜组件材料

MBR 膜组件材料中使用量较大的有：聚偏二氟乙烯（PVDF）、聚乙烯（PE）和聚丙烯（PP）。其中 PVDF 由于其优良的物理和化学性能（强度和耐腐蚀性）在国内和国外用量均最大。MBR 膜通常选择微滤膜（MF）和超滤膜（UF），膜孔径一般为 0.1～0.4μm。

微滤常用的聚合物材料有：聚碳酸酯、纤维素酯、聚偏二氟乙烯、聚砜、聚四氟乙烯、聚氯乙烯、聚醚酰亚胺、聚丙烯、聚醚醚酮、聚酰胺等。

超滤常用的聚合物材料有：聚砜（PS）、聚醚砜（PES）、聚酰胺、聚丙烯腈（PAN）、聚偏氟乙烯、纤维素酯、聚醚醚酮、聚酰亚胺、聚醚酰胺等。

1. PVDF 中空纤维膜

PVDF 材质的中空纤维膜是一种氟化聚合物，具有 300 万～400 万的分子量，有很高的物理强度和化学稳定性。

2. 陶瓷膜

陶瓷膜主要是由 Al_2O_3、ZrO_2、TiO_2 和 SiO_2 等无机材料制备的多孔膜，其孔径为 0.1～50μm。具有化学稳定性好，能耐酸、耐碱、耐有机溶剂，机械强度大，可反向冲洗，抗微生物能力强，耐高温，孔径分布窄以及分离效率高等特点。陶瓷膜与同类的有机高分子膜相比具有许多优点：它坚硬、承受力强、耐用、不易阻塞，对具有化学侵害性的液体和高温清洁液有更强的抵抗能力。其主要缺点就是价格昂贵，制造过程复杂。

3. 中空纤维帘状浸入式膜组件

以 Mitsubishi Rayon（Japan）公司的膜产品为代表的中空纤维帘状浸入式膜组件，具有膜面积大、易于安装、清洗方便等特点。

4. 中空纤维柱状浸入式膜组件

以 GE 的 Zenon 公司的膜产品为代表的中空纤维柱状浸入式膜组件，具有膜面积大、占地面积小等特点。

5. C 平板型帘状浸入式膜组件

以 Kubota 公司的膜产品为代表的 C 平板型帘状浸入式膜组件，具有膜通量大，易于组装、清洗方便等特点。

第五节　MBR 膜原理

一、工艺原理

MBR 是一种将高效膜分离技术与传统活性污泥法相结合的新型高效废水处理工艺。具有独特结构的 MBR 平片膜组件置于曝气池中，经过好氧曝气和生物处理后的水，由泵通过滤膜过滤后抽出。MBR 采用独有的定期水反洗、化学反洗及化学清洗工艺保证膜组件的产水能力和膜通量。跨膜压力（TMP）低，通常为 0.01～0.06MPa，并利用虹吸原理而无须外加抽吸动力即可产水，降低了运行费用。通过利用膜分离设备将生化反应池中的活性污泥和大分子有机物质截留住，省去二沉池。此时活性污泥浓度得到大幅提高，水力停留时间（HRT）和污泥停留时间（SRT）可以分别控制，而难降解的物质在反应器中不断反应、降解最终实现废水净化。

由于 MBR 工艺一般采用缺氧和好氧组合形式，废水首先进入缺氧区，在此将大分子量长链有机物分解为易生化的小分子有机物，然后废水进入好氧区进行有机物生物降解，同时进行生物硝化反应，并通过回流到缺氧区进行反硝化，完成脱氮功能。

1. 好氧区反应原理

在好氧区主要是利用硝化菌的作用，进行硝化化学反应。主要化学反应原理如下：

$$2NH_4^+ + 3O_2 \longrightarrow 2NO_2^- + 4H^+ + 2H_2O$$

$$2NO_2^- + O_2 \longrightarrow 2NO_3^-$$

2. 缺氧区反应原理

在缺氧区主要是利用反硝化菌的作用，进行反硝化化学反应。主要化学反应原理如下：

$$6NO_3^- + 2CH_3OH \longrightarrow 6NO_2^- + 2CO_2\uparrow + 4H_2O$$

$$2NO_2^- + CH_3OH \longrightarrow N_2\uparrow + H_2O + 2OH^- + CO_2\uparrow$$

二、膜分离机理

由于 MBR 膜的存在提高了系统固液分离的能力，从而使系统出水水质和容积负荷都得到大幅度提高，经膜处理后的出水水质标准高（超过国家一级 A 标准），经过消毒，最后形成水质和生物安全性高的优质再生水，可直接作为新生水源。

1. 平片膜过滤机理

膜生物反应器具有对污染物去除效率高，硝化能力强，可同时进行硝化、反硝化，脱氮效果好，出水水质稳定，剩余污泥产量低，设备紧凑，占地面积少，增量扩容方便，自动化程度高，操作简单等优点。

平片膜结构：单片平片膜由滤板、膜垫、薄膜层、取水口组成。滤板由外框架和内支撑组成。滤板主要是对附着在表面的膜垫和薄膜层起支撑作用。用于废水处理的滤板主要有两种尺寸：一种是 1000mm×500mm；另一种是 1600mm×500mm。滤板中的内支撑上有水流沟槽，可以使过滤后的水能够自由地在其中流动。膜垫是薄膜过滤层的物理支撑。在滤板的两面均紧密地附着有膜垫。薄膜层的材料为聚氯乙烯，薄膜层均匀地附着在膜垫的表面。取水口是最终处理后水的出口。过滤后的水经过滤板内支撑上的水流沟槽，在水力压力或外部抽吸力的作用下流出。

平片膜组件结构：平片膜组件由膜框架、膜支架（平片膜）、散气框架、散气管、软管、集水管组成。其中膜支架用于支撑平片膜组件，每个平片膜组件中可以安装最多 200 片膜支架。膜框架是用来支撑膜支架的，一般用不锈钢材料制成。散气框架位于膜框架的下部，为鼓风气泡提供上升通道。散气管由外部鼓风机输送空气，先经主管（下部较粗管道）分配至各散气支管。散气支管上设有散气孔，空气通过散气孔进入散气框架，再均匀吹入膜框架空隙间，以防止膜堵塞。每个膜框架的出水口都与出水软管相连接，出水软管的水再汇集至集水管，最终流入集水池。

2. 物理过滤原理

平片膜浸没在废水中。废水在两片平片膜之间流动，清洁的水在压力或外部抽吸力的作用下流入平片膜的滤板内，再通过平片膜的取水口流出至集水池，从而达到固液分离的作用。膜表面聚集的污泥，在鼓风气泡剪切力的作用下，脱离膜表面，从而使膜的固液分离能力持续保持。

3. 生物过滤原理

平片膜除了具有普通膜的物理过滤原理外，在实际运行中，在平片膜的薄膜层外，会均匀地生长一层致密的生物膜。这层生物膜对固液分离的贡献极大。大部分固体颗粒实际上是被这层生物膜截留的。生物膜的过滤极大地减缓了物理膜的污染速度，某些平片膜可以运行数个月不清洗，主要是因为有了生物膜。

第六节　MBR 膜工艺设置

膜组件与生物反应器有三种组合方式，即分置式、一体式和复合式。

一、分置式设置

把膜组件和生物反应器分开设置。生物反应器中的混合液经循环泵增压后打至膜组件的过滤端，在压力作用下混合液中的液体透过膜，成为系统处理水；固形物、大分子物质等则被膜组件截留，随浓缩液回流到生物反应器内。分置式膜生物反应器的特点是运行稳定可靠，膜的清洗、更换及增设容易，而且膜通量普遍较大。在一般条件下为减少污染物在膜表面的沉积，延长膜的清洗周期，需要用循环泵提供较高的膜面错流流速，水流循环量大，动力费用高，并且泵的高速旋转产生的剪切力会使某些微生物菌体产生失活现象。

二、一体式设置

把膜组件置于生物反应器内部。废水进入膜生物反应器，其中的大部分污染物被混合液中的活性污泥去除，再在外压作用下由膜过滤出水。这种类型的膜生物反应器由于省去了混合液循环系统，并且靠抽吸出水，能耗相对较低。占地较分置式更为紧凑，近年来在水处理领域受到了关注。但一般膜通量相对较低，容易发生膜污染，膜污染后不易清洗和更换。

三、复合式设置

复合式类型在形式上属于一体式膜生物反应器，所不同的是在生物反应器内加装填料，从而形成复合式膜生物反应器，由此改变了反应器的某些性状。

第七节 膜生物反应器

一、概述

MBR 工艺能够高效地进行固液分离，而且分离效果好于传统的沉淀池，出水水质良好，出水悬浮物和浊度接近零，可直接作为回用水进行回用。MBR 在高容积负荷、低污泥负荷、长污泥龄下运行，理论上污泥龄可以非常长，从而提高了难降解有机物的降解效率，剩余污泥产量极低，能够实现零污泥排放。

MBR 有利于硝化菌的截留和繁殖，系统硝化效率高，通过改变运行方式后，具有脱氮和除磷功能。膜的高效截留作用，使得微生物完全截留在生物反应器内，实现反应器水力停留时间（HRT）和污泥龄（SRT）的完全分离，运行控制灵活稳定。

由于 MBR 将传统废水处理的曝气池与二沉池合二为一，并取代了三级处理的全部工艺设施，因此可大幅减少占地面积。

通常说的膜生物反应器实际上是三类反应器的总称，即曝气膜生物反应器（aeration membrane bioreactor，AMBR）、萃取膜生物反应器（extractive membrane bioreactor，EMBR）和固液分离型膜生物反应器（solid/liquid separation membrane bioreactor，SLSMBR），因此 MBR 由上述三类反应器构成。

二、曝气膜生物反应器

曝气膜生物反应器（AMBR）采用透气性致密膜或微孔膜，采用板式或中空纤维式组件，在保持气体分压低于泡点的情况下，可实现向生物反应器的无泡曝气。该工艺提高了接触时间和传氧效率，不受传统曝气中气泡大小和停留时间的影响，有利于曝气工艺的控制。曝气膜生物反应器（AMBR）工艺流程见图 9-5。

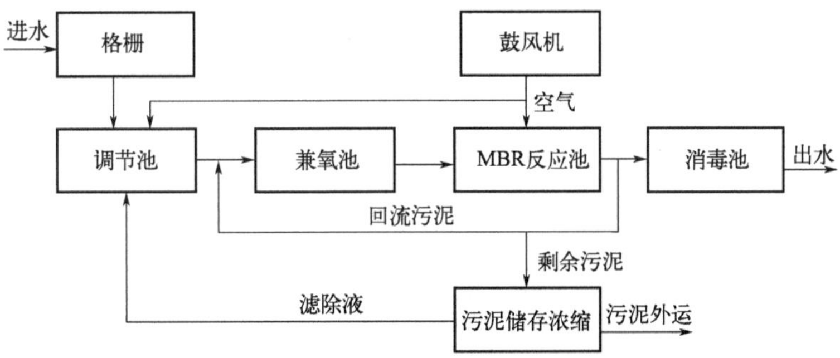

图 9-5 曝气膜生物反应器（AMBR）工艺流程

三、萃取膜生物反应器

在废水中含挥发性有毒物质时，若采用传统的好氧生物处理过程，污染物容易随曝气气流挥发，发生气提现象，造成大气污染。为此英国学者 Livingston 研究开发了 EMBR。废水与活性污泥被膜隔开，废水在膜内流动，而含某种专性细菌的活性污泥在膜外流动，废水与微生物不直接接触，有机污染物可以通过选择性透过膜被另一侧的微生物降解。由于萃取膜两侧的生物反应器单元和废水循环单元是各自独立的，各单元水流相互影响不大。生物反应器中营养物质和微生物生存条件不受废水水质的影响，水处理效果稳定。系统的运行条件如 HRT 和 SRT 可分别控制在最优的范围，维持最大的污染物降解速率。

四、固液分离膜生物反应器

固液分离膜生物反应器是一种用膜分离过程代替传统活性污泥法中的二沉池的一种水处理工艺。该工艺通过膜组件将固体有机物回流至反应器中，将处理后的有机水排出。固液分离膜生物反应器工艺流程见图 9-6。

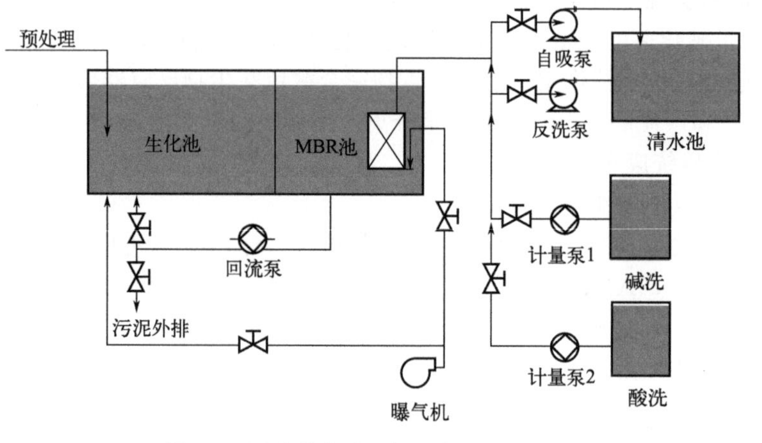

图 9-6 固液分离膜生物反应器工艺流程

固液分离膜生物反应器根据膜组件与生物反应器位置设置有分置式膜生物反应器、一体式膜生物反应器和复合式膜生物反应器。

1. 分置式膜生物反应器

分置式膜生物反应器通过泵对其加压，混合液在压力的作用下进行过滤，这样大分子有机物将被膜过滤出来，再回流到生物反应器中进行降解。如此循环操作，进一步对有机废水中的有机物进行分解。该反应器具有稳定、容易操作、膜容易清洗等特征，但为了提高循环泵的压力会消耗较高的动能。分置式膜生物反应器工艺流程见图 9-7。

2. 一体式膜生物反应器

一体式膜生物反应器是将膜组件置于生物反应器中，废水进入膜生物反应器内，其中大部分污染物被混合液中的活性污泥去除，最后在外压作用下由膜过滤出水。一体式膜生物反应器工艺流程见图 9-8。

3. 复合式膜生物反应器

复合式膜生物反应器在形式上属于一体式膜生物反应器，主要区别是在生物反应器内加

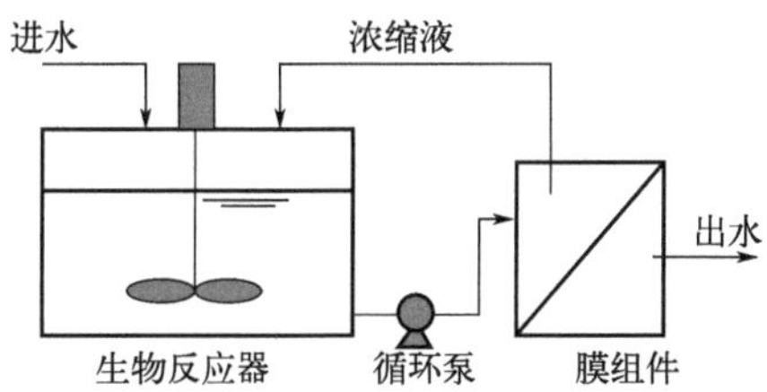

图 9-7　分置式膜生物反应器工艺流程示意图

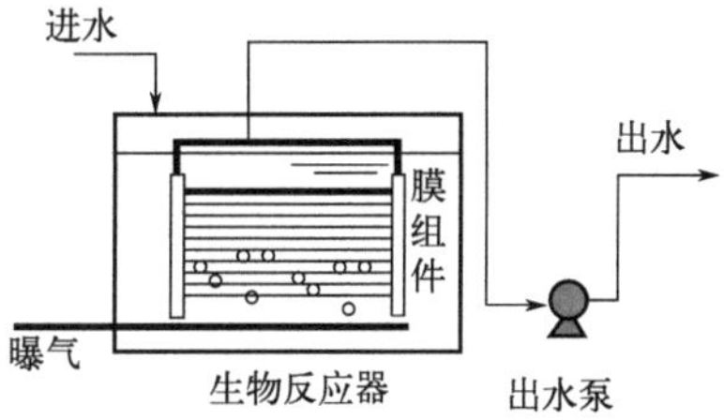

图 9-8　一体式膜生物反应器工艺流程示意图

装填料，由此形成了复合式膜生物反应器，改变了反应器的某些性状。复合式膜生物反应器工艺流程见图 9-9。

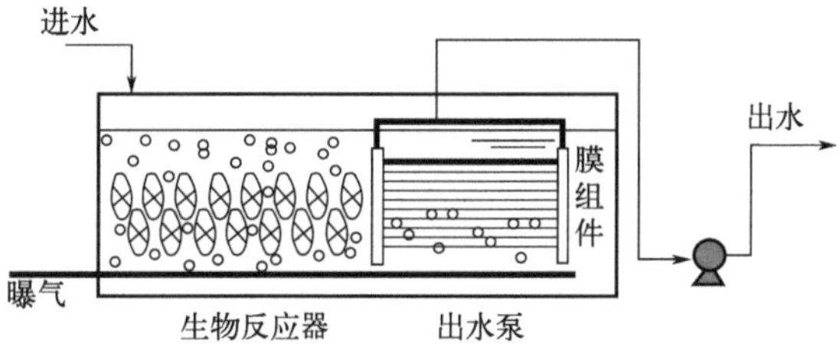

图 9-9　复合式膜生物反应器工艺流程示意图

综上所述，固液分离膜生物反应器在传统的废水生物处理工艺中，泥水分离是在二沉池中靠重力作用完成的，其分离效率依赖于活性污泥的沉降性能，沉降性越好，泥水分离效率越高。而污泥的沉降性取决于曝气池的运行状况，改善污泥沉降性必须严格控制曝气池的操作条件，这限制了该方法的适用范围。

由于二沉池固液分离的要求，曝气池的污泥不能维持较高浓度，一般在 1.5～3.5g/L，从而限制了生化反应速率。水力停留时间（HRT）与污泥龄（SRT）相互依赖，提高容积负荷与降低污泥负荷形成矛盾。系统在运行过程中还会产生大量的剩余污泥，易出现污泥膨胀，出水中含有悬浮固体，出水水质恶化。采用膜分离与传统废水生物处理有机结合工艺，可提高固液分离效率，提高生化反应速率。通过降低 F/M 值，减少剩余污泥产生量，由此解决了传统活性污泥法存在的一些缺陷，是一种活性污泥法的改进工艺。

五、中空膜与平板膜

在煤化工废水处理过程中，一般会采用中空纤维膜和平板膜，以及两种膜的膜元件。

1. 膜组件特点

中空膜组件填充密度高，占地面积小。但容易断丝、脱皮造成污染。当水质、水量不稳定时，清洗频次高，中空纤维膜平均寿命为 2 年。平板膜组件虽易于清洗和更换，但是密封复杂，压力损失大，填装密度小。平板膜平均寿命在 5～7 年，不需要频繁更换膜片，运行费用相对要低些，同时平板膜可以实现单张更换，更换成本也相对低。

2. 滤膜孔径

膜按照孔径可以分为以下 4 类。目前国内外使用的膜生物反应器大部分滤膜孔径集中在 0.05～0.4μm，基本介于超滤膜、微滤膜临界点附近。在如上孔径范围内基本上实现了对活性污泥的有效截留，同时确保其运行能耗最低。再大或者再小的空间将不太适合膜生物反应器技术。膜生物反应器部分滤膜孔径主要参数见表 9-2。

表 9-2 膜生物反应器部分滤膜孔径主要参数

序号	膜类型	孔径范围	截留物质	渗透物质
1	微滤膜	0.1～10μm	鞭毛虫、微生物、细菌	胶体、病毒、颜色、硬度、杀虫剂、盐、水
2	超滤膜	0.01～0.1μm	胶体、病毒、大肠杆菌、高分子	颜色、硬度、杀虫剂、盐、水
3	纳滤膜	1μm～10nm	颜色、硬度、杀虫剂	盐、水
4	反渗透膜	＜10nm	盐、金属离子、低分子	水

3. MBR 运行参数

膜通量是指在正常工作条件下，通过单位膜面积的产水量，单位是 $m^3/(m^2 \cdot h)$ 或 $m^3/(m^2 \cdot d)$，这是 MBR 的一个重要运行参数。当膜受到污堵后，膜通量会下降，产水量减少。当膜的膜通量或出水水质明显下降或膜装置进出口压力差超过 0.05MPa 时，必须对膜段进行清洗。不同组分废水处理膜通量参数见表 9-3。

表 9-3 不同组分废水处理膜通量参数

序号	废水类型	通量参数	单位
1	煤化工废水	0.2～0.3	$m^3/(m^2 \cdot d)$
2	石油、化工废水	0.2～0.3	$m^3/(m^2 \cdot d)$
3	多晶硅废水	0.2	$m^3/(m^2 \cdot d)$
4	垃圾渗透液	0.2	$m^3/(m^2 \cdot d)$
5	制药废水	0.2～0.3	$m^3/(m^2 \cdot d)$
6	食品废水	0.25～0.3	$m^3/(m^2 \cdot d)$
7	市政、生活废水	0.4	$m^3/(m^2 \cdot d)$

4. MBR 膜预处理

MBR 膜预处理非常重要。废水中含有很多毛发和纤维物质，会堵塞在膜表面，从而减少膜的透水面积，引起膜污染。因此，在选用 MBR 膜工艺时，必须进行预处理。中空膜预处理主要参数见表 9-4。

表 9-4 中空膜预处理主要参数

序号	指标名称	允许范围	备注
1	进料水源	适用于各种水源	
2	pH 值	1～10	对易结垢原水要注意调节
3	进料最大粒径	≤2mm	
4	进料含油量	＜2mg/L	若大于 2mg/L 要进行除油预处理
5	硬度 $CaCO_3$	＜150mg/L	视 pH 值及结垢等确定指标

平板膜预处理主要参数见表 9-5。

表 9-5 平板膜预处理主要参数

序号	处理项目名称	处理要求	备注
1	动植物油	<15mg/L	
2	石油类	<15mg/L	
3	钙离子(Ca^{2+})	<100mg/L	若大于 100mg/L 推荐采用盐酸清洗药品
4	氯离子(Cl^-)	<3000mg/L	若大于 3000mg/L 采用 316 L 以上钢材质
5	水温	5～40℃	

5. 膜清洗

当膜工艺用于处理高悬浮物浓度的废水时，需在生物池的出流管上安装细筛，拦截大颗粒悬浮物，避免膜组件堵塞。此外，通过物理清洗和化学清洗的方法，用人工、机械或清水池的方法进行清洗，如反冲洗等物理清洗方法；化学清洗的方法是选择化学药剂对膜进行浸泡和清洗。膜化学清洗类型及主要参数见表 9-6。

表 9-6 膜化学清洗类型及主要参数

序号	加药类型	化学药剂名称	加药浓度范围
1	酸	盐酸、柠檬酸、草酸	控制 pH 值在 2.5～3.5
2	碱	氢氧化钠	0.02%～0.05%
3	氧化剂	次氯酸钠	0.02%～0.05%

空膜清洗方法有背压反冲洗法、等压水力冲洗法、化学清洗法。用化学清洗法清洗时需要将膜从组件中取出。平板膜的清洗方法为在线加药冲洗，无须将膜组件从膜池中提出，直接在膜池内清洗。清洗时，一般采用次氯酸钠（浓度为 0.5%）或草酸（浓度为 0.5%）两种药液。清洗前首先关闭抽吸泵和鼓风机。药液通过安装在膜组件上部的进药口重力自流进入膜片内部，注入药液的量要按照操作说明书给出的量进行控制，一般清洗 1 片膜，每种药剂的用量为 3～5L。

注入药液后，静置浸泡 1～3h，然后用抽吸泵将药液排出。如果确认有必要，需再注入盐酸或同等药剂，静置浸泡 1～3h，再用抽吸泵将药液排出。整个清洗过程将持续 4～5h。平板膜清洗后，即可恢复膜通量。

6. 运行能耗

MBR 膜在运行过程中，主要耗能部分包括：工艺曝气、膜冲洗曝气、回流泵、搅拌器等。主要能耗单元是好氧池和膜池的曝气以及水的提升和转移，约占总能耗的 86%，节能降耗的关键是降低膜池的曝气能耗。通常小型 MBR 处理厂的能耗高于 $1kW \cdot h/m^3$，有些处理厂能耗甚至高达 $5kW \cdot h/m^3$。大型 MBR 处理厂的能耗均低于 $1kW \cdot h/m^3$。

7. MBR 工艺选择

根据废水处理的水质及出水要求，选择相关的 MBR 工艺路线。不同水处理要求对应的工艺见表 9-7。

表 9-7 不同水处理要求对应的工艺

序号	处理要求	处理工艺	备注
1	去除有机物(BOD_5)	好氧池	膜池
2	去除有机物(BOD_5)＋脱氮	缺氧池＋好氧池	膜池

续表

序号	处理要求	处理工艺	备注
3	去除有机物(BOD_5)+除磷	化学除磷+好氧池	膜池
4	去除有机物(BOD_5)+脱氮除磷	厌氧池+缺氧池+好氧池	膜池
5	高浓度有机物脱除	厌氧池+MBR	

MBR 主要利用膜分离设备截留水中的活性污泥与大分子有机物。MBR 系统内活性污泥（MLSS）浓度可提升至 8000～10000mg/L，甚至更高，污泥龄（SRT）可延长至 30 天以上。MBR 因有效的截留作用，可保留世代周期较长的微生物，可实现对废水的深度净化。

第八节　MBR 主要特征

膜生物反应器是生物处理与膜分离相结合的组合技术，通常将中空纤维膜组件直接放入曝气池中进行泥水分离，利用膜的选择透过性实现曝气池中的生物富集，使得生物处理效率大幅度提高，生物处理后的废水再经膜分离后得到洁净的回用水。

MBR 可实现生物富集和共代谢作用，可以使废水中世代周期较长的微生物如硝化细菌等得到有效截留。由于膜的截流作用，生物相中的生物浓度很高，可以达到 10000mg/L 以上，导致抗冲击负荷能力很强，从而有效降解水中的氨氮。而大量微生物聚集在一起的共代谢作用，也可以使得一些难生物降解的有机物得到降解。

MBR 的主要特征如下。

一、技术特征

① MBR 源于传统的废水生物处理工艺，但却达到了传统废水生物处理技术难以实现的一个高度。对传统生物处理技术可以处理的废水，尤其是煤化工形成的废水，MBR 技术基本都适用。特别是与传统废水预处理+生物处理工艺相结合，其处理效果和效能会发挥得更好。

② MBR 适用范围广泛，尤其适用于处理煤化工废水。这类废水通常含有毒性化合物，如油类、酚类、胺类、醚类、氰化物和含硫化合物；难降解的煤化工副产品污染物，如甲苯、二甲苯、烯烃、烷烃、芳烃及其衍生物；此外，还包括煤液化、煤焦化、煤气化等产生的废水，其可生化性差。传统生化工艺对氨氮和油的去除效果不佳，而这些均在 MBR 处理范围内。

③ MBR 通过反应器内的好氧微生物降解废水中的有机污染物，利用硝化菌转化氨氮，并借助中空纤维膜实现高效固液分离。通过维持高浓度生物活性，如将系统内活性污泥浓度（MLSS）提升至 10000mg/L，延长污泥龄至 30d 以上，并选择合适的膜通量，可充分发挥其有效降解有机污染物、提升生物处理效率的优势。

二、工艺特征

① MBR 工艺利用膜分离装置将生化反应池中的活性污泥和大分子有机物有效截留，替代传统活性污泥工艺中的二沉池，使生化反应池中的活性污泥浓度（生物量）得到提高。实现水力停留时间（HRT）和污泥停留时间（SRT）的分别控制，将难降解的大分子有机物截留在反应池中不断反应、降解。

② MBR 工艺中具有独特结构的 MBR 平片膜组件置于曝气池中，经过好氧曝气和生物处理后的水，由泵通过滤膜过滤后抽出。MBR 废水处理方法与传统废水处理方法有很大区别，以膜分离装置代替传统工艺中的二沉池和三级处理等。

③ MBR 工艺传氧效率高，可以达 60%以上，对污染物的去除率高，抵抗污泥膨胀能力强，出水水质稳定。且出水中的 COD、BOD_5、NH_3-N、磷酸盐、SS 含量低，细菌、病毒等均可被隔除。

④ MBR 膜分离可使煤化工废水中的大分子以及难降解污染物，在生物反应器内有足够的停留时间，提高难降解有机物的降解效果。反应器在高容积负荷、低污泥负荷、长污泥龄的条件下运行，剩余污泥产生量少，实现较少剩余污泥排放，减少了能耗。

⑤ MBR 膜的机械截流避免了微生物的流失，生物反应器内污泥浓度可达 35g/L，提高体积负荷，有利于增殖缓慢的细菌如硝化细菌的截流和生长，从而提高系统的硝化能力，提高难降解有机物的降解速率。受膜表面速度剪切力的影响，污泥絮体平均尺寸较小，污泥传氧速率提高，可达 26%～60%。

⑥ 基于膜的过滤作用，微生物被完全截留在 MBR 膜生物反应器中，实现了水力停留时间与活性污泥泥龄的彻底分离，消除了传统活性污泥法中污泥膨胀问题。有效实现了泥水分离的目的，基本解决了传统活性污泥法存在的污泥膨胀、污泥浓度低等因素导致出水水质达不到中水回用要求的问题。

三、膜元件及组件特征

MBR 组件系列化，具有结构紧凑、外形美观、占地面积小、运行费用低、稳定可靠、自动化程度高、维护操作方便等优点，同时实现了 SRT 和 HRT 的彻底分离。由于 MBR 膜的存在提高了系统固液分离的能力，从而使 MBR 膜生物反应器的出水水质和容积负荷都得到大幅度提高。

1. 膜元件标准化

MBR 系列膜元件形成了标准化的系列产品，也可以根据用户的要求进行单独设计，以满足用户需求。部分膜元件型号及主要技术参数见表 9-8。

表 9-8　部分膜元件型号及主要技术参数

序号	型号	MBR25	MBR100	MBR150	MBR175
1	有效膜面积/m^2	0.25	1.0	1.5	1.75
2	尺寸(长×宽×厚)/mm	518×365×15	1190×518×15	1780×518×15	2000×518×15
3	产水量/[L/(d·片)]	100～135	400～550	600～825	600～825
4	膜材料	PVDF+PET	PVDF+PET	PVDF+PET	PVDF+PET
5	膜孔径/μm	0.1～0.3	0.1～0.3	0.1～0.3	0.1～0.3
6	外框架材料	ABS	ABS	ABS	ABS
7	骨架材料	ABS 或 PE	ABS 或 PE	ABS 或 PE	ABS 或 PE
8	曝气量/[L/(min·片)]	10	12	12	12
9	重量/kg	0.6	1.21	1.56	1.7
10	出水浊度/NTU	≤1	≤1	≤1	≤1
11	出水悬浮物/(mg/L)	≤5	≤5	≤5	≤5

2. 膜组件标准化

MBR 系列膜组件也形成了标准化的系列产品，每个组件可由 50～150 片标准平板膜片组成。部分膜组件型号及主要技术参数见表 9-9。

表 9-9 部分膜组件型号及主要技术参数

序号	型号	MBR25-N①	MBR100-100	MBR150-100	MBR175-100
1	总有效膜面积/m^2	2.5/5.0/12.5	100	150	175
2	尺寸(长×宽×厚)/m		1.65×0.65×2.0	1.65×0.65×12.66	1.65×0.65×2.9
3	产水量/(m^3/d)	1/2/5	40～55	60～82.5	60～82.5
4	膜元件数量/片	10/20/50	100	100	100
5	支架材料	304 不锈钢	304 不锈钢	304 不锈钢	304 不锈钢
6	曝气管材料	304 不锈钢	304 不锈钢	304 不锈钢	304 不锈钢
7	集水管材料	UPVC	UPVC	UPVC	UPVC
8	重量/kg		200	360	600

① MBR25-N 有三种类型，即膜元件数量分别为 10 片、20 片和 50 片。

采用 MBR 技术，废水中有机物的最终去除仍然是依靠微生物细胞的新陈代谢作用，只是膜高效的固液分离作用强化了这种生物处理作用，因此 MBR 具有许多其他生物处理工艺无法比拟的优势，这也是 MBR 技术快速发展的一个主要因素。

四、 MBR 膜组件特点

MBR 膜组件的性能直接影响膜生物反应器的处理效率和运行稳定性，其核心特点如下：

1. 分离效率高

① 过滤精度：膜孔径通常为 0.01～0.4μm，可截留细菌、胶体、悬浮物及大分子有机物，出水浊度<1NTU，SS 去除率接近 100%。

② 固液分离优势：无需传统二沉池，直接通过膜过滤实现泥水分离，避免污泥膨胀问题，出水水质稳定达标。

2. 生物浓度高，处理负荷大

① 污泥浓度：MLSS 可达 8000～12000mg/L（传统活性污泥法仅 2000～4000mg/L），单位容积微生物量高，生化反应速率快。

② 抗冲击能力：高污泥浓度使系统对水质波动（如 COD、氨氮负荷突变）适应性强，适合处理高浓度有机废水。

3. 污泥龄长，剩余污泥量少

① 长泥龄特性：污泥龄可长达 20～40 天（传统工艺仅 5～15 天），有利于世代周期长的硝化菌、反硝化菌生长，强化脱氮效果。

② 污泥减量：污泥产率比传统工艺降低 30%～50%，减少污泥处理成本及二次污染风险。

4. 工艺集成度高，占地面积小

① 紧凑设计：膜分离单元与生物反应池一体化集成，省去二沉池、污泥回流系统，占地面积较传统工艺减少 30%～50%。

② 灵活适配：可根据水质、水量调整膜组件排列方式（如并联或串联），适用于新建项目及现有设施提标改造。

MBR 工艺与传统水处理工艺的比较见表 9-10。

表 9-10 MBR 工艺与传统水处理工艺的比较

序号	项目名称	传统水处理工艺	MBR 工艺
1	工艺组成	预处理、生物反应池、沉淀池、混凝池、二沉池、过滤、消毒、清水池	预处理、MBR 池、消毒、清水池
2	场地要求	受建设场地限制	不受建设场地限制，有地面式、半地下式等
3	出水水质	不符合国家相关一级 A 标准	符合国家相关一级 A 标准
4	占地面积	大	小
5	产水率	产水率低，自耗水量较大	产水率高，无需反冲洗水
6	剩余污泥	剩余活性污泥产量大	剩余活性污泥产量非常小
7	运行流程	设备多，流程复杂，维修量大	设备少，流程简单，维修量小
8	运行管理	管理复杂，故障可能性高	自动控制，运行稳定，操作容易
9	产水用途	一般冲洗，道路洒水，绿化	中水回用

5. 操作维护便捷

① 自动化控制：可通过 PLC（可编程逻辑控制器）系统实时监控膜压差、流量、水质等参数，实现自动启停、反冲洗及化学清洗。

② 模块化更换：膜组件采用标准化设计，支持在线更换，维护时无须停产，提升系统连续性。

6. 适用范围广

① 水质适应性：可处理生活污水、煤化工废水、食品加工废水等高浓度废水，对 COD、氨氮、总磷等污染物的去除率均优于传统工艺。

② 回用潜力：出水可直接回用作循环冷却水、景观用水等，满足《城镇污水再生利用工程设计规范》（GB 50335—2016）要求。

第九节 MBR 工艺流程

一、工艺流程组成

① 进水井 进水井里设置溢流口和进水闸门，在来水量超过系统负荷或者处理系统发生事故的情况下，关闭进水闸门，废水直接通过溢流口排出。

② 格栅 废水中经常含有大量杂物，为了保证 MBR 系统的正常运行，必须将各种纤维、渣物、废纸等杂物拦截在系统之外，因此设置格栅，定期将栅渣清理干净。

③ 调节池 由于废水水量和水质会随时间变化，为了保证后续处理系统的正常运行，降低运行负荷，需要对废水的水量和水质进行调节，因此在进入生物处理系统前设置调节池。调节池内需要定期清理沉淀物。调节池一般设置溢流装置，在负荷过大的情况下，保证系统的正常运行。

④ MBR 反应池　在 MBR 反应池里进行着有机污染物的降解和泥水的分离。作为处理系统的核心部分，反应池里面包括微生物菌落、膜组件、集水系统、出水系统、曝气系统。

⑤ 消毒装置　根据出水的要求，工艺系统设有消毒装置，可自动控制加药量。

⑥ 计量装置　为了保证系统运行良好，需要采用一定的计量装置进行系统的参数控制。计量控制仪器包括流量计和水表等。

⑦ 电控装置　电控箱安装于设备机房内，主要控制进水泵、风机和抽吸泵。控制有手动控制和自动控制两种形式，以控制各反应池水位情况，自动运行。抽吸泵运行按预设时间周期间歇控制，当 MBR 反应池出现低水位时，抽吸泵自动停止，以保护膜组件。

二、工艺流程类型

1. A^2O-MBR 组合工艺流程

在 A^2O-MBR 组合工艺中，其内部流程依次为厌氧、缺氧、好氧和膜池。在该工艺流程中设有两段回流：一段是膜池的混合液回流至缺氧池实现反硝化脱氮；另一段是缺氧池的混合液回流至厌氧池，实现厌氧释磷。A^2O-MBR 组合工艺流程中高浓度 MLSS、独立控制的水力停留时间、污泥停留时间、回流比、污泥负荷率等都会产生与传统 A^2O 工艺中不同的影响，具有较好的脱氮除磷效果。A^2O-MBR 组合工艺流程见图 9-10。

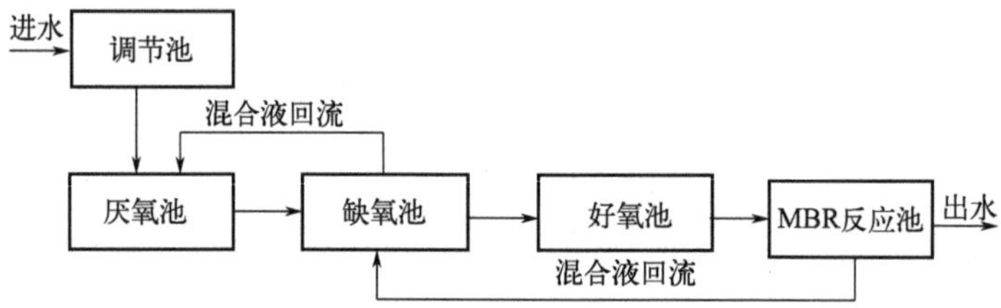

图 9-10　A^2O-MBR 组合工艺流程示意图

2. A^2O/A-MBR 组合工艺流程

该工艺是一种强化内源反硝化新型工艺流程，其内部流程依次为厌氧、缺氧、好氧、后置缺氧和 MBR 膜池。该工艺在 MBR 膜池前再设置一个后置缺氧池，利用 MBR 内高浓度活性污泥和生物多样性来强化脱氮除磷效果。充分利用进水碳源完成生物除磷和脱氮后，在后置缺氧池内进行内源反硝化，强化去除 TN 后再利用膜池的好氧曝气作用以保障出水水质。A^2O/A-MBR（厌氧-缺氧-好氧/缺氧-膜生物反应器）组合工艺通过将传统 A^2O/A 脱氮除磷工艺与膜生物反应器（MBR）耦合，利用膜分离对微生物的高效截留作用，强化了系统内硝化菌、聚磷菌等功能菌群的富集，在实现有机物降解的同时，显著提升脱氮除磷效率，是一种高效的深度处理脱氮除磷工艺。A^2O/A-MBR 组合工艺流程见图 9-11。

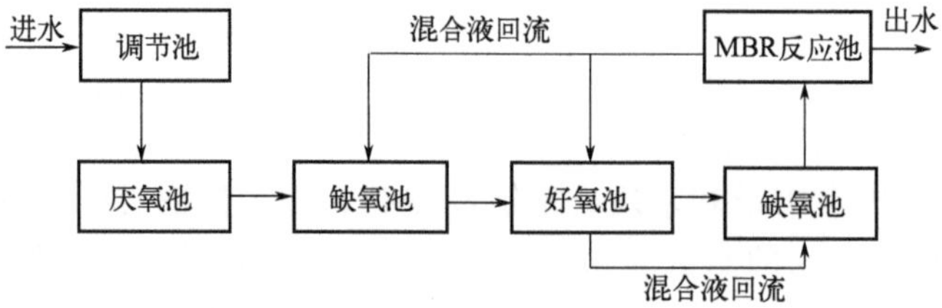

图 9-11　A^2O/A-MBR 组合工艺流程示意图

3. 3A/O-MBR 组合工艺流程

3A/O-MBR 组合工艺流程，其内部流程依次为前置缺氧池、厌氧池、缺氧池、好氧池和 MBR 膜池。3A/O-MBR 组合工艺是在 A^2O 工艺前再设置一个前置缺氧池与 MBR 进行组合，也可以认为是将 A^2O/A-MBR 组合工艺中的后置缺氧池转移到前端成为前置缺氧池。设计将膜池混合液分别回流至前置缺氧池和缺氧池，合理地解决了有机物同步降解和脱氮除磷等各处理单元的生物降解功能，实现同步去除各污染指标的目的。该工艺的特点是在传统的 A^2O 工艺中设置了两段缺氧池（前置缺氧池和缺氧池），在前置缺氧池内从 MBR 反应池回流的 NO_3^- 完全被还原，实现完全反硝化。而在缺氧池内实现内源反硝化，节省外加碳源的投加，从而提高了废水的生物脱氮效率，同时避免了外加碳源。

该工艺的主要原理是利用膜生物反应器截留的高浓度硝化液和高浓度活性污泥经过回流系统形成良好的缺氧、厌氧条件，分别去前置缺氧池和缺氧池，实现系统的高效脱氮除磷。前置缺氧池利用进水碳源和回流硝化液进行快速反硝化反应，紧接着混合液进入厌氧池进行厌氧释磷，减少了硝酸盐对释磷的影响；缺氧池再利用废水中剩余的碳源和回流的硝化液进一步进行反硝化脱氮反应；好氧池内同步发生有机物降解、好氧释磷和好氧硝化等多种反应，彻底去除废水中的 COD 及 BOD_5，混合液再经膜过滤出水，实现废水中氮和磷的去除。

3A/O-MBR 组合工艺流程见图 9-12。

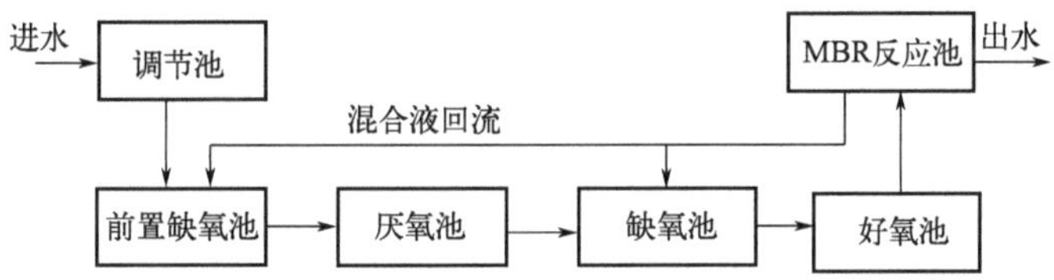

图 9-12 3A/O-MBR 组合工艺流程示意图

4. AO-MBR 组合工艺流程

AO-MBR 组合工艺即为厌氧/缺氧、好氧生化处理法与膜法的组合工艺，不仅能去除废水中的 BOD_5、COD，而且还能去除废水中的氮化合物。A 段池称为缺氧池或水解池。水解的机理是化合物在一定条件下与水接触发生水解反应，可使共价键发生变化和断裂。生物水解是靠生物酶的催化作用加速反应的。生物水解就是指复杂的有机物分子经加水，在缺氧条件下，被水解酶分解成简单的化合物的反应。生物水解反应实际上包括了水解和酸化两个过程，酸化可使有机物降解为有机酸。最后再进入好氧 MBR 膜池进行好氧生化作用，并通过膜组件来截留活性污泥。AO-MBR 组合工艺流程见图 9-13。

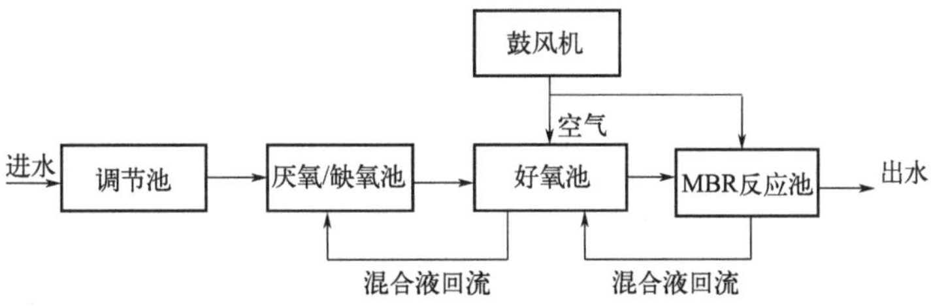

图 9-13 AO-MBR 组合工艺流程示意图

5. A（2A）O-MBR组合工艺流程

A（2A）O-MBR组合工艺，其内部流程依次为厌氧池、缺氧池Ⅰ、缺氧池Ⅱ、好氧池和MBR膜池。预处理后的废水首先按比例分配流量，分别进入缺氧池Ⅰ和厌氧池，然后依次重力流入缺氧池Ⅱ、好氧池和膜池，最后通过膜过滤抽吸出水。

根据脱氮除磷要求需要设置两级回流：第一级回流是膜池（MBR反应池）的混合液回流到好氧池前端；第二级回流是好氧池的混合液分别回流到缺氧池Ⅰ和缺氧池Ⅱ，两者的流量比例通过回流渠道和调节堰来分配。缺氧池Ⅰ优先最大限度地利用进水碳源快速完成反硝化过程，去除大部分的硝态氮。缺氧池Ⅱ内的废水与部分从好氧池回流过来的富硝酸盐混合液再次混合，在长时间的缺氧条件下，发生内源反硝化反应，进一步去除了废水中的硝态氮。此外，将厌氧池放在缺氧池Ⅰ之前，使得回流液中硝态氮被充分反硝化，减少了其对聚磷菌的抑制，提高了除磷效果。

生物反硝化需要有机碳源作为电子供体，用于产能和细胞合成。污泥中含有的碳水化合物均属于慢速可生物降解碳源，将这些物质转化为易生物降解碳源用于脱氮系统。A（2A）O-MBR工艺的特点是在传统的A^2O工艺中设置了两段缺氧池（缺氧池Ⅰ和缺氧池Ⅱ），在缺氧池Ⅰ内从好氧区回流的NO_3^-完全被还原，实现完全反硝化；而在缺氧池Ⅱ内实现内源反硝化，节省外加碳源的投加，提高废水生物脱氮的效率，同时避免了外加碳源。

A（2A）O-MBR组合工艺流程见图9-14。

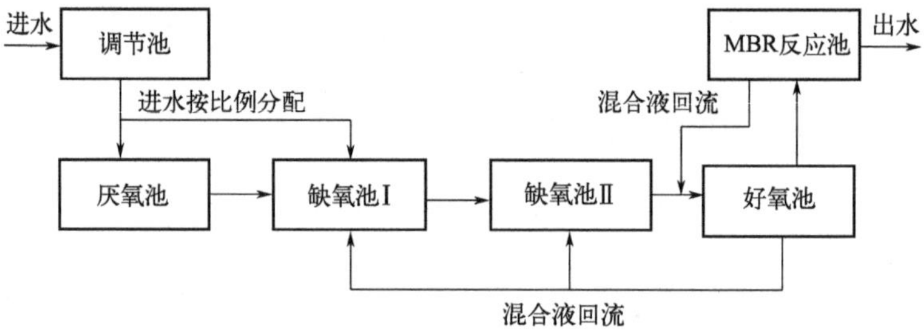

图9-14　A（2A）O-MBR组合工艺流程示意图

6. SBR-MBR组合工艺流程

SBR-MBR组合工艺是将SBR和MBR相结合形成的一种工艺，具有两者的优点。SBR池是集进水、厌氧、好氧、沉淀于一池，不仅为实现生物脱氮除磷提供条件，还可以灵活变换运行方式以适应不同类型废水的处理要求，便于自动控制等。由于SBR是一种改良型的活性污泥处理工艺，利用膜组件的截留过滤作用，反应中的微生物可以最大限度地繁殖，利于世代时间较长的硝化细菌及亚硝化细菌的生长繁殖，污泥生物活性高，吸附和降解有机物的能力强，具有较好的硝化能力。正是SBR式的进水、厌氧、好氧、沉淀、分离五个系统的工作方式为聚磷菌的生长创造了条件，同时也满足了脱氮的需要，使得单一反应器内实现同时高效去除氮、磷及有机物成为可能。与传统SBR系统相比，SBR-MBR在反应阶段利用膜分离排水，可以减少传统SBR的循环时间。将SBR与MBR相结合形成的SBR-MBR工艺，除了具有一般MBR的优点外，对膜组件本身和SBR工艺两种程序运行都互有帮助。

三、工艺流程选择

选择MBR工艺流程时应重点考虑：

① 进水水质，如难生物降解有机物浓度、碳氮比、碳磷比等；
② 出水水质，即脱氮除磷效果；
③ 进水水质及水量波动等因素；
④ 气候条件等。

1. 典型的 A-MBR 组合工艺流程

典型的 A-MBR 组合工艺流程见图 9-15。

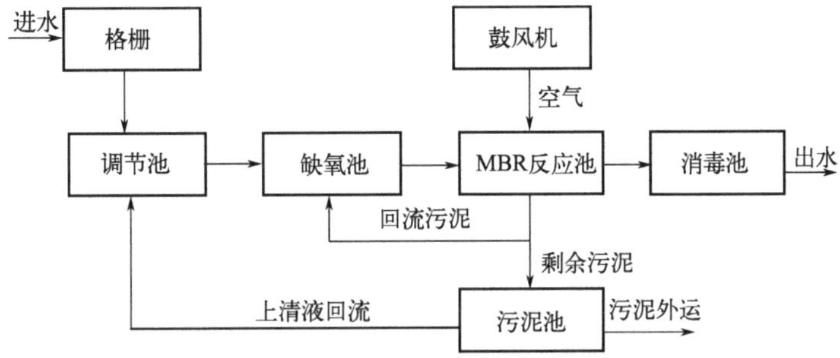

图 9-15 典型的 A-MBR 组合工艺流程示意图

工艺流程说明：原水经格栅（去除水中悬浮物）后进入调节池（进行水质、水量调节），然后进入缺氧池（一般用泵提升），在缺氧池内原水与回流污泥混合进行反硝化反应，去除水中的氮、磷（缺氧池内一般设置潜水搅拌机）。反应后的混合液流入 MBR 反应池，池内设置曝气头进行曝气以去除水中的碳、氨氮等污染物。MBR 反应池出水进入消毒池，通过二氧化氯发生器向消毒池内投加二氧化氯进行出水消毒，然后排出。因 MBR 反应池内活性污泥会不断增生，其中一部分回流到缺氧池进行反硝化脱氮除磷；另一部分多余的活性污泥则以剩余污泥的形式排入污泥池，在污泥池内对活性污泥进行进一步的泥水分离，当污泥池满了以后，上清液通过溢流管回流至调节池，一段时间后，底部污泥通过人工清掏后外运。

2. 典型的 AO-MBR 组合工艺流程

典型的 AO-MBR 组合工艺流程见图 9-16。

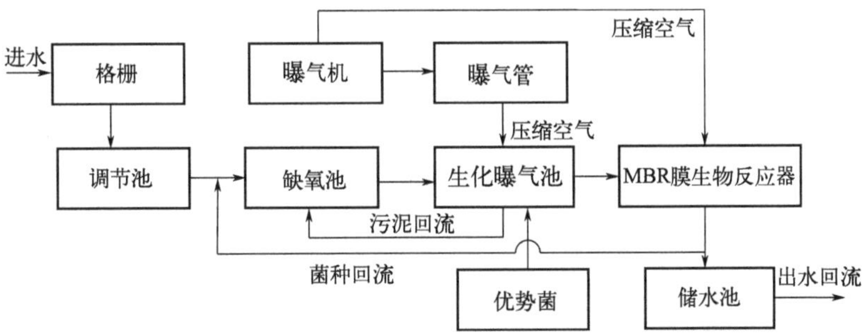

图 9-16 典型的 AO-MBR 组合工艺流程示意图

AO-MBR 组合工艺的脱氮除磷处理效果比较突出，运行管理也非常稳定可靠。PVDF（聚偏氟乙烯）膜材质具有更高的物理强度与化学稳定性，可以使用高浓度的氧化剂进行化学清洗以获得最佳的清洗效果。0.08μm 的平均膜孔径，均匀而密集的孔径分布，使膜在具备更高的产水品质和过滤通量的同时具有更强的耐污染性及化学清洗恢复性能。简单的平板构造及改良的膜表面特性有效地解决了传统中空纤维膜断丝的困扰，曝气上升流体能有效冲刷膜表面，使颗粒物质难以在膜表面吸附。膜组件框架、曝气箱及产水管均为不锈钢材质，无须更换。

3. 典型的 A^2O-MBR 组合工艺流程

典型的 A^2O-MBR 组合工艺流程见图 9-17。

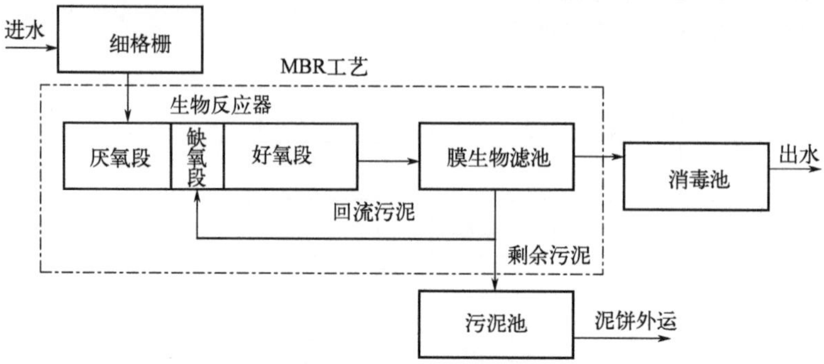

图 9-17 典型的 A^2O-MBR 组合工艺流程示意图

典型的 A^2O-MBR 组合工艺流程以膜技术高效分离作用取代传统活性污泥法中的二沉池，实现传统工艺所无法比拟的泥水分离和污泥浓缩效果，消除了污泥膨胀的影响，并大幅度提高了曝气池中活性污泥的浓度，延长了污泥龄，减少了参与污泥量，提高了出水水质。通过 MBR 膜分离替代二沉池，减少占地面积，提高氨氮及难降解有机物的去除率，管理更方便，运行更稳定。

4. 典型的煤化工废水 MBR 工艺流程

典型的煤化工废水 MBR 工艺流程见图 9-18。

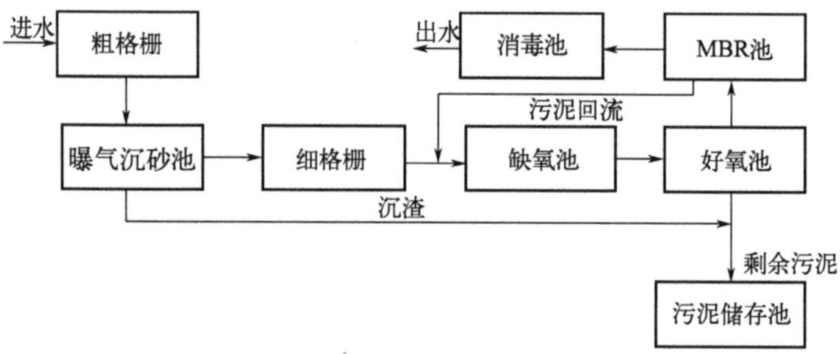

图 9-18 典型的煤化工废水 MBR 工艺流程示意图

第十节 MBR 工艺在煤化工废水处理中的应用

一、概况

陕西榆林某煤制油 100 万 t/a 煤间接液化项目，以煤为原料，主要生产柴油、石脑油、LPG（液化石油气）等化工产品。煤化工废水处理及回用水处理，包括煤气化废水、低温甲醇洗废水、费托合成高浓度 COD 废水、含油废水及生活废水等的处理。依托 A^2O-MBR 组合工艺建设污水处理厂，针对煤化工、石油化工等行业排放的高浓度有机废水，通过“厌氧

-缺氧-好氧生物降解+膜分离”的协同处理机制，有效去除废水中的COD、氨氮、总磷等污染物，出水水质达到《石油化学工业污染物排放标准》（GB 31571—2015）及地方环保要求，实现废水资源化回用与达标排放。

煤制油废水按照含盐量分为两类：一是有机废水，主要来源于煤气化等工艺废水及生活废水等，其特点是含盐量低，污染物以COD为主，氨氮含量高，含有酚及多元酚等难生物降解物质；二是含盐废水，主要来源于生产过程中煤气洗涤废水、循环水系统排水、除盐水系统排水、回用系统浓水等，其特点是含盐量高。

二、废水处理系统

废水处理主要工艺技术选择：

① 综合废水1：气浮+A/B池+沉淀。

② 综合废水2：气浮（初沉池+UASB）+OA^2O+MBR池。

③ 综合回用水：高效澄清池+V型滤池+UF+RO工艺。

④ 综合回用浓水：高效澄清池+石英砂过滤+UF+RO工艺。

主要工艺特点：有效控制生化处理系统时间比例和运转条件，只要碳源充足，可达到较高的脱氮率和有机物脱除率。采用OA^2O工艺作为生化段主工艺。曝气采用高效旋流曝气器，曝气器筒体属于大孔通道，配合旋混结构，具有面积大、阻力小、运行稳定可靠、不易堵塞、使用寿命长等优点。

膜生物反应器（MBR）工艺将膜分离技术与传统废水生化处理相结合，通过维持曝气池中高浓度活性污泥（MLSS可达8000～12000mg/L），富集具有特定功能的优势菌群（如硝化菌、聚磷菌等），显著提升生化反应速率。同时，通过降低污泥负荷（F/M值），减少剩余污泥产生量，有效解决传统活性污泥法存在的污泥膨胀、处理效率低等问题。当合成废水中有机物浓度达到15000mg/L以上，且含有大量有毒有害物质时，采用两级厌氧工艺，同时厌氧段设置双循环系统，以降低高浓度有机物对系统的冲击以及保证反应器气体上升流速。

三、零排放集成

煤化工废水零排放系统由废水预处理系统、高效生物处理系统、膜处理系统、膜浓缩系统及蒸发结晶系统组成。

1. 废水预处理系统

对生产装置排放的废水进行生化处理之前需先进行预处理。预处理主要处理气化废水、合成废水、其他工艺排放的生产废水、初期雨水和生活废水，需要去除废水中油类物质、氰化物、氨氮、酚和悬浮物等。各生产装置排放的废水经过各自的预处理工艺处理后进入综合废水的生物处理系统，有利于更好地发挥生化系统的作用。其中合成废水经隔油去除浮油后进入调节池，加碱调节pH后进入两级气浮系统进一步去除浮油、悬浮物及部分有机物，出水进入综合废水处理系统；气化废水进入气化调节池后由泵提升至絮凝沉淀池去除SS和硫化物，出水进入一级、二级氧化反应池进行脱氰氧化处理，脱氰后的出水进入综合废水处理系统。

2. 高效生物处理系统

生物处理系统的处理效果对回用水处理及零排放工艺至关重要。综合废水生化处理主要采用上海东硕拥有专利的水解酸化与A/O法相结合的一体化同步脱氮处理工艺。该同步脱氮组合工艺具有操作维护简单、占地面积小、污泥产率低、泡沫问题小、运行费用低、稳定性强等优点。

（1）水解酸化池

各生产装置排放的废水经过各自预处理系统处理后进入综合废水调节池进行均质、均量，并由废水提升泵提升至水解酸化池，水解酸化作用对难降解的COD和多元酚有较好的适应性。经水解酸化反应后，废水生化性提高，部分有机物被降解。

（2）AO脱氮工艺

废水在没有曝气的情况下进入缺氧状态，好氧池回流的硝化液回流至缺氧池进行反硝化脱氮反应，将亚硝酸盐和硝酸盐分解成氮气释放至大气中。缺氧池的出水进入好氧池。通过对好氧池进行鼓风曝气，同时在好氧菌胶团的作用下，废水中的小分子有机物被分解、氧化，生成二氧化碳和水，含氮化合物被氧化成亚硝酸盐和硝酸盐。通过AO脱氮工艺可以改善难降解污染物的性质，强化降解废水中剩余的有机污染物。

（3）高效微生物（HSB）

可直接处理浓度高于常规生化法数倍的有机废水。HSB对毒性抑制物的耐受能力远高于常规自发性微生物，可承受较高浓度的氰化物、硫氰酸盐、硫化物及酚等毒性抑制物。HSB具有完整的硝化、反硝化及厌氧氨氧化菌群，氨氮去除效率高于常规自发性微生物，故可有效处理低C/N值的煤化工废水。

3. 膜处理系统

煤制油工艺有机废水经过上述流程处理后通常仍不能满足回用标准，需要再进行超滤及反渗透处理才能回用。生物系统的出水进入高密度沉淀池，池内投加PAC（聚合氯化铝）、PAM（聚丙烯酰胺）和粉末活性炭，同时污泥回流，可以有效地增加系统的污泥浓度，增加污染物与絮凝剂、污泥的结合概率，去除微小污染物的效果良好；经过V型滤池和活性炭过滤器预处理的水质可满足后续进膜的要求，通过超滤装置去除水中的悬浮物、胶体、细菌和微生物，产水进入反渗透装置，利用反渗透膜的选择透过特性除去水中绝大部分可溶性盐分、有机物及微生物等，RO产水可回用，浓水进入膜浓缩系统进一步处理。

4. 膜浓缩系统

经过膜处理回收后，剩余的高含盐废水通常采用膜浓缩或热浓缩技术将其中的杂质浓缩。目前高效反渗透（HEMCTec）在国外已经有较广泛的应用，但是在国内还未普及。高效反渗透具有运行稳定、运行成本低（一般比传统的RO要低15%～20%）、投资费用低（一般比传统的RO要低30%）、占地空间小的特点，适用于高纯水的制备以及废水处理。其主要的流程是：通过软化去除水中的硬度，然后再通过脱气去除水中的二氧化碳，再加碱将RO进水的pH值调到8.5以上。在这种模式下运行，RO的回收率通常能够达到90%以上。

5. 蒸发结晶系统

膜浓缩后产生的浓液，含盐量通常高达20%（质量分数）以上。国内应用较多的浓液处置方式有蒸发结晶、焚烧、冲灰等。上海东硕环保科技有限公司综合国内外最新技术研发的机械压缩闪蒸蒸发器（CMVR），以高效、节能、低成本的特性，广泛应用于煤化工、石油化工等众多行业的废水零排放系统中。

蒸发系统由两套热交换器（辅交换器、主交换器）、高速循环泵、闪蒸器等组成。废水经由提升泵先进入辅交换器，初步通入少量蒸汽将废水升至特定温度后，经由主交换器进入闪蒸器，闪蒸器内为负压环境，闪蒸器末端设有高速循环泵，使废水在辅交换器至闪蒸器内部形成高速紊流循环，废水以≥5m/s的流速进入闪蒸器瞬间蒸发，产生水蒸气及浓缩液。水蒸气经由蒸汽压缩装置升温升压后通入主换热器，作为主换热器热源，再通入辅换热器利用余热给后续进入系统的废水升温，同时自身凝结成蒸馏水送至用户用水点，从而达到蒸发回收的目的。系统产生的浓缩液排入结晶装置，进行结晶处理后外运。

MVR（机械蒸汽再压缩）技术具有以下核心工艺特点：

① 内置式加热系统：通过压缩机将二次蒸汽升压升温后直接作为加热热源，无需外置锅炉，减少热损失。

② 浸没式沸腾工艺：物料在蒸发器内直接与高温蒸汽接触，强化传热效率，缩短蒸发时间。

③ 高流速循环系统：物料通过高速循环泵（流速≥3m/s）在蒸发器与闪蒸器间形成强制循环，防止溶质沉积结垢。

④ 冷凝水余热回收：蒸汽冷凝后产生的高温冷凝水可回用于预热进料，降低系统能耗。

第十章 厌氧生物处理工艺

煤化工废水经预处理后进入厌氧生物处理单元。厌氧生物法是在无分子氧的条件下由多种厌氧菌或专性厌氧菌共同发挥作用，在酸性消化阶段，产酸菌分泌的外酶使高浓度废水中的大分子有机物降解为低分子有机酸、醇类、醛类及二氧化碳等；在碱性阶段，上述产物在甲烷菌作用下，代谢产生 CH_4 和 CO_2。通常采用厌氧生物法与活性污泥法组合运行，在煤化工高浓度大分子废水处理中得到广泛的应用。本章将重点介绍该法去除废水中高浓度大分子有机污染物的基本原理、运行方式、主要性能、关键设备以及工艺流程。由于其处理过程能耗低，且能回收生物能，在煤化工废水处理中得到广泛的应用。

第一节 概述

一、厌氧生物法定义

厌氧生物处理法是在断绝氧气的条件下，利用厌氧微生物和兼性厌氧微生物的作用，将废水中的各种复杂有机物转化成比较简单的无机物二氧化碳或有机物甲烷的处理过程，厌氧生物处理也称为厌氧消化。厌氧消化无须搅拌和供氧，动力消耗少，能产生大量含甲烷的沼气。沼气是有机物厌氧处理的转化产物，沼气的产量和成分主要取决于有机物的种类和化学组成。一般情况下，沼气的化学组成中 CH_4 为 55%～75%，CO_2 为 25%～40%，另外含少量 H_2、NH_3、H_2S 等成分。沼气是很好的能源物质，可用于发电和作家庭燃气。

厌氧与好氧组合是废水处理中的经典 AO 工艺，一般是根据废水中的 COD、有机污染物、氮、磷的含量来确定好氧和厌氧的处理顺序。通常厌氧法适合处理高浓度废水，作为前置工艺，厌氧池仅将 COD 降至 2000mg/L 以下，而好氧池可以进一步将 COD 降至达标。但好氧法采用直接高浓度进水，保持高污泥浓度时，其溶剂有机负荷脱除难达到国家标准，还需要进一步对废水进行后续处理，且初次启动时间长，对温度要求较高，对毒物影响较敏感，特别是遭破坏后，恢复期较长，而采用厌氧与好氧组合的工艺则较好地解决了这个问题。

二、厌氧生物处理工艺类型

厌氧生物处理工艺按微生物的凝聚形态分类，主要有：厌氧活性污泥法和厌氧生物膜法两大类。厌氧活性污泥法主要包括普通消化池、厌氧接触消化池、升流式厌氧污泥床（upflow anaerobic sludge blanket，UASB）、厌氧颗粒污泥膨胀床（EGSB）等；厌氧生物膜法主要包括厌氧生物滤池、厌氧流化床和厌氧生物转盘等。

煤化工废水处理过程中通常采用的厌氧生物处理工艺包括上流式厌氧污泥床（UASB）、厌氧颗粒污泥膨胀床（EGSB）、厌氧生物滤池（AF）、内循环反应器（IC）等。由于煤化工废水水质复杂，常含有氨、硫化物、氰化物、盐类、重金属、醇类、醛类、芳香烃类、卤代烃类等一种或多种对厌氧微生物有毒性和抑制作用的物质，当这些物质浓度较高时，会导致厌氧污泥活性下降，甚至造成反应器运行失败。因此，需根据水质工况、处理目标及相似水质运行经验，选择适宜的厌氧处理工艺（如完全混合式工艺、微生物驯化工艺或预处理工艺），以规避生物毒性抑制。

三、厌氧生物法降解过程

厌氧生物法降解过程按照四过程理论，主要分为水解、酸化、产乙酸和产甲烷过程。其中产甲烷过程是整个厌氧过程中最重要的一个过程，也是厌氧降解过程的限速环节。

厌氧生物处理一般是在中温条件下进行的，pH 值维持在大约 7.5，最适宜产甲烷微生物生长。厌氧生物处理工艺的优化基本都是围绕着产甲烷过程，以及提高系统内传质效率和促进产甲烷微生物生长，从而提高甲烷产率。主要手段包括在系统中优化操作参数，添加载体，改善水力条件，提高污泥停留时间等。由于煤化工企业余热较多，为保证厌氧系统运行稳定以及提高甲烷产率因素，厌氧生物处理工艺一般宜采用中温条件；对有毒性、难生物降解有机废水的厌氧处理主要依靠微生物种类及驯化时间。由于厌氧污泥产率低，培养菌种驯化时间长，应储存一定量的剩余污泥。当系统因控制不当，污泥流失，或由于水温、pH 值、负荷变化以及有毒物冲击，污泥活性下降或微生物中毒难以恢复活性时，可以补加污泥，使反应器迅速恢复正常运行。

四、厌氧生物法发展趋势

在一般情况下，厌氧生物处理的投资比氧化沟和 SBR 工艺要高，但随着废水处理规模的增大，氧化沟和 SBR 的投资也成倍增加，而常规厌氧活性污泥法的投资则以较小的比例增加，两者的差距越来越小。当废水处理达到一定规模后，常规厌氧活性污泥法的投资比氧化沟和 SBR 可能还要节省。

厌氧生物处理能耗低，因为在厌氧生物处理过程中没有为微生物提供氧气的鼓风曝气装置，可以节省大量的能耗。在大量去除有机物的同时，厌氧处理工艺还会伴有大量生物甲烷的产生，这是一种可燃烧气体，具有较高的经济价值，可直接用于锅炉燃烧或发电。

厌氧生物法污泥产量低，原因在于废水中大部分有机污染物在厌氧处理过程中被转化为甲烷和二氧化碳，用于细胞合成的有机物占比显著低于好氧工艺。其中，产酸菌的产率为 0.15～0.34kg VSS/kg COD，产甲烷菌的产率为 0.03kg VSS/kg COD，而好氧微生物的产率通常为 0.25～0.6kg VSS/kg COD。此外，厌氧工艺对难降解有机物具有独特的处理优势，可降解部分好氧微生物难以分解的有机物（如多环芳烃、含氮杂环化合物等），因此当废水中含有此类污染物时，采用厌氧生物法作为前置预处理工艺，能够为后续好氧处理创造更有利的条件，提升整体处理效率。

厌氧生物法在发展过程中也存在一些问题，如常规活性污泥法、AO 和 A^2O 法等处理单元多，操作管理较复杂，特别是对污泥厌氧法管理要求高，消化过程产生的甲烷是可燃易爆气体，有严格的安全操作管理规程。但是厌氧法因为独特的优势，仍然得到非常大的重视和快速的发展。

第二节　厌氧生物法原理

一、基本原理

厌氧生物处理是指在厌氧条件下，由多种厌氧微生物或兼性微生物的共同作用，使有机物分解并产生 CH_4 和 CO_2 的过程。四过程理论或四菌群学说几乎与 Bryant 的“三过程理论”是同时被提出的。四过程理论实际上是在三过程理论的基础上，增加了一类同型产乙酸菌，该菌的主要功能是将产生的 H_2、CO_2 生物合成乙酸。事实上由这一部分 H_2、CO_2 合成的乙酸量非常少，只占厌氧体系中总乙酸量的 5%左右。按照四过程理论，高分子有机物的厌氧降解过程机理如下。

1. 水解过程

水解可定义为复杂的非溶解性的聚合物被转化为简单的溶解性单体或二聚体的过程。高分子有机物因分子量巨大，不能透过细胞膜，因此不可能为细菌直接利用，它们在第一过程中被细菌胞外酶分解为小分子。水解反应针对不同的废水类型差别很大，这取决于胞外酶能否有效地接触到底物。如纤维素被纤维素酶水解为纤维二糖与葡萄糖，这些小分子的水解产物能够溶解于水并透过细胞膜为细菌所利用。但大颗粒底物比小颗粒底物要难降解得多，如化工制药废水中的木质素就很难水解。水解过程较缓慢，被认为是含高分子有机物或悬浮物废液厌氧降解的限速过程。

2. 发酵酸化过程

发酵酸化可定义为有机化合物既作为电子受体也作为电子供体的生物降解过程，在此过程中溶解性有机物被转化为以挥发性脂肪酸为主的末端产物。酸化过程是由大量的多种多样的发酵细菌来完成的，在这些细菌中大部分是专性厌氧菌，只有 1%是兼性厌氧菌，这些兼性厌氧菌能够保护像甲烷菌这样的严格厌氧菌免受氧的损害与抑制。正是这 1%的兼性菌在反应器受到氧气的冲击时，能迅速消耗掉氧气，保持废水低的氧化还原电位，同时也保护了产甲烷菌的运行条件。

酸化过程的底物取决于厌氧降解的条件、底物种类和参与酸化的微生物种群。发酵细菌绝大多数是严格厌氧菌，但通常有约 1%的兼性厌氧菌存在于厌氧环境中。在酸化过程中，这部分兼性厌氧菌可消耗环境中的氧气，维持体系低氧化还原电位，为严格厌氧菌（如产甲烷菌）创造适宜的生存条件。该过程可通过监测挥发性脂肪酸（VFA）、氨氮和氢气浓度等指标，判断厌氧反应是否正常。

① VFA 过高会使废水的 pH 值下降，逐渐影响到产甲烷菌的正常进行，使产气量减小，同时整个反应的自然碱度也会较少，系统平衡 pH 的能力减弱，整个反应会形成恶性循环，以致整个反应器最终失败。

② 氨氮起到一个平衡的作用，能够中和一部分 VFA，使废水 pH 具有更大的缓冲能力，同时又供生物体合成自身生长需要的营养物质，但过高的氨氮会给微生物带来毒性。废水中的氨氮主要来自蛋白质分解。

③ 氢气浓度也是一个重要指标。以含 17 个碳的脂肪酸降解为例：

$$CH_3(CH_2)_{15}COO^- + 14H_2O \longrightarrow 7CH_3COO^- + CH_3CH_2COO^- + 11H^+ + 12H_2$$

脂肪酸的降解都会产生大量的氢气，如果要使上述反应得以正常进行，必须在下一反应中消耗掉足够的氢气，来维持这一反应的平衡。如果废水的氢气指标过高，表明废水的产甲烷反应已经受到严重抑制，需要进行修复。

发酵酸化过程的主要产物有挥发性脂肪酸、醇类、乳酸、二氧化碳、氢气、氨、硫化氢等。

3. 产乙酸过程

在产氢产乙酸菌的作用下，上一过程的产物被进一步转化为乙酸、氢气、碳酸以及新的细胞物质。发酵过程的产物是挥发性脂肪酸（VFA），在产乙酸过程中 VFA 被进一步降解成乙酸。

4. 产甲烷过程

在这一过程中，乙酸、氢气、碳酸、甲酸和甲醇被转化为甲烷、二氧化碳和新的细胞物质。在厌氧反应中，大约有 70%的甲烷由乙酸歧化菌产生，这也是几个过程遵循莫诺方程反应的过程。甲烷细菌将乙酸、乙酸盐、二氧化碳和氢气等转化为甲烷的过程由两种以上不同的产甲烷菌完成。一组把氢和二氧化碳转化成甲烷；另一组由乙酸或乙酸盐脱羧产生甲烷。前者约占总量的 1/3，后者约占 2/3。

上述四个过程的反应速度依废水的性质而异。在以纤维素、半纤维素、果胶和脂类等污染物为主的废水中，水解易成为速度限制步骤，简单的糖类、淀粉、氨基酸和一般蛋白质均能被微生物迅速分解；对含有机物的废水，产甲烷易成为限速过程。虽然厌氧消化过程分为以上四个过程，但是在厌氧反应器中，四个过程是同时进行的，并保持某种程度的动态平衡。

二、厌氧微生物种类

厌氧微生物主要包括发酵产酸菌、产氢产乙酸菌、产甲烷菌等。

1. 发酵产酸菌

发酵产酸菌主要在水解和酸化过程中发挥作用。当水解时，在胞外酶的作用下，发酵产酸菌将不溶性有机物水解成可溶性有机物；当酸化时，发酵产酸菌将可溶性大分子有机物转化为脂肪酸、醇类等。主要的发酵产酸菌有梭菌属、拟杆菌属、丁酸弧菌属、双歧杆菌属等。

2. 产氢产乙酸菌

产氢产乙酸菌的主要功能是将各种高级脂肪酸和醇类氧化分解为乙酸和 H_2，为产甲烷菌提供合适的基质，在厌氧系统中常与产甲烷菌属于共生互营关系。

3. 产甲烷菌

产甲烷菌的主要功能是将产氢产乙酸菌的产物乙酸和 H_2 转化为 CH_4 和 CO_2，使厌氧消化过程得以顺利进行。产甲烷菌可分为两类：乙酸营养型产甲烷菌和 H_2 营养型产甲烷菌，或称为嗜乙酸产甲烷菌和嗜氢产甲烷菌。

第三节 水解酸化工艺

一、水解酸化定义

1. 水解定义

水解是指化合物与水进行的一类化学反应的总称，比如酯类物质水解生成醇和有机酸的反应。在废水生物处理过程中，水解是指有机物进入细胞前，在胞外进行的生物化学反应，其典型特征是生物反应的场所在细胞外，微生物通过释放胞外自由酶或连接在细胞外壁上的固定酶来完成生物催化氧化反应，包括大分子物质的断链和水溶。自然界中有许多物质如蛋白质、糖类、脂肪等能在好氧、缺氧或厌氧条件下完成水解。

2. 酸化定义

酸化是指在发酵过程中微生物将有机物代谢为以乙酸、丙酸、丁酸等为主的各种有机酸的过程。水解菌实际上是一种具有水解能力的发酵细菌，水解过程是耗能的过程，发酵细菌付出能量进行水解的目的是取得能进行发酵的水溶性基质，并通过胞内的生化反应取得能源，同时在厌氧条件下，排出主要为各种有机酸的代谢产物。由于酸化会使 pH 值下降较多，不利于水解进行，一般将产酸过程控制在最小范围内。

二、水解酸化原理

水解和酸化是厌氧消化的两个过程。但是好氧处理工艺中的水解酸化和厌氧反应过程中的水解酸化是完全不同的。

好氧处理系统中的水解酸化是将原水中的非溶解态有机物截留并逐步转变为溶解态有机物，其目的是将废水中的难生物降解物质转化为易生物降解物质，促进废水的可生化性，以利于后续的好氧生物处理。

厌氧反应过程中的水解酸化是为厌氧反应器消化过程中的甲烷化过程提供基质。因此，尽管好氧处理过程中的水解酸化和厌氧反应过程中的水解酸化均产生有机酸，但两者的处理目的是完全不同的，所以各自运行的环境条件有着明显的差异。厌氧过程中的水解酸化的基本原理如下。

(1) 水解过程

厌氧水解过程是指复杂的固体有机物在水解酶的作用下被转化为简单的溶解性单体或二聚体。微生物无法直接代谢碳水化合物，如淀粉、木质纤维素等生物大分子，必须先将其降解为可溶性聚合物或者单体化合物才能被酸化菌群利用。

(2) 酸化过程

酸化过程（产酸发酵过程）是指将溶解性单体或二聚体形式的有机物转化为以短链脂肪酸或醇为主的末端产物。这些水解成的单体会进一步被微生物降解成挥发性脂肪酸、乳酸、醇、氨等酸化产物和氢、二氧化碳，并分泌到细胞外。

(3) 产氢产乙酸过程

产氢产乙酸过程主要是将水解酸化过程产生的两个碳以上的有机酸或醇类等物质转化为乙酸和可为甲烷菌直接利用的小分子物质的过程。降低系统氢分压有利于产物产生，但氢分压超过大气压时，有机酸浓度会增大，甲烷产量受到抑制。为了避免氢气在此过程积累，在厌氧过程中氢分压的降低必须依靠氢营养菌来完成。

（4）产甲烷过程

产甲烷过程是严格专性厌氧的产甲烷细菌将乙酸、一碳化合物和 H_2 等转化为 CH_4 和 CO_2 的过程。大部分甲烷来自乙酸的分解，由乙酸歧化菌通过代谢乙酸盐的甲基基团生成，剩下约 28%的甲烷是由 CO_2 和 H_2 合成的。产甲烷细菌的代谢速率一般较慢，对于溶解性有机物的厌氧消化过程，产甲烷过程是整个厌氧消化工艺的限速过程。

三、影响厌氧消化的主要因素

（1）有机负荷

有机负荷是指消化反应器单位容积在单位时间内所承受的挥发性有机物量，它是消化反应器设计和运行的重要指标。有机负荷的高低与处理物料性质、消化温度、所采用的工艺等有关。

（2）基质种类和形态

基质种类和形态对水解酸化过程的速率有着重要影响。多糖、蛋白质和脂肪在相同的操作条件下，水解速率依次减小。同类有机物，分子量越大，水解越困难，相应地，水解速率就越小。比如二聚糖比三聚糖容易水解；低聚糖比高聚糖容易水解；直链比支链易于水解；支链比环状易于水解；单环化合物比杂环或多环化合物易于水解。

（3）碳氮比

碳氮比是指有机原料中总碳和总氮的比例。厌氧消化过程中碳氮比是有最适范围的，一般在（20∶1）～(30∶1)，既不能太高也不能太低，否则都会对厌氧发酵过程产生影响。氨态氮和挥发性脂肪酸都是厌氧消化过程中重要的中间产物，不合适的浓度均会抑制甲烷发酵过程。

（4）酸碱度

水解液的 pH 值主要影响水解的速率、水解（酸化）的产物以及污泥的形态和结构。厌氧发酵菌尤其是产甲烷菌对反应体系中的酸浓度是极为敏感的。较低 pH 值条件下，甲烷菌的生长就会受到抑制，最佳的 pH 值为 5.5～6.5。pH 朝酸性方向或碱性方向移动时，水解速率都将减小。

（5）温度

水解反应是一个典型的生物反应，温度变化对水解反应的影响非常大。在一定的范围内，温度越高，水解反应的速率越大。特别是在厌氧消化过程中，温度的影响范围是很宽泛的，从低温到高温都存在。通常依据微生物活性把温度范围分为三类：一类是嗜寒的，温度范围为 10～20℃；一类是嗜温的，温度范围为 20～45℃，通常使用 37℃；一类是嗜热的，温度范围为 50～65℃，通常是 55℃。

（6）粒径

粒径是影响颗粒状有机物水解（酸化）速率的重要因素之一。粒径越大，单位重量有机物的比表面积越小，水解速率也就越小。由于颗粒态有机物的粒径对水解速率的影响较大，因此，对含颗粒态有机物浓度较高的废水或污泥，在进入水解反应器前可利用泵或研磨机进行破碎，以减小污染物的粒径，可加快水解反应的进行。

（7）水力停留时间

水力停留时间是水解反应器运行控制的重要参数之一。它对反应器的影响随着反应器功能的不同而不同。对于单纯以水解为目的的反应器，水力停留时间越长，被水解物质与水解微生物接触的时间也就越长，相应地，水解效率也就越高。一般为3～4h。

第四节 厌氧生物法影响因素及特征

厌氧生物法过程控制主要是产甲烷反应控制，影响产甲烷菌的各项因素有：温度、pH值、氧化还原电位、营养物质、*F*/*M* 比、有毒物质等。

一、厌氧消化影响因素

1. 温度

厌氧消化中的微生物对温度变化十分敏感（日变化小于±2℃），温度的突然变化，对甲烷产量有明显影响，温度突变超过一定范围时，则会停止产气。根据采用厌氧消化温度的高低，厌氧细菌可分为嗜热菌（或高温菌）、嗜温菌（中温菌）、嗜冷菌（20℃左右）。相应地，厌氧消化分为：高温消化（50～55℃）、中温消化（33～35℃）和常温消化（20～25℃ ）。

2. 营养与C/N比

厌氧消化原料在厌氧消化过程中既是产生沼气的基质，又是厌氧消化微生物赖以生长、繁殖的营养物质。这些营养物质中最重要的是碳素和氮素两种营养物质。厌氧微生物对N、P等营养物质的要求略低于好氧微生物，其要求COD∶N∶P＝200∶5∶1。原料C/N比过高，碳素多，氮素养料相对缺乏，厌氧菌和其他微生物的生长繁殖受到限制，发酵过程就长。若C/N比过低，可供消耗的碳素少，氮素养料相对过剩，则容易造成系统中氨氮浓度过高，出现氨中毒。

3. 氧化还原电位

在厌氧环境下，氧化还原电位（ORP或E_h）主要以体系中的氧化还原电位来反映。高温厌氧消化系统适宜的氧化还原电位为－600～－500mV；中温厌氧消化系统及浮动温度厌氧消化系统要求的氧化还原电位为－380～－300mV。

4. pH值和碱度

pH值是厌氧消化过程中的重要影响因素，pH值的变化直接影响着消化过程和消化产物。一般认为，其最适pH值范围在6.8～7.2。当pH＜6.5或pH＞8.2时，产甲烷菌会受到严重抑制，导致整个厌氧消化过程恶化。

5. 氨氮

厌氧消化过程中，氮平衡非常重要。氨氮对厌氧消化过程有较强的毒性或抑制性，氨氮是厌氧消化的缓冲剂，浓度过高，会对厌氧消化过程产生毒害作用。抑制浓度为50～200mg/L，但驯化后，适应能力会得到加强。氨氮以NH_4^+及NH_3等形式存在于消化液中，NH_3对产甲烷菌的活性有比NH_4^+更强的抑制能力。

6. *F*/*M* 比

厌氧生物处理的有机物负荷较好氧生物处理更高，一般可达5～10kg COD/（m^3·d），甚至可达50～80kg COD/（m^3·d）。

7. 搅拌和混合

搅拌可使消化物料分布均匀，促进微生物与物料的接触，并使消化产物及时分离，从而提高消化效率、增加产气量。同时对消化池进行搅拌，可使池内温度均匀，加快消化速度，提高产气量。

8. 有毒物质

挥发性脂肪酸（VFA）是原料酸性消化的产物，同时也是甲烷菌生长代谢的基质。一定的 VFA 浓度是保证系统正常运行的必要条件，但过高的 VFA 浓度会抑制甲烷菌的生长，从而破坏消化过程。有许多化学物质能抑制厌氧消化过程中微生物的生命活动，如硫化物、氨氮、重金属、氰化物及某些有机物等。

二、厌氧消化工艺主要特征

1. 主要特征

在断绝与空气接触的条件下，依赖兼性和专性的生物化学作用，对有机物进行生化降解的过程，称为厌氧生物处理法或厌氧消化法。若有机物的降解产物主要是有机酸，称为不完全厌氧消化，简称为酸发酵或酸化；若进一步将有机酸转化为以甲烷为主的生物气，称为完全厌氧消化，简称为甲烷发酵。厌氧消化主要特征如下：

（1）应用范围广

受供氧限制，好氧法适用于中、低浓度有机废水的处理，厌氧法既适用于高浓度有机废水，又适用于中、低浓度有机废水。有些有机物对好氧生物处理来说是难降解的，但对厌氧生物处理来说是可降解的，如固体有机物、着色剂蒽醌和某些偶氮染料等。

（2）能耗低

好氧法需消耗大量能量供氧，曝气费用随着有机物浓度的增加而增大，而厌氧法不需要充氧，而且产生的甲烷可作为能源。废水有机物达一定浓度后，产生的甲烷的能量可以抵偿消耗能量。当原水 BOD_5 达到 1500mg/L 时，采用厌氧处理即有能量剩余，有机物浓度愈高，剩余能量愈多。一般厌氧法的动力消耗约为活性污泥法的 1/10。

（3）负荷高

好氧法的有机容积负荷为 2～4kg $BOD_5/(m^3 \cdot d)$，而厌氧法为 2～10kg $COD/(m^3 \cdot d)$，高的可达 50kg $COD/(m^3 \cdot d)$。

（4）剩余污泥量少

污泥浓缩性、脱水性好。好氧法每去除 1kg COD 将产生 0.4～0.6kg 生物量，而厌氧法去除 1kg COD 只产生 0.02～0.1kg 生物量，其剩余污泥量只有好氧法的 5%～20%。同时，消化污泥在卫生学上和化学上都是稳定的。因此，剩余污泥处理过程简单、运行费用低。

（5）氮、磷营养需要量较少

好氧法一般要求 BOD_5：N：P 为 100：5：1，而厌氧法的 BOD_5：N：P 为 100：2.5：0.5，对氮、磷缺乏的工业废水所需投加的营养盐量较少。

（6）有杀菌消毒作用

厌氧处理过程有一定的杀菌消毒作用，可以杀死废水和污泥中的寄生虫卵、病毒等。

（7）污泥易贮存

厌氧活性污泥可以长期贮存，厌氧反应器可以季节性或间歇性运转。

2. 厌氧消化主要优点

① 能耗低，而且还可以回收生物能。

② 污泥产量很低。产酸菌的产率 Y 为 0.15～0.34kg VSS/kg COD，产甲烷菌的产率为 0.03kg VSS/kg COD 左右，而好氧微生物的产率为 0.25～0.6kg VSS/kg COD。

③ 厌氧微生物有可能对好氧微生物不能降解的一些有机物进行降解或部分降解。

④ 厌氧消化过程较复杂，由多种不同性质、不同功能的微生物协同作用，故处理效果好。

3. 厌氧消化主要缺点

① 对温度、pH 等环境因素较敏感。

② 处理后出水水质较差，需进一步利用好氧法进行处理。

③ 气味较大。

④ 对氨氮的去除效果不好。

4. UASB 与厌氧膨胀颗粒污泥床特点

① 污泥床内生物量多，折合浓度可达 20～30g/L。

② 容积负荷率高，在中温发酵条件下，一般情况下可达 10kg COD/(m^3·d) 左右，甚至能够高达 15～40kg COD/(m^3·d)，废水在反应器内的水力停留时间较短，所需池容缩小。

③ 设备简单，运行方便，不设沉淀池和污泥回流装置，不需填充填料，也不需在反应区内设机械搅拌装置，造价相对较低。

5. 厌氧膨胀床与厌氧流化床特点

① 细颗粒填料为微生物附着生长提供比较大的比表面积，使床内具有很高的微生物浓度，为 30g VSS/L 左右。有机物容积负荷较高，通常为 10～40kg COD/(m^3·d)，水力停留时间短，耐冲击负荷能力强，运行稳定。

② 载体处于膨胀状态，能防止载体堵塞。

③ 床内生物固体停留时间较长，运行稳定，剩余污泥量少。

④ 既可用于高浓度有机废水的厌氧处理，也可用于低浓度有机废水的处理。

⑤ 载体流化能耗较大。

⑥ 系统设计要求高。

6. 厌氧折流板式反应器（ABR）特点

① 反应器启动期短。接种一个月后就有颗粒污泥形成，两个月就可以稳定运行。

② 避免厌氧滤池、厌氧膨胀床和厌氧流化床的堵塞问题。

③ 避免升流式厌氧污泥床因污泥膨胀而发生污泥流失问题。

④ 不需要混合搅拌装置。

⑤ 不需载体。

7. 高温厌氧工艺特点

① 厌氧菌生长速率高，通常厌氧菌在 55℃时生长速率是 30℃时的 2～3 倍，产甲烷活性较高。

② 病原菌的去除率较高，经高温厌氧消化的污泥和出水可用于灌溉和施肥。

③ 剩余污泥产率低。虽然高温下细菌的生长速率快，但其衰亡速率也快，所以净污泥产率低。

④ 高温时水的黏度低，有利于处理时的混合及污泥沉降。

第五节　厌氧生物反应器

一、厌氧生物反应器简述

厌氧生物反应器技术从早期厌氧反应池到内循环厌氧反应器的技术发展经历了三代。早期厌氧反应器以普通的厌氧消化池为代表，废水与厌氧污泥完全混合，属低负荷系统。第二代反应器属高负荷系统，主要包括厌氧滤池、厌氧流化床和膨胀床反应器、升流式厌氧污泥床、厌氧折流板反应器、厌氧附着膜膨胀床等。第三代反应器在将污泥停留时间和水力停留时间相分离的前提下，使固、液两相充分接触，既能保持大量污泥，又能使废水和活性污泥之间充分混合、接触，以达到真正高效分离的目的。第三代反应器主要包括膨胀颗粒污泥床、内循环厌氧反应器、上流式污泥床过滤器等。

二、厌氧生物反应器防腐

厌氧生物反应器是厌氧生物消化的改进设备，但反应器内部的腐蚀现象较为严重，主要是存在电化学腐蚀和生物腐蚀。

电化学腐蚀主要是废水中的硫化物在厌氧消化过程中产生的 H_2S 在液相形成硫酸导致的腐蚀，尤其是气液交界处的腐蚀最严重。

生物腐蚀的原因是防渗、防水材料中的有机组分在长期与厌氧微生物接触的过程中，被分解而失去防渗、防水作用。为保护反应器免于腐蚀，反应器内壁应做防腐处理。反应器密闭是为了防止硫化氢等臭气外逸污染环境，防止沼气泄漏带来的安全问题，同时防止大气中的氧进入反应器内破坏厌氧环境。

三、早期厌氧生物反应器

早期厌氧生物反应器以厌氧消化池为代表，主要包括：完全混合式厌氧反应器、常规厌氧反应器和厌氧接触消化器等。

完全混合式厌氧反应器（continuous stirred tank reactor，CSTR）是一种使发酵原料和微生物处于完全混合状态的厌氧处理技术。通常采用 D 型带有搅拌桨的槽式反应器，搅拌在于使物料体系达到均匀状态，使得原料处于完全混合状态，有利于反应的均匀和传热。反应过程包括体系中物料的物理和化学变化，表征其体系特性的参数包括温度、压力、液位及体系组分等。活性区域遍布于整个消化区，效率相比于常规消化器有明显提高，故又称高效消化器。该消化器常采用恒温连续投料或半连续投料方式运行，适用于高浓度废水及含有大量悬浮固体的废水，设备简单，易操作，成本低。CSTR 适用于高浓度有机废水处理、污泥消化等领域。完全混合式厌氧反应器见图 10-1。

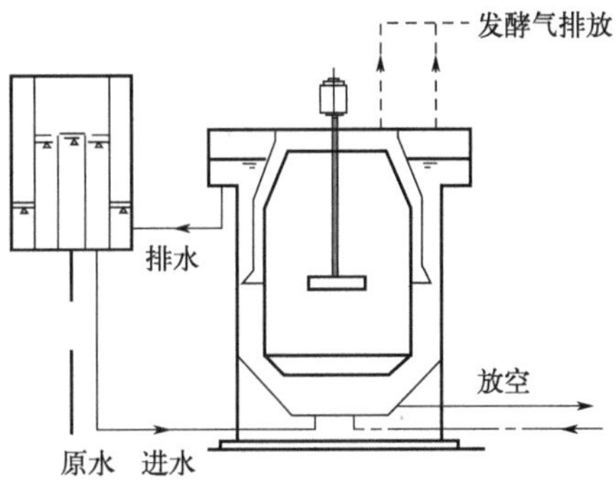

图 10-1　完全混合式厌氧反应器示意图

CSTR 主要工作原理：在一个密闭的反应器内完成料液的发酵、沼气产生等过程。消化器内安装有搅拌装置，使发酵原料和微生物处于完全混合状态。投料方式采用恒温连续投料或半连续投料。新进入的原料由于搅拌作用很快与发酵器内的全部发酵液菌种混合，使发酵底物浓度始终保持相对较低状态。

CSTR 工艺可处理高悬浮固体含量的废水，消化器内物料均匀分布，避免分层，使得液面上的有机悬浮物循环到反应器的下部，逐渐完全反应。同时利用产生的沼气发电，提高了产气率和投资利用率。

四、第二代厌氧生物反应器

第二代厌氧生物反应器主要包括：厌氧生物滤池、厌氧流化床和膨胀床反应器、升流式厌氧污泥床反应器、厌氧折流板反应器等。

1. 厌氧生物滤池

厌氧生物滤池（anaerobic biofilter，AF）是在传统厌氧活性污泥法基础上发展起来的一种高速厌氧生物滤池，采用填充材料作为微生物载体，厌氧菌在填充材料上附着生长，形成生物膜。生物膜与填充材料一起形成固定的滤床。

厌氧生物滤池由五部分组成，包括池底进水布水系统、池底布水系统与滤料层之间的污泥层、生物填料、池面出水补水系统和沼气收集系统。在厌氧生物滤池中，厌氧污泥的保留有两种方式，一种是细菌在固定的填料表面形成生物膜；另一种是在反应器的空间内形成细菌聚集体。厌氧生物滤池结构形式见图 10-2，其中图 10-2（a）为升流式结构，图 10-2（b）为降流式结构。

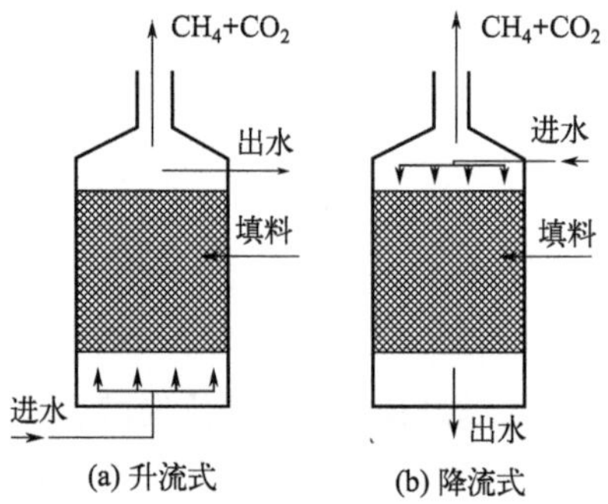

图 10-2 厌氧生物滤池结构示意图

厌氧生物滤池的主要特点是生物固体浓度高，可获得较高的有机负荷；微生物固体停留时间长，可缩短水力停留时间，耐冲击负荷能力较强；启动时间短，停止运行后再启动也较容易；产生剩余污泥量极少，不需污泥回流和剩余污泥处理设施，运行管理方便；在处理水量和负荷有较大变化的情况下，其运行能保持较大的稳定性；在处理低浓度废水时，无需沼气处理系统。

工艺流程说明：在厌氧生物滤池（升流式）中，水从反应器底部进入，经过池底布水系统均匀布置后，废水依次通过悬浮的污泥层和生物滤料层，有机物跟污泥及生物膜上的微生物接触、固定，然后被消化。水再从池面的出水补水系统均匀排出，进入下一级废水处理器。

厌氧生物滤池按水流的方向可分为升流式厌氧生物滤池和降流式厌氧生物滤池。废水向上流动通过反应器的为升流式厌氧生物滤池，反之为降流式厌氧生物滤池。

2. 升流式厌氧污泥床反应器

升流式厌氧污泥床（up-flow anaerobic sludge bed/blanket，UASB）反应器是一种处理废水的厌氧生物方法，又称上流式厌氧污泥床反应器。该反应器最早由荷兰 Lettinga 教授于 1977 年发明。UASB 反应器能够形成高生物活性的厌氧颗粒污泥，但不同的是这种反应器内部还能够形成流体循环。UASB 污泥床区的主要特征是由沉降性能良好的厌氧颗粒污泥组成，浓度可达到 50～100g/L 或更高。沉淀悬浮区主要靠反应过程中产生的气体的上升搅拌作用形成，污泥浓度较低，一般在 5～40g/L 范围内。

UASB 反应器结构见图 10-3。

UASB 的主要特征是自下而上流动的废水流过膨胀的颗粒状的污泥床。反应器分为污泥床、污泥层和三相分离器。三相分离器将气体分流并阻止固体物漂浮和冲出，使 MRT 比 HRT 大大增长，产甲烷效率明显提高。污泥床区平均只占反应器体积的 30%，但 80%～90% 的有机物在这里降解。三相分离器是 UASB 的关键设备，主要功能是气液分离、固液分离和污泥回流，但均由气封、沉淀区和回流缝组成。由于 UASB 反应器中能得到一种具有良好沉降性能和高产甲烷活性的颗粒厌氧污泥，因而与其他的厌氧反应器相比有一定的优势：如颗粒污泥的相对密度比人工载体小，靠产生的气体来实现污泥与基质的充分接触，省去搅拌和回流污泥设备及能耗；颗粒污泥沉降性能良好，避免附着在沉淀分离装置和回流污泥设备上，反应器内不需投加填料和载体，因此极大地提高了反应器的容积利用率和效率。

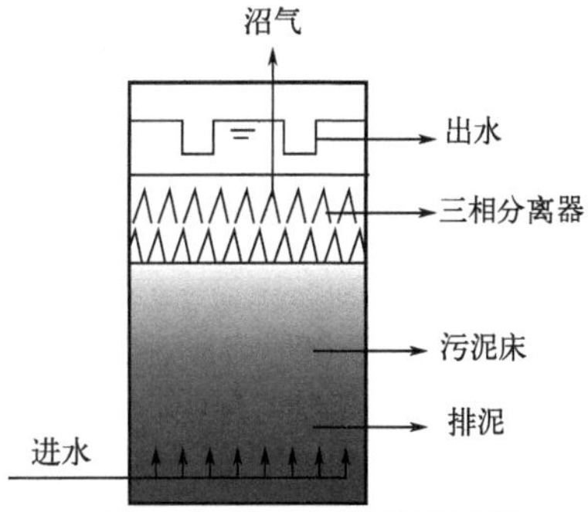

图 10-3 升流式厌氧污泥床反应器结构示意图

五、第三代厌氧生物反应器

第三代厌氧生物反应器中有代表性的有膨胀颗粒污泥床、内循环厌氧反应器、上流式污泥床过滤器和厌氧膜生物反应器等。

1. 内循环厌氧反应器

内循环厌氧反应器（internal circulation anaerobic reactor，简称 IC 反应器）是在 20 世纪 80 年代，由荷兰 PAQUES 公司在 UASB 反应器基础上研发的一种超高效厌氧反应器，在废水处理效率方面远超 UASB，被认为是第三代厌氧生化反应器的代表工艺之一。1988 年，第一个商业运行 IC 反应器建立，中国于 1996 年引进该技术。废水在反应器中自下而上流动，污染物被细菌吸附并降解，净化过的水从反应器上部流出。

IC 反应器集 UASB 反应器和流化床反应器于一身，利用反应器内所产生的沼气的提升力实现发酵料液的内循环。依靠沼气在升流管和回流管间产生的密度差在反应器内部形成流体循环。

IC 反应器实际上由两级 UASB 构成，底部 UASB 负荷高，顶部 UASB 负荷低。因为在一级分离时收集了大量沼气，其对废水的扰动减少，在二级三相分离中得到更好的气、水、泥分离效果。内循环厌氧反应器结构见图 10-4。

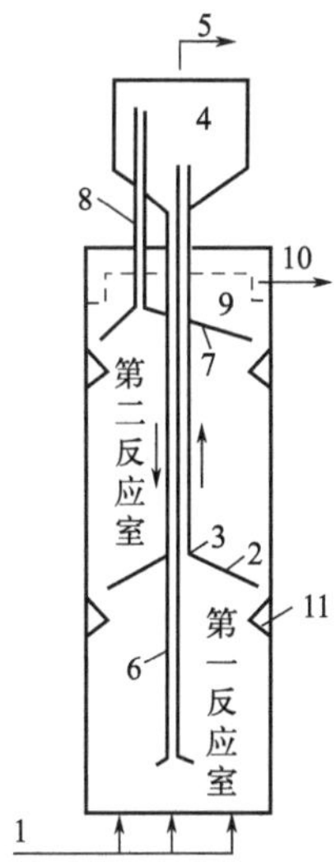

图 10-4 内循环厌氧反应器结构示意图

1—进水；2—第一反应室集气罩；3—沼气提升管；4—气液分离器；5—沼气导管；6—回流管；7—第二反应室集气罩；8—集气管；9—沉淀区；10—出水管；11—气封

二级分离的 lC 反应器确保了最佳的污泥停留时间，这样对于处理一些化工废水有利，因为这些废水的厌氧污泥产量很小。IC 反应器具有一个自调节的内循环结构，循环废水与原水混合将稀释进水浓度。内循环作用所带来的能量使得泥、水在底部混合得更加充分，从而污泥活性也得到增加。

IC 反应器的容积负荷为 UASB 反应器的两倍。该反应器的有机负荷可达到 UASB 反应器的 2～4 倍。另外，IC 厌氧反应器具有高径比大、上流速度快、有机负荷高、传质效果好等优点，其去除有机物能力远超过 UASB 等二代厌氧反应器。

2. 厌氧膜生物反应器

厌氧膜生物反应器（anaerobic membrane bioreactors，AnMBR）是将膜分离与厌氧生物处理单元相结合的一种废水处理技术。厌氧膜生物技术首次被提出是在 20 世纪 70 年代末，然而由于膜污染问题严重，发展缓慢。近年来随着膜技术的发展，投资和运行成本下降，2011 年美国斯坦福大学的 Mccarthy 教授等提出厌氧 MBR 将会是实现废水处理厂能量平衡的重要工艺，引起了广泛的关注。日本在厌氧膜生物反应器的应用上起步较早，在 2000 年就有了第一个商业运行的项目，随后在日本建设运行了十几个 AnMBR 工程项目。

AnMBR 使得水力停留时间（HRT）与污泥停留时间（SRT）分开，SRT 均超过 30 天，可以促进厌氧微生物生长，且占地小。AnMBR 过程分为厌氧消化与膜分离两个过程。其中，厌氧消化过程与传统厌氧处理工艺类似；膜分离过程与好氧 MBR 类似，主要差异在于不通过曝气吹扫膜表面。按膜组件的安放位置可分为分置式 AnMBR 与浸没式 AnMBR。AnMBR 技术在保留厌氧生物处理技术投资省、能耗低、可回收利用沼气能源、负荷高、产泥少、耐冲击负荷等诸多优点的基础上，引入膜组件，这带来一系列好处，如生化效果好，产水水质好且稳定等。

在 AnMBR 中，影响膜分离效果和稳定运行的主要因素是膜污染问题，而引起膜污染的主要因素有：进水条件、运行条件、膜材料、污泥特性、微生物代谢产物以及反应器构型等。由于厌氧微生物种类复杂以及严格的厌氧环境，因此膜污染现象更加严重。

目前 AnMBR 的实际应用案例较少，且多采用便于安装和清洗的外置式结构。例如，GE 公司开发的 AnMBR 技术专门用于处理高浓度有机工业废水，通过优化膜组件布局与厌氧反应条件，在食品加工、制药等行业实现了高效污染物去除与稳定运行。

第六节　升流式厌氧污泥床反应器工艺

一、概述

UASB 是一种处理废水的厌氧生物工艺，废水自下而上通过 UASB。反应器底部有一个高浓度、高活性的污泥床，废水被尽可能均匀地引入反应器的底部，废水向上通过包含颗粒污泥或絮状污泥的污泥床。厌氧反应发生在废水和污泥颗粒接触的过程中。在厌氧状态下产生的沼气，主要是甲烷和二氧化碳，引起内部循环，这对于颗粒污泥的形成和维持有利。废水中的大部分有机污染物经过厌氧发酵降解为甲烷和二氧化碳，因水流和气泡的搅动，污泥床之上有一个污泥悬浮层。在污泥悬浮层形成的一些气体附着在污泥颗粒上，附着和没有附着气体的污泥向反应器顶部上升。上升到表面的污泥撞击三相反应器气体发射器的底部，引起附着气泡的污泥絮体脱气。气泡释放后污泥颗粒将沉淀到污泥床的表面，气体被收集到反应器上部，在这里设有三相分离器用以分离消化气、消化液和污泥颗粒。分离器上设有集气室，置于集气室单元缝隙之下的挡板的作用是防止沼气气泡进入沉淀区，否则将引起沉淀区的絮动，会阻碍颗粒沉淀。包含一些剩余固体和污泥颗粒的液体经过分离器缝隙进入沉淀区。由于分离器的斜壁沉淀区的过流面积在接近水面时增加，因此上升流速在接近排放点时降低。由于流速降低，污泥絮体在沉淀区可以絮凝和沉淀。累积在三相分离器上的污泥絮体在一定程度上将超过其保持在斜壁上的摩擦力，其将滑回反应区，这部分污泥又将与进水有机物发生反应。UASB 耐负荷能力大，适用于高浓度有机废水的处理。

二、 UASB 工作原理

UASB 中的厌氧反应过程包括水解、酸化、产乙酸和产甲烷等过程，通过不同的微生物参与底物的转化过程将底物最终转化为沼气、水等。在厌氧消化反应过程中参与反应的厌氧微生物主要有：水解发酵（酸化）细菌（将复杂结构的底物水解发酵成各种有机酸、乙醇、糖类、氢和二氧化碳）、乙酸化细菌（将水解发酵的产物转化为氢、乙酸和二氧化碳）、产甲烷菌（将简单的底物如乙酸、甲醇和二氧化碳、氢等转化为甲烷）。这些过程都在反应器内完成。

UASB 反应器由污泥反应区、气液固三相分离器（包括沉淀区）和气室三部分组成。在底部反应区内存留大量厌氧污泥，具有良好的沉淀性能和凝聚性能的污泥在下部形成污泥层。要处理的废水从厌氧污泥床底部流入，与污泥层中污泥进行混合接触，污泥中的微生物分解废水中的有机物，把它转化为沼气。沼气以微小气泡的形式不断放出，微小气泡在上升过程中，不断合并，逐渐形成较大的气泡。

在污泥床上部由于沼气的搅动，污泥浓度较稀薄，这部分污泥和水一起上升进入三相分离器，沼气碰到分离器下部的反射板时，折向反射板的四周，然后穿过水层进入气室。

集中在气室的沼气用导管导出，固液混合液经过反射进入三相分离器的沉淀区，废水中的污泥发生絮凝，颗粒逐渐增大，并在重力作用下沉降。沉淀至斜壁上的污泥沿着斜壁滑回厌氧反应区内，使反应区内积累大量的污泥，与污泥分离后的处理出水从沉淀区溢流堰上部溢出，然后排出污泥床。

三、 UASB 反应器构造

UASB 反应器在构造上是集生物反应与沉淀于一体的厌氧反应器。反应器主要由下列几个部分组成。

（1）进水配水系统

进水配水系统设在反应器的底部，其功能是将进入反应器的废水均匀地分配到反应器的整个横断面，并具有一定的水力搅拌作用。一个有效的进水配水系统是保证 UASB 反应器高效运行的关键之一。

（2）反应区

UASB 反应器的关键部位是反应区，厌氧反应在此区进行，分为污泥床区和污泥悬浮区，其中的污泥床区主要集中了大部分高活性的颗粒污泥，是有机物的主要降解场所，而污泥悬浮区则是絮状污泥集中的区域。

① 污泥床　污泥床位于整个 UASB 反应器的底部。污泥床内具有很高的污泥生物量，其污泥浓度（MLSS）一般为 40～80g/L。污泥床中的污泥由活性生物量（或细菌）占 70%～80%以上的颗粒污泥组成，正常运行的 UASB 中的颗粒污泥的粒径一般在 0.5～5.0mm 之间，具有优良的沉降性能，其沉降速度一般为 1.2～1.4cm/s，典型的污泥容积指数（SVI）为 10～20mL/g。颗粒污泥中的生物相组成比较复杂，主要是杆菌、球菌和丝状菌等。污泥床的容积一般占整个 UASB 反应器容积的 30%左右，但对 UASB 反应器的整体处理效率起

着极为重要的作用，对反应器中有机物的降解量占到整个反应器全部降解量的70%～90%。

② 污泥悬浮层　污泥悬浮层位于污泥床的上部，它占整个UASB反应器容积的70%左右。其中污泥浓度低于污泥床，在15～30g/L之间，由高度絮凝的污泥组成，一般为非颗粒状污泥，沉降速度明显小于颗粒污泥的沉降速度。污泥容积指数在30～40mL/g之间，靠来自污泥床中上升的气泡使此层污泥得到良好的混合。污泥悬浮层中絮凝污泥的浓度呈自下而上逐渐减小的分布状态。这一层污泥担负着整个UASB反应器有机物降解量的10%～30%。

③ 沉淀区　沉淀区位于UASB反应器的顶部。由于水流的夹带作用随上升水流进入出水区的固体颗粒（主要是污泥悬浮层中的絮凝性污泥），在沉淀区沉淀下来，并沿沉淀区底部的斜壁滑下而重新回到反应区内（包括污泥床和污泥悬浮层），以保证反应器中污泥不致流失，同时保证污泥床中污泥的浓度。沉淀区的另一个作用是可以通过合理调整沉淀区的水位高度来保证整个反应器集气室的有效空间高度，防止集气空间的破坏。

（3）三相分离器

三相分离器是UASB反应器中的重要设备，一般设置在沉淀区的下部，但有时也可将其设在反应器的顶部。三相分离器的主要作用是将气体（反应过程中产生的沼气）、固体（反应器中的污泥）和液体（被处理的废水）三相加以分离。为保证UASB正常工作，除需培养高沉降性、高活性的颗粒污泥外，三相分离器分离效果的好坏也是决定UASB成功的关键。其目的是将沼气导入集气室，将处理出水导入出水区，将固体颗粒导入反应区。

由于厌氧工艺生物体的增殖速度慢，加上厌氧反应产生大量气体，如果三相分离器分离效果不佳，将导致大量的污泥随出水流走，使反应器内污泥浓度降低，最终导致整个UASB反应器崩溃。具有三相分离器是UASB反应器废水厌氧处理工艺的主要特征，相当于传统废水处理工艺中的二次沉淀池，并同时具有污泥回流的功能。

（4）气室

也称集气罩，收集产生的沼气，并将其导出气室通过燃烧系统燃烧排放。

（5）集水堰

将沉淀区水面上的处理水，均匀地加以收集，并将其排出反应器。

（6）附属设备

① 剩余沼气燃烧器　一般不允许将剩余沼气向空气中排放，以防污染大气。在确有剩余沼气无法利用时，可安装剩余沼气燃烧器将其烧掉。燃烧器应装在安全地区，并应在其前安装阀门和阻火器。剩余气体燃烧器是一种安全装置，要能自动点火和自动灭火。剩余气体燃烧器和消化池盖或贮气柜之间的距离，一般至少需要15m，并应设置在容易监视的开阔地。

② 保温加热设备　厌氧消化与其他生物处理工艺一样受温度影响很大，厌氧工艺受温度影响更加显著。中温厌氧消化的最佳温度范围为30～35℃，可以计算得到在20℃和10℃的消化速率大约分别是30℃下最大值的35%和12%。所以，加热保温是非常重要的。

四、UASB反应器剩余污泥排放

由于厌氧消化过程微生物的不断增长，或进水不可降解悬浮固体的积累，必须在污泥床区定期排除剩余污泥。随着反应器内污泥浓度的增加，出水水质会得到改善，但污泥超过一定高度，将随出水一起流出反应器。因此，当反应器内的污泥达到某一预定最大高度时应进行剩余污泥排放。

污泥排放应该遵循在一定的时间间隔（如每周）排放一定体积的污泥，等于这一期间所积累的量。确定污泥浓度分布曲线排泥，有两种方法可供选择，即从所希望的高程直接排放和采用泵将污泥排放。

一般认为排放剩余污泥的位置是反应器的1/2高度处。但是大部分设计把排泥设备安装在靠近反应器的底部或在三相分离器下0.5m处设排泥管，以排除污泥床上面部分的剩余絮体污泥，而不会把颗粒污泥排走。排污泥系统必须同时考虑在上、中、下不同位置设排泥设备。设置在污泥床区池底的排泥设备，由于污泥的流动性差，必须考虑排泥均匀。

污泥排放的高度是重要的，它应是排出低活性的污泥并将最好的高活性的污泥保留在反应器中。一般可参考下述条件，根据实际情况确定。

① 清水区高度0.5～1.5m；

② 污泥排放可采用定时排泥方式，每周排泥次数一般为1～2次；

③ 设置污泥液面监测仪，根据污泥面高度确定排泥时间；

④ 剩余污泥排泥点以设在污泥区中上部为宜；

⑤ 对于矩形池，应沿池纵向多点排泥；

⑥ 由于反应器底部可能会积累颗粒物质和小砂粒，应考虑下部排泥的可能性，可以避免或减少砂粒在反应器内部积累；

⑦ 对一管多孔式水管，可以考虑进水管兼作排泥管或放空管。

大型UASB反应器一般不设污泥斗，而池底面积较大，所以必须进行均布多点排泥。每个点的服务面积设多大合适，尚缺乏具体资料，根据经验，每$10m^2$设一个排泥点。

五、 UASB反应器主要特征及特点

UASB反应器即上流式厌氧污泥床反应器，适用于高浓度有机废水的处理。UASB具有很高的有机污染物去除率，不需要搅拌，能适应较大幅度的负荷冲击、温度和pH变化。

1. UASB反应器主要特征

(1) 构造形式特征

UASB反应器主要有开敞式UASB反应器和封闭式UASB反应器两种构造形式。

① 开敞式UASB反应器　顶部不加密封，或仅加一层不太密封的盖板（主要用于防止臭气散发）。多用于处理中低浓度的有机废水。其构造较简单，易于施工、安装和维修。

② 封闭式UASB反应器　顶部加盖密封，在UASB反应器内的液面与池顶之间形成气室。主要适用于处理高浓度的有机废水。其构造相对复杂。

(2) 运行特征

① 反应器内形成沉降性能良好的颗粒污泥或絮状污泥；

② 产气和进水均匀分布，形成良好的自然搅拌作用；

③ 设计合理的三相分离器，能使沉淀性能良好的污泥保留在反应器内，使有机负荷去除率高，不需要搅拌，适应负荷冲击和温度、pH值变化。

(3) 颗粒污泥特征

① 颗粒污泥的性质与形成　能在反应器内形成沉降性能良好、活性高的颗粒污泥是UASB反应器的重要特征，颗粒污泥的形成与成熟是保证UASB反应器高效稳定运行的前提。

② 颗粒污泥的外观　有卵形、球形、丝形等，其平均直径为1mm，一般为0.1～2mm，

最大可达 3～5mm。反应区底部的颗粒污泥多以无机粒子作为核心，外包生物膜。颗粒的核心多为黑色，生物膜的表层则呈灰白色、淡黄色或暗绿色等。反应区上部的颗粒污泥的挥发性相对较高，颗粒污泥质软，有一定的韧性和黏性。

（4）颗粒污泥组成特征

颗粒污泥的组成成分包括各类微生物、无机矿物以及有机胞外聚合物。其中微生物有水解发酵菌、产氢产乙酸菌和产甲烷菌。胞外聚合物是另一重要组成，一般在颗粒污泥的表面和内部可见，呈透明发亮的黏液状物质，主要是多聚糖、蛋白质和糖醛酸等，其存在有利于保持颗粒污泥的稳定性。

颗粒污泥可以分为 A、B、C 三种类型。

A 型颗粒污泥：这种颗粒污泥中的产甲烷细菌以巴氏甲烷八叠球菌为主体，外层常有丝状产甲烷杆菌缠绕。比较密实，粒径很小，约为 0.1mm。

B 型颗粒污泥：以丝状产甲烷杆菌为主体，也称杆菌颗粒。表面规则，外层绕着各种形态的产甲烷杆菌的丝状体，在各种 UASB 反应器中出现频率极高。密度为 1.033～1.054g/cm^3，粒径为 1～3mm。

C 型颗粒污泥：由疏松的纤丝状细菌缠绕粘连在惰性微粒上所形成的球状团粒，也称丝菌颗粒；这种污泥大而重，粒径一般为 1～5mm，比重为 1.01～1.05，沉降速度一般为 5～10mm/s。

当反应器中乙酸浓度高时，易形成 A 型颗粒污泥；当反应器中的乙酸浓度降低后，A 型颗粒污泥将逐步转变为 B 型颗粒污泥；当存在适量的悬浮固体时，易形成 C 型颗粒污泥。

（5）污泥生物活性特征

颗粒污泥中的细菌是成层分布的，即外层中占优势的细菌是水解发酵菌，而内层则是产甲烷菌。颗粒污泥实际上是一种生物与环境条件相互依存和优化的生态系统，各种细菌形成了一条很完整的食物链，有利于种间氢和种间乙酸的传递，因此其活性很高。

（6）污泥培养特征

在 UASB 反应器中培养出高浓度、高活性的颗粒污泥，一般需要 1～3 个月，可以分为三个阶段：启动期、颗粒污泥形成期、颗粒污泥成熟期。

2. UASB 反应器主要特点

① 污泥的颗粒化使反应器内的平均浓度达 20～40g VSS/L，污泥龄一般为 30 天以上，污泥床内生物量多，折合浓度计算可达 20～30g/L；反应器的水力停留时间相应较短。

② 反应器容积负荷率高，在中温发酵条件下，一般可达 10kg COD/(m^3·d) 左右，甚至高达 15～40kg COD/(m^3·d)，废水在反应器内的水力停留时间较短，所需池容缩小。

③ UASB 反应器不仅适用于处理高、中浓度的有机工业废水，也适用于处理低浓度的城市废水。

④ 反应器内设有三相分离器，一般不另设沉淀池，也无回流污泥设备，无须设沉淀池和污泥回流装置。UASB 反应器集生物反应和沉淀分离于一体，结构紧凑。

⑤ UASB 反应器不需在反应区内设机械搅拌装置，靠反应过程中产生的沼气的上升运动，使污泥床上部的污泥处于悬浮状态，对下部污泥层也有一定程度的搅动。

⑥ 设备简单，运行方便，不需要填充填料，造价相对较低，便于管理，也不存在堵塞问题。

⑦ 主要缺点是进水中悬浮物不宜太高，一般控制在 1000mg/L 以下，污泥床区有短流

现象，影响处理能力；对水质和负荷的突然变化比较敏感，耐冲击能力稍差。

六、 UASB 反应器在处理高浓废水中的应用

(1) 废水水质及设计要求

UASB 反应器组合工艺应用于高浓度有机废水处理中，废水主要污染物组分见表 10-1。

表 10-1　废水主要污染物组分及设计要求

项目	COD/(mg/L)	BOD_5/(mg/L)	SS/(mg/L)	pH 值	色度/倍	水温/℃
废水 A	10000	1482	534	5.48	200	20～35
废水 B	42453	27673	8101	3.54	400	100
废水 C	172831	70074	19466	4.26	800	20
地面冲洗水	11132	1229	2243	5.67	180	20
设计水质	15000	9500	720	5	350	20～35
出水标准	≤150	≤30	≤150	6～9	≤80	≤40

(2) UASB 组合工艺

对上述高浓度有机废水处理采用上流式厌氧污泥床（UASB）＋序批式活性污泥法（SBR）＋陶粒过滤组合方案。该工艺具有投资省、运行费用低、运行稳定、操作管理方便等特点。

厌氧阶段采用上流式厌氧污泥床（UASB）。

好氧阶段采用序批式活性污泥法（SBR），SBR 每一个周期按污染物浓度高低可划分为进水期、高浓度反应期、低浓度反应期、闲置期，各阶段由于营养物含量、溶解氧等环境条件的区别，加速了微生物种类的选择与驯化，因此各阶段均得到优势菌种的净化作用。沉淀和排水时处于静止状态，可以避免短路、异重流影响泥、水分离效果，出水水质优于一般二沉池。SBR 工艺的每一个周期，从时间上讲，池内任一空间为推流式，而池内某一时刻的水流状态又是完全混合式。

脱色采用陶粒过滤。陶粒滤料质轻、表面积大、有足够的机械强度、水头损失小、吸附力强，而且价格较活性炭便宜，适宜于脱色等处理。

高浓度废水经粗、细格栅去除废水中的漂浮物和大的悬浮物后，进入水解酸化池进行预处理。为改善 UASB 的进水条件，水解酸化池出水进入平流式沉淀池沉淀，废水沉淀后进入 UASB，去除大部分有机物，出水至 SBR 污泥反应池。在 SBR 反应池中将有机物彻底降解，最后进入陶粒滤池，降低色度。高浓度有机废水用 UASB 组合工艺流程见图 10-5。

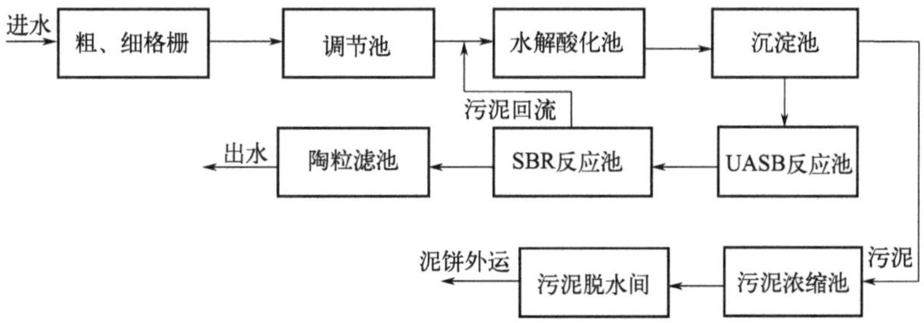

图 10-5　高浓度有机废水用 UASB 组合工艺流程示意图

(3) UASB 组合主要参数

① 调节池　调节池内设穿孔曝气管，气、水体积比为 4∶1。停留时间 HRT＝8.1h。调

节池总尺寸为16m×10m×3m，有效水深为2.5m，共分2格。

② 水解酸化池、沉淀池　水解酸化池起预处理作用，在产酸菌的作用下，将难降解大分子有机物转化为易降解小分子有机物。停留时间HRT=4h。总尺寸为16m×7m×2.5m，有效水深为2m，共分2格。为防止悬浮物沉淀，设4台水下搅拌机。水解酸化池出水自流至平流式沉淀池，平流式沉淀池共分2格，每格沉淀池尺寸为8m×2m×2.8m。沉淀池出水由2台潜水泵100QW65-15-5.5提升至UASB反应池。

③ UASB反应池　UASB反应池共分为尺寸相同的4格，并联运行，总尺寸为15m×15m×6m，有效容积为1282.5m^3，COD容积负荷为14kg/(m^3·d)。内置生物填料2m高。进水采用均匀布水系统，出水设置钢结构三相分离器。

④ SBR反应池　SBR反应池共分为尺寸相同的2格，并联运行，每格日运行3个周期，每格SBR有效容积为540m^3。SBR反应池总尺寸为15m×8m×4.5m。BOD_5污泥负荷为0.30kg/(kg VSS·d)，SVI值为100mL/g左右，沉降后污泥高度为2.5m。SBR反应池运行周期为10h，其中进水4h，曝气4h，沉淀0.5h，排水和闲置1.5h。进水一半后开始曝气。

进水结束、曝气开始及排水结束由池内水位控制；曝气结束、排水开始由时间控制。充氧采用穿孔管鼓风曝气。排水采用机械式滗水器。进水由两个电动蝶阀切换控制。

⑤ 陶粒滤池　滤池共设2格，交替使用。每格尺寸为3.5m×2.5m，有效过滤面积为7.5m^2，滤速为8m/h，过滤周期为8h。滤料为陶粒，粒径为4～8mm，滤层厚度为0.8m，承托层厚度为0.45m，滤料层上水深为1.75m，滤池总高为3.3m。采用管式大阻力配水系统，反冲洗强度为14L/(s·m^2)，冲洗时间为6min，选用2台反冲洗水泵，交替使用。

⑥ 污泥浓缩池　污泥浓缩池设2座，并联运行，每座尺寸为ϕ6.0m×4.5m。污泥固体负荷为60kg/(m^2·d)，浓缩时间为12h。

⑦ 污泥脱水间　设带式压滤机1台，污泥浓缩后含水率为95%，滤饼含水率为70%。带式压滤机处理能力为8m^3/(h·m)，污泥脱水间尺寸为12m×9m×6m。

⑧ 鼓风机房　采用罗茨鼓风机，所需风量为$Q=20m^3/min$。选用2台，交替使用，每台功率为30kW。鼓风机房尺寸为6.6m×4.5m×5m。

(4) UASB组合工艺运行调试

组合工艺主要调试UASB厌氧污泥床颗粒污泥的驯化、培养和SBR序批式活性污泥的驯化、培养。按调试方案，采用间歇式培养方法。厌氧菌种、好氧菌种取自某废水处理站。按设计负荷1/4、2/4、3/4、4/4四个负荷阶段逐步提高运行负荷。调试时每天都进行常规水质项目分析监测，每个负荷阶段在COD去除率稳定一段时间后，才可提高负荷。调试过程中COD测试值数据见表10-2。

表10-2　调试过程中COD测试值数据　　单位：mg/L

负荷阶段	调节池	UASB出水	SBR出水
1/4	13543	2185.7	217(重点调试UASB)
2/4	13519	2690.6	193(重点调试UASB)
3/4	14013	1394	125
4/4	14705	1347	122

生产运行过程中各测试值数据见表10-3。

表 10-3 生产运行过程中各测试值数据

COD/(mg/L)		BOD_5/(mg/L)		SS/(mg/L)		pH 值		色度/倍		水温/℃	
进水	出水	进水	出水	进水	出水	进水	出水	进水	出水	进水	出水
15013	115	9502	25.2	720.9	70	6	7	349	71	29	23
14987	108	9493	23	719.2	50	5.9	6.8	351	67	29.5	23.1
15006	112	9501	24.7	720.5	67	6.1	7	348	70	29.2	23
≤150		≤30		≤150		6～9		≤80		≤40	

第七节 内循环厌氧反应器工艺

一、工艺概述

1. 工艺特征

IC 反应器是目前世界上效能最高的厌氧反应器之一。IC 反应器集 UASB 反应器和流化床反应器的优点于一身，主要特征是充分利用反应器内所产生的沼气作为提升力，以实现发酵料液内循环。IC 反应器通常被认为是第三代厌氧反应器工艺的典型代表之一。与前两代厌氧反应器工艺相比，具有占地面积少、容积负荷量高、布水均匀、抗冲击能力强、性能更稳定、操作简单等优势。当废水 COD 为 10000～15000mg/L 时，采用 UASB 反应器一般容积负荷仅为 5～8kg COD/(m^3 · d)，而采用 IC 反应器容积负荷可达到 10～18kg COD/ (m^3 · d)。

IC 反应器作为高效内循环厌氧反应器，由上、下两个反应室组成，相当于 2 层 UASB 反应器串联而成。废水在反应器中自下而上流动，污染物被细菌吸附并降解，净化过的水从反应器上部流出。IC 反应器首先由下面的 UASB 反应器产生沼气作为提升的内动力，使升流管与回流管中混合液产生一个密度差，实现下部混合液的内循环。上面的 UASB 对废水进行后处理，使出水达到预期目标要求。底部的污泥区和中上部的气、液、固三相分离区组合为一体，通过回流使废水在反应区内具有较高的上升流速，反应器内部颗粒污泥处于膨胀状态下的厌氧反应状态。因此近年来，对 IC 反应器的颗粒污泥培养、废水处理效果及反应器启动等方面的研究应用已经较多，并取得了较好的效果。

2. 工艺流程

IC 工艺流程说明：

① 进液和混合-布水系统 废水经供料泵进入反应器内，并与从 IC 反应器上部返回的循环水混合，由此产生对进液的稀释和均质作用，提高系统的抗冲击能力。

② 流化床反应室 通过布水器后，废水和颗粒污泥混合物在进水与循环水的共同推动下，迅速进入流化床反应室。废水和污泥之间产生强烈的接触，导致很高的污染物向生物物质（即颗粒污泥）的传质速率。在流化床反应室内，废水中的绝大部分可生物降解的污染物被转化为沼气。这些沼气在三相分离器处被收集并导入气体上升管，通过这个上升管部分泥水混合物被传送到反应器上部的气液分离器，气体分离后从反应器导出。

③ 内循环系统 在上升管中，气提原理使气、水、污泥混合物快速上升。气体在反应器顶部分离之后，剩余的泥水混合物经过一个同心的管道进入反应器底部，由此在反应器内形成循环流。气提动力来自上升的和返回的泥水混合物中气体含量的巨大差别，因此，泥水

混合物的内循环不需要任何外加动力，循环流的流量随进液中 COD 量的增大而增大。因此，IC 反应器具有自我调节的作用，即在高负荷条件下，产生更多的气体，从而也产生更多的循环水量，导致更大程度的进水的稀释，这对于稳定运行意义重大。

④ 净化室 经过沉降之后，上升水流的主体部分继续流入净化室，废水中残存的生物可降解的 COD 被进一步降解，因此这个部分相当于一个后处理过程。产生的气体在上部三相分离器中被收集并导出反应器，由于在净化室内污泥负荷显著较低，有相对长的水力停留时间和接近于推流的流动状态，废水在此被处理并避免了污泥流失。由于大量的 COD 在流化床反应室中已被去除，净化室的产气量很小，不足以产生很大的流体扰动，加之，内循环流动不通过净化室，因此流体的速度很小。这两个原因使生物污泥能很好地保留在反应器内，即使反应器负荷数倍于 UASB 时。由于净化室的污泥浓度通常较低，有相当大的空间允许流化床部分的污泥膨胀进入其中，这就防止了高峰负荷时污泥的流失。

二、 IC 反应器结构

1. 反应器结构

IC 反应器是基于 UASB 反应器颗粒化和三相分离器的概念改进的新型反应器，可看成是由两个 UASB 反应器单元相互重叠而成，或者相当于 2 层 UASB 反应器串联而成，主要特征是在一个高的反应器内将沼气的分离分成两个过程，底部 UASB 反应器处于极端的高负荷状态，上部 UASB 反应器处于低负荷状态。IC 反应器具有很大的高径比，一般可达 4～8，反应器的高度达到 16～25m。按功能划分，反应器由下至上共分为 5 个区：混合区、第一厌氧区、第二厌氧区、沉淀区和气液分离区。整个反应器由第一厌氧反应室和第二厌氧反应室叠加而成。每个厌氧反应室的顶部各设一个气、固、液三相分离器。

2. 反应器原理

反应器内部增设了沼气提升管和回流管，上部增加了气液分离器。在运行过程中，第一反应室所产沼气经集气罩收集并沿提升管上升作为动力，把第一反应室的发酵液和污泥提升至反应器顶部的气液分离器，分离出的沼气从导管排走，泥水混合液沿回流管返回第一反应室内，从而实现了下部料液的内循环。

当处理低浓度废水时循环流量可达进水流量的 2～3 倍，处理高浓度废水时循环流量可达进水流量的 10～20 倍。结果使第一厌氧反应室不仅有很高的生物量及很长的污泥滞留期，并且有很大的升流速度，使该反应室的污泥和料液基本处于完全混合状态，从而提高第一反应室的去除能力。

经第一反应室处理过的废水，自动进入第二反应室。废水中的剩余有机物可被第二反应室内的颗粒污泥进一步降解，使废水得到更好的净化。经过两级处理的废水在混合液沉淀区进行固液分离，清液由出水管排出，沉淀的颗粒污泥可自动返回第二反应室。至此废水厌氧处理完成了全部过程。

从 IC 反应器工作原理中可见，反应器通过 2 层三相分离器来实现 SRT 及 HRT，获得高污泥浓度；通过大量沼气和内循环的剧烈扰动，使泥水充分接触，获得良好的传质效果。

① 混合区 废水由反应器底部进入，颗粒污泥和气液分离区回流的泥水混合物有效地在混合区进行混合。

② 第一厌氧区 混合区形成的泥水混合物进入第一厌氧区，在高浓度污泥作用下，大

部分有机物被转化为沼气。混合液上升流和沼气的剧烈扰动使该反应区内污泥呈膨胀和流化状态，加强了泥水表面接触，污泥因此保持着高的活性。随着沼气产量的增多，一部分泥水混合物被沼气提升至顶部的气液分离区。

③ 第二厌氧区　经第一厌氧区处理后的废水，除一部分被沼气提升外，其余的都通过三相分离器进入第二厌氧区。该区污泥浓度较低，且废水中大部分有机物已在第一厌氧区被降解，因此沼气产生量较少。沼气通过沼气管被导入气液分离区，对第二厌氧区的扰动很小，这为污泥的停留提供了有利条件。

④ 沉淀区　第二厌氧区的泥水混合物在沉淀区进行固液分离，上清液由出水管排走，沉淀的颗粒污泥返回第二厌氧区污泥床。

⑤ 气液分离区　被提升的混合物中的沼气在此与泥水分离并导出处理系统，泥水混合物则沿着回流管返回到最下端的混合区，与反应器底部的污泥和进水充分混合，实现了混合液的内部循环。

第一级三相分离器主要分离沼气和水，第二级三相分离器主要分离污泥和水，进水和回流污泥在第一厌氧反应室进行混合。第一反应室有很大的去除有机物的能力，进入第二厌氧反应室的废水可继续被处理，去除废水中的剩余有机物，提高出水水质。

三、 IC 反应器特征及特点

1. 主要特征

① 容积负荷率高　由于第一反应室有很高的升流速度，传质效果好，污泥活性高，因此有机容积负荷率比普通 UASB 反应器要高，一般高出 3 倍以上。能处理高浓度有机废水，当 COD 为 10000～15000mg/L 时，进水容积负荷率可达 30～40kg COD/(m^3 · d)。也能处理低浓度有机废水，当 COD 为 2000～3000mg/L 时，进水容积负荷率可达 20～50kg COD/(m^3 · d)，HRT 仅 2～3h，COD 去除率可达 80%左右。

② 内循环调节功能强　基于气体上升原理，通过含气体的上升管和下降管中介质的密度差产生内循环。不需要水泵实现内循环，节省能耗，内循环量（速度）通过上升管内沼气的含量，即进水中 COD 浓度变化实现自我调节。内循环功能使 IC 反应器具有较灵活的特点，如当进水 COD 负荷增高时，沼气产量增大，内循环管内气体上升力增大，经由下降管至下部的循环水进一步稀释了 COD 的浓度。反之，当进水 COD 负荷较小时，较少的沼气产量产生较小的气体上升力，使得较少的循环水流至反应器底部稀释进水 COD 浓度。内循环的这一特征可以保证在进水 COD 负荷波动的工况下，能够实现稳定的 COD 负荷自动调节。

③ 节省投资及占地面积小　由于 IC 反应器的容积负荷率高于 UASB 反应器，IC 反应器的有效体积仅为 UASB 反应器的 25%～35%，可显著降低 IC 反应器的投资。由于 IC 反应器体积小，高径比大，占地面积节省，适用于占地面积紧张的项目。小型 IC 反应器可在工厂预制，大型反应器可在现场制作，工期短，安装简便，可节省施工费用。

④ 靠沼气提升内循环　不必外加动力，厌氧流化床和膨胀颗粒污泥床的流化是通过出水回流由泵加压实现强制循环的，必须消耗一部分动力；而 IC 反应器是以自身产生的沼气通过绝热膨胀做功为动力实现混合液的内循环的，不必另设循环泵进行强制内循环，从而可节省能耗。

⑤ 抗冲击负荷能力强　IC 反应器实现内循环，处理低浓度水时，循环流量可达进水流

量的2～3倍；处理高浓废水时，循环流量可达进水流量的10～20倍。因为循环流量与进水在第一反应室充分混合，使原废水中的有害物质得到充分稀释，降低了有害程度，并可防止局部酸化发生，从而提高了反应器的耐冲击负荷的能力。

⑥ 具有缓冲pH能力　内循环流量相当于第一级厌氧的出水回流量，可利用COD转化的碱度，对pH起缓冲作用，使反应器内的pH保持稳定。处理缺乏碱度的废水时，可减少进水的投碱量。

⑦ 出水稳定性好　反应器的第一、二反应室，相当于上、下两个UASB反应器，它们串联运行。第一反应室有很高的有机容积负荷率，相当于起“粗”处理作用；第二反应室则具有较低的有机容积负荷率，相当于起“精”处理作用。整个IC反应器实际上是两级厌氧处理。一般情况下，两级厌氧处理比单级厌氧处理的稳定性好，出水也较稳定。

2. 主要缺点

经污泥分析表明，IC反应器比UASB反应器内含有的细微颗粒污泥（形成大颗粒污泥的前体）浓度高，加上水力停留时间相对短，高径比大，所以IC反应器的出水中含有更多的细微颗粒污泥，这使后续沉淀处理设备成为必要。

四、IC反应器运行控制

① 污泥菌种　厌氧污泥中具有处理污染物能力的就是细菌等有机物质，菌群的组成及菌种的成分决定了其颗粒强度、产甲烷活性以及对废水的适应能力。一般来说，厌氧颗粒污泥中有机物成分占70%左右，污泥外部菌种主要为丝菌，污泥内部菌种主要为杆菌、球菌等。

② 温度　反应器进水温度要求控制在35～38℃之间。因为产甲烷菌大多数属于中温菌，在这个范围内，其处理效率是很高的。当温度高于40℃时，处理效率会急剧下降。

③ pH值　反应器进水pH值一般控制在6.5～7.5之间，过高或过低的pH值都会对IC工艺指标造成影响，主要体现在对厌氧菌（主要是产甲烷菌）活性的影响，包括：对菌体及酶系统的生理功能和活性的影响；对环境的氧化还原电位及基质活性的影响。产甲烷菌的这些性质、功能遭到破坏后，处理COD的活性就会快速降低。

④ 预酸化度　废水进入厌氧反应器之前要保持足够的预酸化度，一般在30%～50%之间，最好是在40%左右。预酸化度高的情况下，VFA高，进水pH值会降低，为调节pH值，废水处理的运行费用会增高，同时还会影响污泥的颗粒化。

⑤ 有毒物质　对厌氧颗粒污泥有抑制性作用的毒性物质，主要是H_2S和亚硫酸盐。H_2S的允许浓度为小于250mg/L，否则可能会使大部分产甲烷菌降低50%的活性。亚硫酸盐的毒性比H_2S更高，应将亚硫酸盐的浓度控制在150mg/L以下。

⑥ 上升流速　IC反应器上升流速一般在4～8m/h，当废水的进水COD值浓度较低时，需要提高流量来增加COD的负荷率。较高的上升流速有助于颗粒污泥与有机物之间的传质过程，避免混合不均匀对设备的影响。

⑦ 容积负荷　厌氧反应器具有很高的容积负荷，一般情况下为10～18kg COD/(m^3·d)，不同厂家的IC反应器的容积负荷存在差异。短期内进水负荷的变化幅度最好不要过大，要让厌氧菌有一定的适应时间，逐步增加或降低负荷。尽量使其负荷在一个范围之间趋于稳定状态。负荷过低或过高，都会对IC反应器的正常厌氧处理产生影响。

第八节 水解酸化在煤化工废水处理中的应用

一、项目概况

某煤制烯烃项目位于内蒙古鄂尔多斯市，项目建设规模为：煤炭 2500 万 t/a、甲醇 360 万 t/a（中间产品）、烯烃 137 万 t/a。项目集成了甲醇制烯烃技术、美国 GE 公司水煤浆气化技术、德国 Linde 公司低温甲醇洗净化技术、英国 Ineos 公司 Innovene 气相法聚丙烯技术等。气化装置包括 492000m^3/h 空分装置、年处理 450 万 t 原料煤气化装置、360 万 t/a 甲醇合成装置、360 万 t/a 甲醇制烯烃装置、20 万 t/a 烯烃催化裂解装置、35 万 t/a 环管法聚丙烯装置、35 万 t/a 气相法聚丙烯装置、12 万 t/a 釜式高压聚乙烯装置、25 万 t/a 管式高压聚乙烯装置和 30 万 t/a 气相聚乙烯装置，还有 300MW 发电能力以及厂外输水管线、铁路专用线、废渣掩埋场、废水零排放等公用工程和辅助设施。项目整体能源清洁转化效率高于 44%，新鲜水耗低于 3t/t 标煤，可实现废水近零排放。

二、全厂水系统

1. 厂外输水系统

采用同沟敷设方式新建两条输水管道干线，干线管径为 ϕ914mm（图克末站进站前 18km 为 ϕ813mm），设计压力为 8.5MPa/4.5MPa，管道线路全长 206km（单管）；新建镫口首站和图克末站各一座，两条管道共用首、末站场。输水管道干线设计输水量为 6200m^3/h（双管），首站设计输水量按近、远期分期实施，近期满足 3800m^3/h 输水量（双管），远期达到 6200m^3/h 输水量（双管）。

2. 净水场系统

净水场设计规模为 4500m^3/h。采用“混凝＋过滤”常规处理工艺，水源为黄河水，通过 206km 的厂外输水系统供给。清水池总容量 50000m^3。生产水泵房和全厂稳高压消防泵房合建。净水场系统工艺流程见图 10-6。

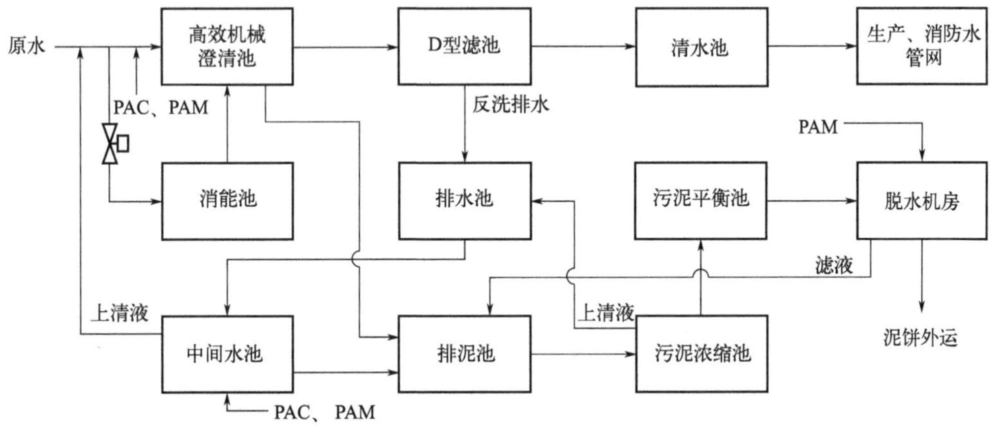

图 10-6 净水场系统工艺流程示意图

3. 消防水系统

厂区消防水系统按稳高压消防水系统设计，最大消防水用量为 3780m^3/h，系统管道工作压力为 0.70～1.20MPa（表压）。消防泵房与净水场生产水泵房合建，设三台消防主泵（电动机驱动）、三台备用泵（柴油机驱动）和两台稳压泵（电动机驱动）。消防水池与净水场清水池合建，清水池总容量为 50000m^3，其中消防水备用量 20000m^3。消防水池设置防止消防水作他用的安全措施。

4. 化学水处理系统

化学水处理系统设计能力为 5300m^3/h。其中原水制脱盐水系统设备处理能力为 1700m^3/h，采用超滤、反渗透＋混床处理工艺；工艺凝结水处理系统设备处理能力为 1200m^3/h；透平凝结水处理系统设备处理能力为 2400m^3/h。化学水处理系统工艺流程见图 10-7。

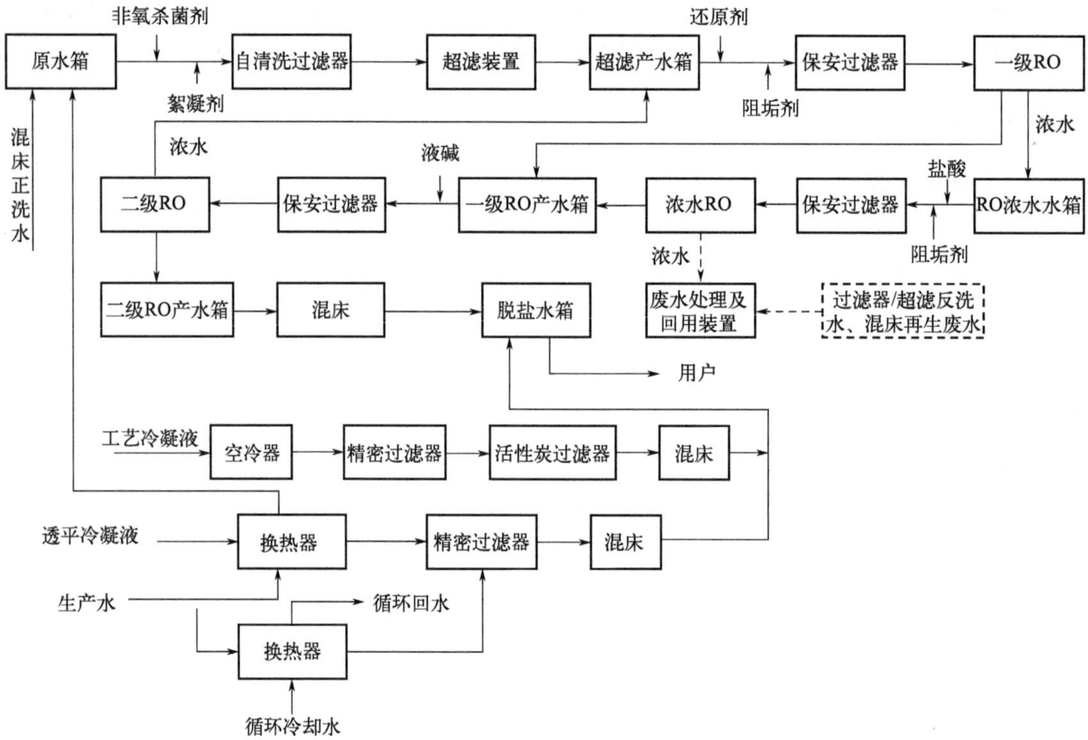

图 10-7 化学水处理系统工艺流程示意图

5. 循环水场系统

循环水场系统包括三座循环水场。第一循环水场采用间冷开式逆流式循环冷却水系统，设计规模为 35000m^3/h，主要为烯烃催化裂解装置、聚丙烯装置、聚乙烯装置、1-丁烯/MTBE、第五换热站、烯烃中间罐区、MTO 废水预处理装置等提供循环冷却用水。第二循环水场采用闭式空冷循环冷却水系统，设计规模为 45000m^3/h，主要为净化、甲醇合成、硫回收、S-MTO、化学水处理等装置提供循环冷却用水，系统共设 38 台空冷塔。第三循环水场采用间冷开式逆流式循环冷却水系统，分为两个系列：一个系列为空分、空压站、锅炉、发电装置提供循环冷却用水，设计规模 35000m^3/h；另一个系列为煤气化装置提供循环冷却水，设计规模 25000m³/h。

三、废水处理及回用系统

循环水系统排放废水、化学水处理中和废水、反渗透浓水和 80%废水处理装置产水，经水质、水量调节，再经过混凝、过滤、超滤、中/高压反渗透处理后与 20%废水处理装置产水混合，作为循环水系统补水。装置设计处理能力为 2000m³/h。反渗透浓水送至高含盐浓缩结晶装置处理。废水处理及回用装置系统工艺流程见图 10-8。

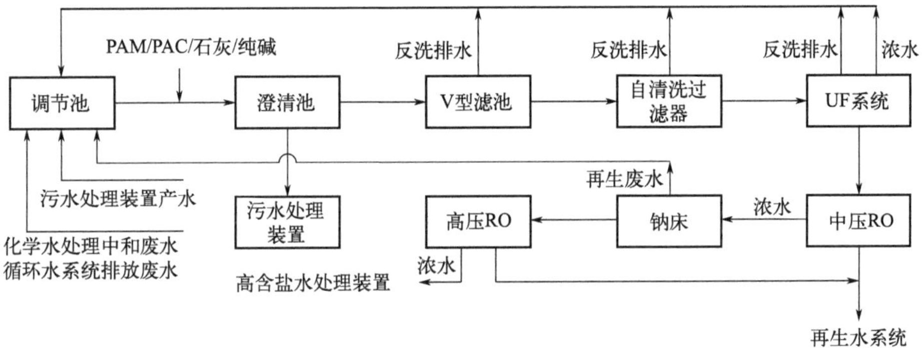

图 10-8　废水处理及回用装置系统工艺流程示意图

四、废水生化处理系统

系统废水处理采用“生化处理＋多相组合膜生物反应器（MP-MBR）”的水处理工艺，其中 MTO 废水经气浮、水解酸化处理后进入废水生化处理系统。装置设计规模 1300m³/h。除臭系统采用生物过滤除臭工艺，设计规模 80000m³/h。废水生化处理系统工艺流程见图 10-9。

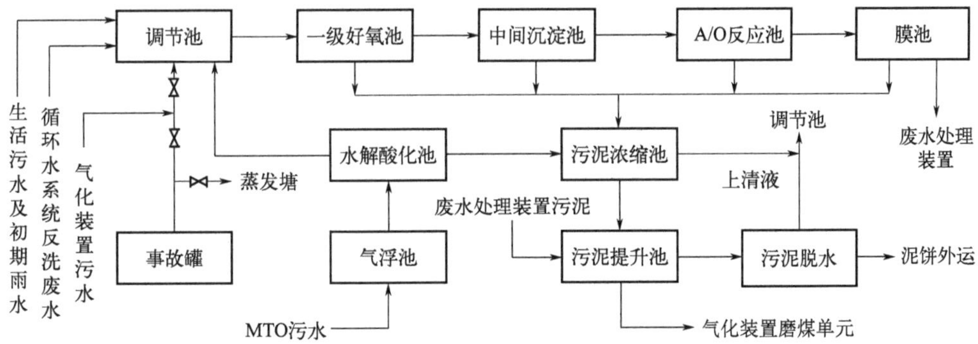

图 10-9　废水生化处理系统工艺流程示意图

五、高浓盐水处理系统

将废水处理及回用装置送来的反渗透浓水进行浓缩和蒸发结晶处理，处理后的淡水作为循环水系统补水，浓盐水经结晶分盐和脱水后外运填埋，达到零排放要求。装置设计规模为 118m³/h，两系列设置。在高含盐水装置事故状态下将高含盐水事故水池内高含盐水排放至暂存池。装置正常运行后，再将暂存池中高含盐水回送至高含盐水处理装置处理。暂存池分三级串联、重力流设计，有效容积约13.4万m^3。高浓盐水处理系统工艺流程见图10-10。

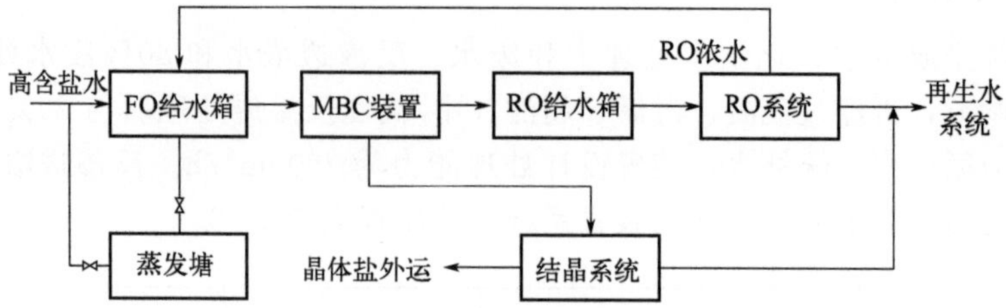

图10-10 高浓盐水处理系统工艺流程示意图

第十一章

废水深度处理工艺

由于煤化工废水成分复杂，尤其是含酚、杂环化合物、高分子及难降解物质的高浓度煤化工废水，生化性差，经前述生化处理单元后，废水中仍然含有一定的有机污染物，出水指标 COD 及水中的胶体、悬浮物和浊度等指标不能满足后续单元的使用要求，需经废水深度处理单元进一步去除生化处理出水中的污染物。通常废水深度处理单元与废水生化处理单元搭配，适用于煤化工高浓度、难降解有机污染物废水的净化过程并得到广泛的应用。本章重点介绍煤化工废水经生化处理单元后，对未达标的废水进行深度处理以去除其中难降解有机污染物的基本原理、运行方式、主要性能、关键设备以及工艺流程。

第一节　概述

煤化工废水经生化处理后，出水中仍含有一定量的 NH_3-N、COD 等，即使经过组合生化工艺处理后出水 COD 的质量浓度也可能仍在 50～200mg/L，这些指标达不到回用水的指标要求。比如煤气化有机废水，经一般生化处理后就很难达到回用水的指标要求。这时就必须采用高级氧化技术对煤化工废水做进一步的深度处理。通过化学氧化与生物氧化协同作用，有效降解微量有机污染物及难降解化合物，进一步降低 COD 等指标。

高级氧化法是指在环境温度和压力下通过产生具有高反应活性的羟基自由基（·OH），将大分子难降解有机物氧化成容易生物降解的小分子物质的一种有机污染物的去除方法。

高级氧化法的关键是产生高活性的羟基自由基（·OH），一般需要采用加入氧化剂、催化剂或借助紫外线、超声波等多种途径才能完成。常见氧化剂的氧化电极电位见表 11-1。

表 11-1　常见氧化剂的氧化电极电位

序号	氧化剂	氧化电极电位/V
1	F_2	3.06
2	·OH(羟基自由基)	2.80
3	氧原子	2.42
4	O_3	2.08
5	H_2O_2	1.78
6	HClO	1.49

续表

序号	氧化剂	氧化电极电位/V
7	Cl_2	1.36
8	ClO_2	1.27
9	O_2	1.23

在实际工程中，对高浓度煤化工废水的处理往往选择多种生物去除工艺进行组合，以期取得最优的处理效果，而高级氧化法在反应过程中能够产生活性极强的自由基（·OH）等，使难降解有机污染物转变成易降解小分子物质，甚至直接生成 CO_2 和 H_2O，达到无害化目的。

第二节　高级氧化法特征、机理及类型

一、高级氧化法特征

高级氧化法（advanced oxidation process，AOP），又称高级氧化技术。凡反应涉及羟基自由基（·OH）的氧化过程，均属于高级氧化技术。AOP 的特征是能生成具有强氧化性的羟基自由基（·OH），通过羟基自由基（·OH）来氧化降解有机物，最终使得污染物被降解为 H_2O 和 CO_2。AOP 的主要特征如下：

① 反应中可产生大量活泼的羟基自由基（·OH）以及其他自由基，羟基自由基的氧化能力非常强，能够作为中间产物诱发后面的链式反应；

② 羟基自由基（·OH）与废水中的污染物直接反应，使难降解有机污染物转变成易降解小分子物质，甚至直接生成 CO_2 和 H_2O，不产生二次污染；

③ 既能独自降解废水，也能与其他高级氧化方法或生物工艺组合使用，降低处理成本。

二、高级氧化法机理

羟基自由基的反应过程由三部分组成：

① 羟基加成反应，即羟基自由基加合到不饱和碳—碳键上；

② 羟基夺氢反应，即羟基自由基打断 C—H 键，夺取一个 H 而形成水分子；

③ 羟基自由基电子转移反应，即羟基自由基从易于氧化的无机离子上得到一个电子从而形成氢氧根 OH^-。

基于 AOP 反应过程及高级氧化的原理，该工艺对高浓度难降解有机废水的高级氧化处理效果十分明显。AOP 由于其特征和反应原理被用于废水处理领域，并具有以下优点：

① 具有很高的氧化电极电位；

② 反应速率快；

③ 具有高的电负性或亲电性；

④ 不产生二次污染；

⑤ 可诱发链反应；

⑥ 可与其他生物处理技术组合使用；

⑦ 工艺操作简单。

三、高级氧化法类型

根据 AOP 技术能够产生羟基自由基的氧化过程的特征，AOP 技术大致可以分为六大类，即湿式氧化法、超临界水氧化法、电化学氧化法、光催化氧化法、化学氧化法和超声波氧化法等。高级氧化法（AOP）分类见表 11-2。

表 11-2 高级氧化法（AOP）分类一览表

序号	技术类型	高级氧化类型	备注(简称)
1	湿式氧化技术	湿式空气氧化法	WAO 法
		湿式空气催化氧化法	CWAO 法
2	超临界水氧化技术	超临界水氧化法	SCWO 法
3	电化学氧化技术	电化学氧化法	
4	光催化氧化技术	光催化氧化法	
5	化学氧化技术	臭氧氧化法	臭氧催化氧化法
		芬顿氧化法	Fenton 法
		高铁氧化法	
6	超声波氧化技术	超声波氧化法	

在煤化工废水处理中用到的高级氧化法主要有：湿式空气催化氧化法、湿式空气氧化法、超临界水氧化法、芬顿氧化法和臭氧氧化法等。

催化剂可提高臭氧的反应活性以及增强对有机物的利用效率。高级氧化法中用到的主要催化剂为金属氧化物（如 Al_2O_3、TiO_2、MnO_2 等）和比表面积较大的多孔材料。臭氧催化氧化过程的效率主要取决于催化剂及其表面性质、溶液的 pH 值，这些因素能影响催化剂表面活性位的性质和溶液中臭氧的分解反应。但目前国内臭氧催化氧化技术还有待于进一步加大研发力度，但该技术的处理效果较单一臭氧氧化更为优异。电催化氧化技术的主要原理是利用 ·OH 的氧化作用对有机物进行分解，其特点是对有机污染物的适应性强，对 COD、色度等均有较好的去除效果。

第三节 湿式氧化法

一、湿式空气氧化法

1. 概述

湿式空气氧化法（wet air oxidation，WAO）是美国 Zimmerman 公司于 1956 年发明的，并取得了多项专利，在工业上得到应用。首次采用 WAO 法处理造纸黑液，处理后废水的 COD 去除率达 90%以上。目前世界上有 200 多套 WAO 装置应用于石化废碱液、烯烃生产洗涤液、丙烯腈生产废水及农药生产废水等工业废水的处理中，其中日本有 50 余套。国外几种典型的 WAO 工业装置基本情况见表 11-3。

表 11-3 国外几种典型的 WAO 工业装置基本情况

公司	废水名称	处理能力 /(m^3/d)	反应温度 /℃	反应压力 /MPa	COD 去除率 /%	硫化物去除率 /%
美国莫里斯北方石油化学公司	烯烃生产废洗涤液	98	320	13	96.7	99.9
日本三菱石油化学公司	乙烯生产废洗涤液	120	200	3.5	67～80	99.9
日本川崎照日化学公司	丙烯腈生产废水	790	790	25.0	60～65	

WAO 是一种新型的有机废水的处理方法。该方法要求在高温、高压的条件下，用氧气作为氧化剂，在液相中将有机污染物氧化成低毒或无毒的物质。理论上在高温、高压条件下进行的湿式氧化反应可分为受氧传质控制和受反应动力学控制两个阶段，而温度是全 WAO 过程的关键影响因素。温度越高，化学反应速率越快。另外，温度的升高还可以增加氧气的传质速度，减小液体黏度。压力的主要作用是保证液相反应，使氧的分压保持在一定的范围内，以保证液相中较高的溶解氧浓度。

湿式空气氧化法是在高温（150～350℃）、高压（0.5～20MPa）下利用 O_2 或空气作为氧化剂，氧化水中的有机物或无机物，达到去除污染物的目的，其最终产物是 CO_2 和 H_2O。我国福建炼油化工有限公司于 2002 年引进了 WAO 工艺，解决了碱渣的后续治理和恶臭污染问题，而且运行成本较低，氧化效率较高。

2. WAO 反应机理

湿式氧化反应是自由基反应，研究认为 WAO 的反应机理由三个过程组成，即链的引发过程、链的发展或传递过程及链的终止过程。有的研究认为三个过程分别为热分解过程、局部氧化过程和完全氧化过程。

（1）链的引发过程（热分解过程）

湿式氧化过程中链的引发过程是指由反应物分子生成自由基的过程。在这个过程中，氧通过热反应产生 H_2O_2。链的引发过程反应式如下：

$$RH+O_2 \longrightarrow R\cdot + HOO\cdot \quad (\text{RH 为有机物})$$

$$2RH+O_2 \longrightarrow 2R\cdot + H_2O_2$$

$$H_2O_2+M \longrightarrow 2OH\cdot \quad (\text{M 为催化剂})$$

在热分解过程中，大分子量的有机物溶解和水解（但没有被氧化），其反应速度随温度升高而加快。

（2）链的发展或传递过程（局部氧化过程）

链的发展或传递是自由基与分子相互作用，交替进行，使自由基数量迅速增加的过程，反应式如下：

$$RH+ \cdot OH \longrightarrow R\cdot + H_2O$$

$$R\cdot + O_2 \longrightarrow ROO\cdot$$

$$ROO\cdot + RH \longrightarrow ROOH+R\cdot$$

在局部氧化过程中，大分子量的有机物氧化分解为分子量较低的中间产物。如甲酸、乙酸、甲醛等。

（3）链的终止过程（完全氧化过程）

当自由基之间相互膨胀生成稳定的分子时，则链的增长过程将中断。链的终止过程的反应式如下：

$$R\cdot + R\cdot \longrightarrow R—R$$

$$ROO\cdot + R\cdot \longrightarrow ROOR$$

$$ROO\cdot + ROO\cdot + H_2O \longrightarrow ROOH + ROH + O_2$$

在完全氧化过程，中间有机产物进一步氧化成二氧化碳和水。

湿式氧化法的氧化过程主要取决于有机物的氧化活化能和处理时的温度、压力等条件，反应时自身生成的热量即可用来维持反应的高温，高温、高压加快了反应速率，强化了气液两相传质，同时也提高了氧气在水中的溶解度。

3. WAO 主要特征

由于 WAO 对毒性大、难生物处理的高浓度废水有较好的处理效果，适用于处理 COD 超过 50000mg/L 的废水。WAO 既可用于废水的终端处理，也可用于生物处理的预处理，可有效去除难生物降解的污染物。但该工艺也存在一些不足，使得其应用受到一定的局限。其主要特征如下：

① 在高温、高压条件下才能进行反应，存在设备腐蚀和安全方面的缺陷；

② 反应始终在高温、高压条件下进行，适用于高浓度小流量废水的处理；

③ 对多氯联苯、小分子羧酸的去除效果不理想；

④ 湿式空气氧化过程中可能会产生毒性较强的中间产物；

⑤ 工艺系统设备一次性投资较高。

4. WAO 工艺流程

WAO 工艺流程说明：废水经高压泵增压在热交换器内被加热到反应所需的温度，然后进入 WAO 反应器；同时空气或纯氧经空压机被压入 WAO 反应器内。在反应器内，废水中可氧化的污染物被氧气氧化。反应产物排出反应器后，先进入热交换器，被冷却的同时加热了原水。随后，反应产物进入气液分离器，气相主要为 N_2、CO_2 和少量未反应的低分子有机物，与液相分离后分别排出。

WAO 工艺处理的有机物范围广，处理效果较好，反应时间短，反应器容积小，几乎没有二次污染，可回收有用物质和能量。湿式空气氧化法发展的主要制约因素是设备要求高、一次性投资大。WAO 法工艺流程见图 11-1。

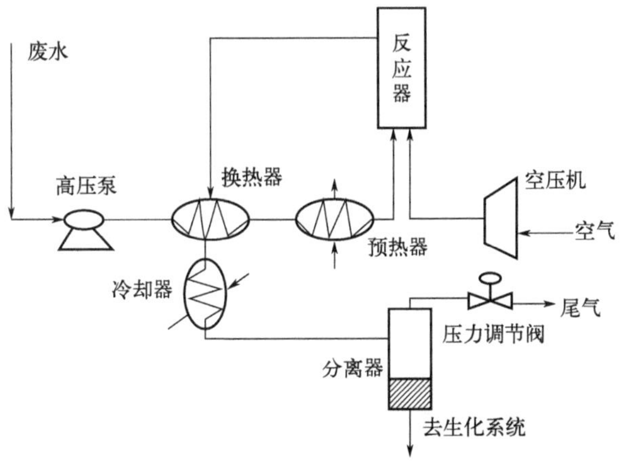

图 11-1 WAO 工艺流程示意图

二、湿式空气催化氧化法

湿式空气催化氧化法（catalystic wet air oxidation，CWAO）是以 WAO 为基础，使用高效、稳定催化剂的湿式氧化技术。由于使用了高效、稳定的催化剂，改变了湿式氧化反应的历程，降低了氧化反应所需的活化能，从而降低了氧化反应所需的温度和压力，并提高了处理效率，降低了处理装置的投资和生产成本。

湿式空气催化氧化法的催化剂一般分为金属盐、氧化物和复合氧化物三类。考虑到经济性，应用较多的催化剂是过渡金属（如 Cu、Fe、Ni、Co、Mn 等）氧化物及其盐类。采用固体催化剂还可避免催化剂的流失、二次污染的产生等。

1. CWAO 反应原理

CWAO 是在高温（200～280℃）、高压（2～8MPa）下，以富氧气体或氧气为氧化剂，利用催化剂的催化作用，加快废水中有机物与氧化剂间的反应，使废水中的有机物及含 N、S 等的毒物氧化成 CO_2、N_2、SO_2 和 H_2O，达到净化的目的。对高 COD 或含生化法不能降解化合物的各种工业有机废水，COD 及 NH_3-N 去除率可达到 99%以上，经一次处理即可达排放标准。

CWAO 的催化剂可分为均相湿式氧化催化剂和非均相湿式氧化催化剂两种。非均相氧化催化剂容易和水分离，能有效控制催化剂组分的流失以及带来的二次污染问题。非均相湿式催化氧化工艺简单、成本低。

均相湿式氧化催化剂主要为可溶性的过渡金属盐类，以溶解离子的形式混合在废水中使用。最常用的和效果较为理想的是铜盐和 Fenton 试剂（即 Fe 和 H_2O_2）。常用的金属盐有 $FeSO_4$、$CuSO_4$、$Cu(NO_3)_2$、$CuCl_2$、$MnSO_4$、$Ni(NO_3)_2$ 等。通常低价盐的活性优于高价盐，如 Fe^{2+} 的催化活性比 Fe^{3+} 高，Cu^{+} 的催化活性比 Cu^{2+} 的效果好。

均相湿式催化氧化法的缺点是：催化剂易于流失，存在二次污染问题，需再次处理回收水中的催化剂，由此增加了工艺的复杂性并提高了运行成本。

2. 非均相湿式催化氧化机理

(1) 臭氧湿式催化氧化含氨氮废水的机理

臭氧在碱性条件下的湿式催化氧化过程是一种处理含氨氮废水比较有效的技术，它可以作为既含有机物又含无机污染物废水的预处理工艺，也可以作为废水的深度后处理工艺，以进一步降解废水中的 NH_3-N 污染物。

在低 pH 值时，以直接臭氧化控制为主；在高 pH 值时，以自由基氧化控制机制为主，且羟基自由基（·OH）氧化速率更快。按自由基链反应引发步骤为：

$$O_3 + OH^- \longrightarrow \cdot O_2^- + HO_2\cdot$$

$$HO_2\cdot + OH^- \longrightarrow \cdot O_2^- + H_2O$$

$$\cdot O_2^- + O_3 \longrightarrow \cdot O_3^- + O_2$$

$$\cdot O_3^- + H_2O \longrightarrow \cdot OH + OH^- + O_2$$

（pH<7 时，以 O_3 直接氧化为主）

$$O_3 + NH_3 \longrightarrow Qs\ (含\ NO_2^- / NO_3^-)$$

[pH 值高时，以自由基（·OH）氧化为主]

$$\cdot OH + NH_3 \longrightarrow Qs\ (含\ N_2/NO_3^-/NH_2OH) + H_2O$$

(2) 活性组分

非均相湿式氧化催化剂所采用的活性组分通常有铜、锰、铁、钴、镍、钌、铑、钯、铱、铂、硒等，可以是其中的一种金属或金属氧化物，也可以由多种金属、金属氧化物或复合氧化物所组成。

煤化工含氨废水处理时所用催化剂的活性组分有铁、钴、镍、钌、铑、钯、铂、铱、铜等，可以单独使用，也可以选择两种以上的组分联合使用。附载的活性组分含量通常在0.05%～25%。

3. CWAO 工艺流程

CWAO 工艺流程说明：废水通过贮存罐由高压泵打入热交换器，与反应后的高温氧化液体换热，使温度上升到接近反应温度后进入反应器。反应所需的氧由压缩机打入反应器。在反应器内，废水中的有机物与氧发生放热反应，在较高温度下将废水中的有机物氧化成二氧化碳和水，或低级有机酸等中间产物。反应后气液混合物经分离器分离。液相经热交换器预热进料，回收热能。高温、高压的尾气首先通过再沸器（如废热锅炉）产生蒸汽或经热交换器预热锅炉进水。其冷凝水由第二分离器分离后通过循环泵再打入反应器，分离后的高压尾气送入透平机产生机械能或电能。

CWAO 工艺具有以下特征：

① 在传统的湿式氧化处理体系中加入催化剂，降低反应的活化能，从而在不降低处理效果的工况下，降低反应的温度和压力，提高氧化分解的能力，缩短反应的时间，提高反应效率，并减少了设备的腐蚀和降低了成本；

② 具有净化效率高、无二次污染、流程简单、占地面积小等优点；

③ 催化剂具有选择性，并且废水中含有许多种类和结构不同的有机物，需要对催化剂进行筛选。

第四节 脉冲超级氧化法

一、概述

脉冲电子频率超级氧化法（electronic frequency pulsed，EFP），即脉冲超级氧化法，是一种高级氧化工艺，通过特定电脉冲条件快速产生高反应活性的羟基自由基（·OH）。该自由基具有极强的氧化能力，能够攻击工业废水中普通氧化剂难以降解的有机污染物分子结构，通过一系列链式反应使其分解为低毒或无毒的小分子物质，甚至直接矿化为 CO_2 和 H_2O，从而实现污染物的高效去除。EFP 具有反应效率高、污染少、氧化作用明显、绿色环保等特点，突破了传统废水处理技术的局限，提高了对高浓度难降解有机物的降解率。在煤化工废水的处理上有着生化法等传统技术不具备的明显优势，具有广阔的应用前景。

二、 EFP 原理及特征

1. 基本原理

EFP 是基于量子理论和自由基理论应用于煤化工水处理领域的一种新工艺。EFP 的基本原理：在 EFP 反应器的特殊纳米多聚贵金属催化电极上施加来自发生器的具有特定能量的脉冲电子频率，使其发生强烈的量子共振，产生比原电子磁场强很多倍的电磁场，轰出高能电子，使 EFP 反应器内的水转化成活性极高的羟基自由基（·OH），随后攻击水体中的各种污染物，发生自由基反应。

EFP 正是基于反应电极材料的突破，设计制造高效反应器，使得氧化反应高效迅速（通常几分钟内可降解难降解的有机物等，COD 由>10000mg/L 降至<10mg/L）进行。该工艺能耗低，绿色环保，无需任何添加剂及 pH 调节（任何酸、碱性废水经处理后 pH 均达到中性），无二次污染（不产生有毒有害固体和气体，无生化污泥产生，同时灭菌），对有机物无选择性（即普适性），耐废水负荷变化冲击强。此外，该工艺在常温、常压下工作，反应条件温和，无噪声，无震动，操作简便，可长期连续运行。

2. 工艺性能

EFP 工艺性能指标见表 11-4。

表 11-4 EFP 工艺性能指标

序号	废水指标	处理前	处理后	环保排放标准
1	COD/(mg/L)	<1600000	<10	<100
2	BOD_5/(mg/L)	< 225000	<10	<20
3	NH_3-N/(mg/L)	< 130000	<5	<15
4	石油类/(mg/L)	< 50000	探测不到	<10
5	总氰化合物/(mg/L)	< 1500	<0.5	<0.5
6	pH 值	1～14	6～9	6～9

三、 EFP 技术特点

1. 高效脱碳

EFP 工艺能够将高 COD（数十万 mg/L）的煤化工废水快速（1～5min）降至 COD<10mg/L，效率可达 99%以上，极大地增强了对难降解有机物的降解性能。EFP 工艺与其他废水高级氧化处理工艺的比较见表 11-5。

表 11-5 EFP 工艺与其他废水高级氧化处理工艺的比较

项目	WAO	SCWO	焚烧法	EFP
温度/℃	150～350	400～600	2000～3000	常温(≤85)
压力/MPa	2～20	30～40	常压	常压
催化剂	需要	不需要	不需要	不需要
停留时间/min	15～120	≤1	≥10	1～5
去除率/%	75～90	≥99.99	≥ 99.99	≥ 99.99
自热	有	有	无	有
适用性	受限制	广谱	广谱	广谱
排出物	有毒、有色	无毒、无色	含 NO_x、SO_2 等	无毒、无色
后续处理	需要	不需要	需要	不需要
能源	电力/燃料	电力/燃料	电力/燃料	电力

2. 高效脱氮

EFP 工艺亦具有强的氧化脱氮能力。在常温、常压下可瞬间降解去除 NH_4^+-N，对 NH_4^+-N 浓度高达 130000mg/L 的废水，可在 1～5min 内降解达到<5mg/L，效率可达 99%左右。多种生物脱氮工艺与 EFP 工艺的比较见表 11-6。

表 11-6 多种生物脱氮工艺与 EFP 工艺的比较

项目	一级 AO	两级 AO	生物滤池（四级 AO）	常规 SBR（一级 AO）	改良型 SBR（多段短程 IMC）	EFP
氨氮处理效率	<80%	<95%	≥95%	<80%	≥98%	>99%
工程投资	低	中	高	低	中	中
运行费用	中	高	低	低	低	低
占地面积	小	大	小	小	小	很小
回 流 量	需要很大	需要很大	不需要	不需要	不需要	不需要
产 泥 量	大	大	小	较小	小	无(极少)
成功业绩	无	无	无	无	多	有

3. 其他特点

① 广谱性。EFP 工艺对有机废水性质的选择性低或无选择性，可用于处理各种高浓度难降解有机废水。

② 适应性强。EFP 工艺能够获得稳定的出水水质，该工艺耐废水负荷变化冲击强。EFP 关键设备是电子机械装置，高度智能化在线监控和调节，使其具有独特优势，运行稳定可靠。

③ 无须添加任何物质。只需要设置相应的进排水管道和动力，使废水通过本设备进行分解净化，无须添加任何物质参与化学反应，不增加额外负荷，不产生二次污染，不产生有毒有害固体和气体，环境友好。

④ 无须进行 pH 调节。任何酸、碱性废水经处理后 pH 均达到中性。

⑤ 氧化灭菌。具有极强的氧化杀菌作用。

⑥ 运行成本低。EFP 工艺能源消耗少，装置日处理废水量为 1000～2000m^3。

⑦ 设备占地面积小。EFP 装置占地面积小，工艺简化，在获得相同处理能力和处理效果的条件下，可减小构筑物容积和占地面积。

⑧ 基本没有剩余污泥产量。EFP 工艺将有机物降解为 CO_2、N_2、水和极少量无害盐，无二次污染，不产生有毒有害固体和气体，无生物菌，故无生化污泥产生，极大地减少了污泥处理费用。

四、光电子频率脉冲超级氧化法

1. 概况

光电子频率脉冲超级氧化（简称 EFP 光电）技术采用量子物理手段，在常压状态下光电子频率脉冲放电产生羟基自由基，把 H_2O、O_2加工成大量的羟基自由基，这些羟基自由基可以引发一系列链反应，从而把难降解的有机物氧化成 CO_2、H_2O 及少量（无害）无机盐。其技术原理是在特定的光吸收物质的表面用特定频率、能量的光子照射后，逸出电子，通过特殊的光电子俘获技术，产生强大的光电子流，进入反应釜，在脉冲放电的同时产生大量高活性、长寿命的自由基，该自由基具备大规模链式反应的能力，反应迅速且无选择性，因而具有适用性广、有机物去除率高、无二次污染的特点。

2. EFP 光电技术特征

① 自由基反应时间极短，其反应主要发生在反应釜的接触面上，故需要增加反应表面积。

② 高浓度难降解的有机废水，这种废水中的污染物浓度很高，极易在反应釜的内壁吸附沉着，从而使反应釜所产生的活性粒子不能高效地参与反应，直接影响自由基参与反应的效率，因此，反应釜结构的设计是 EFP 技术处理能力的关键，是影响 EFP 光电技术处理废水能力的决定性因素。

③ EFP 光电技术的反应釜与悬柱式静止反应釜和环壁式静止反应釜比较，后者使被处理的废水在釜内静止，经过一定时间的处理后，将水排出，处理时间长，反应极体极易被污染物附着从而影响随后的处理效果，因而须注入大量清水进行清洗，才能保证后续反应的顺利进行，很难适应大量连续废水处理的需求。

针对上述问题，EFP 光电技术的反应釜包括反应釜腔体和分液水槽等专利设备，较好地解决了上述问题。

3. EFP 光电反应釜特点

EFP 光电技术反应釜是集搅拌、清洗、反应于一体的灵活高效的板式 EFP 反应釜，具有以下特点：

① 处理效率高。设计了多处反应点，可使处理效率比单点反应釜提高 4～6 倍。反应板多层交错排列，处理液靠重力作用从上到下依次流过反应板，液体的流动产生轻缓的搅拌效果，形成的薄水层能与空气（即氧气）形成大面积接触，使反应能更完全彻底地进行，使该反应釜的处理效率远高于其他形式的反应釜。

② 模块化设计，实现分级反应，可根据废水的污染和处理程度来调整参与反应的级数。

③ 自动化清洗。在反应板间隔中，设计了管喷式移动清洗设施，仅用少量的清水就可快速有效地清除附着在反应板上的污染物，实现了清洗的同时净化清洗水，并循环利用，减少了清洗用水和清洗时间。

第五节 臭氧氧化法

一、概述

1783 年 M. 范马伦发现臭氧；1886 年法国的 M. 梅里唐发现臭氧有杀菌性能；1891 年德国的西门子和哈尔斯克用放电原理制成臭氧发生装置；1908 年在法国尼斯建造了用臭氧消毒自来水的试验装置。臭氧氧化技术应用以欧洲大陆最为普遍。法国和瑞士对臭氧氧化工艺的应用有着悠久的历史，臭氧氧化设备也居世界领先地位；德国全国 85%的水厂采用了臭氧深度处理技术。

20 世纪 50 年代臭氧氧化法开始用于城市污水和工业废水处理中，但由于其技术复杂、成本昂贵，应用受到一定的限制。

20 世纪 80 年代臭氧氧化技术进入美国。美国环保署提出了新的水质标准，对出厂水和管网水消毒进行了严格规定，对减少水中消毒副产物作出更严的限制。在双重压力下，美国的水厂开始考虑采用臭氧氧化技术、强化混凝和生物过滤等技术来达到供水要求。由此臭氧氧化深度处理技术在美国全国范围内得到推广。

二、臭氧氧化的重要作用

臭氧和氯的氧化还原电位分别是 2.07V 和 1.36V。臭氧的氧化性仅次于羟基自由基（·OH）和氟，是一种比氯更强的氧化剂，因此臭氧在水处理中可以作为氧化剂或消毒剂。作为消毒剂消毒时，其杀菌和除病毒效果非常好，而且接触时间较短。例如采用臭氧达到某种消毒效果时，投加量与接触时间的乘积是 5，而要达到相同的消毒效果，采用氯的投加量与接触时间的乘积则是 1440。而且当水中含有有机物时，不会产生氯消毒时容易生成的有机氯化物类的有毒物质，可见臭氧的作用是如此之多。

臭氧的氧化力极强，不但可以杀菌，还可以除去水中的色、味等有机物，即同时具备杀菌、除臭、去色、除酚等多种作用。

利用臭氧的强氧化性，可以将废水中的 Fe^{2+}、Mn^{2+} 等金属离子氧化到高价位，再加碱形成更难溶的氢氧化物沉淀从水中除去。当废水中含有硫化物、亚硝酸盐等有毒还原性无机物时，可以使用臭氧氧化的方法，将其氧化为 CO_2、N_2O、SO_4^{2-}、NO_3^- 等无毒或毒性较小的物质。与有机物反应时，臭氧的氧化作用可导致不饱和的有机分子发生分解，即臭氧分子在极性有机分子原来的双键位置上发生反应，把大分子分裂为两个羧酸类小分子。

臭氧化物的自发性分裂将产生一个小的羧基化合物和带有酸性、碱性基团的两性离子，由于后者不稳定，还可分解成酸和醛。因此，在废水处理领域，已将臭氧的这一特性用于难以生物降解的有机废水的处理中，作为废水深度处理工艺的一个选项。紫外/臭氧光化学组合工艺就能促进臭氧分解产生氧化能力更强的·OH，从而提高臭氧的氧化速率和效率，实现对有机物彻底的深度处理。

三、臭氧氧化的应用范围

臭氧通常是以空气或氧气为气源，通过臭氧发生器在高压电晕放电的情况下产生的。O_3 溶于废水氧化有机物的反应可以分为直接反应及生成羟基自由基引发的链反应。当废水 $pH<7$ 时，主要是直接反应，即 O_3 选择性地氧化有机物；当废水 $pH\geqslant7$ 时，O_3 自身分解加剧，自由基式链反应占主要地位，这种链反应也是一种高级氧化方法。由于臭氧氧化性强，常用来进行杀菌消毒、除臭、除味、脱色等。

① 水消毒 臭氧是一种广谱速效杀菌剂，对各种致病菌及抵抗力较强的芽孢、病毒等都有比氯更好的杀灭效果。水经过臭氧消毒后，其浊度、色度等物理、化学性状都有明显改善。COD 一般能减少 50%～70%。用臭氧氧化处理法还可以去除苯并芘等致癌物质。

② 去除水中酚、氰等污染物质 用臭氧氧化法处理含酚、氰废水实际需要的臭氧量和反应速度，与水中所含硫化物等污染物的量和水的 pH 值有关，因此应进行必要的预处理。把水中的酚氧化为二氧化碳和水，臭氧的理论需要量是酚含量的 7.14 倍。用臭氧氧化氰化物，首先把氰化物氧化成微毒的氰酸盐，臭氧的理论需要量是氰含量的 1.84 倍；其次把氰酸盐氧化为二氧化碳和氮，臭氧的理论需要量是氰含量的 4.61 倍。臭氧氧化法通常是与活性污泥法联合使用，先用活性污泥法去除大部分酚、氰等污染物，然后用臭氧氧化法再进行深度处理。此外，臭氧还可分解废水中的烷基苯磺酸钠（ABS）、蛋白质、氨基酸、有机胺、腐殖质、杂环状化合物及链式不饱和化合物等污染物。

③ 水的脱色 印染、染料废水可用臭氧氧化法脱色。这类废水中往往含有重氮、偶氮

或带苯环的环状化合物等发色基团，臭氧氧化能使染料发色基团的双价键断裂，同时破坏构成发色基团的苯、萘、蒽等环状化合物，从而使废水脱色。臭氧对亲水性染料的脱色速度快、效果好，但对疏水性染料的脱色速度慢、效果较差。含亲水性染料的废水，一般用20～50mg/L 的臭氧处理 10～30min，可达到 95％以上的脱色效果。

④ 除去水中铁、锰等金属离子　铁、锰等金属离子，通过臭氧氧化，可成为金属氧化物而从水中离析出来。理论上臭氧的耗量是铁离子含量的 0.43 倍，是锰离子含量的 0.87 倍。

⑤ 除异味和臭味　地面水和工业循环用水中的异味和臭味是由放线菌、霉菌、水藻的分解产物及醇、酚、苯等污染物产生的。臭氧可氧化分解这些污染物，消除使人厌恶的异味和臭味。

四、臭氧氧化的组合工艺

臭氧是一种不稳定、易分解的强氧化剂。臭氧氧化法的工艺设施主要由臭氧发生器和气水接触设备组成。大规模生产臭氧的方法是无声放电法。制造臭氧的原料气是空气或氧气。原料气必须经过除油、除湿、除尘等净化处理，否则会影响臭氧产率和设备的正常使用。用空气制成的臭氧的浓度一般为 10～20mg/L；用氧气制成的臭氧的浓度为 20～40mg/L。这种含有 1％～4％（质量分数）臭氧的空气或氧气就是水处理时所使用的臭氧化气。臭氧发生器所产生的臭氧，通过气水接触设备扩散于待处理水中，通常是采用微孔扩散器、鼓泡塔或喷射器、涡轮混合器等。臭氧的利用率要力求达到 90％以上，剩余臭氧随尾气外排。为避免污染空气，尾气可用活性炭或霍加拉特剂催化分解，也可用催化燃烧法使臭氧分解。

1. 臭氧＋生化深度处理组合技术

针对煤化工废水难生物降解或有毒有害有机废水治理困难等，同时也随着臭氧发生设备性能的提高，臭氧技术在煤化工废水处理方面得到了重视和应用。通常采用臭氧氧化处理技术，对生化处理出水进行深度处理，以降低煤化工废水中难降解有机物含量及脱色，提高煤化工废水可生化性，减轻后续处理负荷及膜污染。通常采用的组合工艺有：

a. 臭氧氧化（臭氧高级氧化）＋BAF 组合工艺；

b. 臭氧氧化（臭氧高级氧化）＋BAF＋UF＋RO 组合工艺。

该组合工艺的主要应用领域是难降解废水，如煤化工气化废水、煤制油废水、石油化工废水及生活废水提标（Ⅳ类、Ⅲ类）等。

采用该组合工艺的优势是可以提高污染物降解效率以及提高废水的可生化性，过程中不再添加盐类，可以降低沉积物量，减轻后续的膜污染，也不会形成二次污染，设备简单，占地少。

2. 臭氧＋活性炭处理组合技术

活性炭如同碱性溶液中的羟基自由基（·OH）的作用一样，能引发臭氧基型的链反应，加速臭氧分解生成·OH 等自由基。

通常采用的组合工艺为臭氧氧化（臭氧高级氧化）＋活性炭组合工艺。

在组合技术中对有机物的去除包括三个过程，即臭氧氧化、活性炭吸附和生物降解过程。活性炭与臭氧共同作用降解微量有机污染物的反应与其他涉及臭氧生成羟基自由基（·OH）的反应一样，如提高 pH 值、投加 H_2O_2、UV 辐射等，均属于高级氧化技术。采用该组合工艺的优势是可以提高难降解污染物的降解效率和废水的可生化性，在这个过程中不用再添加盐类，以减轻后续的废水处理负荷，同时也不会形成二次污染等。

3. 光催化＋臭氧氧化组合处理技术

光催化＋臭氧氧化（O_3＋UV）是光催化剂的一种，即在投加臭氧的同时，伴以紫外线照射。这一方法是利用臭氧在紫外线的照射下分解产生的活泼的次生氧化剂来氧化有机物，臭氧能氧化水中许多有机物，但臭氧与有机物的反应是有选择性的，且不能将有机物彻底分解为 CO_2 和 H_2O，臭氧氧化产物一般为羧酸类有机物，故通常采用组合工艺：臭氧氧化（臭氧高级氧化）＋UV 组合工艺。

在 O_3＋UV 条件下，酚及 TOC 的去除率随 pH 值的升高而升高。在一定的 pH 值下，三种方法的处理效果为：O_3＋UV＞O_3＞UV。

由上式可知，光催化＋臭氧氧化组合工艺比单独的臭氧氧化工艺的氧化脱除效果要好，而单独的臭氧氧化工艺的氧化脱除效果又要比单独的光催化的氧化脱除效果要好。

要提高臭氧的氧化速率和效率，必须采用组合措施，才能促进臭氧分解产生活泼的·OH。自从 20 世纪发现 O_3＋UV 能有效处理氰化物废水以来，对 O_3＋UV 组合方式进行了许多研究，表明 O_3＋UV 比单独的臭氧的处理效果更好，而且能氧化单纯用臭氧难以降解的有机物。特别在酸性条件下，臭氧是主要的氧化剂；而在中性及碱性条件下，氧化才是按自由基反应模式进行的。采用 O_3＋UV 组合工艺的优势是可以提高难降解污染物的降解效率，在这个过程中也不用再添加盐类，以减轻后续的废水处理负荷，同时也不会形成二次污染等，因此得到一定范围的应用。

4. 臭氧＋絮凝组合处理技术

在臭氧氧化处理水时，研究者发现，臭氧能改变水中悬浮物的性质，从而改变絮凝操作单元的去除效果。由于臭氧氧化可以用于废水处理的各环节，其中包括预处理、废水深度处理及回用、零排放处理、污泥处理等，还可用于消毒、脱色、除臭和除铁锰。通常将臭氧氧化与絮凝组合，对废水进行预处理及其他处理，性能会比单独使用更好，可以进一步提高废水的可生化性或加速废水的破乳、混凝等作用。臭氧＋絮凝组合工艺为：

a. 臭氧氧化＋生化；

b. 臭氧氧化＋混凝＋沉淀气浮。

组合工艺的实际效果主要表现在：使废水中的悬浮颗粒变大，还可以使处于溶解状态的有机物变成可絮凝的胶体颗粒，由此提高絮凝和过滤过程中的 TOC 和浊度的去除率，减少絮凝剂的投加量，降低化学药品的耗用量以及改善絮体的沉降性能等。

臭氧＋絮凝组合处理技术的主要应用领域为：煤化工废水、石化废水、农药废水等以及因含乳化液或含细微悬浮物而难分离的废水。组合工艺的主要优势体现在对毒性强、难生化废水的快速生化，以及预处理设施简单，占地少，促进破乳、混凝等。

5. 臭氧＋膜组合处理技术

近年来，膜在水处理中的应用已越来越广泛，但在实际应用中也存在一些问题，主要是膜污染问题，水中腐殖酸与多价金属阳离子的作用及胶粒在膜上的吸附被认为是膜污染的根本原因。而臭氧对腐殖酸的反应活性较高，能将其降解为低分子量的羟酸和一些醇类物质。利用臭氧与反渗透膜组合工艺处理腐殖酸水体，预臭氧化后再经膜处理时，膜的回洗周期极大地延长，且压力降也降低，节省了能耗。通常采用臭氧氧化或臭氧高级氧化处理＋反渗透浓水处理，能够降低废水中的 COD 含量，减轻后续膜污染，便于后续零排放处理。臭氧＋膜组合工艺为：

a. 臭氧氧化（臭氧高级氧化）＋膜材料；

b. 臭氧氧化（臭氧高级氧化）＋膜蒸发结晶。

臭氧＋膜组合处理技术的主要应用领域为煤化工废水、石化废水的零排放等。其优势是对难降解污染物的降解能力强，可降低 SDI（污泥密度指数）和铁、锰等含量，不添加盐类，有利于后续分盐处理。

五、臭氧氧化的反应机理

当臭氧技术用于煤化工废水处理时，其强氧化性可以破坏有机物或无机物的分子结构从而达到改变其性质的目的，从而具有较强的杀菌消毒作用，可以除臭去味、脱色、去除铁和锰、氧化分解有机物等。臭氧有多种工艺可用于废水处理，这是因为臭氧的氧化性极强，能与许多有机物或官能团发生反应，在对废水进行消毒、除色、除臭、去除有机物和 COD 方面效果很好。将臭氧用于处理有机废水中有机物，使用方便，反应速度快，无二次污染。臭氧氧化的过程分为臭氧直接同有机物反应和臭氧分解产生 ·OH 间接与有机物反应两种。臭氧氧化反应机理分为四种：一是臭氧氧化反应机理；二是臭氧催化氧化反应机理；三是 H_2O_2＋臭氧反应机理；四是 UV＋臭氧反应机理。

1. 臭氧氧化反应机理

臭氧氧化的机理如下：

$$3O_3+OH^- \longrightarrow 3O_2+HO_2^-+O_2\cdot$$

上述反应机理的特点是体系中含分子臭氧氧化和羟基自由基氧化，当 pH 值小于 11 时，羟基自由基反应占比小，主要为分子臭氧反应，具有选择性氧化的特点。其适用工况为主要污染物与分子氧化反应速率常数较高的废水，如含酚废水和高 pH 废水等。

2. 臭氧催化氧化反应机理

$$O_3+HO\cdot+R \longrightarrow \cdots \longrightarrow CO_2+H_2O$$

上述反应机理的特点是体系中含分子臭氧氧化和羟基自由基氧化，能在中性条件下产生较多的羟基自由基，可无选择地氧化水中大多数有机污染物。其适用于含有易臭氧氧化和不易臭氧氧化的有机污染物，含有较低浓度羟基自由基氧化捕获剂（碳酸根等）的废水。

3. H_2O_2＋臭氧反应机理

$$\begin{aligned}
H_2O_2 &\longrightarrow HO_2^-+H^+\\
OH^-+O_3 &\longrightarrow HO_2^-+O_2\\
HO_2^-+O_3 &\longrightarrow O_3^-\cdot+HO_2\cdot\\
HO_2\cdot &\longrightarrow O_2^-\cdot+H^+\\
O_2^-\cdot+O_3 &\longrightarrow O_3^-\cdot+O_2\\
O_3^-\cdot+H^+ &\longrightarrow HO_3\cdot\\
HO_3\cdot &\longrightarrow HO\cdot+O_2\\
HO\cdot+R &\longrightarrow \text{生成物}\\
O_3+R &\longrightarrow \text{生成物}\\
H_2O_2+R &\longrightarrow \text{生成物}
\end{aligned} \tag{8}$$

上述反应机理的特点是体系中含有臭氧氧化和羟基自由基氧化，能在中性和碱性条件下产生较多的羟基自由基，可无选择地氧化水中大多数有机污染物。适用于含有易臭氧氧化和不易臭氧氧化的有机污染物，含有较低浓度羟基自由基氧化捕获剂（碳酸根等），含有较少可被 H_2O_2 选择性氧化的有机物的废水和低污染、高 pH 废水。

4. UV+臭氧反应机理

UV+臭氧反应机理如下：

$$O_3 + H_2O + h\nu \longrightarrow O_2 + H_2O_2$$

$$H_2O_2 + h\nu \longrightarrow 2HO\cdot$$

$$H_2O_2 \longrightarrow HO_2^- + H^+$$

$$HO_2^- + O_3 \longrightarrow O_3^-\cdot + HO_2\cdot$$

$$R + h\nu \longrightarrow \text{生成物}$$

$$HO\cdot + R \longrightarrow \text{生成物}$$

$$O_3 + R \longrightarrow \text{生成物}$$

$$H_2O_2 + R \longrightarrow \text{生成物}$$

上述反应机理的特点是体系中含有臭氧氧化和羟基自由基氧化、紫外线光解；能在中性和碱性条件下产生较多的羟基自由基，可无选择地氧化水中大多数有机污染物。适用于具有合适的紫外线透过率，含有可被紫外线激发的污染物，含有较低浓度自由基氧化捕获剂（碳酸根等），含有较少的可被 H_2O_2 选择性氧化的有机物的废水和低污染、高 pH 废水。

六、臭氧氧化的主要特点

为了提高 O_3 利用效率、氧化速度和氧化能力，研究者广泛探索多项催化方法与臭氧氧化技术进行结合，促进 O_3 分解产生具有更强氧化能力的羟基自由基（·OH），从而形成臭氧联合高级氧化法，如 O_3/催化剂、O_3/H_2O_2、O_3/UV、O_3/UV/ H_2O_2 等联合工艺技术。这些联合工艺的主要特征是有效提高氧化效率，以及提高 TOC 和 COD 的去除率。臭氧氧化的主要特点如下：

① 臭氧是一种强氧化剂，与还原态污染物反应效果好，可用于废水的消毒、除色、除臭、去除有机物和降低 COD 等。

② 臭氧氧化法反应迅速，流程简单，不产生二次污染问题。

③ 臭氧可以与多种农药废水中的有机物迅速发生反应，包括有机氯农药、有机磷农药和酚类化合物等，臭氧氧化后的产物无毒且可生物降解。

④ 废水中残存的臭氧最终分解为氧气，可增加水中的溶解氧，因此臭氧氧化后的废水排入自然水体后可以改善水体水质。

⑤ 臭氧氧化组合技术，如 UV/O_3、H_2O_2/O_3、UV/H_2O_2/O_3 等可提高氧化速率和效率，而且能够氧化臭氧单独作用时难以氧化降解的有机物。

⑥ 单独使用臭氧时反应的选择性较强，对有机物的矿化能力受剂量和时间的影响显著。

⑦ 单独使用臭氧氧化法造价高、处理成本较高，对某些卤代烃及农药等氧化效果较差。

由于臭氧在水中的溶解度较低，且臭氧产生效率低、耗能大，生产臭氧的电耗仍然较高，每千克臭氧耗电 20～35kW·h，因此增大臭氧在水中的溶解度、提高臭氧的利用率、研制高效低能耗的臭氧发生装置是重点，需要继续改进生产，降低电耗，同时需要加强对气水接触方式和接触设备的研究，进一步提高臭氧的利用率。

七、臭氧氧化在煤化工中的应用

内蒙古鄂尔多斯某甲醇深加工项目主要生产烯烃、聚乙烯、聚丙烯等。因煤化工装置排出的废水特性差异较大，故分别对丁二烯废水、MTO 废水、生活化验废水及系统事故废水进行处理，处理达标后进行回用。

（1）废水处理量

高浓度有机废水 600m^3/h，浓盐水 600m^3/h。

（2）废水处理工艺

浓盐水处理：高效澄清池＋V 型滤池＋UF＋钠床＋阳床＋RO。

废水生物处理：预处理＋AO＋臭氧氧化＋BAF 池。

（3）主要技术特点

① 浓盐水回用系统　针对原水中含有固体悬浮物、硬度、COD 等污染物，采用高效澄清池前端加入絮凝剂、助凝剂、石灰、纯碱等药剂的方式，达到污染物去除目的；离子交换系统作浓盐水脱盐的前置工艺，主要作用是对预处理出水中的硬度和结构性离子进一步去除，以满足反渗透膜进水基本无结构性离子的要求；采用 UF 技术，有效截留微小颗粒，降低浊度，去除细菌和部分有机污染物，改善和稳定出水水质。本组合工艺有效减缓了浓盐水中有机物对膜的污染，使系统长期稳定运行。

② 废水生物处理系统　针对 PP 和 PE 装置含油废水问题，设置气浮装置，以避免油类对后续生化单元造成影响；对于废水中难降解、不易降解的 COD 物质，采取延长生化池停留时间的方法，生化处理后难降解的大分子 COD 采用臭氧氧化工艺，再由 BAF 生化去除；为提高臭氧氧化效率，在氧化之前增设混凝沉淀单元，减少臭氧消耗。

第六节　Fenton 氧化法

一、概述

1894 年，英国人 H. J. H. Fenton 发现采用亚铁盐和过氧化氢的组合能有效氧化去除传统废水处理技术无法去除的难降解有机物。

1964 年，加拿大学者 Eisenhaner 首次将 Fenton 试剂应用到水处理中。他用 Fenton 试剂处理 ABS 废水，ABS 的去除率高达 99%。

将亚铁盐和过氧化氢的组合称为 Fenton 试剂，使用 Fenton 试剂的氧化法称为 Fenton 氧化法，简称 Fenton 法。该法的本质是在酸性环境下，H_2O_2 与 Fe^{2+} 的催化作用产生高氧化活性的羟基自由基（氧化性仅次于氟），并引发和传递一系列链反应，加快有机物和还原物质的氧化，能与大多数有机物作用并使其降解。由于 Fenton 法在处理难降解有机废水时，具有一般化学氧化法无法比拟的特点，被广泛运用于多种工业废水的处理中。

用少量 Fenton 试剂对工业废水进行预处理，使废水中的难降解有机物发生部分氧化，可以改变它们的可生化性、溶解性和混凝性能，有利于废水的后续处理。另外，一些工业废水经物化、生化处理后，水中仍残留少量的难生物降解有机物，当水质不能满足排放要求时，也可采用 Fenton 法对其进行深度处理。由于 H_2O_2 价格昂贵，单独使用运行费用太高，一般是与其他废水处理工艺组合用于废水的预处理或废水深度处理。与其他高级氧化法如电化学氧化法、光催化氧化法、湿式氧化法和超临界水氧化法等相比，Fenton 法因操作简单、反应快速、可产生絮凝而得到更广泛的应用。

在传统 Fenton 法基础上，随着研究的深入，Fenton 法基本上是沿着光化学和电化学两条路线向前发展的，汇集了光、电、声、材料等各相近学科的研究成果，利用催化剂、光辐射、电化学作用，通过 H_2O_2 产生羟基自由基（·OH）使其氧化能力得到增强来处理有机物。在发展进程中，Fenton 法可以分为：普通 Fenton 法、UV/Fenton 法、UV-vis/草酸铁络合物/H_2O_2 法、电 Fenton 法以及与 Fenton 组合的高级氧化法等。

1. 普通 Fenton 法

H_2O_2 在 Fe^{2+} 的催化作用下分解产生·OH，其氧化电位达到 2.8V，是强无机氧化剂之一，其机理是通过电子转移等途径将有机物氧化分解为小分子。同时，Fe^{2+} 被氧化成 Fe^{3+} 发生混凝沉淀，去除大量有机物。因此，普通 Fenton 法在水处理中具有氧化和混凝两种功能，但缺点是 H_2O_2 的利用率不高，不能充分矿化有机物。利用 Fe^{3+}、Mn^{2+} 等均相催化剂以及铁粉、石墨、铁和锰的氧化矿物等非均相催化剂同样可使 H_2O_2 分解产生·OH，因其反应过程基本与普通 Fenton 法类似而被称为类 Fenton 体系。由于 Fe^{2+} 是即时产生的，减少了·OH 被 Fe^{2+} 还原的机会，如用 Fe^{3+} 代替 Fe^{2+}，可提高·OH 的利用效率。

2. 电 Fenton 法

电 Fenton 法的原理是利用电化学法增加产生的 H_2O_2 和 Fe^{2+} 作为 Fenton 试剂的持续来源的能力，以实现有机污染物降解的目的。电 Fenton 法与普通 Fenton 法相比，主要是提高了对有机污染物的矿化程度，但仍存在光量子效率低和自动产生 H_2O_2 机制不完善的缺点；电 Fenton 法与光 Fenton 法相比，能形成自动产生 H_2O_2 的机制，增强羟基自由基的氧化作用和阳极氧化、电吸附等优势，使得有机物降解并脱除。由于 H_2O_2 的成本要高于 Fe^{2+}，所以通过电化学法将自动产生 H_2O_2 的机制引入 Fenton 体系具有重要意义。

3. UV/Fenton 法

当采用光辐射（如紫外线、可见光）时，普通 Fenton 氧化法的性能有很大的提高。UV/Fenton 法也称光助 Fenton 法，是普通 Fenton 法与 UV/H_2O_2 两种工艺的组合，其优点在于降低了 Fe^{2+} 用量，提高了 H_2O_2 的利用率。这是由于 Fe^{2+} 和紫外线对 H_2O_2 的催化分解存在协同效应。关键是太阳能利用率有待提高，能耗需进一步降低。

4. UV-Vis/草酸铁络合物/H_2O_2 法

当有机污染物浓度较高时，被 Fe^{3+} 络合物所吸收的光量子数很少，且需较长的辐照时间，需要增加 H_2O_2 的投加量，而羟基自由基（·OH）易被高浓度的 H_2O_2 所清除，故 UV/Fenton 法仅适用于处理中低浓度的有机废水。当在 UV/Fenton 体系中引入光化学活性较高的物质（如含 Fe^{3+} 的草酸盐和柠檬酸盐络合物）时，可有效提高对紫外线和可见光的利用效率。草酸铁络合物在 pH 3～4.9 时效果较好，柠檬酸铁络合物在 pH 4.0～8.0 时效果较好。但因前者具有含 Fe^{3+} 的其他络合物所不具备的光谱特性，所以 UV-vis/草酸铁络合物/H_2O_2 法更具发展前景。

5. EF-Fenton 法

EF-Fenton 法是阴极电解 Fenton 法，它是将 O_2 喷射到电解池阴极上产生 H_2O_2，并与 Fe^{2+} 发生 Fenton 反应。电解 Fenton 体系中的 O_2 可通过曝气的方式加入，也可通过 H_2O 在阳极氧化产生。不用外加 H_2O_2，就能使有机污染物降解，且不易产生中间有毒、有害物质。其不足在于所用阴极材料为石墨、活性炭纤维等，在酸性条件下产生的电流小，H_2O_2 产量不高。

6. EF-Feox 法

EF-Feox 法是通过阳极氧化产生的 Fe^{2+} 与加入的 H_2O_2 进行 Fenton 反应。由阴极溶解出的 Fe^{2+} 和 Fe^{3+} 可水解为 $Fe(OH)_2$ 和 $Fe(OH)_3$，对水中的有机物具有很强的混凝作用，其去除效果要好于 EF-Fenton 法。不足是需外加 H_2O_2 和能耗高。

7. FSR 法、EF-Fere 法

FSR 法是 Fenton 污泥循环系统，又称 Fe^{3+} 循环法。由一个 Fenton 反应器和一个将 $Fe(OH)_3$ 转化成 Fe^{2+} 的电池，可以加速使 Fe^{3+} 向 Fe^{2+} 转化，提高羟基自由基（·OH）的产率，但 pH 值必须小于 1。EF-Fere 法是 FSR 法的改进，去掉了 Fenton 反应器，直接在电池装置中发生 Fenton 反应，pH<2.5，电流效率大于 FSR 法。

二、 Fenton 氧化法应用范围

Fenton 氧化法就是把电解、光及聚合氧化铝化合物等引入 Fenton 氧化体系，使该体系处理废水的能力得到提高。当增加 Fe^{2+} 与 H_2O_2 的浓度时，COD 的去除率提高，当增大 pH 值时，COD 的去除率反而下降。Fenton 氧化法的实质是二价铁离子（Fe^{2+}）和双氧水之间的链反应催化生成羟基自由基，其具有较强的氧化能力，氧化电位仅次于氟，高达 2.80V。Fenton 氧化反应在煤化工废水处理中具有很强的氧化性，且没有选择性，能适应各种废水的处理。

1. 氰化物废水

氰化物是剧毒性的物质，在废水的排放中都要严格控制氰化物的含量。Fenton 试剂可有效地处理氰化物，处理过程中，游离的氰化物分两步被分解，反应如下：

$$CN^- + H_2O_2 \longrightarrow CNO^- + H_2O$$

$$CNO^- + 2H_2 \longrightarrow NH_3 + HCO^-$$

2. 酚类废水

酚类物质有较高的毒性，对人体有致癌作用，酚类废水属于难降解的工业有机废水。Fenton 试剂可用于处理苯酚、甲酚、氯代酚等多种酚类，效果非常好。在室温、pH＝3～6 和 $FeSO_4$ 催化剂的工况下，H_2O_2 可快速破坏酚结构，氧化过程中先将苯环分裂为二元酸，最后生成 CO_2 和 H_2O。除了可以直接降解氯酚类物质外，还可以将 Fenton 试剂氧化作为生物处理的前置过程，使废水的毒性降低，可生化性提高。

3. 焦化废水

Fenton 试剂用于处理焦化废水的效果也非常明显。由于焦化废水中含有数十种无机和有机化合物，如氨氮、硫氰化物、硫化物、氰化物、酚、苯胺、苯并芘等，其中一些是高致癌物，属于高污染难治理的工业废水。这种废水较难降解，且对微生物有毒害作用。在生物处理前，一般采用化学氧化法先对含酚废水进行预处理以降低其毒性，然后再进行生物处理。Fenton 氧化苯类及酚类物质所需的时间最短，因而，在此类废水的处理中得到广泛应用。Fenton 试剂处理含酚废水时，pH 值 3～4，H_2O_2 的用量为 COD 值的 115 倍时，处理效果较好。Fenton 试剂氧化氯酚类物质的反应是以自由基反应历程进行的。

4. 煤化工废水

Fenton 试剂对煤气化废水的二级生化出水有显著的去除效果，可以达到废水深度处理

要求。但在 Fenton 氧化过程中需要加入大量的 $FeSO_4$、H_2O_2、NaOH 和 H_2SO_4，会增加废水中的总含盐量，对于需要再生的废水，无疑又增大了后续废水回用膜系统的负荷。经过 Fenton 试剂氧化反应还会生成大量的污泥。对于煤化工企业，废水处理过程中生成的污泥被界定为危险废弃物，其处置成本非常高。另外，Fenton 试剂氧化工艺中使用的 H_2O_2 和 H_2SO_4 均为高度腐蚀性化学品，在实际运行操作中存在一定的安全隐患。Fenton 氧化深度处理煤气化废水的效果好，但运行的成本比较高。因此，煤化工废水处理中一般是将高级氧化工艺作为深度处理的前置处理工艺，主要目的是改善废水可生化性，后端与生化工艺进行组合，通过生物法进一步去除有机污染物，来降低运行成本，充分发挥高级氧化和生化组合处理的优势。

5. 饮用水

随着饮用水原水水质的恶化及饮用水标准的提高，Fenton 氧化法在饮用水处理中也得到了广泛的应用，主要集中在对卤代物的去除方面。对用 Fenton 法处理饮用水中的四种三卤代烷进行研究，对不同浓度的溴仿，当 pH＝3.5 时，过氧化氢和亚铁离子的最佳摩尔比为 1.9～3.7 时，溴仿在 3min 时的降解率可达 85%，降解机理符合准一级动力学方程。但在此过程中氯仿并没有发生降解。这说明 Fenton 试剂更易降解三溴甲烷。此外，很多研究表明 Fenton 试剂可以有效地降解饮用水中的 THMs，即使在含量很少的情况下，Fenton 试剂仍可以将 THMs 的前体物氧化成二氧化碳和水，从而解决了饮用水处理过程中的难点问题。

用 Fenton 氧化法处理废水反应启动快，在酸性环境中，常温、常压，条件温和，不需要设计复杂的反应系统，在反应过程中可以将污染物彻底地无害化，而且氧化剂 H_2O_2 参加反应后的剩余物可以自行分解掉，无残留，同时也是良好的絮凝剂，效果好，设备简单，能耗小。

三、 Fenton 氧化法反应机理

过氧化氢与催化剂 Fe^{2+} 构成的氧化体系通常称为 Fenton 试剂。在催化剂作用下，过氧化氢能产生两种活泼的氢氧自由基，从而引发和传播自由基链反应，加快有机物和还原性物质的氧化。Fenton 试剂一般在 pH＝3.5 下进行，在该 pH 值时羟基自由基的生成速率最大。

Fenton 法反应过程是在酸性条件下，H_2O_2 在 Fe^{2+} 存在下生成氧化能力强的羟基自由基 ·OH，并引发更多的其他活性氧，以实现对有机物的降解，其氧化过程为链式反应。其中以 ·OH 的产生为链的开始，而其他活性氧和反应中间体构成了链的节点，各活性氧被消耗，反应链终止。其反应机理较为复杂，这些活性氧仅供将有机分子矿化为 CO_2 和 H_2O 等无机物。有关研究者还提出普通 Fenton 法反应机理，如下：

$$H_2O_2+[Fe(H_2O)_6]^{2+} \longrightarrow \cdot OH+[Fe(H_2O)_5OH]^{2+}+H_2O \quad (1)$$

$$[Fe(H_2O)_6]^{2+}+\cdot OH \longrightarrow [Fe(H_2O)_5OH]^{2+}+H_2O \quad (2)$$

其中，产生 ·OH 的反应步骤（1）控制了整个反应的速度，·OH 通过反应方程（2）与有机物反应而逐渐被消耗。

$[Fe(H_2O)_5OH]^{2+}$ 能催化降解 H_2O_2，使之变成 O_2 和 H_2O。自由基链机理指出，对于单一的 Fe^{2+} 系统（即除水外没有其他的络合物配位基），将产生 ·OH 和 HO_2。反应方程除（1）和（2）外，还有以下几个：

$$Fe^{2+}+H_2O_2 \longrightarrow Fe^{3+}+\cdot OH+OH^- \quad (3)$$

$$Fe^{3+}+H_2O_2 \longrightarrow Fe^{2+}+HO_2\cdot+H^+ \quad (4)$$

$$[Fe(H_2O)_6]^{2+}+H_2O_2 \longrightarrow [Fe(H_2O)_5(OH)]^{+}+H_3O^{+}+\cdot OH \tag{5}$$

$$\cdot OH+H_2O_2 \longrightarrow HO_2\cdot +H_2O \tag{6}$$

$$HO_2\cdot +Fe^{2+}+H^{+} \longrightarrow Fe^{3+}+H_2O_2 \tag{7}$$

$$HO_2\cdot +H_2O_2 \longrightarrow H_2O+O_2\uparrow +\cdot OH \tag{8}$$

当 H_2O_2 过量时，由于反应方程（4）的反应速度远比反应方程（1）的反应速度慢。反应方程（7）指出了羟基自由基·OH 消耗的另一途径。通过分离有机化合物中的 H、填充未饱和的 C—C 键，羟基·OH 能不加选择地同大多数有机物迅速反应，和羟基自由基·OH 比较起来 HO_2 的反应活性微弱许多，而与之配对的 O^- 几乎没有活性。当有 O_2 存在时，羟基自由基·OH 与有机物反应产生的以碳为中心的自由基会与 O_2 反应，产生 ROO· 自由基，并最终变成氧化产物。

除此之外，不同的 Fe 价态、pH 条件和 H_2O_2 浓度也会显著影响 Fenton 反应途径及中间产物。在反应过程中，Fe^{2+} 催化 H_2O_2 分解产生·OH，·OH 作为强氧化剂，虽存在于水溶液体系中，但以游离态发挥氧化作用，能够快速氧化大多数有机物。对于高价铁-氧中间产物，如 FeO_3^+、$(L)Fe^4=O$、$(L\cdot^+)Fe^4=O$（L 代表有机络合物，$L\cdot^+$ 代表带一个正电荷的有机络合氧化物），这类物质通常在特定反应条件（如高 pH 值或强络合体系）下生成，同样具有强氧化性，可参与有机物降解。此外，Fenton 反应中 Fe^{2+} 作为催化剂，与 H_2O_2 反应生成 Fe^{3+}，Fe^{3+} 在水溶液中以水合络离子 $[Fe(H_2O)_6]^{3+}$ 形式存在；而 Fe^{3+} 又能与 H_2O_2 进一步反应，实现 Fe^{2+} 的再生，从而维持催化循环。

$$[Fe(H_2O)_5OH]^{2+}+H_2O \longrightarrow [Fe(H_2O)_4(OH)_2]^{+}+H_3O^{+} \tag{9}$$

当 pH 值为 3～7 时，上述络合物变成：

$$[Fe(H_2O)_5OH]^{2+} \longrightarrow [Fe(H_2O)_4OH]^{2+}+H_2O \tag{10}$$

$$2[Fe(H_2O)_5OH]^{2+} \longrightarrow [Fe_2(H_2O)_8(OH)_2]^{4+}+2H_2O \tag{11}$$

$$3[Fe(H_2O)_6]^{3+} \longrightarrow [Fe_3(H_2O)_{12}(OH)_4]^{5+}+4H^{+}+2H_2O \tag{12}$$

以上反应机理表明普通 Fenton 法具有一定的絮凝沉淀功能，这种絮凝沉淀功能是普通 Fenton 法降解 COD 的重要组成部分。由于普通 Fenton 法是 Fe^{2+} 和 H_2O_2 共同组成的氧化体系，H_2O_2 在 Fe^{2+} 和紫外线的催化作用下通过链式反应产生氧化性极强的羟基自由基，这是一种很强的氧化体系。与湿式氧化技术 H_2SO_4-H_2O_2、H_2SO_4-HNO_3 体系相比，Fenton 法具有较大的优势，该法的应用和研究主要集中在环保领域中废水处理上，特别是难降解有机废物的降解与去除。

四、 Fenton 氧化法主要特点

Fenton 法具有下列特点：

① 氧化能力强，可以将很多已知的有机化合物如羧酸、醇、酯类氧化为无机态，氧化效果十分显著。

② 过氧化氢分解成羟基自由基的速度很快，氧化速率也较高。通过研制代替 Fe^{2+} 的材料及催化 H_2O_2 反应的生物酶提高降解有机物的能力，同时可以利用电场、磁场、声波以及光化学等方法催化羟基自由基（·OH）的产生，以进一步提高 Fenton 法的氧化能力。

③ 羟基自由基具有很高的电负性或亲电性，其电子亲和能高达 569.3 kJ，具有很强的加成反应特性，因而 Fenton 法可无选择性地氧化水中的大多数有机物，特别适用于生物难降解或一般化学氧化难以奏效的有机废水的氧化处理中。

④ Fenton 试剂既可以单独使用，也可以与其他工艺组合使用。按所用的氧化剂及催化条件的不同，Fenton 法通常包括 Fenton 试剂法及类 Fenton 试剂法、组合类 Fenton 氧化法、光 Fenton 氧化法、电 Fenton 氧化法、超声 Fenton 氧化法等。Fenton 组合技术可以降低成本，提高处理效果。既可作为生物处理前置处理工艺，提高废水可生化性；也可作为生物处理后的后置深度处理工艺，提高后续膜处理出水的水质。

⑤ Fenton 试剂法氧化机理简单、反应速度快、占地面积小、可模块化建设，处理效率高，处理过程中不引入其他杂质，不会产生二次污染。

⑥ 对废水中干扰物质的承受能力较强。Fenton 试剂在处理有机废水时会发生反应产生铁的羟基络合物，具有良好的絮凝功能，这种絮凝功能对去除 COD 起到了重要作用，操作与设备维护比较容易，使用范围比较广。

⑦ Fenton 试剂法也存在一些缺点，如适用的 pH 值范围小，Fenton 氧化一般在 pH 2.90～3.20 条件下进行最佳，极低的酸度要求增加了处理成本。常规的 Fenton 试剂属于均相催化体系，出水中含有大量的铁离子，会产生大量的铁污泥，需进行后续处理。

五、影响 Fenton 氧化法的主要因素

影响 Fenton 氧化法反应效果与速率的主要因素有下列几项：

① 反应温度；

② pH 值；

③ 反应物自身特性；

④ H_2O_2 投加量；

⑤ Fe^{2+} 浓度；

⑥ 反应时间等。Fenton 氧化法反应的 pH 值一般在 3～4。

1. 反应温度

根据反应动力学原理，温度增加，反应速度加快；不仅加速正反应的进行，也加速副反应的进行。因此，选择适当的温度可以激活羟基自由基（·OH)，温度过高会使 H_2O_2 分解成 H_2O 和 O_2。当用 Fenton 试剂处理印染废水时发现，最佳的反应温度在 30℃左右，低于该温度时出水的 COD 迅速升高。这可能是由 $FeSO_4/H_2O_2$ 的反应缓慢造成的。温度高于 30℃时，由于 H_2O_2 分解带来的不良影响，COD 去除率增加缓慢。当用 Fenton 试剂处理三氯苯酚时发现，温度低于 60℃时，反应出现正效果；高于 60℃时，不利于反应的进行。这是因为 Fenton 高级氧化法中温度对反应速度的影响非常复杂，要针对不同的废水，控制不同的温度。

2. H_2O_2 投加量

当增加 Fe^{2+} 与 H_2O_2 浓度时，COD 的去除率升高；当增加 pH 值时，COD 的去除率反而下降。过氧化氢作为一种强的氧化剂可将水中有机的、无机的毒性污染物氧化为无毒或较易被微生物分解的化合物。但一般说来，无机物和过氧化氢的反应较有机物快，且因传质的限制，水中极微量的有机物难以被过氧化氢氧化，尤其对于高浓度难降解的有机污染物，仅用过氧化氢效果并不十分理想。紫外线的引入则提高了过氧化氢的处理效果，H_2O_2 在紫外线的照射下产生 HO· 自由基，如下所示：

$$H_2O_2 + h\nu \longrightarrow 2HO\cdot$$

$$H_2O_2 + h\nu \longrightarrow HO_2\cdot + H\cdot$$

$$HO\cdot + H_2O_2 \longrightarrow H_2O\cdot + H_2O$$

$$H\cdot + H_2O_2 \longrightarrow HO\cdot + H_2O$$

$$HO_2\cdot + H_2O_2 \longrightarrow HO\cdot + H_2O + O_2$$

UV/ H_2O_2 系统对有机污染物的质量浓度适用范围为 $n\times10\sim n\times10^3$mg/L($n=1\sim9$)。由于 H_2O_2 和 Fe^{2+} 复合而产生氧化能力很强的氧化剂，Fenton 高级氧化法体系中的 H_2O_2 与用量配比要结合具体的废水而定。一般来说，H_2O_2 量的增加会导致羟基自由基（·OH）的增加，但当 H_2O_2 用量过多时，会降低·OH 的产生效率，且过多的 H_2O_2 也不经济。当 H_2O_2 用量过高时使得产生的自由基之间相互反应生成水而消耗，出水的颜色加深。

3. H_2O_2 投加方式

Fenton 试剂在不同的 Fe^{2+}/H_2O_2 值下，具有不同的处理效果。$FeSO_4$ 大于 H_2O_2 时，Fenton 试剂具有化学絮凝作用；当后者大于前者时，Fenton 试剂具有化学氧化功能。所以整个反应过程是分为两步进行的，考察不同的侧重点，可能具有实际意义，例如将 Fenton 试剂一次投加（$FeSO_4/H_2O_2$ 值为 400/1000）和二次投加（$FeSO_4/H_2O_2$ 值为 300/100、100/900）进行比较，结果发现，尽管反应进行到第二步时，COD 的去除率仍有累积效应，但总的去除率并没有明显地提高。

4. pH 值

Fe 在溶液中的存在形式受制于溶液的 pH 值，Fenton 试剂只在酸性条件下发生作用。在中性和碱性工况时，Fe 不能催化 H_2O_2 产生羟基自由基（·OH）。普遍认为，当 pH 值在 2～4 范围内时，Fenton 试剂对废水的处理效果较好，最佳效果出现在 pH=3 时。采用 Fenton 试剂处理纺织废水时发现，当 pH 值增加并超过 3 时，废水中的 COD 迅速升高，从而得到最优点 pH=3。在该条件下，COD 的去除率可达到 80%。将 Fenton 试剂运用于芳香胺废水处理时，发现转化有机物的过程与起始 pH 值无关。当反应完成后，废水的 pH 值比起始 pH 值有所下降，原因可能是 Fenton 反应产物水解后使得 pH 值下降。所以 Fenton 试剂在较宽的 pH 值范围内都能降解有机物。

5. 试剂配比

在 Fenton 反应中，Fe^{2+} 起到催化剂的作用，是催化 H_2O_2 产生自由基的必要条件。在无 Fe^{2+} 条件下，H_2O_2 难以分解产生自由基。当 Fe^{2+} 浓度很低时，反应速度很慢，自由基的产生量小，产生速度慢，整个过程受到限制。当 Fe^{2+} 浓度过高时，会将 H_2O_2 还原且被氧化成 Fe^{3+}，导致色度增加。有关研究表明，不同 Fe^{2+}/H_2O_2 比值对 Fenton 氧化反应是有影响的。

在 $Fe^{2+}/H_2O_2=2$ 的工况下，当有机物不存在时，Fe^{2+} 在几秒内被消耗完；当有机物存在时，Fe^{2+} 的消耗受到限制。但不管有机物存在与否，H_2O_2 都在反应开始的几秒内被完全消耗。这表明，在高 Fe^{2+}/H_2O_2 比值条件下，消耗 H_2O_2 产生羟基自由基（·OH）的过程在几秒内进行完毕。

在 $Fe^{2+}/H_2O_2=1$ 的工况下，当有机物不存在时，H_2O_2 在反应刚开始时消耗迅速，随后消耗速度缓慢；当有机物存在时，H_2O_2 在反应刚开始时非常迅速地被消耗，随后完全停止。但不管有机物存在与否，Fe^{2+} 在反应刚开始后不久就被完全消耗。因此，反应开始时加入的 Fe^{2+} 在 90min 内不能使 H_2O_2 消耗完。

在 $Fe^{2+}/H_2O_2<1$ 的工况下，与 $Fe^{2+}/H_2O_2=1$ 时的工况一样，Fe^{2+} 在反应刚开始后不久就被完全消耗，但 H_2O_2 被完全消耗的时间更长些。

六、 Fenton 氧化法工艺流程

典型的 Fenton 氧化法是由 Fe^{2+} 催化 H_2O_2 分解产生羟基自由基·OH，从而引发有机物的氧化降解反应。Fenton 氧化对有机分子的破坏是非常有效的。其实质是二价铁离子与过氧化氢之间发生链反应生成羟基自由基，三价铁离子催化剂（类 Fenton 试剂）也能激发这个反应。这两个反应生成的羟基自由基能有效地氧化各种有毒的和难处理的有机化合物。由于传统的 Fenton 法处理废水所需时间长，使用的试剂量多，若加入过量的 Fe^{2+} 将会增大处理后废水中的 COD，并产生二次污染。传统 Fenton 法工艺流程见图 11-2。

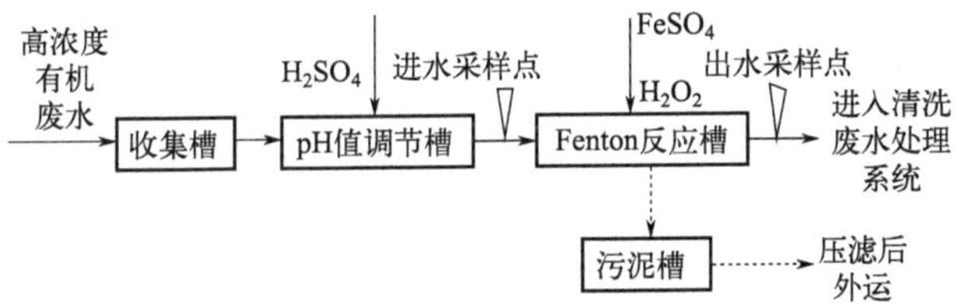

图 11-2　传统 Fenton 法工艺流程示意图

典型的 Fenton 法工艺流程见图 11-3。

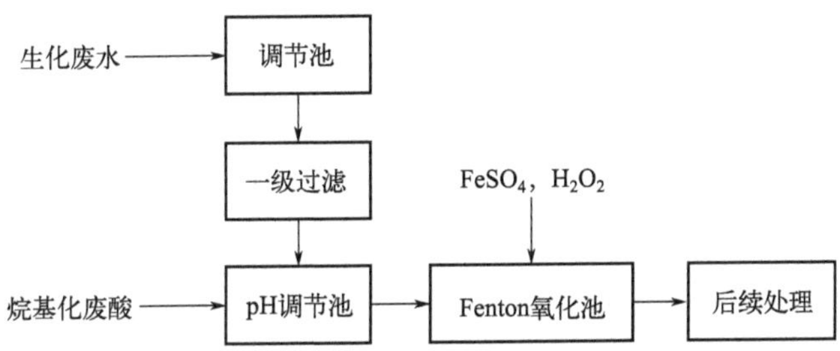

图 11-3　典型的 Fenton 法工艺流程示意图

七、 Fenton 氧化法在煤化工废水处理中的应用

1. Fenton 氧化法处理兰炭难降解废水

兰炭（半焦）企业一般采用内热式直立炉，由于立式炉生产工艺产生的焦油与水很难分离，废水 COD 高达 30000～40000mg/L，且含有大量抑制微生物生长的有毒物质，所以生化处理很难达标。

(1) 兰炭典型废水水质

兰炭废水中含有大量油类、有机污染物和氨氮等，典型兰炭废水水质组成及范围见表 11-7。

表 11-7　典型兰炭废水水质组成及范围

序号	废水组分名称	单位	监测值范围
1	pH 值		8.25～9.8
2	COD	mg/L	17000～30000
3	BOD_5	mg/L	2000～2500

续表

序号	废水组分名称	单位	监测值范围
4	氰化物	mg/L	22～50
5	氨氮	mg/L	2000～5000
6	挥发酚	mg/L	3700～5000
7	总酚	mg/L	4000～6000
8	总油类	mg/L	1200～2000
9	硫化物	mg/L	0.27～2.5
10	悬浮物	mg/L	680～1300
11	TDS	mg/L	4500～8000
12	色度	倍	10000～30000

(2) 兰炭典型废水处理工艺

兰炭废水污染物浓度比焦化废水高10倍左右，成分也更复杂，比焦化废水更加难处理，其处理方法与焦化废水应该有所不同。但由于兰炭行业兴起较晚，现有兰炭废水处理方法主要借鉴水质相似的焦化废水处理工艺，即先进行物化处理，再进行生化处理，然后进行深度处理和中水回用处理。兰炭典型废水处理工艺流程见图11-4。

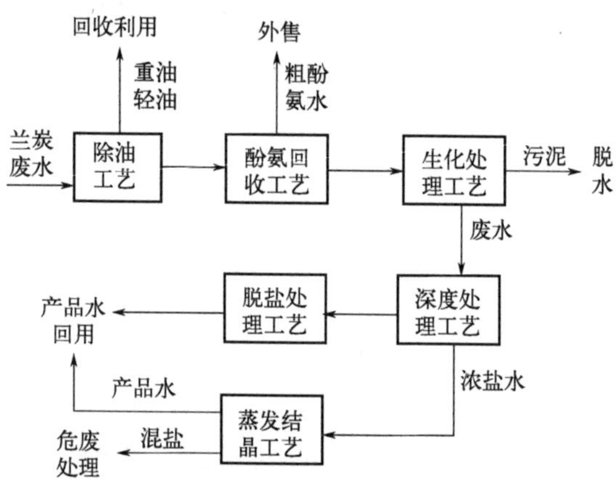

图11-4　兰炭典型废水处理工艺流程示意图

针对现有兰炭废水处理典型工艺流程中的难点和存在的问题，研发出一种专利技术，即一种除油后焦化废水的处理方法，在装有重力除油池和气浮除油池预处理后的焦化废水的序批式膜生物反应器中加入轻质吸附剂，并定期向序批式膜生物反应器回流部分Fenton反应产生的氢氧化铁沉淀，序批式膜生物反应器工艺处理后采用Fenton氧化和混凝沉淀进行后续处理。该专利工艺充分利用轻质吸附剂的吸附沉降性能和供给微生物生长的高效载体的功能，使吸附剂的活性得到恢复，并充分发挥氢氧化铁的絮凝作用，改善污泥混合液的性质，强化废水的处理效果，同时缓解硝化过程所消耗的碱度。处理后焦化废水水质达到相关污染物排放标准。

2. Fenton 氧化法处理煤化工高浓度废水

随着煤化工的迅速发展，高浓度有机废水的种类和数量迅速增加，对水体的污染也日趋广泛和严重，威胁人类的健康和安全。由于高浓度有机废水的成分更复杂，有些还有毒性，高浓度有机废水比城市污水的处理更困难。对于COD高、可生化性差的高浓度有机废水，单独使用生物法或物化法达不到理想的处理效果，协同使用 Fenton 氧化法是当前解决此类废水污染的一个重要突破方向。

为了解决上述问题，基于 Fenton 反应的有机废水处理装置提供了一种处理效果更好的有机废水处理装置的专利技术，包括 Fenton 反应罐、调节池、厌氧池、缺氧池、好氧池、消毒池、抽水泵、回流管和管道。Fenton 反应罐通过管道与调节池相连接，厌氧池通过抽水泵、管道与调节池相连接，缺氧池通过管道与厌氧池相连接，好氧池通过管道与缺氧池相连接，好氧池通过回流管与厌氧池相连接，消毒池通过抽水泵、管道与好氧池相连接。Fenton 氧化法处理煤化工高浓度废水工艺流程见图 11-5。

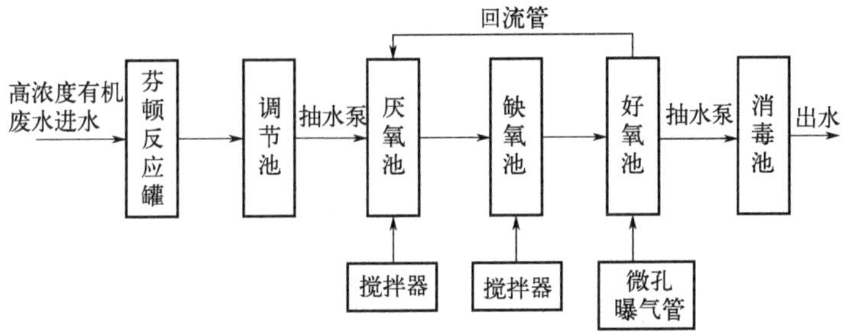

图 11-5　Fenton 氧化法处理煤化工高浓度废水工艺流程

Fenton 反应罐通过管道与调节池相连接，有机废水在 Fenton 反应罐中进行 Fenton 反应，Fenton 反应产生的羟基自由基具有很高的亲电性，具有较强的氧化能力，特别适用于生物难降解或一般化学氧化难以处理的有机废水，将有机分子矿化为 CO_2 和 H_2O 等无机物，对 COD 具有很强的去除能力。高浓度有机废水首先进入 Fenton 反应罐，进行高级氧化处理，去除 COD 和有机分子，然后进入调节池内预处理，再进入厌氧池释放磷，随后进入缺氧池脱氮，之后进入好氧池中硝化和吸收磷，好氧池的液体通过回流管返回厌氧池循环处理，通过内循环，有机污水的处理效果更好，最后经消毒池后排出。该工艺涉及一种基于 Fenton 反应的有机废水处理装置。厌氧池底部、缺氧池底部及好氧池底部设置有微孔曝气器。相对于传统废水处理装置，该工艺具有出水水质好和占地面积小的特点，取代了传统工艺中的二沉池，高效地进行高级氧化处理和生物处理，工艺剩余污泥少，有效地去除了 COD、氨氮和悬浮固体。

3. Fenton 氧化法处理高浓度难降解废水

对煤化工难降解废水处理时常用高级氧化剂，包括臭氧、次氯酸钠、双氧水和 Fenton 试剂等。双氧水和次氯酸钠大多用于处理低浓度有机废水，效果较好，在高浓度难降解有机物方面效果稍差；臭氧氧化法耗能巨大，噪声严重。而 Fenton 试剂高级氧化法比较适宜处理这类废水。一种 AO 工艺与 Fenton 系统配套的专利工艺流程见图 11-6。

该工艺将废水中的难降解有机物在 AO 工艺处理前提前去除，提高废水生化性能。主要包括通过管路依次连通的调节池Ⅰ、一级 Fenton 反应器、调节池Ⅱ、二级 Fenton 反应器和生化处理单元；生化处理单元的结构包括依次连接的水解酸化池、好氧池、沉淀池和 MBR 池；一级 Fenton 反应器与二级 Fenton 反应器之间包括通过管路依次连通的絮凝槽、超滤膜和反渗透膜，废水经一级 Fenton 反应器处理后进入絮凝槽，且废水经超滤膜和反渗透膜处理后进入调节池Ⅱ；二级 Fenton 反应器与生化处理单元之间包括通过管路依次连通的絮凝槽、超滤膜和反渗透膜，经二级 Fenton 反应器处理后的废水进入絮凝槽，且废水经超滤膜

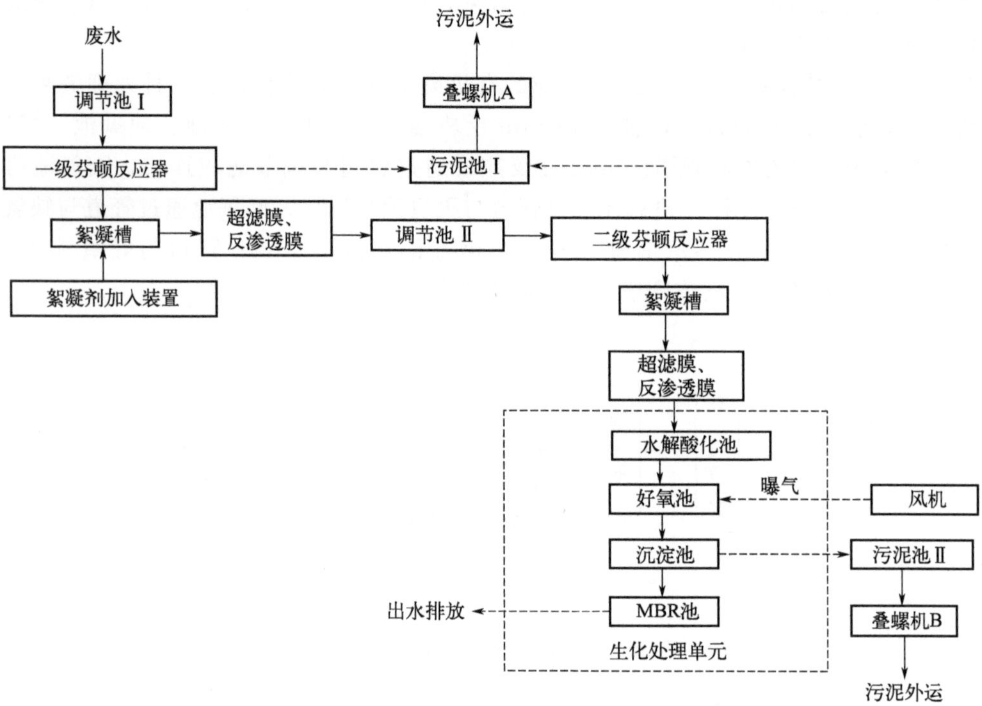

图 11-6 一种 AO 工艺与 Fenton 系统配套的专利工艺流程

和反渗透膜处理后进入生化处理单元，在絮凝槽上还安装有絮凝剂加入装置。

第七节 超临界水氧化法

一、概述

超临界水氧化法（supercritical water oxidation，SCWO）是一种对多种有机废物进行深度氧化处理的技术。在 20 世纪 80 年代中期，该技术由美国学者 Modell 提出，是湿空气氧化法的一种改进工艺。

超临界水氧化法是以超临界水为反应介质，经过均相的氧化反应，将有机物完全氧化为洁净的 H_2O、CO_2 和 N_2 等物质，S、P 等转化为最高价盐类从而稳定化，重金属氧化稳定固相存在于灰分中。这个过程是以水为液相主体，以空气中的氧为氧化剂，在温度 400～600℃、压力 25～40MPa 的运行条件下，反应时间为数秒至几分钟不等。超临界水具有极低的介电常数和良好的扩散、传递性能，利用有机物和氧化剂在超临界水中完全互溶的优势，有机物会发生类似于焚烧的完全氧化作用，这一过程在短时间内即可将难降解有机物氧化成无毒小分子化合物。不同溶质在超临界水及普通水中的溶解度对比见表 11-8。

表 11-8 不同溶质在超临界水及普通水中的溶解度对比

序号	溶质名称	超临界水	普通水
1	有机物	互溶	微溶或不溶
2	无机物	微溶或不溶	互溶
3	气体	互溶	微溶或不溶

当水在22.1MPa和374℃以上时，即呈超临界状态。这是因为水的临界点温度为374.3℃，压力为22.064MPa。如果将水的温度、压力升高到临界点以上，水的物理性能会发生激烈的变化，即变为超临界水，如密度、黏度、电导率、介电常数等基本性能均与普通水存在很大的差异，表现出类似于非极性有机化合物的性质。因此，超临界水能与非极性物质（如烃类）和其他有机物完全互溶，而无机物特别是盐类，在超临界水中的电离常数和溶解度很低。同时，超临界水可以和空气、氧气、氮气、二氧化碳等气体完全互溶。在超临界水状态的关键时刻，氢键会消失，水就变得类似于中等极性的溶剂。在超临界水中的有机污染物和气体能够完全溶解，因此消除了传质阻力。当向水中加入一定量的氧气时，在高温、高压氧化反应器内经过30～60s的时间就能发生快速的氧化反应。这个过程是一个放热过程，会放出反应热，有机污染物被氧化成无机盐沉淀下来，反应产物为H_2O和CO_2，有机物的总去除率>99%，出水COD<5mg/L，处理后的水基本能满足排放标准。

二、 SCWO反应原理

1. SCWO原理

SCWO工艺基于超临界水的独特物理性质。当水处于临界温度（374.2℃）和临界压力（22.1MPa）以上时，液态水与气态水的相界面消失，形成兼具液体高溶解能力与气体高扩散系数的超临界水。此时，水的介电常数显著降低（接近非极性溶剂），能与有机物、氧气完全互溶，为均相氧化反应创造条件。

超临界水具有类似气体的良好流动性，但密度又远大于气体。因此超临界水具有许多独特的理化性质，如密度、介电常数与离子积会迅速降低，水的极性较常温时发生了逆转，转变为非极性物质。结果是无机物几乎无法溶解于超临界水中，而成为对有机物具有良好溶解能力的溶剂。同时，因其具有的高扩散性以及高流动性，超临界水可与如N_2、O_2等气体以任意比例互溶。在一定的反应时间内，可使99.9%以上的有机物分解为结构简单的小分子化合物。SCWO反应路径可体现为碳氢化合物被氧化成CO_2和H_2O；含氮有机物被氧化成N_2及N_2O；含氯、硫有机物也被氧化，以无机盐的形式从超临界水中沉淀析出；反应出水经冷却后成为清洁水，也不会排出焚烧工艺中常见的二噁英、NO_x等有毒副产物。

在400～600℃的高温条件下，反应速度很快，在几秒的反应时间内，即可达到99%以上的去除率，其中有机碳转化为CO_2，氢转化为H_2O，卤素原子转化为卤离子，硫和磷分别转化为硫酸盐和磷酸盐，氮转化为硝酸根和亚硝酸根离子或氮气。而且超临界水氧化反应在某种程度上与简单的燃烧过程相似，在氧化过程中会释放出大量的反应热。

为了加快SCWO反应速度、减少反应时间以及降低反应温度，使超临界水氧化技术能充分发挥出自身的优势，催化超临界水氧化技术将会代替超临界水氧化技术。

2. SCWO过程机理

近些年来研究者对超临界水氧化反应过程进行了研究，在湿式氧化法的基础上提出了自由基反应机理是超临界水氧化反应比较典型的反应机理。该机理认为，自由基是O_2进攻有机物中较弱的C—H键产生的，其过程如下：

$$RH+O_2 \longrightarrow R\cdot +HOO\cdot$$

（RH为有机物）

$$RH + HOOR \longrightarrow 2R\cdot + H_2O_2$$

过氧化氢进一步被分解成羟基自由基：

$$H_2O_2 + M \longrightarrow 2HO\cdot$$

M 是均质或非均质界面，在反应条件下，过氧化氢也能热解为羟基自由基。羟基自由基具有很强的亲电性，几乎能与所有的含氢化合物作用：

$$RH + HO\cdot \longrightarrow R\cdot + H_2O$$

上述过程产生的自由基 R 能与氧作用生成过氧化自由基，后者能进一步获取氢原子生成过氧化物：

$$R\cdot + O_2 \longrightarrow ROO\cdot$$

$$ROO\cdot + RH \longrightarrow ROOH + R\cdot$$

过氧化物通常分解生成分子较小的化合物，这种断裂迅速进行直到生成甲酸或乙酸为止，甲酸和乙酸最终也转化为 CO_2 和 H_2O。氧气和过氧化氢也可以在超临界水中相互转化，无论初始添加的氧化剂是氧气还是过氧化氢，其中比较难氧化的甲酸或乙酸是反应过程中的关键控制步骤。

三、影响 SCWO 的主要因素

1. 温度

对于不可逆化学反应，升高温度有助于化学反应进行。在其他条件不变时，有机污染物的 COD 去除率随温度的升高而增大。但是，在反应停留时间较长时，废水的 COD 去除率随温度的变化不太明显，这是因为在压力不变的情况下，温度的升高会导致超临界水的密度变小，导致反应物浓度降低，从而导致反应速率减慢，温度升高所带来的去除率增大和减小的作用相互抵消，表现为去除率随温度升高呈非线性增大的趋势。在实际应用中，升高反应温度是以消耗更多的能源为代价的，从经济角度分析，温度一般以 410～450℃为宜。

2. 压力

压力对 COD 去除率的影响不是很显著，压力在比较高的范围内对 COD 去除率的影响小于低压范围。其原因是：在超临界条件下，压力升高，氧化反应速率常数增大；压力升高，超临界水的密度增大；压力升高，单位体积内反应物的量增加。对应一定的反应速度，COD 的去除率就有所下降。综合比较，高压区对去除率的影响弱于低压区，若选择高压参数，会对材料和设备的性能提出更高的标准，增加了装置投资。一般情况下，压力不宜过高，只要避开临界压力区附近的密度敏感区，一般以 24～28MPa 为宜。

3. 停留时间

停留时间是影响 COD 去除率较为明显的因素。有关资料显示，在反应时间为 90s 的情况下，COD 去除率可以达到接近 90%。如果延长反应时间，COD 去除率还会上升，但反应时间超过一定值后，反应时间对 COD 去除率的影响不明显，反应时间再延长只能消耗能源和原材料，增加系统体积和投资。反应时间以 60～100s 为宜。

4. 过氧量

超临界水氧化技术适用于高浓度的有机废水，尤其废水中有机物的质量分数在 10%左右时。由于氧可以任意比例溶解于超临界水中，工业应用中的氧化剂相对于废水中高含量的有机污染物通常是过量加入的。一般情况下，选择为10倍左右。当选择过氧量为265%和375%的两种情况进行比较，COD去除率随过氧量的增加而提高。这是因为SCWO属于自由基反应，增加 H_2O_2 的量在反应初期能产生较多的自由基，导致初期反应速率很快，到后来就趋于平稳了。这时废水中有机物的氧化降解率不再随过氧量的增加而增加，而是存在一个最佳氧含量值，超过这个最佳值后，过氧量对COD去除率的影响很小，因此不能为了得到较高的COD去除率而过度提高过氧量。

四、 SCWO主要特征及特点

1. SCWO主要特征

① 通常普通水以蒸汽、液态水和冰三种状态存在，且是极性溶剂，可以溶解包括盐在内的大多数电解质，对气体和大多数有机物则微溶或不溶。液态水的密度几乎不随压力的升高而改变。但将水的温度和压力升高到临界点（$T_c=374.3℃$，$p_c=22.1MPa$）以上时，超临界水的性质发生了极大变化，其密度、介电常数、黏度、扩散系数、热导率和溶解性等都不同于普通水。这时水就会处于一种既不同于气态也不同于液态和固态的新的流体态——超临界态，该状态的水像一个中等强度的极性有机溶剂。

② 超临界水能与非极性物质（如烃类）和其他有机物完全互溶。由于碳氢化合物在超临界水中通常有很高的溶解度，如苯在25℃时，水中的溶解度为0.07%，而在295℃时，上升为35%，在300℃时即超越苯-水混合物的临界点，只存在一个相，任何比例的组分都可以互溶。同理，在375℃以上，超临界水可与氧气、空气和氮气及有机物以任意比例互溶。

③ 超临界水中无机盐类的离解常数和溶解度很低，与有机物的高溶解度相比，无机盐在超临界水中的溶解度非常低，且随水的介电常数的减小而减小。当温度大于475℃时，无机盐在超临界水中的溶解度急剧减小，呈盐类析出或以浓缩盐水的形式存在。如NaCl在550℃和25MPa的水中的溶解度仅为120mg/L，这是由水的低介电常数和低离子解离常数引起的。

④ 超临界水中溶解的无机盐溶质具有不同于常温、常压下的特点。在等压条件下，温度上升，水的介电常数降低，有利于溶质的缔合；在等温条件下，压力上升有利于溶质分解；在高温、低压超临界条件下，当水的介电常数小于15时，水中溶解的溶质会发生大规模的缔合作用，强电解质会变为弱电解质。

⑤ 超临界水可以与空气、氮气、氧气和二氧化碳等气体完全互溶，这是超临界水作为氧化反应介质的一个重要条件。超临界水的溶解能力、可压缩性和传质特性使它成为一种具有活性的异乎寻常的反应介质。在温度、压力高于水的临界温度（374.3℃）和临界压力（22.1MPa）的条件下，以超临界水作为反应介质来氧化分解有机物，由于超临界水对有机物和氧气都是极好的溶剂，因此有机物的氧化可以在富氧的均一相中进行，反应不会因相间转移而受限制。

⑥ 超临界水分子的扩散系数比一般的液体高10～100倍，有利于传质和热交换；同时超临界水具有可压缩性，当温度或压力有较小的变化时，可引起超临界水的密度发生较大的变化。

⑦ 超临界水技术处理效率高，当有机物在适当的温度、压力和一定的停留时间下时，能完全被氧化成二氧化碳、水、氮气以及盐类等无毒的小分子化合物。同时较高的反应温度

也使反应速率加快，在很短的反应停留时间内，有机物的去除率可以达到99.99%以上。

⑧ 在氧化过程中，有机污染物中的C、H元素最后转化成二氧化碳和水；N、S、P和卤素等杂原子氧化生成气体、含氧酸或盐；在超临界水中盐类以浓缩盐水溶液的形式存在或形成固体颗粒而析出；超临界水经过冷却后成为洁净水可以综合利用。

2. SCWO主要特点

由于超临界水是存在于气、液这两种流体状态以外的第三流体，超临界水氧化技术具有许多特点和优势：

① SCWO技术适用范围广，被用于处理含有机污染物的废物，高浓度难降解的有机废液，有机废水、悬浮有机溶液或吸附了有机物的无机物等。如氧化反应处理有毒物质；脱水反应处理乙醇，脱水制乙烯；水热合成反应处理合成无机材料；水解和裂解反应处理煤液化废水；加氢、烷基化反应处理烷加工废水等。

② SCWO法氧化反应完全，废水中的有机物和氧化剂（O_2、H_2O_2）在单一相中反应，有机碳转化为CO_2，氢转化为H_2O；出现在有机物中的杂原子氯、卤素原子转化为卤离子，硫和磷分别转化为硫酸盐和磷酸盐或被转化为HCl、H_2SO_4和H_3PO_4，有机氮转化为硝酸根和亚硝酸根离子或氮气N_2。

③ 超临界水在高温、高压下进行均相反应，SCWO反应速率快，停留时间短，氧化效率高，在小于1min的时间内，大部分有机物的处理去除率可达99%以上。

④ 反应器结构简单，设备体积小，操作方便，处理范围宽，选择性好，通过调节温度与压力，可以改变水的密度、黏度、扩散系数等物化特性，从而改变其对有机物的溶解性能，达到选择性地控制反应产物的目的。

⑤ SCWO可以用于各种有毒物质、废水、废物的处理，还可以用于分解有机化合物，氧化过程无须处理尾气，不会造成二次污染。

⑥ SCWO技术不产生有害副产物，产物不需要进一步处理，且无机盐可从水中分离出来，处理后的废水可完全回收利用。

⑦ SCWO反应与燃烧过程类似，在氧化过程中会释放出大量的热量。当废水中的有机物浓度大于2%时，可利用反应放出的热维持过程的热平衡，实现反应过程自热平衡，不需额外供给热量。若浓度更高时，则会放出更多的氧化反应热，这部分热能可以回收，进行综合利用。

SCWO法具有以上明显的特征和特点，在工业废水处理中得到推广应用。为了进一步加快SCWO反应速度、减少反应时间和降低反应温度，使超临界水氧化技术能更充分发挥出自身的优势，一种催化超临界水氧化处理技术随着催化剂技术的发展，也进入了人们的视野，作为SCWO技术的提升版将会得到推广应用。

五、SCWO在煤化工废水处理中的应用

在煤化工领域中，有很多含氮的有机废物，比如尿素废水等，这类废水难以降解，处理也比较困难。采用SCWO技术能够快速解决此类废水处理问题。在超临界水氧化的过程中含氮的有机物会产生氨，氨会在氧化剂的作用下形成小分子化合物，比如NO、NO_2等。尿素废水在高温（823.2K）的条件下，经过3min的反应，有机氮的去除率能够达到95%。SCWO氧化处理含氮有机废水工艺流程见图11-7。

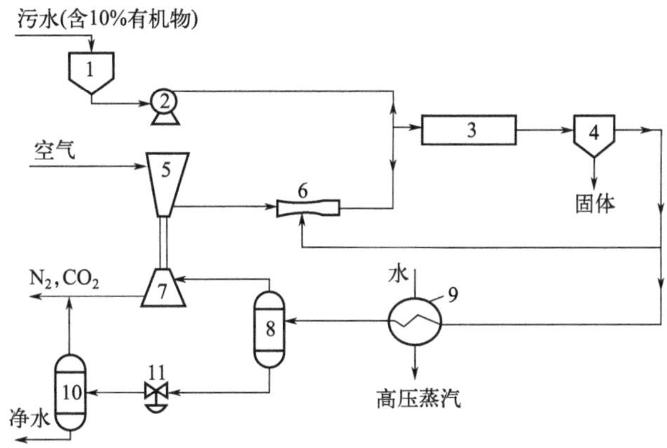

图 11-7 SCWO 氧化处理含氮有机废水工艺流程示意图

1—污水槽；2—污水泵；3—氧化反应器；4—固体分离器；5—空气压缩机；6—循环用喷射泵；7—膨胀机透平；8—高压气液分离器；9—蒸汽发生器；10—低压气液分离器；11—减压器

第八节 净水消毒处理

一、液氯消毒

液氯消毒的主要优点是价格便宜，杀菌力强，工艺简单，技术成熟，药剂易得，投量准确，有后续消毒作用，不需要庞大的设备。主要缺点是液氯储存不是十分安全，容易发生泄漏。

自 20 世纪 70 年代以来，由于发现氯可与水中多种物质形成致癌或致病变的产物，该工艺的应用开始受到限制。

二、臭氧消毒

臭氧是一种强氧化剂，它具有高效，无二次污染，既能氧化有机物，又能杀菌除色、嗅、味等特点。通常认为它的氧化能力比氯高 600～3000 倍，且接触时间短，除能有效杀灭细菌以外，对各种病毒和芽孢等生命力强的生物也有很大的杀伤效果。臭氧消毒不受废水中 NH_3 和 pH 的影响，而且其最终产物是二氧化碳和水，不产生致癌物质。

三、紫外线消毒

紫外线废水消毒技术如今已被广泛应用于各类城市废水的消毒处理中，包括低质废水、常规二级生化处理后的废水、合流管道溢流废水和再生水的消毒。其主要优点是不投加化学药剂，不增加水的嗅和味，不产生有毒有害的副产物，消毒速度快，效率高，设备操作较传统消毒工艺安全简单，以及实现自动化等。主要缺点是紫外线消毒法不能提供剩余的消毒能力，当处理水离开反应器之后，一些被紫外线杀伤的微生物在光复活机制下会修复损伤的 DNA 分子，从而再生。

四、二氧化氯消毒

二氧化氯消毒的特点是只起氧化作用，不起氯化作用，因而一般不会产生致癌物质。二氧化氯的消毒效果与氯气相当，但当废水中 NH_3-N 浓度较高时，耗氯量会大幅度增加，但二氧化氯由于不与 NH_3 反应，因而其投加量并不增加。主要缺点是制备含氯低的二氧化氯较复杂，且原料（$NaClO_2$）的价格较其他消毒方法高，故限制了该方法的广泛应用。

由于液氯消毒运行费用低，操作简单，主要应用于大型废水处理厂；中小型废水处理厂主要采用紫外线消毒，但由于紫外线消毒效果不稳定，且设备维护费用较高，二氧化氯消毒在中小型废水处理厂中应用广泛；臭氧消毒主要运用于中水处理，具有较强的消毒效果及脱色效果，同时再辅以加氯消毒，以保证出水中余氯要求。

综上所述，臭氧氧化消毒技术目前已经相对比较成熟，在石油化工、煤化工、印染工业、制浆造纸等工业废水处理中已有广泛的应用。臭氧氧化具有脱除 COD 和色度效果好、无二次污染问题、不增加废水盐含量等优点，但也存在臭氧发生器设备投资大，臭氧制备成本高（制备 1kg O_3 耗电 15～20kW·h），臭氧利用率低等问题，使得臭氧氧化处理成本高，制约了臭氧氧化技术的广泛应用。为此国内外对臭氧氧化技术进行改进，主要集中在高效催化剂、臭氧氧化工艺开发上，改进后的工艺具有催化效率高、催化成本低、吨水成本低的优势和特点。

第十二章

含盐废水预处理及回用水处理工艺

煤化工废水经生化单元（预处理＋生化处理＋深度处理）处理后只脱除了COD和氨氮等有机污染物，含盐组分等并没有被去除。另外，循环排污水、热电站排放化学水等含盐量高，含盐废水中仍然含有少量的有机污染物、胶体、悬浮物及硬度等，需经含盐废水预处理软化，脱除悬浮物等，再经脱盐处理后，才能得到符合使用标准的淡水（回用水）和浓盐水。由此得到的回用水去循环水系统作为补水使用，以达到减少一次水用水的目的。而浓盐水则去后续浓盐水高倍浓缩处理工序及高浓盐水蒸发结晶脱盐处理工序。本章重点介绍含盐废水预处理及回用水处理的基本原理、运行方式、主要性能、关键设备以及工艺流程等。

第一节　概述

煤化工含盐废水中盐类质量浓度高，COD含量也较高。高盐废水若以液体的形式外排，将会增加区域盐含量，恶化生态环境。

一、含盐废水危害

含盐废水是指有机物和总溶解固体（TDS）的质量分数为1.0％～4.5％的煤化工废水。在这类废水中，某些污染物（如重金属、难降解有机物等）的浓度会随着处理流程的推进逐渐积累，当超过水体自净能力或后续工艺的耐受阈值时，将对处理系统的稳定性和出水水质产生不利影响。由于含盐废水组分复杂、污染物含量高，若没有经过脱盐及深度处理而直接排放到环境中去，将会对水体环境以及周围土壤造成严重的污染；若直接进入废水处理体系，含盐废水也会对有机物污染废水的整体生物处理效果产生一定的不利影响，会使系统中微生物的多样性减少，有机物的可降解性降低，导致N、P和COD的去除率降低。当盐浓度超过5g/L时，由于脱磷十分困难，需运用化学的方法处理脱磷；而当盐分为10g/L左右时，将使得驯化硝化菌变复杂且需要更长的时间。

原生动物可以掠夺微生物从而导致废水浊度降低，因此废水中原生动物缺乏会影响出水浊度。在湿地生态系统中高盐度废水会影响水中植物的正常代谢、光合作用以及呼吸作用等，植物的生长受到抑制，导致光合作用以及叶绿素的含量降低。

当未经处理的高盐度废水进入地下水体后，会使地下水的硬度变大，对人们的日常生活和身体健康产生很大的危害。长期饮用高盐度的水，会损坏牙齿，严重的甚至会导致肾结石、胆结石等疾病。因此，含盐废水给人们的生活带来的危害是不可忽视的。

二、含盐废水产生途径

在煤化工生产过程中，尤其是煤气化会产生大量的含盐废水，其含盐量与煤中离子的溶解特性、气化废水排放量以及循环次数有一定的关联，而且还与煤气化工艺关系密切，有些煤气化工艺产生的难生物降解的高浓度含盐废水，含盐量一般在1000～6000mg/L。煤化工废水处理系统，如生化处理出水总溶解固体（TDS）可达1000～6000mg/L，循环水站排水TDS可达1800～4000mg/L，化学处理水站排水TDS可达2500～3500mg/L，锅炉除盐水站排水TDS可达5000～20000mg/L。煤制烯烃中典型的各类含盐废水中的含盐量见表12-1。

表12-1 煤制烯烃中典型的各类含盐废水中的含盐量

序号	废水名称	TDS含量/(mg/L)	备注
1	煤气化废水	800～3000	鲁奇炉含量高
2	废水生物处理出水	1000～6000	
3	循环水排污废水	1500～4000	
4	脱盐水站反渗透(RO)浓水	2500～3500	
5	脱盐水站再生废水	2500～3500	

另外，在废水生物处理和除盐蒸发结晶处理过程中，采用水处理剂，酸、碱的加入带来的矿化，以及大部分制备脱盐水后回收产生的浓缩液，都会增加可溶性盐类的浓度，形成难以生化处理的高含盐废水。

第二节　含盐废水分类

以煤制天然气废水处理为例，废水经生物处理后的出水组分及含盐量见表12-2。

表12-2 煤制天然气废水生物处理后出水组分及含盐量

序号	项目	单位	污染物组分	
1	pH值		6～9	6.5～7.5(进水)
2	COD	mg/L	≤80	<3500(进水)
3	BOD_5	mg/L	≤5	<980(进水)
4	氨氮	mg/L	≤15	<200(进水)
5	总碱度($CaCO_3$计)	mg/L	≤200	
6	总硬度($CaCO_3$计)	mg/L	≤450	
7	含盐量	mg/L	≤2000	
8	SS	mg/L	≤20	<70(进水)
9	石油类	mg/L	≤1	<50(进水)
10	Cl^-	mg/L	≤300	
11	SO_4^{2-}	mg/L	≤600	

续表

序号	项目	单位	污染物组分	
12	Na^+	mg/L	≤530	
13	K^+	mg/L	≤10	
14	Ca^{2+}	mg/L	≤120	
15	Mg^{2+}	mg/L	≤40	
16	SiO_2(可溶性)	mg/L	≤12	
17	总磷(以 P 计)	mg/L	≤1	
18	细菌总数	个/L	≤1000	
19	浊度	mg/L	≤10	

由此可见，煤制天然气废水经生物处理后脱除了废水中大部分 COD、BOD_5 和氨氮，但废水中含盐量可达到 2000mg/L，这种含盐废水的特点是有机物含量大幅降低，而含盐量较高。对这种含盐废水脱盐就是要逐步对含盐废水中的有机物实现微量化控制和脱除，使含盐量逐步增大，并最终实现分离和盐资源化综合利用。

煤化工含盐废水通常可以分为三类：一是经生物处理后的仅脱除了氨氮和 COD 的含盐废水；二是来自循环冷却水站的含盐排放废水（经过循环冷却加药处理和循环水蒸发积累有一定含盐量和硬度的废水）；三是脱盐水站制备脱盐水后排放的浓盐水、热电站锅炉的排放废水和工艺废热锅炉排放废水等。仍以煤制天然气废水含盐处理为例，三类含盐废水脱盐水平衡示意见图 12-1。

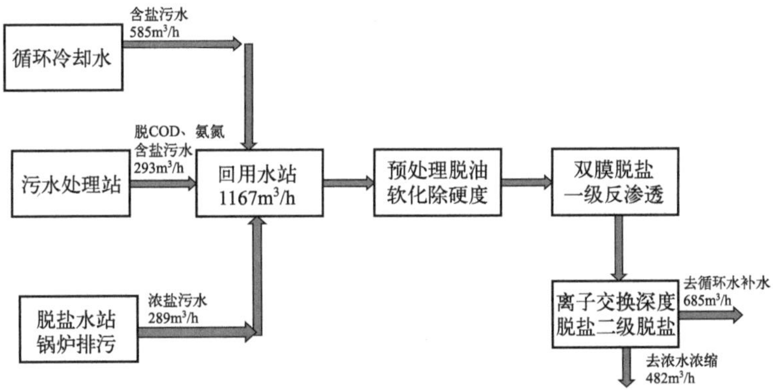

图 12-1 煤制天然气含盐废水脱盐水平衡示意图

三类含盐废水可合并进行脱盐处理，常用的含盐废水除盐工艺可分为：化学软化、离子交换法、膜分离、蒸馏法以及膜法和离子交换法的组合脱盐工艺。

第三节 含盐废水预处理工艺

一、概述

煤化工废水生化处理前的预处理与含盐废水预处理是有一定区别的。前者通过废水预处理，一方面回收和去除废水中一部分有价值的有机物（如酚、氨回收等），实现循环利用；另一方面通过采用物理、化学和物理化学的方法脱除废水中的颗粒物和悬浮物，即通过中和、捞毛、混凝、预沉、预曝气和分离等预处理，以保证后续生物处理各设备及系统稳定运行。而含盐废水预处理是为了脱除废水中无机污染物，如碳酸盐、碳酸氢盐等硬度以及悬浮物、胶体等污染物，降低对后续除盐膜系统的污染。二者在处理目的、范围等方面存在一定的区别，但也有关联，如采用物理、化学和物理化学的方法有类似之处。含盐废水（或原水）的预处理内容包括水的软化及脱硬度、混凝、吸附、预氧化、过滤等，为后续脱除含盐废水中的盐分，如膜分离或其他脱盐工艺奠定基础。当采用反渗透膜除盐工艺时，含盐废水预处理的好坏会影响膜的过滤效率和经济性。预处理的功能主要体现在三个方面：一是改变污染物粒径分布；二是改变污染物之间相互作用或它们在膜表面的沉积性；三是抑制微生物生长或去除可生物降解的微生物。

二、预处理污染指数

使用反渗透膜除盐时，无论是对生物处理后的含盐废水，还是对原水处理对象，都应注意被处理含盐水的预处理是为了避免堵塞反渗透系统及膜，影响其使用寿命，被处理水经预处理后，水质软化，消除水中的悬浮物和胶体，降低水的浊度。此外，还应进行杀菌以防微生物的滋生。由于反渗透对被处理水中的悬浮物的要求很高，通常采用一种基准水质对受悬浮物污染情况的污染指数进行衡量并进行水质检测。污染指数反映了反渗透膜除盐系统受水中悬浮物污堵工况，通常情况下，进入反渗透膜系统的水的污染指数以≥5 为宜。

进水 pH 值和进水温度也是重要指标，在预处理时应该考虑进水 pH 值和温度。各种半透膜均存在一个最适宜的 pH 值，应按各类反渗透膜的要求，调节进水 pH 值，以满足反渗透膜的性能指标要求。对于进水温度，由于反渗透膜的透水量是随水温的升高而增大的，但温度过高会加快醋酸纤维素膜的水解速度，且使有机膜变软，易于压实，所以，对于有机膜而言，进水温度以 20～40℃为宜，复合膜的进水温度以 5～45℃为宜。

三、预处理目的

由于被处理水种类多，水质成分复杂，针对被处理水质情况及反渗透系统回收率等性能设计参数要求，选择合适的反渗透预处理工艺系统，减少对反渗透膜的污垢、结垢，防止反渗透膜脱盐率、产水率降低。选择一个正确的反渗透预处理系统非常重要，将直接影响整个除盐系统的功能。含盐废水预处理的主要目的包括：

① 除去悬浮固体，降低浊度；

② 防止微生物的生长；

③ 防止微溶盐的沉积；

④ 调整进水温度和 pH 值；

⑤ 去除有机物；

⑥ 防止金属氧化物和硅的沉淀。

四、预处理常用工艺

1. 混凝法

混凝法是应用比较广泛和有效的预处理方法之一，投加混凝剂后能较大地降低后续膜污染，增加膜通量，而且比投加活性炭更为有效。

2. 强氧化法

采用强氧化剂如氯、过氧化氢、高锰酸钾、臭氧等来氧化和改变有机物组成部分，从而改善出水水质，减轻膜污染。采用预氧化控制膜污染主要限于臭氧，适度的臭氧预氧化能增加可生物同化有机碳以及改善污泥性质，从而可能减轻膜污染。研究发现臭氧化能够促进活性污泥中微生物细胞的分解以及控制丝状菌膨胀，从而减轻膜污染。但也有研究表明臭氧的投加对控制膜污染效果不明显，甚至可能加重膜污染，由于强氧化性，可能还会氧化膜并损害膜，容易产生一些副产物。

采用填充床过滤器或是其他膜预过滤器来去除部分可能对后续膜有污染的物质，疏水性粗孔径膜能很好地吸附有机污染物，因此在预处理时使用疏水性粗孔径膜非常有效。

3. 盘式过滤法

盘式过滤器是由过滤单元并列组合而成，其过滤单元由一组带沟槽或棱的环状增强塑料滤盘构成。过滤时含盐废水从外侧进入，相邻滤盘上的沟槽或棱边形成的轮缘把水中固体物截留下来。然后反冲洗时，水从环状滤盘内部流向外侧，将截留在滤盘上的污染物冲洗下来，经排污口排出。盘式过滤器具有处理功能大、运行稳定和易于控制的特点，多用于超滤的预处理，起到超滤的保安作用。盘式过滤器可以分为半自动冲洗和全自动冲洗两种，后者更易于操作和模块化控制。

4. 保安过滤

为了防止预处理中未能完全去除或新产生的悬浮颗粒进入反渗透系统，保护高压泵和反渗透膜，通常在反渗透进水前设置滤芯式保安过滤器。滤芯材料主要有烧结滤管、熔喷式纤维滤芯等。

通过预处理的水在进入反渗透和纳滤系统之前通常会设置 5μm 左右的保安过滤器，这是为了防止管路和中间水箱带入污染物。需要注意的是保安过滤器可能会成为微生物污染的发生源，因此同样需要定期清洗和杀菌。

5. 微滤和超滤

微滤（MF）和超滤（UF）是大规模应用于反渗透和纳滤的前置处理。同絮凝、沉淀以及砂滤比较，其过滤的水质稳定、设备管理比较简单，也不会产生过滤残渣或絮凝污泥等废弃物。作为预处理中的一种膜分离工艺，微滤和超滤可以完全去除不溶解的物质，降低颗粒物的污染风险，使得反渗透的设计水通量可以适当增加 10%～20%。在选择微滤和超滤作为预处理时，一定要严格控制药剂的投加量，严格按照微滤和超滤制造商提供的设计参数设计。虽然微滤和超滤系统自动化程度高、运行操作简单，但也同样要做好维护工作，确保系统稳定地运行。

6. 离子交换软化法

对难溶解无机盐废水，当预处理未选择投加有机阻垢剂时，或原水硬度较低，且存在一定含量的钡、锶离子时，常采用离子交换软化法。对含有高溶解硅组分的废水，在现场条件允许的情况下，通过系统内设置的换热器将给水温度调整至 28～35℃，进而提高水中硅酸化合物的溶解度，并与控制系统水回收率的工艺设计相结合，来确保反渗透系统在运行过程中无硅胶垢形成。这是常采用的一种方法。在此种条件下，应注意将反渗透浓水系统的二氧化硅的含量控制在 150mg/L 以下。

7. 石灰软化法

在原水碳酸盐硬度和溶解二氧化硅含量较高的大型反渗透系统中常采用石灰软化辅助投加镁剂法，该法可将原水碳酸盐硬度降低到 100mg/L 左右。同时原水中溶解的二氧化硅含量也可以去除 50%～60%；单独的石灰软化法，可适用于暂时硬度高、永久性硬度较低的含盐废水；石灰＋纯碱软化法，可适用于永久性硬度高、低碱度的含盐废水，石灰去除水中暂时硬度，纯碱去除水中永久性和暂时性硬度；石灰＋苛性钠法，可去除水中过多的碳酸根离子，利用石灰去除碱度。

8. 投加阻垢剂法

投加阻垢剂法对原水和现场条件的适用性强，容易实现自动控制，装置运行可靠，在大型反渗透系统和原水难溶无机物含量较高的系统中被广泛采用。投加的阻垢剂多见国外进口产品，如：美国 ARGO 公司的 MDC-150/220/200 和美国清力公司（KING LEE）的 PTP-0100/2000。该类阻垢剂的共同特点是稀释及投加十分方便，药剂对水中的多种难溶物质均具有较高的分散能力，在 RO 浓水系统中 LSI 或 S&DSI 指数达＋2.5～＋3.0 时仍不结垢。另外，$CaSO_4$、$SrSO_4$、$BaSO_4$、CaF_2 的饱和度可以分别扩展 2.3 倍、8.0 倍、60 倍、100 倍；并且有的阻垢剂与预处理系统中投加的絮凝剂兼容（如：MDC-150 阻垢剂与 MPT150 型絮凝剂相互兼容）。而在国内被作为阻垢剂的六偏磷酸钠，由于其具有溶解不便、受温度影响、不稳定、分散能力较差等缺点正在被逐渐取代。

9. 弱酸型阳离子交换脱碱软化法

弱酸型阳离子交换脱碱软化法在废水中含盐量较高和碱度成分高（占阴离子含量 70% 以上时）的大型反渗透系统中应用居多。当水的 pH 值较低（4～5）时，反渗透系统的无机酸透过量会增加，使得反渗透系统脱盐率较低。即便再对脱碳后的被处理水进行调节 pH 值或采用不脱除二氧化碳的工艺，其脱盐率也无法达到原来较为理想的水平。尽管如此，该工艺在高盐量、高碱度的水质条件情况下还是得到了较多的应用。

五、含盐废水中 COD 控制

煤化工废水经生化处理后的出水仍然含有一定数量的污染物质，如 COD 50～200mg/L，NH_3-N 15～30mg/L，SS 20～30mg/L，TP＞1mg/L，细菌和重金属等，可进行三级处理，以进一步去除废水中的微量 COD 和 BOD_5 有机污染物质，SS 及氮、磷高浓度营养物质。通常采用混凝沉淀法、活性炭法、臭氧氧化法、电解处理法、湿式氧化法、催化氧化法等。其中高级氧化法在反应过程中能够产生活性极强的自由基（·OH）等，使难降解有机污染物转变成易降解小分子物质，甚至直接生成 CO_2 和 H_2O，使含盐废水中的 COD 含量能够满足后序脱盐工艺的要求。

六、含盐废水对膜污染的影响

由于煤化工含盐废水组分不同，采用的预处理工艺不同，当预处理达不到预期目的时，含盐废水中的污染物会对后续膜污染产生影响，比较常见的膜污染原因如下。

1. 工艺设计及制造缺陷

对于反渗透前置过滤器而言，当实际滤速超过设计值（如设计滤速≤8m/h，而实际滤速＞8.5m/h）时，会导致反渗透进水 SDI（污染指数）超标。当含盐水中含有胶体、悬浮物等杂质，而在预处理中又没有去除达标，或含盐水中 COD>3mg/L 而没有去除时，反渗透膜元件设计通量会超标，反渗透装置二段结垢及压差升高快，产水量衰减及脱盐率下降快。设计缺陷可能导致反渗透系统一段压差增加或有可能导致二段压差也增加，最终导致系统产水量降低。

2. 添加剂及耗材选用不当

反渗透阻垢剂类型或加药量选用不当，如：反渗透阻垢剂类型与含盐废水不相兼容，如含盐废水中含有铝离子、铁离子或者预处理加药中使用了铁、铝等絮凝剂等，应尽量选择有机磷系的反渗透阻垢剂，避免采用聚羧酸型阻垢剂。反渗透阻垢剂的加药量一般在 2～4mg/L 之间（按进水量计算），最多不超过 6mg/L 等。阻垢剂类型与加药量选择不当会导致系统产水量迅速下降，系统压差明显增加。反渗透保安过滤器滤芯的实际过滤精度需与设计要求严格匹配（如设计精度为 5μm）。若选用标称精度 5μm 但实际过滤效果不达标的滤芯，会导致大于 5μm 的悬浮物、胶体等杂质穿透滤芯，直接进入反渗透膜元件，增加膜表面颗粒污染风险，严重影响膜元件的安全运行及使用寿命。反渗透预处理系统中的絮凝剂及助凝剂的选择不当也会造成膜元件的严重污染，而杀菌剂的选择不当则使得反渗透系统脱盐率严重降低。

3. 微生物造成难逆转的膜污染

细菌、真菌和藻类进入膜系统后，会黏附在膜表面上生长繁殖，微生物及其代谢产物可能使膜孔完全堵塞，甚至使中空纤维内腔完全堵塞，无论是对超滤膜，还是对纳滤和反渗透膜都会造成不可逆转的膜污染。水处理工程中通常加入次氯酸钠（NaClO）、臭氧（O_3）等氧化剂，也可以配合紫外线杀菌。这些措施只能防止微生物滋生，并不能从水中去除微生物，杀灭不彻底的微生物还会复活。尤其是芽孢，由于耐受一定的杀菌剂，成为膜生物污染的潜在威胁。适当的预处理比如介质过滤，不仅能够提高杀菌剂的效果，同时也可以滤除一部分微生物甚至芽孢，降低膜的微生物污染。

4. 浑浊度造成膜污染，降低产水率

当含盐废水中含有悬浮物、胶体、微生物和其他杂质时，都会使处理水浑浊。浑浊度低会造成膜污染，降低产水率。由于浊度是测量被水中颗粒物反射的光线强度得来的，所以原水的颜色、不透明性，以及其中颗粒的大小、数量和形状均影响测量结果。因此，浊度与悬浮物的关系是随机的。对于较小的微粒，浊度并不能反映。在膜法处理中，用浊度来反映浑浊度明显是不精确的，实践中使用 SDI 来预测颗粒物的污染倾向。降低浑浊度的传统方法是絮凝加介质过滤器，由于介质过滤器的过滤效果受水质波动影响较大，近年来广泛使用超滤设备或者微滤设备取代介质过滤器作为膜法水处理工艺的预处理设备。为了滤除细小的颗粒，一般需要向原水中添加一定量的絮凝剂来提高去除效率。在加入絮凝剂的同时，可加入助聚剂，如 pH 调节剂（石灰、碳酸钠）、氧化剂（氯和漂白粉）等，以提高混凝效果。

5. 含盐水质影响膜效率

① 含盐水温度的调整　膜的透水性能与温度有直接的关系，膜组件标定的透水速率一般是用纯水在 25℃条件下测试的，膜的透水速率与温度成正比。因此当供水温度较低（如<5℃）时，可采用某种升温措施，使其在较高温度下运行，以提高工作效率。但当温度过高时，同样对膜不利，会导致膜性能的变化，对此，可采取冷却措施，降低供水温度。

② 含盐水 pH 值的调整　用不同材料制成的膜对 pH 值的适应范围不同，例如醋酸纤维素适合 pH=4～6，PAN 和 PVDF 等膜可在 pH=2～12 的范围内使用。如果含盐水进水 pH 值超过膜的使用范围，需要加以调整。

6. 结垢造成膜污染

结垢是指难溶性盐类（如碳酸钙、硫酸钡等）在水溶液中因过饱和而结晶析出，并以固体形式附着于膜表面或系统管路内的现象。在反渗透系统中析出的垢主要是无机物成分，以碳酸钙为主。一般来说，盐的溶解度受水中各组分浓度、pH 值、温度及共存的其他盐浓度的影响。难溶盐的溶解度通常用溶度积（K_{sp}）来表示，溶度积越小，溶解度就越低。

7. 膜劣化污染

膜的劣化，主要是膜受物理或化学作用发生不可逆的细微构造或分子构造变化，导致膜性能下降的现象。物理劣化主要由机械应力或温度异常引发，例如：水泵运行产生的机械振动可能导致膜丝断裂或膜结构破损（表现为脱盐率下降）；当运行压力超过膜元件设计耐压上限（通常为 1.5～4.0MPa），或水温超过膜耐受极限（如芳香聚酰胺膜通常≤45℃）时，会加速膜材料老化，导致水通量不可逆下降。化学劣化是指反渗透膜受氧化剂影响，芳香聚酰胺的聚合链被切断，或者因用过量酸、碱等药剂清洗，膜分离性能衰减。醋酸纤维素反渗透膜会受到细菌分解的影响，导致高分子聚合链断裂，进而导致脱盐率下降。预处理后续反渗透进水水质允许值见表 12-3。

表 12-3　预处理后续反渗透进水水质允许值

导致膜污染的指标		允许值	解决方法
悬浮物等	浊度	<1 NTU	过滤，絮凝沉淀，微滤，超滤
	SDI_{15}	<5.0	N/A
	颗粒物	<100 个/mL	过滤，絮凝沉淀，微滤，超滤
	微生物	<1 个/mL	杀菌，微滤，超滤
金属氧化物	铁(Fe^{3+})	<50μg/L	氧化+沉淀或过滤
	锰(Mn)	<50μg/L	使用分散剂
结垢物质	$CaCO_3$	LSI<0	回收率，pH 值，阻垢剂
	$CaSO_4$	<230%	回收率，阻垢剂
	$BaSO_4$	<6000%	回收率，阻垢剂
	$SrSO_4$	<800%	回收率，阻垢剂
	CaF_2	浓水<1.7mg/L	回收率
	$Ca_3(PO_4)_2$	浓水侧浓度不能超过溶解度	回收率
	SiO_2	<100%	回收率
有机物	油	0	气浮，吸附
	TOC	<10mg/L	活性炭，过滤，吸附树脂
	COD	<10mg/L	活性炭，过滤，吸附树脂
	BOD_5	<5mg/L	活性炭，过滤，吸附树脂

续表

<table>
<tr><td>导致膜劣化的指标</td><td>允许值</td><td colspan="2">去除方法</td></tr>
<tr><td>pH 值</td><td>3～10</td><td colspan="2">加入酸或碱调节</td></tr>
<tr><td>温度</td><td>5～45℃</td><td colspan="2">换热器</td></tr>
<tr><td rowspan="3">氧化剂</td><td>余氯</td><td><0.1mg/L</td><td rowspan="3">还原剂，活性炭吸附</td></tr>
<tr><td>臭氧</td><td>0</td></tr>
<tr><td>其他</td><td>0</td></tr>
<tr><td>表面活性剂</td><td colspan="3">选择阳离子或两性表面活性剂时要注意</td></tr>
<tr><td>酒精</td><td><10%</td><td colspan="2">N/A</td></tr>
</table>

注：1. "N/A"表示不适用。
2. "LSI"为朗格利尔饱和指数，用于预测水中碳酸钙的结垢倾向。

七、含盐废水预处理工程案例

核晶造粒流化床技术是天津得威建环保科技有限公司研发的新型含盐废水预处理技术，目前已发展至第三代。该技术以"结晶造粒一体化"为核心，靶向解决含盐废水预处理关键痛点，承担硬度控制、污染物协同去除、降低后续工艺负荷三大关键功能。一是高效脱除钙镁硬度，向流化床投加碳酸钠、氢氧化钠等药剂和特征晶种，借助"核晶诱导"使废水中 Ca^{2+}、Mg^{2+} 在晶种表面定向结晶，形成 0.5～2mm 致密颗粒，硬度去除率达 85%～95%，可延长后续设备清洗周期 3～5 倍；二是协同去除重金属与部分有机物，重金属离子（如 Pb^{2+}、Ni^{2+}）通过"共沉淀"附着于造粒颗粒，去除率超 90%，流化床微涡旋还可吸附部分胶体态有机物（COD 去除率 15%～25%）；三是反应快速，副产物是致密晶体颗粒，经颗粒沉降实现高效固液分离，处理过程无污泥排放。其重点研发的钙镁、钙硅、钙镁硅复合晶种，实现从单一离子去除到多离子同除的升级，提升软化除硅效率，降低投资与运行成本。

1. 技术基本概况

常规药剂法软化除硅工艺，需将水的 pH 调控至 10.5 或 11，投加氢氧化钠、碳酸钠、偏铝酸钠、PAC、PAM 等药剂，使钙离子、镁离子、硅离子反应生成含水率 98%的絮状沉淀物，属常规化学沉淀反应，且需过量投加药剂以保证效果。

核晶造粒流化床为新型软化除硅技术，依托特征晶种的化学诱导作用，降低钙离子、镁离子、硅离子活化能势垒，可在低 pH 条件下，促使这些离子与碳酸钠、氢氧化钠、偏铝酸钠等药剂快速反应，结合为特征晶种，形成结晶核。该过程本质是精细快速的结晶过程，具体反应如下：

$Ca^{2+}+CO_3^{2-}$ ══ $CaCO_3$（饱和溶液）⟶ $CaCO_3$（过饱和溶液）⟶ $CaCO_3$（晶体成核）⟶ $CaCO_3$（晶体生长）⟶ $CaCO_3$（晶体颗粒）

$Mg^{2+}+2OH^-$ ══ $Mg(OH)_2$（饱和溶液）⟶ $Mg(OH)_2$（过饱和溶液）⟶ $Mg(OH)_2$（晶体成核）⟶ $Mg(OH)_2$（晶体生长）⟶ $Mg(OH)_2$（晶体颗粒）

2. 技术主要特点

① 拥有钙镁、钙硅、钙镁硅复合晶种，实现从单一除钙、除镁、除硅到钙硅同除、钙镁同除、钙镁硅同除的升级，提升软化除硅效率，大幅降低投资与运行成本。

② 优化设备结构，进水端增设湍流区增强药剂混合效果，出水端增设分离区，避免钙离子、镁离子、硅离子及晶核逃逸，有效防止出水管道结垢。

③ 区别于常规工艺过量投药，晶种诱导可实现氢氧化钠、碳酸钠、偏铝酸钠等药剂精准投加，无需投加 PAC、PAM，既节约药剂成本，又避免药剂残留影响后续工艺；与传统技术相比，节约占地 70%、污泥减量 90%、节约药剂 30%以上。

3. 工艺流程简述

核晶造粒流化床技术工艺流程见图 12-2。

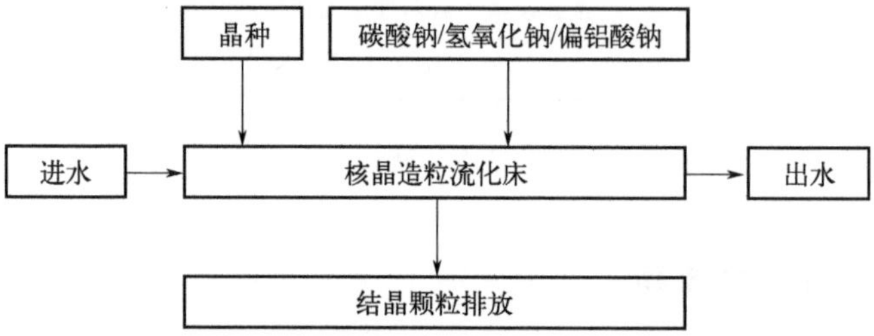

图 12-2 核晶造粒流化床工艺流程简图

流程说明：根据废水钙镁硬度与碱度成分，向流化床预先加入特征晶种，按需求精准投加氢氧化钠、碳酸钠、偏铝酸钠等药剂，调控进水 pH 及流化床水力条件；水中钙镁硅离子与药剂反应，反应物快速结合晶种形成结晶核，结晶核降低成核表面自由能势垒，诱导沉淀物富集于晶核表面并致密生长，过程中挤出水分，形成含水率<10%、直径 1～3mm 的致密结晶颗粒；运行一段时间后排出颗粒，实现钙镁硅离子有效去除。排出的晶体颗粒经筛分后，大直径颗粒可作脱硫剂或建材添加剂，筛分后的水与小直径颗粒回流流化床继续反应，全程无污泥与废水排放，属短流程软化除硅工艺。

4. 工程案例简介

(1) 国能包头煤化工外排废水脱盐达标排放改造项目

采用该技术处理一级反渗透浓水，设备最大处理规模 580m^3/h，单系列运行负荷不低于设计进水量的 70%（406m^3/h），出水总硬度≤150mg/L、SiO_2≤200mg/L，每日减少压滤污泥 400 余吨、固废 60 吨。

(2) 延长榆神能化气化灰水软化项目

处理气化灰水，气化系统循环水量 800m^3/h、外排水量 150m^3/h，原灰水总硬度 1200～1600mg/L；该技术处理规模 200m^3/h，出水总硬度≤200mg/L。

综上，核晶造粒流化床技术是含盐废水预处理“承上启下”的核心技术。它突破传统局限，凭低 pH 条件下晶种诱导结晶的创新机制，替代“石灰-纯碱软化+沉淀”工艺，占地减少 40%～60%，药剂用量降低 20%～30%，造粒颗粒含水率 5%～10%且可资源化，无污泥膨胀风险；第三代技术的复合晶种与优化结构，进一步提升效能与稳定性。

国能包头、延长榆神等项目验证了核晶造粒流化床技术在大规模、复杂水质场景的可靠性，出水达标且大幅减废。在煤化工等领域，它既为后端工艺保驾护航，又以占地省、污泥少、药剂省及资源回收优势，从全生命周期降低 10%～15%的运行成本，未来将持续助力含盐废水处理“稳定运行、降本增效”，为行业绿色转型提供支撑。

第四节 回用水处理工艺

一、概况

煤化工含盐废水处理后得到的回用水的处理技术主要包括离子交换法、膜分离法、离子交换+膜分离组合法和蒸馏法等。由于煤化工含盐废水来源和盐含量不同，回用水用途和要求不同，选择的回用水处理技术也不尽相同。

1. 离子交换法

通过“离子交换法”对含盐废水进行脱盐处理得到回用水，返回煤化工水系统进行循环利用：废水中的各种无机盐电离生成的阳离子（钙、镁、铜、钠等金属离子）、阴离子（碳酸根、硝酸根、硫酸根等非金属离子），经过阳、阴树脂层（离子交换柱内的离子交换剂）时，跟树脂上的氢离子和氢氧根离子发生置换反应，从而被树脂吸附，从树脂上置换下来的氢离子和氢氧根离子结合成了水分子（H_2O），从而取得去除含盐废水中无机盐类的效果，达到制取回用水的目的。

由于离子交换作用是可逆的，因此用过的离子交换树脂一般用适当浓度的无机酸或碱进行洗涤，可恢复到原状态重复使用，这一过程称为再生。阳离子交换树脂可用稀盐酸、稀硫酸等溶液淋洗；阴离子交换树脂可用氢氧化钠等溶液处理，进行再生。

2. 膜分离法

随着膜技术及膜材料的发展，经膜分离技术及膜分离组合技术处理后的煤化工含盐废水水质完全可以达到煤化工循环回用水标准，实现煤化工废水全部回用。同时为实现煤化工废水零排放奠定基础，既实现了煤化工废水的零排放，同时又减少了煤化工一次用水量，对减轻我国环境污染、节约水资源和煤化工行业的可持续发展具有非常重要的意义。

膜分离技术按截留含盐废水中颗粒大小进行分类，即膜孔从粗到细分为微滤膜（MF）、超滤膜（UF）、纳滤膜（NF）和反渗透膜（RO），常被用于对煤化工含盐废水进行除盐处理，可有效去除含盐废水中的有机物、色度、硬度和大部分离子，并将含盐水增浓为高浓盐水，而淡水达到回用水的标准后返回煤化工系统综合利用，以此降低煤化工一次用水量。

二、离子交换法除盐

1. 离子交换法原理

离子交换法是利用离子交换树脂对含盐废水中的各种离子进行交换，从而将溶液中的盐分分离出来。离子交换树脂与含盐废水反应，水中含有的金属阳离子（Na^+、Ca^{2+}、K^+、Mg^{2+}、Fe^{3+}等）与阳离子交换树脂［含有的磺酸基（$-SO_3H$）、羧基（—COOH）或苯酚基（$-C_6H_4OH$）等酸性基团，在水中易生成 H^+］上的 H^+ 进行离子交换，使得溶液中的阳离子被转移到树脂上，而树脂上的 H^+ 交换到水中（即为阳离子交换树脂原理）；水中的阴离子（Cl^-、HCO_3^- 等）与阴离子交换树脂｛含有季铵基［$-N(CH_3)_3OH$］、氨基（$-NH_2$）或亚氨基（—NH）等碱性基团，在水中易生成 OH^-｝上的 OH^- 进行交换，水中阴离子被转移到树脂上，而树脂上的 OH^- 交换到水中（即为阴离子交换树脂原理）。而 H^+ 与 OH^- 相结合生成水，从而达到脱盐的目的。

含盐废水除盐的基本反应可以用下列方程式表达：

阳离子交换树脂： $R-H+Na^+ \longrightarrow R-Na+H^+$

阴离子交换树脂： $R-OH+Cl^- \longrightarrow R-Cl+OH^-$

阳、阴离子交换树脂总的反应式即可写成：

$$RH+ROH+NaCl \longrightarrow RNa+RCl+H_2O$$

由此可知，含盐废水中的NaCl已经分别被树脂上的 H^+ 和 OH^- 取代，反应生成物只有 H_2O，由此去除了含盐废水中的盐含量。

离子交换树脂由高分子聚合物骨架、连接在骨架上的离子功能基团和带有相反电荷的可交换离子孔三部分构成。高分子聚合物骨架由交联的高分子聚合物组成，如聚苯烯、聚丙烯酸等，骨架具有庞大的空间网络，由低分子化合物单体聚合而成，属于不溶于水的高分子化合物；离子功能基团是连接在高分子骨架上的，带有可交换离子的官能团，如—SO_3Na、—COOH、—N $(CH_3)_3Cl$ 等，或带有极性的非离子型官能团，如—N $(CH_3)_2$、—N (CH_3)H 等。在交联结构的高分子骨架上，以化学键结合着许多交换基团，这些交换基团由两部分组成：固定部分和活动部分。其中固定部分是与骨架紧密结合，不能自由移动，称为固定离子。另一部分是活动的，活动部分则是与固定离子以离子键结合的符号相反的离子，在遇水的条件下可以电离，能与符号相同的其他带同类电荷的离子进行交换反应，称为可交换离子。

2. 离子交换树脂物理结构及离子交换容量

离子交换树脂常分为凝胶型和大孔型两类。凝胶型树脂的高分子骨架，在干燥的情况下内部没有毛细孔。它在吸水时溶胀，在大分子链节间形成很微细的孔隙，通常称为显微孔。湿润树脂的平均孔径为2～4nm（2×10^{-6}～4×10^{-6}mm）。这类树脂较适合用于吸附无机离子，它们的直径较小，一般为0.3～0.6nm。这类树脂不能吸附大分子有机物质，因后者的尺寸较大，如蛋白质的分子直径为5～20nm，不能进入这类树脂的显微孔隙中。

大孔型树脂是在聚合反应时加入致孔剂，形成多孔海绵状构造的骨架，内部有大量永久性的微孔，再导入交换基团制成。它并存有微细孔和大网孔，润湿树脂的孔径达100～500nm，其大小和数量都可以在制造时控制。孔道的表面积可以增大到超过1000m^2/g，能够像活性炭那样吸附各种非离子性物质，扩大它的功能。一些不带交换功能团的大孔型树脂也能够吸附、分离多种物质，例如煤化工废水中的酚类物。大孔树脂内部的孔隙表面积大，活性中心多，离子扩散速度快，离子交换速度也快，约比凝胶型树脂快十倍。使用时的作用快、效率高，所需处理时间缩短。大孔树脂还有多种优点：耐溶胀，不易碎裂，耐氧化，耐磨损，耐热及耐温度变化，以及对有机大分子物质较易吸附和交换，因而抗污染力强，并较容易再生。

离子交换树脂进行离子交换反应的性能表现为它的“离子交换容量”，即每克干树脂或每毫升湿树脂所能交换的离子的毫克当量数，mgeq/g（干）或mgeq/mL（湿）；当离子为一价时，毫克当量数即是毫克分子数，对二价或多价离子，毫克当量数乘离子价数等于毫克分子数。离子交换容量通常用三种表示方式。

① 总交换容量　表示每单位数量（重量或体积）树脂能进行离子交换反应的化学基团的总量。

② 工作交换容量　表示树脂在某一定条件下的离子交换能力，它与树脂种类和总交换容量，以及具体工作条件如溶液的组成、流速、温度等因素有关。

③ 再生交换容量　表示在一定的再生剂量条件下所取得的再生树脂的交换容量，表明树脂中原有化学基团再生复原的程度。

通常，再生交换容量为总交换容量的 50%～90%，而工作交换容量为再生交换容量的 30%～90%（对再生树脂而言），后一比率亦称为树脂的利用率。

3. 离子交换树脂类型

离子交换树脂分为阳离子树脂和阴离子树脂两大类型，阳离子树脂又可分为强酸性树脂和弱酸性树脂两类，阴离子树脂又可分为强碱性树脂和弱碱性树脂两类。

（1）强酸性阳离子树脂

这类树脂含有大量的强酸性基团，如磺酸基（$—SO_3H$），容易在溶液中离解出 H^+，故呈强酸性。树脂离解后，本体所含的负电基团，如 SO_3^-，能吸附结合溶液中的其他阳离子。这两个反应使树脂中的 H^+ 与溶液中的阳离子互相交换。强酸性树脂的离解能力很强，在酸性或碱性溶液中均能离解和产生离子交换作用。树脂在使用一段时间后，要进行再生处理，即用化学药品使离子交换反应以相反方向进行，使树脂的官能基团恢复原来的状态，以供再次使用。如上述的阳离子树脂是用强酸进行再生处理，此时树脂放出被吸附的阳离子，再与 H^+ 结合而恢复原来的组成。

（2）弱酸性阳离子树脂

这类树脂含弱酸性基团，如羧基（—COOH），能在水中离解出 H^+ 而呈酸性。树脂离解后余下的负电基团，如 R—COO—（R 为碳氢基团），能与溶液中的其他阳离子吸附结合，从而产生阳离子交换作用。这种树脂的酸性即离解性较弱，在低 pH 值下难以离解和进行离子交换，只能在碱性、中性或微酸性（如 pH 5～14）溶液中起作用。这类树脂亦是用酸进行再生（比强酸性树脂较易再生）。

（3）强碱性阴离子树脂

这类树脂含有强碱性基团，如季铵基（亦称四级胺基）[$—NR_3OH$（R 为碳氢基团）]，因能在水中离解出 OH^- 而呈强碱性。这种树脂的正电基团能与溶液中的阴离子吸附结合，从而产生阴离子交换作用。这种树脂的离解性很强，在不同 pH 下都能正常工作。它用强碱（如 NaOH）进行再生。

（4）弱碱性阴离子树脂

这类树脂含有弱碱性基团，如伯胺基（亦称一级胺基）（$—NH_2$）、仲胺基（二级胺基）（—NHR），或叔胺基（三级胺基）（$—NR_2$），它们在水中因能离解出 OH^- 而呈弱碱性。这种树脂的正电基团能与溶液中的阴离子吸附结合，从而产生阴离子交换作用。这种树脂在多数情况下是将溶液中的整个其他酸分子吸附。它只能在中性或酸性条件（如 pH 1～9）下工作。它可用 Na_2CO_3、NH_4OH 进行再生。

（5）离子树脂的转型

在实际使用中，常将这些树脂转变为其他离子类型运行，以适应各种需要。例如常将强酸性阳离子树脂与 NaCl 作用，转变为钠型树脂再使用。工作时钠型树脂放出 Na^+ 与溶液中的 Ca^{2+}、Mg^{2+} 等阳离子交换吸附，除去这些离子。反应时没有放出 H^+，可避免溶液 pH 下降和由此产生的副作用。这种树脂以钠型运行使用后，可用盐水再生（不用强酸）。又如阴离子树脂可转变为氯型再使用，工作时放出 Cl^- 而吸附交换其他阴离子，它的再生只需用食盐水溶液。氯型树脂也可转变为碳酸氢型（HCO_3^-）运行。强酸性树脂及强碱性树脂在转变为钠型和氯型后，就不再具有强酸性及强碱性，但它们仍然有这些树脂的其他典型性能，如离解性强和工作的 pH 范围宽广等。

4. 离子交换树脂吸附选择性

离子交换树脂对溶液中的不同离子有不同的亲和力，对它们的吸附有选择性。各种离子受树脂交换吸附作用的强弱程度有一般的规律，但不同的树脂可能略有差异。

（1）强酸性阳离子树脂对阳离子的吸附顺序

高价离子通常被优先吸附，而对低价离子的吸附较弱。在同价的同类离子中，直径较大的离子被吸附得较强。强酸性阳离子树脂对一些阳离子的吸附顺序为：

$$Fe^{3+}>Al^{3+}>Ca^{2+}>Mg^{2+}>K^{+}>Na^{+}>H^{+}$$

（2）强碱性阴离子树脂对阴离子的吸附顺序

强碱性阴离子树脂对一些阴离子，如无机酸根的吸附顺序为：

$$SO_4^{2-}>NO_3^{2-}>Cl^{-}>OH^{-}>HCO_3^{2-}>HSiO_3^{2-}$$

（3）弱酸性阳离子树脂对阳离子的吸附顺序

弱酸性阳离子树脂对一些阳离子的吸附顺序为：

$$H^{+}>Fe^{3+}>Al^{3+}>Ca^{2+}>Mg^{2+}>K^{+}>Na^{+}$$

（4）弱碱性阴离子树脂对阴离子的吸附顺序

弱碱性阴离子树脂对一些阴离子，如无机酸根的吸附顺序为：

$$OH^{-}>SO_4^{2-}>PO_4^{3-}>NO_2^{-}>Cl^{-}>HCO_3^{-}$$

通常，交联度高的树脂对离子的选择性较强，大孔结构树脂的选择性小于凝胶型树脂。这种选择性在稀溶液中较大，在浓溶液中较小。

5. 离子交换树脂物理性质

离子交换树脂的颗粒尺寸和有关的物理性质对它的工作和性能有很大影响。

（1）树脂颗粒尺寸

离子交换树脂一般制成珠状小颗粒，颗粒越小，反应速度越大，但液体通过细颗粒的阻力较大，需要较高的工作压力，因此树脂颗粒大小的选择应适当。

树脂颗粒大小的测定通常用湿筛法，将树脂在充分吸水膨胀后进行筛分，累计其在 20 目、30 目、40 目、50 目……筛网上的留存量，将 90%粒子通过时相对应的筛孔直径称为树脂的“有效粒径”，一般树脂产品的有效粒径在 0.4～0.6mm 之间。

（2）树脂的密度

树脂在干燥时的密度称为真密度。湿树脂每单位体积（连颗粒间空隙）的重量称为视密度。交联度高的树脂的密度较高，强酸性或强碱性树脂的密度高于弱酸性或弱碱性者，大孔型树脂的密度则较低。如苯乙烯系凝胶型强酸阳离子树脂的真密度约为 1.26g/mL，视密度约为 0.85g/mL；而丙烯酸系凝胶型弱酸阳离子树脂的真密度约为 1.19g/mL，视密度约为 0.75g/mL。

（3）树脂的溶解性

离子交换树脂应为不溶性物质。但树脂在合成过程中夹杂的聚合度较低的物质及树脂分解生成的物质，会在工作运行时溶解出来。交联度较低和含活性基团多的树脂，溶解性较大。

（4）膨胀度

离子交换树脂与水接触会吸水膨胀，如阳离子由 H^{+} 转为 Na^{+}，阴离子由 Cl^{-} 转为 OH^{-}，都因离子直径增大而发生膨胀，增大树脂的体积。一般情况下交联度低的树脂的膨胀度较大。

(5) 耐用性

树脂颗粒使用时有转移、摩擦、膨胀和收缩等变化，长期使用后有一定的损耗和破碎，因此树脂要有较高的机械强度和耐磨性。一般情况下交联度低的树脂较易碎裂，如大孔树脂，具有较高交联度的结构较稳定，能重复循环利用。

三、膜分离法除盐

1. 膜分离机理

(1) 膜分离推动力

膜分离是工业、能源、环境领域的一项重要的分离技术，其已从早期的海水淡化脱盐方法发展为一个重要的化工单元操作。膜分离具有能耗低、单级分离效率高、过程简单、不污染环境等特点，膜的性能或效率用流动性和选择性参数表征，即流动性、通量或渗透速率，表示单位时间通过单位膜面积的体积流量；对于溶液混合物的选择性，可用截留率 R 表示，例如对于包括溶剂和溶质的稀溶液，其截留率 R 为：

$$R=(C_f-C_p)/C_f$$

式中　R——溶液混合物截留率；

C_f——原料液中溶质的浓度；

C_p——渗透物中溶质的浓度。

对于气体混合物，则可用分离因子 α 表示，以 X 表示原料中溶质的浓度，以 Y 表示渗透物中溶质的浓度：

$$\alpha_{A/B}=(Y_A/Y_B)/(X_A/X_B)$$

式中　$\alpha_{A/B}$——气体混合物分离因子；

Y_A，Y_B——渗透物中溶质 A 组分、B 组分的浓度；

X_A，X_B——原料中溶质 A 组分、B 组分的浓度。

在该传递过程中，膜可以被看成是一个黑箱，膜结构可视为一个界面，渗透分子或粒子在此界面上经受摩擦力或阻力。为实现这一通过膜的传递过程，必须存在一种对原料中各组分施加的推动力，这个推动力可以是浓度梯度、压力梯度、温度梯度、电位梯度等。在许多情况下膜通量与推动力之间的关系可用唯象关系式来表示，即：

$$J=-A(dX/dx)$$

式中　J——膜通量；

A——唯象系数；

(dX/dx)——推动力。

以浓度梯度为推动力的膜过程，有气体分离、全蒸发、透析等；以压力梯度为推动力的膜过程，有微滤、超滤、反渗透等；以温度梯度为推动力的膜过程，有膜蒸馏、热渗透等；以电位梯度为推动力的膜过程，有电渗析、膜电解等。

(2) 低压膜分离

低压膜分离过程是一种采用纯物理法进行水净化处理的技术，它和其他处理方法相比能耗低，因此又被称为节能技术。低压膜的分离过程通常在常温下进行，它不仅适用于有机物和无机物的分离，还适用于生物学病毒、细菌到微粒的分离，适应性强。低压膜分离技术装置简单、设备紧凑、操作容易，装置一般由过滤膜、吸附膜、超低压膜等三种膜构成，处理效率高，容易进行自动化操作、达到净化效果。

2. 膜分离特性

选择适宜的膜分离过程，可替代鼓式真空过滤、板框压滤、离子交换、离心分离、溶媒抽提、静电除尘、袋式过滤、吸附/再生、絮凝/共聚、倾析/沉淀、蒸发、结晶等多种传统的分离与过滤方法。膜分离因节能效果显著、设备简单、操作方便而受到广泛的应用。

（1）膜分离过程

① 微滤中鉴于微孔滤膜的分离特征，微孔滤膜的应用范围主要是从气相和液相中截留微粒、细菌以及其他污染物，以达到净化、分离、浓缩的目的，应用领域广泛。

② 超滤早期应用于废水和污水处理，随着超滤技术的发展，已经涉及食品加工、饮料工业、医药工业、工业废水处理、资源回收、环境工程等众多领域。

③ 纳滤应用于废水和污水处理，随着超滤技术的发展，已经涉及食品加工、饮料工业、医药工业、工业废水处理、资源回收、环境工程等众多领域。

④ 反渗透　反渗透分离技术由于先进、高效和节能的特点，在国民经济各个部门都得到了广泛的应用，包括：食品工业、饮料工业、生物医药、生物发酵、制备饮用水、纯水、超纯水、海水、苦咸水淡化、电力、医药行业、化工、煤化工及其他工业的工艺用水、洗涤用水及冷却用水。

（2）膜分离优势

① 节能高效，替代传统分离方法（如过滤、蒸发等）。

② 应用领域广泛（水处理、食品、医药等）。

（3）无机膜特点

① 化学稳定性强（耐酸、碱、有机溶剂）。

② 机械强度高，可高压反冲洗。

③ 耐高温，使用寿命长。

（4）无机膜分类

① 按表层结构分：致密膜、多孔膜（多孔陶瓷膜应用广泛）。

② 按制膜材料分：陶瓷膜、金属膜、合金膜、聚合物金属络合物膜。

3. 无机膜元件、膜组件

（1）无机膜元件

无机膜元件分为对称和非对称两种结构。非对称膜元件具有处理效果稳定、机械强度高、渗透通量高等优势，因而，是工业化应用的主要形式。商业用无机膜的几何外形分为多通道、管式、平板式、蜂窝体等。由于需要较大的过滤面积，一般多通道膜元件采用错流过滤方式，且具有安装简便、机械强度高、适合于工业化大生产应用等特点，所以多通道无机膜成为工业生产中应用的主要产品。

（2）无机膜组件

为保证无机膜元件的正常使用，将膜元件与膜外壳配套组合便产生了膜组件。通常膜组件的形式按照装填膜元件的支数命名。无机膜的具体应用是在分离和反应过程中以膜组件形式出现。无机膜组件是由 1 根、3 根、7 根、19 根、37 根或者更多根数的膜元件组成，根据具体用户要求而定。一台无机膜设备通常包括很多膜组件。

无机膜分离系统包括膜组件、原料输送系统、压力流量测量控制系统等。主要采用错流过滤方式。与终端过滤不同的是，错流过滤存在着渗透液和循环流体两股液体。选择适当的膜分离过程，可替代真空过滤、板框压滤、离子交换多种传统的分离与过滤方法。无机膜主要应用在液相分离与净化、气体分离与净化和膜反应器等方面。无机膜在液体分离方面的应用主要是微滤和超滤，其中使用最多的是陶瓷膜。

(3) 膜组件性能特点

① 膜有效面积大　即系统选用的膜元件的总有效面积越大，同样的产水量，所需元件数、膜壳数及其他配件的量就越少，同时也意味着节省了设备空间，节约了系统的安装和维护费。

② 膜进水流道宽　即进水流道越宽，运行成本降低，系统对进水水质的要求和预处理设备不正常工况的要求相对来说越宽松。较宽的进水流道还可以更有效地进行膜清洗，即使在高污染条件下，系统仍可维持较低的压降，意味着膜具有更长的使用寿命。

③ 膜清洗 pH 值承受范围宽　即膜元件所能承受的 pH 值范围越宽，则清洗效果就越好，而清洗越有效，清洗间隔时间就越长，每次清洗的耗时就越少。膜工业界最宽的清洗 pH 值承受范围在 pH 1～13，这时系统的清洗时间最短，清洗成本最低。

④ 膜端面自锁链接　既可以降低系统运行费用，而且消除了由 O 型圈泄漏所致的产水水质下降的风险。全自动膜卷制技术能制造出高度一致的、膜面积精确的元件。全自动技术不需要牺牲进水流道厚度，就可以制造出最高膜面积的元件，其性能更稳定，不需要根据每支膜元件的测试数据安装膜元件。

⑤ 制造膜元件不能进行氧化处理　要求膜元件不经任何的氧化性氯处理，因为氯或其他氧化剂会损害膜的性能。某些膜制造商在出厂前用氯处理膜元件，膜元件会表现出较出色的初始性能，但随着时间的推移，膜性能衰减很快，缩短膜的使用寿命。

(4) 膜排列

在实际生产中对溶液的分离有不同的质量要求。如对纯水制备，质量的要求着眼于透过液能否达到国家标准；对废液的处理，则需要考虑废液能否达到排放标准，浓缩液有无回用价值等。因此，可以通过膜组件的不同配置方式达到要求。膜元件的寿命与膜组件的排列组合有很大关系。如排列组合不合理，可能造成某一段的膜元件水通量过大，而另一段的膜元件水通量过小，不能充分发挥其作用。这样，水通量超过膜元件的标准通量时，污染速度会加快，会导致频繁的反渗透膜元件清洗，有损膜元件的使用寿命。而对于大规模的处理系统而言，这种损失是非常大的，所以膜元件数量的选择和排列组合设计至关重要。在膜的排列工艺流程中有“段”和“级”的区分，段是指浓缩液不经泵直接流入下一个膜组件处理；级是指膜组件的产品需经过泵到下一组膜组件处理。膜组件的排列组合形式有下列几种。

① 一级一段连续式　经过膜处理，透过水和浓缩液被连续引出系统。这种方式的特点是水的回收率不高。

② 一级一段循环式　将部分浓缩液返回进料液储槽与原料液混合，再次通过膜组件进行分离。这种方式的特点是透过液水质有所下降。

③ 一级多段连续式　把前一段的浓缩液作为下面几段的原料液，割断的透过水连续排出。这种方法的特点是适合大处理水量的场合，回收率较高，浓缩液数量减少，但是浓缩液溶质所占比例较高。

④ 一级多段循环式　将下一段的透过水作为上一段的原料液，再进行分离。这样浓缩液就能获得更高的浓缩度，适用于以浓缩为主要目的的分离。

⑤ 多段锥形排列　既有段内并联，又有段间串联，这样既能够满足反渗透系统的水的回收率要求，又能保证在装置内的每个组件中有大致相同的流动状态。需借助高压泵防止生

产效率下降。

⑥ 膜组件的多级多段配置　膜组件的多级多段配置也有循环式，将第一级的透过水作为下一级的进料水再次进行分离，如此连续，将最后一级的透过水引出系统。浓缩液在后一级与前一级的进料液精心混合，再进行分离，这种方式提高了回收率和水质，但是泵的消耗增大。

对反渗透膜单段系统的排列，当要求系统的回收率＜50％时，可以采用单段系统。把单支反渗透膜元件关联起来排列就形成了单段系统。单段系统中包含两个以上的膜元件。单段系统的排列和单元件系统的排列意义相同，系统的回收率一般在15％～50％之间。为了提高回收率，可以在每一个压力容器内串联更多的膜元件。膜元件串联数量为1～6组时，最大回收率分别为16％、29％、38％、46％、53％、59％。

对反渗透膜多段系统的排列，当要求系统的回收率＞50％时，可以采用多段系统。多段系统是指第一段的浓水作为第二段的进水，第二段的浓水作为第三段的进水，以此类推。每段的进水一部分变成产水，后一段的进水流量会减少，含盐量会升高，所以后段的膜元件数量要比上一段的膜元件数量少，以保证正常的进水流量。一般的排列方式是2∶1或4∶2∶1。通常，两段系统可以把回收率做到50％～75％，三段系统的回收率可以做到75％～90％。

在多段系统中，浓水侧的渗透压不断升高，有时会发生净驱动力（NDP）不足的现象，造成前段产水和后段产水不均衡。这时有三种解决方法：

① 在每个段间加增压泵，以提高后段的驱动力。

② 在第一、第二段产水侧设置节流阀门，通过增加产水背压的方式，降低前段产水量，保持整体有效压力（NDP）的均衡。采用这个方法时，系统停止运行时有可能造成背压（产水侧压力＞进水侧压力）。在操作时必须谨慎处理。

③ 前后各段采用不同的过滤阻力的膜元件。前段采用阻力大的膜元件，人为降低前段的产水量，后段采用阻力小的膜元件，以保证产水量。

(5) 膜污染

膜污染是指在膜过滤过程中，水中的微粒、胶体粒子或溶质大分子由于与膜存在物理化学相互作用或机械作用而引起的在膜表面或膜孔内吸附、沉积造成膜孔径变小或堵塞，使膜产生透过流量与分离特性的不可逆变化现象。一般情况下，膜污染主要分为三种类型，即沉淀污染、吸附污染和生物污染。有效识别造成膜污染的主要原因，是为了更好地消除膜污染的影响。膜污染有时会同时发生，且发生一种污染又可能加速另一种污染，所以在进行膜处理时，首先要对原水组分进行分析，然后分析判断影响膜污染的主要成分，最后采取必要的应对措施，才能更好地延长膜的使用寿命。

① 沉淀污染　以压力为推动力的膜分离技术有反渗透（RO）、纳滤（NF）、超滤（UF）和微滤（MF）。根据不同膜与水中微粒的相互关系，可知沉淀污染对RO和NF的影响最大。当含盐原水中的盐浓度超过溶解度后，就会在膜表明上形成沉淀或结垢。如水中的钙、镁、铁离子，通常称其为硬度；以及其他金属沉淀物，如氢氧化物、碳酸盐和硫酸盐等。

② 吸附污染　有机物吸附在膜的表面称为膜吸附污染，而与膜吸附污染相关的有机物特性主要包括对膜的亲和性、功能团、构型、分子量等，带有负电荷功能团的有机聚合电解质与带有负电荷的膜表面之间存在静电斥力。用在废水处理中的醋酸纤维树脂、陶瓷和薄表层复合膜表面都带有一定程度的负电荷。通常膜表面电荷密度越大，膜的亲水性就越强。而疏水作用可增加天然有机物在膜上的积累，导致严重的吸附污染。而随着时间的延长，污染物在膜孔内的吸附累积会导致孔径减少和膜阻增大，并难以恢复。特别是腐殖酸和其他天然有机物在较低浓度时，对膜的渗透率影响非常大，甚至超过了黏土或其他无机胶粒，这通常

是影响膜性能的主要因素。天然有机物除对膜的直接吸附污染外，对胶体在膜上的黏附沉积也起着十分重要的作用。如对沉积层中天然水体出现的有机污染物种类和它们的相对浓度分析表明，如聚酚醛化合物、蛋白质等与胶体黏附在一起沉积到膜上，且在膜表面形成凝胶层。因此，用作膜化学清洗的试剂必须能有效溶解凝胶层中的有机化合物，这种化学清洗的溶液通常由苛性物质和酶剂组成。

③ 生物污染 生物污染是指微生物在膜-水界面上积累，从而影响系统性能的现象。由于膜组件内部潮湿阴暗，是微生物生长的理想环境，所以一旦原水的生物活性水平较高，则极易发生膜的生物污染，这种生物污染分为黏附和生长。在溶液中未投入生物杀虫剂或投入量不足时，黏附细胞会在进水营养物质的供养下成长繁殖，形成生物膜。在一级生物膜上的二次黏附或卷吸进一步发展了生物膜。老化的生物膜细菌主要分解成蛋白质、核酸、多糖酯和其他大分子物质等，这些物质强烈吸附在膜面上引起膜表面改性。被改性的膜表面更容易吸引其他种类的微生物。微生物的一个重要特征是它们具有对变化营养、水动力或其他条件作出迅速生化和基因调节的能力，导致生物污染比非活性的胶体污染或矿物质结垢更为严重。为了更好地控制膜生物污染必须考虑以下几个因素：

① 了解生物膜的微生物菌落，以识别出合适的有机体用于试验模拟和黏附生物测定。如核蛋白体 RNA 基因片段分析、基因试样生物检定等。

② 黏附过程必须在分子和原子一级的水平上研究，便于分析了解细胞黏附对物化作用力的影响。

③ 被改性的膜对细菌黏附和初期生物膜形成的影响需进一步研究。衰减全反射-傅里叶变换红外光谱（ATR-FTIR）测定有助于分析问题。

④ 生物膜结构完整性依靠细胞之间的分子力，该种作用力与细胞和相邻的胞外聚合物（EPS）之间的相互作用有关。而分子模拟技术与适当的试验方法（如 X 射线衍射）结合有助于分析问题。

为了应对生物污染对膜的影响，一般通过对进水进行连续或间歇的消毒来控制，但必须了解消毒剂对膜的降解性。如一氯化胺是一种优于氯消毒的生物膜消毒剂，可减少微量有机氧化物，抑制细菌生长。废水中连续投入 3～5mg/L 一氯化胺可抑制生物膜生长，而对膜无氧化损害，可以延长膜的运行周期。

在膜的脱盐系统中，添加低浓度（0.5～1.0mg/L）的硫酸铜可抑制藻类生长。一些表面活性剂和其他化学试剂可干扰细菌在膜聚合物上的黏附。还可通过物理方法如加强横向流速，增加气体反冲，来阻止微生物的黏附。

膜的可靠性是影响膜应用的主要要素，而膜污染又是影响膜可靠性的关键因素。就超滤而言，膜污染仍是其主要问题。若消除膜污染将使超滤效率提高 30%以上，投资减少 15%，而且能提高分离效果，使超滤范围拓宽。所以对膜污染类型及其原因的分析，将有助于采取必要的措施减弱或消除膜污染。

第五节 微滤膜分离

一、概述

微滤膜一般指过滤孔径在 0.1～10μm 之间的过滤膜。微滤膜能截留 0.1～1μm 之间的颗粒，允许大分子和溶解性固体（无机盐）通过，但会截留悬浮物、细菌及大分子量胶体等物质。微滤膜的运行压力一般为0.3～7bar（1bar=10^5Pa）。微滤膜膜元件外形见图12-3。

图12-3 微滤膜膜元件外形

微滤膜主要特征见表12-4。

表12-4 微滤膜主要特征

序号	主要特征	主要内容
1	孔径均匀，过滤精度高	能将液体中所有大于制定孔径的微粒全部截留
2	孔隙大，流速快	一般孔密度10^7孔/cm^2，微孔体积占总体积的70%～80%，膜很薄，阻力小，过滤速度较常规过滤介质快几十倍
3	无吸附或少吸附	微孔膜厚度一般在90～150μm，吸附量少
4	无介质脱落	微滤膜均为高分子材料，过滤时没有纤维或碎屑脱落，能得到高纯度的滤液

微滤膜是利用高分子化学材料，将致孔添加剂经特殊处理后涂抹在支撑层上制作而成。在膜分离技术应用中，微滤膜是应用范围广泛的一种膜品种，使用简单，被广泛用于能源、环保及煤化工等众多行业。

二、微滤膜分类

微滤膜根据成膜材料分为无机膜和有机高分子膜。无机膜又分为陶瓷膜和金属膜；有机高分子膜又分为天然高分子膜和合成高分子膜。根据膜的形式又分为平板膜、管式膜、卷式膜和中空纤维膜。根据制膜原理，高分子膜的制备方法分为溶出法（干-湿法）、拉伸成孔法、相转化法、热致相法、浸涂法、辐照法、表面化学改性法、核径迹法、动力形成法等。无机膜的制备方法主要有溶胶-凝胶法、烧结法、化学沉淀法等。应用较广的当属有机高分子中空纤维膜，主要的微滤膜材质有聚偏氟乙烯（PVDF）、聚砜（PSF）、聚丙烯腈（PAN）、聚氯乙烯（PVC）、聚丙烯（PP）等。

微滤是一种精密过滤技术，介于常规过滤和超过滤之间。过滤一般分为深层过滤和筛网状过滤。常规过滤多属深层过滤，它所用的介质如纸、石棉、玻璃纤维、陶瓷、布、毡等，都是一些孔形极不整齐的多孔体，孔径分布范围较广，无法标明它的孔径大小，过滤时粒子是靠陷入介质内部曲折的通道而被截留。截留率则随压力的增加而下降，因介质厚，对颗粒的容纳量大，相应截留率高，主要用于一般澄清过滤。而微滤所用的过滤介质具有类似筛网状的结构，由天然或合成高分子材料制成，具有形态较整齐的多孔结构，孔径分布较均匀。过滤时使所有直径大的粒子全部被拦截在滤膜表面上，压力的波动不会影响它的过滤效果。微滤膜主要分为以下三类。

1. 水系微滤膜

一般用于纯水相的过滤。在过滤含有机相的混合溶剂时应尽量避免使用水系微滤膜，以防滤膜被溶解，因为水系微滤膜一般由纤维素类的材料制成。纤维素类膜材料的特点是亲水性好、成孔性好、来源广泛，但耐酸、碱和有机溶剂能力差，抗蠕变性能差。水系微滤膜系列包括：醋酸纤维素膜、硝酸纤维素膜、混酯膜再生纤维素膜、聚醚砜膜等。

2. 有机系微滤膜

用于有机溶剂的过滤。常用有机系微滤膜包括：聚四氟乙烯膜（PTFE）、聚偏二氟乙烯膜（PVDF）、聚偏氟乙烯膜等。

3. 混合滤膜

一般通用于水系、有机系的过滤。混合滤膜包括：尼龙膜、改性的聚偏氟乙烯膜（改良亲水性）、聚四氟乙烯膜（改良亲水性）、聚偏二氟乙烯膜（改良亲水性）。脂肪族尼龙膜有良好的亲水性，耐适当浓度的酸、碱，不仅适用于酸碱性的水溶液，亦适用于有机溶剂，例如醇类、烃类、醚类、酯类、酮类，苯和苯的同系物，二甲基甲酰胺，二甲基亚砜等，是适用范围最广的微滤膜之一。

三、微滤膜过滤原理

微滤又称为微孔过滤，它属于精密过滤。其基本原理是利用微滤膜的筛分机理，在静压差作用下滤除 0.1～10μm 的微粒，截留直径在 0.1～1μm 之间的颗粒，如悬浮物、细菌、部分病毒及大尺寸胶体。操作压差一般为 0.01～0.2MPa。原料液在压差作用下，其中水（溶剂）透过膜上的微孔流到膜的低压侧，为透过液，大于膜孔的微粒被截留，从而实现原料液中的微粒与溶剂的分离。

1. 微滤膜截留作用

微滤过程对微粒的截留机理是筛分作用，决定膜分离效果的是膜的物理结构，即孔的形状和大小。由于微孔滤膜的孔径相对于超滤膜、纳滤膜及反渗透膜要大，随着膜的结构和被分离体系的差异，微滤过程的截留机制有所不同，大体上分为膜表层截留作用和膜内部网络截留作用两种类型。

（1）微滤膜表层截留作用

微滤膜表层截留（表面型），接近于绝对过滤，容易清洗，但杂质捕捉量相对于深度型较少。表层截留主要包括：

① 机械截留作用：即膜可以截留比其孔径大，或与其孔径相当的微粒。

② 物理作用或吸附截留作用：即膜和被分离粒子之间存在电性能或吸附性的影响，从而形成的截留作用。

③ 架桥作用：在膜孔的入口处，微粒因架桥作用也可被截留。

（2）膜网络内部截留作用

膜网络内部截留作用是将微粒截留在膜的内部，造成难以清洗的深层污染。而对于膜内部截留（深度型）而言，接近公称值过滤，杂质捕捉量多，不易清洗，属于用毕废弃型，其表面是极薄的、起分离作用、具有一定孔径的皮层，而多孔的支撑层位于皮层之下。非对称膜又分为相转化膜和复合膜两种，前者采用相转化法制备，皮层和支撑层为同一种材料；后者的皮层和支撑层采用不同的材料，通过在支撑层上进行浇铸、界面聚合、等离子聚合、核径迹蚀刻等方法形成超薄皮层。

2. 微滤膜过滤机理

微滤膜属多孔膜，孔径范围为 0.1～10.0μm，过滤原理属于筛网过滤，近似于过筛机理，能够截留所有比网孔大的颗粒、纤维和悬浮物。

① 微滤膜内的孔是比较均匀的贯穿孔，孔隙率占总体积的70%～80%，能将液体中大于额定孔径的微粒全部拦截，过滤速度快。

② 微滤膜是均一连续的多孔体，具有良好的化学稳定性，无纤维和碎屑脱落，不会重新产生微粒影响滤出水的水质。

③ 微滤膜过滤中不会因压力升高而导致大于孔径的微粒穿过微滤膜。即使压力波动也不会影响过滤效果。

④ 使用微滤膜处理废水与其他方法相比，不需要投加特殊的水处理药剂，占地面积小，操作简便，系统运行稳定可靠，易于控制、维修，处理效率高。

⑤ 由于微滤膜近似于多层叠置筛网，截留作用限制在膜的表面，极易被少量与膜孔径大小相仿的微粒或胶体颗粒堵塞。如采用正交流结构的膜元件，由于其具有连续自清洗的特性，可以较好地解决这一缺陷。

根据膜孔形态结构，微滤膜可分为：具有毛细管状孔的筛网型微滤膜和具有弯曲孔的深度型微滤膜。前者是一种理想情况，膜孔呈圆柱形孔，可截留大于其孔径的物质；后者是实际中常应用的膜，膜表面粗糙，内部孔结构错综复杂，互相交织形成立体网状结构，当溶液经过时，截留、吸附、架桥三种作用并存，因此可以去除粒径小于其表观孔径的微粒。根据膜的截面结构是否对称，微滤膜又可分为对称微滤膜和不对称微滤膜。这是由于膜材料和制备工艺的不同造成的。

四、微滤膜性能及主要特征

微滤膜的性能一般用孔径、孔径分布、孔隙率来表征。孔径大小相差越小，孔径分布越窄，过滤性能就越好；孔隙率越高，膜通量就越大，过滤性能也就越好。孔径可采用电镜，或如泡点法、压汞法等间接方法测定。微滤膜与一般深层过滤介质相比具有以下特征。

① 孔径均匀，过滤精度高：微孔滤膜能制成比较均匀的孔径，这是它最重要的特征之一。在过滤时，它能使比孔径大的颗粒和细菌全部被拦截在滤膜表面，因此微滤膜经常被用作起保证作用的预处理手段。

② 孔隙率高，流速快：微滤膜上有无数个微孔，其微孔的体积占膜总体积的70%～80%。由于孔隙率高，膜又薄，因而阻力甚小，对液体和气体的过滤速度可比同等截面积的其他常用介质快几十倍。

③ 微滤膜薄，吸附少：微滤膜的厚度一般为0.1～0.15mm（或100～150μm）。滤膜对溶质的吸附量极小，因而适用于微量溶液及贵重物料的过滤。

④ 无介质脱落：微滤膜是均匀连续的整体结构，没有碎屑脱落。而一般深层过滤介质有可能脱落碎屑或纤维而使滤液再次污染。

⑤ 颗粒容纳量小，易堵塞：微滤膜质地薄、孔径均匀，阻留只限于表面，所以极易被滤液中与孔径大小相仿的微粒或凝胶物质堵塞。因此，微滤膜主要用来进行精密过滤，对于含杂质较多的液体，必须结合深层过滤或其他预处理方法才能得到更好的过滤效果，延长膜的使用寿命。如在纯净水的生产中微滤用作精滤，作为反渗透膜和灌装前的保安过滤。

五、微滤膜结构及材料

1. 微滤膜结构

微滤膜可分为亲水性膜（水系膜）、疏水性膜（油系膜）和介于二者之间的水、油通用膜。从结构上分析，微滤膜属于非常薄的滤膜，内呈多孔海绵状结构，按其形态差异可分为平板薄纸型滤膜、中空纤维型滤膜和管状型滤膜。其中，平板薄纸型滤膜又按结构差异，可细分为无支撑物平板薄纸型滤膜与有支撑物平板薄纸型滤膜两种。根据制造工艺要求，无支撑物平板薄纸型滤膜比有支撑物平板薄纸型滤膜的生产工艺更为精密与复杂。由高级技术制造的 MF 膜，其过滤机理为表面型过滤，因过滤孔径固定，可确保过滤的精度和可靠度。而深层过滤分为非固定不规则孔径与固定不规则孔径，前者如化纤绕线型滤芯，一般只作为比较粗糙的预过滤过程。常见的各种 PP 滤芯、活性炭滤芯、陶瓷滤芯等都属于微滤范畴，用于进行简单的粗过滤，过滤水中的泥砂、铁锈等大颗粒杂质，但不能去除水中的细菌等有害物质。

2. 微滤膜材料

微滤膜的材料分为有机微滤膜材料和无机微滤膜材料两大类。有机微滤膜材料主要有：硝酸纤维素、醋酸纤维素、混合纤维素、聚偏氟乙烯、聚四氟乙烯、聚酰胺、聚丙烯、聚乙烯、聚砜、聚醚砜、聚碳酸酯以及聚氯乙烯等。无机微滤膜材料主要有：陶瓷材料（如氧化铝、氧化锆）、玻璃、铝、不锈钢等。

微滤膜滤芯一般不能清洗，为一次性过滤材料，使用效率下降后应注意更换。PP 棉芯一般只用于要求不高的粗滤，去除煤化工废水中的泥砂、铁锈等大颗粒物质。活性炭滤芯可以消除废水中的异色和异味，但是不能去除废水中的细菌，对泥砂、铁锈的去除效果也很差。陶瓷滤芯的最小过滤精度为 0.1μm，流量小，可取出用水冲洗。

六、微滤膜应用领域

1. 微滤膜在煤化工中的应用范围

① 煤化工废水处理过滤除菌。

② 反渗透及纳滤工艺前置工艺。

③ 煤化工废水中藻类和颗粒性杂质的去除。

④ PP（聚丙烯）、PTFE（聚四氟乙烯）等材质的微滤膜具有广泛的 pH 适应性，适用 pH 值范围为 1～14，可用于过滤酸性或碱性废水。

2. 组合处理应用

通常直接采用一级微滤或一级超滤对发酵液进行固液分离来去除大分子物质，如菌丝、蛋白质、病毒、热原等。小分子代谢产物（包括目的产物）、盐和水则 100％透过微滤膜。由于微滤透过液的质量对后续操作至关重要，所以在煤化工废水处理装置中，有必要对一级微滤的透过液进行二级超滤。

3. 微滤膜过滤器应用

微滤膜过滤器是一种膜分离技术，过滤器为圆柱体筒状结构，用 304 或 316L 不锈钢制成，以折叠式滤芯为过滤元件，可滤除液体、气体中 0.1μm 以上的微粒和细菌。该设备具有过滤精度高、过滤速度快、吸附少、无介质脱落、不泄漏、耐酸碱腐蚀、操作方便等优点，能去除注射水中及药液中的细菌和微粒，清洗时可反冲，根据需求可以组成二～四级过滤器，以达到最佳过滤效果。众所周知，过滤器作业已经进入膜过滤时代，随着人们对过滤膜认识的不断深化，膜过滤必将广泛应用于各行各业。微滤膜过滤器既可作为精细过滤设备单独使用，又可作为离子树脂交换、电渗析、反渗透和超滤等的前置处理设备使用。

第六节 超滤膜分离

一、概况

1. 超滤膜发展过程

超滤膜大都由高分子材料制成，随着工业上超滤技术的应用和发展，以金属、陶瓷、多孔硅铝等材料制成的无机膜，在 20 世纪 80 年代初期至 90 年代获得了重要发展。如 1980～1985 年期间，美国 UCC 公司开发的载体为多孔炭，外涂一层陶瓷氧化锆的无机膜可用作超滤膜管；美国 Alcoa/SCT 公司开发的 Membralox 的陶瓷膜管，能承受反冲，可进行错流（cross flow）操作。用无机膜进行超滤，比常规的分离技术更加经济有效。目前工业所用的无机膜几乎全部是多孔陶瓷膜或以多孔陶瓷为支撑体的复合膜。随着粉末技术的发展，很多优质价廉的烧结金属微孔管投入市场，它具有易于和金属构件组合、加工等优点。近年来，国外还有人在不锈钢微孔管内壁烧结孔径为 0.1nm 的 TiO_2 薄层，构成 Scepter 不锈钢膜。

中国的超滤膜从 20 世纪 80 年代进入工业化生产和应用，超滤是发展最快、品种最多、应用范围最广的膜技术之一。超滤在环境水处理过程中得到广泛的应用，主要用于处理各种工业废水，包括煤化工废水处理及含盐废水处理。超滤膜是一种孔径规格一致，额定孔径范围为 0.01μm 以下的微孔过滤膜。超滤技术因其操作压力低、能耗低、通量大、分离效率高，可以回收和回用有用物质和水，特别是通量大的特点，成为煤化工废水处理工程中采用的主要膜分离技术。根据不同的煤化工废水处理水质及目标要求，可选择不同的超滤膜分离技术及与其他技术的组合工艺，由此达到最为经济的效果。

2. 超滤膜应用范围

超滤膜是一种高精密过滤技术，在煤化工水处理方面的主要功能是实现悬浮物、细菌及颗粒性杂质与水的分离，达到水净化效果。在煤化工废水生物处理过程中，花费了很大的精力去除了这些废水中的有机物后，如果达标排放到地表水源中，是非常不合理的。而超滤系统因其价格优势为这种废水处理的回用提供了解决方案，而且在技术上是完全可以实现的。根据废水深度处理与回用的对象和目标要求的不同，可以选择不同的膜元件形式和膜过滤工艺，主要有以下三种类型。

(1) 双膜处理工艺（CMF＋RO）

外置正压超滤膜过滤工艺（CMF）是最为成熟和应用广泛的一种过滤方式。CMF 是在传统膜过滤工艺的基础上加入反洗、气水双洗、加药强化清洗等膜污染控制手段后使膜过滤在高通量稳定条件下运行，尤其适用于煤化工废水三级深度处理等工序。CMF 作为反渗透前置处理工艺，常与反渗透组成双膜工艺（CMF＋RO），是煤化工废水处理后再生回用到生产过程的常用工艺。

(2) 浸没式负压膜过滤工艺（SMF）

SMF 技术也被称为第四代膜技术。浸没式负压膜过滤工艺是将膜组件浸没在被处理的煤化工废水中，通过重力流和负压运行方式实现水的净化过滤，处理对象及处理功能基本与 CMF 相同，尤其适用于废水三级深度处理、煤化工用水回用处理等领域。

(3) 膜生物反应器工艺（MBR）

MBR 是一种将膜浸没于活性污泥混合液中的使用方式，其目的是将泥水进行分离，间接目的是提高污泥浓度，有效截留各种微生物，可以强化有机物、氨氮的去除效果，减少占地面积。膜生物反应器工艺在煤化工废水处理领域的应用正在快速拓展。

3. 超滤膜结构及材质

超滤膜是一种孔径规格一致，额定孔径范围为 0.001～0.02μm 的微孔过滤膜。在膜的一侧施以适当压力，就能筛出小于孔径的溶质分子，以分离分子量大于 500、粒径大于 2～20nm 的颗粒。超滤膜是最早开发的高分子分离膜之一。超滤膜的结构有对称和非对称之分。对称膜具有各向同性，没有皮层，所有方向上的孔隙都是一样的，属于深层过滤。非对称膜具有较致密的表层和以指状结构为主的底层，表层厚度为 0.1μm 或更小，并具有排列有序的微孔，底层厚度为 200～250μm，属于表层过滤。工业上使用的超滤膜一般为非对称膜。超滤膜一般为有机高分子膜，其膜材料主要有纤维素及其衍生物、聚碳酸酯、聚氯乙烯、聚偏氟乙烯、聚砜、聚丙烯腈、聚酰胺、聚砜酰胺、磺化聚砜、交联的聚乙烯醇、改性丙烯酸聚合物等。

二、超滤膜分离原理

1. 超滤膜过滤机理

超滤是以压力差为推动力的膜过滤方法。超滤膜较适用于处理溶液中溶质的分离和增浓，或采用其他分离技术所难以完成的胶状悬浮液的分离。

超滤是一种与膜孔径大小相关的筛分过程，以膜两侧的压力差为驱动力，以超滤膜为过滤介质，在一定的压力下，当原液流过膜表面时，超滤膜表面密布的许多细小的微孔只允许水及小分子物质通过成为透过液，而原液中大于膜表面微孔径的物质则被截留在膜的进液侧，成为浓缩液，因而实现对原液的净化、分离和浓缩。

超滤原液一般指需要净化、分离或浓缩的溶液，透过液指原液中透过超滤膜而被滤除大分子溶质的那部分液体，浓缩液则是原液中因分离出透过液而剩余的高浓度溶液。在净化水工程中，原液是指原水进水，透过液即为净化水，浓缩液则是排放的废水。

2. 超滤膜面积计算

对超滤膜而言，每米长的超滤膜丝管壁上约有 60 亿个 0.01μm 的微孔，其孔径只允许水分子、水中的有益矿物质和微量元素通过，而最小细菌的直径都在 0.02μm 以上，因此细菌以及比细菌体积大得多的胶体、铁锈、悬浮物、大分子有机物等被超滤膜截留下来，从而实现了净化。在单位膜丝面积产水量不变的情况下，滤芯装填的膜面积越大，则滤芯的总产水量就越多，其计算公式为：

$$S_{内}=\pi dLn$$

$$S_{外}=\pi DLn$$

式中，$S_{内}$ 为膜丝总内表面积；d 为超滤膜丝的内径；$S_{外}$ 为膜丝总外表面积；D 为超滤膜丝的外径；L 为超滤膜丝的长度；n 为超滤膜丝的根数。

内压式和外压式中空纤维超滤膜，一支超滤膜由成百到上千根细小的中空纤维丝组成。一般将中空纤维膜内径在 0.6～6mm 之间的超滤膜称为毛细管式超滤膜。毛细管式超滤膜因内径较大，不易被大颗粒物质堵塞。

超滤膜的制膜技术，即获得预期尺寸和窄分布微孔的技术是非常重要的。孔的控制因素较多，如根据制膜时溶液的种类和浓度、蒸发及凝聚条件等不同可得到不同孔径及孔径分布的超滤膜。

3. 超滤膜过滤特点

超滤膜的过滤是固液分离技术，是以膜孔把水滤过，将水中杂质截留，而不发生化学变化的过程。另外，厚度 100μm 以下的薄膜因承受高压，还必须有耐压能力，应设法制造各种耐强压的膜。一般膜的形式有板框式、螺旋式、桥式、管式及中空纤维式等。板框式膜应使用多孔质的材料，螺旋式和桥式膜与板框式膜相同。螺旋式为卷状，桥式为在折叠成的小的体积中塞入大面积的膜。管式膜用多孔质材料，原水从管内侧通过，渗透水流出管外的为内压式膜，还有外压式膜。中空系统外径为几百微米，系统内包有多数纤维细管，因为纤维管细小，没有必要用强度高的纤维管，膜本身就足以抵抗给予的压力。

膜分离装置不需凝絮化学处理，也不需蒸发分离，只需有一定压力使水中的固液分离。过滤方式有流动液体全部垂直地透过膜孔，将液体内杂质截留的全量过滤方式，以及流动液体的流动方向与膜面成直角地透过膜孔，将液体内杂质截留的横流过滤方式。全量过滤方式适用于微滤和一部分超滤。横流过滤，由于液体在膜表面上流动，产生剪断力，减少在膜表面上因为杂质浓缩堆积的黏垢，适用于易于积垢的超滤、纳滤和反渗透。

三、超滤膜分离工艺指标控制

工艺操作参数控制对超滤系统长期和稳定运行非常重要，一般工艺操作参数主要包括温度、压力、压力降、流速、回收比、浓缩水排放量等。

1. 工作温度

超滤膜的透水能力随着温度的升高而增大，一般水溶液其黏度随着温度的升高而降低，从而降低了流动的阻力，相应提高了透水速率。因此，应考虑供给水的实际温度。当温度过低时，应考虑温度的调节，否则随着温度的变化其透水率的变化幅度有可能在 50% 左右，此外，过高的温度亦将影响膜的性能。通常情况下中空纤维超滤膜的工作温度应在 (25±5)℃，需要在较高温度状态下工作则可选用耐高温膜材料及外壳材料。

2. 工作压力

中空纤维超滤膜的工作压力范围为 0.1～0.6MPa。分离不同分子量的物质，需要选用相应截留分子量的超滤膜，操作压力也不同。一般塑壳中空纤维内压膜，外壳耐压强度小于 0.3MPa，中空纤维耐压强度一般低于 0.3MPa，因而工作压力应低于 0.2MPa，而膜两侧压差应不大于 0.1MPa。外压中空纤维超滤膜耐压强度可达 0.6MPa，但对于塑壳外压膜组件，其工作压力亦为 0.2MPa。由于内压膜直径较大，当用作外压膜时，易于压扁并在黏结处切断，引起损坏，因此内外压膜不能通用。在选择工作压力时除以膜及外壳耐压强度为依据外，必须考虑膜的压密性及膜的耐污染能力，压力越高，透水量越大，相应被截留的物质在膜表面积聚越多，阻力越大，会引起透水速率的衰减。此外，进入膜微孔中的微粒也易于堵塞通道。在可能的情况下，选择较低的工作压力，对膜性能的充分发挥是有利的。

3. 膜压差（膜压力降）

当需要超滤液具有一定压力以供下一工序使用时，应采用不锈钢外壳超滤膜组件，该中空纤维超滤膜组件，使用压力必须达到 0.6MPa，而提供超滤液的压力可达 30mH_2O，即约 0.3MPa，但必须保持中空纤维超滤膜内外两侧压差不大于 0.3MPa。中空纤维超滤膜组件的压力降，是指原水进口处压力与浓缩液出口处压力之差，膜压力降与供水量、流速及浓缩水排放量有密切关系。特别对于内压型中空纤维或毛细管型超滤膜，沿着水流方向膜表面的流速及压力是逐渐变化的。供水量、流速及浓缩水排量越大，则压力降越大，导致下游膜表面的压力不能达到所需的工作压力。膜组件的总产水量会受到一定影响。在实际应用中，应尽量控制压力降值不要过大，随着运转时间的延长，由于污垢积累而增加了水流的阻力，使压力降增大，当压力降高出初始值 0.05MPa 时应当进行清洗，疏通水路。

4. 工作流速

流速是指供给水在膜表面上的流动线速度，是超滤工艺重要的操作参数。流速较大时，会造成能量消耗，产生过大的压力降，且加速超滤膜分裂性能的衰退。反之，流速较小，截留物在膜表面形成的边界层厚度增大，引起浓度极化现象，既影响透水速率，又影响透水质量，而最佳流速是根据实验来确定的。中空纤维超滤膜，在进水压力维持在 0.2MPa 以下时，内压膜流速仅为 0.1m/s，此工况下的流速及流型处在完全层流状态；而外压膜则可获得较大的流速。毛细管型超滤膜，当毛细管直径达 3mm 时，其流速可适当提高，对减少浓缩边界层有利。但流速不能任意确定，与进口压力和原水流量有关，同时对于中空纤维膜或毛细管膜而言，流速在进口端是不一致的，当浓缩水流量为原水的 10%时，出口端流速近似为进口端的 10%。此外，提高压力增加了透过水量，对流速的提高贡献极微。因此，增加毛细管直径，适当提高浓缩水排量（回流量），可以使流速获得提高，特别是在超滤浓缩过程中，可有效提高其超滤速率。在允许的压力范围内，提高供给水量，选择最高流速，有利于中空纤维超滤膜性能的保证。

5. 回收比

在超滤系统中，回收比是指透过水量与供给量之比率。因为供给水量等于浓缩水与透过水量之和，所以如果浓缩水排放量大，回收比就较小。为了保证超滤系统的正常运行，应规定组件的最大回收比。通常中空纤维超滤膜组件的回收比例为 50%～90%。其选择取决于进料液的组成及状态，即能被截留的物质的多少，在膜表面形成的污垢层厚度，以及对透过水量的影响等。

6. 浓缩水排放量

浓缩水排放量是指未透过膜而排出的水量。为了保证超滤系统的正常运行，应规定最小浓缩水排放量。在超滤系统中，回收比与浓缩水排放量是相互制约的因素，如果浓缩水排放量大，则回收比较小。在一般工况下，可以采用较小的回收比操作，而将浓缩液排放回流入原水系统，通过加大循环量来减小污垢层的厚度，从而提高透水速率，有时并不提高单位产水量的能耗。

四、超滤膜主要特征

1. 超滤膜特征

超滤技术的关键是膜，膜有各种不同的类型和规格，可根据原水水质和处理要求来选定。早期膜是各向同性的均匀膜，即现在常用的微孔薄膜，其孔径通常是 0.05mm 和 0.025mm。现在生产了各向异性的不对称超滤膜，其中一种各向异性扩散膜是由一层非常薄的具有一定孔径的多孔皮肤层（厚 0.1～1.0mm），和一层相对厚得多的（约 1mm）更易通渗的、作为支撑用的“海绵层”组成。皮肤层决定了膜的选择性，海绵层增加了机械强度。由于皮肤层非常薄，因此高效、通透性好、流量大，不易被溶质阻塞而导致流速下降。

常用的超滤膜一般由乙酸纤维或硝酸纤维或二者的混合物制成。随着应用范围的拓展，为了适应制药和食品工业上灭菌的需要，发展了非纤维型的各向异性膜，如聚砜膜、聚砜酰胺膜和聚丙烯腈膜等，这种膜在 pH 1～14 时都是稳定的，且能在 90℃下正常工作。超滤膜通常是比较稳定的，若使用恰当，能连续使用 1～2 年。暂时不用时，可浸在 1%甲醛溶液中保存。

2. 超滤膜共性特征

（1）超滤膜过滤性能

当原水进入超滤膜管内时，在水压差的作用下，膜表面上密布的许多 0.01μm 的微孔只允许水分子、有益矿物质和微量元素透过，组成净化水。而细菌、铁锈、胶体、泥砂、悬浮物、大分子有机物等有害物质则被截留在超滤膜管内，在超滤膜进行冲洗时排出。

（2）超滤膜结构特点

将成束的超滤膜丝经过浇铸工艺后制成超滤芯，滤芯由 ABS 外壳、外壳两端的环氧封头和成束的超滤膜丝三部分组成。环氧封头填充了膜丝与膜丝之间的空隙，形成原液与透过液之间的隔离，原液首先进入超滤膜孔内，经超滤膜过滤后成为透过液，防止了原液不经过滤直接进入透过液中。

（3）超滤膜冲洗

超滤膜使用一段时间后，被截留下来的细菌、铁锈、胶体、悬浮物、大分子有机物等有害物质会依附在超滤膜的内表面，使超滤膜的产水量逐渐下降，尤其是水污染严重时，更易引起超滤膜的堵塞。定期对超滤膜进行冲洗可有效恢复膜的产水量。

3. 超滤膜个性特征

不同材料膜工艺具有不同的个性特点。CMF、SMF 工艺适合处理二沉池以后相对清洁的水，MBR 工艺中直接将膜放置在活性污泥中。

（1）CMF 膜特点

外置正压超滤膜过滤工艺（CMF）在水处理中应用最早，也最为成熟。模块化组合设计灵活，适合每小时数吨到每小时数千吨处理规模的水处理项目。系统运行简单，操作维护方便，产水水质高，可以与 RO 技术组成双膜处理工艺，得到更高品质的脱盐水。

（2）SMF 膜特点

浸没式负压膜过滤工艺（SMF）由于特殊的结构设计和负压运行使能耗相对 CMF 更少。膜在膜池中的密集排布可使占地面积相对更小，控制相对简单，更适合大型水处理工程。SMF 膜外部完全开放式的布局使得其对进水水质波动的适应性更强。另外，膜池可以利用既有的池子（如砂滤池）实现超滤膜法改造，达到提升产水水质、扩大产能、减少投资的效果。SMF 膜也可以与 RO 技术组成双膜处理工艺，得到更高品质的脱盐水。

（3）MBR 膜特点

膜生物反应器工艺（MBR）由于膜设计通量较低，膜系统吨水投资大约是 CMF、SMF 的 2 倍，同时由于膜的工作环境污泥浓度高，通常需要连续曝气吹扫膜丝以避免严重的污泥淤积，因此能耗相对较高，运行成本高。MBR 主要用于对有机物和氨氮有高去除率需求的工况，例如高标准排放水或杂用水处理场景。其核心优势在于通过膜分离技术实现微生物的高效截留，从而强化脱氮除碳效果，适用于对出水水质要求严格的煤化工废水及市政污水处理工程。

4. 超滤膜材质特征

超滤膜是一种具有超级“筛分”分离功能的多孔膜。超滤膜的截留分子量在 100000 以上，能截留 0.01μm 以上的粒子。几种不同材质的超滤膜的主要特性如下：

① 聚砜（PS）材质的超滤膜：具有良好的化学稳定性，耐酸、碱性能优良，透水性能较好，强度在有机高分子材料制成的超滤膜中最高（爆破压力>0.6MPa），使用寿命长，一般正常使用寿命在 3 年左右。聚砜外压式中空纤维超滤膜，适用于生化、医药、化工等废水的浓缩、分离、提纯，截留性能稳定。

② 聚丙烯腈（PAN）材质的超滤膜：具有亲水性特征，透水性能好，耐光及耐候性，截留分子量稳定，耐酸、碱程度适中（pH 2～10），适用于水中有机物含量低、水质较差的场合，截留分子量 50000。

③ 改性聚砜（PSF）材质的超滤膜：采用专用技术对聚砜材料进行化学亲水性改性，改善了聚砜材质的疏水性，提升其亲水性能；产品化学稳定性好，耐酸、碱性能优良，使用寿命长，通量高，抗污染能力强；当膜通量下降时，采用简单的反冲洗可基本恢复原通量，节省清洗及反冲洗用水，低压操作能耗低。适用于各种工业及城市废水、含油废水、中水回用水以及食品、医药、生化、化工、石化等行业废水的浓缩、提纯及分离，截留分子量 67000。

④ 聚偏氟乙烯（PVDF）材质的超滤膜：具有亲水性特征，透水性能好；强度较好，韧性高，耐氧化性能优良，耐污染程度高；当膜通量下降时，采用反冲洗可恢复原通量；耐酸、碱程度较好（pH 2～12）。适用于各种工业及城市废水、含油废水、中水回用水及生化、煤化工、化工等行业废水的特种分离。常作为 MBR 的主要过滤材料，做成柱状的中空纤维式及帘式。截留分子量 30000～100000。

五、超滤预处理控制

超滤前置预处理在水处理及其他工业净化、浓缩、分离过程中非常重要。依据中空纤维超滤膜的特性，在给超滤膜系统供水前有预处理要求。这是因为水中的悬浮物、胶体、微生物和其他杂质会附着于超滤膜表面，从而使膜受到污染。由于超滤膜水通量比较大，被截留杂质在膜表面上的浓度迅速增大会产生浓度极化现象，其中有一些很细小的微粒会进入膜孔内堵塞水通道。另外，水中微生物及其新陈代谢产物生成黏性物质也会附着在超滤膜表面。这些因素都会导致超滤膜透水率的下降以及分离性能的降低。同时，对超滤供水温度、pH 值和浓度等也有一定限度的要求。因此，对超滤供水必须进行适当的预处理，并且调整水质，满足供水要求条件，以延长超滤膜的使用寿命，降低水处理的费用。

1. 微生物（细菌、藻类）杀灭

当水中含有微生物时，在进入前置预处理系统后，部分被截留的微生物可能黏附在前置处理系统中，如多介质过滤器的介质表面。当微生物黏附在超滤膜表面时会生长繁殖，可能使微孔完全堵塞，甚至使中空纤维内腔完全堵塞。微生物的存在对中空纤维超滤膜的危害性是极其严重的。在水处理工程中通常加入 NaClO、O_3 等氧化剂，浓度一般为 1～5mg/L；紫外杀菌设备也可使用。在实验室中对中空纤维超滤膜组件进行灭菌处理，可以用双氧水（H_2O_2）或者高锰酸钾水溶液循环处理 30～60min。杀灭微生物处理仅可杀灭微生物，但并不能从水中去除微生物。

2. 降低进水浑浊度

当水中含有悬浮物、胶体、微生物和其他杂质时，会使水产生一定程度的浑浊。浊度是指溶液对光线通过时所产生的阻碍程度，它包括悬浮物对光的散射和溶质分子对光的吸收。

水的浊度不仅与水中悬浮物质的含量有关，而且与它们的大小、形状及折射率等有关。由于水中含有泥土、粉砂、微细有机物、无机物、浮游生物等悬浮物和胶体物都可以使水质变得浑浊而呈现一定浊度，水质分析中规定：1L 水中含有 1mg SiO_2 所构成的浊度为一个标准浊度单位，简称 1 度。通常浊度越高，溶液越浑浊。

由于浊度的测量是让光线透过原水，测量被水中颗粒物反射出的光量、颜色、不透明性，颗粒的大小、数量和形状均影响测定，浊度与悬浮物固体的关系是随机的。对于小于若干微米的微粒，浊度并不能反映。在膜法处理中，精密的微结构截留分子级甚至离子级的微粒，用浊度来反映水质明显是不精确的。为了预测原水污染的程度，采用淤泥密度指数（silting density index，SDI）值，这是水质指标的重要参数之一。它代表了水中颗粒、胶体和其他能阻塞各种水净化设备的物体的含量。

SDI 值的确定方法一般是用孔径为 0.45μm 的微孔滤膜在 0.21MPa 恒定水流压力下，首先记录通水开始滤过 500mL 水样所需的时间 t_i，然后在相同条件下继续通水 15min，再次记录滤过 500mL 水样所需时间 t_f，然后根据下式计算：

$$SDI=[(1-t_i/t_f)\times 100]/15$$

水中 SDI 值的大小大致可反映胶体污染程度。井水的 SDI<3，地表水的 SDI>5，SDI 的极限值为 6.66，即需进行预处理。

超滤技术对 SDI 值的降低非常有效，经中空纤维超滤膜处理水的 SDI=0，但当 SDI 过大时，特别是较大颗粒对中空纤维超滤膜有严重的污染，在超滤工艺中，必须进行预处理，如采用石英砂、活性炭或装有多种滤料的过滤器过滤，这是因为供水来源不同，预处理方法也各异。

如对于较低浊度的自来水或地下水，采用 5～10μm 的精密过滤器（如蜂房式、熔喷式及 PE 烧结管等），SDI 一般可降低到 5 左右。在精密过滤器之前，还必须投加絮凝剂以及放置双层或多层介质过滤器过滤，一般情况下，过滤速度不超过 10m/h，以 7～8m/h 为宜，滤水速度越慢，过滤水质量越好。

3. 悬浮物和胶体物质去除

对于粒径 5μm 以上的杂质，可以选用 5μm 过滤精度的过滤器，但对于 0.3～5μm 的微细颗粒和胶体，采用常规的过滤技术很难去除。虽然超滤对这些微粒和胶体有绝对的去除作用，但它们对中空纤维超滤膜的危害是极为严重的。特别是胶体粒子带有电荷，是物质分子和离子的聚合体，胶体之所以能在水中稳定存在，主要是同性电荷的胶体粒子相互排斥的结果。向原水中加入与胶体粒子电性相反的荷电物质（絮凝剂）以打破胶体粒子的稳定性，使荷电的胶体粒子中和成电中性从而使分散的胶体粒子凝聚成大的团块，再利用过滤或沉降便可容易去除。常用的絮凝剂有无机电解质，如硫酸铝、聚合氯化铝、硫酸亚铁和氯化铁；有机絮凝剂如聚丙烯酰胺、聚丙烯酸钠、聚乙烯亚胺等。有机絮凝剂高分子聚合物能通过中和胶粒表面电荷，形成氢键和搭桥，使凝聚沉降在短时间内完成，从而使水质得到较大改善。在絮凝剂加入的同时，可加入助凝剂，如 pH 调节剂石灰、碳酸钠、氧化剂氯和漂白粉，以及吸附剂聚丙烯酰胺等，提高混凝效果。絮凝剂常配制成水溶液，利用计量泵加入，也可使用安装在供水管道上的喷射器直接将其注入水处理系统。

4. 可溶性有机物去除

可溶性有机物用絮凝沉降、多介质过滤以及超滤均无法彻底去除。通常采用氧化法或者吸附法将可溶性有机物去除。

① 氧化法 利用氯或次氯酸钠（NaClO）进行氧化，对除去可溶性有机物效果比较好。另外臭氧（O_3）和高锰酸钾（$KMnO_4$）也是比较好的氧化剂。

② 吸附法 利用活性炭或大孔吸附树脂可以有效除去可溶性有机物，但对于难以吸附的醇、酚等仍需采用氧化法处理。

5. 供水水质调整

① 供水温度 超滤膜透水性能的发挥与温度高低有直接关系。超滤膜组件标定的透水速率一般用纯水在25℃条件下测试。超滤膜的透水速率与温度成正比，温度系数约为0.02/1℃，即温度每升高1℃，透水速率约相应增加2.0%。当供水温度较低时，如$t<5$℃，可采用升温措施，使其在较高温度下运行，以提高工作效率；当温度过高时，会导致膜性能变化，应采用冷却措施，降低供水温度。

② 供水pH值 用不同材料制成的超滤膜对pH值的适应范围不同，例如醋酸纤维素适合pH=4～6；PAN和PVDF等膜，可在pH=2～12的范围内使用。如果进水pH超过使用范围，需要加以调整。目前常用的pH调节剂主要有酸（HCl和H_2SO_4）及碱（NaOH）等。由于溶液中无机盐可以透过超滤膜，不存在无机盐的浓度极化和结垢问题，因此在预处理水质调整过程中一般不考虑它们对膜的影响，而重点防范的是胶质层的生成、膜污染和堵塞的问题。

六、超滤膜的应用

中空纤维超滤膜是超滤膜的一种类型，是超滤技术中较为成熟的一种先进技术。中空纤维外径0.5～2.0mm，内径0.3～1.4mm，中空纤维管壁上布满微孔，孔径以能截留物质的分子量表达，截留分子量可达几千至几十万。原水在中空纤维外侧或内腔加压流动，分别构成外压式与内压式。超滤是动态过滤过程，被截留物质可随浓缩水排除，不致堵塞膜表面，可长期连续运行。中空纤维超滤膜由于其特殊的性质广泛应用在反渗透设备的预处理中，煤化工废水回用的净化处理中，以及用于去除水中的胶体和细菌。

1. 煤化工废水处理

煤化工中有多种废水可用超滤法处理与回收，如回收聚乙烯醇（PVA）。采用8cm^2的管式超滤器将PVA原液由0.1%浓缩到10～15倍，进口压力为3.92×10^5Pa，出口压力为1.96×10^5Pa，进料温度为55～66℃，膜的水通量为100～140L/(cm^2·h)，对PVA的分离率为98.2%，每天可回收PVA约20kg，运行良好。

2. 含油废水处理

乳化油废水是一种常见的工业废水，超滤法处理乳化油废水应用已非常成熟，油分截留率可大于99%，COD的去除率达到95%，体积浓缩比高，超滤平均通量为30L/(cm^2·h)，处理乳化油废液效果很好。含油废水中含油量通常为100～1000mg/L，超过国家排放标准(10mg/L)，故排放前必须进行除油处理。可采用中空纤维超滤膜组件和超滤设备，在操作压力为0.10MPa，废水温度为40℃下，膜的透水速度可达60～120L/(cm^2·h)，可以把含原油100～1000mg/L的废水处理达到环境排放标准10mg/L以下，使处理后的水质达到了低渗透油田的注水标准。

超滤将含油废水分为两部分：浓缩液中含有油和悬浮颗粒，透过液中几乎不含油。用超滤与微滤联合进行处理，先用微滤把油浓缩至10%，其中微滤膜的透水能力为250L/(cm^2·h)，再进行超滤处理，可回收85%的清洗剂。处理石油开采产生的含油废水，可在油田用膜分离器进行超滤与反渗透（或纳滤）的组合操作。先使分离出的水进入中空纤维超滤膜，透过液再进入反渗透膜（或纳滤膜），不但去除了悬浮物，还去除了溶解盐和溶解油，以满足特殊水质的要求。

第七节　膜分离在回用水处理中的应用

一、概述

内蒙古某煤制烯烃示范项目于2011年进入商业化运行，2014年5月通过国家组织的竣工验收。该项目以煤为原料，是通过煤气化制甲醇、甲醇转化制烯烃、烯烃聚合生产聚烯烃的现代煤化工项目。该项目技术集成了美国GE公司水煤浆煤气化工艺、德国Linde公司低温甲醇洗净化工艺、英国Davy公司甲醇合成工艺、美国ABB Lummus公司烯烃分离工艺、美国Univation公司聚乙烯工艺、美国DOW化学公司聚丙烯工艺以及中国科学院大连化物所DMTO（甲醇制低碳烯烃）工艺。其中，煤制烯烃过程中产生的废水按照“清污分流、雨污分流、一水多用”的原则，提高水的重复利用率，最大限度地减少新鲜水用量和外排废水量。

水煤浆气化工艺中煤气化碳洗涤塔排出的黑水经多级闪蒸、絮凝沉淀处理后大部分循环使用，少量外排。变换工艺冷凝液、甲醇水分离器排水、甲醇装置精馏含醇废水和部分MTO反应生成水用来作为磨煤水。各装置排放的工艺废水、地面冲洗水、污染区初期雨水、生活废水及化验废水经厂内废水处理场处理后达到《污水综合排放标准》（GB 8978—1996）二级标准，再经市政管网送废水处理厂进行处理达标后排放。

二、全厂废水的产生和数量

煤制烯烃在生产过程中产生的废水主要来自水煤浆气化工艺中煤气化碳洗涤塔排出的黑水，大部分循环使用，小部分外排；MTO反应生成水大部分用来作为煤气化的磨煤水，小部分外排；MTO洗涤塔的洗涤水、净化装置中的低温甲醇洗洗涤水、烯烃分离废水、聚烯烃废水及初期雨水池废水等产生的废水。煤制烯烃项目全厂废水水质和水量见表12-5。

表12-5　煤制烯烃项目全厂废水水质和水量

序号	项目	COD/(mg/L)	NH_3-N/(mg/L)	水量/(m^3/h)
1	煤气化装置灰水	800～1300	200～350	230～320
2	低温甲醇洗废水	1800～2500		14～16
3	MTO洗涤塔洗涤废水	1800～3200		30～55
4	MTO反应生成废水	350～600		110～190
5	聚烯烃装置初期雨水池废水	150～200		2
6	全厂生活废水	800～1300	30～100	22
7	小计	200～500		408～605

由表 12-5 所示，全厂生产废水量最多的是煤气化装置，水量 230～320m^3/h，其次是MTO 反应产生的废水 110～190m^3/h，MTO 洗涤塔产生的洗涤废水 30～55m^3/h；废水中污染物 COD 最高的是 MTO 洗涤塔产生的洗涤废水 1800～3200mg/L，其次是低温甲醇洗废水 1800～2500mg/L，煤气化装置灰水和全厂生活废水 800～1300mg/L；产生 NH_3-N 的主要是煤气化装置灰水 200～350mg/L，全厂生活废水 30～100mg/L。全厂生产总废水量为 408～605m^3/h。

三、废水生化处理场

全厂废水处理场负责处理全厂的生产废水、污染雨水、生活废水等，处理后的出水送至回用水处理场进行脱盐处理后回用于生产。废水处理场接纳的废水包括气化、净化、甲醇制烯烃、烯烃分离、聚乙烯、硫回收、甲醇、火炬等装置生产的废水及全厂地面冲洗水、污染雨水、生活废水等。厂区生产装置产生的事故废水进入事故缓冲池；废水处理场进水水质异常时，这部分水超越后续处理单元，排放至事故缓冲池。待来水水量负荷低及水质好时将事故池中废水少量、均匀排至调节池。废水处理场设计处理能力为 700t/h（老生化＋新生化）。

1. 废水处理场改造情况

废水处理场原设计处理规模为 400t/h（显然偏小），设计来水 COD 浓度为 600mg/L。实际运行过程中，来水水量和水质远超过设计值。2010 年最大处理废水量达 550t/h，导致生化系统崩溃。另外，事故池持续保持高液位，存在事故情况下缓冲能力不足的隐患。来水水温、硬度、pH 等指标较高，导致废水处理装置内部设备、构筑物结垢严重，影响生化系统的正常运行。为缓解废水处理系统的压力，将各装置初期雨水池清净废水排放至废水池。废水外排 COD 总量超过了环保控制标准。

改造内容：增加预处理设施去除来水硬度，保证装置完全有能力处理生产装置正常排放废水量，解决 O 池曝气管结垢问题。增加一套废水处理系统，处理工艺采用预处理＋A/O（前置反硝化）处理工艺。新生化处理装置由废水预处理、A/O 生化处理、污泥处理、曝气设施、加药等系统组成，并与老生化处理装置工艺共用二沉池及曝气生物滤池（BAF），提高废水生化处理装置总生化处理能力。在完全接收并处理生产装置来水的情况下，还能回收雨排废水，从而减少全厂外排水 COD 总量。在废水处理场来水水质波动的情况下，能提高废水装置的缓冲能力，保证出水水质合格。在设备故障或其他异常情况下，能保证两个系列运行，另一个系列检修。

改造项目于 2012 年初开始实施，2013 年 7 月完工并投用。实施后，达到了如下效果：

① 新增废水除硬系统能够有效降低气化废水的硬度和 SS，避免生化系统因进水硬度过高而结垢，并缓解了无机物对系统的影响。此外，废水除硬系统的混凝和软化作用对气化来水中其他微生物抑制成分有较好的去除作用，可在一定程度上避免因来水水质变化对生化系统造成冲击。

② 增加一套废水生化处理系统，总生化处理能力提高到 700m^3/h，在设备故障或其他异常情况下，能保证正常处理量，切换系列进行检修，达到了改造的预期目标。

2. 煤制烯烃废水生化处理工艺

全厂生产废水首先进入废水生化处理场调节池，经调节后出调节池废水水质设计控制指标见表 12-6。

表 12-6　出调节池废水水质设计控制指标

原材料名称	主要物理、化学性质	控制指标	设计值	控制值	来源	分析方法
出调节池全厂废水	液体，混合物，有刺激性气味，COD、氨氮含量较高	pH 值	6～9	6～9	气化、净化、甲醇制烯烃、烯烃分离、聚乙烯、硫回收、甲醇、火炬等生产废水，生活废水	采样
		油脂/(mg/L)	≤5	≤5		目测
		COD/(mg/L)	≤600	≤600		采样
		BOD_5/(mg/L)	≤335	≤335		采样
		SS/(mg/L)	≤124	≤124		采样
		NH_3-N/(mg/L)	≤200	≤200		采样
		氰化物/(mg/L)	≤0.31	≤0.31		采样
		TDS/(mg/L)	≤2000	≤2000		采样
		硫化物/(mg/L)	≤0.62	≤0.62		采样

全厂废水生化处理采用“预处理＋A/O（前置反硝化）＋曝气生物滤池（BAF）”处理工艺。生化处理装置由集水池、调节池、初沉池、A/O 池、二沉池、曝气生物滤池、污泥处理系统、加药系统、变电所及风机房、生物滤池风机房、综合间、雨废水泵站、事故池等设施组成。煤制烯烃全厂废水生化处理工艺流程见图 12-4。

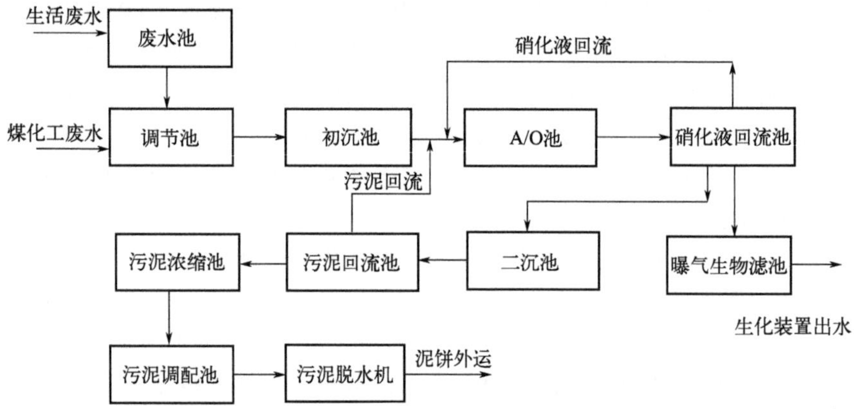

图 12-4　煤制烯烃全厂废水生化处理工艺流程示意图

煤制烯烃生产废水经生化处理后出废水处理场水质设计控制指标见表 12-7。

表 12-7　煤制烯烃生产废水经生化处理后出废水处理场水质设计控制指标

产品名称	主要物理、化学性质	控制指标	设计值	控制值	来源	分析方法
生化装置排放水池出水	液体，混合物，COD、氨氮含量较低	pH 值	6～9	6～9	送至回用水装置脱盐处理后用作循环水补水	采样
		COD	≤60	≤60		采样
		BOD_5	≤20	≤20		采样
		SS	≤70	≤70		采样
		NH_3-N	≤15	≤15		采样
		氰化物	≤0.5	≤0.5		采样
		硫化物	≤1.0	≤1.0		采样

由于 2011 年废水处理场实际运行严重超负荷，生化处理后的废水合格率较低（全年平

均COD合格率为55.34%，氨氮合格率为86%）。进行了新生化装置废水生化处理改造，采用“预处理+A/O（前置反硝化）+曝气生物滤池（BAF）”处理工艺。另外，实际生产时水平衡与原设计水平衡存在较大差异，致使部分废水没有采取预处理设施，将应急事故池作为缓冲调节池存放废水。为进一步提高项目风险防控能力和对来水的缓冲作用，2011年新建一座有效容积为15000m^{3}的缓冲调节池，事故池内废水可泵送至缓冲调节池。但缓冲调节池无法将废水输送至事故池，不能满足事故状态下水体污染的预防与控制技术要求以及水体污染防控紧急措施设计导则等规范要求。2015年为规避环境风险，完善了事故池治理方案，实施了治理设施配管安装等工作。经改造后，现在废水处理场实际运行效果良好，生化处理装置各项废水出水指标达到设计要求。实际煤制烯烃废水生化处理装置进水、出水监测平均值见表12-8。

表12-8 实际煤制烯烃废水生化处理装置进水、出水监测平均值

序号	组分名称	单位	生化装置进水	生化装置出水	限制值
1	pH值		8.68	7.12	6～9
2	COD	mg/L	428	52	100
3	BOD_5	mg/L	86	10.5	20
4	氨氮(以N计)	mg/L	131.3	1.26	15
5	石油类	mg/L	0.75	0.15	5
6	总磷	mg/L	3.86	0.64	0.5
7	氟化物	mg/L	4.37	3.94	10
8	氰化物	mg/L	0.07	0.05	0.5
9	挥发酚(以苯酚计)	mg/L	0.303	0.024	0.5
10	硫化物	mg/L	0.007	0.005	1.0
11	硬度	mg/L	800～1200		

四、含盐废水回用水处理

回用水装置设计进水规模1400m^3/h，实际进水量1200m^3/h，淡水回收率62%，出水水质要符合《城镇污水再生利用工程设计规范》（GB 50335—2016）规定的指标。为保证装置安全、平稳、长周期、满负荷和高效率运行，提高自动化控制水平，装置采用DCS和就地控制相结合的控制方式。设计回用水主要用作循环水补水，循环水补水主要来自净水场生产的一次水和回用水装置来的回用水。其中回用水补水约500m^3/h；一次水补水非采暖季约850m^3/h，采暖季约450m^3/h；循环水场废水排放量约200m^3/h，送至回用水站处理。循环水场循环水水质控制指标见表12-9。回用水补水水质控制指标见表12-10。回用水装置进水来源及排放方式见表12-11。

表12-9 循环水场循环水水质控制指标

名称	控制项目	单位	指标范围
循环水	浓缩倍数	—	≥4.0
	腐蚀速率(碳钢)	mm/a	≤0.075
	腐蚀速率(铜或不锈钢)	mm/a	≤0.005

续表

名称	控制项目	单位	指标范围
循环水	污垢沉积速率	$mg/(m^2 \cdot h)$	≤15
	生物黏泥	mL/m^3	≤5
	污垢热阻	$m^2 \cdot K/W$	$\leqslant 3.44 \times 10^{-4}$
	异养菌	个/mL	$\leqslant 1 \times 10^5$
	铁细菌	个/mL	≤100
	硫酸盐还原菌	个/mL	≤50
	pH 值	—	7.9～8.4
	COND(电导率)	μS/cm	<5000
	浊度	NTU	≤30
	总铁(Fe)	mg/L	≤2.0
	COD	mg/L	<100
	悬浮物	mg/L	≤20
	油含量	mg/L	≤5.0
	总磷	mg/L	约 2
	余氯	mg/L	0.15～1.0

表 12-10　回用水补水水质控制指标

名称	控制项目	单位	指标范围
生产水	浊度	NTU	≤3
回用水	含盐量	mg/L	<200
	pH 值		6～9
	浊度	NTU	<0.2
	外供压力	MPa(G)	0.2±0.05
	COD	mg/L	≤60
	BOD_5	mg/L	≤10
	氨氮	mg/L	≤10

表 12-11　回用水装置进水来源及排放方式

序号	项目废水污染源	进水量/(m^3/h)	排放方式	备注
1	生化装置排放废水	约 510	连续	
2	净水厂排放废水	61	连续	
3	循环水场排放废水	234	连续	
4	热电站排放废水	350	连续	
5	甲醇装置排放废水	45	连续	
小计		约 1200		注①

① 回用水装置实际进水量约为 $1200m^3/h$。

为了保证回用水水质控制指标要求，本项目含盐废水回用水处理工艺采用“石灰软化+

絮凝沉淀+V型滤池+双膜法脱盐”组合技术。回用水装置包括回收池、高效沉淀池、絮凝沉淀池、中和池、过滤池、滤后水池、清水池、污泥浓缩池、超滤器、超滤产水罐、保安过滤器、反渗透池、回用水罐、前处理加药系统、后处理加药系统及提供动力的水泵、反洗风机等。工艺流程见图12-5。

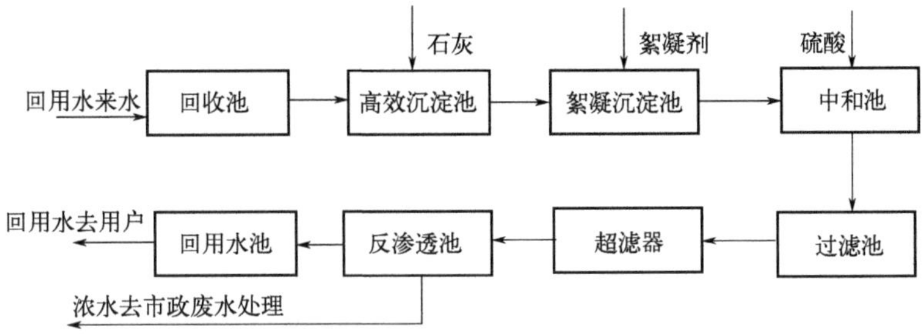

图12-5 含盐废水回用处理工艺流程示意图

为了保证回用水水质控制指标，回用水装置进水水质指标见表12-12。回用水装置外排废水主要包括反渗透浓盐水、超滤化学清洗水和反渗透化学清洗水。正常情况下，排水指标符合《污水综合排放标准》(GB 8978—1996)的二级标准。

回用水装置淡水出水控制指标见表12-13；回用水装置浓盐水出水控制指标见表12-14。

表12-12 回用水装置进水水质指标

项目	数值	项目	数值
温度	常温	NO_2^-/(mg/L)	0.328
K^+/(mg/L)	23	NO_3^-/(mg/L)	30.8
Na^+/(mg/L)	349	OH^-/(mg/L)	0.253
Ca^{2+}/(mg/L)	287	PO_4^{3-}/(mg/L)	0.367
Mg^{2+}/(mg/L)	100	F^-/(mg/L)	6.7
总铁/(mg/L)	1.20	S^{2-}/(mg/L)	0.025
Al^{3+}/(mg/L)	6.6	总硬度/(mg/L)	1087.4
NH_4^+/(mg/L)	7.9	非碳酸盐硬度/(mg/L)	358.6
Ba^{2+}/(mg/L)	1.0	碳酸盐硬度/(mg/L)	650
Sr^{2+}/(mg/L)	5.0	pH值	7～9
As^{3+}/(mg/L)	0.084	氨氮/(mg/L)	6
Mn^{2+}/(mg/L)	0.469	COD/(mg/L)	46
Cu^{2+}/(mg/L)	0.035	溶解固形物/(mg/L)	2306
Cl^-/(mg/L)	426.2	悬浮物/(mg/L)	12.6
SO_4^{2-}/(mg/L)	468	全硅/(mg/L)	52.3
HCO_3^-/(mg/L)	753.6	CO_3^{2-}/(mg/L)	21.9

表 12-13 回用水装置淡水出水控制指标

项目	数值	项目	数值
浊度/NTU	≤5	COD/(mg/L)	≤60
pH 值(无量纲)	≤6～9	BOD_5/(mg/L)	≤10
NH_3-N/(mg/L)	≤10		

表 12-14 回用水装置浓盐水出水控制指标

名称	控制项目	单位	指标范围
回用水装置外排废水	COD	mg/L	100
	BOD_5	mg/L	≤20
	pH 值		6～9
	SS	mg/L	≤70
	NH_3-N	mg/L	≤15
	氰化物	mg/L	≤0.5
	硫化物	mg/L	≤1.0

经监测回用水处理装置各项出水指标均达到设计要求，回用水装置进水、排水监测平均值见表 12-15。

表 12-15 回用水装置进水、排水监测平均值

序号	组分名称	单位	装置原水进口	装置回用水(淡水)出口①	装置浓水出口②
1	pH 值		7	8	6
2	COD	mg/L	24	17.5	23
3	SS	mg/L	18.5	4	6
4	氨氮(以 N 计)	mg/L	0.57	0.42	0.86
5	TOC	mg/L	8.69	2.54	5.81
6	总磷	mg/L	0.64	0.08	0.25
7	氯化物	mg/L	209	130	346
8	硫化物	mg/L	0.005	0.005	0.005
9	硫酸盐	mg/L	230	157	489
10	全盐量	mg/L	1352	573	3445
11	总硬度(以 $CaCO_3$ 计)	mg/L	633	179	451

① 回用水装置设计淡水量(回用水)740m^3/h，废水回收率 62%。
② 浓盐水量 460m^3/h，送市政废水处理站。

经监测煤制烯烃项目总排放口废水排放指标均达到标准限额值要求。煤制烯烃项目总排放口监测平均值见表 12-16。

表 12-16 煤制烯烃项目总排放口监测平均值

序号	组分名称	单位	项目总排放口	标准限额值	是否达标
1	pH 值		7	6～9	达标
2	COD	mg/L	18	100	达标

续表

序号	组分名称	单位	项目总排放口	标准限额值	是否达标
3	氨氮(以N计)	mg/L	1.04	15	达标
4	TOC	mg/L	4.55	20	达标
5	总磷	mg/L	0.33	0.5	达标
6	氯化物	mg/L	271	—	
7	硫化物	mg/L	0.0055	1.0	达标
8	硫酸盐	mg/L	432	—	
9	全盐量	mg/L	2082	—	
10	总硬度(以 $CaCO_3$ 计)	mg/L	489	—	

第十三章

反渗透膜分离除盐工艺

反渗透是含盐废水除盐再生制备回用水处理的关键单元。通过前述含盐废水预处理和反渗透脱盐处理，得到65%～70%淡水（回用水）和30%～35%浓盐水。淡水中的含盐量绝大部分被浓缩到浓盐水中，使得浓盐水的含盐量成倍增加。随着反渗透除盐技术的成熟应用，它已逐步代替电渗析、多效蒸馏和离子交换等传统除盐方法，一级反渗透产水就能基本满足煤化工回用水水质要求，因此本章单独介绍反渗透膜分离除盐的基本原理和工艺过程，以及主要特点和参数。同时也为后续浓盐水高倍浓缩采用高效反渗透膜工艺奠定基础。

第一节　概述

煤化工生产过程产生的各种废水（包括含盐废水）由于其组成性质不同，废水处理去向不同，通常需要采用多种生物及膜分离工艺进行综合处理，如物化处理（加药混凝沉淀、臭氧氧化、气浮等）、生物处理（厌氧、兼氧、好氧、生物滤池等）、过滤（离心分离、多介质过滤、活性炭吸附过滤及膜分离）、煤化工含盐废水脱盐处理（DTRO 膜浓缩及蒸发结晶等），以满足国家及行业相关的废水排放标准和使用标准。特别近年来随着膜分离技术的快速发展，与传统废水处理工艺的结合也越来越显现出膜分离的优势，在采用双膜法处理煤化工含盐废水后进行回用的 UF+DTRO 膜组合工艺以及采用高压反渗透膜（DTRO）对煤化工高 COD、高含盐废水浓缩与蒸发（多效蒸发、MVR）工艺中，反渗透膜分离技术将发挥重要的作用。

随着膜技术在环保、节能、传统产业替代方面的优势不断体现，其发展也得到世界各国的高度重视。中国已成为仅次于北美洲、欧洲的全球第三大反渗透膜市场，是全球反渗透膜最有潜力的市场。

反渗透膜是实现反渗透的核心元件，是一种模拟生物半透膜制成的具有一定特性的人工半透膜。一般用高分子材料制成，如醋酸纤维素膜、芳香族聚酰胺膜。反渗透膜的孔径非常小，因此能够有效地去除水中的溶解盐类、胶体、微生物、有机物等。

目前，我国已成为全球反渗透膜最重要的生产国家之一，反渗透膜产量占比约为18.98%，仅次于美国。不仅如此，我国也是全球最大的反渗透膜消费国家，消费量占全球反渗透膜消费量的比例为25.99%。

随着新型膜分离技术的发展和膜新型产品（如膜蒸馏、液膜、膜生化反应器、控制释放膜等）的问世，反渗透技术在我国得到广泛应用。反渗透技术由最初的海水淡化，到后来逐步扩大到国内的许多行业，其在环境工程、生物工程、废水处理等领域得到了广泛的推广应用。

此外，反渗透配套产品，如 ARGO 的阻垢剂、GRUNDFOS 与 DP 的立式多级离心泵、PROCON 与 NOCCHI 的叶片泵、CODELINE 的膜压力容器、AUTOTROL 与 FLACK 的软水器多路阀、PARK 与 STRUCTURE 的玻璃钢滤桶、BLUEWHITE 与 KING 的面板式流量计等众多国外配套产品，曾一度独霸膜配套产品市场。在国内反渗透技术及配套技术的自主创新发展以及配套产品生产商的共同努力下，我国反渗透配套产品逐步实现国产化，产品质量过关，为国内反渗透膜的推广应用，特别是在煤化工方面的应用提供了可靠保证。

第二节 反渗透膜材料

目前反渗透膜材料主要有醋酸纤维素、芳香族聚酰胺、壳聚糖类和聚苯类等。

1. 醋酸纤维素

醋酸纤维素（CA）为疏松的白色小粒或纤维碎粉状物，无臭、无味、无毒，对光稳定，吸湿性强，是目前研究最多的反渗透膜材料。1960 年，Loeb 和 Souri-rajan 首先制造出具有高脱盐率和高透水量的非对称醋酸纤维素反渗透膜，在保持同行脱盐率条件下水的透过量比均质醋酸纤维素反渗透膜增加了近 10 倍。尽管醋酸纤维素是一种较好的膜材料，但由于其分子链中—COOR 的存在，其在较高的温度和酸碱条件下易发生水解，碱式或酸式水解会使乙酰基消失。因此单纯 CA 材料的使用受到一定的限制，可通过采用一些改性技术得到性能更优良的反渗透膜。

2. 芳香族聚酰胺

芳香族聚酰胺（PA）膜具有物化稳定性高，耐强碱、油脂、有机溶剂，机械强度好等优点，因此在膜工业得到了广泛的应用。但由于 PA 膜在 pH＝6～10 的环境运行时具有带电性，容易使水中颗粒在膜表面沉积，降低使用寿命，为了完善 PA 的制膜性能，通常需对其进行改性。

3. 壳聚糖类膜

壳聚糖类（Cs）膜是由甲壳素分子脱去乙酰基得到的，带有强的羟基、氨基，成膜性、生物相容性好，易进行化学改性。用于反渗透法制纯水时，由于自身分子结构的特点可与水分子形成较强的氢键，并且它对碱土金属离子的脱除能力很强，因此较 CA 膜和聚酰胺膜更优越，被认为是一种极有潜力的膜材料，在国际上受到广泛的关注。Cs 反渗透膜具有较高的通量和选择性，对二价金属盐有比较好的脱除效果。由于 Cs 膜能耐强碱，交联后又耐酸，不易繁衍微生物，常作为硬水软化的反渗透膜。

4. 聚苯类反渗透

聚苯并咪唑（PBI）、聚苯醚（PPO）等因耐高温、耐酸碱等性能，也受到人们的广泛关注，通过改性可获得性能比较优良的膜材料。

第三节 反渗透原理

反渗透半透膜上有许多的孔，孔的大小与水分子大小相当，由于细菌、病毒、大部分有机污染物和水合离子均比水分子大得多，因此不能透过反渗透半透膜，而与透过反渗透膜的水相进行分离。在水里面众多的杂质中，溶解性盐类是最难清除的，因此要根据除盐率的高低来确定反渗透的净水效果。较高的选择性反渗透膜元件的除盐率可以高达 99.7%。

反渗透现象见图 13-1。对于两侧水溶液浓度不同的半透膜，为了阻止水从低浓度一侧渗透到高浓度一侧而在高浓度一侧施加的最小额外压强称为渗透压。渗透压与溶液中不能通过半透膜的微粒数目和环境温度有关。所谓溶液渗透压，简单地说，是指溶液中溶质微粒对水的吸引力。溶液渗透压的大小取决于单位体积溶液中溶质微粒的数目。溶质微粒越多，即溶液浓度越高，对水的吸引力越大，溶液渗透压越高。反过来，溶质微粒越少，即溶液浓度越低，对水的吸引力越弱，溶液渗透压越低。溶液渗透压与无机盐、蛋白质的含量有关，在组成细胞外液的各种无机盐离子中，含量上占有明显优势的是 Na^+ 和 Cl^-，细胞外液渗透压的 90%以上来源于 Na^+ 和 Cl^-。在 37℃时，人的血浆渗透压约为 770kPa，相当于细胞内液的渗透压。由图 13-1（a）所示，如果用一个只有水分子才能透过的薄膜将一个水池隔断成两部分，在隔膜两边分别注入纯水和浓溶液（盐水）到同一高度。当对浓溶液（盐水）施加的外部压力 p 小于渗透压 $\Delta\pi$ 时，过一段时间就可以发现纯水液面降低了，而盐水的液面升高了。我们把水分子透过这个隔膜迁移到盐水中的现象叫作渗透现象。盐水液面升高不是无止境的，到了一定高度就会达到一个平衡点，如图 13-1（b）所示。这时隔膜两端液面差所代表的压力被称为渗透压。渗透压的大小与盐水的浓度直接相关。在以上装置达到平衡后，如果在盐水端液面上施加的压力大于渗透压 $\Delta\pi$，此时，水分子就会由盐水端向纯水端迁移。溶剂分子在压力作用下由浓溶液向稀溶液迁移的这一现象被称为反渗透现象，如图 13-1（c）所示。如果将盐水加入以上设施的一端，并在该端施加超过该盐水渗透压的压力，我们就可以在另一端得到纯水。这就是反渗透净水的原理。反渗透设施生产纯水的关键是有选择性的膜和压力。

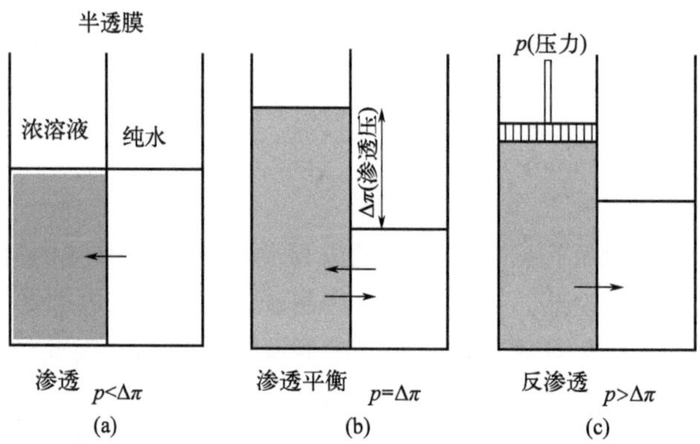

图 13-1 反渗透现象示意图

反渗透膜非常致密，对病毒、噬菌体和细菌具有非常高的脱除率。但在很多情况下，膜产水侧仍可能会出现微生物再次滋生的现象，这主要取决于装配、监测和维护的方式。一个反渗透膜系统的脱除微生物的能力关键取决于系统设计、操作和管理是否恰当，而不是膜元件本身的性质。

第四节 反渗透膜特点

由于反渗透膜的膜孔径非常小（仅为 1nm 左右），因此能够有效地去除水中的溶解盐类、胶体、微生物、有机物等。系统具有所得水质好、耗能低、无污染、工艺简单、操作简便等优点。其主要特点如下：

① 反渗透技术通常用于海水、苦咸水的淡化；水的软化处理；废水处理以及食品、医药工业、化学工业的提纯、浓缩、分离等。并且其在预除盐处理等方面取得较好的效果，能够使离子交换树脂的负荷减轻 90%以上，树脂的再生剂用量也可减少 90%。此外，反渗透还可用于去除水中的微粒、有机物质、胶体物，对减轻离子交换树脂的污染、延长使用寿命都有着良好的作用。

② 反渗透膜的孔径只有超滤膜的 1/100，反渗透净水器能去除水中重金属、农药、三氯甲烷等化学污染物，与超滤净水器对去除的颗粒污染物及细菌相比，反渗透去除能力更强，按出水水质和卫生部门的检测标准，如出水细菌指标，超滤净水器菌落总数为 100 个/mL，反渗透净水器为 20 个/mL，故反渗透净水器出水水质也比超滤净水器好得多。

③ 反渗透是目前高纯水制备中应用较广泛的一种脱盐技术，它的分离对象是溶液中的离子和分子量为几百的有机物。使用反渗透系统时，尤其应注意原水预处理。为了避免堵塞反渗透系统，原水应经预处理以消除水中的悬浮物，降低水的浊度。此外，还应进行杀菌以防微生物滋生长大。

④ 反渗透膜在常温条件下不发生相变，是一个物理过程，由于没有相变，节能效果显著，装置结构紧凑，占地面积小，因此投资费用低。

⑤ 反渗透对原水中悬浮物的要求很高，故常用污染指数来对水质进行检测。测定反渗透系统受水中悬浮物的污堵情况。进入反渗透系统水的污染指数以不大于 5 为宜，一般选择小于 3。

⑥ 反渗透膜透水量是随水温的增高而增大的，温度过高会加快醋酸纤维素膜的水解速度，且使有机膜变软，易于压实。通常将温度控制在 20～40℃范围内。反渗透膜的孔径只有超滤膜的 1/100，因此反渗透净水器能去除水中重金属、农药、三氯甲烷等化学污染物，超滤净水器对此则是无能为力的；而超滤净水器能去除的颗粒污染物及细菌，反渗透全能去除。

⑦ 反渗透膜去除杂质的范围广，可从河水、湖水、井水、海水或苦咸水中制取淡水，作为一种浓缩方法回收溶液中有价值的成分，去除有机物、细菌、胶体及溶于水中的其他杂质，获得高纯度的水。

⑧ 反渗透膜可以对溶质和水进行分离，适用于对热敏感物质进行分离、浓缩，并且与有相变化的分离方法相比，能效高，易实现自动化，操作简单，节省劳力，降低膜分离运行成本。

⑨ 反渗透膜具有较高的脱盐率和水回用率，可截留粒径几纳米以上的溶质，回收率和原水中总溶解物质的浓缩倍率有直接关系，系统的运行条件、原水的特性状态等因素会影响回收率。一旦选择过高的回收率，原水由于被浓缩，膜表面的污染会比想象中发生得更快，就会面临结垢和急速污染的风险。

⑩ 对回收率达 50%的系统，浓缩倍数是 2 倍；回收率达 75%时，浓缩倍数是 4 倍；回收率达 80%时，浓缩倍数是 5 倍；回收率达 90%时，相当于浓缩倍数是 10 倍。膜系统内由于浓差极化现象的存在，膜表面附近的料液含盐量会变得很高，其浓缩程度远大于以上浓缩倍数。

第五节 影响反渗透性能的因素

反渗透过程中的主要性能是通过产水通量和脱除率来表征的，这是反渗透膜的关键性能参数。在特定系统条件下，膜系统产水通量和脱除率主要受压力、温度、回收率、进水含盐量和 pH 值等的影响。

一、进水压力

进水压力本身并不会影响盐透过量，但是进水压力升高使得驱动反渗透的净压力升高，使得产水量加大，同时盐透过量几乎不变，增加的产水量稀释了透过膜的盐分，降低了透盐率，提高脱盐率。当进水压力超过一定值时，由于过高的回收率，加大了浓差极化，又会导致盐透过量增加，抵消了增加的产水量，使得脱盐率不再增加，因此进水压力主要影响反渗透膜的产水通量和脱盐率。

透过膜的水通量增加与进水压力的增加存在直接关系，增加进水压力也增加了脱盐率，但是两者间的变化没有线性关系，而且达到一定程度后脱盐率将不再增加。

由于反渗透膜对进水中的溶解性盐类不可能绝对截留，总会存在一定量的透过量，随着压力的增加，膜透过水的速率比传递盐分的速率快，这使透盐率的增加迅速得到克服。但是，通过增加进水压力提高盐分的排除率有上限限制，超过一定的压力值，脱盐率不再增加，某些盐分还会与水分子耦合一同透过膜。

二、进水温度

反渗透膜产水的电导率对进水水温的变化十分敏感，随着水温的增加水的通量也呈线性增加，进水水温每升高 1℃，产水量就增大 2.5%～3.0%（以 25℃为标准）。这主要是因为透过膜的水分子黏度下降，扩散能力增加。升高水温会导致脱盐率降低或透盐率增加，这是因为盐分透过膜的扩散速率会因温度的升高而加快。

三、进水含盐浓度

渗透压是水中所含盐分或有机物浓度的函数，进水含盐量越高，浓度差也越大，透盐率上升，从而导致脱盐率下降。由于盐浓度增加，渗透压增加，因此需要逆转自然渗透流动方向的进水驱动压力大小主要取决于进水中的含盐量。如压力保持恒定，含盐量越高，通量就越低，渗透压的增加抵消了进水推动力，同时水通量降低，增加了透过膜的盐通量，降低了脱盐率。

四、进水 pH 值

进水 pH 值对产水量几乎没有影响，但对脱盐率有较大影响，pH 值在 7.5～8.5 之间时，脱盐率较高。各种反渗透膜元件适用的 pH 值范围相差很大，如超薄复合反渗透膜与醋酸纤维素反渗透膜相比，在较宽的 pH 值范围内水通量和脱盐率比较稳定。

五、反渗透膜养护

反渗透膜的运行成本是消费者关心的问题。良好的膜保养有助于延长反渗透膜的使用寿命。如某些反渗透膜元件一般浸润 1% $NaHSO_3$ 和 18%的甘油水溶液后贮存在密封的塑料袋中。在塑料袋不破的情况下，贮存 1 年左右，也不会影响反渗透膜的寿命和性能。当塑料袋开口后，应尽快使用，以免因 $NaHSO_3$ 在空气中氧化，对元件产生不良影响，因此膜应尽量在使用前开封。设备试机完后，有两种方法保护反渗透膜：设备试机运行两天（15～24h），然后采用 2%的甲醛溶液保养；或运行 2～6h 后，用 1%的 $NaHSO_3$ 的水溶液保养反渗透膜（应排尽设备管路中的空气，保证设备不漏，关闭所有的进出口阀）。前者在闲置时间长时使用，后者在闲置时间较短时使用。

六、原水预处理

为避免堵塞反渗透系统，原水应经预处理以去除水中的悬浮物，降低水的浊度；此外，还应进行杀菌以防微生物滋生长大。由于反渗透对原水中的悬浮物的要求很高，所以常用一种水质对受悬浮物污染情况的污染指数来对水质进行检测。此法实质上是测定反渗透系统受水中悬浮物的污堵的情况。进入反渗透系统的水的污染指数以不大于 5 为宜，一般小于 3。

预处理时应该考虑进水的 pH 值。各种半透膜都有其最适宜的运行 pH 值，故需按反渗透膜的要求，调节进水的 pH 值。同时还应该考虑进水的温度，膜的透水量是随水温的升高而增大的，但温度过高会加快醋酸纤维素膜的水解速度，且使有机膜变软，易于压实。所以，对于有机膜来说，通常将温度控制在 20～40℃，复合膜的温度一般控制在 5～45℃。

七、回收率

通过对进水施加压力当浓溶液和稀溶液间的自然渗透流动方向被逆转时，实现反渗透过程。如在进水压力恒定的条件下，回收率增加，残留在原水中的含盐量更高，自然渗透压将不断增加直至与施加的压力相同，这将抵消进水压力的推动作用，减慢或停止反渗透过程，使渗透通量降低甚至停止。反渗透系统最大可能回收率并不一定取决于渗透压的限制，往往取决于原水中的含盐量和它们在膜面上要发生沉淀的倾向，最常见的微溶盐类是碳酸钙、硫酸钙和硅，应该采用原水化学处理方法阻止盐类因膜的浓缩过程而结垢。

第六节　反渗透膜工艺流程

反渗透膜分离法传质过程是溶剂的扩散传递，透过膜的物质是水溶剂，截留物为溶质、盐（悬浮物、大分子、离子），膜的类型为非对称膜或复合膜。反渗透膜的选择透过性与组分在膜上的溶解、吸附和扩散以及膜孔大小结构有关，还与膜的化学、物理性质有密切关系，即与组分和膜之间的相互作用密切相关。膜分离技术作为新的分离净化和浓缩方法，与传统分离操作（如蒸发、萃取、沉淀、混凝和离子交换等）相比较，过程中大多无相变化，可以在常温下操作，具有能耗低、效率高、工艺简单、投资小等特点。

一、反渗透系统流程

对于反渗透膜系统，习惯性地把进水分为地下水、自来水、地表水、海水、废水（中水）等，这些水体受各种因素的影响，不同的地理条件、不同的季节气候导致水体的特性及其所含的杂质有所不同，因此反渗透膜预处理工艺也会有所不同。

常见的反渗透工艺如：石英砂过滤器＋活性炭过滤器＋软化系统＋保安过滤器＋反渗透装置；石英砂过滤器＋活性炭过滤器＋阻垢系统＋保安过滤器＋反渗透装置；絮凝沉降＋石英砂过滤器＋活性炭过滤器＋阻垢系统＋保安过滤器＋反渗透装置；石英砂过滤器＋活性炭过滤器＋软化＋保安过滤器＋反渗透装置＋臭氧灭菌/紫外线杀菌（纯净水生产及饮料制备适用）；石英砂过滤器＋活性炭过滤器＋软化系统＋保安过滤器＋一级反渗透＋二级反渗透＋臭氧灭菌/紫外线杀菌（原水电导率＞1000μS/cm 时适用）。反渗透工艺比较典型的流程设置如下。

① 原水罐　采用原水罐用于沉淀水中的大泥沙颗粒及其他可沉淀物质，同时缓冲原水管中水压不稳定对水处理系统造成的冲击，如水压过低或过高引起的压力传感的反应，原水泵用于恒定系统供水压力，稳定供水量。

② 石英砂过滤器　采用多次过滤层结构设计过滤器，用于去除原水中含有的泥沙、铁锈、胶体物质、悬浮物等颗粒在 20μm 以上的物质，可选用手动阀门控制或者全自动控制器进行反冲洗、正冲洗等一系列操作，以保证设备的产水质量，延长设备的使用寿命。

③ 活性炭过滤器　采用果壳活性炭过滤器，活性炭不但可吸附电解质离子，还可进行离子交换吸附。经活性炭吸附还可使高锰酸钾耗氧量（COD）由 15mg/L（O_2）降至 2～7mg/L（O_2）。由于吸附作用使表面被吸附复制的浓度增加，因而还起到催化作用，以去除水中的色素、异味、大量生化有机物、降低水的余氯值及农药污染物和除去水中的三卤化物（THM）以及其他的污染物。可选用手动阀门控制或者全自动控制器进行反冲洗、正冲洗等一系列操作，以保证设备的产水质量，延长设备使用寿命。

④ 离子软化系统/加药系统　采用 RO 装置是为了溶解固形物的浓缩排放和淡水的利用，为防止浓水端特别是 RO 装置最后一根膜组件浓水侧出现 $CaCO_3$、$MgCO_3$、$MgSO_4$、$CaSO_4$、$BaSO_4$、$SrSO_4$、$SiSO_4$ 等浓度积大于其平衡溶解度常数而结晶析出的情况，损坏膜原件的应有特性，在进入反渗透膜组件之前，应使用离子软化装置或投放适量的阻垢剂阻止碳酸盐、硫酸盐的晶体析出。

⑤ 保安过滤器　采用精密过滤器对进水中残留的悬浮物、颗粒物及胶体等物质进行去除，使 RO 系统等后续设备运行更安全、更可靠。滤芯为 5μm 熔喷滤芯，目的是防止上级过滤单元漏掉大于 5μm 的杂质，防止进入反渗透装置损坏膜的表面，从而损坏膜的脱盐性能。

⑥ 高压泵　在膜技术处理废水的过程中，需要利用压力差作为驱动力，因此就需要泵。膜过滤用泵必须具有很好的耐腐蚀性能，通常不能用灰铸铁材料来制造。水中氯化物含量的高低不是选择材料的唯一决定性因素，另外还需注意的是可以用酸/碱性的侵蚀性介质来清洗膜。因此，泵的材料需要是合金或者不锈钢材料。随着膜使用时间的增加，沉积在膜表面的物质也增加，所需的渗透压力也要提高。电子调速的泵能够自动适应压力的变化，传感器检测渗透流量，在传感器检测数据的基础上变频器控制着泵驱动电动机改变转速，从而保持所需的泵压力。

⑦ 反渗透装置　采用反渗透装置是用足够的压力使溶液中的溶剂（通常指水）通过反渗透膜分离出来，在除盐的同时，还会将大部分细菌、胶体及大分子量的有机物去除。

⑧ 臭氧杀菌器　采用臭氧杀灭水中的细菌和病毒，防止水箱中有新的细菌产生，彻底保证纯净水水质。

二、膜组件排列流程

反渗透膜组件排列是反渗透技术应用的核心。反渗透膜组件在实际生产工艺中对溶液的分离有不同的质量要求。如对纯水制备，质量的要求着眼于透过液能否达到国家标准。对废液的处理，则需要考虑废液能否达到排放标准，浓缩液有无回用价值等方面。通过反渗透膜组件的不同配置工艺达到不同的要求非常重要，选择正确的反渗透膜组件排列工艺，是保证反渗透膜元件使用寿命的关键。如排列组合工艺不合理，可能会导致某一段的反渗透膜元件水通量过大，而另一段的反渗透膜元件水通量过小，不能充分发挥其重要作用。当水通量超过反渗透膜元件的标准通量时，膜污染速度会加快，由此引起的反渗透膜元件频繁清洗，有损反渗透膜元件的使用寿命，并造成经济损失。对于大规模反渗透技术系统来说，这种损失是巨大的，所以反渗透膜元件数量的工艺选择和排列组合设计至关重要。在膜排列工艺流程中，有两个至关重要的概念，即“段”和“级”。“段”是指浓缩液不经泵直接流入下一个反渗透膜组件处理；“级”是反渗透膜组件产品经过泵到下一组反渗透膜组件处理。用于反渗透膜组件的工艺排列组合形式可参见第十二章第四节“三、膜分离法除盐”。

三、反渗透膜更换步骤

① 关闭电镀球阀，稍等十分钟左右让系统减压。

② 用手或工具旋开膜壳右方的螺母接头，将水管拔出。

③ 面对机器，用左手扶紧膜壳，以右手用力转开尾端盖子，如果反渗透膜管上方的后置活性炭滤芯妨碍到此步骤的操作，可将其稍加移位或整个拔出，若是整个拔出，需拆开额外管线。

④ 塞入水管，并旋紧接头螺母。

⑤ 打开电镀球阀，让机器运转两小时以上，使系统进入正常造水状态后，再将水管与压力桶球阀连接并且打开压力桶球阀。

⑥ 关闭压力桶球阀，以手或工具旋开其上方的螺母接头，并将水管导入一个空桶或洗水槽内。

⑦ 用左手扶紧反渗透膜管，再用钳子夹住旧的反渗透膜，将其用力拔出膜壳外。

⑧打开新的反渗透膜的封套，将其取出。将新开封的反渗透膜塞入反渗透膜管，直到有两个黑色小“O”形圈的一端顶到膜壳的底端为止，以转开膜壳盖的相同姿势将膜壳盖旋紧。

第七节 膜前预处理工艺

一、膜前预处理选择

为了保证反渗透系统的顺利进行，需要针对不同的进水水质进行预处理。合理设置预处理工艺应该能去除原水中的绝大多数杂质，达到进水要求，防止原水水质波动时影响整个系统的稳定运行。反渗透预处理工艺目前采用的方法主要有以下几种：

① 物理法 包括沉淀法或气浮分离法；砂过滤；预涂层（助滤剂）过滤；滤筒过滤；精过滤；活性炭吸附法；冷却或加热。

② 化学法 包括氧化法，即利用臭氧、空气、氧、氯等氧化剂进行氧化；还原法；pH值调节法。

③ 光化学法 主要指紫外线照射。

采用哪一种预处理方法，不仅取决于料液的物理、化学和生物学性质，而且还要根据在膜分离过程中所用组件的类型构造作出判断。

膜系统在实际运行过程中会发生故障，一方面是由于膜表面上的分离所带来的直接污染；另一方面与膜组件本身的构造有关。反渗透膜法处理工艺过程称为系统。待处理的进水经过高压泵被连续升压泵入膜装置内，在膜元件内进水被分成浓度低的或更纯的产水，称为透过液和浓度高的浓水。浓水调节阀控制产水和浓水的比例（即装置回收率）。为了保证反渗透系统的顺利进行，需要针对不同的进水水质进行预处理，因此反渗透预处理工艺也会有所不同。

二、膜前预处理流程

合理的预处理工艺应该能去除原水中的绝大多数杂质，达到 RO 的进水要求。

1. 絮凝和絮凝过滤

絮凝处理的对象是原水中的小颗粒悬浮物和胶体。浊度小于 70NTU 的原水，一般采用多介质过滤，可采用重力式过滤或压力式过滤器。滤料的要求与普通双滤料滤池不同，颗粒较大，滤料中的无烟煤要求在酸碱中稳定，石英砂要求耐酸，在碱性溶液中有微量的溶出。采用絮凝过滤时用铁盐作絮凝剂的效果优于铝盐。过滤器的设计产水量应包含后续处理工艺的耗水量和过滤器自身的耗水量即冲洗水量。

2. 吸附

吸附法是利用多孔性固体物质吸附水中的某些污染物质，从而达到净化水体的方法。吸附法能去除的污染物包括有机物、胶体、余氯，还能去除色度和臭味等。吸附常采用活性炭吸附。

活性炭是由烟煤、无烟煤、果壳或木屑等多种原料经碳化和活化处理制成的黑色多孔颗粒。活性炭的物理特性主要指孔隙结构及其分布，在活化过程中形成各种形状和大小的孔隙，因而形成了巨大的比表面积，与水的接触面极大，因而吸附能力很强。活性炭不仅能吸附水中的各种污染物，还可以吸附废气中的 SO_2 等污染物，因此在环保、水处理等领域有着广泛的用途。

3. 精密过滤器（保安过滤器）保护

采用保安过滤器用以去除极微小的颗粒。普通砂滤能够去除很小的固体颗粒，使出水浊度达到 1NTU 左右，但出水中仍然含有大量粒径在 1～5μm 的颗粒，这些颗粒是砂滤无法去除的。虽然颗粒极小，可是如果直接进入反渗透主机，在 RO 膜的浓缩作用下，仍然会造成膜元件的污染。要去除这些颗粒，就必须采用精密过滤器。精密过滤器常设置在压力过滤器之后，有时也设置在整个预处理工艺的末端，防止破碎的滤料、活性炭、树脂等进入反渗透膜系统，尽量做到不将上道工序产生的微粒带到下道工序中去。滤孔孔径应与水中所含杂质的粒径相匹配，避免过粗或过细。

4. 氧化分解

氧化法是利用强氧化剂氧化分解水中污染物的一种化学处理方法。对于反渗透膜系统预处理而言，氧化通常是为了去除有机物和铁、锰。

5. 软化除硬

采用化学法去除水体中硬度。软化可分为离子交换软化和药剂软化两种。目前反渗透预处理常用的软化方法是离子交换软化。离子交换软化是指采用离子交换剂，使水体中硬度组成部分如钙、镁等离子同离子交换剂有效交换基团（通常是钠离子），使水质达到软化的效果，从而起到保护反渗透膜系统的作用。

三、膜前预处理要求

膜系统运行前，预处理应满足的要求如下：

① 反渗透预处理必须能够去除原水中的绝大多数杂质，达到进水要求；

② 反渗透预处理必须考虑水质的变化，防止原水水质波动时影响整个系统的稳定运行；

③ 反渗透预处理工艺必须能够高效、稳定地运行，同时尽量简化流程，降低投资和运行成本。

第八节　反渗透膜污染

反渗透膜元件在正常运行一段时间后，均会受到原水中可能存在的悬浮物或难溶盐的污染，最常见的污染物有碳酸钙沉淀、硫酸钙沉淀、金属（铁、锰、铜、镍、铝等）氧化物沉淀、硅沉积物、无机或有机沉积混合物、天然有机物质（NOM）、合成有机物（如阻垢剂/分散剂、阳离子聚合电解质）等。

1. 碳酸钙污染

碳酸钙垢是一种矿物垢。当阻垢剂/分散剂添加系统出现故障时，或是加酸 pH 调节系统出现故障而引起给水 pH 值升高时，碳酸钙有可能会发生沉积。应尽早地检测碳酸钙垢发生沉淀的现象，对于早期防止膜层表面沉积的晶体损伤膜元件是十分必要的，可以防止生长的晶体对反渗透膜元件表面造成损伤。对早期检测出的碳酸钙垢，通过调整给水的 pH 值至 3～5，运行 1～2h 的方法去除。对于沉积时间长的碳酸钙垢，可用低 pH 值的柠檬酸溶液清洗去除。

2. 硫酸盐类污染

常见硫酸盐垢有硫酸钙垢、硫酸钡垢、硫酸锶垢。硫酸盐垢是比碳酸钙垢硬很多的矿物质垢，且不易去除。硫酸盐垢可在阻垢剂/分散剂添加系统出现故障或加硫酸调节 pH 时沉积出来。海德能公司认为尽早地检测硫酸盐垢对于防止膜层表面沉积的晶体损伤膜元件是极为必要的。硫酸钡垢和硫酸锶垢较难去除，因为它们几乎在所有的清洗溶液中均难以溶解，所以，应特别注意以防止此类垢的生成。

3. 金属氧化物和氢氧化物污染

典型的金属氧化物和金属氢氧化物污染为铁、锌、锰、铜、铝等的氧化物和氢氧化物。这种污染物的形成可能是由于装置管路、容器（罐/槽）的腐蚀，或是与空气中的金属离子、氯、臭氧、钾、高锰酸盐反应，或是由在预处理过滤系统中使用铁或铝助凝剂所致。可以采用与去除碳酸钙污染物的类似方法，去除沉积下来的氢氧化物，如氢氧化铁等。

4. 聚合硅污染

硅凝胶层垢由溶解性硅的过饱和态及聚合物所致，且非常难去除。需要注意的是此类硅污染不同于硅胶体物的污染。硅胶体物污染可能是由与金属氢氧化物缔合或是与有机物缔合而造成的。硅垢的去除很难，可先采用传统的化学清洗方法；若传统的方法不能解决这种垢的去除问题，可采用现有的化学清洗药剂，如氟化氢铵等去除，但使用该类化学清洗剂时须加以必要的防护措施。对于不是与金属氢氧化物或有机物共生的硅污染物，一般采用专业的水处理清洗方法才能将它们去除。

5. 胶体污染

胶体是悬浮在水中的无机物或是有机物与无机物混合的颗粒，它不会由于自身重力而沉淀。胶体物通常含有以下一种或多种主要组分，如：铁、铝、硅、硫或有机物。

6. 非溶性天然有机物污染

非溶性天然有机物（NOM）污染通常是由地表水或深井水中营养物的分解而导致的。有机污染的化学机理很复杂，主要的有机组分或是腐殖酸，或是灰黄霉酸。非溶性NOM被吸附到膜表面可造成RO膜元件的快速污染，一旦吸附作用发生，渐渐地结成凝胶或块状的污染过程就会开始。对有机沉积污染物，如微生物黏泥或霉斑等可以使用清洗液去除，为了防止再繁殖，可使用经认可的杀菌溶液在系统中循环、浸泡去除。一般需较长时间浸泡才能有效，如反渗透装置停用三天时，可采用消毒处理或用适宜的杀菌剂处理。

7. 微生物沉积污染

有机沉积物是由细菌黏泥、真菌、霉菌等生成的，这种污染物较难去除，尤其是在给水通路被完全堵塞的情况下。给水通路堵塞会使清洁的进水难以充分均匀地进入膜元件内。为抑制这种沉积物的进一步生长，重要的是不仅要清洁和维护RO系统，同时还要清洁预处理装置、管道及端头等。

8. 清洗液污染

清洗反渗透膜元件时应采用专用的清洗液，在确定清洗前应对污染物进行化学分析，并对分析结果进行分析比较。在保证选择较佳的清洗剂及清洗方法时，应记录每次清洗时的清洗方法和获得的清洗效果，为在特定给水条件下，找出较佳的清洗方法提供依据。

第九节 膜污染处理措施

一、膜污染早期控制

反渗透膜的污染是渐进发展的，如不尽早控制，污染将会在相对较短的时间内损坏膜元件。污染物的性质及污染速度与给水条件有关，如给水水质和系统回收率。当反渗透系统出现以下情况时，需要进行化学清洗或物理冲洗：在正常给水压力下，产水量较正常值下降10％～15％；为维持正常的产水量，经温度校正后的给水压力增加10％～15％；产水水质降低10％～15％，透盐率增加10％～15％；给水压力增加10％～15％；系统各段之间压差明显增加。对反渗透膜污染如果不尽早采取措施，污染将会在相对短的时间内损坏膜元件的性能。定期检测系统整体性能是确认膜元件是否发生污染的一个好方法，不同的污染物会对膜元件性能造成不同程度的损害。

当反渗透膜元件确认被污染时，或是在长期停机又开机前应对膜元件进行清洗。污染对膜元件的影响是渐进的，且影响的程度取决于污染的性质。当膜元件仅发生轻度污染时，重要的是清洗膜元件；而重度污染会因阻碍化学药剂深入渗透至污染层，影响清洗效果。

二、膜污染特点分析

对已受污染的反渗透膜，清洗何种污染物和如何清洗均要根据现场污染工况分析的情况来判断，分析膜污染的特点并确定清洗方案。特别对于几种污染同时存在的复杂工况，采用组合清洗方法，如采用低pH和高pH的清洗液交替清洗是非常必要的。反渗透膜污染特点及处理措施见表13-1。

表 13-1 反渗透膜污染特点及处理措施

污染种类	可能发生之处	压降	给水压力	盐透过率
金属(Fe、Mn、Cu 等)氧化物	一段,最前端膜元件	迅速增加	迅速增加	迅速增加
胶体(有机和无机混合物)	一段,最前端膜元件	逐渐增加	逐渐增加	轻度增加
矿物垢(Ca、Mg、Ba、Sr)	末段,最末端膜元件	适度增加	轻度增加	一般增加
聚合硅沉积物	末段,最末端膜元件	一般增加	增加	一般增加
生物污染	任何位置,通常是前端膜元件	明显增加	明显增加	一般增加
有机物污染(难溶 NOM)	所有段	逐渐增加	增加	降低
阻垢剂污染	二段最严重	一般增加	增加	一般增加
氧化损坏(Cl_2、O_3)	一段最严重	一般增加	降低	增加
水解损坏(超出 pH 范围)	所有段	一般降低	降低	增加
磨蚀损坏(炭粉)	一段最严重	一般降低	降低	增加
O 型圈和内连接管等渗漏	通常给水适配器处	一般降低	一般降低	增加
胶圈渗漏(产水背压造成)	一段最严重	一般降低	一般降低	增加
胶圈渗漏	最末端元件	增加(污染初期和压差升高)		增加

三、清洗液选择与使用

选择适宜的化学清洗药剂及合理的清洗方案涉及许多因素。首先应确定主要污染物，然后选择适宜的化学清洗药剂。有时针对某些特殊的污染物或污染状况，使用反渗透膜药剂制造商的专用化学清洗药剂，并且在应用时应遵循药剂供应商提供的产品性能及使用说明。有的时候可针对具体情况，从反渗透装置取出已发生污染的单支膜元件进行测试和清洗试验，以确定合适的化学药剂和清洗方案。为达到最佳的清洗效果，有时会使用一些不同的化学清洗药剂进行组合清洗。典型的程序是先在低 pH 值范围工况下进行清洗，去除矿物质垢，然后再进行高 pH 值清洗，去除有机物。有些清洗溶液中加入了洗涤剂以帮助去除严重的生物和有机碎片垢物，同时，可用其他药剂如 EDTA 螯合物来辅助去除胶体、有机物、微生物及硫酸盐垢。若选择了不适当的化学清洗方法和药剂，则反渗透膜污染风险会加剧。

采用组合清洗方法时，应选择适宜的清洗 pH、温度及接触时间等，这将有利于增强清洗效果。在推荐的最佳温度下进行清洗，以求达到最好的清洗效率和延长膜元件寿命的效果。以最少的化学药剂接触次数进行清洗，对延续膜寿命有益。谨慎地由低至高调节 pH 值范围，可延长膜元件的使用寿命。典型的最有效的清洗方法是用 pH 值从低至高的溶液进行清洗，即 pH 值范围为 2～12（勿超出）。但对油污染膜元件的清洗不能从低 pH 值开始，因为油在低 pH 值时会固化。清洗和冲洗应保持相同的方向，当清洗多段反渗透装置时，最有效的清洗方法是分段清洗，这样可控制最佳清洗流速和清洗液浓度，避免前段的污染物进入下游膜元件。用较高 pH 产品水冲洗洗涤剂可减少泡沫的产生，若系统已发生生物污染，就要考虑在清洗之后，加入一个杀菌剂化学清洗步骤。杀菌必须在清洗后立即进行，也可在运行期间定期进行，连续加入一定的剂量。必须确认所使用的杀菌剂与膜元件相容，不会带来任何对人的健康有害的风险，并能有效地控制生物活性，且成本低。为保证安全，溶解化学药品时，要慢慢地将化学药剂加入充足的水中并同时进行搅拌。从安全角度考虑，不能将酸与苛性（腐蚀性）物质混合。在要使用下一种溶液之前，从反渗透系统中彻底冲洗干净滞留的前一种化学清洗溶液。

四、清洗液配制

清洗液的配制非常重要。清洗液是按所用化学药品和水的比例配制的，溶剂是反渗透产品水或去离子水，无游离氯和硬度。清洗液进入膜元件之前，要求彻底混合均匀，并按照目标值调 pH 值，且按目标温度值稳定温度。常规的清洗方法是基于用化学清洗溶液循环清洗一小时和用一种任选的化学药剂浸泡一小时的操作而设定的。常规清洗液配方见表 13-2。

表 13-2 常规清洗液配方（以 100 加仑，即 379 升为基准）

清洗液	主要组分	药剂量	清洗液 pH 值	最高清洗液温度
1	柠檬酸(100%粉末)	17.0 磅(7.7kg)	用氨水调节 pH 值至 3.0～4.0	40℃
2	盐酸(HCl)(浓度 36%)	0.47 加仑(1.8L)	缓慢加入盐酸调节 pH 值至 2.5，调高 pH 时用氢氧化钠	35℃
3	氢氧化钠(100%粉末或50%液体)	0.83 磅（0.38kg）或0.13 加仑(0.5L)	缓慢加入氢氧化钠调节 pH 值至 11.5，调低 pH 值时用盐酸	30℃

五、膜元件清洁和冲洗程序

反渗透膜元件可置于压力容器中，在高流速的情况下用循环的清洁水（反渗透产品水或不含游离氯的洁净水）流过膜元件的方式进行清洗。反渗透的清洗程序完全取决于具体情况，必要时更换用于循环的清洁水。在 60psi（4bar）或更低压力条件下进行低压冲洗，即从清洗罐中（或相当的水源）向压力容器中泵入清洁水然后排放掉，运行几分钟。冲洗水必须是洁净的、去除硬度、不含过渡金属和余氯的反渗透产品水或去离子水。

在清洗罐中配制特定的清洗溶液。配制用水必须是去除硬度、不含过渡金属和余氯的反渗透产品水或去离子水。温度和 pH 应调到所要求的值。启动清洗泵将清洗液泵入膜组件内，循环清洗约一小时或是要求的时间。在起始阶段，清洗液返回至反渗透清洗罐之前，将最初的回流液排放掉，以免系统内滞留的水将清洗溶液稀释。在最初的 5min 内，慢慢地将流速调节到最大设计流速的 1/3。这可以减少由污物的大量沉积而造成的潜在污堵。在第二个 5min 内，增加流速至最大设计流速的 2/3，然后，再增加流速至设计的最大流速值。如果需要，当 pH 的变化大于 1 时，就要重新调回到原数值。根据需要，可交替采用循环清洗和浸泡程序。浸泡时间建议选择 1～8h。要谨慎地保持合适的温度和 pH。

化学清洗结束之后，要用清洁水（去除硬度、不含金属离子如铁和氯的反渗透产品水或去离子水）进行低压冲洗，从清洗装置/部件中去除化学药剂的残留部分，排放并冲洗清洗罐，然后再用清洁水完全注满清洗罐以作冲洗之用。从清洗罐中泵入所有的冲洗水冲洗压力容器至排放。如果需要，可进行第二次清洗。

当反渗透系统已用贮水罐中的清洁水完全冲洗后，就可用预处理给水进行最终的低压冲洗。给水压力应低于 60psi（0.4MPa），最终冲洗持续进行直至冲洗水干净，且不含任何泡沫和清洗剂残余物。通常这需要 15～60min。操作人员可用干净的烧瓶取样，摇匀，监测排放口处冲洗水中洗涤剂和泡沫的残留情况。洗液的去除情况可用测试电导率的方法进行，如冲洗水至排放出水的电导率在给水电导率的 10%～20%以内，可认为冲洗已接近终点；pH

表也可用于测定，来比较冲洗水至排放出水与给水的 pH 值是否接近。当所有级段已清洗下净，且化学药剂也已冲洗掉时，反渗透可重新开始置于运行程序中，但初始的产品水要进行排放并监测，直至反渗透产水可满足工艺要求（电导率、pH 值等）。为得到稳定的反渗透产水水质，这一段恢复时间有时从几小时到几天，尤其是在经过高 pH 值清洗后。

第十节 反渗透膜在煤化工废水处理中的应用

一、膜选择

脱硫废水处理中得到应用。煤化工热电站利用煤炭燃烧过程中产生的热能生产高压蒸汽，为煤化工大型压缩机蒸汽透平提供高压蒸汽。在产汽过程中产生的废水，包含冲灰水、煤化工废水、除尘水以及酸碱废液等。另外，产生的烟气通常需要进行脱硫脱硝处理，其中在湿法脱硫工艺单元需要在湿式洗涤塔中淋洗石灰水或添加某些化学药剂以促进反应和吸收，淋洗后的废水通常含一定量的重金属离子、COD 等成分。而处理这类洗涤水是有一定难度的，主要原因是：重金属含量高、温度高、废水呈酸性或者碱性、极易结垢。碟管式反渗透（DTRO）膜技术处理这种废水效果良好，得到广泛应用。

传统的处理工艺“混凝沉淀＋过滤”可以将大部分重金属及污染物质沉淀或者去除，但是由于浓度的变化会使得常规工艺所添加的化学物质反应不彻底，这样就导致废水处理效果的波动。在煤化工废水处理中要考虑废水处理与回用。脱硫废水处理装置可单独设置，并按连续运行方式设计。

二、 DTRO 膜流程及说明

因废水中含盐量高，废水偏酸性等。如果采用传统的废水处理方法，出水水质将难以满足达标回用标准。如处理后的废水后续还需要采用 UF 或者 RO 膜技术进行回用，那么混凝沉淀过程中添加的 PAC/PAM 等也会对后续过滤膜有严重的污染。采用国内 DTRO 膜技术可有效地处理高污染脱硫废水，使其达标排放回用，降低直排废水对生态的危害。煤化工湿法脱硫废水处理工艺流程见图 13-2。

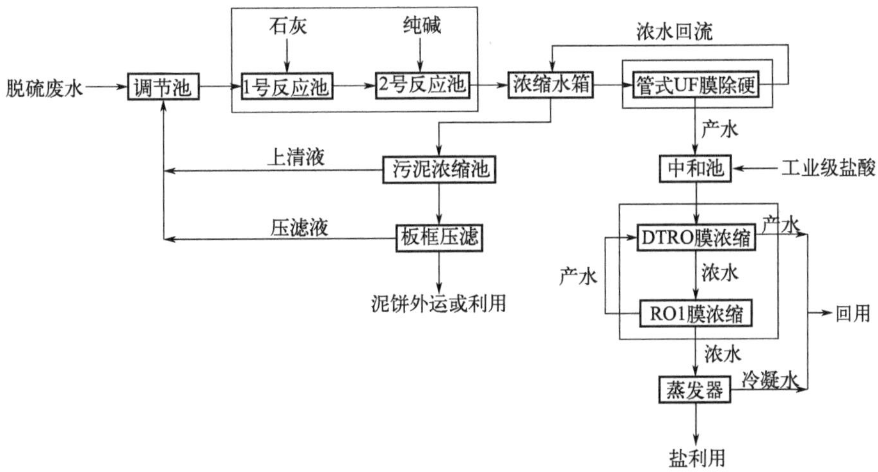

图 13-2 煤化工湿法脱硫废水处理工艺流程示意图

三、主要设计参数

TUF管式膜具有宽流道、高通量的性质，对此类废水进行混凝后直接过滤处理，可获得稳定高质量的出水。如还需要进一步趋零排放，DTRO高倍膜浓缩技术可以进一步对废水进行浓缩处理，浓缩液进入蒸发单元，实现废水趋零排放。脱硫废水深度处理工艺的主要技术特点：产水水质高，可直接回用；减少化学添加剂使用量；设备占地小，可模块化，投资经济；实现废水趋零排放。

脱硫废水处理成套膜系统包括TUF管式膜除硬成套系统、DT/ST高倍浓缩膜系统，并实现模块化设计，质量稳定。

TUF管式膜除硬成套系统操作参数如下：

① 运行压力：1.5～7.0bar。

② 膜通量：100～150L/(m^2·h)。

③ 能耗：2.0～2.5kW·h/t水。

④ 产水浊度：≤0.2NTU。

⑤ 水回收率：≥95%。

DT/ST高倍浓缩膜系统操作参数如下：

① 运行压力：35～90bar。

② 膜通量：10～20L/(m^2·h)。

③ 能耗：3.5～4.5 kW·h/t水。

④ 原水TDS：30～40g/L。

⑤ 浓缩液TDS：≥120g/L。

⑥ 回收率：≥70%。

四、 DTRO运行参数控制

在湿法脱硫废水处理中，首先要了解DTRO技术在整个运行过程中参数控制的重要性，以及对水质的要求和后续工艺过程的运行原理（零排放要求），然后进行有效的DTRO碟管式反渗透膜的合理保养。因碟管式反渗透膜技术在处理过程中需要将进水要求为酸性，因此要对需要处理的废水调节pH值，并通过对膜材料进行试验，确定pH的范围。使膜始终处于偏酸性的工况下运行，才能保证膜寿命达到5年以上。

对于调整pH后的废水要进行水温控制，一般水温控制在5℃以上，才能保证膜片高效运行。在操作压力一定的条件下，温度升高可以降低膜污染的速度。在膜运行初期，由于膜与溶质之间的吸附作用较大，此时提高操作压力能够使更多的溶质分子渗透过去，进而使膜污染降低。然而操作压力的不断增加会导致胶体物质在膜表面的沉积速度增加，这样又进一步加快了膜污染的速度。因此，在实际操作过程中对操作压力的确定要根据实际情况合理选择，而且为了更好地控制膜通量，应当设定相应的警戒值，当跨膜压差达到一定值时，应进行膜清洗。

第十四章 浓缩-蒸发结晶处理工艺

含盐废水经前述反渗透膜除盐分离得到的浓盐水盐分高、硬度高、有机物浓度高，溶解性总固体（TDS）含量为10000～15000mg/L，而且盐水量也占回用水装置含盐废水处理量的25%～30%。若这部分浓盐水直接去蒸发结晶处理会消耗大量的能量，装置规模、投资成本和运行费用巨大，显然是不可取的方案。因此需对浓盐水进行高倍（近十倍）浓缩，使其成为高浓盐水后再去蒸发结晶分盐，就能节省大量能耗，降低运行成本。本章重点介绍浓盐水高倍浓缩和高浓盐水蒸发结晶处理技术及工艺内容。

第一节 概述

煤化工含盐废水经回用水系统一系列预处理＋双膜处理（或其他脱盐工艺处理）后，得到70%～75%的回用水量（淡水），作为煤化工装置的补充水源进行回用，以降低一次水量消耗，同时得到25%～30%的浓盐水量，这部分浓盐水要进一步通过高效高倍特种膜分离工艺进行浓缩处理，获得高浓盐水后才能去蒸发结晶进行分盐处理。

1. 浓盐水浓缩

浓盐水浓缩应坚持零排放理念，因为从含盐水浓缩到浓盐水高倍浓缩，再到高浓盐水再浓缩蒸发分盐的过程是煤化工实现零排放的必然过程。在煤化工高浓盐水零排放过程中，采用高级氧化、特种浓缩膜分离、低能耗蒸发分盐及资源化综合利用等技术是煤化工高盐废水资源化综合利用的关键和难点。

更重要的是高效浓缩电渗析技术由于只浓缩电解质，有机物迁移比较少，能确保后续蒸发系统的盐不受COD影响，以晶体形式析出，从而确保整个煤化工废水“零排放”系统运行更加经济、高效和稳定可靠。转移和矿化可归纳为不同预处理技术去除含盐废水中有机物的两大路径，其中转移路径需重点减少化学药剂、吸附材料的消耗，矿化路径则需着重降低能耗。针对煤化工含盐废水处理，应从废水零排放角度考虑，着重开发不产生次生污染物，不引入化学药剂，增加系统盐含量的预处理技术，有效降低浓盐水处理技术难度。

2. 浓盐水利用途径

除煤化工含盐水零排放途径外，还应该考虑拓展浓盐水资源化利用的其他途径。

(1) 浓盐水用于烟气脱硫

国内在浓盐水用于热电系统烟气脱硫方面已取得了较好的效果。将浓盐水用于煤化工热电系统烟气脱硫是浓盐水资源化利用的一个重要途径，可将反渗透浓盐水用作热电站锅炉烟气氨法脱硫装置补充水，以及将多效蒸发后含盐量25%的蒸发残液作为气化炉炉渣冲洗补充水等。如将鲁奇煤气化废水反渗透浓盐水与$CaCO_3$或CaO进行配比，制成脱硫浆料，送入燃煤锅炉烟气脱硫净化系统，作为半干法或湿法脱硫的脱硫剂使用，也可直接作循环流化床半干法烟气脱硫增湿水使用，实现对浓盐水的资源化综合利用。

(2) 浓盐水用于洗煤

针对缺水地区洗煤用水紧张的问题，国内选煤厂开展了利用非常规水洗煤的应用研究。如采用预处理/双膜法工艺对煤矿的矿井废水进行处理，系统清水送入矿区生活用水管网，产生的$40m^3/h$反渗透浓盐水送洗煤厂作补充水。煤化工浓盐水盐分与洗煤厂常用无机凝聚剂组分相近，探索浓盐水洗煤利弊是浓盐水资源化利用的又一条途径。

(3) 浓盐水用于养殖微藻

针对微藻生产能源、固碳以及净化废水，国内外开展了大量研究。碳源、水、氮源是微藻培养所需要素，煤化工项目生产排放大量CO_2、含盐废水、氨氮等，将两者结合，将是煤化工项目污染物资源化利用的一条有效途径。如煤气化废水藻类净化脱氮，合适的藻种能有效去除煤气化废水中的氨氮及总氮。将微藻养殖与煤化工废水处理的技术耦合对废水资源化、二氧化碳减排及生物燃料发展都是有益的，未来这一模式的实施需要加强藻种筛选、提高藻密度、研究处理工艺等。

3. 浓盐水高倍浓缩

浓盐水高倍浓缩产生的高浓盐水TDS质量浓度为50000～100000mg/L，水量约占含盐废水量的5%。采用高倍浓缩处理后的高浓盐水显著减小了蒸发结晶处理装置的能耗、规模和投资。高浓盐水再浓缩一般采用蒸发塘或蒸发结晶器。虽然蒸发塘在投资及运行成本上有一定的优势，但随着环保等方面的要求越来越高，目前国内蒸发塘工艺基本不用了。蒸发结晶工艺通过热浓缩使高浓盐水中的盐分以结晶方式析出，是一种比较成熟的工艺，如GE蒸汽压缩结晶技术等。

4. 蒸发结晶分盐

高浓盐水经蒸发再浓缩会产生大量结晶盐，结晶盐中含有高浓度可溶性盐和有害难降解有机物，目前是按危险化学品（简称危化品）的要求进行处理的。危化品最终处置前一般采用物理、化学、生物等方法进行预处理，改变其物理、化学、生物等特性，降低毒性，减小体积，避免次生环境污染。固化/稳定化是危化品安全填埋处置前的重要预处理技术，通过将有害废物固定或包封在惰性固体基材中，使污染组分呈现化学惰性或被包封起来，降低了废物的毒性和迁移性，改善了危化品的工程性质，便于安全处置。

5. 蒸发结晶技术发展趋势

采用钝化络合-吹脱-屏蔽分离-分步结晶耦合技术制取单质盐，可达到从煤化工浓盐水中分离单质盐的目标。目前该技术正在内蒙古某煤化工企业现场进行从煤化工废水浓盐水中分离工业单质盐的中试试验，以期为煤化工废水处理零排放奠定其工程应用的理论和技术基础。

第二节 浓盐水高倍浓缩分离

一、浓缩工艺流程

含盐废水的组成主要有无机盐、溶解性难降解有机物等。经预处理后可显著降低含盐废水的硬度和有机物浓度，提高后续双膜反渗透的回收率。尽量减少浓盐水量，这对采用高效特种膜进行高倍浓缩及蒸发结晶装置的运行至关重要。对浓盐水而言，相比化学软化除硬，有机物的去除难度更大。对高含盐浓盐水，特别是RO浓盐水的预处理工艺也提出了更高的要求。

含盐废水中盐类物质主要来自补充的新鲜水、循环水系统排污水、水处理系统投加的药剂以及为制备蒸汽的脱盐水站系统排出的浓盐水等。煤化工含盐废水的总溶解固体（TDS）含量为1000～5000mg/L。从含盐废水中盐的组成看，煤化工含盐废水中以Na^{+}、Ca^{2+}、Mg^{2+}、Cl^{-}、SO_4^{2-}等为主。从煤化工含盐废水处理结果分析，含盐废水到浓盐水再到高浓盐水呈现盐含量逐级递增、水量逐级递减、处理难度逐级加大的特点。根据含盐废水的水质、水量差异，从含盐废水到高浓盐水的处理工艺及技术选择是有差异的，但典型的煤化工含盐废水脱盐分离工艺流程见图14-1。

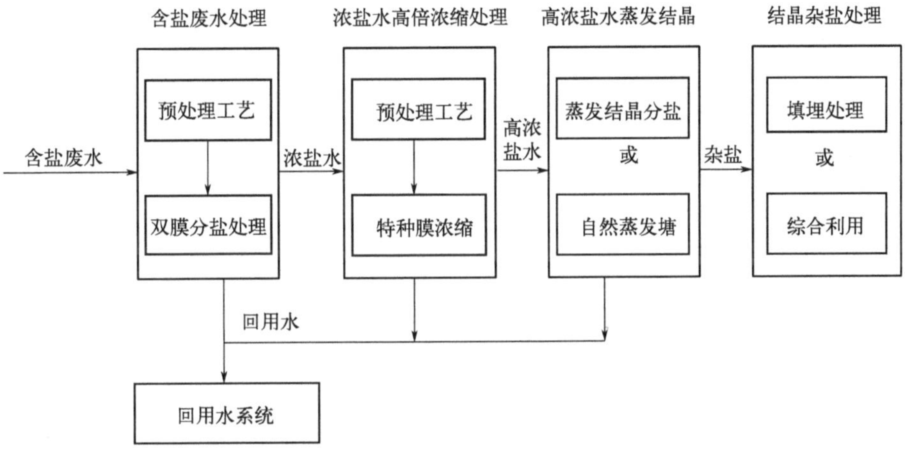

图14-1 典型的煤化工含盐废水脱盐分离工艺流程

一般情况下，煤化工盐含量不高的生化达标废水和清净废水（含盐量在1000～5000mg/L），通常采用双膜法（微滤膜＋反渗透膜）处理。运行中需要控制进水COD、BOD_5、氨氮浓度，以减轻有机污垢和微生物污染，提高反渗透膜处理效率和使用寿命。双膜法除盐后，回用水可作为循环冷却水系统的补充水。浓缩后的浓盐水组成复杂，水量约占进口处理含盐废水量的35%，TDS质量浓度10000～50000mg/L。此时浓盐水量仍然较大，若直接去蒸发结晶，能量消耗非常高，经济上不合理，所以必须将浓盐水用特种膜进行高倍浓缩处理，使浓盐水量进一步浓缩。浓盐水浓缩主要是采用高效双膜浓缩组合处理工艺，如高效反渗透膜等。在浓盐水浓缩处理前，需要预处理，进一步继续降低Ca^{2+}、Mg^{2+}、Ba^{2+}等结垢离子和有机物浓度，如采用石灰软化法、纳滤膜法等。

二、浓盐水蒸发分离过程

采用浓盐水浓缩预处理技术或钝化络合吹脱屏蔽分离技术，然后进行蒸发结晶或分部结晶制取单质盐，通过多种技术耦合，达到煤化工浓盐水分离单质盐的目标，其主要步骤如下：

① 用预处理或钝化技术去除浓盐水中的Ca^{2+}、Mg^{2+}等重金属离子；

② 用预处理或络合技术去除活性硅及部分COD；

③ 预处理吹脱去除浓盐水中 CO_3^{2-}、HCO_3^-；

④ 预处理后浓盐水进入屏蔽系统，屏蔽掉 SS、胶体等；

⑤ 浓盐水进入分离系统，去除大部分难降解有机物和多价离子，得到成分较为单一的浓盐水；

⑥ 浓盐水通过蒸发结晶或分步蒸发结晶工艺制备高纯度工业盐，并进行资源化利用。

三、浓盐水高倍浓缩预处理

1. 高级氧化及再浓缩工艺

采用浓盐水浓缩前进行高级氧化、再浓缩、结晶分盐及资源化利用的方案将有助于浓盐水零排放难题的解决。该技术是对浓盐水进行臭氧催化氧化，并通过选择性纳滤技术分离水中的硫酸盐和氯化盐，再通过高效反渗透膜和均相电驱动膜进行深度浓缩，由此降低了结晶过程中的能耗，获取纯度较高的氯化钠和硫酸钠盐。该工艺整体能耗低、工艺稳定、运行性好，已经成功用于石化行业的项目中。据煤化工含盐废水处理中试，通过 MVR、冷冻结晶等技术获取了符合 GB/T 5462—2015《工业盐》中工业盐二级标准的氯化钠和纯度大于92%的硫酸钠产品，实现了煤化工含盐废水的零排放。

2. 电渗析器（SED）工艺

采用高效盐浓缩电渗析器（SED）技术对浓盐水进行浓缩，将反渗透出来的浓盐水提浓至含盐量达到 120～200g/L 后再进入蒸发器。一般可以将蒸发水量缩减至原来的 1/10～1/3。SED 有效地将 RO 浓水与蒸发工段相衔接，整个煤化工废水“零排放”，而运行能耗得到显著降低。该工艺在煤化工废水“零排放”中得到应用。

第三节　高浓盐水蒸发结晶

一、蒸发方式

蒸发过程的本质就是水蒸气的形成过程，其原理如同海水受热蒸发形成云，云在一定条件下遇冷形成雨，而雨是不带咸味的。根据所用能源、设备、流程不同主要可分为自然蒸发和热法蒸发两种方式。自然蒸发就是通过蒸发塘，利用充足的太阳能，将高浓盐水逐渐蒸发。不过，很少单独使用蒸发塘处理浓盐水，一般是与蒸发器配合使用。自然蒸发的方式占地面积大，有效蒸发慢，受外界环境影响大，污染物挥发或渗漏对空气和地下水均有潜在的风险，已被严格控制使用。热法蒸发主要有多效蒸发、多级闪急蒸发、蒸汽压缩蒸发（MVR）及膜蒸馏等。多效蒸发是最古老的淡化方法之一，在多级闪蒸诞生以前一直是蒸发、浓缩占主导地位。多效蒸发是利用富余蒸汽进行蒸发，充分利用热源，热效率高，动力消耗小，操作弹性大，淡水回收率高；缺点是设备数量多，流程长，设备成本较高。多效蒸发是由单效蒸发组成的系统，将前一蒸发器产生的二次蒸汽引入下一蒸发器作为加热蒸汽，并在下一效蒸发器中冷凝成蒸馏水，如此依次进行。原料水进入系统的方式可以分为逆流、平流（分别进入各效）、并流（从第一效进入）和逆流预热并流进料等。膜蒸馏技术以蒸气压差为推动力，是膜技术与蒸馏过程相结合的膜分离过程，具有极高的截留率，产水的电导率可达 0.8μS/cm。其难点在于膜组件的优化设计、膜材料的研究和膜蒸馏机理模型等。

二、蒸发类型

高浓盐水是目前煤化工等生产过程中产生的一种废水，通常情况下不是单一的组分，而是多种盐类的混合废水，同时还含有较高的有机物和易挥发、易结焦的物质。对于含盐量很高的废水，一般是先将高浓盐水预处理后，盐分通过蒸发结晶或冷却结晶的方法分离出来，蒸发水再进入生化或其他单元处理，最后达标排放或作为回用水。

高浓盐水常规处理路径是：预处理→蒸发析盐→冷凝水深度处理→达标排放或回用。由于高浓盐水中含有高有机、易结焦的组分，在进入蒸发结晶前要进行预处理，将易结焦有机物进行分离之后再进入蒸发单元处理，选择合适的解决方案是保证蒸发单元能长期稳定运行的关键。蒸发单元是高浓盐水处理的核心，蒸发模式通常可以分为以下几类：多效蒸发系统（multiple effect evaporation，MEE），是基于蒸汽的梯级利用将几个蒸发器连接起来操作；热泵蒸发系统，是基于外界的功或热来提高蒸汽品位进行二次利用，即热力式蒸汽再压缩蒸发系统（thermal vapor recompression evaporation，TVR）；机械式蒸汽再压缩蒸发系统（mechanical vapor recompression evaporation，MVR），是利用轴流式或离心式压缩机对二次蒸汽进行压缩后进入加热室作加热蒸汽用。

三、 HERO 高效反渗透

目前煤化工浓盐水来自中水回用装置二级反渗透的浓水、循环水排污水以及化学水再生水等，含盐量可高达 10000～50000mg/L，其另一特点是 COD 含量较高，为 500～2000mg/L。

采用 HERO 高效反渗透膜技术，通过预调节进水使其在高 pH 下操作，从而提升回收率（85%～95%），同时减少结垢、堵塞以及清洁频率。HERO 与传统的 RO 膜组合能很好地适用于含有高浓度生物污染物或结垢物（如硅）的工况。HERO 高效反渗透在很多情况下无法取代传统 RO。但可以用于不同的水处理场景，作为零排放的一个部分。HERO 高效反渗透工艺可用于处理高结垢和堵塞可能的废水，有高的水回收率；但必须在高 pH 下运作，化学品消耗高。

四、盐水浓缩器

煤化工高浓盐水的高含盐量导致其无法直接进入生化系统处理，同时高 COD 对膜有腐蚀和损害作用，也使其无法利用常规膜系统进行除盐处理，COD 过高给蒸发结晶运行也带来困难，造成了煤化工高浓盐水难处理的现状。通常情况下采用蒸发结晶法处理高浓盐水，经蒸发器浓缩后送至蒸发塘自然蒸发或送至结晶器结晶成固体后安全填埋。

盐水浓缩技术一般指蒸发器，主要有两个分类：降膜蒸发器（VTFF）和强制循环蒸发器。在降膜蒸发器中，含盐废水或液体被泵送到一系列垂直管的顶部，并以薄膜的形式从管内部下降。这些液体从管外的蒸汽中吸收热量，一部分水被蒸发。蒸汽和浓缩液之后进入气液分离室，蒸发器中释放的蒸汽被机械压缩，再次压缩并回用。在用作盐水浓缩器的晶种法 VTFF 中，通过在循环液体中保留额外的硫酸钙晶种来预防蒸发管中的结垢。这些晶种作为污垢优先沉积的晶核，使污垢不会在热交换器表面上形成。由于蒸发器液体中的固体浓度升高，为了之后的浓缩或排放，一小股排污水会被去除。

强制循环蒸发器是把加热后的盐水用泵送到低压分离室中，其中的水被快速蒸发并收集，同时浓缩盐水在系统中循环。为了预防系统中结晶，循环比较大。蒸发器需要大量能量，通常用于排放选择较少或有零液体排放要求的地方。高质回收蒸馏水可以回用作补充水。

除了传统的蒸发器之外，还有一些浓盐水浓缩的新兴技术，比如美国 Oasys 公司利用正渗透膜的膜盐水浓缩器也正在被应用到零排放的项目中。正渗透是一种利用不同浓度的水之间自然扩散作用的膜工艺。浓缩的“驱动溶液”把水流吸引透过 FO 膜使其稀释，而不需要额外的压力。溶质之后一般通过加热被分离并回收以回用。Oasys 的膜盐水浓缩装置（MBC）运用了 FO，使用专利的膜和驱动溶液处理高含盐量废水，包括 RO 浓水以及有很高结垢和堵塞可能的工业废水。热解的驱动溶液使用了挥发性的溶质专利，可以在仅输入少量额外热量的情况下蒸发，帮助减少总能量需求。该工艺可处理高含盐量、高污染污水，对驱动溶液进行回收，消除对热盐水浓缩装置的需求，但回收驱动溶液需要额外的能量输入，能耗较高。

五、结晶器

结晶器是用于通常需要高固体浓度或结晶化的应用领域的强制循环蒸发器。循环液体通过泵在压力下穿过热交换器，防止沸腾和随后在管中的结垢。这些液体随后进入一个分离室，在一个稍低的压力或部分真空下操作，使得水发生急速蒸发，水中产生结晶。结晶器被用于零排放流程的最后一步，即盐水浓缩器排出水，这个流程是耗能的，并且只可能用于对浓缩废水的排放有严格标准的地方。最后的产品会被送往压滤器或相似装置，在排污前进一步降低废水体积。

第四节　多效蒸发工艺

一、多效蒸发特征

多效蒸发（MEE）是将几个蒸发器连接起来操作，以提高热能利用效率。其特点是进水预处理简单，应用较灵活，既可以单独使用，也可以与其他方法联合使用，系统操作安全可靠。双效降膜蒸发器工艺流程见图 14-2。

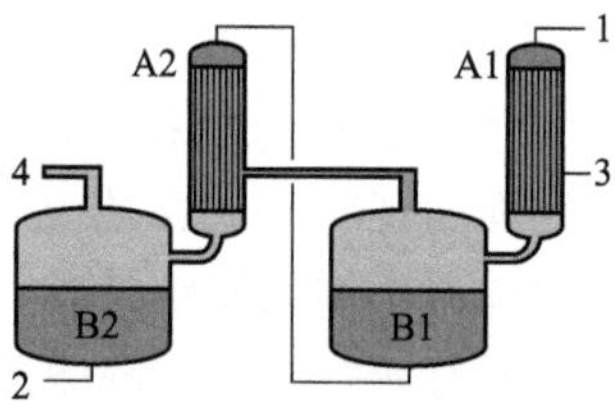

图 14-2　双效降膜蒸发器工艺流程示意图

1—进料稀溶液；2—完成液；3—生蒸汽；4—二效蒸汽；
A1、A2——效和二效的加热器；B1、B2——效和二效的分离器

低温多效蒸发工艺流程见图 14-3。

多效蒸发与多级闪蒸相比具有以下优点：①多效蒸发的换热过程是沸腾和冷凝传热，是相变传热，因此传热系数很高，总的来说多效蒸发所用的传热面积比多级闪蒸少；②多效蒸发通常是一次通过式的蒸发，不像多级闪蒸那样大量的液体在设备内循环，因此动力消耗较

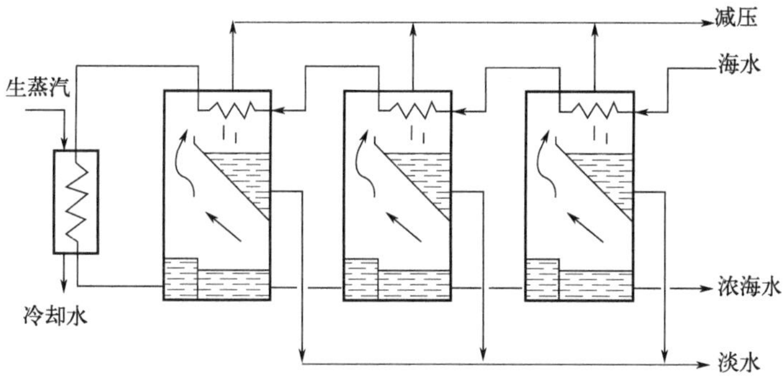

图 14-3 低温多效蒸发工艺流程示意图

少；③多效蒸发的浓缩比高；④多效蒸发的弹性大。

二、多效蒸发工艺模式

按照多效蒸发工艺可以划分为顺流、逆流、平流和错流四种加料模式。

1. 顺流加料工艺模式

溶液和蒸汽的流向相同，都由第一效顺序流到末效。原料液用泵送入第一效，依靠效间压差，自流入（浓缩过程中要是有固体产生或溶液黏度较大就需要添加过料泵）下一效进行处理，完成液自末效用泵抽出。后一效的压力低，溶液的沸点也相对较低，故溶液从前一效进入后一效时会因过热而自行蒸发，称为闪蒸。因而后一效有可能比前效产生较多的二次蒸汽，但因为后效的浓度比前效高，而操作温度又较低，所以后一效的传热系数比前一效要低，往往第一效的传热系数比末效高很多。顺流加料工艺流程见图 14-4。

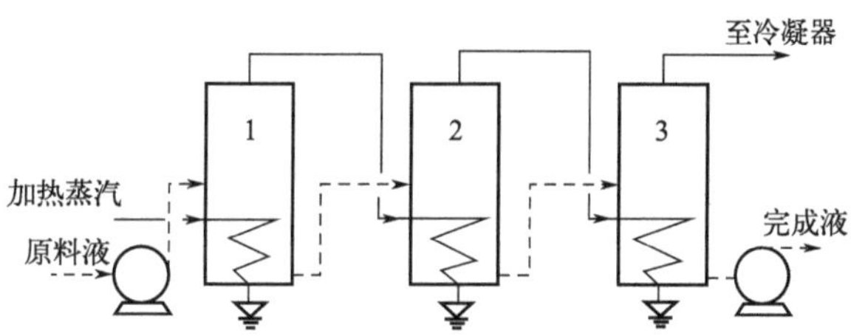

图 14-4 顺流加料工艺流程示意图

顺流模式的主要特征：

① 多效的真空度依次增大，即绝对压力依次降低，故料液在各效之间的输送不必用泵，而是靠压差自然流动到后面各效。

② 温度也是依次降低，故料液从前一效通往后一效时就有过热现象，也就是发生闪蒸，产生一些蒸汽。

③ 适宜处理高浓度下的热敏性物料，但对浓度高、黏度大的物料，由于后几效传热系数较低，且由于浓度高、沸点高，各效之间不易维持较大的温度差，也不利于传热。

2. 平流加料工艺模式

平流模式下各效都加入料液，又都引出完成液。此流程用于饱和溶液的蒸发（或溶液浓度较高时）。各效都有晶体析出，可及时分离晶体。此法还可用于同时浓缩两种或多种水溶液。平流加料工艺流程见图 14-5。

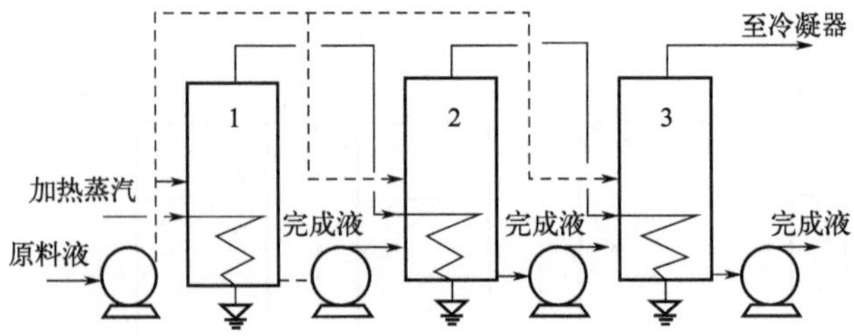

图 14-5 平流加料工艺流程示意图

平流模式的主要特征：

①各效都单独平行加料，不过加热蒸汽除第一效外，其余各效皆用的是二次蒸汽。

②适用于容易结晶的物料，如制盐工业，一经加热蒸发，很快达到过饱和状态，结晶析出。

③在水处理过程中主要是获取淡水，但平流没有顺流的热效率高。

3. 逆流加料工艺模式

原料液由末效加入，用泵一次送到前一效，完成液由第一效放出，料液与蒸汽逆向流动。随着溶剂的蒸发，溶液浓度逐渐提高的同时，溶液的蒸发温度也逐效上升，因此各效溶液的浓度也比较接近，使各效的传热系数也相近。但因为溶液从后一效输送到前一效时，料液温度低于送入效的沸点，有时需要补充加热，否则产生的二次蒸汽量将逐渐减少。一般来说，逆流加料流程适宜处理黏度随温度和浓度变化较大的物料，而不适宜处理热敏性的物料。逆流加料工艺流程见图 14-6。

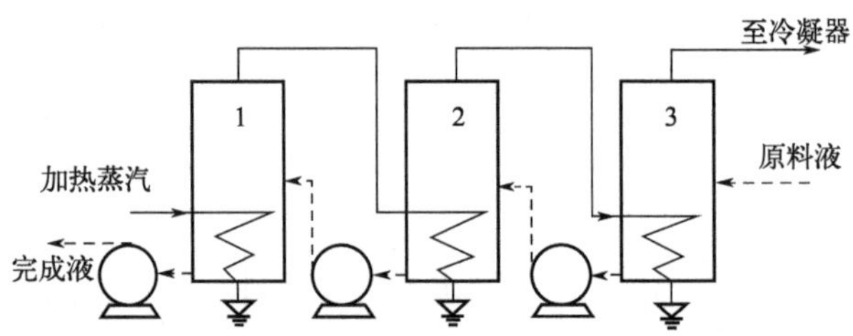

图 14-6 逆流加料工艺流程示意图

逆流模式的主要特征：

① 原料从真空度最高的末一效进入系统，逐步向前面各效流动，浓度越来越高。

② 料液往上一效送入时，不仅没有闪蒸，且要经过一段预热过程，才能达到沸腾。

③ 逆流与顺流的优缺点恰好相反，适用于浓度高、黏度大的物料，因为最后一次蒸发是在温度最高的第一效。所以虽然浓度大，黏度也可以降低一些，以维持较高的传热系数。

4. 错流加料工艺模式

亦称混流流程。它是并流、逆流流程的结合。错流的特点是兼有并流与逆流的优点而避免其缺点。但操作复杂，要有完善的自控仪表才能实现其稳定操作。错流加料工艺流程见图 14-7。

通常情况下，会选择顺流加料工艺模式，其原因是废水进水料液黏稠度低，不含有大量低沸点的物质，不需要选择逆流模式先冷凝，且不影响传热系数。另外，废水进水盐浓度并

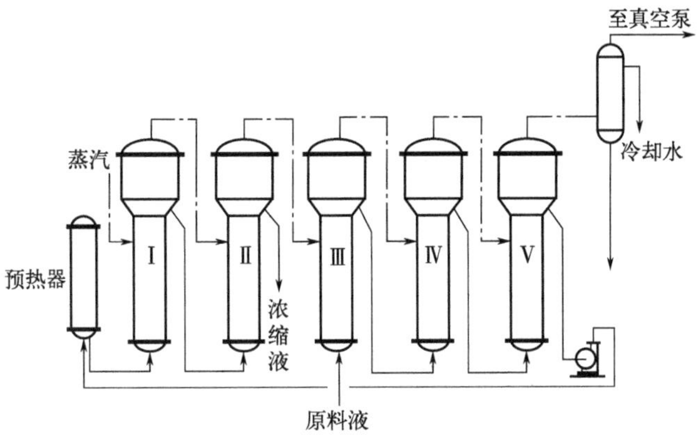

图 14-7 错流加料工艺流程示意图

不高，但在极其高浓度时，应选择并流加料模式。

第五节 多效蒸发分类

多效蒸发种类繁多，不同的物料，不同的浓度，可选用不同的蒸发器。按蒸发管的排列方向，可以分为垂直管蒸发器（VTE）和水平管蒸发器（HTE）；按蒸发物料流动的类型，可以分为强制对流蒸发器和膜式蒸发器；在膜式蒸发器中按流动方向又可分为升膜式和降膜式蒸发器；在降膜式蒸发器中分为垂直管降膜蒸发器和水平管降膜蒸发器；按各效组合的方向可以分为水平组合的蒸发器和塔式蒸发器。组成多效蒸发系统的蒸发器有多种类型，常用的有以下三种。

一、浸没管式（ST）

该种蒸发器是加热管被料液浸没的一大类蒸发设备。广义的浸没管蒸发器又有多种样式，有直管、蛇管、U 形管以及竖管、横管等结构。料液在蒸发器中的流动方式有：自然对流循环和强制循环两类。这种蒸发器出现较早，操作方便，但结垢严重，盐水静液柱高，温差损失大，故效数不宜太多，一般在 6 效以下。

二、竖管蒸发（VTE）

主要指管内降膜式蒸发器，这种蒸发器有两个特点：一是管内为膜状汽化，传热壁两侧都有相变，故传热系数高，且消除了料液的静液柱所造成的温差损失，系统的浓缩率比较高，低浓度溶液如海水淡化，目前一般设计的效数为 11～13 效，造水比可达 9～10。二是结垢问题，特别是当液体分配不均或者水量不足时，在管的内壁可能形成干区，结垢的危险性增大。因此在防垢和清垢方面有较高的要求。一般说来，在这类蒸发系统中晶种法不宜采用，主要靠化学法防垢，再加上温度、浓度的合理设计。

三、横管薄膜式（HTE）

该种蒸发器是循环料液通过喷淋装置在横管束的管外形成液膜，加热蒸汽（或前效二次蒸汽）在管内凝结。它具有与竖管降膜式相同的特点，但设备高度远比竖管降膜式为小，布置紧凑，所有各效的管束、喷淋管和汽水分离器都装在一个筒体中，因而热损失小，能耗低。由于温度低，结垢和腐蚀程度都大大减轻，保证了较高的传热系数。此外，汽相阻力小，又消除了静液头损失，传热温差可以很小，尤其适于使用低位热能。

四、典型蒸发浓缩

在蒸发浓缩过程中，由于介质发生了相变，由液相转化为汽相，水的比热为 1kcal/(kg·℃)，即 1kg 水的温度每上升 1℃需要 1kcal 的热量，而对于 1kg 的水加热从 0℃上升到 100℃沸腾时，需要 100kcal 的热量，而将 1kg 100℃的水汽化成同温度的蒸汽时，则需要 539kcal 热量。由此可知，发生相变时的能耗相当于使同样重量的水温度每升高 1℃所需热量的 5.39 倍。典型蒸发浓缩见图 14-8。

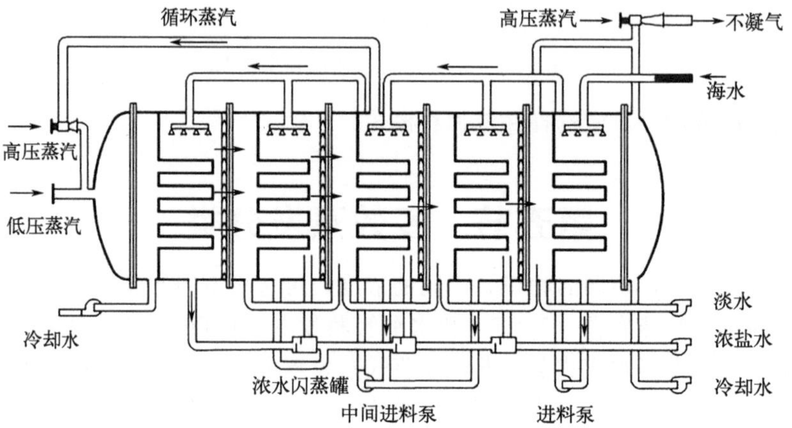

图 14-8 典型蒸发浓缩示意图

五、多级闪蒸（MSF）

闪蒸是指一定温度的水在环境压力低于该温度所对应的饱和蒸气压时发生的骤然蒸发现象。闪蒸后的水温度降低，以使其饱和蒸气压与环境压力平衡。多级闪蒸（MSF）也是利用了这个原理，使加热至一定温度的料液，依次在一系列压力逐渐降低的容器中闪蒸汽化，原料得到浓缩，蒸汽冷凝后得到淡水。该工艺是在多效蒸馏的基础上发展而来的。相比于多效蒸馏法，多级闪蒸减少了垢的形成，多在低浓度料液浓缩中使用。

1. 多级闪蒸的特点

多级闪蒸与其他技术相比，具有如下特点：①由于此方法加热与蒸发过程分离，并未使原水真正沸腾（仅是表面沸腾），从而大大改善了一般蒸馏的结垢问题；②技术成熟可靠，运行安全性高，适合大量低浓度物料浓缩时应用；③设备结构简单，投资成本较低。

2. 多级闪蒸的不足

多级闪蒸工艺存在的主要缺陷有：①大量原水的循环和流体的输送导致操作成本升高；②与多效蒸馏法相比，需要较大的热传面积。

第六节 热泵蒸发

热泵蒸发是指将蒸发器蒸出的二次蒸汽用压缩机压缩，提高其压力，使其饱和温度超过溶液的沸点，然后送回蒸发器的加热室作为加热蒸汽。采用热泵蒸发只需在蒸发器开工阶段供应加热蒸汽，当操作达到稳定后，不再需要加热蒸汽，只需提供使二次蒸汽升压所需要的功，因而节省了大量的生蒸汽。

一、热泵蒸发机理

热泵蒸发器的工作机理是一次蒸汽与生蒸汽的焓差并不大，只是二次蒸汽的压力和温度比较低，采用某种办法提高二次蒸汽的压力，则二次蒸汽中的热能可得到反复应用，而此过程需要的外加能量远小于由此可收回的可利用能量，从而达到节能的目的。例如以 MVR 热泵工作原理为例进行说明，在装置启动过程中需供给生蒸汽，正常运行后不再需要生蒸汽的供给，因此提高了热效率，减少了对外部热源的需求，降低了能耗。MVR 采用单效操作，料液停留时间短，能耗和运行成本低，占地面积小，公用工程配套少。

MVR 是指将蒸发（蒸馏等）过程的二次蒸汽（温度低、压力低而无法利用）用压缩机进行压缩，提高其温度、压力，重新作为热源加热需要被蒸发的物料，从而达到循环利用蒸汽的目的，使蒸发过程不需要外加蒸汽，即用少量的电能获得较多的热能，从而减少系统对外界能源的需求的一项高效节能技术。MVR 的作用是提高蒸汽的品位，而不创造能量。

二、热泵蒸发系统设计

要实现热泵蒸发系统的正常运行必须消耗外功，此外功即为热能回收再利用的推动力。任何气体被压缩时其温度就会随压力的升高而升高。热泵蒸发就是把蒸发器内沸腾溶液所产生的二次蒸汽，经压缩机的压缩提高压力、温度，再送回蒸发器加热室管束的壳程间，同时放出蒸汽的汽化潜热，并传递给加热室管束管程内的溶液，使其继续沸腾蒸发。由于二次蒸汽的潜热得到反复的利用，热泵蒸发仅需从外界（压缩机）供给较少的能量，就可提供使热量传递给蒸发溶液所需要的推动力，保持蒸发器内溶液连续不断地沸腾蒸发。实质上热泵蒸发过程是一个热传递过程，要进行传热就必须要有传递的推动力。在热泵蒸发过程中利用压缩功的热当量使溶液不断地蒸发，不需要从别处供给加热蒸汽，无论采用何种类型的压缩机，在相同的吸入压力和排出压力的情况下其对蒸汽所做的压缩功都是相同的。在热泵蒸发操作中要以最小的输入功达到最大的蒸发效率，而最小输入功则需以最高的传热速率来达到。当传热系数和温差经过试算确定后，问题就变成了在最小输入功的条件下，满足总传热量所需要提供的传热面积的问题了。

蒸发器和压缩机一样是热泵蒸发系统中的关键设备，一定要根据所浓缩的物料的性质进行优化设计，重点要关注以下问题。

① 热泵蒸发器的类型　工业用热泵蒸发器一般采用外加热自然循环型、中央循环管式及升膜或降膜式蒸发器。

② 蒸发器材质的选择　要根据蒸煮溶液是酸性条件，还是碱性条件来确定。

③ 蒸发器内操作压力　食品和药物的浓缩一般要求蒸发器内沸腾溶液在负压条件下操作，以防浓缩物质在高温下变质，这就要求蒸发器的加工质量要高，以防外部空气向内渗漏。但在废水处理及无机盐类等浓缩生产时，蒸发器一般最好在常压下操作。

④ 设备费和运行费的考虑　在同等的节能条件下，如果着眼点是减少运行费，那就要把蒸发器的加热面积设计得大一些，使传热推动力 Δt 变小。因而，驱动压缩机的电机耗电量会减小，这样运行费用便降低。不锈钢材质已属普通材料，为使运行费降低，则必须多用一些材料。

三、热泵蒸发类型

热泵蒸发通常可以分为两种类型，即热力蒸汽再压缩蒸发工艺和机械蒸汽再压缩蒸发工艺。

1. 热力蒸汽再压缩（TVR）蒸发

在蒸汽动力压缩方式中，使用蒸汽喷射泵，以少量高压蒸汽为动力，将部分二次蒸气压缩并混合后一起进入加热室作加热蒸汽用。蒸汽动力压缩式蒸发系统只能利用一部分二次蒸汽，其余的二次蒸汽送往冷凝器冷凝，因此，在能量利用性上不及机械压缩式蒸发系统。但其本身结构简单，费用低廉，消耗蒸汽而不耗电，可以在投资较少的前提下取得较大的节能效果和经济效益，因而很受一些企业的欢迎。同机械压缩式蒸发系统一样，蒸汽动力压缩式蒸发系统也存在最佳传热温差。此外，喷射泵工作蒸汽的压力对系统的节能效果和经济效益也影响甚大。喷射泵工作蒸汽的经济压力范围为0.8～1.3MPa。TVR根据热泵原理，生蒸汽经过文丘里蒸汽喷射式热泵，以少量高压蒸汽为动力将部分二次蒸汽压缩并混合后一起进入加热室作加热蒸汽用。

TVR根据其效能特点，使用一台热力蒸汽压缩器所节约的能源与增加一效蒸发器所节约的能源相当，因此应用较为广泛。在设备上TVR较多效蒸发系统只增加了蒸汽喷射泵，多效＋蒸汽喷射泵组合比单纯的多效蒸发更节能。TVR技术根据喷射泵原理操作，没有活动部件，设计简单、有效，并能确保操作的高度可靠性。热力蒸汽压缩器在运行过程中仍需连续供给一定数量的鲜蒸汽。

2. 机械蒸汽再压缩（MVR）蒸发

MVR是国际上20世纪90年代末开发出来的一种新型高效节能蒸发设备。MVR蒸发器是采用低温、低压蒸汽技术和电能产生蒸汽，将媒介中的水分分离出来。目前MVR是国际上最先进的蒸发技术。MVR蒸发器系统内，在一定的压力下，利用蒸汽压缩机对换热器中的不凝气（开始预热时）和水蒸气（开始蒸发时）进行压缩，从而产生蒸汽，同时释放出热能。产生的二次蒸汽经机械式热能压缩机（类似于鼓风机）作用后，并且由于在蒸发器系统内多次重复利用所产生的二次蒸汽的热量，系统内的温度提升5～20℃，热量可以连续多次地被利用，新鲜蒸汽仅用于补充热损失和进出料热焓，大幅度降低蒸发器对外来新鲜蒸汽的消耗。提高了热效率，降低了能耗，避免使用外蒸汽和锅炉（蒸汽再压缩式节能蒸发器的主要运行费用仅仅是驱动压缩机的电能）。由于电能是清洁能源，因此，MVR蒸发器真正达到了“零”污染的排放（完全没有二氧化碳的排放）。机械式蒸汽再压缩蒸发工艺流程见图14-9。

以上三类蒸发系统，即MEE工艺、多级闪蒸工艺、TVR/MVR工艺在技术上都比较成熟，在选择过程中，应根据地域、能源、物性和运行工况等多重因素来选择经济适用的蒸发模式。由于煤化工企业在生产过程中产生的废水普遍存在盐含量非常高的工况，一般选择MEE、TVR和MVR工艺，其中MVR工艺作为一种先进节能的工艺技术得到了广泛的推广应用。特别在煤化工高盐废水处理过程中应根据废水含盐组分的特征和废水零排放的发展趋势，通过优化MVR工艺设计和控制设备运行参数，有效解决蒸发时不出盐或出盐时堵管等难题，确保MVR系统低能耗及稳定运行。

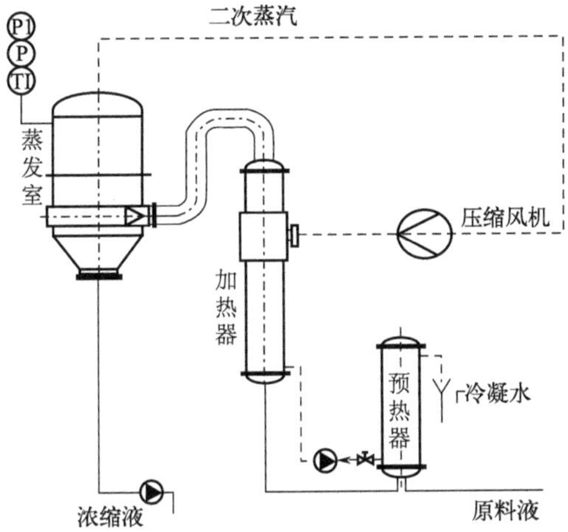

图 14-9 机械式蒸汽再压缩蒸发工艺流程示意图

第七节 MVR 工艺原理

机械蒸汽再压缩（MVR）技术可以说是一种经济的能量集成技术，减少了一次能源的浪费和大量的冷却、加热需求对环境造成的负面影响，该法至今仍是高浓盐水浓缩或制淡水的主要方法之一。MVR 工艺是一种非常先进的蒸发工艺，与传统蒸发工艺相比较具有非常大的优势，能够实现电能与热能的转换。因此，MVR 蒸发工艺已经在多个行业当中得到了非常广泛的应用，特别是近年来运用在煤化工高浓废水的处理中。

一、 MVR 蒸发过程

MVR 蒸发工艺在实际工作过程中主要应用的是蒸发产生的二次蒸汽的能量，从而减少对外界能源的需求，因此这种工艺可以达到节能的目的，降低自身对外界能源的需求。MVR 工作过程是将低温位的蒸汽经压缩机压缩，温度、压力提高，热焓增加，然后进入换热器冷凝，以充分利用蒸汽的潜热。在 MVR 这种蒸发工艺中可以通过一个密闭的容器来进行加热，然后形成二次水蒸气。再通过压缩机的再压缩过程使这些蒸汽升温升压，且将高温、高压蒸汽回流，然后作为蒸汽设备的热源。此外，高温、高压的蒸汽在蒸发器中进行冷却时使得物料得到蒸发，最终使得电能以及热能之间进行转换，达到节能的目的。

MVR 蒸发装置中的二次蒸汽压缩过程主要通过特殊设计的压缩机（如离心式或罗茨式压缩机）实现。在系统运行中，二次蒸汽经压缩机提升压力和温度后，变为高温高压蒸汽，作为热源重新通入蒸发器内释放潜热，用于加热待蒸发的料液。蒸汽放热冷凝后形成高纯度冷凝水，可回收循环利用；同时，料液在蒸发器中吸收热量实现蒸发浓缩，浓缩液排出后进一步处理。整个过程通过蒸汽的循环压缩和热量回用，大幅提升能源利用效率。

为使蒸发装置的制造尽可能简单，并使操作方便，可使用离心式压缩机、罗茨式压缩机。这些机器在（1∶1.2）～（1∶2）的压缩比范围内体积流量较高。

二、 MVR 蒸汽次级利用

蒸发器某一效的二次蒸汽不能直接作为本效热源，只能作为次效或次几效的热源。如作为本效热源必须额外给其能量，使其温度（压力）提高。蒸汽喷射泵只能压缩部分二次蒸汽，而 MVR 蒸发器则可压缩蒸发器中所有的二次蒸汽。除开车过程需要生蒸汽外，正常运行过程不需要生蒸汽。

MVR 蒸发器采用压缩机提高二次蒸汽的能量，并对提高能量的二次蒸汽加以利用，回收二次蒸汽的潜热。具体为：将蒸发器产生的二次蒸汽，通过压缩机的绝热压缩，使其压力、温度提高后，再作为加热蒸汽送入蒸发器的加热室，冷凝放热，因此蒸汽的潜热得到了回收利用。冷料在进入蒸发器前，通过热交换器吸收了冷凝水的热量，使之温度升高，同时也冷却了冷凝液和完成液，进一步提高热的利用率。

三、 MVR 工作原理

以浓缩煤化工高浓盐水为例：首先将煤化工高浓盐水（原料）沿着管道进入预热器，通过预热器，对原料进行预热处理。然后将预热过后的废水引入冷凝液暂存罐及蒸发器中，在蒸发器中，原料将被加热、蒸发、浓缩，最终，加热蒸汽冷凝形成的蒸馏水流到蒸馏水收集罐内，而二次蒸汽和浓缩液则一起进入汽液分离器中。在分离器中，浓缩液和二次蒸汽分离，最终，浓缩液流入浓缩液收集罐中，而分离出来的二次蒸汽则被导入机械式压缩机（罗茨压缩机）内。在机械式蒸汽压缩机内，通过对二次蒸汽压缩、升温、升压，引入蒸发器中，然后对原料进行加热、浓缩、蒸发、蒸馏处理。最终，通过重复循环使用二次蒸汽，完成整个煤化工高浓废水的处理过程，并实现煤化工废水处理和零排放双重目标。MVR 工艺流程见图 14-10。

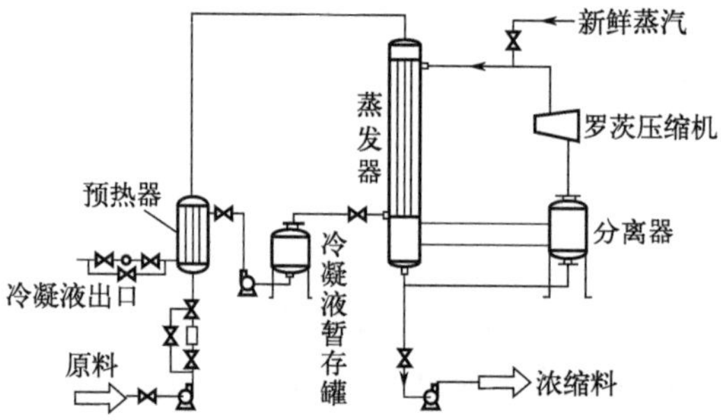

图 14-10 MVR 工艺流程示意图

MVR 蒸发器中溶液是在一个降膜蒸发器里，通过物料循环泵在加热管内循环。初始蒸汽是用新鲜蒸汽在管外给热，将溶液加热沸腾产生二次蒸汽，产生的二次蒸汽由增压风机吸入，经增压后，二次蒸汽温度提高，作为加热热源进入加热室循环蒸发。正常启动后，蒸汽压缩机将二次蒸汽吸入，经增压后变为加热蒸汽，就这样不断进行循环蒸发。蒸发出的水分最终变成冷凝水排出，从蒸发器出来的二次蒸汽，经压缩机压缩，压力、温度升高，热焓增加，然后送到蒸发器的加热室当作加热蒸汽使用，使料液维持沸腾状态，而加热蒸汽本身则冷凝成水。原来要废弃的蒸汽得到了充分的利用，既回收了潜热，又提高了热效率，生蒸汽的经济性相当于多效蒸发的 30 效左右。为使蒸发装置的制造尽可能简单和操作方便，经常使用单效离心再压缩器，也可以是高压风机或透平压缩器。这些机器在 1∶1.2～1∶2 压缩比范围内其体积流量较高。对于低的蒸发速率，也可用活塞式压缩机、滑片压缩机或是螺杆压缩机。一般工况下，单级离心压缩机和高压风机被用于机械蒸汽再压缩系统。

第八节 MVR工艺过程

一、蒸汽温熵关联曲线

原料经过预热器预热后状态为 A (a)，此时料液处于饱和液体状态；预热后的料液进入蒸发器的蒸发室内吸收热量沸腾汽化产生二次蒸汽，气液混合物经过气液分离器的分离作用，浓缩液从出料泵流出，得到的二次蒸汽进入罗茨压缩机的入口处，此时的蒸汽是在特定蒸发压强下的饱和蒸汽，其气体状态参数为 B (b)。

二次蒸汽在压缩机的作用下，温度升高，压强增大，蒸汽的热焓提高，理想情况（等熵压缩）的状态为 C (c)，实际蒸汽压缩过程中是不可逆过程而且系统不是完全绝热的，其状态参数是具有更高过热度的状态 D (d)，此时的过热蒸汽先经过饱和化处理后进入蒸发器的壳程里冷凝放热得到饱和冷凝液，其状态为 E (e)。

冷凝液先存在暂存罐中然后由泵引出对原料进行预热，实现能源综合利用。系统在开始运行时需要向蒸发器壳程里通入新鲜蒸汽，一旦系统运行稳定后，便可利用压缩蒸汽的冷凝潜热维持系统的热量平衡，只需要在热量损失较多时补充少量新鲜蒸汽即可。蒸汽温熵（T-S）图见图 14-11。

从温熵（T-S）图可以看出，整个 MVR 的热泵系统中处在 2 种压强和 3 个温度状态下，压强变化是蒸汽压缩前的蒸发压强和蒸汽压缩后的冷凝压强，温度变化主要是蒸发温度、压缩后的过热温度以及压缩饱和温度。蒸汽焓熵（h-S）图见图 14-12。

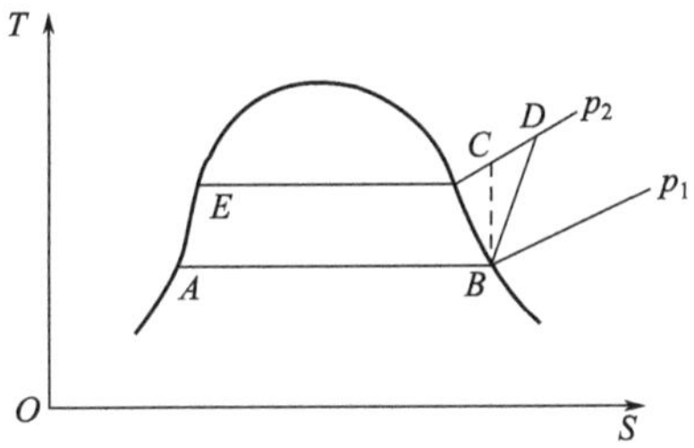

图 14-11 蒸汽温熵（T-S）图

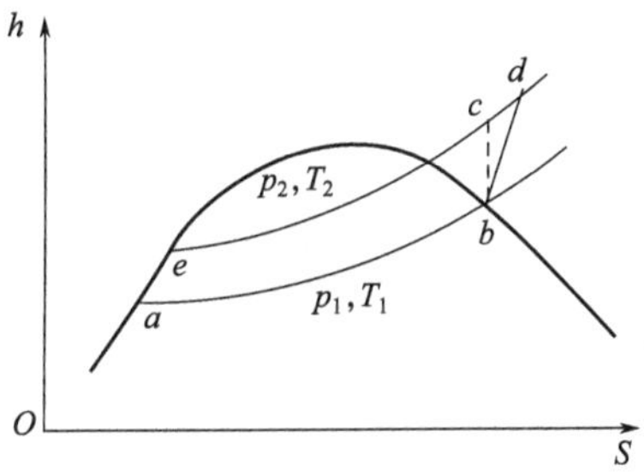

图 14-12 蒸汽焓熵（h-S）图

二、蒸汽焓熵关联曲线

由焓熵（h-S）图可知，MVR 系统得以运行的实质就是利用压缩机做少量的功来提高蒸汽的热焓，进而利用压缩蒸汽释放大量的冷凝潜热重新加热原料。由于汽化潜热（或者冷凝潜热）占蒸汽热焓值的绝大部分，因此能够充分利用蒸汽的潜热是热泵系统正常运行的关键。MVR 主要的技术特点就是将产生的二次蒸汽全部通过压缩机压缩，使蒸汽的压力和温度提高，获得高品位的蒸汽，然后重新作为加热蒸汽。如采用带一个热泵的双效蒸发系统，蒸发 1kg 水，仅需生蒸汽 0.44kg，与三效蒸发的效果接近。采用热能压缩器，利用较高压力的工作蒸汽，将蒸发出来的二次蒸汽压缩，提高其压力，进而作为蒸发器加热蒸汽。工作蒸汽通过喷嘴绝热膨胀，以极高的速度进入吸气室，由于流动速度增加，在吸入室造成低压，二次蒸汽被吸入而与工作蒸汽混合，相互混合的蒸汽进行速度的等化及升压。在扩压器的喉部，混合蒸汽的速度降低而压力升高。结果是消耗一部分工作蒸汽的能量，将二次蒸汽压缩，压力提高到较高水平。整个过程包括静压能与动能转换、吸入、混合及能量交换等系列操作。

第九节　MVR 工艺流程

一、 MVR 工艺组成

MVR 系统由单效或双效蒸发器、分离器、压缩机、真空泵、循环泵、操作平台、电器仪表控制柜及阀门、管路等系统组成。蒸发系统是核心设备，是由蒸发器、加热器、分离器、循环泵等组成；压缩机系统是核心设备，压缩二次蒸汽提供蒸发热源，提高二次蒸汽的热焓；预热器的主要作用是进行余热利用以及提高进料温度；真空系统的作用是维持整个系统的真空度，从装置中抽出部分不凝气体以及溶液，得到气体，以达到系统稳定的蒸发状态；控制系统是由压缩机转速控制器、阀门、流量计、温度计、压力控制调节计组成，以完成自动蒸发、清洗、停机等操作；自动报警系统保护系统不受损伤，保持系统动态平衡；清洗系统使用 CIP 原位清洗或者拆除清洗。MVR 系统典型工艺流程见图 14-13。

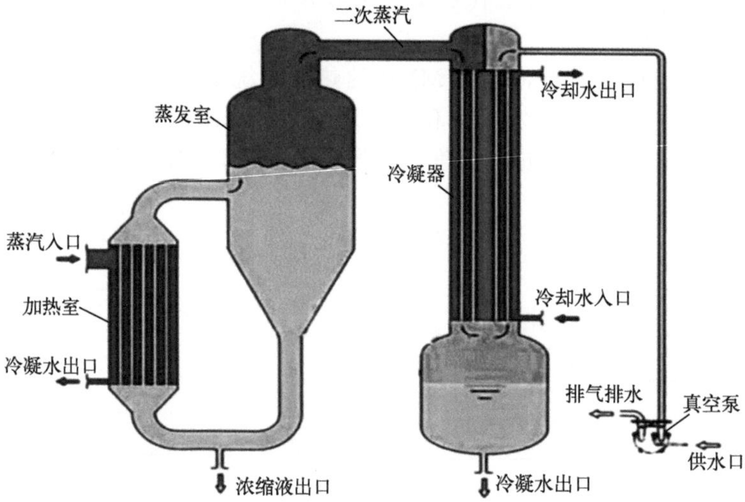

图 14-13　MVR 系统典型工艺流程示意图

二、 MVR 蒸发预处理

由于传统的高浓度废水处理都是通过普通的蒸发设备来完成的，这种传统的蒸发设备需要投入大量的资金，耗费的资源也相对较多，因此，需要进一步改善之后才能够再进行应用，达到节省资源的目的。MVR 蒸发工艺的出现就解决了这一问题。首先，通过 MVR 蒸发工艺进行预处理。主要是对工业废水进行软化处理，通常情况下可应用芒硝－石灰－烟道气的方法，将废水中含有的大量阳离子去除，从而减少工业废水中污垢的含量。在实际应用预处理软化系统的过程中需要先加入石灰乳及芒硝，然后在离心机中对工业废水进行离心处理，得到的溶解液再通过 MVR 系统进行处理。在处理的过程中需要根据 MVR 的系统要求以及废水处理方式对 pH 值进行调整。然后再通过烟道气处理废水中含有的杂质，将这些杂质生成沉淀之后去除，再通过陶瓷膜进行过滤。由此，废水中的悬浮物会大量减少，一般不超过 0.001%。在经过预处理之后，废水中的钙离子以及沉淀物减少，然后使用 MVR 蒸发工艺对废水中包含的氯化钠等多种盐类进行处理，避免整个系统中结垢。

其次，MVR 系统蒸发结晶。这一阶段是使用 MVR 系统进行结晶。在处理的过程中需要将废水引入 MVR 的调节罐中，然后加入阻垢剂，主要目的是减缓换热管中出现的结垢的问题，并且使得废水能够在调节罐中进行充分的反应。在 MVR 系统过程中需要通过除氧器将不凝气进行分离，这可以提升蒸汽换热效率，不断提升转换率。尤其是 MVR 系统可以将 80%以上的水分进行蒸发，其处理效率非常高。同时，这种处理的方式可以满足 MVR 蒸发器中对温度的要求，使得系统整体的安全性得到提升。

为了降低 MVR 蒸发工艺系统的运行成本，在处理过程中使用离心压缩机以及三效混流强制循环蒸发器，使用该系统能够实现二次蒸汽的循环，并且不断地提升蒸汽的温度，这种混流系统的应用可以不断地提升蒸发的效率，同时降低了成本的投入，减少了其他能源的应用。

最后是离心干燥，在经过离心之后，通常情况下物料的含水量在 5%左右，含水量过高，必须进行脱水处理，可以使用干燥机来进行处理，但需要经过蒸汽换热器进行加热之后再进行干燥。干燥机的温度需要控制在 140℃。湿物料必须传输到加料机中再进入流化床中，与热空气之间进行充分接触，完成干燥处理。在进行干燥之后就形成结晶盐，经过处理后进行包装储存。

三、 MVR 单效蒸发系统

MVR 热泵装置结合不同的处理工艺过程，需要提供适宜的传热温差。蒸发过程中传热温差和压差大小一般与处理料液的热敏性有关，高热敏性料液适宜于小温差条件下多梯度分阶段进行。MVR 热泵系统的工艺流程既可以设计成单效蒸发，也可以设计成多效蒸发。单效蒸发系统的流程简单，操作较方便，适合于水分蒸发量大，热敏物性较弱，允许大温差传热，只需蒸发一次就可达到浓缩要求的溶液。MVR 单效蒸发系统工艺流程见图 14-14。

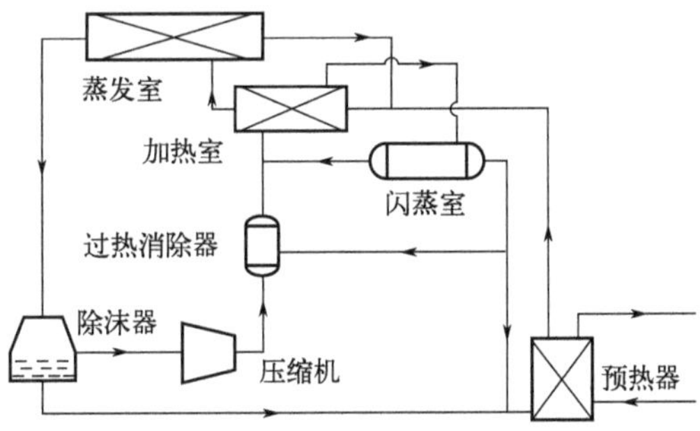

图 14-14 MVR 单效蒸发系统工艺流程示意图

MVR 热泵的多效蒸发工艺流程见图 14-15。

四、 MVR 工艺特点

MVR 蒸发工艺通过回收利用二次蒸汽的潜热实现节能，与传统蒸发设备相比具有显著优势。该工艺无须额外引入生蒸汽，仅依靠压缩机将二次蒸汽升压升温后作为热源循环使用，因此能耗显著低于传统蒸发器。同时，由于无须配备庞大的冷凝水系统，减少了循环冷却水用量及相应设备投资。在低温蒸发场景（如热敏性物料处理）中，MVR 工艺可避免传

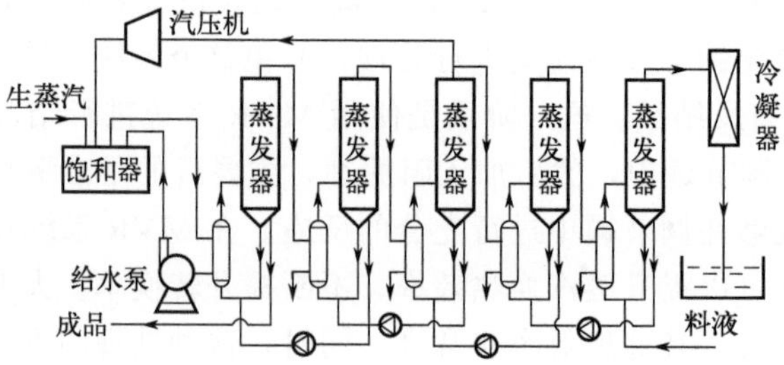

图 14-15　MVR 热泵的多效蒸发工艺流程示意图

统工艺高温导致的物料变性问题，兼具节能与保护物料特性的双重优势。

MVR 工艺主要特点如下：

① 单位能耗低；

② 因温差低，产品的蒸发温和；

③ 由于常用单效，产品停留时间短；

④ 工艺简单，实用性强；

⑤ 部分负荷运转特性优异；

⑥ 操作成本低。

工业废水 MVR 蒸发器特点：

① 能耗低，运行费用低；

② 占地面积小；

③ 公用工程配套少，工程总投资少；

④ 运行平稳，自动化程度高；

⑤ 无需原生蒸汽；

⑥ 可以在 40℃以下蒸发且无需冷冻设备，特别适用于热敏性物料。

工业废水 MVR 蒸发器技术参数：

① 蒸发 1t 水需要 23～70kW · h 电；

② 可以实现 17～40℃的低温蒸发（无需冷冻水系统）。

第十节　高浓盐水结晶分盐

一、概述

高浓盐水结晶分盐是实现煤化工废水零排放的最后一个环节。高浓盐水结晶分盐的对象主要是氯化钠和硫酸钠。这是因为含盐废水中的阴离子通常以氯离子和硫酸根离子占绝大多数，一价阳离子则以钠离子为主，二价阳离子经过一系列处理后，也已经在化学软化或离子交换等过程中被置换成了钠离子。分盐结晶技术主要有：直接利用废水中不同无机盐的浓度差异和溶解度差异，通过在结晶过程中控制合适的运行温度和浓缩倍数等来实现盐的分离，即通常所说的热法分盐结晶工艺与冷法分盐工艺；利用氯离子和硫酸根离子的离子半径或电荷特性等的差异，通过膜分离过程在结晶之前实现不同盐之间的分离或富集，再用热法结晶过程得到固体，即膜法分盐结晶工艺。

二、热法分盐结晶

热法分盐是指利用混合物中各成分在同一种溶剂里溶解度的不同或在冷热情况下溶解度显著差异，而采用结晶方法加以分离的一种处理工艺。

1. 冷却热饱和溶液结晶法

通过降低温度的方法使溶质从溶液中以晶体的形式析出来，适用于溶解度随温度的升高而明显增大的物质。一般就是指在温度比较高的工况下将饱和溶液的温度降低，使物质析出晶体的过程，简称冷却热饱和溶液法。冷却热饱和溶液法是用来结晶溶质随温度的变化其溶解度变化较明显的物质。工业上，此法常与浓缩联合使用，先浓缩溶液，然后使用冷却热饱和溶液结晶法得到该溶质的结晶。

2. 蒸发结晶

蒸发溶剂，使溶液由不饱和变为饱和，继续蒸发，过剩的溶质就会呈晶体析出，这就是蒸发结晶。可以观察溶解度曲线，溶解度随温度升高而升高得很明显时，这个溶质叫陡升型溶质，反之叫缓升型溶质。当陡升型溶液中混有缓升型时，若要分离出陡升型溶质，可以用降温结晶的方法；若要分离出缓升型溶质，可以用蒸发结晶的方法。如硝酸钾就属于陡升型，氯化钠属于缓升型，所以可以用蒸发结晶法来分离出氯化钠，也可以用降温结晶法分离出硝酸钾。综上所述，冷却热饱和溶液结晶法适用于溶解度随温度的升高而明显增大的物质。蒸发溶剂结晶法适合溶解度随温度变化不大的物质。硫酸钠与氯化钠溶解度曲线见图 14-16。

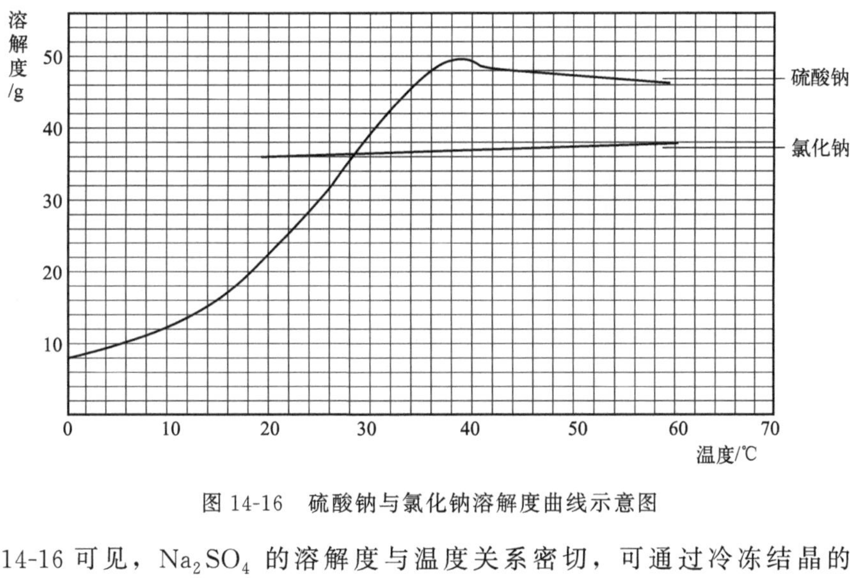

图 14-16 硫酸钠与氯化钠溶解度曲线示意图

由图 14-16 可见，Na_2SO_4 的溶解度与温度关系密切，可通过冷冻结晶的方法实现 Na_2SO_4 与 NaCl 的分离，也可以通过蒸发浓缩法实现结晶分离。

3. NaCl-Na_2SO_4 水盐体系相图

NaCl-Na_2SO_4 水盐体系相图见图 14-17。

蒸发结晶系统进料料液中主要成分为氯化钠和硫酸钠；硝酸钠含量较低，初步处理过程中以杂质对待。溶液处理过程遵从 $Na^+//Cl^-$、SO_4^{2-}-H_2O 体系相图。*NBC* 为 120°时硫酸钠和氯化钠的混盐饱和溶解度曲线中，*BCE* 为硫酸钠结晶区，*ABE* 为硫酸钠和氯化

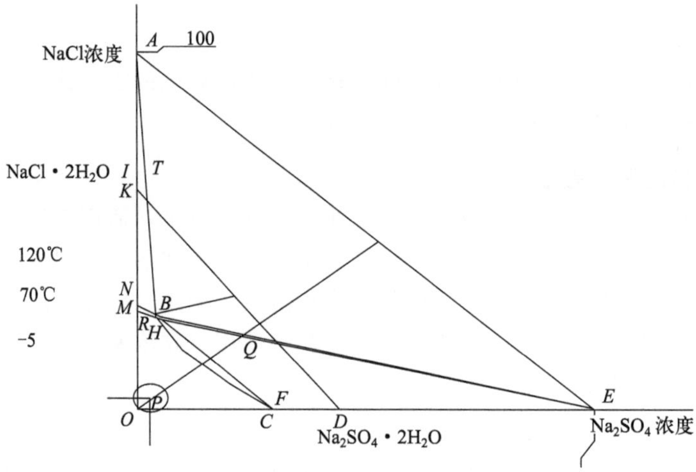

图 14-17 NaCl-Na_2SO_4 水盐体系相图

钠混盐结晶区，*ABN* 为氯化钠结晶区。*MHF* 为 70°时硫酸钠和氯化钠的混盐饱和溶解度曲线中，*HFE* 为硫酸钠结晶区，*AHE* 为硫酸钠和氯化钠混盐结晶区，*AHM* 为氯化钠结晶区。系统点 *P* 首先进入硫酸钠结晶区，控制蒸发终点浓度不超过 *Q* 点，结晶析出硫酸钠，液相点到 *B* 点。*B* 点降温至－5℃，结晶析出十水硫酸钠和两水氯化钠混盐，液相点至 *R* 点，再蒸发浓缩进入 *ABN* 氯化钠结晶区，析出氯化钠，控制蒸发终点浓度不超过 *T* 点。

4. 结晶分盐说明

① 蒸发段　在硫酸钠蒸发器中，控制蒸发终点浓度在硫酸钠的结晶区，此蒸发段控制蒸发最高温度为 110～120℃，氯化钠和硫酸钠共饱和浓度分别为 25.9%和 4.4%（也即母液浓度）。蒸发的过程中溶液处于硫酸钠析出区，析出纯度较高的硫酸钠单盐，氯化钠不析出。

② 冷却结晶段　采用冷却换热的方法使蒸发段母液降温（－5～－2℃），氯化钠和硫酸钠共饱和浓度分别为 25.1%和 0.6%（也即冷却母液浓度），冷却过程中溶液处于 $NaCl\cdot2H_2O$ 和 $Na_2SO_4\cdot10H_2O$ 的共饱和区，两种固体同时析出，产出混盐返回蒸发段原料罐形成局部循环。同时调整母液中硫酸钠和氯化钠的含量，使其通过蒸发能够进入氯化钠的结晶区。

③ 氯化钠蒸发段　从冷却结晶段过来的母液以氯化钠为主，对其进行低温蒸发，溶液首先处于氯化钠的饱和区，析出氯化钠，随着蒸发的进行，硫酸钠和硝酸钠浓度逐渐提高，蒸发至一定程度后硫酸钠开始析出，当硝酸钠浓度提升至 49%后三者共同析出。通过对本段蒸发残液量的控制，可以得到较为纯净的氯化钠，剩余残液另行处理。

高浓盐水的热法分盐结晶按其工艺流程可以分为：直接蒸发结晶工艺、盐硝联产分盐结晶工艺和低温结晶分盐工艺。

(1) 直接蒸发结晶工艺

当高盐废水中某一种盐含量占比具有较大优势时，可以考虑采用直接蒸发结晶的方式，分离回收该优势盐组分，而其余成分最终以混盐形式结晶析出。直接蒸发结晶工艺流程见图 14-18。

经过预处理的高盐废水首先通过蒸发器进一步浓缩减量，使优势盐组分接近饱和，之后

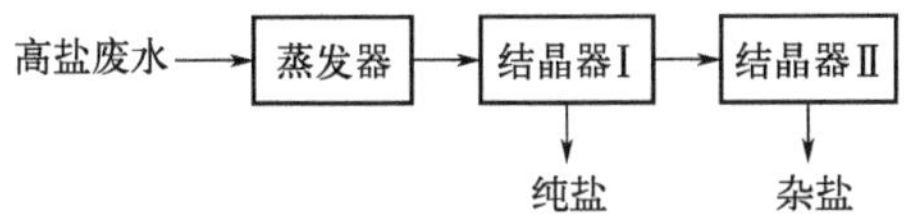

图 14-18　直接蒸发结晶工艺流程示意图

进入纯盐结晶器（结晶器Ⅰ），提取大部分的氯化钠或硫酸钠。纯盐结晶器的浓缩倍率控制在次优势盐组分接近饱和，纯盐结晶器排出的母液进入混盐结晶器（结晶器Ⅱ）获取杂盐。

直接蒸发结晶工艺流程简单，系统控制难度小，但无机盐回收率和杂盐产量对原水无机盐组分特征依赖度高。此外，在蒸发浓缩过程中，废水中的有机物和杂质盐组分被浓缩并残留在母液中，可能导致粗盐产品纯度低、白度差。通过洗盐等方式，可以在一定程度上提高产品盐的纯度和白度。

（2）盐硝联产分盐结晶工艺

当废水中不存在占比较大的优势盐组分时，采用直接蒸发结晶工艺最终得到的纯盐回收率较低，杂盐产量大，固废处置费用高。为了解决这一问题，可采用硫酸钠和氯化钠分步结晶的方式，在较高温度下结晶得到硫酸钠，在较低温度下结晶得到氯化钠。

盐硝联产分盐结晶工艺主要利用了氯化钠和硫酸钠的溶解度对温度依赖性的差异。在50～120℃，氯化钠的溶解度随温度的升高而增大，硫酸钠则相反，其溶解度随温度的升高而减小。因此，盐硝联产分盐结晶工艺在较低温度下蒸发结晶，其中结晶器Ⅰ得到氯化钠，同时硫酸钠得到浓缩。当硫酸钠接近饱和时，将结晶器Ⅰ排出的母液送入操作温度更高的结晶器Ⅱ，硫酸钠由于溶解度降低而析出，而氯化钠则由于溶解度上升而变为未饱和组分，蒸发水分可使硫酸钠进一步析出，而氯化钠浓度逐渐接近该温度条件下饱和点。部分母液返回结晶器Ⅰ进行氯化钠结晶，如此循环使用，使氯化钠和硫酸钠分别得到分离。

盐硝联产分盐结晶工艺来源于盐化工，但应用在煤化工废水行业，需要考虑有机物等杂质的影响。另外，该工艺由于需要准确地控制硫酸钠和氯化钠在特定温度下的饱和点，因此存在控制难和抗原水组成波动能力差的缺点。

（3）低温结晶分盐工艺

由于硫酸钠在低温段从水溶液中结晶时主要形成十水硫酸钠，因此其溶解度在0～30℃范围内对温度的依赖性与高温段完全不同。在这一范围内，其溶解度随温度的降低而降低，且幅度极大。比如，30℃时硫酸钠在纯水中的溶解度为40.8g，20℃时迅速降低至19.5g，10℃时降至9.1g，0℃时则只有4.9g。温度从30℃降低至0℃，氯化钠的溶解度仅从36.3g降低至35.7g。因此，将含有硫酸钠和氯化钠混合盐的高盐废水在较高温度下浓缩至一定程度，然后迅速降温，可以结晶析出大量的十水硫酸钠（芒硝）固体。由于低温结晶过程只能得到硫酸钠固体，为了得到氯化钠，还需要与高温结晶过程联用。典型低温结晶与高温结晶联用工艺流程见图14-19。

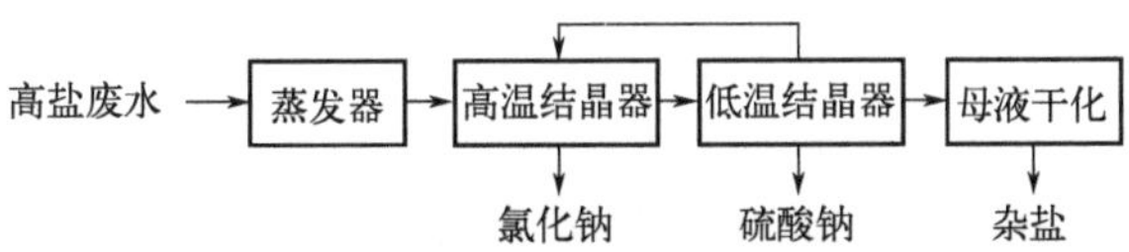

图 14-19　典型低温结晶与高温结晶联用工艺流程示意图

由于溶解度变化大，采用低温结晶工艺可以实现较高的硫酸钠和氯化钠回收率，同时结晶盐的纯度也较盐硝联产工艺更容易控制，低温结晶过程中有机物对结晶盐白度的影响也更小。由于低温结晶得到的芒硝市场价格较低，运输成本高，因此通常需要加设热溶蒸发结晶单元，得到无水硫酸钠（元明粉），以提高产品价值。该工艺的不足之处在于温度变化区间较大，降温、升温过程导致能耗更高。

三、冷法分盐结晶

冷法分盐根据 NaCl 和 Na_2SO_4 在水中不同温度下溶解度的差异，结合相图，采取“热法析纯盐—冷法析＋水硝—热法析混盐”或“冷法析＋水硝—热法析纯盐—热法析混盐”的工艺，使大部分 NaCl 和 Na_2SO_4 分别结晶析出，最后剩余少量母液，结晶出混盐。冷法分盐较热法分盐更稳定，但只能结出＋水硝，需要进一步热熔结晶才能得到无水硫酸钠。冷法分盐在制盐行业已经较为成熟，但在煤化工行业尚无工业化应用。

冷法分盐工艺主要是通过蒸发，使高盐废水浓缩，最后对浓缩液进行冷却，从而使高盐废水中可溶性盐类物质结晶分离出来。该工艺能使部分盐类物质分离出来，得到结晶盐类化合物，而结晶母液则需要返回至前面蒸发阶段进行再循环蒸发浓缩处理，适用于高盐废水中 COD 相对较低、所含盐类的溶解度对温度变化敏感的高盐废水，通过控制结晶温度，可能得到比较纯净的结晶盐。但当废水中盐类的溶解度对温度变化不敏感时（如主要成分为氯化钠的废水），采用冷却结晶方式进行盐的分离效率很低。此外，在冷却结晶工艺中，有大量冷却母液需要返回到前段工艺流程再次加热进行蒸发、浓缩处理，这会导致整个工艺流程长、能耗高、处理效率较低。

四、膜法分盐结晶

膜法分盐是利用纳滤膜的选择透过性从而实现溶液中一价盐和二价盐有效分离的一种处理工艺。采用纳滤工艺脱除盐水中的有机物和二价盐，可以使透析液中 NaCl 含量提高到 95%以上，透析液可直接进入蒸发结晶器，产生高纯 NaCl，同时富集大量 SO_4^{2-} 的浓液，可以采取热法析硝和冷冻析硝结晶出高纯 $Na_2SO_4 \cdot 10H_2O$ 或 Na_2SO_4。此方式适用于进水中 NaCl 和 Na_2SO_4 的比值接近相图中共晶点的情况或进水总含盐量不太高的情况。含盐量不高时，可以将纳滤放在反渗透前进行盐的分离。由于纳滤膜是一种薄层复合膜，在渗透过程中截留率大于 95%的分子直径约为 1nm，因而它被命名为“纳滤膜”。纳滤膜的截留分子量为 200～1000，能使 90%以上的 NaCl 透析，适用于脱盐、脱单糖、浓缩等多种工艺。膜结构绝大多数是多层疏松结构，即使在高盐度和低压条件下也具有较高渗透通量，因为无机盐能通过纳滤膜而透析，使得纳滤的渗透压远比反渗透低，这样，在保证一定的膜通量的前提下，纳滤过程所需的外加压力比反渗透低得多。而在同等压力下，纳滤的膜通量则比反渗透大得多。此外，纳滤能使特种浓缩分离设备与脱盐的过程同步进行，所以用纳滤代替反渗透，浓缩过程能有效快速地进行，并达到较大的浓缩倍数。由于具备以上特点，纳滤膜可以同时进行脱盐和浓缩，并具有相当快的处理速度。用纳滤膜对不同粒径的无机盐进行分离具有常温无破坏、成本低、收率高的特点。纳滤膜能有效脱除高浓盐水中的有机物和二价盐，能使 90%以上的氯化钠透析，同时富集大量硫酸根的浓液可以采取热法析硝或冷冻析硝工艺结晶出高纯度的十水硫酸钠。

纳滤分盐工艺主要利用纳滤膜对二价盐的选择性截留特性，实现一价盐氯化钠和二价盐硫酸钠在液相中的分离，氯化钠主要进入纳滤透过液，硫酸钠则在纳滤浓水中被浓缩。通过对纳滤透过液和浓缩液分别进行结晶处理，最终实现氯化钠和硫酸钠结晶盐的回收。

含氯化钠的纳滤透过液一般先通过膜过程或蒸发工艺进行浓缩，之后进入蒸发结晶器，得到高纯度的氯化钠，极少量母液干化得到杂盐。由于二价盐被纳滤膜截留，纳滤透过液中氯化钠相对含量通常高于95%，因此这部分氯化钠结晶盐的回收率较高。纳滤浓水为氯化钠和硫酸钠的混合溶液，各组分的占比与原水组成以及纳滤单元水回收率有关，可据此进一步选择合适的热法分盐工艺对浓水中富集的硫酸钠进行回收。纳滤-低温结晶耦合分盐工艺流程见图14-20。

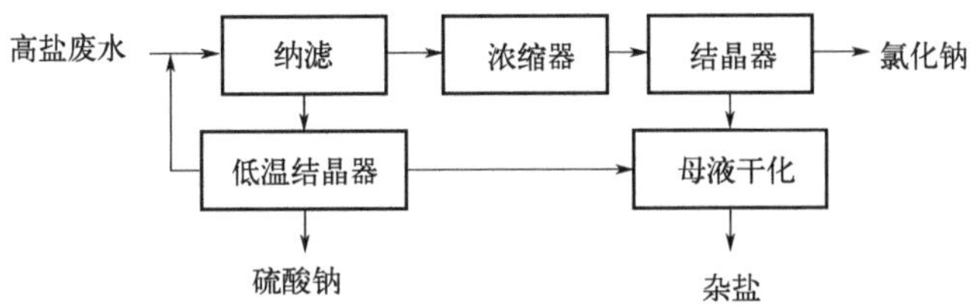

图14-20 纳滤-低温结晶耦合分盐工艺流程示意图

图14-20是一种通过纳滤与低温结晶耦合实现硫酸钠和氯化钠的分离和结晶的分盐结晶工艺流程。经过预处理的高盐废水进入在室温下运行的纳滤系统，纳滤浓水中的硫酸钠被浓缩至7%以上，之后降温至接近0℃后进入低温结晶器，结晶后经固液分离得到十水硫酸钠结晶盐，部分低温结晶器上清液送回纳滤系统进行循环处理。纳滤透过液经高压反渗透或蒸发浓缩器浓缩后进入高温结晶器，结晶得到氯化钠固体。从低温结晶器和高温结晶器排出的母液干化后得到杂盐。低温结晶处理，且设置了上清液回流纳滤系统的循环回路，有效减轻了有机物对结晶盐色度的影响，同时保证了硫酸钠和氯化钠的纯度和回收率，是一种比较高效的分盐结晶工艺。特别是结晶盐总体回收率的提升直接减少了杂盐固废的产量和处置费用，具有很好的实用价值。

五、电渗析分盐

电渗析是在外加直流电场作用下，利用离子交换膜的透过性（即阳膜只允许阳离子透过，阴膜只允许阴离子透过），使水中的阴、阳离子做定向迁移，从而使水中的离子与水分离的一种物理化学过程。

1. 电渗析原理

在阴极与阳极之间，放置着若干交替排列的阳膜与阴膜，让水通过两膜及两膜与两极之间所形成的隔室，在两端电极接通直通电源后，水中阴、阳离子分别向阳极、阴极方向迁移，由于阳膜、阴膜的选择透过性，就形成了交替排列的离子浓度减少的淡室和离子浓度增加的浓室。与此同时，在两电极上也发生着氧化还原反应，即电极反应，其结果是使阴极室因溶液呈碱性而结垢，阳极室因溶液呈酸性而腐蚀。因此，在电渗析过程中，电能的消耗主要用来克服电流通过溶液、膜时所受到的阻力及电极反应。

2. 电渗析装置

电渗析器的构造包括压板、电极托板、电极、极框、阴膜、浓水隔板、淡水隔板等部件。将这些部件按一定顺序组装并压紧，组成一定形式的电渗析器。电渗析器的辅助设备还包括水泵、整流器等，组成了电渗析装置。

3. 电渗析器构造

电渗析器由膜堆、极区和压紧装置三部分构成。

① 膜块：是由相当数量膜对组装而成。

② 膜对：是由一张阳离子交换膜、一张隔板甲（或乙）、一张阴膜、一张隔板乙（或甲）组成。

③ 离子交换膜：是电渗析器的关键部件，其性能影响电渗析器的离子迁移效率、能耗、抗污染能力和使用期限等。按膜结构分为异相膜、均相膜和半均相膜；按膜上活性基团不同分为阳膜、阴膜和特种膜；按膜材料不同分为有机膜和无机膜。

④ 隔板：分浓、淡水隔板，交替放在阴、阳膜之间，使阴膜和阳膜之间保持一定间隔，隔板平面是水流，垂直隔板平面有电流。隔板厚度为 0.9mm。

⑤ 极区：包括电极、极框和导水板。电极为连接电源所用；极框放置在电极和膜之间，膜贴到电极上去，起支撑作用。

⑥ 压紧装置：用来压紧电渗析器，使膜堆、电极等部件形成一个整体，不致漏水。

第十一节　浓缩-蒸发结晶在煤化工废水处理中的应用

一、项目概况

1. 工艺概况

以煤炭、油田气为原料生产甲醇、甲醇制烯烃以及以重油为原料裂解生产烯烃和烯烃下游产品，组合工艺可概括为“3223”，其内涵为：是由三种不同的原料进行优化整合而成，即原料煤、重油和油田气，利用不同原料特性组合，实现优势互补；二种不同中间原料生产烯烃的组合工艺路径，即一种中间原料是甲醇制备烯烃路径，另一种是油裂解过程中制备烯烃路径，二种不同工艺路径组合，实现优势互补；二头一尾组合工艺，即甲醇制备是由二种不同原料制备而成，一种是煤头，将煤气化得到粗合成气经净化合成甲醇，另一种是气头，将脱硫后的甲烷蒸气转化成合成气制备甲醇，而甲醇合成是在一个大型甲醇合成反应器内完成，也就是用两个头、一个尾组合合成甲醇，实现优势互补；在组合工艺中通过三个循环过程将反应尾气和副产品返回系统进行循环利用，第一个循环利用是将甲醇反应过程中的弛放气，其中含有富氢气以及 DCC 裂解后分离的副氢气，经膜分离预处理后返回甲醇合成系统进行甲醇合成循环利用，第二个循环利用是将 DMTO 甲醇合成烯烃后的副产气，乙烷、丙烷以及 DCC 裂解后副产气，乙烷、丙烷返回 DCC 系统，进入一个乙丙烷裂解炉进行裂解后作为 DCC 的原料生产烯烃的循环利用；第三个循环利用是将 DMTO 和 DCC 在反应过程中生产的副产品，混合 C_4 作为原料，与甲醇和氢气生产附加值高的 MTBE 并分离出重 C_4 和轻 C_4 产品以及 1-丁烯，这些副产品返回到炼油系统作为汽/柴油的调和剂，提高产品附加值。同时实施废水零排放处理项目，较好地解决了高浓盐水零排放的难题。

2. 废水零排放概况

废水零排放项目通过对煤化工废水中的固体悬浮物、结垢离子、有机污染物进行多层次深度分离，将溶解性离子分质处理，实现水的零排放与盐的资源化回收。煤化工含盐废水采用两级反渗透、一级纳滤、双蒸发（六效、四效）组成。两级反渗透将 80% 含盐废水低成本再生回用，膜后浓盐水通过纳滤膜分盐，末端蒸发系统回收剩余 17.7% 的水，其中六效蒸发制备氯化钠精盐，四效蒸发生产90%硫酸钠粗盐。为进行混盐的资源化利用，增加纳滤分盐装置。为得到分离后的工业盐，增加四效蒸发装置；为提高分盐的精度和纯度，增加脱碳塔。

二、项目零排放技术特点

① 二级反渗透产水脱除钙、镁精度提高一个数量级，产水中残余钙、镁离子由30～50mg/L降到3～5mg/L，达到国内领先水平。

② 离子交换产水脱除钙、镁精度提高两个数量级，产水中残余钙、镁离子由1mg/L左右降低到<0.01mg/L，达到国内领先水平。

③ 高压膜工艺技术可以回收能量，无反向流停机，有多段同步污染匹配、多级膜(RO1、RO2、NF)工艺匹配、膜在线和离线清洗参数控制等先进工艺，处于国内领先地位。

④ 采用纳滤双向浓缩工艺，为混盐固废资源化利用创造了条件。

⑤ 多效蒸发防堵工艺和多效蒸发高效节能技术处于国内领先地位。

煤化工废水零排放工艺流程见图14-21。

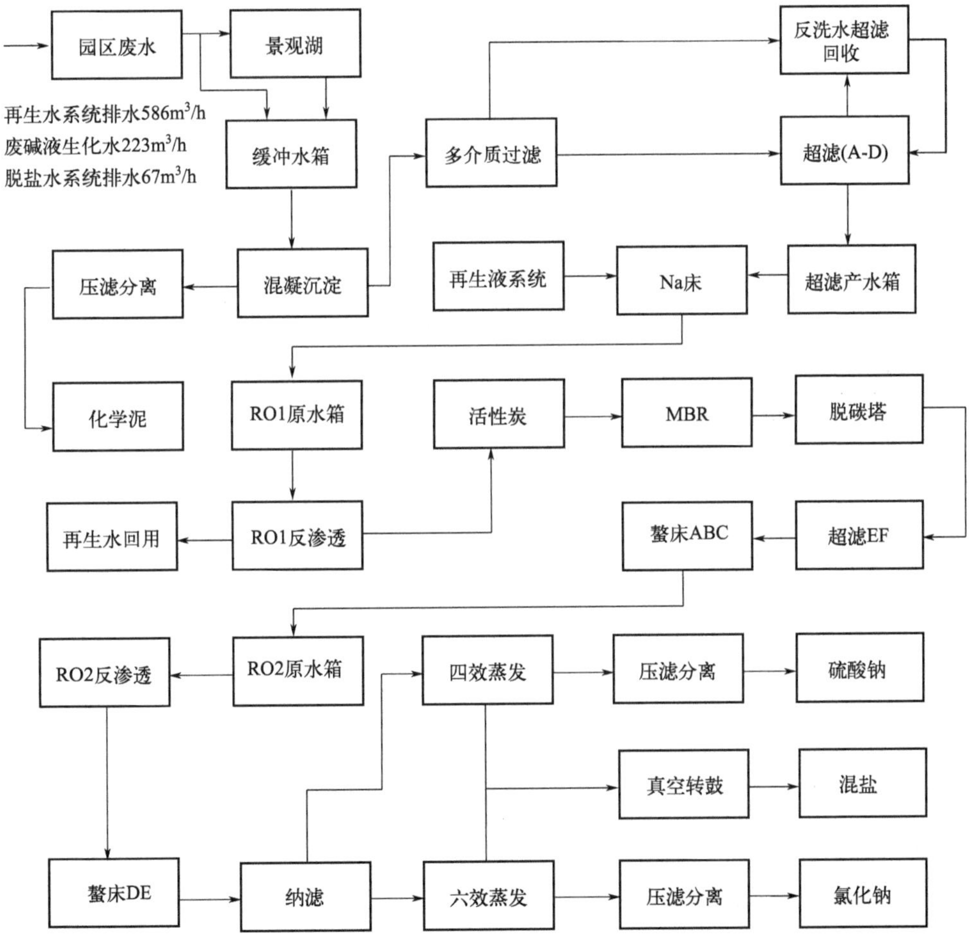

图14-21 煤化工废水零排放工艺流程示意图

三、沙生湿地配套项目

项目由再生水系统、景观湖、废碱液脱盐系统三部分组成。再生水系统布置在厂区内水界区预留地内；景观湖布置在园区沙生湿地规划区域内；废碱液脱盐系统布置在厂内废碱液处理装置南侧。沙生湿地设计处理水量 $876m^3/h$，其中再生水系统排水 $586m^3/h$，废碱液生化水 $223m^3/h$，脱盐水系统排水 $67m^3/h$，三者混合进入再生水系统进行处理，产品水回用于园区（回用率 97.7%），浓水最终经六效蒸发系统（115t/h）结晶。

1. 再生水系统

再生水系统设计处理水量 700.8 万 m^3/a（按 8000h 计），采用烧碱碳酸钠澄清软化＋多介质过滤＋超滤 A－D＋钠床＋前置螯床离子交换除钙镁＋一级 RO 脱盐＋MBR＋连续活性炭＋后置螯床＋二级 RO 脱盐＋六效蒸发结晶脱盐工艺。处理后一级反渗透出水、二级反渗透处理产水及六效二次凝液作为二循、三循补水。再生水厂配套建设 40t/h 钠床再生液处理系统、200t/h 反冲洗水处理系统和 38t/h 污泥处理系统。

2. 景观湖

景观湖面积 $10hm^2$（约 160 亩），最大蓄水水深按 4.5m 计，正常时段运行水深为 2.0m。可储存再生水厂事故状态下 1 个月的排水量。景观湖周设 50m 左右浅水区，景观湖湖底高程 1323.3m。

3. 废碱液脱盐系统

废碱液脱盐系统按 25.38t/h（$23.28m^3/h$），即 609.12t/d 进行设计，主要经过三效强制循环脱盐后送至废碱液段生化。现阶段脱盐后送至桨式干燥系统（调试中）。

沙生湿地项目于 2014 年 7 月 20 日投运。沙生湿地项目将废水再生净化与沙地特色湿地景观构建有机结合，能够最大限度回收水资源，兼顾盐的资源化利用，实现零排放。2015 年全年上游装置向再生水厂排水量为 482 万 m^3，再生水厂处理量为 290 万 m^3，192 万 m^3 水排至景观湖，废水站全年处理景观湖返回水量约 210 万 m^3，废碱液全年处理量 7.59 万 m^3，总出盐量 1.72 万 t。

四、项目运行成果及数据

自 2014 年 7 月调试运行以来，至 2016 年 10 月，累计处理煤化工废水量约 830 万 m^3，产出工业优级氯化钠 2.8t/h，吨水运行成本 12～13 元。产水指标 TDS＜500mg/L，COD＜2mg/L，基本达到设计要求（回用水率 97.7%）。系统产水全部回用。煤化工废水零排放系统正常运行，每年可减少新鲜水取水约 480 万 m^3；每年回收工业精盐 2.24 万 t。2014～2016 年煤化工含盐废水处理运行数据见表 14-1。

表 14-1　2014～2016 年煤化工含盐废水处理运行数据

日期	进水/m^3	产水/m^3	回收率	出盐量/t	TDS/(mg/L)	COD/(mg/L)	备注
2014 年 6 月 25 日～6 月 30 日	14800	3526		178			设备调试
2014 年 7 月	156365	132742	84.89%	700	＜300	＜5	系统调试
2014 年 8 月	192726	166721	86.51%	720	＜300	＜5	

续表

日期	进水/m^3	产水/m^3	回收率	出盐量/t	TDS/(mg/L)	COD/(mg/L)	备注
2014 年 9 月	366284	349881	95.52%	640	<300	<5	运行
2014 年 10 月	347648	333919	96.05%	680	<300	<5	
2014 年 11 月	269328	242098	89.89%	620	<300	<5	
2014 年 12 月	184552	156878	85.00%	700	<300	<5	
2015 年 1 月	133469	132714	99.43%	640	<300	<5	
2015 年 2 月	129047	127868	99.09%	560	<300	<5	
2015 年 3 月	205960	187708	91.14%	260	<300	<5	
2015 年 4 月	321825	311519	96.80%	1220	<300	<5	
2015 年 5 月	439200	425129	96.80%	1550	<300	<5	
2015 年 6 月	243661	237561	97.50%	1130	<300	<5	
2015 年 7 月	252988	245448	97.02%	480	<300	<5	
2015 年 8 月	322879	275167	85.22%	230	<300	<5	
2015 年 9 月	292808	256119	87.47%	700	<300	<5	
2015 年 10 月	365735	310075	84.78%	2990	<300	<5	
2015 年 11 月	283827	245879	86.63%	140	<300	<5	
2015 年 12 月	347994	286881	82.44%	680	<300	<5	
2016 年 1 月	339972	302571	89.00%	430	<300	<5	
2016 年 2 月	322817	290722	90.06%	1640	<300	<5	
2016 年 3 月	337232	313974	93.10%	990	<300	<5	
2016 年 4 月	314377	286684	91.19%	1306	<300	<5	
2016 年 5 月	327991	302462	92.22%	1870	<300	<5	
2016 年 6 月	361810	357657	98.85%	4430	<300	<5	
2016 年 7 月	378851	338322	89.30%	3018	<300	<5	
2016 年 8 月	179441	150073	83.63%	3125	<300	<5	
2016 年 9 月	367767	298187	81.08%	3350	<300	<5	
2016 年 10 月	496071	419661	84.60%	3670	<300	<5	
合计	8297425	7488146	90.25%	38647			

2016 年三季度煤化工含盐废水零排放运行数据见表 14-2。

表 14-2 2016 年三季度煤化工含盐废水零排放运行数据

种类	水质指标						
	pH 值	TDS/(mg/L)	总硬度/(mg/L)	CO_3^{2-}/(mg/L)	COD/(mg/L)	ORP/mV	浊度/NTU
原水	7～9	3500～6000	<300		<100	<100	<10
高密池产水	11±0.2	5000～6000	<5	200～250			<1
超滤产水	8～9						<0.2
纳滤产水	8～9		<2				

续表

种类	水质指标						
	pH值	TDS/(mg/L)	总硬度/(mg/L)	CO_3^{2-}/(mg/L)	COD/(mg/L)	ORP/mV	浊度/NTU
螯床产前水	8～9		<0.02				
RO1 进水	8～9	5000～6000	<0.02			<100	
活性炭产水	8～9	18000～25000			<40		
RO2 浓水	8～9	50000～60000	<10			<100	
螯床产水	8～9	50000～60000	<0.02				
六效调节池产水	9～9.5	40000～90000	<1	<0.02	<100		
回用水箱水	6.5～9	<100	<0.02		<10		<0.1

第十五章

煤化工废水零排放集成

第一节　概述

废水“零排放”（zero liquid disge，ZLD）即液体零排放。零排放技术在国外已有成熟的经验，如美国资源保护公司（RCCI）自 20 世纪 70 年代以来就已在美国和其他一些国家的 170 多座火力发电厂实现了“零排放”，20 世纪末在炼油厂、化工厂、煤矿等实施“零排放”。

所谓“零排放”是指无限地减少污染物和能源排放直至为零的活动，即利用清洁生产及生态产业等技术，实现对自然资源的完全循环利用，从而不给大气、水体和土壤遗留任何废弃物。按照零排放的定义，一是要控制生产过程中不得已产生的废弃物的排放，将其减少至零；二是将不得已排放的废弃物充分循环利用。就其过程来讲，是指将一种产业生产过程中排放的废弃物变为另一种产业的原料或燃料，从而通过循环利用使相关产业形成生态产业系统。根据能量守恒定律和物质不灭定律，其损失的部分最终以水、气、声、渣、热等形式排入环境。在转化过程中都必须遵循上述规律，资源转化为各种能量，各种能量相互转化，原材料转化为产品，都不可能实现 100%的转化。真正做到将废弃物排放减至零，可谓是难上加难。而在煤化工行业通过采用零排放技术对不得已排放的废弃物进行充分利用，实现了所谓的“零排放”，也只是改变了污染物排放的方式、渠道和节点，一些污染物最终仍要进入环境。因此，真正的“零排放”只是一种理想状态。

废水零排放是指煤化工废水排放经过零排放技术处理后的重复使用，将这部分含盐量和污染物高的废水蒸发结晶分离后全部（99%以上）回收再利用，或者使用压滤机过滤出不溶于水的物质后循环使用，无任何废液排出工厂。水中的盐类和污染物经过浓缩结晶或压滤，废渣以固体形式排出厂送垃圾处理厂填埋或将其回收作为有用的化工原料。所谓废水零排放，是指无限地减少废水污染物排放直至为零的活动。

第二节　零排放技术进展

一、国外零排放技术

废水零排放过程中的关键是零排放技术，而目前零排放技术主要集中在国外的某些零排放专利公司手中，其中比较典型的公司如GE公司、威立雅公司（VEOLIA）和阿奎特公司（AQUOTECH）等。国外零排放技术的出现是因为客观存在“硬需求”，即在以下环境中不得不考虑零排放技术，即环境保护要求特别严厉；十分缺水的地区，若开发新的水源供水比全部回收排水还要昂贵；当地纳污能力紧缺或纳污指标已经用完；项目靠近居民江河或饮用水源（水库）等。以上情况就要求企业必须采用废水零排放技术。

二、国内零排放应用

国内煤化工项目通常是建设在西部地区，环境承载力差以及没有纳污水体，导致很多地方环境容量已饱和或已超标，倡导“零排放”是煤炭深加工发展过程中的一条必经途径。要理性地正视零排放应用过程中存在的各类问题，采取积极的措施，比如研发和改进现有的“零排放”工艺，为零排放降低运行成本、提高适宜性以及着力解决缺水地区和纳污指标紧缺的地区发展煤化工的问题等。近年来，国内在零排放技术的研究利用方面也取得了一定的进展，特别是随着大型煤化工项目的建设和推进，无论是采用进口零排放技术，还是国内自主研发的近零排放技术，在废水资源循环利用和缓解水资源的严重匮乏方面均做了大量工作，且使这些处理过的煤化工及生活废水循环利用发挥了它的重要作用，在一定程度上缓解了我国水资源的匮乏现状，解决了一部分生活用水问题。煤化工行业废水和生活废水等虽经一定的处理达标后排放，但也会给地下水带来严重的污染后果，使我们的地下水资源变得更加地拮据，将会导致项目周边的居民无法饮用到干净的生活水。而通过零排放技术的应用及废水零排放的技术处理措施就能有效地降低地下水的污染风险，进一步促进节约型社会和和谐社会的发展，有效地促进公民的节约用水意识和观念，对于致力于建设环境友好型社会、节约型社会都有非常重要的现实意义。

第三节　煤化工零排放实施路径

废水零排放在国际水务行业上更多地是指零排放技术，也就是高效的废水回收技术。零排放技术重点包括浓盐废水的浓缩技术和蒸发结晶技术。

一、零排放选择方式

煤化工含盐废水经膜浓缩及热浓缩处理后产生的浓液，称为浓盐水及高浓盐水，而高浓盐水的结晶分离才是真正实现煤化工废水零排放的关键环节。实现高浓盐水零排放的方式可以分为两类：一是区域性零排放；二是煤化工界区内零排放。区域性的零排放主要是指项目周围区域内有可消纳浓盐水或高浓盐水的其他企业或场所，通过煤化工大型园区综合利用的方式实现煤化工废水的资源梯级利用，可消纳浓盐水或高浓盐水的其他企业或场所包括洗煤厂等对水质要求较低的企业以及锅炉冲渣、煤场、渣场喷洒等。浓盐水或高浓盐水的消耗量会受到周围企业的用水量、灰渣场及煤场面积、储存量等限制，且随着环保要求的提高，灰渣场及煤场一般采取封闭措施，因此水量消耗也有限。煤化工区界内的零排放，即浓盐水或高浓盐水综合利用的方式有限，必须通过膜法、蒸发、结晶、焚烧等方式对其进行终极处理后，才能实现煤化工废水真正意义上的零排放。

二、零排放实施路径

煤化工零排放处理路径应从以下几个方面考虑：煤化工原水水质分析、含盐废水膜前预处理工艺及设备的选择、除盐减量化浓缩膜法工艺及设备选型、蒸发结晶分离工艺及设备选型、零排放全过程投资和运行成本论证。逐步完善零排放整体技术实施路径。零排放实施路径可以简要概括为：含盐废水膜前预处理＋减量化浓缩处理（反渗透或特种高压反渗透）＋蒸发结晶分盐处理。首先经膜前预处理去除绝大多数影响后续膜运行的各种污染物，再经反渗透膜（如碟管式 DTRO 和二级高压反渗透膜）浓缩至含盐 10%～15%（质量分数），最后进入蒸发器（如 MVR 或改进型蒸发器）进行蒸发结晶处理。其产水过程经过次优分级，分别回用于脱盐水补水系统和循环水补水系统。结晶的干化杂盐可进行固体无害化填埋或综合利用。最终达到煤化工液体零排放的要求。

1. 膜前预处理

煤化工废水膜前预处理可以有效去除影响减量化处理的各类污染物，以提高整体膜浓缩及膜再浓缩的工艺可靠性。由于处理的是煤化工含盐废水，加上煤化工原水硬度、碱度较高，故在含盐水零排放工艺中一定还会有硬水软化工艺。常见的软化工艺有石灰软化（包括其延伸工艺）、纳滤（NF）软化、弱酸阳离子交换软化等。由于含盐废水经过管道输送或明渠输送，因此其中同样也含有 SS、浊度和胶体等污染物。处理这些污染物典型的设备有澄清池、机械过滤器、自清洗过滤器和超滤装置等。

2. 减量化处理

由于原水 TDS 的质量浓度为 3000～5000mg/L，采用反渗透膜（如 DTRO）＋高压反渗透二级技术将盐的质量分数浓缩至 10%～15%。反渗透膜浓缩为典型的减量化浓缩工艺。具体工艺或设备选择必须经过比较、借鉴成功经验或者试验确定。对于反渗透膜设备的选型，参考浓水进水 COD≤6000mg/L（回收率 50%时）、NH_3-N≤500mg/L、污染指数（SDI_{20}）≤30、电导率 30mS/cm（回收率 50%时），而 COD、NH_3-N、NaCl、重金属的去除率应分别≥99%、≥95%、≥99.5%、≥99.0%。

3. 蒸发结晶处理

经过反渗透膜浓缩后的高盐废水，必须再经过蒸发结晶处理后才能达到零排放的目的。目前常用的蒸发结晶技术有多效蒸发、蒸汽压缩、低温蒸发以及自然蒸发等。

第四节　零排放存在的问题

实现废水零排放的核心在于：终端废水经生化处理达标后，通过双膜法（超滤＋反渗透）浓缩脱盐，处理后的回用水返回生产系统循环利用。按目前的处理技术，一次脱盐处理后仅有 60%～70%的淡水能回用，而零排放还需要对剩余的 30%～40%的浓盐水进行浓缩再处理从而回用。只将剩下的 30%～40%的浓盐水再浓缩进行回用是零排放的关键环节，但能做到的企业极少。现在很多煤化工企业脱盐后 60%～70%的淡水回用了，另外 30%～40%的浓盐水外排了，这实际上是减排，不能称为零排放，而且浓盐水排放对环境的危害十分严重，是国家环保政策绝不允许的。目前，有些煤化工企业没有对含盐浓水进行回用处理，主要难点是缺少经济高效的零排放组合技术、较高的零排放投入、较高的运行成本费用，以及系统能否实现稳定长周期运行。目前很多零排放技术，如生物膜反应器、湿式氧化、等离子体处理、光催化和电化学氧化等普遍存在运行成本高及有一定技术风险的问题。

一、有机污染物导致膜污染风险

煤化工废水回用过程中，膜处理技术以其无相变、无化学反应、选择性好、适应性强、能耗低等优点，在煤化工废水处理中有着良好的应用前景。但由于煤化工废水进水中均含有一定的有机污染物，而废水中的有机污染物是膜处理工艺难以回避的问题。目前采用的措施有：废水深度处理中增加高级氧化措施；活性炭/活性焦吸附；选用耐污染的反渗透膜，如碟管式膜片、膜柱等，但由于膜材料普遍存在耐污染性能差从而影响分离效果，同时也导致膜使用寿命短等弊端，难以保证含盐废水处理装置长期稳定运行。因此，在膜分离技术中开发制备新型功能膜材料、提高分离效果和水通量、延长使用寿命将是膜浓缩材料和技术发展的主要趋势。

二、蒸发结晶分离风险

目前的蒸发结晶技术结垢问题突出，导致设备传热阻力增加，蒸发器生产强度降低，单位蒸汽消耗量大；管道腐蚀也导致装置运行不稳定。高浓盐水处理是世界性的难题，相关新技术的开发近年来也备受关注。

目前国内自然蒸发处理高浓盐水受环保影响而受到限制，主要原因有对蒸发量估算太乐观、对冬天结冰现象考虑不足、煤化工废水的无序排入导致自然蒸发设施变成污水塘等。

三、强酸（碱）性结垢腐蚀风险

高浓盐水在较高的盐浓度下容易出现结垢，且含盐废水呈强酸性或强碱性，温度高、Cl^-容易造成金属设备及管道腐蚀，导致蒸发过程结垢、腐蚀严重。从目前三效蒸发结晶装置的运行情况分析，第Ⅱ、Ⅲ效蒸发器结垢问题突出，二次蒸汽泡沫大，设备传热阻力增加，蒸发器生产强度降低，单位蒸汽消耗量大。通过投加酸碱、晶种、阻垢剂等药剂，创造防结垢腐蚀的反应条件才能缓解结垢腐蚀影响。在膜浓缩处理、蒸发浓缩结晶前，加入石灰或纯碱、烧碱进行“净化”，防止碳酸钙和硫酸钙结垢。

四、杂盐危化品处置风险

煤化工高盐废水蒸发结晶分离的杂盐，首先体现在蒸发杂盐的安全处置上，煤化工含盐废水经过膜浓缩和蒸发结晶处理后，结晶盐浸出物砷超过规定浓度限值，结晶盐属于危险废物，蒸发结晶盐存在二次污染的风险。若采用自然蒸发设施、废水暂存池，废水处理各种池体占地面积大，污染地下水的风险增大；同时浓盐水在自然蒸发过程中，有机污染物可能会扩散到空气中，以及有结晶盐颗粒随风飘散，存在影响人体健康及环境的风险。

五、零排放投资运行高成本风险

煤化工废水零排放设施投资大，单位处理规模投资达2万元/(m^3·d)，是一般煤化工废水处理设施投资的5倍以上。零排放系统总投资一般占整个项目投资的5%～8%，在一定程度上降低了煤化工产品的竞争力。煤化工项目废水零排放运行成本高，单位水处理直接成本高达11元/t，完全成本达34元/t。解决煤化工废水零排放问题，在经济和政策层面上应提高煤化工一次性水价，提高煤化工废水排污费及废水排放违法成本。

第五节 废水零排放在煤化工中的应用集成

一、煤制油废水零排放

1. 项目概述

宁夏大型煤炭间接液化废水零排放项目主要包括：煤制油废水生化处理、深度处理、废水回用处理、除盐水系统、循环水系统、浓盐水蒸发结晶等。

全厂水系统设计规模：废水生化处理系统 2500m^3/h，含盐废水处理系统 2800m^3/h，废水深度处理系统 2300m^3/h，循环水系统 236000m^3/h（一循 84000m^3/h，二循 72000m^3/h，三循 80000m^3/h），除盐水系统 10500m^3/h，装置年操作时间为 8400h。主要产品设计值为 10500m^3/h 除盐水，236000m^3/h 循环水，5026m^3/h 再生水。全厂水系统流程见图 15-1。

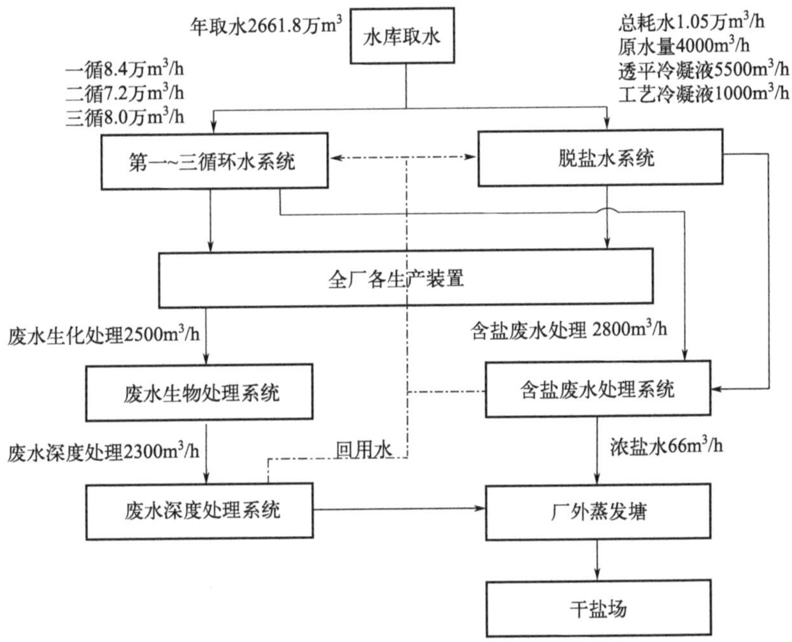

图 15-1 全厂水系统流程示意图

全厂水处理系统主要产品及产量见表 15-1。

表 15-1 全厂水处理系统主要产品及产量

序号	产品名称	小时产量		年产量		备注
		单位	产量	单位	产量	
1	除盐水	t/h	10500	万 t/a	8820	设计值
		t/h	7100	万 t/a	5292	标定参考值
2	再生水	t/h	5026	万 t/a	4221.84	设计值
		t/h	3400	万 t/a	2856	标定参考值

续表

序号	产品名称	小时产量		年产量		备注
		单位	产量	单位	产量	
3	循环水	t/h	236000	万 t/a	198240	设计值
		t/h	200000	万 t/a	168000	标定参考值
4	1.0MPa 蒸汽	t/h	4	万 t/a	2.8	设计值
		t/h	4	万 t/a	2.8	标定参考值

2. 全厂水处理系统组成

原水送至本项目加压泵站，经加压泵站提压后送至给水消防泵站，经提压后送至生产水系统、消防水系统。生产水主要作为循环水系统、除盐水系统补水及各单元使用生产水。各单元外排煤化工废水送至废水处理及回用系统，产生的再生水作为补水送至循环水及除盐水系统，产生的浓盐水送至蒸发塘。全厂水处理系统主要工艺选择威立雅、阿奎特、万邦达、斯比克等厂商的先进技术。全厂水处理系统组成见表 15-2。

表 15-2 全厂水处理系统组成

序号	装置及单元名称	部分名称	备注
1	除盐水系统		原水、透平、工艺系统
2	循环水系统		
	第一循环水		一、二两个系列
	第二循环水		
	第三循环水		
3	废水处理系统	生化单元	
		臭气接触氧化单元	
4	含盐废水处理系统	浓缩单元	
		蒸发单元	
5	废水深度处理系统		
6	蒸发塘		

3. 全厂除盐水系统

除盐水及凝液精制系统是为整个煤制油系统提供满足需要的除盐水，包括除盐水制备、透平冷凝液精制和工艺冷凝液精制三个系统。除盐水系统主要用于制备、外供符合水质要求的合格除盐水，送入除盐水箱，然后由除盐水泵供出，作为动力厂锅炉补给水及工艺装置生产用水等。

脱盐水系统选择主要技术方案：

① 预脱盐水系统采用超滤＋反渗透处理系统、一级除盐＋混床处理系统，设计规模为 4000t/h；

② 透平冷凝液精制系统采用除铁过滤器＋混床系统，设计规模为 5500t/h；

③ 工艺冷凝液精制系统采用除铁过滤器＋活性炭过滤器＋混床处理系统，设计规模为 1000t/h。

4. 全厂循环水系统

循环水系统包括三个循环水子系统，分别是第一循环水系统、第二循环水系统、第三循环水系统。

① 第一循环水系统给空分空压装置提供循环冷却水。设计规模为 84000m^3/h。分两个系列，系列 1 为空分装置提供服务，设计规模 40000m^3/h；系列 2 为空分装置和空压装置提供服务，设计规模 44000m^3/h。

② 第二循环水系统主要供给气化装置、硫回收装置循环冷却水，其中气化装置由一氧化碳变换装置、煤气化装置、备煤装置及酸水汽提装置四部分组成，设计规模 72000m^3/h。

③ 第三循环水系统供给净化合成装置、油品合成装置、甲醇合成装置循环冷却水，设计规模 80000m^3/h。

全厂循环水系统工艺流程见图 15-2。

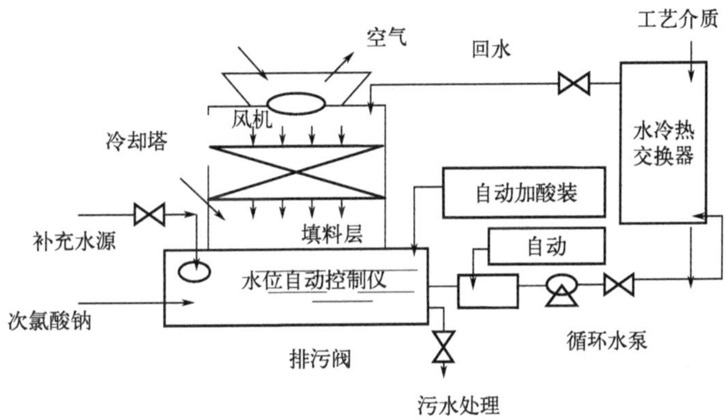

图 15-2　全厂循环水系统工艺流程示意图

5. 全厂废水生物处理系统

废水处理系统主要接纳煤炭间接液化项目和烯烃二期（一套）项目的煤化工生产废水、生活废水、含油废水以及合成废水等，设计处理能力 2500m^3/h，装置包含生活废水预处理系统、气化废水预处理系统、合成废水预处理系统、含油废水预处理系统、生化反应系统、废油系统、油泥处理系统、生化污泥处理系统、软化污泥处理系统、加药单元、沼气处理单元。主要生物技术采用“预处理＋AO 生化＋臭氧接触氧化＋BAF”主体工艺，出水排入废水深度处理装置进行深度处理、回用。全厂废水处理集成工艺流程见图 15-3。

6. 含盐废水浓缩处理系统

含盐废水浓缩处理系统主要处理来自煤制油项目、烯烃项目及循环水系统的排污和除盐水站的排水。含盐废水处理装置主要由膜浓缩单元构成，其一级膜浓缩单元包括滤池、一段超滤及反渗透膜。

含盐废水处理装置处理的出水作为再生水回用于除盐水站和循环水系统。全厂含盐废水及浓盐水处理系统工艺流程见图 15-4。

7. 浓盐水高倍浓缩蒸发处理系统

浓盐水高倍浓缩蒸发处理系统主要是接收一级膜浓缩的浓盐水进行再浓缩处理，为除盐水装置、各循环水系统提供满足需要的再生水。主要包括二级膜浓缩单元、精制单元和蒸发单元。

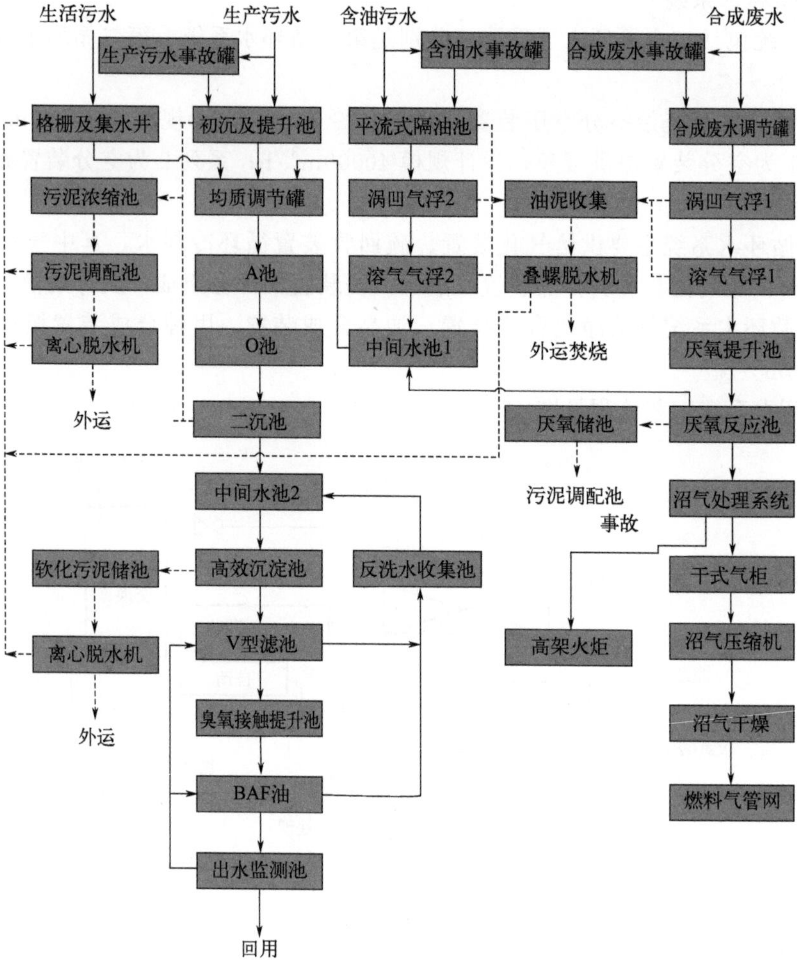

图 15-3　全厂废水处理集成工艺流程示意图

① 二级膜浓缩单元包括浓盐水澄清、浓水超滤、硬度去除及二级高效反渗透。

② 精制单元包括强酸阳离子交换器及活性炭过滤器，用于去除水中氨氮及 COD。

③ 蒸发单元主要包括 2 台降膜蒸发器，处理二级浓缩单元的高浓盐水，产出高盐卤水送厂外蒸发塘进行处理。

8. 蒸发塘结晶分盐

选择自然蒸发工艺，厂外蒸发塘（晒盐场）蒸发处理来自含盐废水处理装置和废水深度处理装置排出的高浓盐水，晒出的结晶盐送干盐场处置。厂外蒸发塘（晒盐场）主要组成为：缓冲池、蒸发池、饱和蒸发池、调节池、结晶池（内设老卤收集区）、高浓盐水输送管线和卸车接口、渗漏液收集检测井等。

在含盐废水处理装置内设置提升泵，高浓盐水经提升后通过一根 DN200 的管道被送至蒸发塘（晒盐场），并另设一根 DN200 的备用管。高浓盐水外排应考虑采用连续排放的方式，以保障后续管线的正常使用。同时，在高浓盐水处理装置和蒸发塘（晒盐场）区域设置快装接头，以实现高浓盐水的车辆输送。厂外蒸发塘（晒盐场）及池内分隔坝总占地面积 56.3hm^2，有效蒸发面积约 41.4hm^2，有效池容约 73.9 万 m^3。

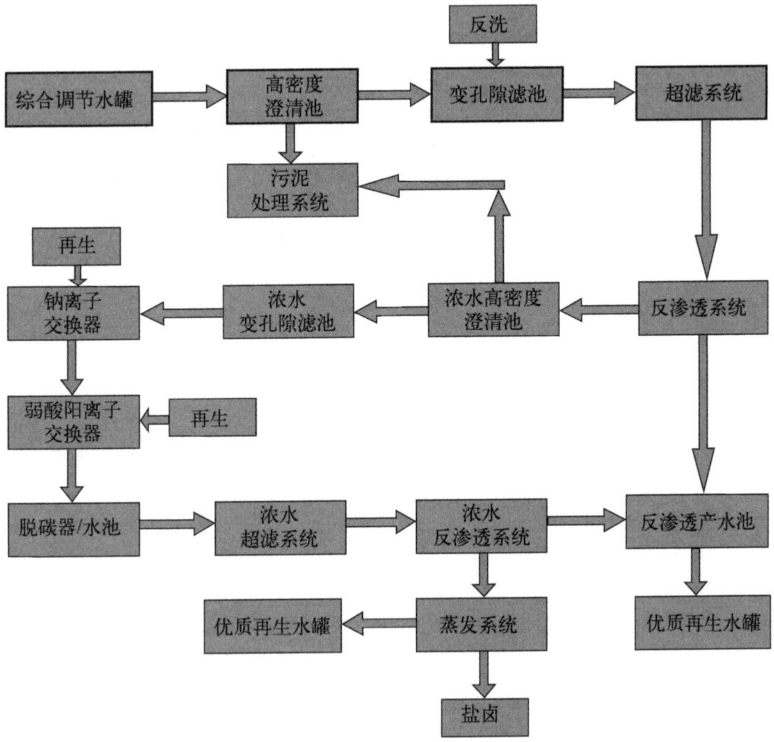

图 15-4 全厂含盐废水及浓盐水处理系统工艺流程示意图

(1) 蒸发塘基本原理

蒸发塘利用自然蒸发原理，借鉴蒸发晒盐技术，首次将逐级蒸发浓缩工艺应用到煤化工废水零排放处理中，对高盐水进行自然晾晒蒸发，最终产生的杂盐送干盐场处置。自然蒸发技术相对于蒸发结晶技术，生产运行、设备维护费用低，同时易于管理与控制，综合人工成本低。

(2) 蒸发塘蒸发方式

蒸发塘是利用液体蒸发的物理特性进行高盐水减量和浓缩的处理。根据高盐水的特性，国内适合处理高盐水的工艺多采用平面蒸发工艺。平面蒸发工艺根据配水方式不同分为完全蒸发式和逐级蒸发式两种。现有煤化工蒸发塘由于工艺生产不够连续稳定以及实际生产运行管理等问题，没有严格执行蒸发塘设计要求，将蒸发塘作为污水缓冲池，在正常使用时接收低含盐量的清洁废水或非正常工况外排的生产废水，导致蒸发塘原有晒盐功能下降甚至丧失，成为废水暂存池，同时因蒸发塘蒸发效率逐步衰减，水位持续升高产生溃坝风险。

① 逐级蒸发式 根据浓盐水浓度等级进行分级，各级蒸发塘用矮坝相隔，中间设溢流堰口或管道，堰口设人工阀门以控制流量，只有上一级蒸发塘盐水达到设定值时，才向下一级蒸发塘放水。蒸发塘水位逐级下降，以便快速蒸发。一般设置缓冲区、蒸发区、调节区及结晶区四个功能区。缓冲区缓冲池面积不需很大，但需一定深度，以起到存水的功能；蒸发区的主要功能为蒸发由缓冲区排入的盐水，故盐水深度需控制在一定范围内以保证蒸发效果；调节区的作用主要为调节蒸发区及结晶区的面积比，运行初期结晶盐较少时，可作为蒸发池使用，后期结晶区清盐时，可作为结晶池使用；结晶区的主要功能为盐的结晶，故结晶区水面要浅，占地面积相对大。

② 完全蒸发式　分别对单个池体进行配水，单池水位达到设定高程后对下一池体进水。单池蒸发后进行清盐处理，清理出的干盐进行填埋后才能重新补充进水。

本项目采用逐级蒸发配水的方式。逐级蒸发的优点在于在蒸发塘内浓盐水含盐量较低，蒸发速率快，到达结晶池时盐水已经达到饱和并开始析出晶体，其蒸发速率将降低。该方案可以保证进水始终处于高速率蒸发阶段。

(3) 蒸发塘主要特点

① 采用双管输送高浓盐水的方案，有效解决了高浓盐水在长距离管道输送中容易结晶造成堵塞的难题。

② 将逐级蒸发的蒸发塘技术应用到煤化工废水零排放的高浓盐水结晶中，充分利用了当地地形、气候条件，实现节能降耗和长期正常运行。

③ 蒸发塘采用了逐级蒸发工艺，并顺利达到结盐要求。

④ 通过蒸发塘的运行使用，优化工艺操作，提高蒸发塘高盐水输送浓度，优化逐级蒸发工艺，间接增大蒸发塘结盐率。

二、碎煤固定床煤气化废水零排放

1. 项目概述

固定床加压气化工艺包含传统鲁奇气化工艺、碎煤固定床加压气化工艺、鲁奇 MK4 改进型气化工艺及鲁奇 MK+气化工艺。不同工艺的煤气水特性差异显著，具体如下：

① 碎煤固定床加压气化工艺：气化炉温度较低（950～1300℃），煤中有机物分解不彻底，导致煤气水产量大且成分复杂，含高浓度酚、氨、油类、悬浮物及难降解有机物（如多环芳烃、含氮杂环化合物）。若采用国内常规煤气水分离及酚、氨回收技术，处理难度大；而国外先进酚、氨回收技术可提升水质，但废水总量仍高于鲁奇 MK+工艺。

② 鲁奇 MK4 改进型气化工艺：气化炉温度与碎煤工艺相近（950～1300℃），借助国外酚、氨回收技术，水质与鲁奇 MK+工艺相似，但废水量略高于 MK+工艺。

③ 鲁奇 MK+气化工艺：气化温度区间相同（950～1300℃），煤中有机物分解不充分，煤气水成分复杂，但通过优化酚、氨回收流程，水质略优于碎煤工艺，废水总量相对较低。

上述三类工艺均面临高浓度有机污染物与氮磷化合物的处理难题，需结合高效生化处理（如 A^2O-MBR）、高级氧化（如臭氧催化氧化）及膜分离技术（如碟管式反渗透），实现废水资源化与零排放目标。

采用国外开发的煤气水分离、酚回收、氨回收技术，酚含量与碎煤加压及国内酚氨回收后气化废水相比有所降低，进废水处理场总酚含量从 620mg/L 降至 235mg/L，氨含量相比略偏高，气化装置废水处理水量较大，仍然属于含酚氨等杂质的较难处理的煤化工废水。据介绍国外气化废水进酚氨回收前做一个大储存罐，储存 3 天的废水量，酚氨回收出水水质稳定性有待进一步验证。三种碎煤固定床气化废水水量和水质见表 15-3。

表 15-3　三种碎煤固定床气化废水水量和水质

序号	项目	单位	碎煤加压、鲁奇 MK4	鲁奇 MK+
一	水质、水量			
1	气化废水水量	t/h	1770	1707
2	总氨(NH_3)	mg/L	350	350

续表

序号	项目	单位	碎煤加压、鲁奇 MK4	鲁奇 MK+
3	化学需氧量(COD)	mg/L	3006	3000
4	生物需氧量(BOD_5)	mg/L	1200	1200
5	单元酚	mg/L	15	15
6	多元酚	mg/L	250	250
7	含盐量	mg/L	3600	暂按 3600 计
二	水质特点			
1	有机物浓度		高	高
2	苯环和杂环类物质		含有难降解有机物如单元酚、多元酚等含苯环和杂环类物质，这些物质在好氧环境下分解较困难，需要在厌氧/兼氧环境下开环和降解	与碎煤加压气化技术相比酚含量减少较多，处理难度有所降低
3	毒性抑制物质		含有毒性抑制物质。废水中酚、氰、氨氮等毒性抑制物质，需要通过驯化提高微生物的抗毒能力，需要选择合适的工艺提高系统抗冲击能力	与碎煤加压气化技术相比酚含量减少较多，生物毒性有所降低，处理难度有所降低
4	氨氮浓度		较高	高，脱氨氮任务重
5	油类物质		油浮、分散油、乳化油类和溶解油类物质，乳化油需要采用气浮方式加以去除，溶解性的油类物质需要通过生化、吸附的方法去除	与碎煤加压气化技术相当
6	废水色度		色度较高，含有一部分带有显色基团的物质	与碎煤加压气化技术相当
7	溶解性固体含量		废水中的溶解性固体含量高，需要全部除盐。	与碎煤加压气化技术相当

2. 碎煤固定床气化废水零排放处理全过程路径

碎煤固定床煤气化废水零排放处理路径如下：预处理→酚氨处理→废水生化处理→回用水处理→浓水浓缩处理→蒸发结晶处理。

① 预处理　主要是去除油、杂物和大颗粒物质，稳定水质。

② 酚氨处理　主要是脱酚、除氨，通过萃取等除去对生化有影响的有毒有害物质。

③废水生化处理　主要是通过厌氧、有氧处理脱有机物 COD 和 BOD_5，以及生化处理，降解和脱除有机物等。

④回用水处理　进一步通过双膜（超滤膜和反渗透膜）脱除有机物 COD 和 BOD_5 至回用水标准。

⑤浓水浓缩处理　通过高效膜将浓水进一步提浓，即浓盐水为原废水浓度的 4 倍，水量为原来的 1/4，降低蒸发负荷和能耗。

⑥蒸发结晶处理　通过机械蒸发，脱除水分，将浓盐蒸发出来，分级利用。

3. 三种碎煤固定床气化废水生化处理、回用及零排放系统

由于MK4、碎煤加压、MK+三种固定床气化炉温度近似，酚氨回收均采用国外技术，因此出酚氨回收装置的废水水质相似，该废水仍然属于煤气化废水中难以处理的一种，废水含有毒物、COD、油、色度、NH_3-N。对于该类废水，目前国内主要采用以调节、除油、沉淀、气浮为主体的预处理工艺路线，以去除有毒有害的酚类、COD，提高可生化性以及脱氮为目的的生物处理，如厌氧、酸化水解、氧化沟、AO工艺、SBR工艺等；深度处理，如混凝、过滤、臭氧、低负荷活性污泥生物接触、高效生物滤池（BAF）、活性炭吸附及其组合的三级处理工艺。

（1）稳定水质处理系统

由于气化炉温度低，废水成分复杂，含有毒物质较多，水质要求稳定程度高，系统需配备大型调节池和事故池。

（2）预处理系统

废水预处理的目的是去除生化处理不能去除的，对生化处理有影响的物质。该废水中的油是预处理的重点。含油废水多采用平流隔油、斜板隔油+气浮的组合工艺。近年来，含油废水处理设备已形成以调节均质罐、油水分离器、气浮为主的预处理工艺。乳化油、溶解油和细分散油的去除需要加药沉淀或气浮，采用沉淀隔油+气浮工艺。

（3）生化处理系统

生化处理工艺有多种，在煤化工废水处理中占据主导地位。常规的活性污泥法处理工艺主要有氧化沟、SBR、活性污泥法、MBR等泥法处理流程。生物膜法处理工艺主要有接触氧化法、BAF、生物转盘、生物滤池等。各处理工艺有其各自的特点，适合不同的水质工况。接触氧化法中的填料等膜法工艺对油的含量要求较高；BAF用作废水一级生化处理由于COD负荷高，产生的生物污泥量多，容易堵塞填料（滤料）；生物转盘、生物滤池因环境卫生条件较差在工业废水中应用较少。由于固定床碎煤气化废水COD高，属高浓度煤化工废水，在选择工艺时，一般应考虑选择厌氧处理作为生化处理的前置工艺。根据同类废水相关资料，由于鲁奇炉等类型煤气化废水毒性大，一般采用水解厌氧处理工艺。由于废水中含有氨氮，且废水中难降解物质多，BOD_5/COD值不高，因此，选择的工艺应具有改善废水生化性能以及脱氮功能，适宜处理浓度较高的废水，有利于长期稳定运行，且操作方便。在上述工艺中，具有脱氮功能的有AO工艺、氧化沟工艺和SBR工艺；具有改善废水生化性能的生化工艺为酸化水解，一般可改善废水生化性能，提高BOD_5/COD值，解决某些好氧不可生化有机物的最终去除问题。在酸化反应过程中，废水中的大分子有机物质结构发生变化，改变了废水中的组分结构，使得某些单一好氧不可降解的有机物质在此发生分子间键断裂、转化、羟基化等过程，废水组分结构的改变有利于后续工艺的处理，提高废水处理效果。

针对这类煤气化废水的排放及水质工况，为避免生物毒性抑制，结合同类项目处理经验，选择氧化沟生物处理工艺。一段AO选用鼓风曝气式氧化沟工艺（完全混合式池型），二段选择常规的前置反硝化AO工艺。完全混合式池型就是利用氧化沟内大量的回流来稀释进水中的有毒物质。

（4）强氧化处理及三级生物处理系统

为实现废水回用和排放指标的要求，对二级生化处理后的废水进行深度处理，目前国内以处理COD为目的的深度处理多采用化学氧化、BAF/接触氧化、过滤、消毒等深度处理工艺。三级处理通常采用絮凝气浮、臭氧氧化、曝气生物滤池（BAF）工艺。其中臭氧改性可以提高废水生化性能；BAF 低负荷生物接触处理可进一步去除废水中的 NH_3-N、COD。

（5）深度处理系统

采用两级过滤吸附工艺流程，该工艺可通过过滤吸附去除色度和难降解 COD，满足后续处理要求。采用活性焦作吸附剂，活性焦饱和后进行再生处理。出水达到回用水处理进水水质要求，处理后可作为生产和生活杂用水、绿化用水，同时满足当地排放标准的要求。此外，碎煤加压等气化废水处理场挥发性有机物气味大，恶臭气味也大，无组织排放点多，全部收集处理难度大，对周边影响大，因此，对项目气体处理应采取必要的措施。

典型煤化工碎煤固定床气化废水生化处理系统工艺流程见图 15-5。

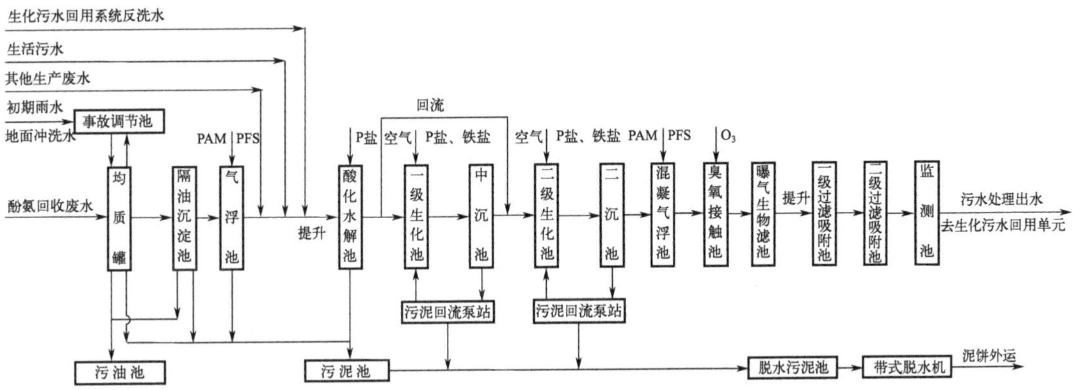

图 15-5 典型煤化工碎煤固定床气化废水生化处理系统工艺流程示意图

（6）回用水站处理系统

含盐废水回用单元与废水回用单元分两个系列建设。由于水质相差不大，工艺流程基本相同，为便于系统调节采用相同规模建设。鲁奇及碎煤固定床气化废水生化处理出水水质指标见表 15-4。

表 15-4 鲁奇及碎煤固定床气化废水生化处理出水水质指标

序号	项目	单位	指标
1	pH 值		6～9
2	总悬浮固体	mg/L	20
3	COD	mg/L	60
4	BOD_5	mg/L	5
5	氨氮(NH_3-N)	mg/L	15
6	油含量	mg/L	0.5
7	全盐	mg/L	约 3600

生产废水回用单元主要处理废水处理的出水，回收水用作循环水的补充水，出水水质指标应能满足《工业循环冷却水处理设计规范》（GB/T 50050—2017）中循环冷却水补充水的再生水水质指标。废水处理站出水除含有盐和少量 SS 外，还含有一定的有机污染物。经过预处理后，水中仍存留一定的微细胶体、药剂和少量 COD 等，因此反渗透采用“抗污染膜”，保证系统的正常高效运行。每套反渗透装置都配置保安过滤器，以防止大颗粒物进入高压泵及反渗透膜。回用水处理系统工艺流程见图 15-6。

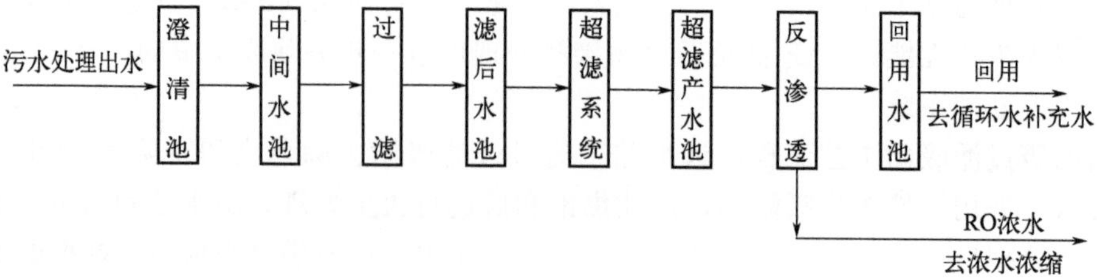

图 15-6 回用水处理系统工艺流程示意图

(7) 浓水浓缩处理系统

对回用水处理产生的反渗透浓水，其含盐量约为废水的 4 倍，水量为 1/4 左右，该含盐浓水量仍然比较大，且含有一定量的有机污染物，若不进行处理，对环境及地下水会造成极大的污染，若直接进行蒸发结晶处理，由于浓水规模大，需要大量能耗且不经济。这就需要对浓盐水进行进一步处理，通过膜浓缩对反渗透产生的浓盐水进一步提浓，尽可能将废水中盐分提高，减小后续蒸发器的规模，减少投资以及节约能源。煤化工浓水浓缩高效反渗透工艺流程见图 15-7。

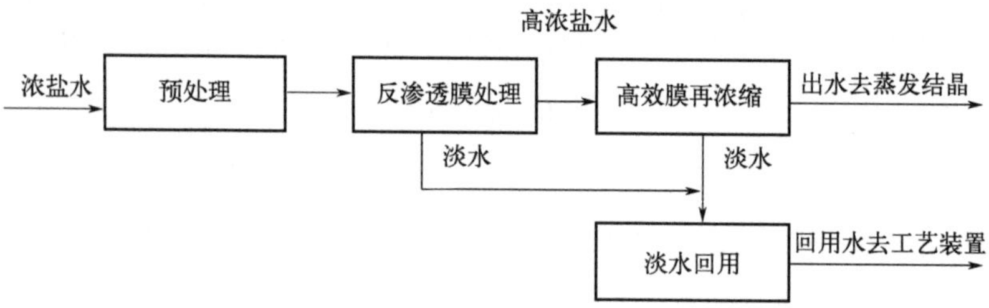

图 15-7 煤化工浓水浓缩高效反渗透工艺流程示意图

(8) 蒸发结晶

自膜浓缩单元产生的高浓盐水，这部分废水含盐量非常高，不能直接排放。可以采用机械压缩单效蒸发对膜浓缩单元产生的高浓盐水进行蒸发处理，浓缩后的高盐残液含盐量约 20%。蒸发装置排放的高盐残液含盐量较高，按照设置结晶装置考虑。正常情况下蒸发器产生的高盐残液送至结晶器进一步结晶处理，当结晶器检修或发生事故时，高盐残液送至废水暂存池处理，蒸发冷凝液送循环水站作为补充水。

(9) 废水暂存池

废水暂存池总占地面积约 $72hm^2$。

三种碎煤固定床煤气化废水处理系统的比较分析见表 15-5。

表 15-5 三种碎煤固定床煤气化废水处理系统的比较分析

序号	处理系统及处理量	单位	碎煤加压和鲁奇 MK4	MK+
1	气化废水处理系统水量	t/h	1770	1707
2	废水含盐量	mg/L	3600	3600
3	废水处理系统水量	t/h	2150	2070
4	回用水处理系统水量	t/h	3500	3500
5	浓盐水处理系统水量	t/h	875	875
6	蒸发系统水量	t/h	175	175
7	结晶系统水量	t/h	44	44

续表

序号	处理系统及处理量	单位	碎煤加压和鲁奇 MK4	MK+
8	结晶盐系统水量	t/h	11	11
9	废水暂存池面积	hm^2	100	100
10	废水回用水蒸发结晶投资	亿元	19.48	18.70
11	废水暂存池投资	亿元	1.45	1.45

注：本装置以煤制 20 亿 m^3/a 天然气生产的废水处理为基准进行比较。

4. 碎煤固定床气化废水处理系统影响因素

(1) 酚影响

由于碎煤固定床煤气化废水含有较高浓度的酚，必须先进行厌氧处理，厌氧颗粒污泥非常难生长，一旦破坏恢复十分困难，恢复期长达六个月之久。由于酚等有机物毒性高，破坏生物系统，使废水具有色度，如果厌氧处理不彻底，在好氧环境下氧化成有色度物质，处理效果将大大下降。

(2) 泡沫与污泥浓度影响

碎煤固定床煤气化废水处理技术采用的基本流程是：预处理＋厌氧＋多级好氧＋强氧化＋低负荷生物接触好氧＋活性炭或者活性焦吸附等。某碎煤加压煤制气项目废水处理已经工程化，其中酚的影响非常大，当酚氨回收装置没开时，废水酚浓度达到几千毫克每升，通过兑水调试，尽管进水酚浓度控制在 700mg/L 以内，仍然造成好氧生化池泡沫高达 1m 多，风吹时泡沫到处飘，环境差，泡沫带走活性污泥，导致污泥浓度上不去，并且污泥驯化困难，活性污泥浓度难以提高和维持。另外，温度对处理效果影响比较大，温度降低，效率下降，废水处理流程最后采用了活性焦处理废水，废焦吸附有机物后烧掉。国外酚氨回收后酚浓度有所降低，对废水处理泡沫应该有所改善，但是根据国内废水处理出水仍然有色度和泡沫的情况，如果厌氧生物处理除酚不彻底，泡沫仍然会对好氧生化造成一定的影响。

生物处理出水最后采用活性焦（或者活性炭）吸附处理。活性焦（或者活性炭）价格高，操作劳动强度大，再生后吸附性能衰减快，环保代价大。

(3) 蒸发结晶

由于蒸发结晶主要采用进口设备，造价高，因此目前国内相关项目均不考虑备用设备。废水量大的气化工艺最后废水蒸发结晶的任务也重，投资相应也高。

(4) 废水暂存池池容

为了保证装置调试运行的连续性，在非正常工况发生时既能有序地进行工艺调整，又不至于出现废水外排的事故，需要考虑对非正常工况下的废水进行可靠的储存，作为装置安全运行的保障措施，设置具有足够调节容积的废水暂存池是必需的。为了避免废水渗漏对环境造成污染，废水暂存池的防渗做法需要参照危废填埋场的要求实施，其单位投资也很高。

(5) 环境生态风险

酚氨回收—废水处理—回用处理—浓水浓缩—蒸发结晶，每一步出现问题都会影响下一步。工艺装置运行中可能出现的波动等都可能造成废水成分的变化，导致废水处理装置、回用水装置及蒸发结晶装置等的运行出现异常。往往还会有大量高浓度废水在废水暂存池中长期储存，导致一些有害物质渗入土壤所造成的环境影响可能难以进行生态恢复。总之，从环保角度来说，鉴于生物中毒的处理工序恢复十分困难，对于没有环境容量的地区选择废水量大、水质差的气化工艺可能导致真正意义上的“零排放”很难实现。

参考文献

[1] 毛悌和．化工废水处理技术[M]．北京：化学工业出版社，2000.
[2] 张自杰．环境工程手册：水污染防治卷[M]．北京：高等教育出版社，1996.
[3] 章非娟．工业废水污染防治[M]．上海：同济大学出版社，2001.
[4] 谷丽琴，王忠慧．煤化工环节保护[M]．北京：化学工业出版社，2009.
[5] 贺永德，现代煤化工技术手册[M]．2 版．北京：化学工业出版社，2011.
[6] 张希衡等．废水厌氧生物处理工程[M]．北京：中国环境科学出版社，1996.
[7] 贺延龄．废水的厌氧生物处理[M]．北京：中国轻工业出版社，1998.
[8] 沈耀良，王宝贞．废水生物处理新技术——理论与实践[M]．北京：中国环境科学出版社，2000.
[9] 魏江波．煤制油废水零排放实践与探索[J]．工业用水与废水，2011，42(5)：70-75.
[10] 周跃，李强，周学双．煤化工废水零排放技术进展[J]．煤炭加工与综合利用，2014(2)：54-59.
[11] 王香莲，湛含辉，刘浩．煤化工废水处理现状及发展方向[J]．现代化工，2014，34(3)：1-4.
[12] 曲风臣．煤化工废水零排放技术要点及存在问题[J]．化工工业，2013，31(2-3)：18-23.
[13] 王伟，韩洪军，张静等煤制气废水处理技术研究进展[J]．化工进展，2013，32(3)：681-686.
[14] 陈丽，程延峰．废水 pH 值对萃取脱粉效果的影响[J]．煤化工，2007，35(4)：38-40.
[15] 施永生，煤加压气化废水处理[M]．北京：化学工业出版社，2001.
[16] 耿俊峰，韩义军．气浮技术在处理哈尔滨气化厂煤加压气化废水中的应用[J]．煤炭技术，2002，21(2)：52-53.
[17] 许佩瑶，侯素霞，王淑娜．煤加压气化废水处理方法的现状及展望[J]．燃料与化工，2006，37(2)：31-34.
[18] 张春玲．我国能源发展的水资源条件与供水保障思路[J]．煤炭加工与综合利用，2014(19)：16-21.
[19] 张雨山，魏杨杨，等．反渗透膜的研究进展与展望[J]．化学工业与工程，2015，32(5)：8-14.
[20] 张振家，张虹．环境工程学基础[M]．北京：化学工业出版社，2007.
[21] 张林生．水的深度处理与回用技术[M]．2 版．北京：化学工业出版社，2009.
[22] 白润英，肖作义，宋蕾．水处理新技术，新工艺与设备[M]．北京：化学工业出版社，2014.
[23] 童莉，郭森，周学双．煤化工废水零排放的制约性问题[J]．化工环保，2010，30(5)：371-375.
[24] 吴秀章．煤炭直接液化含酚酸性水处理方案探讨[J]．工业水处理，2009，29(2)：80-82.
[25] 代伟娜，贺延玲，李恒．SBR 法处理煤制甲醇废水工程实例[J]．水处理技术，2011，37(10)：128-130.
[26] 范树军，张焕彬，付建军．铁碳微电解/Fenton 氧化预处理高浓度煤化工废水的研究[J]．工业水处理，2010，30(8)：93-95.
[27] 雒建中．神华煤直接液化示范工程废水处理工艺分析[J]．洁净煤技术，2012，18(1)：82-85.
[28] 贾银川，马朝娟，韩洪军．水解/MBR 工艺处理低浓度煤化工废水的研究[J]．水利科技与经济，2011，17(2)：5-8.
[29] 叶正芳，李彦锋，李贤真，等．曝气生物流化床(ABFB)处理煤气化废水的研究[J]．中国环境科学，2002，22(1)：32-35.
[30] 张志国，关新玉，张紫平．浅析解决煤化工产业水资源缺乏的途径[J]．煤炭工程，2010(3)：12-14.
[31] 范树军．煤液化高浓度污水生化处理工程技术研究[J]．工程建设，2011，43(3)：54-57.
[32] 唐秀华．强化生物脱碳脱氮及回用工艺处理煤化工废水[J]．中国给排水，2011，27(16)：85-87.
[33] 将芹．浅析 SBR 法处理大型煤制甲醇废水的应用与发展[J]．情报开发与经济，2008，18(11)：130-131.
[34] 刘彦婷，齐永红，杨宏远．浅析煤制甲醇废水的生化处理[J]．山西化工，2012，32(4)：66-68.
[35] 高飞侠，张元勇．浅析 SBR 法在煤化工废水处理中的应用[J]．通用机械，2011(4)：75-78.
[36] 吴翠荣．煤气化废水深度处理技术研究[J]．工业水处理，2012，32(5)：73-75.

[37] 林长喜．大型煤化工项目节水技术进展和应用前景[J]．煤炭加工与综合利用，2014(6)：58-67.
[38] 巨敏，李宏伟，刘军海．缓蚀阻垢剂制备及其应用的研究进展[J]．化学工业与工程技术，2011，32(4)：45-47.
[39] 胡晓静，刘振法，武秀丽．环境友好型缓蚀阻垢剂的研制及性能研究[J]．水处理技术，2010，36(3)：38-41.
[40] 何苗，张晓建，雷晓玲．厌氧-缺氧/好氧工艺与常规活性污泥法处理焦化废水的比较[J]．给水排水，1997，23(6)：31-33.
[41] 管风伟，高戈，赵庆良．A/O 生物膜法工艺处理煤气废水的实验研究[J]．中国给排水，2009，25(13)：74-76.
[42] 张文启，马军，秋立平．煤气废水好氧-缺氧-好氧生物材料研究[J]．工业水处理，2006，26(2)：32-35.
[43] 高亚楼，曲江，李生敏．处理造气废水混凝药剂的选择研究[J]．煤化工，2010，38(2)：43-46.
[44] 朝超，叶杰旭，孙德智．O_3-MBR 法深度处理煤气废水[J]．环境污染及其防治，2010(7)：970-974.
[45] 药宝宝，高莺．改良 SBR 工艺处理德士古煤气化废水[J]．能源环境保护，2009，23(6)：4-7.
[46] 焦伟堂．酚氨萃取回收工艺在煤气化废水处理中的应用[J]．给水排水，2014，40(1)：54-57.
[47] 耿庆文，袁压民，盖恒军．褐煤气化废水预处理装置的改进[J]．煤化工，2012(4)：53-54.
[48] 张岩，吕峰，张守建．化工沉淀-A/O 工艺处理合成氨废水[J]．中国给水排水，2004，20(3)：77-79.
[49] 汪炎．高效 A/O-BAF 工艺处理合成氨工业废水回用工程实例[J]．工业用水与废水，2012，43(4)：72-74.
[50] 王传琦，黄天寅，盛国平．物化-A/O 组合工艺处理合成氨生产废水工程实例[J]．工业用水与废水，2012，38(7)：52-54.
[51] 冯素敏，邵立荣，锡景亮．CASS 工艺在合成氨废水处理中的应用[J]．水处理技术，2008，34(5)：76-80.
[52] 何守昭，卢清松．振动膜浓缩工艺在大型煤化工项目零排放中的应用[J]．煤炭加工与综合利用，2015(4)：67-61.
[53] 曹斌，黄霞，杨瑜芳．MBR-RO 组合工艺污水回收中试研究[J]．环境科学，2008，29(4)：915-919.
[54] 公彦欣，单明军，魏全亮．MBR-RO 工艺深度处理煤化工废水试验研究[J]．给水排水，2013，39(增刊)：347-350.
[55] 任南琪，王爱杰．厌氧生物技术原理与应用[M]．北京：化学工业出版社，2004.
[56] 赵江冰，胡龙兴．移动床生物膜反应器技术研究进展与现状[J]．环境科学与技术，2004，27(2)：103-106.
[57] 冯逸仙，杨世纯．反渗透水处理工程[M]．北京：中国电力出版社，2000.
[58] 刘春汉．反渗透除盐水系统问题分析与技术改进[J]．工业用水与废水，2006，37(2)：51-53.
[59] 吴秀章．煤制低碳烯烃工艺与工程[M]．北京：化学工业出版社，2014.
[60] 于振东，郑文华．现代焦化生产技术手册[M]．北京：冶金工业出版社，2010.
[61] 单明军，吕艳丽，丛蕾．焦化废水处理技术[M]．北京：化学工业出版社，2007.
[62] 梁冰，邢奕，礁耕．A/O 接触氧化工艺处理焦化废水[J]．给水排水，2010，36(12)：59-62.
[63] 闻晓今，周正．超滤-纳滤对焦化废水深度处理的实验研究[J]．水处理技术，2010，36(3)：93-96.
[64] 刘涛，程迪，李鹏．乳状液膜法处理煤制兰炭废水[J]．化工环保，2013，33(3)：235-238.
[65] 黄开东，李强，汪炎．煤化工废水零排放技术及工程应用现状分析[J]．工业用水与废水，2012，43(5)：1-6.
[66] 李探微，彭永臻，陈志根，等．活性污泥法的生物泡沫形成和控制[J]．中国给水排水，2001，17(4)：73-76.
[67] 范树军．煤液化高浓度污水生化处理工程技术研究[J]．工程建设，2011，43(3)：54-57.
[68] 张文启，马军，秋立平．煤气废水好氧-缺氧-好氧生物材料研究[J]．工业水处理，2006，26(2)：32-35.
[69] 何守昭，卢清松．振动膜浓缩工艺在大型煤化工项目零排放中的应用[J]．煤炭加工与综合利用，2015

(4)：67-61.

[70] 王凯军．活性污泥膨胀的机理与控制[M]. 北京：中国环境科学出版社，1992.

[71] 冯逸仙，杨世纯．反渗透水处理工程[M]. 北京：中国电力出版社，2000.

[72] 刘明华，混凝剂和混凝技术[M]. 北京：化学工业出版社，2011.

[73] 李风亭，张善发，赵艳．混凝剂与絮凝剂[M]. 北京：化学工业出版社，2005.

[74] 中华人民共和国住房和城乡建设部．化学工业污水处理与回用设计规范：GB 50684—2011[P]. 2012-05-01.

[75] 刘春汉．反渗透除盐水系统问题分析与技术改进[J]. 工业用水与废水，2006，37(2)：51-53.

[76] 王树勖，王立蓉．反渗透技术研究现状[J]. 甘肃科技，2005，21(12)：166.

[77] 倪国强，解田，等．反渗透技术在水处理中的应用进展[J]. 化工技术与开发，2012，41(10)：23-26.